Jetzt helfe ich mir selbst

Motor
buch
Verlag

Umschlagentwurf und Buchgestaltung: Anita Ament.
Umschlagfoto: Hans-Peter Seufert.

ISBN 3-613-01249-9

Auflage Nr. 104 7901

Fotos: Bosch, Haeberle, Lautenschlager, Nauck, Riesen, Volkswagen.
Zeichnungen: Archiv Verfasser, autopress, Bosch, Haeberle, Lautenschlager, Opel, Pierburg, Volkswagen.
Schaltpläne: Volkswagen.
Bildgrafik: Thomas Nauck.
Satz: Vaihinger Satz + Druck, 71665 Vaihingen.
Druck: Dr. Cantz'sche Druckerei, 73760 Ostfildern.
Bindung: Wilhelm Nething, 73235 Weilheim.
Printed in Germany.

Dieter Korp
Thomas Haeberle
Thomas Nauck

VW Passat

April ’88 bis Oktober ’93
Benziner Vierzylinder
ohne G60 und syncro

Motorbuch Verlag
Stuttgart

Inhaltsverzeichnis

Seite

Seite

Was ist neu am Passat?

Der VW Passat der dritten Generation unterscheidet sich grundlegend von seinem Vorgänger. Er hat zahlreiche technische Neuerungen mit auf den Weg bekommen, über die es sich lohnt, zu berichten.

Die Karosserie

Der Passat präsentiert sich in einem glattflächigen Blechkleid. Der häufig genannte Luftwiderstandsbeiwert (Abkürzung c_w) beträgt bei der Limousine 0,29. Erreicht wurde dies durch die flache Motorhaube ohne Kühlergrill. Die Scheinwerfer (mit integrierten Blinkern) sind in die Form eingearbeitet. Die Scheibenwischerachsen liegen geschützt unter der Motorhauben-Hinterkante. Front- und Heckscheibe sind ohne Überstand in die Karosserie eingeklebt; die Seitenscheiben sitzen in schmalen Rahmen und sind beinahe bündig mit der Außenhaut. Die Regenrinnen wurden in die Dachfläche integriert (herkömmliche Dachträger passen nicht mehr). Und am Wagenboden sitzt eine Abdeckung vor dem Tank. Folge all dieser Maßnahmen: Wenig Luftwirbel.
Der Bau der Rohkarosserie erfolgt durch Roboter in einer vollkommen neuen Schweißtechnik, die Fertigungstoleranzen verringert. Die robotergesteuerte Montage des Fahrzeugs erforderte eine anschraubbare Fahrzeugfront, das vereinfacht auch die Reparatur eines leichten Frontschadens.
Die lackierte Wagenfront ist aus Kunststoff gefertigt, damit Steinschläge keinen Rostansatz zur Folge haben können. Besonders korrosionsgefährdete Karosserieteile bestehen aus ein- oder beidseitig verzinkten Blechen. Die übrigen Schutzmaßnahmen (Verkleben von Flanschen und Bördelungen, Heißwachsflutung der Hohlräume, Radhausschalen vorn) wurden schon beim Vorgänger angewandt.

Der Luftwiderstand der Passat-Karosserie wird hier im Windkanal mit Hilfe von Rauchdüsen sichtbar gemacht. Die Stufenheck-Limousine liegt im Luftwiderstands-Beiwert mit 0,29 günstiger als der Variant.

Das Antriebskonzept

Ein Blick unter die Motorhaube des Passat verrät den grundlegenden Unterschied zu den Vorgänger-Versionen: Statt längs ist der Motor jetzt quer zur Fahrtrichtung eingebaut. Durch diese Maßnahme war die wesentliche Vergrößerung des Innenraums möglich. Das Motorenangebot in der Bundesrepublik (jeweils mit Katalysator): 1,6-Liter/53 kW Euro-Norm (ungeregelt), 1,6-Liter/53 kW US-Norm (geregelt), 1,8-Liter/66 kW US-Norm, 1,8-Liter/79 kW US-Norm und der Sechzehnventiler 2,0-Liter/100 kW US-Norm.
Der 1,6-Liter wurde schon im früheren Passat eingebaut. Die von früher bekannte 66-kW-Version besitzt jetzt eine Zentraleinspritzung namens Monojetronic. Das 79-kW-Triebwerk stammt vom Golf GTI, der leistungsstärkste Passat-Motor ist eine Weiterentwicklung aus dem Golf GTI 16 V. Beide Maschinen besitzen eine kombinierte Einspritz-/Zündungssteuerung: VW-Digifant beim 79 kW und Bosch-KE-Motronic im 16-Ventiler.
Zur Dämpfung von Geräuschen und Vibrationen des Triebwerkblocks werden größer dimensionierte Gummilager verwendet. Vorn am Motorträger sitzt ein sogenanntes Hydrolager, welches die Schwingungen hydraulisch – also mittels Flüssigkeit – dämpft.
Die Auspuffanlage besitzt Schalldämpfer aus Edelstahl, bei den Katalysator-Motoren (Serie in der Bundesrepublik) sind auch die vorderen Rohre aus Edelstahl gefertigt.

Das Getriebe

Für die hohen Beanspruchungen beim Passat wurde ein neues Getriebe konstruiert. Herausragendes Merkmal ist die Schaltbetätigung über Seilzüge anstelle eines Gestänges. Damit erreicht man geringere Übertragung von Schwingungen auf den Schalthebel und verbesserte Geräuschisolation. Das »Rühren« am Schalthebel wird geteilt übertragen: Seitliche Bewegungen durch das sogenannte Wählseil, Bewegungen vor und zurück durch das »Schaltseil«, siehe Zeichnung unten rechts.
Das für den Quereinbau konzipierte Getriebe wurde von vornherein als 5-Gang-Schaltbox ausgelegt. Die 4-Gang-Version erzielte man einfach durch Weglassen der Schaltungsteile und Zahnräder für den 5. Gang. Die Übersetzungen der einzelnen Gänge sind bei allen Motorvarianten gleich, speziell auf den Motor angepaßt ist dagegen der Achsantrieb.

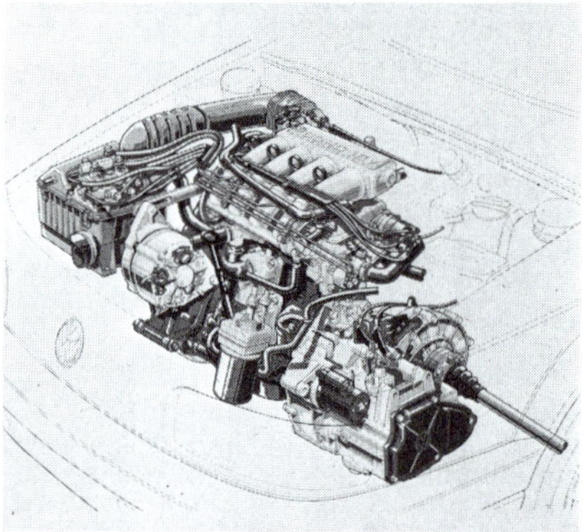

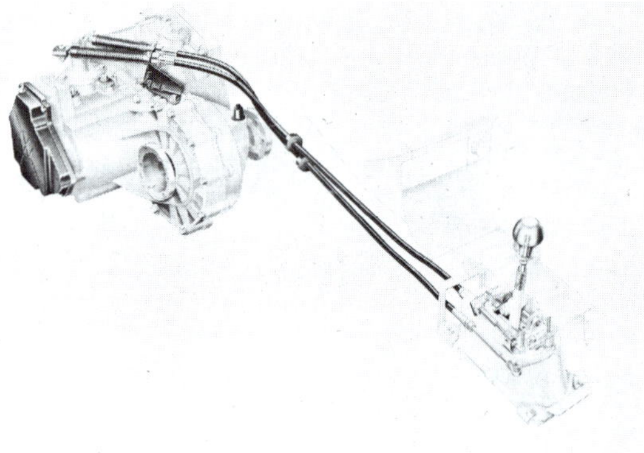

In der linken Zeichnung sehen Sie die Lage des Antriebsblocks im Passat 16 V. Die Abbildung rechts zeigt die Züge zur Betätigung des Schaltgetriebes.

Das Fahrwerk

Im Radstand hat der Passat 75 mm hinzugewonnen, die Spurweite erhöhte sich um 65 mm. In Verbindung mit den nun serienmäßigen 14″-Rädern ergibt das eine deutliche Komfortverbesserung. Die Vorderachskonstruktion entspricht im wesentlichen der des Golf, und die Hinterachse war in ähnlicher Form schon im Vorgänger-Passat eingebaut. Die »spurkorrigierenden« Hinterachslager wurden verbessert. Sie reagieren weich auf Fahrbahnstöße in Längsrichtung, verhindern aber in Kurven ein Mitlenken der Hinterachse. Die Hinterräder bleiben exakt in der Spur.
Neu im Mehrausstattungsangebot ist eine höhenverstellbare Lenksäule.
Die Scheibenbremssättel sind vergrößert, ebenso die hinteren Trommelbremsen der Modelle bis 66 kW. Die stärker motorisierten Passat haben auch hinten Scheibenbremsen, vorn sind die Bremsscheiben innenbelüftet.
Das auf Wunsch lieferbare Anti-Blockier-System besitzt einen hydraulischen Bremskraftverstärker. Die Pedalkraftverstärkung erfolgt durch eine elektrische Pumpe.

Die Elektrik

Die Zentralelektrik ist auf zukünftige Sonderausstattungen vorbereitet. An der Leiterplatte stehen 200 Anschlüsse zur Verfügung. Das Bordnetz wurde in 26 Leitungsstränge aufgeteilt. Die zugehörigen Verbindungen sind als Flachstecker mit sechs bis höchstens zwölf Kontakten pro Stecker ausgeführt. Der Vorteil: Alle Kabel eines Stranges sind gleich lang, der Ersatz ist problemlos möglich. Eine zentrale Raste verhindert, daß sich einzelne Stecker lösen können.
Für die Werkstatt von Interesse ist die sogenannte On-Board-Diagnose. Ein Prüfprogramm im elektronischen Steuergerät überwacht die Funktion und speichert auftretende Fehler. Die V.A.G.-Werkstatt kann mit einem entsprechenden Auslesegerät die Fehlermeldungen abrufen.

Die Heizung

Anstelle der »wasserseitigen« Regelung (mit Heizventil) ist eine luftseitige Regelung getreten. Der Wärmetauscher ist ständig in den Kühlwasserkreislauf eingeschaltet. Durch Umlenkung einer Klappe gelangt die Warmluft sofort in den Innenraum. Genauso stoppt der Warmluftstrom beim Schließen der Klappe sofort. Die Heizungs-/Lüftungs-Bedienung erfolgt durch Drehregler, das Luftgebläse arbeitet in vier Stufen. Die Luftzufuhr kann vollkommen geschlossen werden, z. B. beim Durchfahren eines Tunnels.

In Verbindung mit der seit August '92 lieferbaren Sonderausstattung »Airbag« ist eine kompakte Einheit im Lenkrad bzw. im Bereich des Handschuhfaches untergebracht. Ein elektronischer Sensor bewertet bei einem Unfall die Wucht des Aufpralls und zündet je einen Treibsatz, der die Luftsäcke binnen Millisekunden aufbläst. Für eine bestmögliche Schutzwirkung des angegurteten Fahrers beträgt das Volumen des Luftsacks ca. 35 Liter, der sich binnen 25 Millisekunden (ms) nach Zündung des Treibmittels mit Stickstoff füllt. Stickstoff ist als Hauptbestandteil der Atemluft ein für die Umwelt völlig ungefährliches Medium. Ähnlich läuft der Vorgang auf der Beifahrerseite ab. Der Beifahrer-Airbag muß mit ca. 65 Liter Inhalt allerdings deutlich größer ausgelegt werden, weil der zu sichernde Raum zwischen Beifahrer und Armaturenbrett größer ist als zwischen Fahrer und Lenkrad.
Besondere Anforderungen stellt das Airbag-System an die Sensorik. Das an sicherer Stelle auf dem Mitteltunnel hinter der Spritzwand installierte Auslösegerät entscheidet während eines Crashs, ob die Luftsäcke aufgeblasen werden sollen: Bereits ca. 50 ms nach dem Aufprall des Fahrzeugs auf ein Hindernis (angenommene Crash-Geschwindigkeit 35 mph = 56,3 km/h) hat sich der Fahrer trotz angelegtem Gurt so weit nach vorn verlagert, daß der Airbag bereits voll entfaltet sein muß, um Schlimmeres zu verhüten. Unter Berücksichtigung einer 25 ms dauernden Aufblaszeit des Bags verbleiben dem Sensor und seinem Unfallrechner gerade 25 ms zur Entscheidung und Aktivierung des Fahrer-Airbags – auf der Beifahrerseite wird wegen des erwähnt größeren Raums zwischen Armaturenbrett und Beifahrer 10 ms später gezündet. Bereits 150 ms nach dem Crash ist alles vorbei, der Stickstoff aus den Airbags entwichen und die Insassen in der »Rückprallphase«.

Sicherheitsbestimmungen

Der Gasgenerator des Airbags unterliegt den Bestimmungen des Sprengstoffgesetzes. Der Umgang damit ist nur Fachkräften gestattet, denen die umfangreichen Sicherheitsbestimmungen bekannt sind.
Besonders wichtig aus dem Katalog der Vorsichtsmaßnahmen sind die folgenden:
○ Zu Arbeiten am Airbag **Batterie-Minuskabel abklemmen**.
○ Zusätzlich die **Steckverbindung** unter der Lenksäulenverkleidung **trennen**.
○ Bei Arbeitsunterbrechung **Airbag nie unbeaufsichtigt lassen**.
○ Airbag-Einheit nur mit **Prallplatte** (Polsterplatte) **nach oben ablegen**.
○ Zu **Schweißarbeiten** am Wagen **Batterie abklemmen**.
○ **Nach Unfall** alle **Komponenten** des Systems **ersetzen**.
○ Fahrzeug-Verschrottung nur nach Vorschrift!

Lenkrad-Ausbau bei Airbag

● Massekabel an der Batterie abklemmen.
● Airbag-Einheit am Lenkrad links und rechts von hinten mit TORX-Schlüssel T30 abschrauben.
● Airbag-Einheit abheben, Sicherungsbügel des Steckers der Airbag-Einheit aushängen.
● Stecker von der Airbag-Einheit abziehen.
● Airbag-Einheit so ablegen, daß das VW-Zeichen auf der Airbag-Einheit sichtbar ist.
● Unterteil der Lenksäulenverkleidung ausbauen.
● Steckverbindung der Anschlußleitung der Airbag-Einheit abziehen, ggf. zuerst die Schaumstoff-Umhüllung abziehen.
● Lenkrad ausbauen, wie für Fahrzeuge ohne Airbag beschrieben.
● Nach Abziehen des Lenkrades muß der Rückstellring an der Unterseite ein wenig verdreht werden, so daß das Kabel nach unten zeigt (Lenkrad in Einbaustellung gesehen). In dieser Stellung rastet der Rückstellring verdrehsicher ein.
● Beim **Einbau** zusätzlich zu den Hinweisen für Fahrzeuge ohne Airbag: Vor dem Anschrauben der Lenksäulenverkleidung kontrollieren, ob der Kabelanschluß des Rückstellrings in der Aussparung der Verkleidung sitzt.
● Nach Festschrauben des Lenkrades neue Halteschrauben der Airbag-Einheit mit 7 Nm anziehen.
● Jetzt im noch stromlosen Auto die Zündung einschalten, dann Batterie-Massekabel anschließen. Zu diesem Zeitpunkt darf sich niemand im Fahrzeuginnern befinden!

Die Pferde ziehen vorn

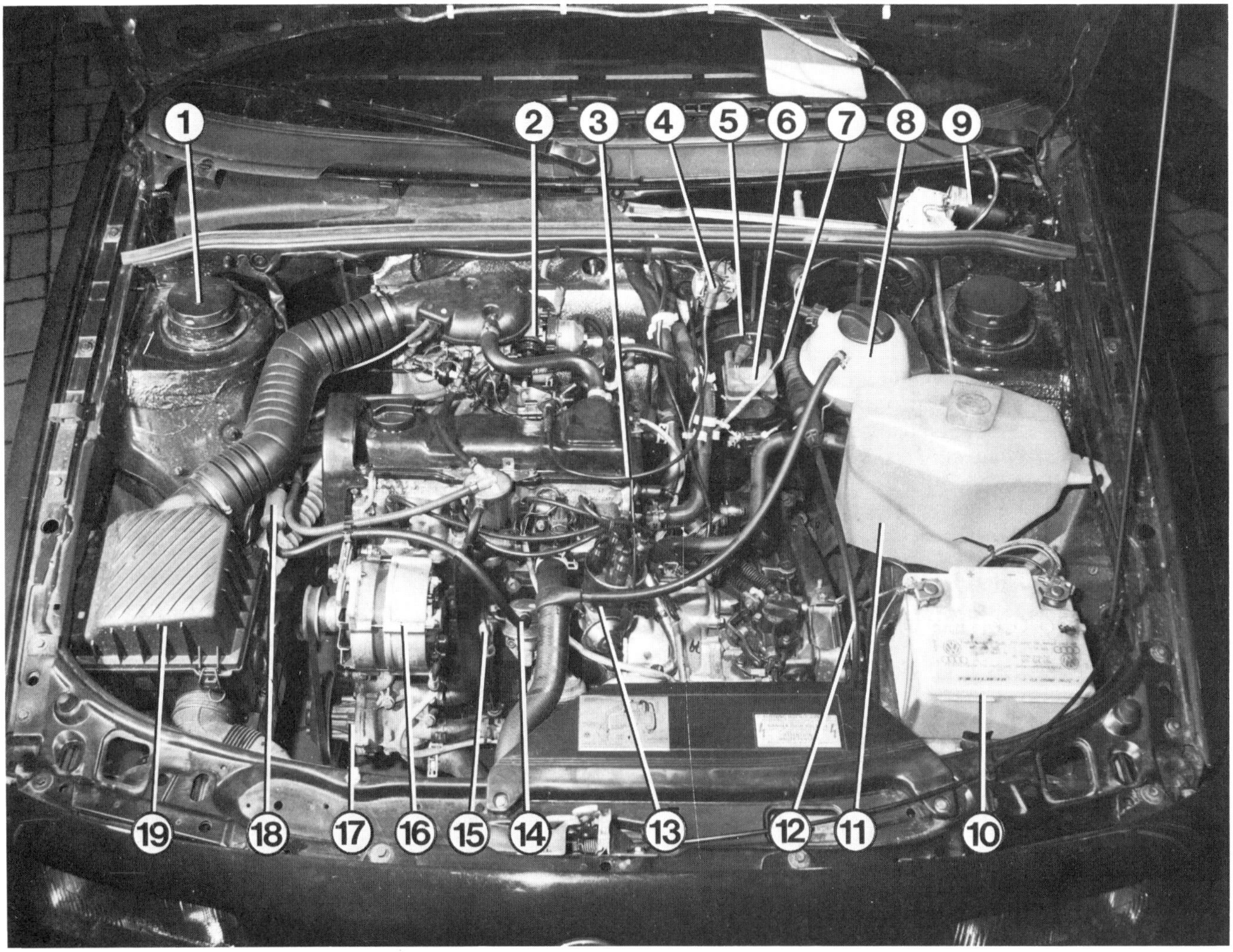

Im Motorraum des **Passat mit 53-kW-Vergasermotor** sehen Sie: 1 – Federbein rechts; 2 – Vergaser; 3 – Gaszug; 4 – Zündspule; 5 – Bremskraftverstärker; 6 – Vorratsbehälter für Bremsflüssigkeit; 7 – Tachowelle; 8 – Ausgleichbehälter für Kühlflüssigkeit; 9 – Scheibenwischermotor; 10 – Batterie; 11 – Scheibenwaschwasserbehälter; 12 – Kupplungszug; 13 – Zündverteiler; 14 – Benzinpumpe; 15 – Ölpeilstab; 16 – Lichtmaschine; 17 – Wasserpumpe; 18 – Benzinfilter; 19 – Luftfilter.

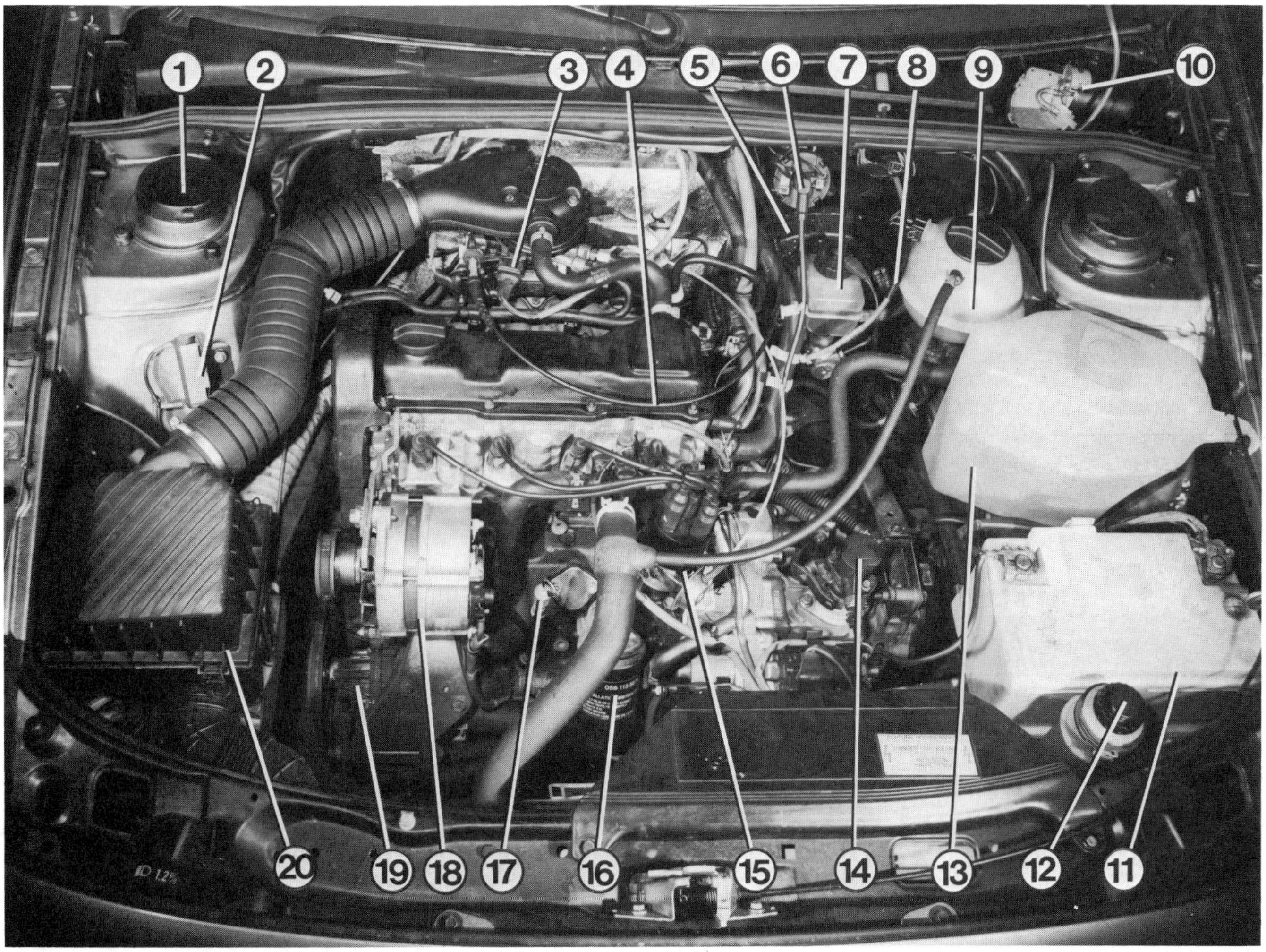

Der Motorraum des **66-kW-Passat mit Monojetronic** zeigt: 1 – Federbein rechts; 2 – Vorwiderstand des Einspritzventils; 3 – Einspritzeinheit; 4 – Gaszug; 5 – Bremskraftverstärker; 6 – Zündspule; 7 – Vorratsbehälter für Bremsflüssigkeit; 8 – Tachowelle; 9 – Ausgleichbehälter für Kühlflüssigkeit; 10 – Scheibenwischermotor; 11 – Batterie; 12 – ATF-Vorratsbehälter der Servolenkung; 13 – Scheibenwaschwasserbehälter; 14 – Gehäuse der Schaltbetätigung; 15 – Zündverteiler; 16 – Ölfilter; 17 – Ölpeilstab; 18 – Lichtmaschine; 19 – Wasserpumpe; 20 – Luftfilter.

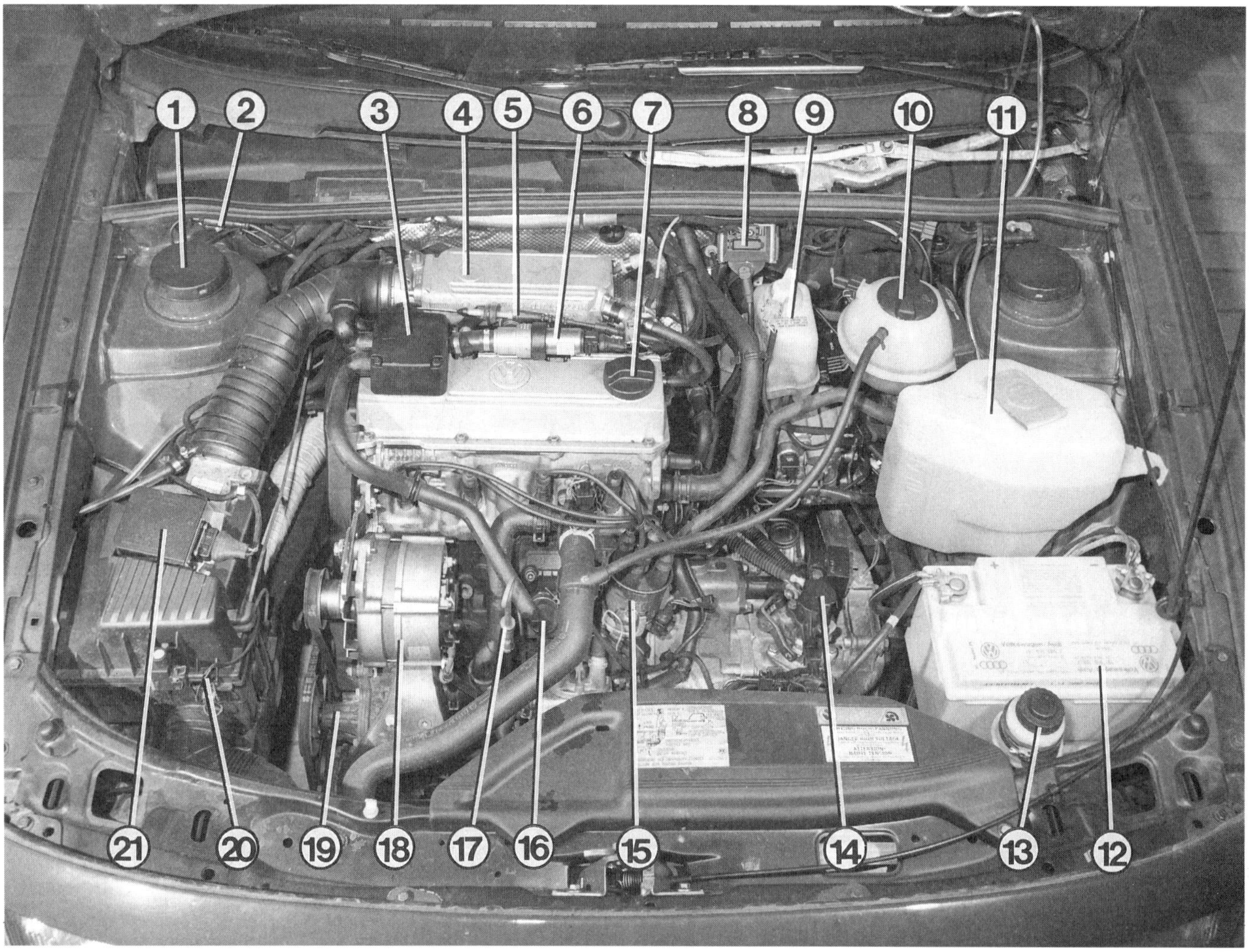

Im Motorraum eines **85-kW-Passat mit Digifant** sehen Sie folgende Teile: 1 – Federbein rechts; 2 – Drehzahlfühler des Antiblockier-Systems; 3 – Druckregelventil der Kurbelgehäuse-Entlüftung; 4 – Saugrohr; 5 – Gaszug; 6 – Leerlauf-Stabilisierungsventil; 7 – Öleinfüllstutzen; 8 – Zündtrafo; 9 – Vorratsbehälter für Bremsflüssigkeit; 10 – Ausgleichbehälter für Kühlflüssigkeit; 11 – Scheibenwaschwasserbehälter; 12 – Batterie; 13 – Vorratsbehälter für Servolenkung; 14 – Umlenkhebel der Seilzugschaltung; 15 – Zündverteiler; 16 – Entlüftergehäuse; 17 – Ölmeßstab; 18 – Lichtmaschine; 19 – Wasserpumpe; 20 – Luftfilter; 21 – Luftmengenmesser.

So sieht es im Motorraum des **100-kW-Passat mit KE-Motronic** aus: 1 – Federbein rechts; 2 – Drehzahlfühler des Antiblockier-Systems; 3 – Drosselklappenstutzen; 4 – Gaszug; 5 – Saugrohr; 6 – Zündverteiler; 7 – Zündspule; 8 – Vorratsbehälter für Bremsflüssigkeit (ABS); 9 – Ausgleichbehälter für Kühlflüssigkeit; 10 – Scheibenwaschwasserbehälter; 11 – Scheibenwischermotor; 12 – Batterie; 13 – ATF-Vorratsbehälter der Servolenkung; 14 – Einspritzventil des 4. Zylinders; 15 – Kurbelgehäuse-Entlüftung; 16 – Ölpeilstab; 17 – Lichtmaschine; 18 – Gemischregler; 19 – Luftfilter.

Planmäßiges Vorgehen

Zuverlässigkeit und Fahrsicherheit erfordern Pflege und Wartung. Andernfalls darf man sich über Ausfälle nicht wundern. Wo und wann nach dem Rechten gesehen werden soll, hat Volkswagen in detaillierten Wartungsanweisungen zusammengestellt.

Das Wartungssystem

Für unseren Passat gelten die folgenden Wartungsanweisungen:
○ **Inspektions-Service** einmal im Jahr.
○ **Inspektions-Service mit Zusatzarbeiten** alle 30 000 km.
○ **Ölwechsel-Service**, wenn im Jahr mehr als 15 000 km zurückgelegt werden.
○ **Abgas-Untersuchung** für die Fahrzeuge mit geregeltem Katalysator alle zwei Jahre. Wer einen der wenigen Passat mit ungeregeltem Kat besitzt, muß im Jahres-Rhythmus zur Abgas-Untersuchung.
○ Zum **Bremsflüssigkeitswechsel** wird der VW-Fahrer alle zwei Jahre gebeten.
Für Vielfahrer (über 15 000 km im Jahr), welche die Wartung in der Werkstatt durchführen lassen, ergeben sich möglicherweise ungünstige Überschneidungen. Bei 20 000 Jahreskilometern muß der Ölwechsel schon vor der Inspektion durchgeführt werden. Wer 25 000 km fährt, sollte nach Jahresfrist die 30 000er-Inspektion vorziehen. Anderes gilt für den Selbsthelfer, der flexibel entscheiden kann, was er wann ausführen will.

Wartungsplan für den Selbsthelfer

Auf den Empfehlungen von VW basiert auch der Wartungsplan dieses Buches, wobei wir die Reihenfolge speziell für den Heimwerker zusammengestellt haben. Ganz zu Anfang finden Sie »Ständige Kontrollen«, die sich in kein Kilometerintervall pressen lassen.
Damit Sie zu unserem **Wartungsplan** während der Arbeit nicht ständig zurückblättern müssen, haben wir ihn **hinten auf der inneren Umschlagseite** abgedruckt. So haben Sie ihn ständig vor Augen und können die Arbeiten Punkt für Punkt erledigen.

Wer soll was machen?

Fast alle Wartungsarbeiten am Golf/Vento können Sie selbst ausführen. Die »Selbsthelfer-Ampel« weist Ihnen dabei den richtigen Weg:
Grün: Freie Fahrt für den Selbsthelfer. Diese Arbeit können Sie mit den Kenntnissen aus diesem Buch fachgerecht durchführen und Geld sparen.
Gelb: Die Arbeit ist zwar nicht schwierig, doch es fehlen meist die nötigen Einrichtungen. In diesem Fall sind Sie an der Tankstelle am besten aufgehoben.
Rot: Halt, hier lassen Sie am besten die Werkstatt ran. Spezielle Werkzeuge oder Meßgeräte sind erforderlich. Der Aufwand an Eigenarbeit lohnt sich nicht, weil die Werkstatt wesentlich schneller arbeitet oder weitergehende Kenntnisse erforderlich sind.

Garantiebedingungen beachten

Wenn z. B. in den Passat ein Austauschmotor eingebaut wurde, verlangt das Werk, daß die Wartungsarbeiten termingerecht in der Werkstatt erledigt werden. Andernfalls können auch berechtigte Garantieansprüche abgelehnt werden. Und wer die »Mobilitätsgarantie« beanspruchen will, muß mindestens einmal im Jahr zum Service in die Werkstatt.

Austragungsort

Wenn Autopflege Hobby bleiben soll, müssen die äußeren Voraussetzungen stimmen.

Wagen immer abstützen!

Wagenheber sind – wie ihr Name schon sagt – nur dazu da, das Fahrzeug anzuheben. Sie sind keine ausreichende Abstützung für Arbeiten an der Wagenunterseite. Lassen Sie es auch in der größten Eile nie an der fachgerechten Abstützung des aufgebockten Fahrzeugs fehlen!
Zum richtigen Abstützen gehört natürlich auch das Unterlegen der Räder mit Steinen oder Holzkeilen, damit der Wagen beim Anheben nicht wegrollen kann.

Womit abstützen?

Hohlblocksteine haben sich als preisgünstige Abstützmöglichkeit erwiesen. Sie dürfen allerdings nicht feucht oder rissig sein, sonst könnten sie unter Belastung in sich zusammenbrechen. Zwischen Stein und Karosserie muß ein Brett gelegt werden, damit sich die Last gleichmäßig über den ganzen Stein verteilen kann. Der Hohlblockstein selbst muß unbedingt mit den Öffnungen senkrecht auf ebenem und tragfähigem Grund (Beton oder Asphalt) stehen.
Unterstellböcke stellen eine ideale Ergänzung zum Rangierwagenheber dar. Bei allen anderen Hebern – aber auch bei seitlich angesetztem Rangierheber – besteht allerdings die Gefahr, daß der auf der gegenüberliegenden Seite angesetzte Dreibeinbock einfach zur Seite weggedrückt wird. Am günstigsten steht der Bock, wenn eines seiner Beine nach außen und zwei zur Wagenmitte hin zeigen. Böcke dürfen keine zu kleine Standfläche haben!
Auffahrrampen sind die schnellste Aufbockmöglichkeit, da kein Wagenheber gebraucht wird. Auch steht der Wagen dann absolut sicher.

Wagenheber

Wagenheber gibt es für jeden Geldbeutel und Einsatzzweck. Hier die verschiedenen Typen:
Bordwagenheber: Immer ein kleines Brett unterlegen, damit sich der Wagenheberfuß nicht in den Untergrund drücken kann.
Scherenwagenheber: Hiervon ist nur eine stabile Ausführung ratsam. Solch ein Wagenheber bewährt sich bei einem Fahrzeug, dessen Karosserie an den Anhebepunkten schon etwas morsch ist. Man kann den Scherenwagenheber dann etwas weiter zur Karosseriemitte hin ansetzen.
Hydraulischer Stempelwagenheber: Vor dem Kauf sollten Sie die Hubhöhe kontrollieren. Bei einer zu kurzen Ausführung werden die Räder nicht weit genug vom Boden abgehoben. Ein zu hoher Heber läßt sich erst gar nicht am Wagenboden ansetzen.
Rangierwagenheber: Für den Heimwerker gut geeignet ist ein kurzer, kleiner Rangierheber, der sich leicht verstauen läßt.

**Im linken Bild ist das Abstützen mit einem Dreibock gezeigt. Das eingelegte Kantholz (Pfeil) verhindert Beschädigungen am Schwellerblech.
Rechts: Eine Einkerbung im Schwellerblech (Pfeil) kennzeichnet den Ansetzpunkt für den Wagenheber bzw. die Hebebühneaufnahmen.**

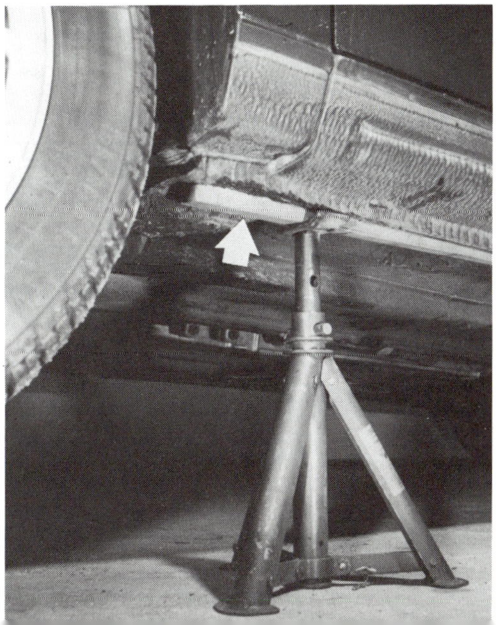

Fettlebe

Die Gleitflächen und Lager benötigen Öl, damit sie nicht fressen oder festgehen. Aber das Schmiermittel dient auch zur Feinabdichtung der Kolbenringe. Weiterhin muß es Reibungs- sowie Verbrennungswärme abführen. Und nicht zuletzt gilt es, entstandenen Abrieb und Schmutz zu binden, damit es im Motorinnern zu keinen Ablagerungen kommt.

Motorölstand prüfen

Ständige Kontrolle

Wenn Sie Ihren Passat erst übernommen haben (neu oder gebraucht), sollten Sie sicherheitshalber bei jedem Tanken zum Ölpeilstab greifen. Wenn Sie erkennen, daß der Motor nur sehr wenig Öl verbraucht, können Sie das Kontrollintervall auf jede zweite bis vierte Tankung verlängern. Der Peilstab sitzt in Fahrtrichtung gesehen vorn rechts neben der Lichtmaschine, siehe Bilder unten.

- Wagen auf waagrechtem Untergrund abstellen.
- Nach dem Abstellen des vorher warmgefahrenen Motors mindestens fünf Minuten warten, damit alles Öl in die Ölwanne abtropfen kann. Besser ist die Kontrolle vor dem ersten Start bei noch kaltem Motor.
- Vorsicht bei heißgefahrenem Motor, daß Sie sich nirgends die Hand an umliegenden Teilen verbrennen.
- Peilstab ziehen, mit sauberem, fusselfreiem Lappen oder Papiertuch abwischen, bis zum Anschlag wieder hineinschieben, kurz warten und erneut herausziehen.
- An der Peilstabspitze können Sie nun den Ölstand ablesen.
- Reicht die Schmiermittelmenge nur noch bis zur unteren Markierung, muß Motoröl nachgefüllt werden.

Fingerzeige: Wenn Sie über den Ölverbrauch Ihres Passat ganz genau Buch führen wollen, sollten Sie immer an derselben Stelle messen; am besten vor dem ersten Start. Sie brauchen dann nicht einmal den Peilstab abzuwischen, da über Nacht aller Schmiersaft in die Ölwanne zurückgetropft ist.
Schwarzgefärbtes Motoröl ist für sich allein kein Zeichen, daß das Motoröl gewechselt werden müßte. Auch kurz nach dem Ölwechsel ist der Schmiersaft bald wieder dunkel. Anfallender Schmutz und Abrieb werden in der Schwebe gehalten, damit sie sich nicht im Motorinnern ablagern.

Öl nachfüllen

Damit der Motor mit der richtigen Ölmenge befüllt wird, müssen Sie sich den Ölpeilstab genau ansehen:
○ Am **Peilstab seit 9/88** beträgt die Ölmenge zwischen oberer und unterer Peilstabmarke **0,75 Liter. Erkennungsmerkmal: Der Peilstab ist flach.**
○ Beim **Peilstab bis 8/88** beträgt die Differenzmenge zwischen oberer und unterer Marke **1 Liter. Erkennungsmerkmal: Der Peilstab ist rund.**
Unter die untere Marke sollte der Ölstand nicht fallen. Ein Viertelliter zu wenig ist für den Motor noch nicht gefährlich. Fehlt mehr Öl und wird der VW scharf gefahren, kann der Öldruck gefährlich abfallen, was der Warnsummer der Öldruckkontrolle auch sofort anzeigt.

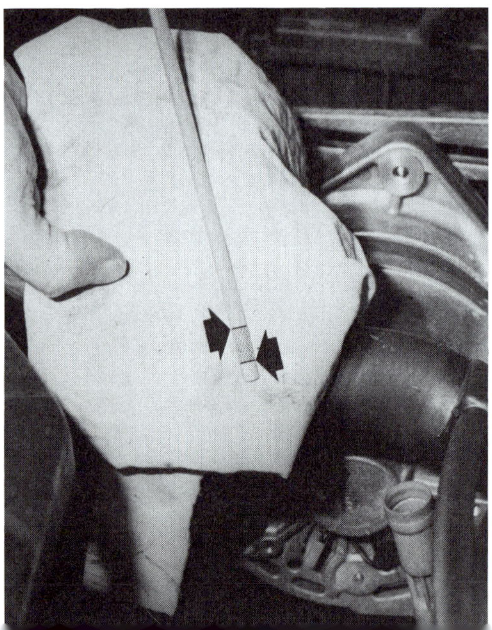

Die Pfeile zeigen auf die obere und untere Markierung des Ölpeilstabs. Im Bild links ist der runde Peilstab bis ca. 8/88 gezeigt – Nachfüllmenge maximal 1 Liter.
Rechts der flache Peilstab seit 9/88. Hier darf höchstens ¾ Liter Öl nachgefüllt werden.

Unsinnig ist aber auch zu viel Schmiermittel im Motor. Es kann bei hohen Drehzahlen über die Kurbelgehäuse-Entlüftung in die Brennräume gelangen. Für den Katalysator ist das gefährlich, denn das Öl kann im Kat verbrennen und diesen schädigen.
Bei welchem Ölstand Sie nachfüllen sollten, hängt von Ihrer Fahrweise ab:
○ Bei gemäßigtem Fahrstil genügt Nachfüllen, wenn das Niveau des Schmierstoffes an der unteren Peilstabmarke angelangt ist.
○ Für scharfe Fahrweise empfiehlt sich Auffüllen, wenn der Ölstand im unteren Drittel oder Viertel zwischen den beiden Peilstabmarken steht. Die etwas größere Ölmenge kann die Kühlungsaufgaben besser erfüllen.

Fingerzeig: Öl in kleinen Mengen ist teurer als im 3- oder 5-Liter-Kanister. Zum Nachfüllen unterwegs ist ein solches Gebinde aber meist zu unhandlich. Außerdem nimmt es im Kofferraum Platz weg. Günstig ist eine mineralölbeständige 1-Liter-Dose mit Drehverschluß, aus der Sie bei Bedarf fein dosiert nachfüllen können.

Darf man Öle mischen?

Die Ölsorten aller Hersteller lassen sich ohne Gefahr untereinander mischen, auch Einbereichs- mit Mehrbereichsölen. Diese Mischbarkeit ohne schädliche Folgen ist eine Grundforderung der internationalen Öl-Normen. Zwar werden spezifische Eigenschaften eines bestimmten Öls durch die Vermischung mit anderem Motoröl möglicherweise leicht beeinträchtigt, da jede Ölmarke ihre eigene Additivkombination besitzt. Die Schmierwirkung ist jedoch nie gefährdet.

Ölverbrauch

Ein Teil des Motoröls verbrennt bei seiner Schmiertätigkeit. Ölverbrauch ist also völlig natürlich. Gut eingefahrene Motoren kommen mit **0,2 Liter Öl auf 1000 km** aus, Volkswagen nennt als **höchstzulässigen Wert** einen Verbrauch von **1 Liter je 1000 km.** Wieviel Öl Ihr VW braucht, hängt von folgenden Umständen ab:
○ Ölüberfüllung bewirkt höheren Verbrauch, denn die Kurbelgehäuse-Entlüftung bläst das Zuviel wieder zum Motor hinaus.
○ Dünnflüssiges Öl verbrennt schneller als dickflüssiges. Einbereichsöl wird in heißem Zustand dünn wie Wasser, und entsprechend höher ist der Verbrauch. Mehrbereichsöl bleibt dickflüssiger; vor allem bei Langstreckenfahrern macht sich das durch geringeren Ölverbrauch bemerkbar.
○ Mehrbereichsöl, das zu lange im Motor bleibt, wird etwas dünnflüssiger, die oberste Zähflüssigkeitsklasse »geht verloren«, entsprechend steigt der Nachfüllbedarf.
○ Scharfe Fahrweise treibt außer dem Kraftstoffkonsum auch den Ölverbrauch in die Höhe. Besonders stark wirkt sich aus, wenn der neue Motor sofort voll belastet wurde.
○ In der Einlaufzeit braucht der Motor etwas mehr Schmiermittel.
○ Motorundichtigkeiten. Kontrollieren Sie, wie auf Seite 28 beschrieben.
○ Defekt im Motor; z. B. Ventilschaftabdichtungen defekt, Spiel zwischen Ventilführung und Ventilschaft zu groß, Kolbenringe schadhaft oder bei einer Reparatur falsch eingebaut, beschädigte Zylinderwand durch Kolbenfresser.

Kein Ölverbrauch ist verdächtig

Im winterlichen Kurzstreckenbetrieb kann es vorkommen, daß der Ölstand zwischen den Messungen überhaupt nicht abnimmt oder gar ansteigt. Das ist kein Grund zur Freude, denn dann ist das Motoröl durch Kraftstoff und Kondenswasser verdünnt. Diese in ihrer Schmiereigenschaft wesentlich beeinträchtigte Ölfüllung sollte durch eine regelmäßige, längere Fahrt »aufgekocht« werden, damit die Kondensate verdunsten. Sofort anschließend den Ölstand kontrollieren, da der Pegel durch die verdunsteten Benzin/Wasser-Anteile erheblich absinkt! Bei extremem Stadtbetrieb ohne zwischenzeitliche Langstreckenfahrt sollten Sie das Öl vor den üblichen Intervallen wechseln; evtl. schon nach 3000 km oder vier Monaten.
Im Winter rechnet man mit einem Kraftstoffanteil im Öl von 2–5%, wobei ein Einspritzmotor durch die besser dosierte Kaltstartanreicherung weniger Benzin im Motoröl hat als ein Vergasermotor.

Die richtige Ölspezifikation

Da bei den relativ langen Ölwechselintervallen von 15000 km die Gefahr von Schmierungsmangel z. B. durch Ölschlammbildung besteht, gibt es von Volkswagen strenge Ölvorschriften.
○ Herkömmliches Motoröl auf Mineralölbasis muß der **VW-Norm 50101** entsprechen. Dann besitzt es die notwendigen Reinigungseigenschaften zur Verhinderung von Ölschlamm.
○ Leichtlauföle verringern die innere Reibung im Motor. Sie müssen der VW-eigenen Norm **VW 50000** entsprechen.
○ Nur wenn kein Öl der genannten Spezifikationen verfügbar ist, darf auch ein Öl der Kategorie »API SF« zum Nachfüllen verwendet werden.

Zähflüssigkeit des Öls

Die amerikanische **S**ociety of **A**utomotive **E**ngineers hat die Öle entsprechend ihrer Zähflüssigkeit in Klassen eingeteilt. Die reichen vom dünnflüssigen **W**interöl SAE 5 W, 10 W, 15 W über die Zwischenstufe SAE 20 W/20 zu den dickflüssigen Sommerölen SAE 30, 40 und 50.

○ Am billigsten ist **Einbereichsöl**. Für einwandfreie Motorschmierung muß es entsprechend der Jahreszeit dick- oder dünnflüssiger sein. Das bedeutet, daß im Herbst Winteröl und im Frühjahr Sommeröl in den Motor gefüllt werden muß. VW gibt es mittlerweile aber nur noch zum Nachfüllen frei.

○ Wesentlich aufwendiger in der Herstellung und deshalb auch teurer ist **Mehrbereichsöl**. Es besitzt Viskositätsindex-(VI-)Verbesserer – lange Molekülketten, die beim Erhitzen quellen und beim Abkühlen wieder schrumpfen. Das Öl kann sich damit den Temperaturen elastisch anpassen und mehrere Viskositätsklassen überspannen. Ein Öl SAE 15 W-50 entspricht bei einer Temperatur von –15° C der Zähflüssigkeitsklasse 15 W und bei 100° C der Klasse 50.

Problematisch ist bei manchen Mehrbereichsölen, daß die Molekülketten ihrer Viskositäts-Verbesserer mit der Zeit regelrecht kleingehackt (abgeschert) werden können. Dann ist die obere Zähflüssigkeitsklasse nicht mehr voll erhalten, das Öl also nicht mehr so temperaturbeständig. Aus diesem Grund sind Mehrbereichsöle der Klassen SAE 10 W-30 und 10 W-40 in der warmen Jahreszeit für die VW-Motoren nicht freigegeben.

○ Die in kaltem Zustand sehr dünnflüssigen **Leichtlauföle** verringern vor allem in der Warmlaufphase und im Kurzstreckenverkehr die innere Reibung im Motor, setzen ihm also weniger Widerstand entgegen. Man kann realistisch mit einer Benzinverbrauchs-Einsparung von rund 3 % rechnen. Diese Ersparnis macht sich bei einem »ölfressenden« Motor natürlich nicht mehr bezahlt.

Das richtige Motoröl für den VW

Zwei Kriterien entscheiden beim Kauf des richtigen Motoröls. Das Öl muß haben:

○ Die richtige **Ölspezifikation**. Etikettenschwindel auf der Packung ist da äußerst selten, denn die Ölfirmen überwachen sich gegenseitig.

○ Die richtige **Ölviskosität** (Zähflüssigkeit). Sie hängt von der überwiegenden Außentemperatur ab und kann der Grafik unten entnommen werden.

Wie oft Öl wechseln?

Alle 15000 km oder einmal jährlich schreibt Volkswagen den Ölwechsel vor. Wie genau soll man sich an diese Anweisung halten?

Wir meinen, daß auch ein Langstreckenfahrer die 15000 km als Obergrenze ansehen sollte. Wer andererseits den VW hauptsächlich im Kurzstreckenverkehr fährt, sollte schon wesentlich früher den Ölwanneninhalt wechseln. In der kalten Jahreszeit spätestens nach sechs Monaten, unabhängig von der vielleicht noch geringen Kilometerleistung. Bei ausschließlichem Stadtverkehr sind bereits vier Monate genug für das Öl.

Wer ein Einbereichsöl verwendet, muß ohnehin an den jahreszeitlichen Wechsel denken – im Frühjahr und Herbst –, damit das Öl den Start- bzw. Außentemperaturen angepaßt ist.

Ölwechsel, wo und wie?

○ Das Motoröl soll bei betriebswarmem Motor gewechselt werden, damit es allen Schmutz beim Auslaufen herausschwemmt.

○ In Zeiten zunehmenden Umweltbewußtseins dürften die Folgen von Altöl im Grundwasser mit der entsprechenden Gefährdung des Trinkwassers mittlerweile jedem bekannt sein. Die ordnungsgemäße Beseitigung des beim Ölwechsel abgelassenen **Altöls** ist dank der Abfall-Gesetzgebung ganz einfach: Man kann

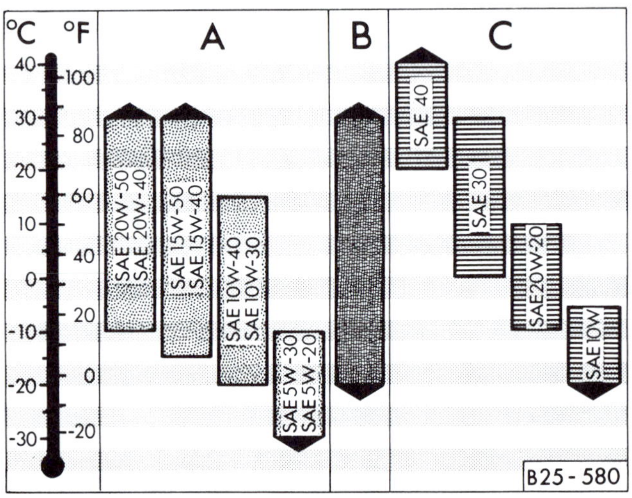

Die Grafik zeigt die Ölviskositäts-Empfehlungen von Volkswagen:
A – Mehrbereichsöle nach VW-Norm 50101;
B – Leichtlauföle nach VW-Norm 50000;
C – Einbereichsöle nach API-Norm SF oder SG.
Die genannten Werte verstehen sich als Dauertemperaturen. Kurzzeitige Schwankungen spielen keine Rolle.

Links: Die Ölablaßschraube sitzt in Fahrtrichtung hinten an der Ölwanne. Zum Lösen ist ein Ringschlüssel das am besten geeignete Werkzeug.
Rechts: Der Spannbandschlüssel muß zum Filterlösen in Pfeilrichtung gedreht werden.

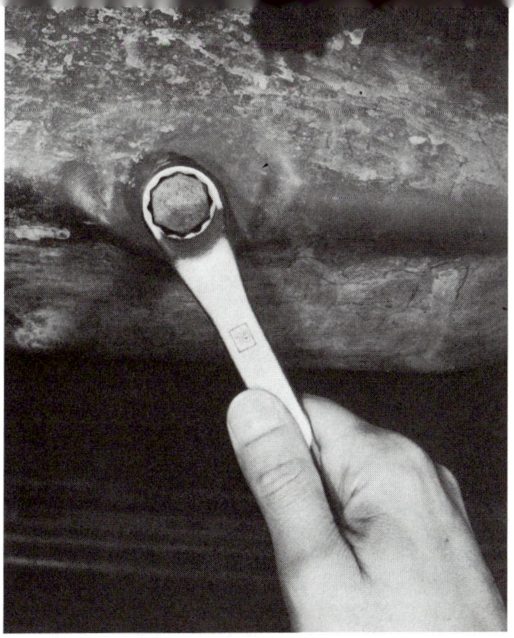

es kostenlos dort abgeben, wo man Motoröl gekauft hat. Der Handel ist zur Rücknahme verpflichtet, als Kaufbeweis müssen Sie nur die entsprechende Quittung vorlegen.

○ In Werkstätten kostet der Ölwechsel nach unseren Erfahrungen das meiste Geld, weil nur sehr teure Ölsorten vorrätig sind. Außerdem ist der Motor oft schon wieder kalt, bis das alte Öl abgelassen wird. Und Werkstätten berechnen zumindest die Arbeit für den Ölfilterwechsel zusätzlich.

○ An Tankstellen kommt der Wagen meist sofort dran. Sie können auch ein billigeres Öl aus dem Tankstellen-Verkaufsprogramm auswählen, und im Ölpreis ist die Arbeit des Tankwarts inbegriffen.

○ Gegen den SB-Ölwechsel mit einem Absauggerät an der Tankstelle bestehen keine Bedenken, vorausgesetzt der Ölfilter wird bei jedem 15 000-km-Intervall ebenfalls ausgetauscht. Das ist von oben her möglich.

○ Ölwechsel zu Hause lohnt sich nur, wenn Sie das Öl preiswert im Zubehörhandel, Großmarkt, Warenhaus oder durch gute Beziehungen billiger kaufen können. An der Tankstelle müssen Sie nach den etwas günstigeren SB- oder Mitnahmeölen fragen.

Motoröl und Ölfilter wechseln

Wartung Nr. 15

Für einen Ölwechsel brauchen Sie **Motoröl** in folgender Menge:

○ **Mit Filterwechsel 4,0 Liter**

○ **Ohne Filterwechsel 3,5 Liter**

○ **Einen Ölfilter** für den alle 15000 km fälligen Filtertausch: V.A.G.-Nr. 056115561G oder unter anderen Herstellerbezeichnungen im Zubehörhandel

○ Einen neuen **Dichtring** für die Ölablaßschraube

● Fahrzeug warmfahren.

● VW waagrecht und rüttelsicher aufbocken.

● Kleine Wanne oder einen genügend großen, aufgeschnittenen Plastik-Ölkanister unterstellen.

● Ablaßschraube mit Ringschlüssel SW 19 öffnen; sie sitzt hinten – in Fahrtrichtung gesehen. Öl auslaufen lassen. Vorsicht, es ist heiß!

● Ölfilter mit dem Bandschlüssel lösen, wie im Bild oben rechts gezeigt.

● Bei sehr festsitzendem Filter einen scharfen Schraubenzieher durch das Blechgehäuse des Filters treiben (Vorsicht, auslaufendes heißes Öl auffangen) und Filter mit dem Schraubenzieher losdrehen.

● Alten Ölfilter über der Ölwanne entleeren.

● Gebrauchten Ölfilter nicht in die Hausmülltonne werfen, sondern – wie auch ölgetränkte Lappen – zum Sondermüll geben (Adresse von der Gemeindeverwaltung erfragen).

● Dichtring am neuen Ölfilter mit etwas Fett einreiben. Kein Öl nehmen, das bei der Sichtkontrolle zum Schluß oft fälschlicherweise für austretendes Öl gehalten wird.

● Filter ohne irgendwelches Werkzeug von Hand festdrehen.

● Ölablaßschraube sauberreiben und mit neuem Dichtring eindrehen; nicht anknallen, sonst wird das Gewinde in der Ölwanne beschädigt.

● Nach dem Öleinfüllen Motor starten. Bis die Ölpumpe den Filter gefüllt hat, blinkt die Öldruckkontrolle weiterhin, und bei einem älteren Motor kann kurzzeitig Lagerklappern hörbar werden.

● Öldichtheit kontrollieren.

Getriebe auf Dichtheit prüfen

Wartung Nr. 24

Im Getriebe wird das Schmiermittel nicht wie im Motor verbraucht, sondern kann allenfalls durch undichte Stellen ins Freie gelangen.

Links: Zur Kontrolle des Ölstands im Schaltgetriebe brauchen Sie einen Steckschlüssel mit Innensechskant SW 17. Hier ist das Werkzeug an der Kontrollschraube (Pfeil) angesetzt. Rechts: Den Stand der Flüssigkeit für die Servolenkung können Sie außen am Behälter ablesen (Pfeile) oder an dem kleinen Meßstab am Behälterdeckel.

- Passat aufbocken.
- Ist das Getriebegehäuse an der Unterseite außen trocken, ist diese Wartung schon erledigt.
- Bei ölverschmiertem Gehäuse machen Sie die Fingerprobe: Motoröl ist dünnflüssig und praktisch geruchlos, Getriebeöl ist dickflüssiger. Mineralisches Getriebeöl hat einen eher aufdringlichen Geruch.
- Fühlt sich der Schmierstoff wie Getriebeöl an, muß der Ölstand geprüft werden.
- Unterhalb des Anlassers die Innensechskantschraube 17 mm lösen, siehe auch Bild oben links.
- Läuft nun bereits etwas Getriebeöl heraus (bei waagrecht aufgebocktem Wagen), stimmt der Ölstand.
- Andernfalls Finger in das Schraubengewinde stecken und fühlen, ob die Schmierflüssigkeit bis knapp an die Öffnung heranreicht.
- Bei größerem Ölmangel vorgeschriebene Getriebeölsorte einfüllen lassen. Ggf. in der Werkstatt die notwendigen Abdichtarbeiten durchführen lassen.

Die richtige Getriebeölsorte

An einen Getriebeölwechsel brauchen Sie nicht mehr zu denken. Das Getriebe ist mit einer Dauerfüllung versehen, aus der eventueller Abrieb durch Magnete herausgefischt wird.
VW gibt mittlerweile nur noch die folgende Getriebeölsorte für den Passat frei:

○ Synthetiköl **SAE 75 W-90** mit der VW-Spezifikation **G 50** (Teile-Nr. G 005000).

Ölstand der Servolenkung kontrollieren

Ständige Kontrolle

Der durchsichtige Vorratsbehälter für das Hydrauliköl der Servolenkung sitzt direkt vor der Batterie im Motorraum. Zu Ihrer eigenen Sicherheit sollten Sie regelmäßig bei jeder Kontrolle des Motorölstands den Ölstand in diesem Behälter prüfen. Zur Steuerung des Hydraulikdrucks im Lenkgetriebe und zugleich als Schmiermittel wird seit 4/89 Hydrauliköl verwendet. Früher erhielt die Servolenkung ATF (siehe unten) wie das automatische Getriebe. Auch bei den älteren Fahrzeugen kann Hydrauliköl nachgefüllt werden, denn beide Flüssigkeiten sind problemlos mischbar. Im V.A.G-Programm wird das Hydrauliköl unter der Teile-Nr. G 002 000 geführt.

- Der Motor muß im Leerlauf drehen, die Vorderräder dürfen nicht eingeschlagen sein.
- Der Ölstand muß zwischen den Markierungen »MIN« und »MAX« am Behälter stehen.
- Ist der Behälter dunkel verfärbt, muß der Peilstab innen am Behälterdeckel benutzt werden.
- Deckel mit Lappen oder Papiertuch abschrauben (Vorsicht, Dichtung).
- Meßstab mit sauberem Tuch abwischen, Deckel lose auf die Einfüllöffnung legen (nicht einschrauben).
- Deckel wieder abnehmen und Pegel am Peilstab ablesen. Das Niveau muß zwischen den Marken liegen.
- Vorsicht, daß kein Schmutz in den geöffneten Behälter gelangt.
- Beim Nachfüllen wird bis zur Markierung »MAX« aufgefüllt.
- Generell deutet Flüssigkeitsverlust auf eine Leckstelle im Hydrauliksystem. Also in diesem Fall nicht einfach Hydrauliköl nachkippen, sondern erst die Leckstelle ermitteln!

ATF-Stand im automatischen Getriebe kontrollieren

Ständige Kontrolle

Die Getriebeautomatik ist mit einer synthetischen Flüssigkeit namens **A**utomatic **T**ransmission **F**luid befüllt. Sie dient als Schmiermittel und zur Steuerung des hydraulischen Drucks im Getriebe. Damit sie den Anforderungen gerecht wird, muß die ATF die Bezeichnung Dexron® (mit einer nachfolgenden Kontrollzahl) tragen.

● Die ATF soll zur Prüfung handwarm sein, das entspricht einer Fahrt von ca. zehn Minuten nach dem Kaltstart. Die Flüssigkeitsmenge verändert sich temperaturabhängig. Im kalten Zustand wird zu wenig angezeigt und nach längerer Fahrt ein zu hoher Stand.
● Handbremse anziehen, Wählhebel in Stellung »P« legen, Motor im Leerlauf drehen lassen.
● ATF-Peilstab – in Fahrtrichtung rechts neben der Batterie – herausziehen. Er darf nur mit einem völlig sauberen und fusselfreien Tuch abgewischt werden.
● Peilstab einschieben und nochmals herausziehen. Die Flüssigkeitsmenge zwischen oberer und unterer Marke beträgt **ca. 0,3 Liter**.
● Zwischen beiden Markierungen muß ATF sichtbar sein. Die unterste Marke gilt nur für das Einfüllen beim ATF-Wechsel.
● Frische ATF ist klar und hellrot eingefärbt, sie kann sich im Betrieb jedoch ohne Qualitätseinbuße schwarzbraun verfärben.
● Riecht die ATF am herausgezogenen Peilstab verbrannt, dürfte ein Getriebeschaden vorliegen.
● Bei zu niedrigem Flüssigkeitsstand sollte nicht einfach ATF nachgefüllt werden, sondern das Getriebe muß auf Undichtigkeiten hin kontrolliert werden. Notwendige Abdichtarbeiten sollten Sie der Werkstatt überlassen.
● Zu hoher Flüssigkeitsstand kann daher rühren, daß die Abdichtung zwischen dem Planetengetriebe und dem Achsantrieb schadhaft ist.
● Ölstand im Achsantrieb kontrollieren, siehe nächsten Abschnitt.
● Ist dort zu wenig Schmiermittel vorhanden, muß die Werkstatt die Teile neu abdichten und die ATF wechseln.
● Stimmt der Schmiermittelstand im Achsantrieb, wird das Zuviel an ATF in der Getriebeautomatik lediglich abgesaugt. Zu hoher ATF-Stand kann ebenfalls einen Getriebeschaden verursachen.

Achsantrieb des automatischen Getriebes

Für den Achsantrieb der Getriebeautomatik wird ein anderes Öl als für das Schaltgetriebe gebraucht. Es muß folgende Bezeichnung tragen:
○ Mineralöl **SAE 90** mit der Spezifikation **API-GL 5** oder **MIL-L-2105B**.
Weder eine Ölstandskontrolle noch ein Ölwechsel sind vorgesehen. Eine Überprüfung kann aber notwendig werden,
○ wenn das Achsantriebsgehäuse außen ölverschmiert ist oder
○ der ATF-Stand in der Getriebeautomatik angestiegen bzw. abgefallen ist ohne Anzeichen äußerer Undichtigkeiten. Dann hat möglicherweise ein Schmiermittelaustausch zwischen Planetengetriebe und Achsantrieb stattgefunden. Zur Ölstandskontrolle:
● Tachowelle am Getriebe abschrauben bzw. bei elektronischem Tachometer Stecker abziehen.
● Antriebswelle für den Tachoantrieb aus dem Getriebegehäuse losschrauben und herausziehen.
● Antriebswelle unten abwischen und wieder in die Öffnung eindrehen.
● Welle wieder ausbauen und Ölstand am unteren Wellenende ablesen.
● Reicht das Öl nicht mehr ans Wellenende, muß 0,1 Liter nachgefüllt werden.
● Als »MAX«-Markierung dient die Verdickung knapp über dem Wellenende.

ATF wechseln

Wartung Nr. 38

Bei normalem Fahrbetrieb sieht der Wartungsplan den ATF-Wechsel alle 30000 km vor. Dazu wird die alte ATF abgesaugt, und gleichzeitig müssen Ölwanne und -sieb gereinigt werden – das sind Arbeiten für die V.A.G-Werkstatt.

Schmierstellen versorgen

Wartung Nr. 14

Der Serviceplan von Volkswagen sieht nur eine Schmierstelle am Passat vor. Aus unserer langjährigen Praxis wissen wir aber, daß eine zusätzliche Schmierration manches auf Dauer leichtgängig hält, was sonst quietscht, klemmt, reißt oder rostet. Dabei gilt folgende Faustregel: An Scharnieren und Gelenken mit engen Durchgängen, in die kein Fett eindringen kann, ist Öl oder Schmierspray günstiger. Gegeneinander reibende Flächen werden besser gefettet oder mit einer Schmierpaste behandelt, da diese Gleitstoffe besser haften.

Türen und Klappe hinten

● Die Türscharniere sind eigentlich wartungsfrei. Dennoch kann es nicht schaden, hin und wieder etwas Öl anzusprühen; abtropfendes Schmiermittel abwischen.
● Für die Schloßfalle der Türen und der hinteren Klappe verwenden Sie am besten Silikonpaste oder ein Schmierspray.
● Die Türfeststeller oder Türhaltebänder, die zu weites Aufschlagen der Türen verhindern, werden mit etwas Mehrzweckfett oder ebenfalls mit Silikonpaste bestrichen.
● Die Heckklappenscharniere können Sie mit etwas Öl besprühen.

Wenn Sie die Schloßfalle am Türschloß mit einem Schmierspray behandeln, sollten Sie die Türverkleidung vor dem schmierigen Sprühnebel schützen.

Schließzylinder

Besonders gefährdet in der Winterzeit ist der Schließzylinder der Heckklappe. Er kann durch Schmutz und Salzkristalle blockiert werden. Dann muß meist ein neuer Schließzylinder her. Besser ist vorbeugende Pflege.

- Sprühen Sie spätestens zu Beginn der kalten Jahreszeit etwas Rostlöser-Isolierspray in den Schlüsselschlitz. Es schmiert, verdrängt Feuchtigkeit und schützt so auch vor Rost sowie Einfrieren im Winter.
- Am Heckklappen-Schließzylinder winters gelegentlich nachsprühen.
- Zur Schmierung der Schließzylinder eignet sich auch Waffenöl. Mit einer alten Injektionsspritze jeweils 0,5 cm^3 einspritzen.

Motorhaube

- Entriegelungszug der Motorhaube von einem Helfer im Wageninnern ziehen lassen. An der Stelle, wo der Seilzug aus der Umhüllung kommt, etwas Fett anstreichen und durch mehrmalige Hebelbewegung in die Zugumhüllung ziehen.
- Das Motorhaubenschloß mit etwas Fett bestreichen oder Schmierspray auftragen.
- Die Achsen der Motorhaubenscharniere erhalten etwas Öl oder Schmierspray.

Gasbetätigung

- Von einem Helfer bei ausgeschaltetem Motor das Gaspedal durchtreten lassen.
- An allen sich hierbei bewegenden Stellen die eventuell anhaftende Schmutzkruste abreiben und anschließend etwas Öl ansprühen, während ein Helfer ein paar Mal das Gaspedal bewegt.

Schiebedach

Beim Passat ist ein wartungsfreies Schiebedach eingebaut. Die Gleitschienen erfordern nach Werksmeinung keinerlei Pflege.

Zündverteiler

Diese Arbeit betrifft nur die Motoren mit mechanischer Zündverstellung, siehe Kapitel »Zündung«.

- Verteiler öffnen, Verteilerfinger abnehmen.
- Zwei Tropfen Haushalts- oder Motoröl in den Schmierfilz der hohlgebohrten Verteilerwelle träufeln.

Im linken Bild wird das Motorhaubenschloß mit einem wasserbeständigen Fett eingestrichen. Die Abbildung rechts zeigt den Schmierfilz in der Zündverteilerwelle. Hier genügt ein Haushaltsöl.

Kraftquelle nach Wunsch

Beim Passat haben wir zum einen die herkömmlichen Motoren mit zwei Ventilen pro Zylinder. Zusammenfassend nennen wir diese Motoren nach der Anzahl ihrer Ventile **Achtventiler**. Zum andern gibt es die leistungsstärkeren Triebwerke mit vier Ventilen je Brennraum – die **Sechzehnventiler** oder kurz **16 V**.

Blick unter die Motorhaube

Blättern Sie zurück zu den Motorraum-Abbildungen auf Seite 10 bis 13. Dann sehen Sie auf Anhieb die typischen Merkmale der verschiedenen Motoren. Einheitlich für alle ist die Quer-Einbaulage mit einer Neigung um rund 20° nach hinten.
Zur Unterscheidung tragen die Motoren vor ihrer Seriennummer Kennbuchstaben und -zahlen: Vorn am Motorblock beim Achtventiler unter dem Zündkerzen-Einschraubgewinde des 3. Zylinders, beim 16 V oberhalb des Gehäuses der Kurbelgehäuse-Entlüftung. Die folgenden Motoren sind in diesem Band beschrieben:

Kurzbezeichnung	**1,6 Euro-Kat**	**1,6 US-Kat**	**1,6**	**1,8 US-Kat**
Hubraum cm³	**1595**	**1595**	**1595**	**1781**
Leistung kW	**53**	**53**	**55**	**55**
Kennbuchstaben	**RF**	**1F**	**EZ**	**AAM**
Gemischaufbereitung	**Vergaser 2 E 3**	**Monojetronic**	**Vergaser 2 E 3**	**Monomotronic**
Zündanlage	**TSZ**	**TSZ**	**TSZ**	**Monomotronic**
Bauzeit	**4/88–7/89**	**10/88–7/90**	**ab 4/88**	**ab 8/90**
Kurzbezeichnung	**1,8 US-Kat**	**1,8 US-Kat**	**2,0 US-Kat**	**2,0 16 V US-Kat**
Hubraum cm³	**1781**	**1781**	**1984**	**1984**
Leistung kW	**66**	**79**	**85**	**100**
Kennbuchstaben	**RP[1]/ABS[2]**	**PF**	**2E**	**9A**
Gemischaufbereitung	**Monojetr.[3]/-Monomotr.[4]**	**Digifant**	**Digifant**	**KE-Motronic**
Zündanlage	**TSZ[3]/Monomotronic[4]**	**Digifant**	**Digifant**	**KE-Motronic**
Bauzeit	**ab 4/88**	**4/88–7/90**	**ab 8/90**	**ab 12/88**

[1] bis 7/91 [2] ab 8/91 [3] bis 7/90 [4] ab 8/91

Die Einzelteile des Motors

Kolben und Zylinder

Die aus Leichtmetall gegossenen Kolben besitzen eine Stahleinlage, welche die Wärmedehnung verringert. Im oberen Drittel jedes Kolbens sind drei Kolbenringe elastisch in entsprechende Nuten im Kolben eingebettet. Sie drücken federnd gegen die Zylinderwand. Die beiden oberen Kolbenringe verwehren dem Gasgemisch den Weg aus dem Verbrennungsraum nach unten ins Kurbelgehäuse, während der untere Ölabstreifring verhindert, daß allzuviel Schmiersaft vom Kurbelgehäuse in den Brennraum gelangt.
Der Kolbenboden ist bei den verschiedenen Motorversionen unterschiedlich ausgeformt – flach oder mit einer mehr oder minder tiefen Mulde. Beim 16 V ist der Kolbenboden flach und besitzt zusätzlich eine sogenannte Tasche, damit die Einlaßventile ausreichend Raum haben.
Die Zylinder, in denen die Kolben auf und ab laufen, sind in das Graugußmaterial des Motorblocks eingearbeitet. Die Zylinderbohrungen sind im sogenannten Kreuzschliff gehont (geschliffen). Die Wandungen dürfen nicht völlig glatt sein, weil sonst das zur Schmierung notwendige Öl nicht daran haften kann. Die Bohrungen der Zylinder sind um 0,03 mm weiter als die zugehörigen Kolben. Bis zu drei Mal können die Zylinderlaufbahnen bei Motorüberholungen ausgeschliffen werden.

Die Kurbelwelle

Aufgabe der Kurbelwelle ist es, die geradlinige Bewegung der in den Zylindern auf und ab laufenden Kolben in eine Drehbewegung umzusetzen. Die zu den Kolben führenden Verbindungsstangen – die Pleuel – wirken deshalb, wie bei einer Andrehkurbel, versetzt zur Mittelachse der Kurbelwelle. Die einzelnen Kurbeln sind um 180° zueinander versetzt, stehen sich also entgegengesetzt gegenüber. Für vibrationsarmen Lauf sitzen an der gegenüberliegenden Seite der Kurbelzapfen acht Gegengewichte.
Um ein Durchbiegen der Kurbelwelle im Betrieb zu vermeiden, ist sie an fünf Stellen im Motorblock gelagert. Jede »Kurbel«, auf der eine Pleuelstange sitzt, ist also rechts und links durch ein Motorlager gestützt.
In Fahrtrichtung links sitzt auf der Kurbelwelle eine Scheibe mit dem Zahnkranz für das Ritzel des Anlassers. Das ist die Schwungscheibe, auf welche die Kupplung und damit die Verbindung zum Getriebe montiert wird. Am anderen Ende der Kurbelwelle sind das Antriebsrad für den Zahnriemen und die Keilriemenscheibe ange-

schraubt. Letztere kann als Schwingungsdämpfer ausgelegt sein: Bei den Achtventilern je nach Mehrausstattung, beim 16 V dagegen grundsätzlich. Er bewirkt eine Verlagerung der verbleibenden Restschwingungen, die dann nicht mehr störend in Erscheinung treten können.

Die Pleuel

Die vier Pleuel sind mit auswechselbaren Lagerschalen auf den Kurbelwellenzapfen montiert. In ihrem anderen Ende tragen sie Bronzebuchsen für die Kolbenbolzen, die »schwimmend« gelagert sind. Darunter ist zu verstehen, daß sich Kolben und Kolbenbolzen auf dem Pleuel etwas zur Seite bewegen können.

Der Achtventiler

Zylinderkopf und Nockenwelle

Aus Gewichtsgründen und wegen der besseren Wärmeleitfähigkeit ist der **Zylinderkopf** aus Leichtmetall gegossen. Die Ventilsitze werden bei erhitztem Zylinderkopf eingesetzt, dadurch sind sie nach dem Abkühlen fest »eingeschrumpft«. Die Zündkerzen sind jeweils direkt in eingeschnittene Gewinde im Zylinderkopf eingeschraubt.
Die **Ein- und Auslaßventile** sitzen spiegelbildlich zueinander, wobei die heißer werdenden Auslaßventile zu den Stirnseiten des Motors hin angeordnet sind.
Ganz oben im Zylinderkopf sitzt die **Nockenwelle**. Mit ihren eiförmigen Nocken veranlaßt sie die Ventile zum Öffnen und Schließen bei bestimmten Kolbenstellungen. Sie bestimmt damit die sogenannten Ventilsteuerzeiten. Die Nockenwelle läuft in vier Lagern; den Antrieb besorgt die Kurbelwelle über einen Zahnriemen.

Die Ventilsteuerung

Die Ventile werden von der Nockenwelle auf kürzestem Übertragungsweg gesteuert. Die hydraulischen Tassenstößel sind – wie eine auf den Kopf gestellte Tasse – über den Ventilschaft und die beiden Ventilfedern gestülpt. Durch den hydraulischen Spielausgleich sorgen sie dafür, daß kein Ventilspiel mehr eingestellt werden muß. Der spielfreie Ventiltrieb verringert die Geräuschentwicklung wesentlich.
Hydraulisch bedeutet hier, daß die Tassenstößel mit unter Druck gesetztem Motoröl arbeiten. Zum hydraulischen Tassenstößel gehören in der Hauptsache zwei bewegliche Teile – der Kolben und der Zylinder. Eine Feder drückt beide Teile so weit auseinander, daß zwischen dem betreffenden Nocken der Nockenwelle und dem Ventilschaft unter dem Hydrostößel kein Spiel mehr herrscht. Bei geschlossenem Ventil fließt Öl aus dem Schmierkreislauf des Motors durch eine seitlich umlaufende Ölnut in den Ölvorratsraum des Hydrostößels. Vom Vorratsraum kann das Öl weiter durch ein offenes Rückschlagventil in den Hochdruckraum im Stößel gelangen.
Wenn nun bei laufendem Motor der Nocken der Nockenwelle auf den Tassenstößel zu drücken beginnt, schließt das Rückschlagventil. Aus dem Hochdruckraum kann kein Öl mehr entweichen, Druck baut sich auf. Das eingeschlossene Öl läßt sich nicht zusammenpressen, es stellt jetzt eine starre Verbindung zwischen Nocken und Ventilschaft her, das Ventil wird geöffnet.
Durch ein konstruktionsseitig genau bemessenes Einbauspiel zwischen Kolben und Zylinder des Hydrostö-

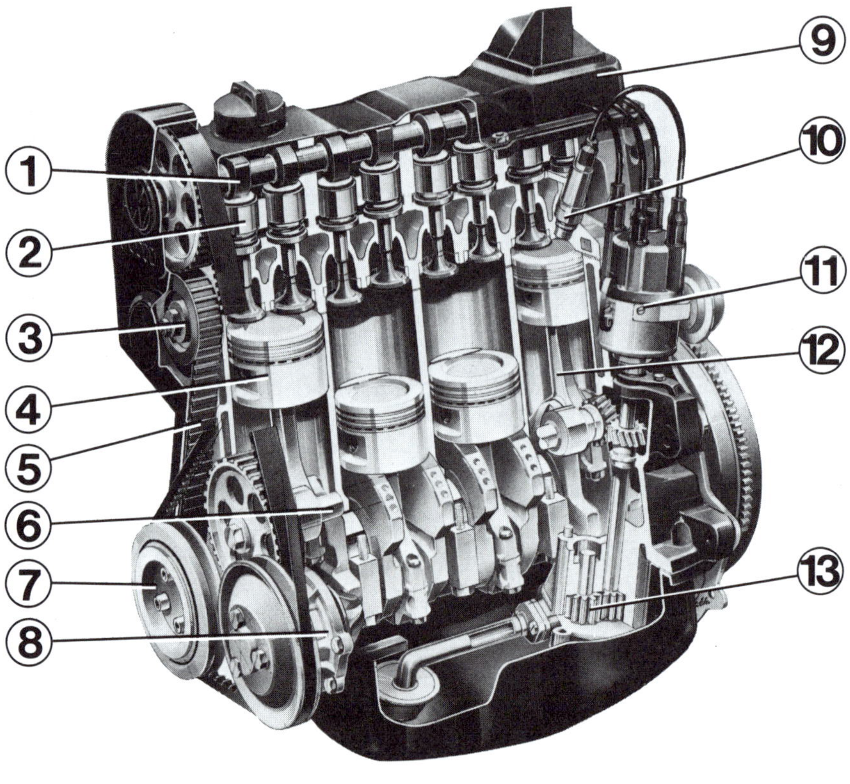

Der 1,6-/1,8-Liter-Motor im Schnitt:
1 – Nockenwelle;
2 – Hydrostößel;
3 – Spannvorrichtung für den Zahnriemen;
4 – Kolben;
5 – Zahnriemen;
6 – Zwischenwelle;
7 – Keilriemenscheibe auf der Kurbelwelle;
8 – Wasserpumpe;
9 – Zylinderkopfdeckel;
10 – Zündkerze des 4.Zylinders;
11 – Zündverteiler;
12 – Pleuel;
13 – Ölpumpe.

Die Ventilbetätigung mit Hydrostößel im Schnitt:
1 – Nocken der Nockenwelle;
2 – Ölvorratsraum;
3 – Rückschlagventil;
4 – Ölzulauf;
5 – Hochdruckraum;
6 – Ventilschaft;
7 – Druckfeder;
8 – Zylinder;
9 – Kolben;
10 – Hydrostößel.
Das unter Hochdruck gesetzte Öl ist rot dargestellt. Hellrot abgesetzt ist die zur Ventilbetätigung nicht benötigte Ölmenge.

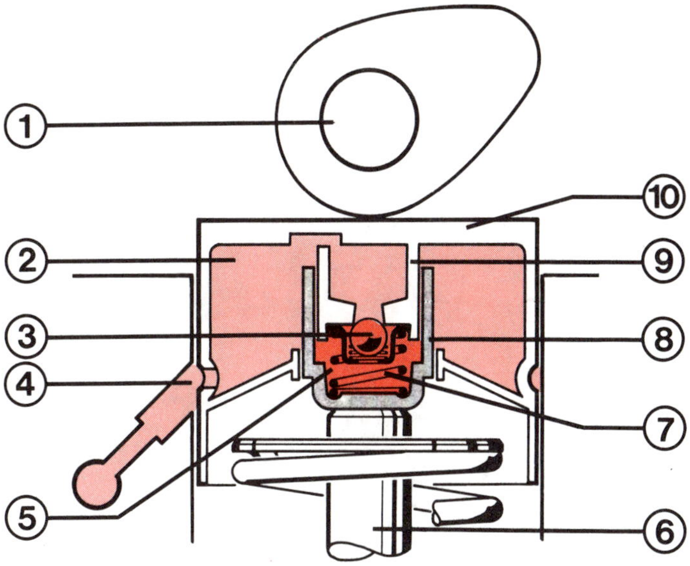

ßels sowie durch den ansteigenden Druck auf den Stößel entweicht eine bestimmte Menge »Lecköl« aus dem Hochdruckraum.
Nachdem das Ventil wieder geschlossen hat, entsteht durch den Leckölverlust ein geringfügiges Ventilspiel, da der Druck im Hochdruckraum vollständig abgebaut ist. Durch das entlastete Rückschlagventil kann aus dem Vorratsraum sofort wieder Öl in den Hochdruckraum einströmen, während die Feder zwischen Kolben und Zylinder das Spiel im System beseitigt, bevor die nächste Ventilbetätigung erfolgt.

Fingerzeig: Damit beim Anlassen des Motors sofort Öl an den Hydrostößeln zur Verfügung steht, befindet sich im Zylinderkopf eine Ölrücklaufsperre. Damit erreicht man, daß der Ölkanal zu den hydraulischen Stößeln und den Nockenwellenlagern gefüllt bleibt. Dennoch ist es normal, wenn der Ventiltrieb nach dem Anlassen Geräusche entwickelt. Ursache hierfür ist, daß bei stehendem Motor Öl aus dem Stößel herausgedrückt wird. Wenn der Motor läuft, wird der Hochdruckraum wieder mit Öl befüllt, und das Geräusch verschwindet. Nach langen Standzeiten kann es aber so lange dauern, bis der Motor warmgefahren ist.

Die Steuerzeiten

Bekanntlich haben wir im Passat einen Viertaktmotor, der das Gemisch aus Kraftstoff und Luft 1. ansaugt, 2. verdichtet, 3. zündet und die verbrannten Gase 4. wieder ausstößt. Fürs Ansaugen der Frischgase und das Ausschieben der Altgase bleibt dem ventilgesteuerten Verbrennungsmotor nur wenig Zeit. Weder kann die Nockenwelle die Ventile schlagartig öffnen noch vermögen sie die Ventilfedern derartig schnell zu schließen. Deshalb sind die Nocken so geformt, daß das Einlaßventil am Ende des Auslaßtakts öffnet, aber erst dann schließt, wenn der Kolben nach Beendigung des Ansaughubs wieder verdichtend aufwärtsstrebt. Das Auslaßventil öffnet schon vor Abschluß des Arbeitstakts und schließt bei manchen Motorvarianten erst, wenn der Kolben bereits wieder nach unten geht. Die Ventilsteuerzeiten sind aus Gründen der Kraftstoffersparnis so gelegt, daß das Auslaßventil ziemlich genau in dem Moment schließt, wenn das Einlaßventil zu öffnen beginnt.

Der Zahnriemen

Als geräuscharmes Antriebselement für die obenliegende Nockenwelle dient der von der Kurbelwelle in Bewegung gesetzte Zahnriemen. Der gezähnte Gummiriemen mit Stahldrahteinlage arbeitet verschleißfrei, zumal die Gummimischung des Zahnriemens überdies für eine Trockenschmierung der Riemenseiten sorgt.
Der Zahnriemen wird durch eine spezielle Spannrolle gespannt und treibt zusätzlich eine Zwischenwelle an, die ihrerseits die Ölpumpe und den Zündverteiler in Bewegung versetzt.

Die Zylinderkopfdichtung

Die Dichtung zwischen Motorblock und Zylinderkopf hat einen schweren Stand: Sie hat dafür zu sorgen, daß die Verbrennungsräume und die Kanäle für Kühlmittel und Öl voneinander getrennt bleiben. Dabei muß sie enormen Temperatur- und Druckschwankungen widerstehen.

Der Sechzehnventiler

Bei geöffneter Motorhaube lesen Sie auf dem Ansaugrohr unübersehbar »DOHC 16 V«. Das steht für die englische Bezeichnung »**D**ouble **O**ver **H**ead **C**amshaft **16 V**alves« oder auf Deutsch »zwei obenliegenden Nockenwellen und 16 Ventile«. Solch ein Sechzehnventiler gilt als typischer Hochleistungsmotor. Die Leistungsausbeute nimmt zu, je größer der Ventildurchmesser ist. Im kreisrunden Zylinder lassen sich zwei Ventilkreise nicht beliebig vergrößern. Bald stoßen sie aneinander, während rechts und links ungenutzter Raum verbleibt. Vier kleine Kreise (= Ventilöffnungen) kann man in dem großen Zylinderkreis dagegen geradezu

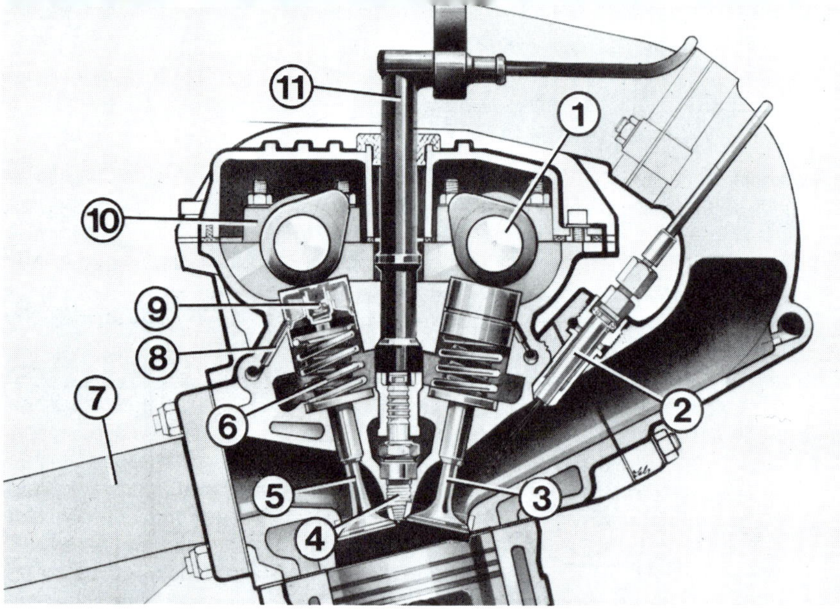

Der Zylinderkopf des 16 V-Motors im Schnitt:
1 – Einlaß-Nockenwelle;
2 – Einspritzventil;
3 – Einlaßventil;
4 – Zündkerze;
5 – Auslaßventil;
6 – Ventilfeder;
7 – Auspuffkrümmer;
8 – Ölrücklaufkanal;
9 – Rückschlagventil;
10 – Nockenwellenlagerdeckel;
11 – Zündkerzenstecker.

optimal unterbringen. Das Ziel des insgesamt größeren Öffnungsquerschnittes ist erreicht, der Motor »atmet« kräftiger durch.
Im folgenden sind wir lediglich auf die Unterschiede zum Motor mit acht Ventilen eingegangen.

Der Zylinderkopf

Die Verdoppelung der Ventilzahl bedingte eine völlige Neukonstruktion des Zylinderkopfes. In den Brennräumen hängen die Auslaßventile senkrecht zur Zylinderachse, während die Einlaßventile um 20° geneigt eingebaut sind. In der Mitte sitzt die Zündkerze. Das ermöglicht nach allen Seiten gleich lange Verbrennungswege. Damit ist die Voraussetzung geschaffen für eine schnelle und saubere Gemischverbrennung.
Die Reihe der Einlaßventile findet sich in Fahrtrichtung vorn am Motor. Für höhere Verschleißfestigkeit sind sie mit sogenannten Panzerringen ausgerüstet. Bei den hinten liegenden Auslaßventilen wurde höherer Aufwand getrieben. Sie bestehen aus »warmfestem« Material, besitzen ebenfalls die Panzerung, und zusätzlich sind ihre hohlgebohrten Schäfte mit Natrium gefüllt. Dieses flüssige Metall wird im Betrieb hin- und hergeschleudert. Es kann am Ventilteller Wärme aufnehmen und leitet sie am Schaft über die Ventilführung an den Zylinderkopf ab.

Die Nockenwellen

Zum Betätigen der beiden Ventilreihen werden zwei Nockenwellen gebraucht. Sie rotieren in Gleitlagern – sechs an der Nockenwelle der Auslaßventile, fünf an der Einlaß-Nockenwelle. Von der Kurbelwelle wird lediglich die Nockenwelle der Auslaßventile über einen Zahnriemen in Drehung versetzt. In Fahrtrichtung links besitzt diese Nockenwelle ebenso wie die vorn liegende Einlaß-Nockenwelle ein normales Zahnrad. Beide Wellen sind durch eine Rollenkette (wie beim Fahrrad) miteinander verbunden und drehen sich in derselben Richtung.
Die Nockenwelle für die Auslaßventile treibt außerdem den Zündverteiler an, der am Zylinderkopf angeflanscht ist.

Die Ventilbetätigung

Die ovalen Nocken drücken über die schon beim Achtventiler erwähnten Hydrostößel auf die Ventilschaftenden.
Bemerkenswert ist eine minimale Wölbung der Stößelböden, eine dem Auge nicht erkennbare Schräge der Nockenlauffläche und ein Versatz von 2 mm zwischen Nocken und Stößel. Dadurch erhalten die Stößel bei laufendem Motor einen Drehimpuls, der sich auf die Ventile überträgt. Hierdurch wird Verschleiß an Stößeln und Ventilsitzen vermieden und eine optimale Dichtheit zwischen Ventil und Sitz erreicht.

Der Zahnriemen

Er treibt, wie eben erwähnt, lediglich eine der beiden Nockenwellen direkt an. Wie bisher ist eine spezielle Spannrolle vorhanden. Die ebenfalls vom Zahnriemen in Bewegung gesetzte Zwischenwelle hat nur noch die Aufgabe, die Ölpumpe anzutreiben.

Das Schmiersystem

Im Motor verlangen eine ganze Reihe von Lagerstellen und Reibpartnern nach Schmierung. Das Motoröl muß dorthin unter Druck gepumpt werden – von der Ölpumpe. Sie saugt den Schmiersaft durch einen siebbewehrten Schnorchel an und drückt ihn in den Hauptstromfilter. Ist das Filterpapier von Schmutz zugesetzt, weil der Filter nicht rechtzeitig gewechselt wurde, tritt ein Sicherheitsventil in Aktion. Es öffnet, der Filter wird umgangen, die Ölversorgung ist sichergestellt. Allerdings bewirkt ungefiltertes Motoröl höheren Verschleiß an den Lagerstellen. Vom Filter aus gelangt das schmierfähige Naß über Bohrungen im Zylinderblock zu den

Schmierstellen der Kurbelwelle, der Zwischenwelle und des Zylinderkopfes mit der bzw. den Nockenwellen. Das Öl fließt durch Bohrungen zurück in die Ölwanne und kann für einen erneuten Durchlauf von der Ölpumpe angesaugt werden.
Beim 16 V sitzen im Kurbelgehäuse unterhalb der Kolben Ölspritzdüsen, die vom Hauptölkanal gespeist werden. Ab ca. 2 bar Öldruck öffnen die Ventile in den Düsen. Die Ölstrahlen sind auf die hoch belasteten Kolbenböden gerichtet, gleichzeitig wird die Schmierung der Zylinderlaufbahnen noch verbessert.

Die Ölpumpe

Rund 30 Liter Öl werden bei Vollgas in der Minute durch den Achtventiler-Motor gepumpt. Der Antrieb der Ölpumpe erfolgt durch die bereits erwähnte Zwischenwelle. Beim 16 V geschieht dies mit einem geänderten Übersetzungsverhältnis, wodurch 20% mehr Öl gefördert werden.
Wir haben im Passat eine herkömmliche Zahnradpumpe. Zwei ineinandergreifende Zahnräder schaufeln das Öl einfach von der Saug- zur Druckseite. Für erhöhte Ölförderung erhielt der Sechzehnventiler jedoch die Pumpe des Dieselmotors eingebaut, die nochmals 15% mehr Schmiersaft herbeischafft.

Öltemperaturen

Für das Wohlbefinden des Motors ist die Öltemperatur ausschlaggebend. Nur die mit Multifunktionsanzeige ausgerüsteten Modelle besitzen eine Öltemperaturanzeige, an der Sie ablesen können, wie es um den Wärmehaushalt des Motors bestellt ist. Gemessen wird am Ölfilterflansch; dort ist der Schmiersaft am kühlsten. Dagegen können an den Kolbenringen Temperaturen bis 300° C auftreten. Volkswagen nennt 145° C in der Ölwanne als höchstzulässige Temperatur. Voraussetzung ist dabei allerdings ein wirklich hochwertiges Motoröl.
Gefährlicher als hohe Temperaturen sind zu niedrige Werte. Bei weniger als 60° C sind die Öl-Additive nicht voll wirkungsfähig, was erheblich höheren Verschleiß zur Folge hat. Deshalb sollten Sie nach Möglichkeit den Motor nach dem Kaltstart nicht über 3500/min drehen lassen, bis das Öl etwa 60° C erreicht hat.
Ohne Öltemperaturanzeige gilt als Anhaltspunkt, daß das Motoröl im Winter nach frühestens 10 Minuten 60° C erreicht hat; in der wärmeren Jahreszeit dagegen schon nach etwa 6 Minuten.

Der Öldruck

Bei einer Öltemperatur von 80° C soll der Öldruck bei **2000/min** des Motors **mindestens 2 bar** erreichen. Das können Sie in dieser Form nur ablesen, wenn Sie nachträglich einen Öldruckmesser eingebaut haben. Als serienmäßige Kontrollmöglichkeit gibt es einen Öldruckschalter, der ab einem Druck von 0,15 – 0,45 bar die Warnleuchte im Armaturenbrett verlöschen läßt und einen zweiten Schalter, der bei höheren Motordrehzahlen vor zu niedrigem Druck warnt. Sackt der Öldruck bei mehr als 2150/min unter 1,8 bar, blinkt die Kontrolleuchte, und ein Warnsummer ertönt. Näheres zur Öldruckkontrolle finden Sie auf Seite 224.
Aber zu hoch darf der Öldruck auch nicht sein. Ein Überdruckventil in der Ölpumpe öffnet den Weg zur Saugseite hin, wenn der Druck durch kaltes und sehr zähflüssiges Öl zu hoch ansteigt.

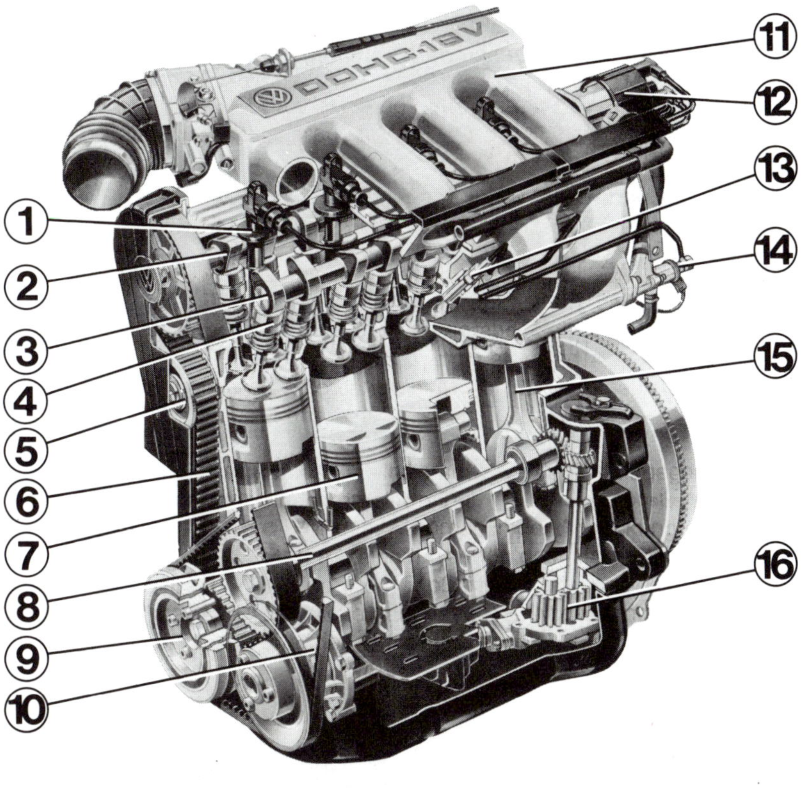

Ein Schnitt durch den Sechzehnventiler-Motor:
1 – Zündkerzenstecker;
2 – Auslaßnockenwelle;
3 – Einlaßnockenwelle;
4 – Hydrostößel;
5 – Zahnriemenspanner;
6 – Zahnriemen;
7 – Kolben;
8 – Zwischenwelle;
9 – Keilriemenscheibe mit Schwingungsdämpfer auf der Kurbelwelle;
10 – Wasserpumpe;
11 – Saugrohr;
12 – Zündverteiler;
13 – Einspritzventil des 3. Zylinders;
14 – Kaltstartventil;
15 – Pleuel;
16 – Ölpumpe.

Wollen Sie den Öldruck Ihres Motors messen, muß der 0,3-bar-Öldruckschalter am Zylinderkopf (mit brauner Isolierung) herausgeschraubt und stattdessen ein Manometer angeschlossen werden.

Der Ölkühler

Die Modelle ab 79 kW besitzen einen »wasserdurchflossenen« Ölkühler, der zwischen Ölfilter und Ölfilterhalter eingesetzt ist. Das Öl wird ständig im Kühler vom durchgepumpten Kühlmittel abgekühlt bzw. bei kaltem Motor vom bereits erhitzten Kühlwasser etwas angewärmt.

Die Kurbelgehäuse-Entlüftung

Auch ein gesunder Motor bläst in der Minute 50 bis 70 Liter Verbrennungsgase an den Kolbenringen vorbei ins Kurbelgehäuse. Dieser Druck muß aus dem Motor entweichen können, damit die Dichtungen nicht zu stark beansprucht werden. Das geschieht über die Kurbelgehäuse-Entlüftung. Die giftigen Gase aus dem Motorinnern werden zum Schutz der Umwelt in den Luftansaugstutzen zurückgeleitet. Von dort werden die Gase zur vollständigen Verbrennung nochmals vom Motor angesaugt.

○ Der Entlüfterschlauch ist bei den **Achtventilmotoren** links oben am Zylinderkopfdeckel angeschlossen. In Verbindung mit Digifant-Motorsteuerung sitzt auf dem Zylinderkopfdeckel noch ein Druckregelventil, das erst ab einem bestimmten Überdruck im Kurbelgehäuse den Schlauchweg zum Ansaugstutzen freigibt.

○ Beim **16 V** erfolgt die Kurbelgehäuse-Entlüftung durch ein spezielles Entlüftungsgehäuse. Es sitzt vorn am Motor in Höhe des 3. Zylinders. Im Entlüftungsgehäuse sitzt ein Ölabweisblech, das verhindern soll, daß die durchblasenden Gase Öl mit in den Luftfilter reißen.

Sichtprüfung des Motors

Wartung Nr. 7

- Betrachten Sie den Motor von oben und unten.
- Geringfügig ölfeuchte Stellen sind nicht bedenklich, alle Motoren »schwitzen« gelegentlich etwas Schmiermittel aus.
- Ölflecken unter dem geparkten Wagen und deutlichen Ölnässen sollten Sie auf den Grund gehen.
- Motor mit einem Dampfstrahlgerät oder Motorreiniger säubern.
- Nach einer Probefahrt von wenigen Kilometern wird kontrolliert.

Mögliche Leckstellen

Auf die nachstehend genannten Stellen am Motor sollten Sie Ihr Augenmerk richten:

○ Abdichtung von Kurbelwelle, Nockenwelle und Zwischenwelle (vom Zahnriemenschutz verdeckt)

○ Halbrunddichtung in Fahrtrichtung links im Zylinderkopf des Achtventilers

○ Dichtung für Zündverteilerfuß

○ Öldruckschalter

○ Ölfilterhalter, Ölkühler und Filtergehäuse

○ Ölwanne

○ Zylinderkopfdeckeldichtung (beim 16 V auch die Dichtung unter den Zündkerzen)

○ Zylinderkopfdichtung

Fingerzeig: Tritt Öl an Verschraubungen aus, können Sie kontrollieren, ob Schrauben locker sind. Aber nicht mit Kraft »anknallen«. Folgende Drehmomente gelten: Kraftstoffpumpe 20 Nm, Ölwanne 20 Nm, Zylinderkopfdeckel 10 Nm.

Einfahren des neuen Motors

Die Zylinderwände sowie die Kolben mit den dazugehörigen Kolbenringen weisen im Neuzustand an den Oberflächen eine mikroskopische Rauhigkeit auf. Erst der Einlaufvorgang kann diese kleinen Unebenheiten beseitigen, so daß die Teile gut gegeneinander abdichten. Zu flottes Hochdrehen des neuen oder überholten Motors kann zu winzigen Freßstellen führen, die unter Umständen einen fatalen Kolbenfresser nach sich ziehen. Sie tun also im Hinblick auf die Motorlebensdauer gut daran, die Einfahr-Empfehlungen des VW-Werks zu beachten. Während der ersten 1000 km gelten als höchste Drehzahl etwa 4200/min. Wer einen Passat ohne Drehzahlmesser hat, hält sich an folgende Geschwindigkeiten (in km/h):

	53/55 kW 4-Gang	53/55/66 kW 5-Gang	79/85 kW 5-Gang	100 kW 5-Gang
1. Gang	25	30	30	35
2. Gang	50	50	55	60
3. Gang	85	85	85	100
4. Gang	130	115	120	130
5. Gang	–	140	145	155

Auf Landstraßen fühlt sich der Motor während der Einfahrzeit am wohlsten. Da muß fleißig geschaltet werden, man fährt mit wechselnden Geschwindigkeiten und wird selbst bei Beachtung der anfänglichen Höchst-

drehzahlen bzw. Geschwindigkeiten nicht zum Verkehrshindernis. Im Lauf der folgenden 500 km können Sie die Drehzahlen langsam steigern. Ab 1500 km darf der Motor ruhig auch einmal hochgedreht werden. Routinierte Einfahrer benutzen dazu vor allem Autobahngefälle: Bergab mit relativ hohen Motordrehzahlen, ohne den Motor gleichzeitig stark zu belasten. Die Maschine muß dazu allerdings restlos durchgewärmt sein, also mindestens 25 km Fahrstrecke nach dem Kaltstart hinter sich haben.
Etwa 3000 km muß der Motor schon auf dem Buckel haben, ehe er richtig eingefahren ist. Bei überwiegendem Stadtverkehr dauert es sogar noch viel länger.

Fingerzeig: Was hier für den neuen Motor gesagt wurde, gilt erst recht für ein überholtes Triebwerk, das erfahrungsgemäß noch empfindlicher auf falsche Einfahrweise reagiert.

Die Motor-Lebensdauer

Die Angabe von Kilometerleistungen ist besonders bei den leistungsstärkeren Motoren schwierig. Wer grundsätzlich gleich nach dem Kaltstart mit hohen Drehzahlen davonbraust, darf sich nicht wundern, wenn der Motor vielleicht schon nach 80 000 km das Zeitliche segnet. Dagegen kommen andere Fahrer trotz forscher Fahrweise mit dem ersten Triebwerk auf Kilometerleistungen von 200 000. Von entscheidender Bedeutung ist hierbei die Öltemperatur.
Nach wochenlangem Kurzstreckenverkehr ist es ebenfalls nicht ratsam, gleich voll aufs Gaspedal zu treten. Bei den langen Leerlaufminuten in der Stadt bilden sich in den Brennräumen und an den Ventilen Ablagerungen, die bei voller Betriebstemperatur und zügiger, aber nicht scharfer Fahrt langsam abgebrannt werden sollen. Das entspricht 4000 – 5000/min. Ideal ist auch hier wieder die Fahrt auf der Landstraße.

Kompressionsdruck messen

Die Messung des Kompressionsdrucks in den Motorzylindern gibt Aufschluß darüber, ob Ventile und Kolbenringe noch gut abdichten. Leistung, Kaltstartverhalten sowie Öl- und Kraftstoffverbrauch unseres Motors hängen davon ab.

- Motor warmfahren. Die Kolbenringe dichten bei warmem Öl besser ab.
- Beim Einspritzer Sicherung für die elektrische Benzinpumpe herausnehmen (siehe Seite 162). Andernfalls wird der Motor bei der Druckprüfung mit Kraftstoff überflutet.
- Zündanlage »lahmlegen«, siehe Seite 190.
- Alle Zündkerzen herausschrauben.
- Gummikonus des Druckprüfers auf das Kerzenloch des 1. Zylinders (in Fahrtrichtung der ganz rechte) pressen oder Anschlußleitung ins Zündkerzengewinde schrauben.
- Handbremse anziehen, Schalthebel in Leerlauf drücken.
- Von Helfer Gaspedal voll durchtreten lassen. So erhalten die Zylinder ihre größte Füllung.
- Mit dem Anlasser den Motor so lange durchdrehen lassen, bis der Druckwert nicht mehr ansteigt (mindestens 5 Sekunden).
- Meßwert ablesen und notieren. Bei einem Druckschreiber mit Meßkärtchen weiterschalten für den nächsten Zylinder.
- Zum Wiedereinschrauben der Zündkerzen Hinweise auf Seite 199 beachten.

Beim Messen des Kompressionsdrucks muß das Prüfgerät absolut dicht mit dem Zündkerzenloch abschließen.

Druckwerte

Folgendes sagen die Kompressionsdruckwerte aus (in bar Überdruck):

Motor	Kennbuch-buchstaben	Guter Motor-zustand	Motor über-holungs-bedürftig	Maximaler Druck-unterschied zwischen den Zylindern
1,6 53/55 kW, 1,8 55/66 kW	RF, 1F, EZ, AAM, RP, ABS	9–12	7	3
1,8 79 kW, 2,0 85/100 kW	PF, 2E, 9A	10–13	7	3

Zu niedrige Druckwerte

Bedenklich ist es, wenn zwischen den vier Meßwerten für die Zylinder Unterschiede von mehr als 3 bar bestehen. Das kann bedeuten:

- Kolben- und Kolbenringverschleiß
- Festsitzende Kolbenringe durch Rückstandsbildung
- Unrunde Zylinder als Folgeerscheinung von Kolbenklemmern
- Ablagerungen an den Ventilschäften oder -sitzen durch Verbrennungs- bzw. Schmierölrückstände
- Eingeschlagene Ventile
- Verbrannte Ventile

Fingerzeig: In den meisten Fällen sind undichte Ventile die Ursache für mangelhaften Kompressionsdruck und damit geringere Motorleistung. Abhilfe bringt entweder Einschleifen der Ventile oder die Überholung des Zylinderkopfes.

Fehlersuche

Um bei zu niedrigem Kompressionsdruck den Fehler lokalisieren zu können, ins Zündkerzenloch mit einer Spritzkanne etwas zähflüssiges Öl träufeln und Kompressionsdruck nochmals messen.

- Bleiben die Werte weiterhin schlecht, sind die Ventile schuld.
- Erhalten Sie höhere Druckwerte, liegt es an den Kolbenringen und vielleicht auch an den Zylindern. Ein typisches Zeichen für diesen Fehler ist langsames Ansteigen des Druckwertes beim Durchdrehen des Motors. Das eingefüllte Öl hat kurzfristig zwischen Kolben und Zylinderwänden besser abgedichtet, so daß das komprimierte Gas kaum noch entweichen konnte.

Der Druckverlusttest

Genauere Erkenntnisse liefert der Druckverlusttest, den manche Werkstätten durchführen können. Das Testgerät besteht aus zwei Kammern, wobei in einer ein gleichbleibender Druck herrscht. Die zweite Kammer ist über einen Schlauch zur Zündkerzenbohrung mit dem Verbrennungsraum, durch eine Düse mit der ersten Kammer und außerdem mit einer Anzeigeskala verbunden.

Verliert der geprüfte Brennraum Druck, wird dies auf der Skala angezeigt. Eine größere Leckstelle läßt sich durch Abhorchen erkennen:

- Blasgeräusche am Auspuff lassen auf ein undichtes Auslaßventil schließen.
- Strömt Druckluft aus Vergaser, Einspritzeinheit bzw. Drosselklappenteil der Einspritzanlage, ist ein Einlaßventil defekt.
- Bei einer defekten Zylinderkopfdichtung oder einem Riß im Zylinderkopf gelangt Druckluft durch das benachbarte Zündkerzenloch oder aus dem geöffneten Kühlmittel-Ausgleichbehälter ins Freie.
- Verschlissene Zylinderwände, Kolbenlaufbahnen oder Kolbenringe lassen Druck ins Kurbelgehäuse strömen und am geöffneten Öleinfüllstutzen oder am Rohr für den Ölpeilstab austreten.

Motor durchdrehen

Zu manchen Arbeiten muß man den Motor entweder in eine bestimmte Stellung bringen oder durchdrehen. Hierzu gibt es drei Möglichkeiten:

- Den Passat wie zu einem Radwechsel einseitig vorn aufbocken, höchsten Gang einlegen und das freihängende Vorderrad durchdrehen, wodurch der Motor bewegt wird.
- Oder, falls genügend ebene Fläche zur Verfügung steht, bei eingelegtem höchsten Gang den Wagen jeweils weiter vorschieben.
- Oder Zündkerzen herausschrauben (der Motor läßt sich dann leichter durchdrehen) und mit einem an der Kurbelwellen-Keilriemenscheibe angesetzten 19er-Ringschlüssel drehen.
- Keinesfalls darf an der Befestigungsschraube für das Nockenwellen-Zahnriemenrad gedreht werden, sonst könnte der Zahnriemen überspringen.

Zylinder 1 auf Zündzeitpunkt stellen

Beim Viertaktmotor kommt der Kolben während der vier Arbeitstakte zweimal in den Oberen Totpunkt (OT): Einmal beim Zünden des angesaugten Gemisches und zum zweiten Mal nach dem Ausstoßen der Altgase mit anschließend beginnendem Wiederansaugen von Kraftstoff/Luft-Gemisch. Üblicherweise wird bei verschiedenen Einstellarbeiten die Stellung gebraucht, bei der normalerweise der Zündfunke überspringt.

Die Zahnriemenabdeckung des Achtventilers:
1 – obere Abdeckung;
2 – hinteres Abdeckblech;
3 – Zahnriemenschutz oben;
4 – Dichtstreifen;
5 – Zahnriemenschutz unten.

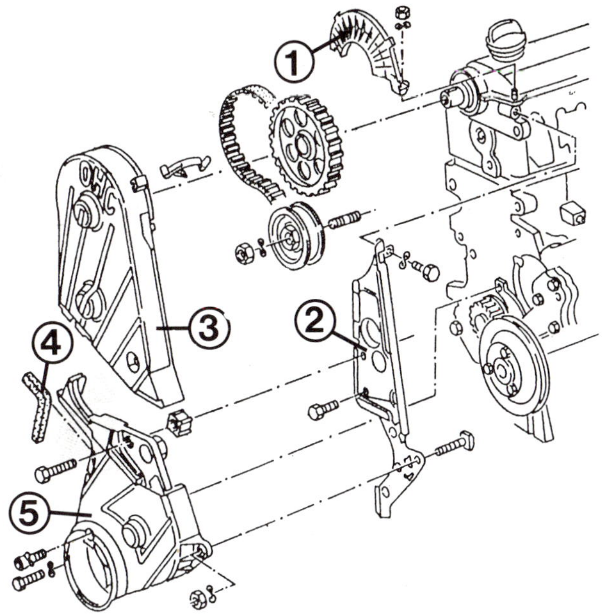

● Verteilerdeckel abnehmen.
● Motor so weit drehen, bis der Verteilerfinger auf die Kerbe im Verteilergehäuserand zeigt (siehe Bild Seite 198).
● Motor ggf. noch ein wenig drehen, bis im Schauloch der Getriebeglocke die Markierung »O« auf der Schwungscheibe der Gußnase am Gehäuse gegenübersteht (Bild unten).

Arbeiten am Zahnriemen

Die Ventilsteuerung erfolgt, wie bereits angesprochen, über einen Zahnriemen. Dieser versetzt die Nockenwelle(n) in die halbe Umdrehungszahl der Kurbelwelle.
Für den 16 V schreibt VW zur Kontrolle der Zahnriemenspannung das Sonderwerkzeug VW 210 vor. Es geht aber auch behelfsmäßig, wie in den folgenden Absätzen beschrieben.

Zahnriemenabdeckung abnehmen

● Keilriemen abnehmen, siehe Seite 182.
● Beim **Achtventiler mit Blechabdeckung** die beiden rechts außen sitzenden Muttern der Zylinderkopfhaube lösen sowie die Innensechskant-Bundmutter an der Stirnseite der oberen Abdeckung.
● Bei **Kunststoffabdeckung** zwei Federklammern ausrasten.
● Am **16 V** die Innensechskantschraube an der oberen Abdeckung herausdrehen.
● **Alle Motoren:** Obere Abdeckung abnehmen.
● Die Keilriemenscheiben an der Kurbelwelle (je nach Motor mit Schwingungsdämpfer) und an der Wasserpumpe abschrauben.
● Halteschraube(n) und Mutter(n) der unteren Zahnriemenabdeckung lösen und diese abziehen.
● Beim Zusammenbau den Dichtstreifen an der unteren Abdeckung wieder sauber einlegen, ggf. ersetzen. Die obere Blechabdeckung besitzt übrigens drei Dichtstreifen.
● Die Schrauben der Keilriemenscheiben werden mit 20 Nm, die Muttern und Schrauben der Zahnriemenabdeckung mit 10 Nm angezogen.
● Die Keilriemenscheibe mit Schwingungsdämpfer des 16 V läßt sich nur in einer festgelegten Stellung montieren.

In der Abbildung links steht die Schwungscheibe mit ihrer Markierung »O« für den oberen Totpunkt der Pfeilmarkierung im Schauloch der Getriebeglocke gegenüber.
Die Zeichnung rechts verdeutlicht die Begriffe »Oberer« und »Unterer Totpunkt«. Der Raum dazwischen ist der »Hubraum«. Dagegen befindet sich der Verbrennungsraum zwischen höchster Kolbenstellung (2) und Zylinderkopfunterkante (1).

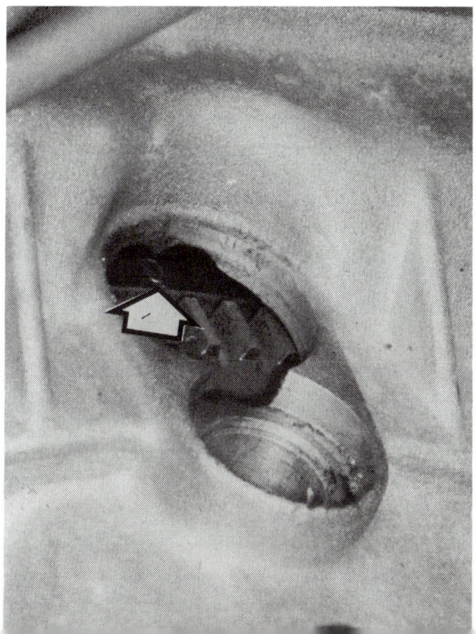

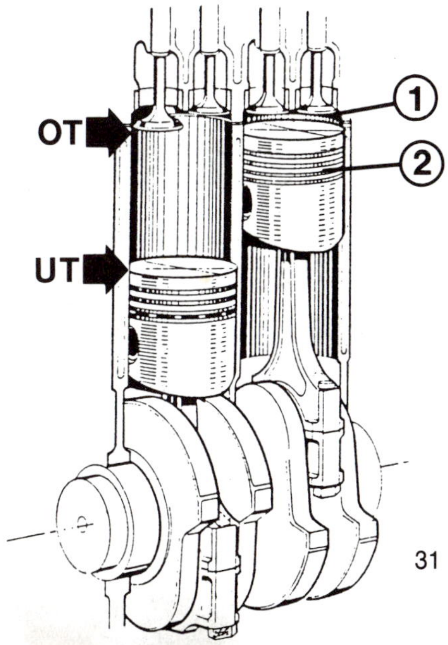

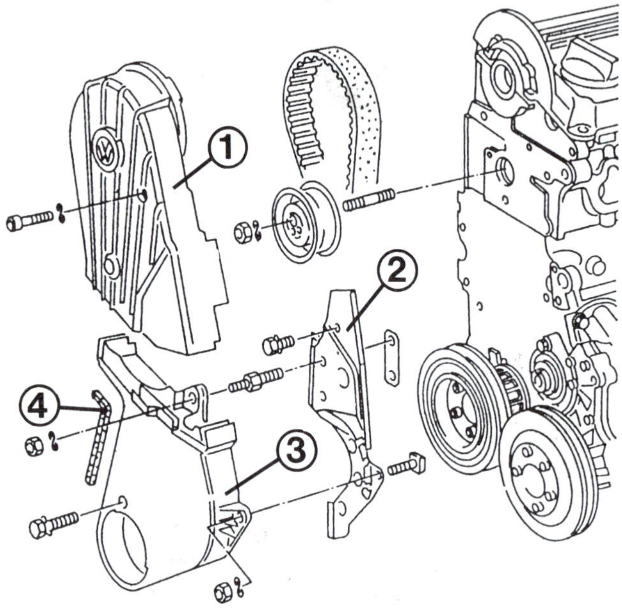

Die Zahnriemenabdeckung des Sechzehnventilers besteht aus folgenden Teilen:
1 – Zahnriemenschutz oben;
2 – Abdeckblech hinten;
3 – Zahnriemenschutz unten;
4 – Dichtstreifen.

Zahnriemen-zustand prüfen

- Zahnriemenabdeckung abnehmen.
- Der gezähnte Riemen darf nicht verölt oder rissig sein.
- Die Flanken der Verzahnung müssen intakt sein und dürfen keine Abnutzungserscheinungen zeigen.
- Damit Sie den Riemen auf seiner gesamten Länge begutachten können, den Motor durchdrehen.
- Einen beschädigten Zahnriemen unbedingt ersetzen.

Zahnriemen-spannung kontrollieren

- Zahnriemenabdeckung abnehmen.
- Die Spannung wird an der längsten freilaufenden Stelle des Riemens geprüft – zwischen Nockenwellen- und Zwischenwellenrad.
- **Achtventiler:** Der kalte Zahnriemen muß sich bei richtiger Spannung nur mit Daumen und Zeigefinger um 90° (= rechter Winkel) in sich verdrehen lassen.
- Beim **16 V** wird das Spezialwerkzeug VW 210 gebraucht. Dieses Meßgerät prüft die Riemenspannung bezogen auf eine bestimmte Riemenlänge.
- Mit einem Gummihammer kurz zwischen Nockenwellen- und Zwischenwellenrad auf den Riemen schlagen.
- Meßgerät ansetzen und Anzeigewert notieren.
- Kurbelwelle zweimal durchdrehen. Nur an der Kurbelwellen-Keilriemenscheibe drehen!
- Messung wiederholen.
- Mittelwert der Messungen errechnen.
- Wird Skalenwert 13 –14 erreicht, ist alles in Ordnung. Sonst Riemen nachspannen.

Zahnriemen-spannung beim 16 V behelfsmäßig prüfen

- Zahnriemenabdeckung abnehmen.
- Mit einem Gummihammer kurz zwischen Nockenwellen- und Zwischenwellenrad kurz auf den Riemen schlagen.
- An derselben Stelle durch Daumendruck den Durchhang des Riemens ermitteln. Er soll sich bei richtiger Riemenspannung etwa 11 mm durchdrükken lassen. Sonst nachspannen.
- Im Zweifelsfall Messung nach Weiterdrehen der Kurbelwelle wiederholen.
- Zahnriemenspannung so bald als möglich mit dem Meßgerät nachprüfen lassen.

Zur Kontrolle der Zahnriemenspannung den Riemen mit zwei Fingern fassen und versuchen, ihn um 90° zu verdrehen (1/4-Umdrehung).

Nach Lösen der Klemmutter (2) kann die Spannrolle (3) verdreht werden. Die Werkstatt hat hierfür den Mutterndreher V 159 von Matra, der in die beiden Löcher (1) der Spannrolle eingesetzt wird. Eine behelfsmäßige Einstellmethode beschreibt unser Text unten.

Zahnriemenspannung einstellen

Die Werkstatt verwendet zum Drehen des Einstellexzenters den Mutterndreher Matra V 159. Nachfolgend beschreiben wir, wie sich die Einstellung ohne Mutterndreher vornehmen läßt.

- Zahnriemenspannung messen (siehe vorige Abschnitte).
- Klemmutter an der Spannrolle ein klein wenig lösen. Die Rolle darf sich noch nicht von Hand auf dem Exzenter hin- und herbewegen lassen.
- Einen Schraubenzieher in eines der Löcher im Nockenwellen-Zahnriemenrad stecken.
- Auf diese Weise das Nockenwellenrad geringfügig nach links drehen, damit der Zahnriemen auf der Spannrollenseite entlastet ist.
- Jetzt mit einem kleinen Hammer vorsichtig von links auf die Spannrolle schlagen, damit diese auf ihrem Exzenter etwas nach rechts rutscht und so den Riemen spannt. Das Nockenwellen-Zahnriemenrad muß natürlich währenddessen weiter festgehalten werden.
- Klemmutter an der Spannrolle wieder festziehen.
- Riemenspannung nachmessen.

Zahnriemen auswechseln am Achtventiler

- Kolben im Zylinder 1 auf Zündzeitpunkt stellen.
- Zahnriemenabdeckung ausbauen.
- Riemen entspannen. Dazu nach Losdrehen der Klemmutter die Spannrolle im Gegenuhrzeigersinn drehen.
- Zahnriemen abnehmen.
- Neuen Zahnriemen auflegen. Wurde die Stellung von Kurbelwellen- und Nockenwellenrad nicht verändert, stimmen die Ventilsteuerzeiten noch. Sicherheitshalber sollte man dies jedoch vor dem endgültigen Zusammenbau kontrollieren.
- War der Zylinderkopf abgenommen, müssen die Steuerzeiten in jedem Fall eingestellt werden.

Beim Auflegen des Zahnriemens beim Achtventiler muß die Markierung (2) an der Rückseite des Nockenwellen-Zahnriemenrades mit der Bezugskante (1) in gleicher Höhe stehen.

Fingerzeig: Kurbel- und Nockenwelle müssen so zueinander eingestellt sein, daß die nach oben gehenden Kolben nicht etwa gegen noch oder schon wieder geöffnete Ventile stoßen können. Wichtig: Wenn bei der Einstellung die Nockenwelle gedreht wird, darf kein Kolben im OT stehen, sonst können Ventile und Kolben zusammenstoßen und beschädigt werden.

Steuerzeiten einstellen am Achtventiler

- Zahnriemenrad der Nockenwelle so drehen, daß die Körnermarkierung an der Rückseite des Rades in Höhe der vorderen Zylinderkopfhaubenkante steht.
- Zahnriemen auf Kurbel- und Zwischenwellenrad auflegen.
- Kurbelwellen-Keilriemenscheibe mit allen vier Schrauben befestigen, dabei richtige Stellung beachten.
- Kurbelwelle so drehen, daß die Kerbe in der Keilriemenscheibe mit der Körnermarkierung auf dem Zwischenwellenrad in einer Flucht steht (siehe Bild unten links).
- Zahnriemen auflegen, dabei darauf achten, daß sich die Stellung der verschiedenen Räder nicht verändert.
- Zahnriemen spannen durch Drehen der Spannrolle im Uhrzeigersinn.
- Motor zweimal voll durchdrehen und die Einstellung nochmals überprüfen.
- Vor dem Einbau der unteren Zahnriemenabdeckung die Kurbelwellen-Keilriemenscheibe nochmals abnehmen.
- Zündeinstellung kontrollieren.
- Wurde der Zahnriemen nur vom Nockenwellenrad abgenommen, wird nach dem Zusammenbau folgendes kontrolliert:
- Verteilerdeckel abnehmen und prüfen, ob der Verteilerfinger auf die Kerbe im Verteilergehäuserand zeigt (Bilder Seite 198).
- Wenn nicht, Verteilerhalteschraube lösen.
- Verteiler so drehen, bis Verteilerfinger und Kerbe übereinstimmen, evtl. Zündverteiler herausnehmen und neu einsetzen.
- Halteschraube wieder festziehen.
- Motor zweimal durchdrehen und Einstellung nochmals überprüfen.
- Zuletzt Zündzeitpunkt prüfen.

Zahnriemen auswechseln am 16 V

- Zylinder 1 auf OT Zündzeitpunkt stellen.
- Zahnriemenabdeckung ausbauen.
- Riemen entspannen und abnehmen.
- Neuen Zahnriemen auflegen.
- Steuerzeiten einstellen, siehe nächsten Abschnitt.

Steuerzeiten einstellen am 16 V

- Kurbelwelle so drehen, daß kein Kolben im OT steht.
- Zahnriemen auf Kurbel- und Zwischenwellenrad auflegen.
- Zahnriemenschutz unten montieren.
- Schwingungsdämpfer montieren (Stellung beachten).
- Bei eingebautem Zylinderkopfdeckel muß die Kerbe außen auf dem Nockenwellenrad dem Pfeil auf dem Zylinderkopfdeckel gegenüberstehen (rechtes Bild auf der gegenüberliegenden Seite).
- Ist der Zylinderkopfdeckel abgenommen, gilt die Kerbe an der Innenseite des Nockenwellenrades: Sie muß waagrecht in Höhe des Zylinderkopfes stehen (linkes Bild auf der rechten Seite).
- Kurbelwelle so drehen, daß die Kerbe am Schwingungsdämpfer mit dem Pfeil am unteren Zahnriemenschutz (Bild unten rechts) fluchtet.
- Zahnriemen auflegen, die Stellung der verschiedenen Räder darf sich nicht verändern.
- Zahnriemen spannen, wie auf der Vorseite beschrieben.

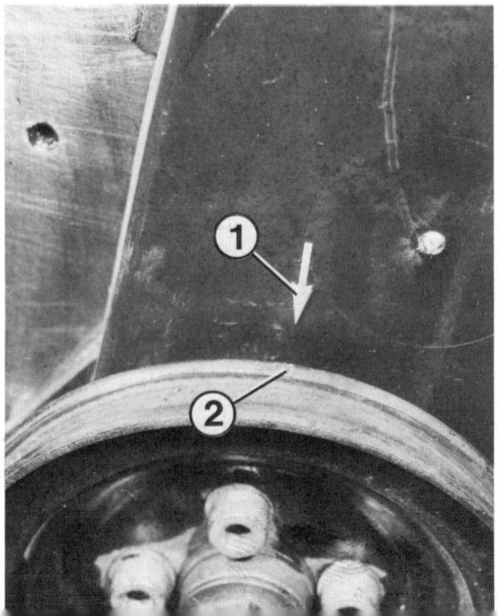

Links: Die Kurbelwellen-Keilriemenscheibe und die Zwischenwelle müssen bei abgenommenem unterem Zahnriemenschutz so gedreht werden, daß die Kerbe auf der Riemenscheibe mit der Körnermarkierung auf dem Zwischenwellenrad fluchtet.
Rechts: Die Stellung der Kurbelwelle beim Zahnriemenauflegen bei montiertem unterem Zahnriemenschutz: Die Kerbe auf der Keilriemenscheibe (2) muß unter der Pfeilmarkierung (1) am Zahnriemenschutz stehen.

Die Stellung des Nockenwellen-Zahnriemenrades am 16 V. Links: Bei abgenommenem Zylinderkopfdeckel muß die Kerbmarke (1) an der Rückseite des Rades in Höhe der Zylinderkopf-Oberkante (Pfeil) stehen. Rechts: Bei montiertem Zylinderkopfdeckel gilt die Markierung (3) vorn am Riemenrad, die mit der Pfeilmarke (2) am Zylinderkopfdeckel fluchten muß. Ähnlich sieht die Markierung auch am 2-Liter/85-kW-Motor aus.

- Motor zweimal durchdrehen, Einstellung nochmals überprüfen.
- Zahnriemenschutz oben, Keilriemenscheibe und Keilriemen montieren.
- Zündeinstellung überprüfen (Seite 201).

Störungsbeistand

Zylinderkopfdichtung

Ein Schaden an der Zylinderkopfdichtung tritt meist als Folge von Überhitzung auf.

Erkennungsmerkmal	Ursache/Besonderheiten
A Kühlflüssigkeitsstand nimmt laufend ab	Kühlmittel gelangt in sehr geringer Menge in die Brennräume. Diese Erscheinung kann sich ohne weitere Erkennungsmerkmale über längere Zeit hinziehen
B Beträchtlicher Kühlmittelverlust. Der Wagen zieht bei warmgefahrenem Motor einen weißen Abgasschleier hinter sich her	Kühlmittel dringt in erheblicher Menge in einen Verbrennungsraum, verdampft dort und entweicht als weiße Schwaden zum Auspuff hinaus
C Aus dem geöffneten Ausgleichbehälter steigen Luftblasen auf oder beim Öffnen des Verschlußdeckels sprudelt eine größere Menge Kühlmittel heraus	Verbrennungsgase werden ins Kühlsystem gedrückt. Aus der Öffnung des Ausgleichbehälters riecht es nach Abgasen
D In Regenbogenfarben schillernde oder schwarze Verfärbung an der Oberfläche des Kühlmittels	Öl aus dem Schmierkreislauf gelangt ins Kühlsystem
E Grau oder braun aussehende Emulsion am herausgezogenen Ölpeilstab oder Öl von Wasserbläschen durchsetzt	Kühlflüssigkeit ist in den Schmierkreislauf geraten. Achtung: Wasser im Motoröl kann einen Lagerschaden verursachen. Zylinderkopfdichtung sofort wechseln (lassen). Motor nicht mehr starten! Wagen zur Reparatur abschleppen

Arbeiten am Zylinderkopf

Zu den nachfolgenden Montagearbeiten ist ein Drehmomentschlüssel unerläßlich. Für den Abbau des Zylinderkopfes benötigen Sie einen langen Innenvielzahnschlüssel M 11.

Zylinderkopfdeckel abnehmen am Achtventiler

- Schlauch der Kurbelgehäuse-Entlüftung abnehmen.
- Benzinschlauch zwischen Vorratsbehälter und Vergaser abnehmen.
- Bei den Motoren mit 53 – 66 kW Gaszug an Vergaser bzw. Einspritzeinheit und Widerlager aushängen. Stecksicherung als Einbauhilfe an der bisherigen Kerbe wieder einstecken.

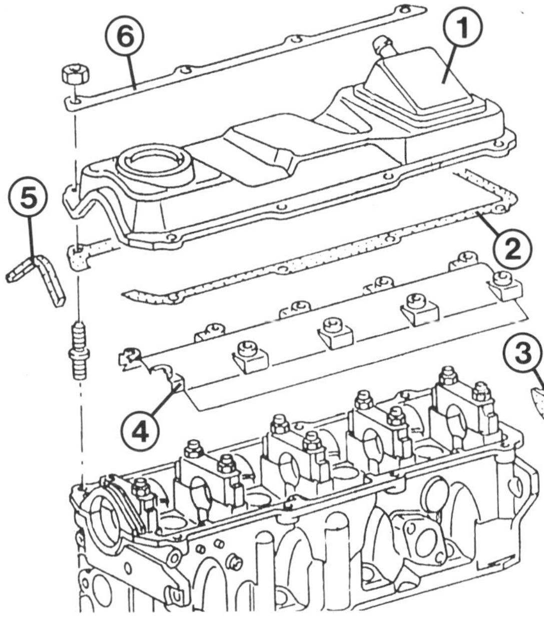

Der Zylinderkopfdeckel bei den Motoren bis 79 kW:
1 – Deckel;
2 – Korkdichtung;
3 – Halbrunddichtung;
4 – Ölabweiser;
5 – Dichtung an der rechten Motorstirnseite;
6 – Unterlegblech.

● Federklammern der Zahnriemenabdeckung aus Kunststoff ausrasten.
● Befestigungsmuttern des Deckels losdrehen.
● Unterlegscheiben sowie -bleche abnehmen, außerdem die Rückseite der Kunststoff-Zahnriemenabdeckung. Teile nicht neben dem offenen Zylinderkopf ablegen.
● Bei Blech-Zahnriemenabdeckung diese etwas anheben. Dazu die Innensechskantmutter an der Motorstirnseite rechts lösen.
● Zylinderkopfdeckel vorsichtig abheben. Wenn er festsitzt, zum Lösen mit einem Hammerstiel dagegenklopfen.
● Beim Zusammenbau an Motoren bis 79 kW außer der neuen Zylinderkopfdeckeldichtung auch die Dichtungen an den Stirnseiten (Zeichnung oben) sorgfältig einbauen.
● Die Gummidichtung des 85-kW-Motors muß nur bei Beschädigung ersetzt werden.

Nockenwelle ausbauen am Achtventiler

● Luftfilterdeckel komplett mit Ansaugschlauch und -stutzen ausbauen.
● Zylinder 1 auf Zündzeitpunkt stellen.
● Obere Zahnriemenabdeckung abnehmen.
● Zylinderkopfdeckel abnehmen, Ölabweiser herausnehmen.
● Zahnriemen lösen.
● Falls die Nockenwelle ausgetauscht wird: Riemenrad der Nockenwelle abschrauben.
● Die zur Sicherung des Rades auf der Welle eingelegte halbrunde »Scheibenfeder« mit einer Reißnadel aus der Welle herausheben.
● Lagerdeckel 1 (in Fahrtrichtung rechts) und 3 ausbauen.
● Muttern an den Lagerdeckeln 2 und 4 abwechselnd über Kreuz lösen.
● Nockenwelle mit ihrem vorderen Dichtring abnehmen.
● Beim Einbau der Nockenwelle müssen die Nokken für Zylinder 1 nach oben zeigen.
● Die Lagerdeckel lassen sich nur in einer Stellung korrekt auflegen. Vorsichtig aufsetzen und richtigen Sitz kontrollieren.
● Erst Lagerdeckel 2 und 4 abwechselnd über Kreuz mit 20 Nm festdrehen, dann Lagerdeckel 1 und 3 einbauen.
● Nockenwellenrad mit 80 Nm festziehen.
● Steuerzeiten einstellen.

Blick auf den Zylinderkopf bei abgenommenem Zylinderkopfdeckel:
1 – Dichtung an der rechten Motorstirnseite;
2 – Ölabweiser;
3 – Halbrunddichtung.

Die Teile des Ventiltriebs beim Achtventiler:
1 – Einlaßventil;
2 – Auslaßventil;
3 – Scheibe (nur Motoren EZ, RF, RP);
4 – unterer Ventilfederteller;
5 – Ventilschaftabdichtung;
6 – innere Ventilfeder;
7 – äußere Ventilfeder;
8 – oberer Ventilfederteller;
9 – Ventilhaltekeile;
10 – Hydrostößel;
11 – Nockenwelle.

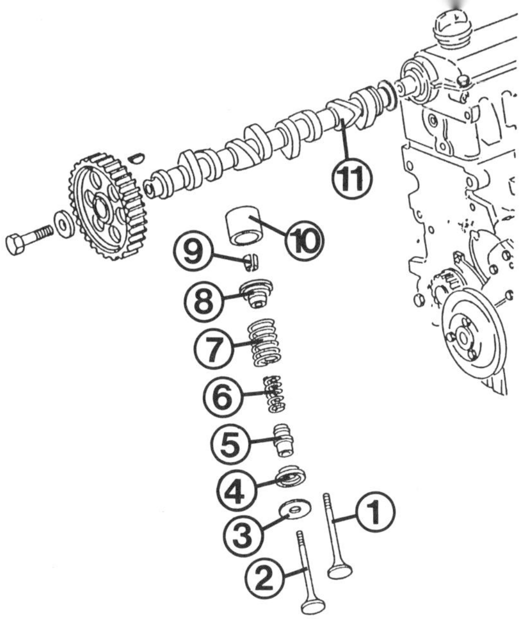

Hydrostößel prüfen

Bleibt der Ventiltrieb auch bei betriebswarmem Motor geräuschvoll, müssen die hydraulischen Stößel überprüft werden. Sie sind nicht einstellbar; defekte oder laute Stößel müssen ausgewechselt werden.

- Zur Prüfung muß der Motor warmgefahren sein. Lassen Sie ihn dann im Stand so lange drehen, bis der Kühlerventilator einmal angelaufen ist.
- Dann den Motor etwa zwei Minuten lang mit etwas erhöhter Drehzahl (2500/min) laufen lassen.
- Bleibt der Ventiltrieb immer noch laut:
- Motor abschalten.
- Zylinderkopfdeckel abnehmen.
- Motor drehen, bis am zu prüfenden Zylinder die Nocken der Nockenwelle nach oben zeigen.
- Stößel mit einem Holz- oder Kunststoffstück (kein Metallwerkzeug nehmen) nach unten drücken.
- Spüren Sie hierbei »Luft« bis zum Öffnungspunkt des Ventils, muß der Hydrostößel ersetzt werden.

Fingerzeig: Klappergeräusche der Hydrostößel können auch an einer schadhaften Zylinderkopfdichtung liegen – dann gelangen Verbrennungsgase in den Ölkanal.

Hydrostößel ausbauen

- Nockenwelle ausbauen.
- Hydrostößel der Reihe nach numerieren und herausziehen.
- Die Stößel müssen mit der zur Nockenwelle hin zeigenden »Lauffläche« nach unten auf eine saubere Unterlage gestellt werden.
- Beim Einbau Lauffläche von Hydrostößeln und Nockenwelle einölen.
- Wird ein neuer Hydrostößel eingebaut, darf der Motor erst nach einer Wartezeit von etwa 30 Minuten gestartet werden.
- Wird das nicht beachtet, kann das betreffende Ventil bei den ersten Motorumdrehungen auf dem Kolben aufschlagen – Motorschaden.

Zylinderkopf ausbauen

Bei dieser Arbeit muß das vordere Auspuffrohr vom Auspuffkrümmer getrennt werden. Das bereitet bei den Motoren mit 53, 55 und 66 kW Probleme: Krümmer und Rohr sind durch Klemmfedern miteinander verbun-

Zur Kontrolle der Hydrostößel drückt man mit einem Holz- oder Kunststoffkeil (1) auf den entlasteten Hydrostößel (2). Kein Metallwerkzeug nehmen – es zerkratzt die Oberfläche des Hydrostößels.

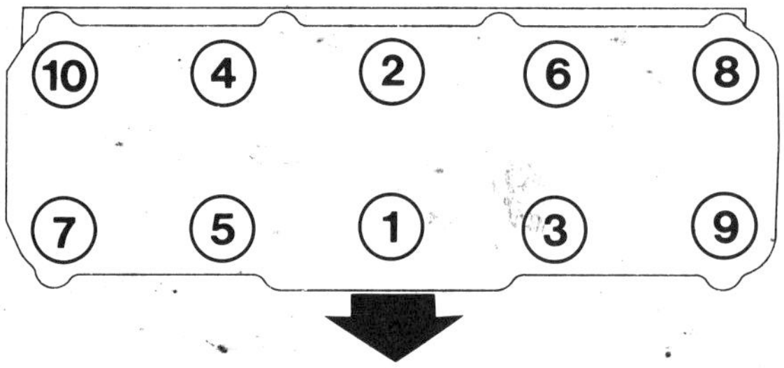

Die Zylinderkopfschrauben müssen in der Reihenfolge der Zahlen angezogen werden. Der Pfeil zeigt in Fahrtrichtung.

den, zu deren Aus- und Einbau die Werkstatt ein Spezialwerkzeug verwendet, siehe Seite 46. Wer sich dieses Werkzeug nicht besorgen kann, muß sich durch Abbau des Auspuffkrümmers behelfen. Das ist allerdings auch nicht ganz unproblematisch, denn die Stehbolzen können abreißen.

- Minuskabel der Batterie abnehmen.
- Ansaugschlauch am Luftfilter abnehmen, Ansaugstutzen losschrauben und mit dem Schlauch abnehmen.
- Öffnung des Vergasers mit fusselfreiem Lappen abdecken, damit nichts hineinfällt.
- Kühlflüssigkeit ablassen und auffangen (Seite 52).
- Kühlwasserschläuche am Zylinderkopf lösen.
- Zündkerzenstecker abziehen, Verteilerdeckel abbauen (Seite 192) und zusammen mit den Kabeln abnehmen.
- Gaszug an Vergaser, Einpritzeinheit bzw. Drosselklappenstutzen und am sogenannten Widerlager aushängen, Stecksicherung an der bisherigen Kerbe wieder aufstecken (erspart das Einstellen des Gaszugs).
- Sämtliche elektrischen Steckverbindungen an Zylinderkopf, Vergaser bzw. Einspritzeinheit und Ansaugrohr kennzeichnen und abziehen.
- Benzinleitungen vom Vergaser abnehmen.
- Kraftstoff-Zu- und Rücklaufleitung an der Einspritzeinheit lösen.
- Unterdruckschläuche an Vergaser, Einspritzeinheit bzw. Drosselklappenstutzen kennzeichnen und abnehmen.
- An der Digifant-Einspritzung Kraftstoff-Zu- und -Rücklaufschlauch vom Kraftstoff-Verteilerrohr bzw. vom Druckregler abziehen.
- Stecker von den Einspritzventilen abziehen.
- Schlauch der Ansaugluft-Vorwärmung vom Auspuffkrümmer abnehmen.
- Auspuffrohr vom Auspuffkrümmer trennen (Seite 46).
- Zahnriemenabdeckung abnehmen.
- Zahnriemen entspannen und vom Nockenwellenrad abstreifen.
- Zylinderkopfdeckel abnehmen.
- Zylinderkopfschrauben in umgekehrter Reihenfolge wie in der Zeichnung oben gezeigt lösen. Dazu muß der Motor abgekühlt sein, denn ein warmer Zylinderkopf kann sich nach dem Abbau verziehen.
- Zylinderkopf mit Ansaug- und Auspuffkrümmer abheben. Löst er sich nicht gleich, helfen leichte Schläge mit einem Kunststoffhammer.
- Alte Kopfdichtung abnehmen.

Zylinderkopf prüfen

- Die Dichtflächen am Motorblock und Zylinderkopf müssen absolut sauber und frei von Dichtungsresten sein.
- Nicht mit hartem Werkzeug auf der weichen Zylinderkopf-Dichtfläche kratzen. Riefen können den nächsten Kopfdichtungsschaden verursachen.
- Kontrollieren Sie, ob der Zylinderkopf Risse zwischen den Ventilsitzen bzw. zwischen einem Ventilsitzring und dem Zündkerzengewinde aufweist.
- Ohne Einfluß auf die Lebensdauer sind leichte, höchstens 0,5 mm breite Anrisse oder wenn lediglich die ersten Zündkerzengewindegänge gerissen sind.
- Zylinderkopf auf Verzug prüfen, besonders dann, wenn der Kopfdichtungsschaden durch Überhitzung entstanden ist.
- Langes Metallineal oder garantiert geraden Metallwinkel längs über die gereinigte Dichtfläche des Zylinderkopfes legen.
- Mit einer Fühlerlehre prüfen, ob der Durchhang an irgendeiner Stelle größer als 0,1 mm ist. Dann muß der Zylinderkopf vor der Montage plangeschliffen werden.

Zylinderkopf montieren

- Die Gewinde an den Zylinderkopfschrauben und in den Schraubenlöchern des Motorblocks müssen sauber und ohne Beschädigung sein, sonst stimmt das Drehmoment beim Anziehen der Schrauben nicht.
- In den Schraubenlöchern im Motorblock darf kein Öl oder Wasser stehen, sonst kann das Gußmaterial im Bereich der Gewindelöcher reißen.
- Kurbelwelle so drehen, daß kein Kolben im OT steht, sonst könnte ein geöffnetes Ventil beim Aufsetzen des Zylinderkopfes mit einem Kolben zusammenstoßen.
- Zylinderkopfdichtung so auf den Motorblock auflegen, daß die Kennzeichnung »oben« zum Zylinderkopf hin zeigt.
- Zylinderkopf aufsetzen. Dazu dreht die Werkstatt zwei Führungsbolzen in die Schraubenbohrungen Nr. 8 und 10 ein, wenn der Motorblock nicht bereits Zentrierstifte für die Kopfdichtung besitzt.
- Behelfsmäßig geht es auch mit zwei Metallstäben in der Stärke der Zylinderkopfschrauben. Ohne Hilfsmittel verrutschen Dichtung und Kopf ständig.
- Zylinderkopfschrauben eindrehen und in der oben gezeigten Reihenfolge festziehen:
- 1. Durchgang mit **40 Nm**.
- 2. Durchgang mit **60 Nm**.

● Jetzt die Schrauben mit einem starren Schlüssel in derselben Reihenfolge um eine **halbe Umdrehung** (= 180°) **weiterdrehen** ohne abzusetzen. Es dürfen auch zwei Vierteldrehungen sein.

● Damit sind die Schrauben endgültig festgezogen, sie sollen keinesfalls nochmals nachgezogen werden.

● Steuerzeiten und Zündung einstellen.

Fingerzeig: Wenn der Zylinderkopf wegen eines Dichtungsschadens abgebaut wurde, soll die Kühlflüssigkeit komplett erneuert werden. Gleiches gilt beim Einbau eines Austausch-Zylinderkopfes.

Arbeiten am Zylinderkopf des 16 V

Beim Sechzehnventiler überdeckt das Saugrohr-Oberteil den Zylinderkopf. Schon zum Abnehmen des Zylinderkopfdeckels muß also das Saugrohr abgeschraubt werden.

Saugrohr-Oberteil abschrauben

● Zündkerzenstecker abziehen.
● Gaszug aushängen.
● Verbindungsschlauch zwischen Drosselklappenstutzen und Gemischregler abnehmen.
● Muttern an der Verschraubung Saugrohr-Ober-/Unterteil lösen.
● Führungsrohr der Zündleitungen mit den Zündkabeln zur Seite legen.
● Saugrohr-Oberteil abnehmen.
● Beim Einbau auf richtigen Sitz der Dichtung zwischen Ober- und Unterteil achten.

Zylinderkopfdeckel abnehmen

● In der Mitte des Deckels zwei und rundum sechs weitere Schrauben lösen.
● Deckel abheben.
● Beim Wiedereinbau sollten Sie grundsätzlich neue Dichtungen verwenden (gibt's nur im Satz).
● Die längliche Dichtung sorgt für öldichten Abschluß der Zündkerzenkanäle.
● Sie muß ebenso wie die umlaufende Gummidichtung sauber aufgelegt werden.
● Schrauben mit 10 Nm anziehen.

Nockenwellen ausbauen

● Motor auf Zündzeitpunkt Zylinder 1 stellen (Seite 30).
● Zahnriemenabdeckung oben ausbauen, wie auf Seite 31 beschrieben.
● Zylinderkopfdeckel abnehmen.
● Zahnriemenspanner lockern, Riemen abnehmen.
● Sofern die Nockenwelle der Auslaßventile ersetzt werden soll, Riemenrad abschrauben.
● Scheibenfeder aus dem Wellenstumpf mit einer Reißnadel herausheben.
● Die Laufrichtung der Antriebskette für die Einlaß-Nockenwelle muß gekennzeichnet werden. Andernfalls kann erhöhter Kettenverschleiß auftreten.
● Zum Kennzeichnen die Kettenaußenseite z. B. mit Farbe markieren. Keinesfalls Kerbe oder Körnerschlag anbringen!
● Lagerdeckel der Einlaß-Nockenwelle abschrauben: Zuerst Deckel 5 und 7 sowie den in Fahrtrichtung ganz links sitzenden.
● Anschließend Lagerdeckel 6 und 8 abwechselnd jeweils über Kreuz lösen.
● An der Auslaß-Nockenwelle Lagerdeckel 1 und 3 sowie die ganz außen sitzenden Deckel losschrauben.
● Jetzt die Lagerdeckel 2 und 4 abwechselnd über Kreuz losdrehen.
● Nockenwellen herausheben. Falls möglich, Stellung Kettenräder/Kette nicht verändern.
● Die Kettenräder können übrigens nicht von der Nockenwelle abgenommen werden.
● Beim Auflegen der Antriebskette die Markierung für die Laufrichtung achten.

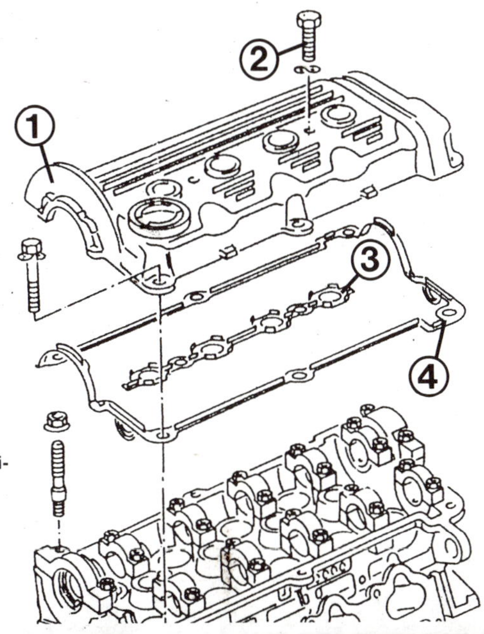

Beim Sechzehnventiler wird der Zylinderkopfdeckel (1) von zwei Schrauben (2) auf dem Zylinderkopf gehalten. Zur Abdichtung dient einerseits die Dichtung (3) für Öffnungen der Zündkerzenbohrungen und die umlaufende Gummidichtung (4).

Die Stellung der Zahnräder der Nockenwellen beim 16 V stimmt, wenn sich beide Kerbmarken (Pfeile) in gleicher Höhe gegenüberstehen.

● Die runden Kerbmarken auf den Nockenwellen-Kettenrädern müssen sich in Höhe der Zylinderkopf-Oberkante gegenüberstehen, siehe Bild oben.

● Lagerdeckel auflegen. Sie besitzen jeweils eine Aussparung, die in Fahrtrichtung nach vorn zeigen muß.

● Das Anzugsdrehmoment für die Deckel beträgt **15 Nm**.

● Zuerst die Lagerdeckel 6 und 8 der Einlaß-Nokkenwelle wechselweise über Kreuz anziehen.

● Restliche Deckel festziehen.

● An der Auslaß-Nockenwelle Lagerdeckel 2 und 4 abwechselnd über Kreuz anziehen, dann restliche Deckel festschrauben.

● Scheibenfeder in die Aussparung der Auslaß-Nockenwelle einlegen.

● Nockenwellenrad aufsetzen und mit 65 Nm anziehen.

● Zahnriemen auflegen, Steuerzeiten einstellen.

Fingerzeig: Ausbau und Überprüfung der Hydrostößel geschieht, wie auf Seite 37 für den Achtventiler beschrieben.

Zylinderkopf ausbauen

● Batterie-Massekabel abnehmen.

● Kühlmittel ablassen und auffangen (Seite 52).

● Saugrohr-Oberteil ausbauen.

● Wasserschläuche am Zylinderkopf lösen.

● Elektrische Steckverbindungen an Zylinderkopf und Ansaugrohr kennzeichnen und abziehen.

● Unterdruckschläuche am Drosselklappenstutzen kennzeichnen und abnehmen.

● Einspritzventile mit Zange herausziehen, Benzinschläuche hierzu nicht abnehmen.

● Stecker vom Kaltstartventil abziehen, Ventil abschrauben und mit angeschlossener Benzinleitung ablegen.

● Luftschlauch zwischen Drosselklappenstutzen und Luftmengenmesser abbauen.

● Auspuffrohr vom Auspuffkrümmer trennen (Seite 47).

● Zahnriemenabdeckung abnehmen.

● Zahnriemen entspannen und vom Nockenwellenrad der Auslaßventile abstreifen.

● Zylinderkopfdeckel abnehmen.

● Zylinderkopfschrauben lösen (bei abgekühltem

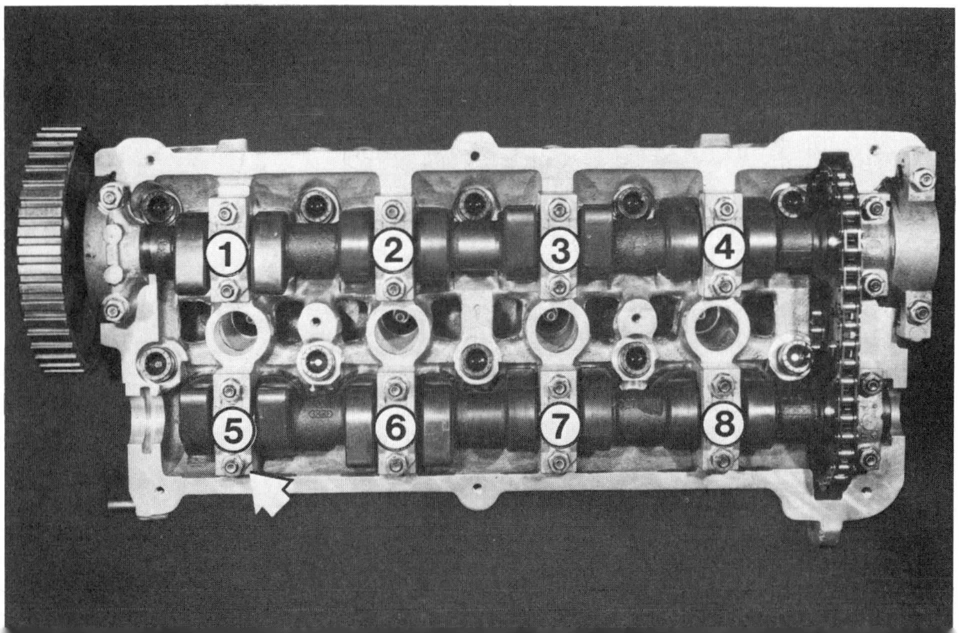

Die Abbildung zeigt die Numerierung der Nockenwellen-Lagerdeckel am Sechzehnventiler. Die Lagerdeckel müssen jeweils so montiert werden, daß dessen Aussparung (Pfeil) in Fahrtrichtung nach vorn zeigt.

Motor) in umgekehrter Reihenfolge wie in der Zeichnung auf Seite 38 gezeigt.

● Zylinderkopf gemeinsam mit Ansaug- und Auspuffkrümmer abheben. Ggf. mit einem Kunststoffhammer rundum losklopfen.

● Alte Kopfdichtung abnehmen.

● Die Überprüfung der Zylinderkopfes sowie der Wiedereinbau (einschließlich der Drehmomente) erfolgt in gleicher Weise wie beim Achtventiler.

Lagerschäden

Klopfgeräusche aus dem Motorraum, die mit wärmer werdendem Öl lauter werden, sind Anzeichen für einen Lagerschaden.

Ursachen

- ○ Wasser im Motoröl als Folge einer defekten Zylinderkopfdichtung
- ○ Mangelnde Schmierung durch zu niedrigen Ölstand
- ○ Zu hohe Drehzahlen bei kaltem Motor und daher zähflüssigem Öl
- ○ Abgerissener Schmierfilm bei hohen Öltemperaturen, evtl. durch falsche Ölviskosität

Maßnahmen bei einem Lagerschaden

Um es vorweg zu nehmen – fast immer sind die Gleitlager der Pleuel defekt. Ganz selten liegt der Schaden an den Hauptlagern der Kurbelwelle. Normalerweise bedeutet ein Lagerschaden eine umfangreiche Motorreparatur. Wenn Sie ein defektes Pleuellager aber bereits im Frühstadium erkennen, kann der Austausch der Lagerschalen genügen. Deshalb:

- ○ Bei Klopfgeräuschen aus dem Motorraum – evtl. verbunden mit Ansprechen der Öldruckkontrolle, siehe Seite 224 – Motor sofort abstellen.
- ○ Motor nicht mehr starten, Wagen jetzt abschleppen lassen.
- ○ Ist der Motor noch jünger als 100 000 km, kann sich eine Teilreparatur lohnen:
- ○ Ölwanne ausbauen und Lagerdeckel aller Pleuellager abschrauben lassen.
- ○ Sind nur einige Lagerschalen beschädigt, die Zapfen der Kurbelwelle aber noch glatt, reicht das Austauschen der Lagerschalen.
- ○ Eventuell muß anhaftendes Lagermaterial vom Kurbelwellenzapfen entfernt werden.
- ○ In jedem Fall die Pleuelbohrung am defekten Lager vermessen lassen. Meist muß die Pleuelbohrung nachgebohrt werden. Das ist ein Fall für den Motorinstandsetzer.

Motor aus- und einbauen

Zum Motorausbau muß das vordere Auspuffrohr vom Auspuffkrümmer getrennt werden. Das bereitet dem Heimwerker bei den Motoren mit 53 – 66 kW durch die Klammerbefestigung erhebliche Probleme. Lesen Sie dazu den Text auf Seite 46. Der Motor wird mit dem Getriebe nach oben herausgehoben. Dazu brauchen Sie einen Flaschenzug, den Sie in ausreichender Höhe stabil aufhängen können. Günstig ist auch ein »vorbelasteter« Helfer. Schauen Sie sich vor der Arbeit die Motorraum-Schaubilder auf den Seiten 10 bis 13 an, damit Sie wissen, wo die hier angesprochenen Teile im Motorraum sitzen.

Da im Passat eine Vielzahl von elektrischen und Unterdruckleitungen eingebaut ist, sollten Sie als erstes alle diese Steckverbindungen und Schläuche so kennzeichnen, daß sie anschließend wieder an der richtigen Stelle angeschlossen werden.

Ausbau

● Batterie ausbauen.

● Wagen vorn aufbocken.

● Auspuffrohr vom Auspuffkrümmer losschrauben bzw. Klemmfedern an der Verbindung abnehmen, siehe Seite 46.

● Wagen ablassen.

● Motorhaube abbauen.

● Luftfiltergehäuse komplett mit Ansaugschlauch vorn und hinten sowie Ansaugstutzen ausbauen.

● Vergaseröffnung mit einem Lappen zustopfen, damit nichts hineinfallen kann.

● Kühlmittel ablassen und auffangen.

● Frontblende mit Querblech ausbauen (Seite 248).

● Sämtliche Wasserschläuche zwischen Kühler, Motor und Ausgleichsbehälter abziehen.

● Kühler komplett mit Kühlerventilator, Tragring und Luftführungen ausbauen.

● Oben und unten am Kühlmittelrohr sowie am Zylinderkopf die Wasserschläuche abnehmen.

● Halteschelle des Kühlmittelrohrs losdrehen und Rohr abnehmen.

● Scheibenwaschwasserbehälter ausbauen.

● Bei mechanischer Kupplungsbetätigung Kupplungsseil am Betätigungshebel aushängen (Seite 108), Seil zur Seite legen.

● Bzw. bei hydraulischer Kupplungsbetätigung Nehmerzylinder am Getriebe abschrauben, der Hydraulikschlauch bleibt angeschlossen.

● Zylinder zur Seite legen und mit Draht gegen Herunterfallen sichern.

● Am Getriebe die Schaltseilzüge vom Schalthebel und Umlenkhebel abklemmen, siehe Seite 113. Seilzug-Widerlager abschrauben.

● Tachowelle am Getriebe abschrauben.

● Bei Servolenkung beide Schrauben an der Spannvorrichtung der Servopumpe abschrauben, siehe Seite 227.

● Drei Halteschrauben des Schwenkbügels lösen, Keilriemen abnehmen.

● Servopumpe mit Draht am Querträger festbinden.

● Gaszug an Vergaser, Einspritzeinheit bzw. Drosselklappenstutzen und am Widerlager aushängen, Stecksicherung wieder in die Kerbe stecken (erspart das Einstellen des Gaszugs beim Zusammenbau).

● Unterdruckschlauch zum Bremskraftverstärker abnehmen.

● Kabelstecker abziehen bzw. Steckverbinder trennen bei: Lichtmaschine, Öldruckschalter, Rückfahrlichtschalter, Temperaturfühler, Thermoschalter für Ansaugrohr-Beheizung und Startautomatik, Mehrfachstecker für TSZ.

● An den Einspritzmotoren außerdem bei folgenden Bauteilen die Steckverbindungen trennen: Einspritzeinheit, Einspritzventile, Kaltstartventil, Drosselklappensteller, Drosselklappen-Potentiometer, CO-Potentiometer, Geber für Motortemperatur, Klopfsensor, Lambdasonde, Leerlauf-Stabilisierungsventil, Luftmengenmesser.

● Wo vorhanden, Massebänder an Zylinderkopf und Getriebe abschrauben.

● Elektrische Leitungen vom Anlasser abschrauben bzw. abziehen.

● Hauptzündkabel aus dem Verteilerdeckel ziehen.

● Vergasermotor: Schlauch zur Kraftstoffpumpe (mit einer passenden Schraube verschließen, daß kein Benzin ausläuft) und Rücklaufleitung vom Vergaser bzw. vom Vorratsbehälter zum Tank.

● Monojetronic-/motronic-Einspritzung: Kraftstoff-Zu- und Rücklaufleitung an der Einspritzeinheit lösen.

● Digifant-Einspritzung: Kraftstoff-Zu- und -Rücklaufschlauch vom Kraftstoff-Verteilerrohr bzw. vom Druckregler abziehen.

● Stecker von den Einspritzventilen abziehen.

● Unterdruckschläuche an Vergaser, Einspritzeinheit bzw. Drosselklappenstutzen kennzeichnen und abnehmen.

● Schlauch der Ansaugluft-Vorwärmung vom Auspuffkrümmer abnehmen.

● Drei Schrauben zwischen rechter Motorkonsole und Gummi-Metall-Lager bzw. Hydrolager (16 V) herausdrehen, siehe Zeichnung rechts.

● Getriebekonsole vom Gummi-Metall-Lager lösen (eine Schraube). Bei Servolenkung die Schlauchleitungen vorsichtig zur Seite drücken.

● Bei ABS ist diese Schraube erst nach Ausbau des Kühlmittel-Ausgleichsbehälters zugänglich. Leitungen beim Ausbau vorsichtig zur Seite drücken.

● Haltemutter zwischen Gummi-Metall-Lager und Konsole am vorderen Querträger herausdrehen (Zeichnung rechts).

● Zwei Ketten oder ausreichend starke Seile durch die Ösen rechts und links am Motor ziehen und in den Flaschenzug einhängen.

● Motor/Getriebe-Einheit leicht anheben.

● Anlasser ausbauen (Seite 184).

● Bei Servolenkung deren Schläuche über das Gummi-Metall-Lager am vorderen Querträger drükken und festbinden.

● Am Aggregateträger das sogenannte Tilgergewicht abschrauben.

● Am Motor das Wärmeschutzblech für das innere Gelenk der rechten Gelenkwelle abschrauben, falls vorhanden.

● Gelenkwellen am Getriebe losschrauben (Seite 117) und mit Draht an der Karosserie aufhängen.

● Triebwerksblock in Fahrtrichtung nach rechts drücken und gleichzeitig von Helfer etwas anheben lassen.

● Stütze und Konsole vom Getriebe abschrauben.

● Ein Helfer muß den Triebwerksblock zur Trennwand zum Innenraum hin drücken, während Sie die untere Halteschraube der Getriebekonsole abnehmen.

● Unter leichtem Drehen den Triebwerksblock vorsichtig herausheben.

● Beim Hochhieven den Motor von Hand sorgfältig führen, daß keine Teile am Motor oder der Karosserie beschädigt werden.

● Verschraubungen zwischen Motor und Getriebe lösen.

● Abdeckblech vom Getriebegehäuse abbauen.

● Motor vom Getriebe trennen, z. B. mit einem Montierhebel abdrücken.

Fingerzeig: Falls Sie beim Herausheben des Motors irgendwo einen Widerstand bemerken, kontrollieren Sie sofort, ob nicht versehentlich noch eine Unterdruckleitung oder ein elektrisches Kabel aufgesteckt ist.

Spezielle Arbeiten am 16 V-Motor

● Elektrische Leitungen abziehen bzw. Steckverbindungen trennen bei: Drosselklappenschalter, Drucksteller, Kaltstartventil, Lambdasonde, Leerlauf-Stabilisierungsventil, Potentiometer, Motortemperaturgeber.

● Unterdruckschläuche am Ansaugrohr abziehen.

● Verbindungsschlauch zwischen Luftmengenmesser und Drosselklappenstutzen abbauen. Luftansaugrohr vorn abnehmen.

● Haltering des Luftfiltergehäuses aushängen. Luftfilter/Gemischregler-Einheit aus den Haltenasen am rechten Längsträger ziehen und mit angeschlossenen Benzinleitungen seitlich im Motorraum ablegen.

● Schlauch zur Kurbelgehäuse-Entlüftung vom Luftfiltergehäuse abziehen.

● Einspritzventile mit Zange herausziehen, Kraftstoffschläuche angeschlossen lassen.

● Auf die Einspritzventile passende Kappen aufstecken, damit kein Schmutz hineingelangen kann.

● Kaltstartventil mit der Kraftstoffleitung abschrauben.

Mit den folgenden Teilen ist der Triebwerksblock befestigt:
1 – Konsole hinten rechts;
2 – Gummi-Metall-Lager;
3 – Getriebestütze (ab ca. 4/93 entfallen);
4 – Konsole links;
5 – Gummi/Metall-Lager;
6 – Aggregateträger;
7 – Tilgergewicht;
8 – Aufnahme;
9 – Konsole vorn;
10 – Gummi/Metall-Lager;
11 – vorderer Querträger;
12 – Motorträger.

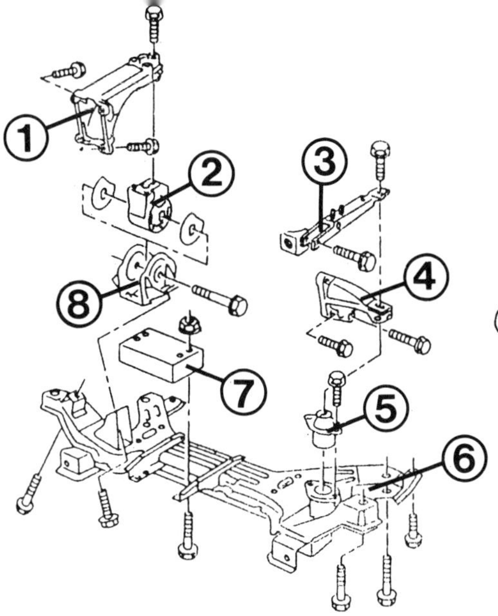

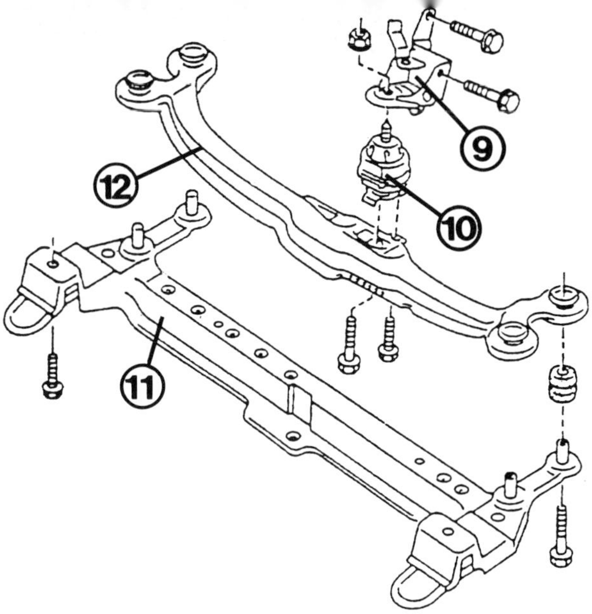

Einbau

- Sinngemäß wird in umgekehrter Reihenfolge des Ausbaus vorgegangen.
- Sämtliche selbstsichernden Muttern ersetzen.
- Ausrücklager der Kupplung und Verzahnung der Antriebswelle mit MoS_2-Fett schmieren.
- Kontrollieren, ob im Motorblock Paßhülsen eingesteckt sind – sie dienen zum Zentrieren von Motor und Getriebe.
- Motor und Getriebe zusammenschrauben.
- Motor/Getriebe-Einheit ins Fahrzeug absenken.
- Zuerst die Schrauben an der Motorkonsole rechts, dann an der Getriebekonsole links anziehen.
- Am vorderen Querträger oben und unten die Verschraubungen des Gummi-Metall-Lagers lösen.
- Triebwerksblock durch Schüttelbewegungen ausrichten, Verschraubungen wieder festziehen.
- Beim 53/55-kW-Motor mit Kupplungszug mindestens fünfmal das Kupplungspedal ganz durchtreten.
- Anschließend Betätigungshebel etwa 10 mm entgegen seiner Bewegungsrichtung drücken, er muß sich dabei frei bewegen lassen.
- Eingestellt werden müssen: Gaszug, Seilzugschaltung, Leerlaufdrehzahl und CO-Gehalt, Zündzeitpunkt und nach Einbau der Frontblende die Scheinwerfer.

Anzugsdrehmomente

Bauteile	Nm
Motor an Getriebe	55 (M 12) 45 (M 10)
Konsole vorn an Gummi-Metall-Lager	60
Konsole vorn an Motor	60
Gummi-Metall-Lager vorn an Motorträger	30 (M 8) 70 (M 10)
Konsole links und Getriebestütze an Gummi-Metall-Lager	60
Getriebestütze an Getriebe	25
Konsole hinten rechts an Gummi-Metall-Lager bzw. Hydrolager (16 V)	25
Konsole hinten rechts an Motor	25
Gummi-Metall-Lager hinten rechts an Aggregateträger	80
Hydrolager (16 V) hinten rechts an Aggregateträger	60
Tilgergewicht an Aggregateträger	30
Pumpe der Servolenkung an Schwenkbügel	25
Anlasser an Getriebe und Motor	60

Motor und Getriebe »einrichten«

Falls außer der Motor/Getriebeeinheit auch die Gummi-Metall-Lager an Motor- und Aggegateträger gelöst wurden, muß der Antriebsblock »eingerichtet« werden. Andernfalls können durch Verspannungen Dröhngeräusche auftreten.

- Am Gummi-Metall-Lager hinten rechts die Schraube zwischen Lager und Aufnahme lockern.
- Beim Gummi-Metall-Lager links die Halteschraube für Konsole und Getriebestütze losdrehen, ebenso die beiden Schrauben des Gummi-Metall-Lagers.
- Das vordere Gummi-Metall-Lager muß sowohl von der Motorkonsole als auch vom Motorträger losgeschraubt werden.
- Motor/Getriebeeinheit durch Schüttelbewegungen »einrichten«.
- In der gleichen Reihenfolge die Schrauben mit den oben genannten Drehmomenten wieder festziehen.

Endstation

Die Verbrennungsgeräusche in den Zylindern sind rauh und hart – wer kennt nicht das knatternde Grollen, wenn der Auspuff durchgerostet oder abgebrochen ist. Zum Dämpfen dieser Geräusche dient die Rohrleitung unter dem Wagenbauch.

Die Teile der Auspuffanlage

Am Zylinderkopf ist der Auspuffkrümmer angeschraubt. Durch welche Bauteile die Abgase weiterhin geführt werden, zeigt die nachfolgende Tabelle:

Bauteil	Motor	Kennbuchstaben
Auspuffrohr vorn Einkanal	1,6/53 kW 1,8/55 kW 1,8/66 kW	RF, 1F AAM RP, ABS
Auspuffrohr vorn Zweikanal mit Einfachflansch	1,6/55 kW o. Kat	EZ
Auspuffrohr vorn Zweikanal mit Doppelflansch	1,8/79 kW 2,0/85 kW	PF 2E
Katalysator	1,6/53 kW 1,8/55 kW 1,8/66 kW 1,8/79 kW 2,0/85 kW 2,0/100 kW	RF, 1F AAM RP, ABS PF 2E 9A
Vorschalldämpfer	1,6/55 kW o. Kat 1,8/79 kW 2,0/85 kW	EZ PF 2E
Zwischenrohr	1,6/53 kW 1,8/55 kW 1,8/66 kW	RF, 1F AAM RP, ABS
Mittelschalldämpfer und Nachschalldämpfer	alle	

Auspuff-Lebensdauer

Bei der Verbrennung von Benzin entsteht u. a. Wasser, das die Zerrostung der Auspuffanlage von innen heraus fördert. Die Auspuffkorrosion nimmt mit sinkender Abgastemperatur zu. Langstreckenbetrieb mit voll durchgewärmtem Motor und heißen Abgasen setzt der Auspuffanlage kaum zu. Anders dagegen andauernde Stadtfahrten mit meist unterkühltem Triebwerk. Am geringsten betroffen ist das Auspuffrohr vorn, wo die Verbrennungsgase noch zwischen 800 und 1000° C heiß einströmen. In den Schalldämpfern und Rohren kühlen sie zunehmend ab und sind am Auspuffendrohr noch 150 – 300° C warm. Das bewirkt, daß im letzten Schalldämpfer das meiste Kondenswasser auftritt. Es vermischt sich mit Verbrennungsrückständen zu aggressiven Säuren und läßt das Auspuffblech von innen nach außen durchrosten.
Unabhängig von der Fahrweise fördern Spritz- und Salzwasser den Rostfraß von außen. Steinschlag oder Aufsetzer auf hartem Untergrund wirkt ebenso lebensverkürzend wie Schwingungen durch defekte oder fehlende Aufhängungen bzw. eine schadhafte Motorlagerung.

Aufhängung und Zustand der Auspuffanlage kontrollieren

Wartung Nr. 20

Die Auspuffanlage ist nur mit dem Auspuffkrümmer starr verbunden. Am Fahrzeugboden hängt sie frei schwingend in Gummihaltern, die am Wagenboden angeschraubt sind.

- Gummiteile auf Brüchigkeit, Einrisse oder sonstige Schäden überprüfen, ggf. ersetzen.
- Verschraubungen an den Gummihaltern und an deren Halteplatten auf festen Sitz kontrollieren, aber nicht mit Gewalt »anknallen«.
- Mit einem Lappen in der Hand bei laufendem

Die Halterungen der Auspuffanlage bestehen aus einer Konsole (1) und dem eigentlichen Gummihalter (2). Gelegentlich sollten Sie den festen Sitz der Halteschrauben überprüfen.

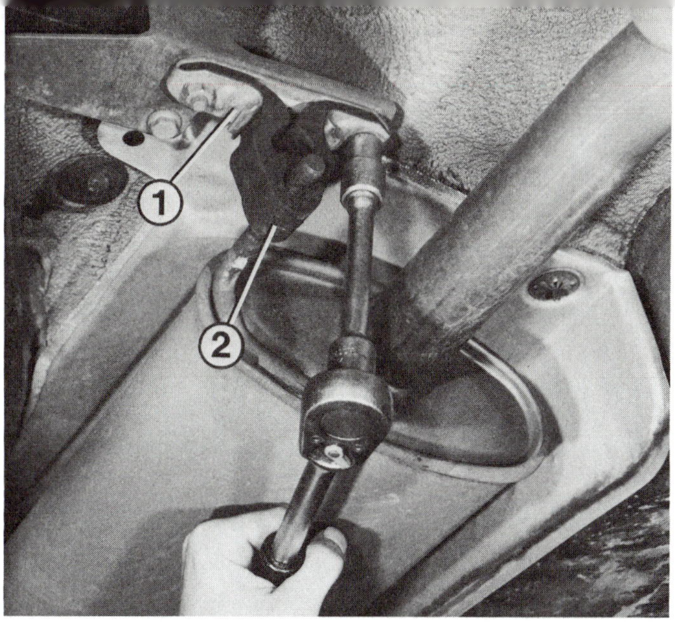

Motor das Auspuffendrohr zuhalten. Der Motor muß nach kurzer Zeit stehenbleiben.

- Hören Sie zischende Geräusche und läuft der Motor ungestört weiter, ist die Anlage an der Geräuschstelle undicht.
- Ein dumpferer Auspuffton als gewöhnlich und Knallen im Schiebebetrieb weist auf einen durchgerosteten Auspuff hin.

Auspuffanlage erneuern

Reparaturen an einer durchgerosteten Auspuffanlage sind meist nur kurzer Erfolg beschieden. Auf rostgeschwächtem Blech kann nicht mehr geschweißt werden. Auspuffkitt und Bandagen sind zwar recht dauerhaft, aber das Blech bricht bald neben der Reparaturstelle aus.

Ganz selten sind alle zwei bzw. drei Schalldämpfer gleichzeitig austauschreif. Hat man einen Schalldämpfer ersetzt, gibt boshafterweise wenige Monate später ein anderer den Geist auf. Werkstätten wechseln deshalb die Auspuffanlage gleich komplett aus. Das empfehlen wir nicht so unbesehen:

- Klopfen Sie den ausgebauten, noch intakten Schalldämpfer mit einem Hammer rundum gründlich ab, auch an den Stirnseiten. Dabei nicht zu zaghaft hämmern.
- Klingt es bei jedem Schlag hell, ist das Blech noch gesund.
- Wird das Klopfgeräusch an manchen Stellen dumpfer, ist die Außenhaut bereits geschwächt und wird bald durchbrechen; besonders wenn die streusalzhaltige kalte Jahreszeit herrscht.
- Für den Ersatzteilkauf gilt, daß Dichtung(en) und selbstsichernde Muttern durch neue ersetzt werden müssen.

Auspuffanlage ausbauen

Glücklicherweise ist das direkt am Auspuffkrümmer befestigte vordere Auspuffrohr nur sehr selten schadhaft, sonst gibt es Probleme bei den Motoren bis 66 kW Leistung, siehe nächsten Abschnitt.

- Zu allen Arbeiten muß der Passat absolut rüttelsicher aufgebockt sein, daß er nicht kippen kann – auch bei heftigem Drehen oder Zerren an den Rohren.
- Wenn sich beim Demontieren eine Verschraubung nicht lösen läßt, sollten Sie sie durch Überdrehen abreißen. Beim Einbau werden grundsätzlich neue Schrauben und Muttern verwendet.
- Gummihalter von ihrer Halteplatte bzw. vom Wagenboden abschrauben.
- Beschädigte Halter gleich ersetzen.
- Die Steckverbindungen der Rohrstutzen lassen sich am besten im erhitzten Zustand trennen. Die Werkstatt verwendet hierzu einen Schweißbrenner. Auch ein Heißluftfön kann genügen.
- Kalt geht es allenfalls unter Zuhilfenahme von Rostlösemittel.
- Die Rohre werden durch kräftige Drehbewegungen oder Hammerschläge getrennt.
- Hilft das nicht, wird die Rohrverbindung des defekten Schalldämpfers knapp 10 cm hinter der Verbindungsstelle abgesägt.
- Den verbleibenden Rohrrest mit der Metallsäge in Längsrichtung aufsägen und mit einem kräftigen Schraubenzieher aufhebeln.
- Die Verschraubungen der Auspuffanlage lassen sich beim nächsten Mal leichter lösen, wenn die Gewinde beim Einbau mit Kupferfett bestrichen wurden.
- Auch zwischen die Rohrverbindungen können Sie solches hitzebeständiges Fett streichen, damit sie sich später wieder leichter trennen lassen.
- Beim Einbau ist auf spannungsfreie Ausrichtung der Anlage zu achten.

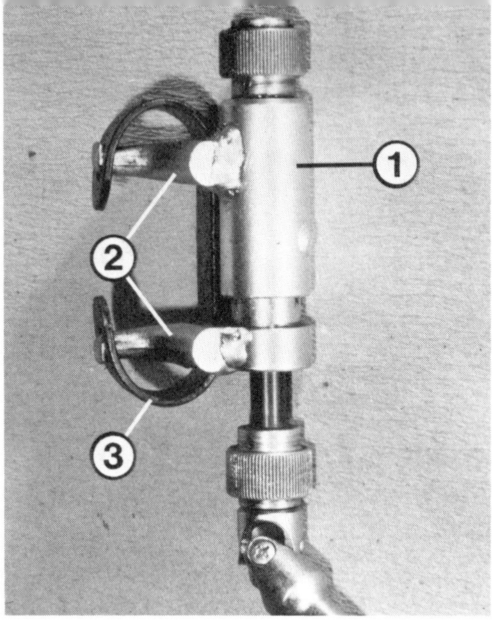

Die linke Abbildung zeigt den Sollabstand von 5 mm zwischen der Markierung »S« bei Schaltgetriebe und »A« bei automatischem Getriebe am Auspuffrohr und der Halteschelle.
Im Bild rechts sind die Spreizbacken (2) des Sonderwerkzeugs 3049 A (1) so eingestellt, daß die Backen an den Bohrungen der Federklammer (3) anliegen. Durch Drehen am unten angesetzten Hebel kann die Feder jetzt auseinandergedrückt werden, damit sie sich in die Halteösen am Auspuffkrümmer und am vorderen Auspuffrohr einhängen läßt.

- Teile provisorisch zusammenstecken, Halteschellen über die Rohre streifen und ausrichten.
- An den Auspuffteilen aus dem V.A.G.-Ersatzteillager sind Markierungen angebracht. Die vorn sitzende Doppel-Klemmschelle soll 5 mm von der jeweiligen Marke entfernt montiert werden, siehe Bild oben links.
- Für die übrigen Rohrsteckverbindungen gilt, daß die Kante des umhüllenden Rohrs 5 mm von der Marke am eingesteckten Rohrstutzen entfernt sein soll.
- Auspuffanlage mit ihren Gummihaltern am Wagenboden anschrauben.
- Die Auspuffanlage muß auch genügend Abstand zur Karosserie haben.
- Beim Passat 16 V muß der Aufhängungsdorn des Nachschalldämpfers etwa 10 mm aus dem Haltegummi herausstehen.
- Ggf. muß der Vorschalldämpfer in seiner Klemmschelle entsprechend verschoben werden.
- Verschraubungen festziehen.

Auspuffrohr vorn ausbauen

Bevor Sie zum Werkzeug greifen, muß erst einmal gesagt werden, daß die VW-Techniker dem Heimwerker bei den Motoren bis 66 kW Leistung eine gewaltige Hürde aufgebaut haben. Anstelle einer Schraubverbindung zwischen Auspuffkrümmer und vorderem Auspuffrohr werden unter hoher Spannung stehende Federklammern verwendet. Die lassen sich nicht einfach abhebeln und erst recht nicht mehr montieren. Von VW gibt es hierfür ein Spezialwerkzeug mit der Nummer 3049 A, das Ihnen vielleicht eine entgegenkommende Werkstatt leiht. Die Anwendung haben wir im Bild oben rechts gezeigt.
Beim Passat 16 V erfordert der Ausbau des vorderen Auspuffrohrs, daß der Aggregateträger (siehe Seite 43) gelöst wird. Dazu am aufgebockten Wagen den Aggregateträger rechts abstützen, rechts sitzende Halteschrauben des Trägers lösen und diesen rund 10 mm absenken.

- Wagen vorn aufbocken. Auspuffanlage abkühlen lassen.
- Auspuffanlage vom vorderen Auspuffrohr trennen (Klemmschelle oder Schraubverbindung).
- **Motoren bis 66 kW:** Spannwerkzeug auf den Bohrungsabstand der Federn einstellen.
- Werkzeug ansetzen und Rändelschrauben so weit drehen, daß es fest sitzt.

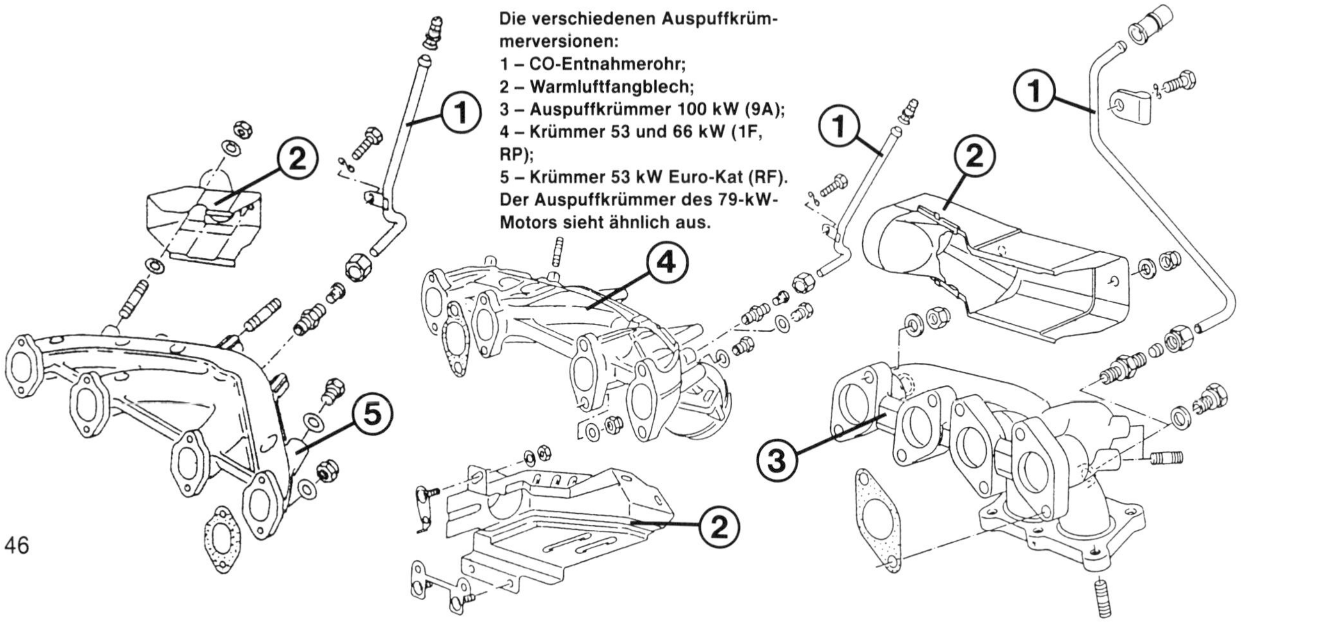

Die verschiedenen Auspuffkrümmerversionen:
1 – CO-Entnahmerohr;
2 – Warmluftfangblech;
3 – Auspuffkrümmer 100 kW (9A);
4 – Krümmer 53 und 66 kW (1F, RP);
5 – Krümmer 53 kW Euro-Kat (RF). Der Auspuffkrümmer des 79-kW-Motors sieht ähnlich aus.

- Verlängerung ansetzen und Spannwerkzeug bis zum Anschlag drehen.
- Klemmfeder aus den Halteöffnungen im Auspuffkrümmer und Hosenrohr herausheben, dazu das Auspuffrohr in Richtung der auszubauenden Feder drücken.
- Beim Zusammenbau wird die Feder zuerst in die Halteöffnung am Krümmer eingehängt.
- **Motoren ab 79 kW:** Sechs selbstsichernde Muttern an der Verbindung zum Auspuffkrümmer losdrehen. Vorher gut mit Rostlöser einsprühen, damit kein Stehbolzen abgerissen wird.
- **Alle Motoren:** Auspuff zurückdrücken und Auspuffrohr »ausfädeln«.
- **Motoren bis 66 kW:** Der sogenannte Gleitring zwischen Auspuffkrümmer und Auspuffrohr muß nur dann erneuert werden, wenn er beschädigt oder undicht ist.
- Beim 16 V Aggregateträger wieder festschrauben: M 10 mit 80 Nm, M 12 mit 130 Nm.

Fingerzeig: Aus langjähriger Praxis wissen wir, daß die Verschraubungen am vorderen Auspuffrohr beim Ausbau immer wieder Probleme machen. Trotz kräftigen Einsprühens mit Rostlöser neigen die Gewindebolzen zum Abreißen. Das heißt dann, daß der Krümmer ebenfalls abgebaut, der alte Bolzen ausgebohrt und ein neuer eingeschraubt werden muß. Die Verbindung Auspuffkrümmer/Zylinderkopf ist noch problematischer: Hier reißen die Stehbolzen am Zylinderkopf leicht ab. Das ist dann ein ärgerlicher Schaden, weil man ohne Abnahme des Zylinderkopfes die Bolzen kaum ausbohren kann.

Auspuffkrümmer ausbauen

- Vorderes Auspuffrohr vom Krümmer trennen.
- Krümmerschrauben losdrehen und Krümmer abnehmen.
- Anhaftende Dichtungsreste am Zylinderkopf und Auspuffkrümmer entfernen.
- Zum Einbau wird eine neue Dichtung montiert.

CO-Entnahmerohr ausbauen

- Schraube seitlich an der Haltelasche losdrehen, beim 16 V-Motor die Verschraubung am Warmluftfangblech.
- Überwurfmutter lösen, CO-Entnahmerohr abziehen.
- Falls erforderlich, kann auch der Stutzen für das Entnahmerohr aus dem Auspuffkrümmer herausgedreht werden.
- Beim Einbau eines neuen CO-Rohres den Schneidring zwischen Stutzen und Rohr ebenfalls erneuern.

Anzugsdrehmomente

Bauteile	Nm
Auspuffkrümmer an Zylinderkopf	25
Abgasrohr vorn an Auspuffkrümmer Achtventiler	25
Abgasrohr vorn an Auspuffkrümmer 16 V	40
Hitzeschutzblech an Abgasrohr vorn	10
Katalysator an Abgasrohr vorn	20
Klemmschellen M 8	25
Muttern und Schrauben der Aufhängungen	25
CO-Entnahmestutzen an Auspuffkrümmer	35
CO-Entnahmerohr an Stutzen	20

In dieser Zeichnung haben wir die wichtigsten Teile der Auspuffanlage herausgegriffen: 1 – Abgasrohr vorn 53 und 66 kW; 2 – Zwischenrohr 53 und 66 kW; 3 – Vorschalldämpfer 55 und 79 kW; 4 – Halter vorn; 5 – Mittelschalldämpfer 53 und 55 kW; 6 – Nachschalldämpfer ab 66 kW; 7 – Halter mitte; 8 – Nachschalldämpfer 53 und 55 kW; 9 – Halter hinten; 10 – Mittelschalldämpfer 66 und 79 kW; 11 – Mittelschalldämpfer 100 kW; 12 – Katalysator 53 und 66 kW; 13 – Abgasrohr vorn 100 kW; 14 – Wärmeschutzblech.

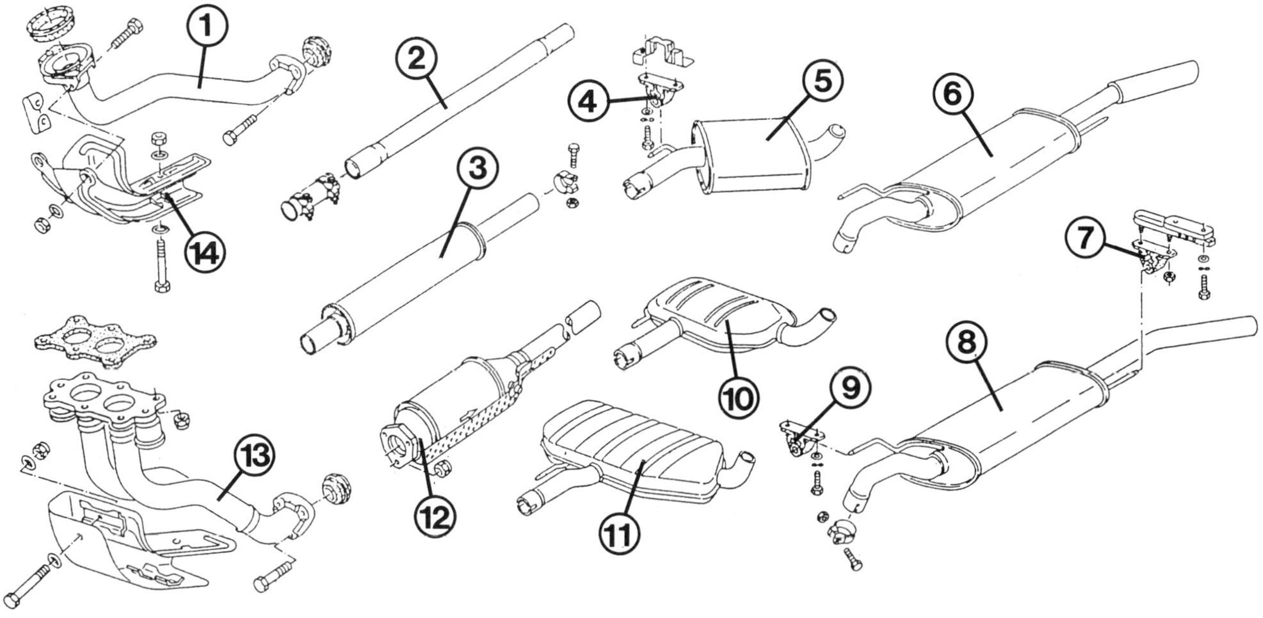

Saubere Sache

Benzin besteht im wesentlichen aus den Elementen Kohlenstoff und Wasserstoff. Wenn das Benzin im Motor verbrannt wird, verbindet sich der Kohlenstoff mit dem Luftsauerstoff zu **Kohlendioxid** (chemische Kurzformel CO_2), und der Wasserstoff vereinigt sich mit Sauerstoff zu **Wasser** (H_2O). Aus einem Liter Benzin entstehen rund 0,9 Liter Wasser, das Sie aber gewöhnlich nicht sehen, da es durch die Verbrennungswärme unsichtbar-dampfförmig dem Auspuff entweicht. Nur in der kalten Jahreszeit sehen Sie weiße Auspuffwolken vom kondensierenden Wasser.
Diese Verbrennungsprodukte bilden sich, wenn Luft und Kraftstoff im optimalen Verhältnis (14,7 : 1) gemischt sind. Das ist leider fast nie der Fall. Deshalb entstehen auch Schadstoffe:

Was stößt der Motor aus?

○ **Kohlenmonoxid** (CO) ist wohl die bekannteste Verbindung, denn der CO-Gehalt wird bei der Leerlaufeinstellung gemessen. Es entsteht um so mehr, je fetter, also kraftstoffreicher das Benzin/Luft-Gemisch ist. Mageres Gemisch, genaue Zündeinstellung und gleichmäßige Gemischverteilung im Verbrennungsraum ermöglichen einen niedrigen CO-Anteil.
○ Unverbrannte **Kohlenwasserstoffe** (HC) entstehen, wenn die von der Zündkerze entzündete Flammenfront an kalten Wandungen und engen Winkeln im Brennraum erlöscht. Zu fettes oder zu mageres Gemisch erhöht den Ausstoß der Kohlenwasserstoffe. Der HC-Anteil ist z. T. bereits durch die Motorkonstruktion bestimmt, er kann später nur gering beeinflußt werden.
○ **Stickoxide** (NO_x) bilden sich vor allem durch den zu über 3/4 in der Verbrennungsluft enthaltenen Stickstoff. Ihr Anteil ist besonders hoch bei einer Auslegung des Motors für geringen Kraftstoffverbrauch und geringen CO- sowie HC-Ausstoß: Hohe Verbrennungstemperaturen und mageres Kraftstoff/Luft-Gemisch.
○ **Bleiverbindungen** werden dem verbleiten Kraftstoff als Antiklopfmittel zugesetzt, siehe Seite 60. Rund 75% davon werden zum Auspuff hinausgeblasen.
○ **Schwefeldioxid** (SO_2) bildet sich lediglich bei den Dieselmotoren.

Was ist wie gefährlich?

○ Kohlenmonoxid ist giftig und kann beim Einatmen in geschlossenen Räumen zum Tod führen. In der Luft verbindet sich das Kohlenmonoxid relativ schnell mit Sauerstoff zu dem ungefährlichen Kohlendioxid (CO_2).
○ Die Kohlenwasserstoff-Verbindungen sind der Übersichtlichkeit wegen zusammengefaßt, wobei die Bandbreite von harmlos bis möglicherweise krebserregend reicht. In der Luft sind die Kohlenwasserstoffe mit den Stickoxiden für Bildung von Smog (schwer lösbare Abgasnebelwolken) verantwortlich.
○ Stickoxide können bei entsprechender Konzentration zu Reizungen der Atmungsorgane führen.
○ Die Bleiverbindungen lagern sich in der Umgebung ab und werden u. a. mit der Nahrung im Körper aufgenommen, aber nicht mehr ausgeschieden. Das ist bei höheren Konzentrationen gesundheitsgefährlich, weshalb der Verkauf von unverbleitem Benzin gefördert wird.

»Saurer Regen«

Der Anteil der in der Atmosphäre vorhandenen Schadstoffe, die auch für die Bildung von saurem Niederschlag verantwortlich sind, ist wie folgt (auf ganze Zahlen gerundet):
○ Schwefelverbindungen (SO_2): 35% natürlicher Ursprung, 65% menschliche Aktivität – davon 97% Kraftwerke, Industrie und Heizung, 3% Verkehr (Dieselfahrzeuge).
○ Stickoxide (NO_x): 95% natürlicher Ursprung, 5% menschliche Aktivitäten (knapp die Hälfte Verkehr).

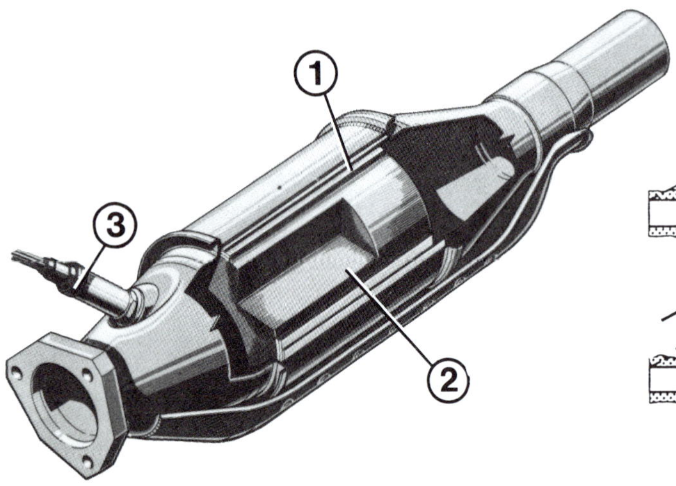

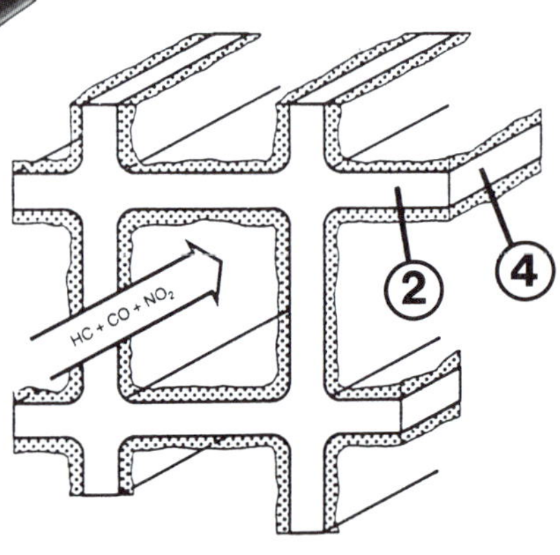

Links ist der Katalysator im Schnitt dargestellt. Es bedeuten: 1 – elastisches Metallgewebe; 2 – Keramikkörper mit Edelmetallschicht (4); 3 – Lambdasonde.
Die chemische Reaktion im Katalysator sieht folgendermaßen aus:
$2\,CO + O_2 = 2\,CO_2$;
$2\,C_2H_6 + 7\,O_2 = 4\,CO_2 + 6\,H_2O$;
$2\,NO + 2\,CO = N_2 + 2\,CO_2$.

Katalysator und Lambda-Sonde

Wer das Wissen aus dem Chemieunterricht nicht mehr parat hat: »Katalysator« ist ein Stoff oder in unserem Fall Bauteil, das eine chemische Reaktion bei einer niedrigeren Temperatur als im Normalfall nötig einleitet oder beschleunigt. Dabei bleibt der Katalysator chemisch unverändert.
In unserem Passat sieht der Katalysator ähnlich aus wie ein Auspufftopf. Darin sitzt ein Keramikkörper, der aus vielen kleinen Zellen besteht. Die so vergrößerte Oberfläche dieser Zellen ist mit einer dünnen Edelmetallschicht belegt, bestehend aus jeweils rund 2 Gramm Palladium, Platin und Rhodium.

Ungeregelter und geregelter Katalysator

Mit dem Dreiwege-Katalysator rückt man den drei Schadstoffen Kohlenmonoxid, Kohlenwasserstoffe und Stickoxide zu Leibe. Wird der Katalysator einfach ins Auspuffsystem eingesetzt, verringert sich der Schadstoffausstoß um etwa 65%.
Wirksamer ist die Umsetzung der Schadstoffe, wenn die Zusammensetzung des Kraftstoff/Luft-Gemisches beeinflußt werden kann. Das geschieht bei den Einspritzmotoren mit Hilfe der Lambda-Sonde; sie mißt den Sauerstoffanteil im Abgas. Lambda (λ = griechischer Buchstabe) ist die »Luftzahl« – das Verhältnis der Luftmenge zur Kraftstoffmenge im angesaugten Gemisch. Der Katalysator kann nur dann richtig arbeiten, wenn die Luftzahl λ dem Wert 1 möglichst nahekommt. Der λ-Wert wird anhand des Sauerstoffrestes im Abgasstrom gemessen – eine Vergleichsgröße für die Zusammensetzung des Kraftstoff/Luft-Gemisches. Weicht die Messung vom Idealwert ab, gibt das elektronische Steuergerät der Benzineinspritzung den Befehl zur unverzüglichen Korrektur: Anreichern bei zu magerem Gemisch; Abmagern des Kraftstoff/Luft-Gemisches, wenn dieses zu fett wird.
Die Regelung arbeitet im Bereich von $\lambda = 0{,}8$ bis $\lambda = 1{,}2$ in rasch wechselnder Folge: Luftüberschuß zur Verbrennung der Kohlenwasserstoffe, Luftmangel zur Verringerung der Stickoxide. Die aus dieser Mischung entstehenden Abgase gelangen in den Katalysator, wo eine nahezu vollständige Umwandlung in ungefährliche Stoffe, wie Kohlendioxid, Wasserdampf und Stickstoff, erfolgt.
Da die Lambda-Sonde erst bei Temperaturen über 350° C ein verwertbares Signal abgibt, wird die Sonde beim Passat 16 V gleich nach dem Start elektrisch beheizt. So setzt die Abgasreinigung schon früher ein. Bis es soweit ist, bleibt die Anlage ungeregelt und richtet sich nach einem vorgegebenen mittleren λ-Wert. Der gleiche gilt, wenn die Vollast-Anreicherung aktiviert ist.

<u>Fingerzeig:</u> Im einzelnen beträgt die Verringerung der Schadstoffe beim geregelten Katalysator: Kohlenmonoxid 85%, Kohlenwasserstoffe 80%, Stickoxide 70%. Dabei ist berücksichtigt, daß der Katalysator mit zunehmender Laufleistung einen Teil seiner Wirkung einbüßt.

Arbeits-Temperaturen

Ehe der Katalysator – ob geregelt oder ungeregelt – arbeiten kann, muß er eine »Anspringtemperatur« von etwa 300° C haben. Das ist nach 25 – 270 Sekunden der Fall. Etwa gleichlang dauert es, bis die Lambda-Sonde ihre »Einschalttemperatur« erreicht hat. Beim Passat 16 V mit KE-Motronic wird die Sonde zusätzlich elektrisch beheizt, so daß sie früher arbeiten kann.
Katalysator und Lambda-Sonde sind allerdings überhitzungsempfindlich. Steigen die Temperaturen im Katalysator über 900° C, setzt eine verstärkte Alterung ein, ab 1200° C wird seine Wirksamkeit auf Dauer zerstört. Ähnliches gilt für die Lambda-Sonde. Temperaturspitzen können z. B. bei Zündaussetzern auftreten. Unverbranntes Gemisch wird dann im Katalysator gezündet, was die Temperaturen in gefährliche Höhen treibt.

Lebensdauer

Der Katalysator kann nur mit bleifreiem Benzin seine Wirkung entfalten. Die Bleianteile im verbleiten Benzin bedecken die Edelmetallschicht und gehen mit ihr chemische Verbindungen ein. Der Katalysator wird »vergiftet« und muß nach mehrmaliger Blei-Benzinbetankung ersetzt werden.
Mit zunehmender Laufleistung verliert der Katalysator etwas an Wirksamkeit. Dennoch hält er so lange wie der Motor.

Vorsichtsmaßnahmen bei Katalysator-Fahrzeugen

In der Betriebsanleitung sind zahlreiche Hinweise für Katalysator-Fahrzeuge aufgeführt. Besonders gefährlich ist unverbranntes Gemisch, das sich im heißen Katalysator entzündet und so die Temperaturen in gefährliche Höhen ansteigen läßt. Wir greifen nur die wichtigsten Punkte heraus:

- Das Anrollenlassen, Anschieben oder Anschleppen ist problemlos, wenn der Anlasser wegen einer leeren Batterie den Motor nicht zum Laufen bringt.
- Lassen Zündaussetzer oder Fehlzündungen auf einen Defekt an der Zündanlage schließen, diese sofort überprüfen (lassen).
- Im Hochsommer nach wochenlanger Trockenheit beim Parken den Wagen nicht über trockenem Laub, Heu o. ä. abstellen. Unter besonders ungünstigen Umständen könnte es zu einer Entzündung kommen.
- Beim Auftragen von Unterbodenschutz darf nichts davon an den Katalysator geraten.

Erfrischendes

Bei der Verbrennung des Kraftstoff/Luft-Gemisches wird es dem Motor ausgesprochen warm um die Zylinder. Denn außer der Kraft für die Fortbewegung entsteht auch Wärme, und das nicht wenig: 1/4 Kraft, 3/4 Wärme. Diese Wärme gilt es abzuführen.

So wird gekühlt

○ Durch den Motor wird ständig Wasser gepumpt, und zwar von der Wasserpumpe. Vom Keilriemen angetrieben beschleunigt sie den Wasserstrom durch ein kleines Schaufelrad.
○ Das Kühlmittel fließt einerseits durch den Motor und andererseits durch den Kühler. Dort wirkt Luft als abkühlendes Element – als Fahrtwind oder unter Zuhilfenahme des Kühlerventilators.
○ Da zuviel Kühlung aber auch schädlich wäre, regelt ein Thermostat den Kühlwasserstrom. Er sorgt dafür, daß der Motor schnell auf Betriebstemperatur kommt, aber unter Last nicht überhitzt; Näheres hierzu steht auf Seite 55.
○ Bei den Motoren ab 79 kW fließt das Kühlmittel zusätzlich durch den Ölkühler zum Absenken der Motoröltemperatur.
○ Ein weiterer Wasserweg führt zum Heizungskühler, wobei das aufgeheizte Kühlmittel während der kalten Jahreszeit für angenehme Temperaturen im Innenraum sorgt.
○ Zusätzlich mit Warmwasser versorgt werden die Startautomatik (nur Vergaser-Motoren) und das Ansaugrohr (Motoren mit Vergaser und Monojetronic).

Überdruck-Kühlsystem

Die Kühlanlage faßt unterschiedliche Flüssigkeitsmengen:
○ **Ohne Klimaanlage: 5,0 Liter**
○ **Mit Klimaanlage: 5,6 Liter**
Diese doch recht geringe Wassermenge würde bei einer scharfen Autobahnfahrt oder einem Paßaufstieg im Hochgebirge nicht ausreichen, wäre das Kühlsystem nicht unter Druck gesetzt.
In der Kühlanlage herrscht bei Betriebstemperatur ein Überdruck von 1,2 –1,35 bar. Das erhöht den Wasser-Siedepunkt von 100° C auf rund 120° C. So kann die für den Motor betriebsgünstige Kühlmitteltemperatur von über 100° C ohne »Kochgefahr« eingehalten werden, und das unter Druck gesetzte Wasser nimmt auch mehr Wärme auf.
Verantwortlich für ein gutes »Arbeitsklima« des Motors sind:
○ Der Verschlußdeckel auf dem Ausgleichbehälter, der den Druck reguliert
○ Der Thermostat, der nach dem Kaltstart die Kühlflüssigkeit nicht gleich durch den Kühler strömen läßt, sondern erst mit steigender Temperatur

Stand der Kühlflüssigkeit prüfen

Ständige Kontrolle

Obwohl der Passat mit einer »Kühlmittel-Mangelanzeige« ausgestattet ist, sollten Sie sich nicht auf die Warnleuchte voll verlassen. Ein Kontrollblick ist sicherer. Im durchscheinenden Behälter erkennen Sie den Flüssigkeitsstand von außen, es sei denn, der Kunststoff ist im Alter trübe geworden oder alte, rostbraune Kühlflüssigkeit hat die Behälterinnenseiten verfärbt. Dann muß der Verschlußdeckel abgenommen werden. Das sollte nach Möglichkeit nur bei kaltem Motor geschehen. Bei warmgefahrenem Triebwerk Vorsicht; siehe unter »Kühlmittel auffüllen«.
● Bei kaltem Motor muß der Kühlmittelstand zumindest bis zur Markierung »MIN« reichen (Bild rechts).
● Ist der Motor warmgefahren, soll die Kühlflüssigkeit bis an die »MAX«-Markierung heranreichen.

Kühlmittel auffüllen

Verlust von Kühlflüssigkeit ist das Zeichen für eine Störung oder einen Defekt. Das Kühlmittel wird nicht verbraucht und kann im geschlossenen Kühlsystem auch nicht verdampfen oder verdunsten. Was Sie bei Kühlflüssigkeitsverlust tun sollten, steht auf Seite 52.
● Bei warmgefahrenem Motor ist jetzt Vorsicht angebracht. Das Kühlsystem steht unter Überdruck.
● Lappen über den Deckel legen und diesen ganz langsam eine Umdrehung öffnen. So kann der Druck langsam entweichen, ohne daß gleich Wasser heraussprudelt.
● Wird nur Wasser nachgefüllt, verdünnen Sie den Frostschutz allmählich. Deshalb evtl. gleich etwas Gefrierschutzmittel zusätzlich eingießen.
● Nicht über die obere Markierung nachfüllen. Das Kühlmittel dehnt sich bei Erwärmung aus, und die Mehrmenge entweicht aus dem System.

● Kleinere Flüssigkeitsmengen können Sie sowohl bei warmem wie kaltem Motor eingießen.

● Bei erheblichem Wasserverlust und heißer Maschine kein kaltes Wasser nachfüllen. Durch den »Kälteschock« kann sich der Zylinderkopf verziehen oder der Motorblock reißen.

Das Gefrierschutzmittel

Im Kühlsystem sorgt nicht allein klares Wasser für die notwendige Abkühlung des Motors, sondern eine Mischung von Frost- und Korrosionsschutz sowie Wasser. Man spricht daher genauer von Kühlflüssigkeit oder Kühlmittel. Das Mischungsverhältnis beträgt für mitteleuropäische Verhältnisse 2 : 3, in nordischen Ländern dagegen 1 : 1.

Frostfestigkeit bis	–25° C		–35° C	
Fahrzeug ohne Klimaanlage	1,7 l Frostschutz	3,3 l Wasser	2,5 l Frostschutz	2,5 l Wasser
Fahrzeug mit Klimaanlage	1,9 l Frostschutz	3,7 l Wasser	2,8 l Frostschutz	2,8 l Wasser

Mehr als 60% Frostschutz darf nicht ins Kühlsystem gefüllt werden. Bei höherer Dosierung verringert sich die Schutzwirkung wieder, und außerdem wird die Kühlwirkung verschlechtert.
Als Frostschutz dienen gewöhnlich giftige Alkohole namens Äthylenglykol, Diäthylenglykol oder Propylenglykol. Diese Flüssigkeiten verdampfen bzw. verdunsten nicht. Ebenso wichtig wie der Gefrierschutz ist auch der Korrosionsschutz. Er verhindert, daß sich im Kühlsystem Kesselstein, Rost und andere Korrosionsprodukte bilden.

In den V.A.G.-Werkstätten wird das eigene Frostschutzmittel »G 11 V8 B« verwendet. Wenn ein anderes Produkt verwendet wird, sollte es nach den Werksempfehlungen die Spezifikation **TL VW 774 B** aufweisen. Dann läßt es sich auch gefahrlos mit Produkten anderer Hersteller, aber gleicher Spezifikation mischen. Ungeeignetes Frostschutzmittel kann Leichtmetallteile von Motor und Kühler angreifen.

Frostschutz prüfen

Wartung Nr. 8

Zum Nachprüfen der Kühlmittel-Frostfestigkeit brauchen Sie einen Hebe-Messer (Spindel, Aräometer). Damit wird das spezifische Gewicht der Flüssigkeit gemessen. Durch unterschiedliche Zugabe von Korrosionsschutzmitteln sind die spezifischen Gewichte der einzelnen Frostschutzprodukte nicht gleich. Für eine absolut genaue Messung brauchen Sie eine auf das eingefüllte Gefrierschutzmittel abgestimmte Spindel. Im Zweifelsfall ziehen Sie vom ermittelten Wert eine Meßtoleranz von 2 – 3° C ab.

● Kühlmittel aus dem Ausgleichbehälter ansaugen. Die Spindel muß frei schwimmen können.

● Je nach spezifischem Gewicht der Flüssigkeit taucht die Spindel mehr oder minder tief ein.

● An der Skala ablesen, bis zu welcher Temperatur der Frostschutz reicht.

● Manche Gefrierschutzprüfer haben Zeiger, an denen die Frostfestigkeit abgelesen werden kann.

Frostschutzkonzentration einstellen

Meist stellt sich heraus, daß die Konzentration des Gefrierschutzmittels nicht mehr völlig ausreicht. Dann muß etwas Frostschutz nachgefüllt werden. Über den Daumen gepeilt etwa 1 Liter für einen um 10° C erweiterten Gefrierschutz.

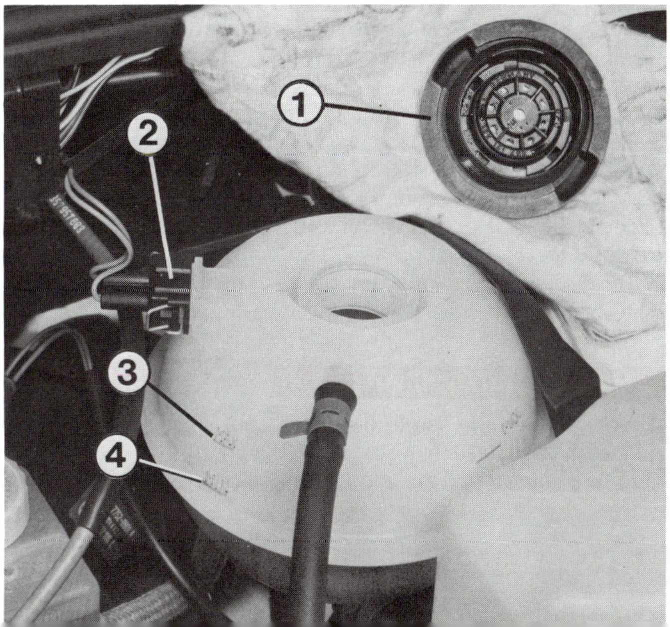

Im Ausgleichbehälter soll der Kühlmittelstand nicht unter die untere Marke (4) fallen. Der Verschlußdeckel (1) braucht zur Kontrolle nicht abgenommen zu werden. Unsinnig wäre aber auch eine Überfüllung über die MAX-Marke (3) hinaus. Position »2« zeigt den Anschlußstecker der Kühlmittel-Mangelanzeige.

Bei diesem Frostschutzprüfer wird die Gefrierschutzmittel-Konzentration nicht durch eine in die Flüssigkeit eintauchende Spindel angezeigt, sondern durch zwei bewegliche Zeiger.

- Wanne unter den Kühler stellen.
- Deckel vom Ausgleichbehälter abnehmen.
- Wasserschlauch unten am Kühler abnehmen, 1 bis 2 Liter Kühlmittel ablassen.
- Schlauch wieder montieren.
- Entsprechende Menge unverdünnten Frostschutz eingießen.
- Zuletzt mit der aufgefangenen Kühlflüssigkeit vollfüllen.

Fingerzeig: Angebrochenes Gefrierschutzmittel altert, wenn es offen herumsteht. Deshalb in ein verschließbares Gefäß umfüllen, dieses beschriften und vor Kinderhänden gesichert aufbewahren, denn der Frostschutz ist giftig.

Kühlflüssigkeit wechseln

Der Wartungsplan sieht keinen regelmäßigen Tausch des Kühlmittels vor. Aber bei bestimmten Reparaturen muß die Flüssigkeit im Kühlsystem erneuert werden – bei Motortausch, Zylinderkopfwechsel, Ersatz der Zylinderkopfdichtung, Kühler- oder Wärmetauscherwechsel. Der Grund ist einfach: Der Kühlmittelzusatz bewahrt die Leichtmetallteile vor Korrosion. Die Schutzschicht bildet sich in der Einlaufphase des neuen Motors, wobei ein Teil der Korrosionsschutzanteile verbraucht wird. Kommt nun ein neues, großflächiges Leichtmetallteil in den Kühlkreislauf, reicht die Korrosionsschutzwirkung der bisherigen Flüssigkeit nicht mehr aus. Und im Fall eines Schadens an der Zylinderkopfdichtung kann das Korrosionschutzmittel durch eingedrungene Verbrennungsgase geschädigt sein. Deshalb nicht an der falschen Stelle sparen – erneuern Sie das Kühlmittel.

Kühlflüssigkeit ablassen

- Verschlußdeckel des Ausgleichbehälters abschrauben.
- Wanne unterstellen.
- Unteren Schlauch am Kühler abnehmen.

Fingerzeig: Kühlerfrostschutzmittel ist giftig, es darf deshalb nicht einfach in die Kanalisation geschüttet werden. Stattdessen in ein gesondertes Gefäß füllen und zum Sondermüll geben (Annahmestelle von der Gemeindeverwaltung erfragen).

Kühlsystem neu befüllen

- Zuerst Gefrierschutzmittel, dann Wasser einfüllen.
- Ist das Wasser in Ihrer Gegend besonders »hart« (kalkhaltig), sollte es zuvor abgekocht werden, dann bildet sich der Kesselstein im Kochtopf statt im Kühlsystem.
- Der Flüssigkeitsspiegel soll bis zur oberen Markierung stehen.
- Verschlußdeckel aufsetzen und festdrehen.
- Motor warmfahren, bis der Thermostat geöffnet hat. Dieser ist ganz sicher offen, wenn bei Motorleerlauf der elektrische Kühlerventilator anläuft.
- Motor abkühlen lassen, Kühlmittelstand kontrollieren, ggf. etwas Wasser nachgießen.

Kühlsystem auf Dichtheit prüfen

- Kontrollieren Sie sämtliche Schläuche, auch die dünneren zur Heizanlage bzw. – wo vorhanden – zum Ansaugrohr und zur Startautomatik.
- Schläuche rissig? Durch Kneten feststellen, ob die Wasserschläuche hart und spröde sind – dann umgehend austauschen.

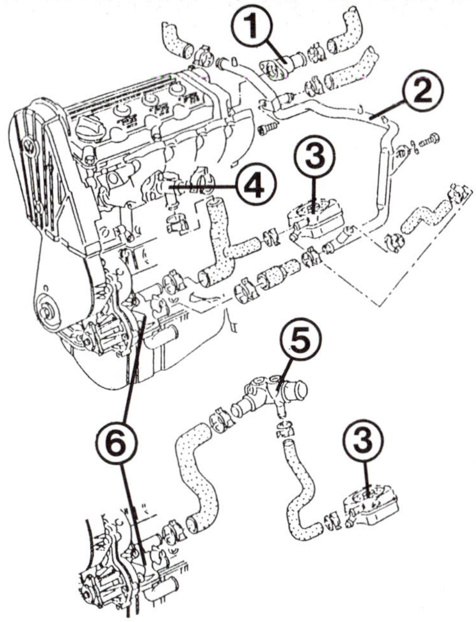

In der Zeichnung ist der Verlauf der Kühlwasserschläuche gezeigt – oben der 100-kW-Motor, unten das 79-kW-Triebwerk. Bezeichnet sind folgende Bauteile:
1 – Stutzen seitlich am Zylinderkopf;
2 – Wasserrohr;
3 – Ölfilterflansch;
4 – Stutzen vorn am Zylinderkopf;
5 – Stutzen für Temperaturgeber;
6 – Wasserpumpe.

- Sitzen die Schlauchenden nicht zu knapp auf ihren Stutzen?
- Wenn nachträglich Schraubschellen montiert wurden: Sind deren Spannschrauben festgezogen?
- Sind die Schellen verrostet? Dann können sie unvermutet während der Fahrt und bei vollem Betriebsdruck im Kühlsystem nachgeben. Auswechseln!
- Die Werkstatt kontrolliert die Dichtheit der Kühlanlage mit einer speziellen Handluftpumpe mit Druckmesser.
- Dieses Gerät wird auf die Ausgleichbehälteröffnung gesetzt und ein Druck von 1 bar aufgepumpt.
- Fällt der Skalenzeiger nicht innerhalb von ein bis zwei Minuten, ist das Kühlsystem dicht.

Der Kühler

Er besitzt ein Kunststoffgehäuse, innen dagegen Röhren und Rippen aus Leichtmetall. Als Verbindung zwischen den Wasserkästen des Kühlers dient eine Vielzahl von dünnwandigen Röhrchen. Zur Vergrößerung der Kühlfläche sitzen zwischen den Röhrchen noch waagrechte Rippen.
Bei Verdacht auf einen undichten Kühler sollten Sie in der Werkstatt die oben beschriebene Druckprüfung durchführen lassen. Bei einem offenkundigen Defekt können Sie den Kühler auch gleich selbst ausbauen und zur Reparatur bringen. Es gibt spezielle Kühlerwerkstätten (Branchentelefonbuch!), oder vielleicht befindet sich in Ihrer Nähe eine Kühlerfabrik, die ebenfalls Reparaturen durchführt.

Kühlmittelschläuche ausbauen

Besorgen Sie als Ersatz Originalschläuche in der richtigen Bogenform und grundsätzlich neue Schlauchschellen.
- Kühlmittel ablassen und auffangen.
- Schlauchschellen lösen, Schläuche abziehen.
- Festsitzende Schlauchenden mit einem Schraubenzieher lockern, den man zwischen Schlauch und Stutzen schiebt und dann vorsichtig hebelt.
- Neue Schläuche weit genug auf die Stutzen schieben, damit sie nicht wieder abrutschen können.
- Schraubschellen nicht mit Gewalt anziehen, sonst wird das Gewinde überdreht.

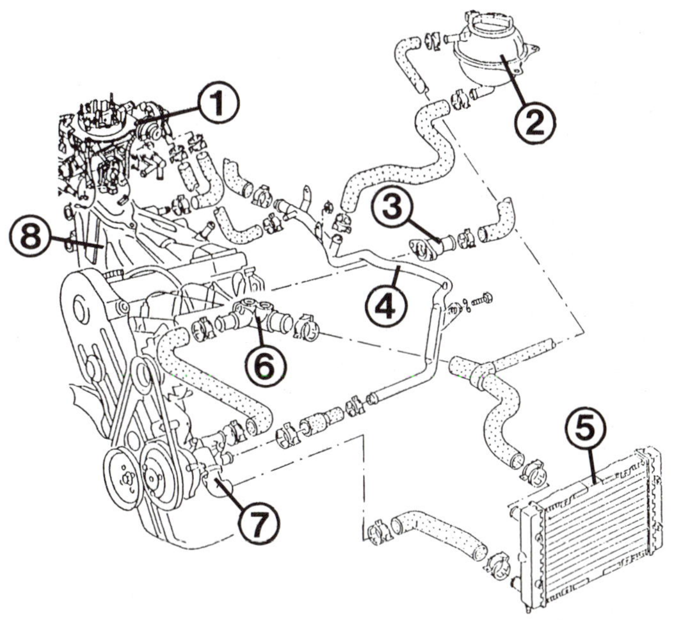

Der Kühlmittelkreislauf mit seinen Teilen bei den Motoren bis 66 kW:
1 – Starterdeckelbeheizung beim 53-kW-Vergasermotor;
2 – Ausgleichbehälter;
3 – Stutzen seitlich am Zylinderkopf;
4 – Wasserrohr;
5 – Kühler;
6 – Stutzen für Temperaturgeber;
7 – Wasserpumpe;
8 – Ansaugrohrbeheizung.

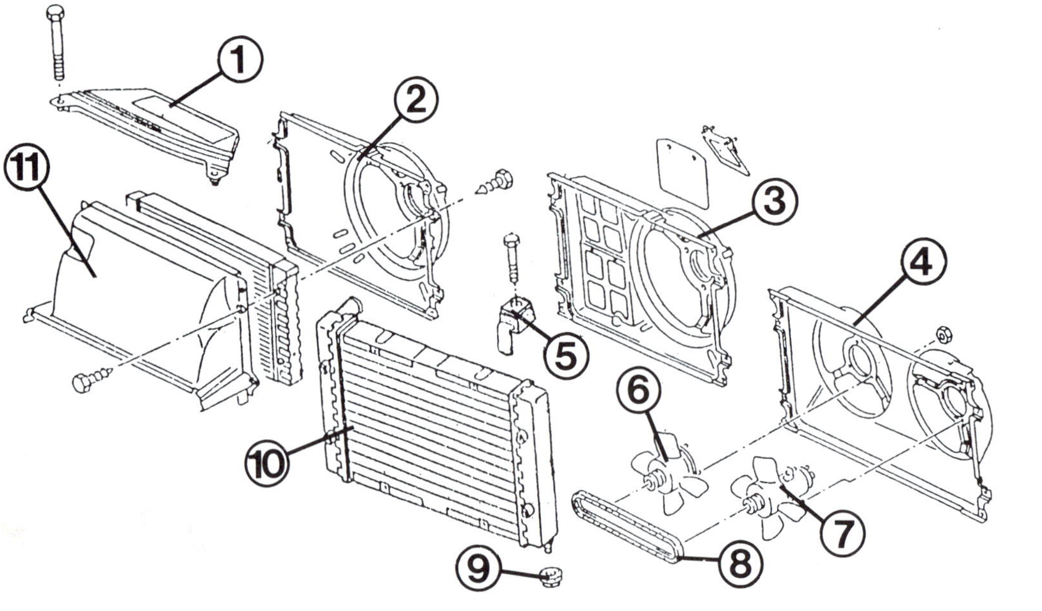

Zum Kühler und seinem Elektroventilator gehören folgende Teile:
1 – Abdeckung oberhalb des Kühlers;
2 – Tragring für Motoren bis 55 kW;
3 – Tragring für 66 bis 85 kW;
4 – Tragring für Fahrzeuge mit Klimaanlage;
5 – Halter für Kühler;
6 – zusätzliches Lüfterrad für Fahrzeuge mit Klimaanlage;
7 – Kühlerventilator;
8 – Keilriemen für Zusatzlüfterrad;
9 – Halteöse mit Gummizwischenlage;
10 – Kühler;
11 – Luftführung.

Kühler reinigen

Durch den tiefliegenden Kühllufteintritt (unterhalb des Stoßfängers) und die dadurch erforderliche Umlenkung des Luftstroms gelangen kaum noch Insekten an die Kühlerlamellen. Eine Reinigungskur wird daher wohl erst bei höherem Fahrzeugalter erforderlich.

- Frontblende ausbauen (Seite 248).
- Abdeckung oben am Kühler abschrauben.
- Elektroventilator mit Tragring abnehmen (Seite 59).
- Luftführung vorn am Kühler losschrauben.
- Angetrocknete Insektenreste mit einem eiweißlösenden Mittel einsprühen, z. B. »Summer Screen« von Holt.
- Nach einer gewissen Einwirkzeit von der Kühlerrückseite her abspülen. Durch die Kühlerlamellen mit nicht zu starkem Strahl spritzen. Hartes Bürsten oder scharfes Werkzeug kann die Kühlerlamellen beschädigen.
- Spezielle Reinigungsmittel für das Kühlerinnere sind bei ausschließlicher Verwendung von Frostschutz mit Korrosionsschutzmittel nicht erforderlich.

Kühler ausbauen

- Kühlmittel ablassen.
- Wasserschläuche am Kühler abnehmen.
- Obere Kühlerabdeckung abschrauben.
- Elektroventilator mit Tragring abnehmen (Seite 59).
- Schrauben der Kühlerhalter oben herausdrehen.
- Kühler mit Luftführung herausheben, er steckt unten in Halteösen mit Gummizwischenlage.
- Luftführung vorn am Kühler losschrauben.
- Thermoschalter herausdrehen, falls notwendig.
- Thermoschalter grundsätzlich mit neuem Dichtring einschrauben, Anzugsdrehmoment 25 Nm.

Der Kühlsystem-Verschlußdeckel

Im Überdruck-Kreislauf spielt der Kühlsystem-Verschlußdeckel eine wichtige Rolle:

○ Bei aufgeschraubtem Deckel drückt die Dichtfläche fest auf den Rand der Ausgleichsbehälteröffnung. Es kann kein Druck entweichen.

○ Wenn bei steigender Erwärmung der Druck im Kühlsystem **1,3 –1,5 bar** übersteigt, öffnet das Überdruckventil im Deckel. Jetzt kann zum Druckausgleich etwas Wasserdampf entweichen.

○ Beim Abkühlen zieht sich die Kühlflüssigkeit wieder zusammen, und es entsteht ein Unterdruck in der Kühlanlage. Für diesen Unterdruckausgleich sitzt im Deckel ein zweites Ventil. Es öffnet bei einem Unterdruck von **0,06 – 0,1 bar**, so daß Außenluft in den Ausgleichbehälter strömen kann.

Überdruckventil prüfen

Das Überdruckventil des Verschlußdeckels wird mit dem bereits beschriebenen Druckprüfgerät und einem Verbindungsstück auf richtige Funktion kontrolliert:

- Druck aufpumpen.
- Bei **1,3 –1,5 bar** muß das Ventil öffnen.

Unterdruckventil prüfen

Ob das Unterdruckventil richtig arbeitet, läßt sich nur behelfsmäßig feststellen:

- Bei abgenommenem Verschlußdeckel einen dicken Wasserschlauch fest zusammendrücken.
- Deckel aufsetzen und festdrehen, Schlauch loslassen.
- Rundet sich der zusammengepreßte Schlauch wieder, dürfte das Ventil intakt sein.
- Sind die Kühlwasserschläuche morgens vor dem ersten Start plattgedrückt, streikt sicher das Unterdruckventil.

Kleiner und großer Kreislauf

Damit der Motor schnell auf seine Betriebstemperatur kommen kann, wurde das Kühlsystem in einen kleinen und einen großen Kreislauf aufgeteilt:

- Nach dem Kaltstart zirkuliert das Kühlmittel im »kleinen« Kreislauf von der Wasserpumpe zum Motorblock sowie in den Zylinderkopf und wieder zurück zur Wasserpumpe. Vom kleinen Kreislauf mitversorgt werden der Heizungs-Wärmetauscher, die Startautomatik (Vergasermotoren) sowie die Ansaugrohrbeheizung (Motoren mit Vergaser bzw. Monojetronic).
- Erst wenn die Kühlflüssigkeit eine bestimmte Temperatur erreicht hat, wird der Kühler zum Abkühlen des Heißwassers gebraucht.
- Das Zuschalten des Kühlers besorgt der Thermostat oder Kühlwasserregler. Er öffnet aber nicht einfach einen Verbindungsschlauch zwischen Motor und Kühler, sondern kaltes Wasser aus dem Kühler wird vorgemischt mit bereits erwärmtem aus dem kleinen Kreislauf. Durch diese allmähliche Kaltwasserbeimischung wird der sogenannte Kälteschock für den Motor vermieden.
- Das unten aus dem Kühler abfließende Wasser zieht heißes Kühlmittel oben in den Kühler nach. Dort wird es beim Zug durch die Kühlerlamellen abgekühlt. Gleichzeitig mit dem Hinzuschalten des Kühlers wird der »Kurzschluß-Kreislauf« geschlossen.

Funktion des Thermostats

- Das »Umschalten« des Thermostats bewirkt eine mit Spezialwachs gefüllte Büchse und der daran befestigte Ventilteller. Bei Erwärmung des Kühlmittels verflüssigt sich das Wachs und dehnt sich dabei aus. Zwangsläufig öffnet es durch sein größeres Volumen jetzt den Ventilteller.
- Solange die Wassertemperatur steigt, wird vom Thermostat der Kaltwasserzufluß aus dem Kühler zunehmend geöffnet und gleichzeitig der Kurzschluß-Kreislauf geschlossen.
- Sinkt während der Fahrt die Wassertemperatur wieder unter die gewünschte Betriebstemperatur, drückt eine Feder am Thermostat den Ventilteller wieder in Richtung »Zu« und sperrt den Kühlerdurchfluß so lange, bis das Kühlmittel wieder genügend warm ist.

Der Thermostat sitzt in Fahrtrichtung vorn rechts unten im Gehäuse der Wasserpumpe.

Störungen am Thermostat

Gewöhnlich halten Thermostate ein ganzes Autoleben klaglos durch. Wenn nicht, hier die Ursachen:

- Ablagerungen aus dem Kühlsystem setzen sich zwischen dem Ventilteller und seinem Sitz fest. Der Thermostat kann dann bei niedrigen Wassertemperaturen nicht mehr völlig schließen; aufgeheiztes Kühlmittel strömt sofort durch den Kühler.
- Erkennungsmerkmale: Die Temperaturanzeige klettert langsamer in die Höhe, und die Heizwirkung setzt später als üblich ein.
- Folgen: Meßbarer Schaden entsteht zunächst nicht, wenn Sie so weiterfahren. Aber der Motor läuft unnötig lange im unterkühlten Bereich.
- Gefährlich für den Motor ist, wenn Wachs aus der Thermostatbüchse austritt und der verbliebene Rest die Büchse nicht mehr aufdrücken kann. Dann bleibt das Ventil geschlossen.
- Erkennungsmerkmal: Die Nadel der Temperaturanzeige steht ganz oben, und das Kühlmittelwarnlicht blinkt.
- Folgen: Wer so weiterfährt, erhält die Quittung in Form einer durchgebrannten Zylinderkopfdichtung und eines verzogenen Zylinderkopfes.
- Hier hilft nur der Ausbau des Thermostats oder Abschleppen.

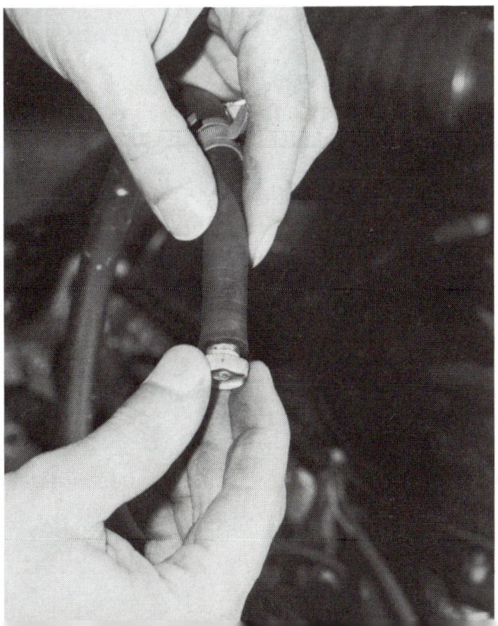

Linkes Bild: Damit die Kühlflüssigkeit nicht aus dem Ausgleichbehälter ausläuft, verschließt man dessen abgezogene Schlauchleitung mit einer M-8-Schraube. Rechts: Die Klemm-Schlauchschellen lassen sich ohne Schwierigkeiten mit einer Zange lösen.

Thermostat ausbauen

Einen klemmenden Thermostat unterwegs auszubauen ist nicht unproblematisch. Er sitzt ziemlich weit unten, so daß beinahe die gesamte Kühlmittelmenge abgelassen werden muß. Zudem dauert es bei heißem Motor recht lange, ehe Sie mit der Arbeit beginnen können, ohne Gefahr zu laufen, daß Sie sich die Hände verbrühen. Beim Einbau eines neuen Thermostats soll zugleich der Dichtring am Thermostat- bzw. Wasserpumpengehäuse erneuert werden.

- Kühlmittel vollständig ablassen.
- Wagen vorn aufbocken.
- Schlauchflansch unten am Wasserpumpen- bzw. am Thermostatgehäuse abschrauben und zur Seite drücken.
- Beim Thermostateinbau muß dessen kleinere Abdichtplatte zum Motor hin zeigen.
- Schrauben am Thermostat- bzw. Wasserpumpengehäuse mit 10 Nm anziehen.

Thermostat prüfen

Mit einem Einmachthermometer können Sie selbst kontrollieren, ob der Kühlwasserregler bei der vorgeschriebenen Temperatur öffnet.

- Thermostat ausbauen.
- Kühlwasserregler in einen Topf mit Wasser hängen und Wasser erhitzen.
- Kontrollieren, ob das Ventil von seinem Sitz abhebt.
- Die Sollwerte lauten: **Öffnungsbeginn 85° C, Öffnungsende 105° C.**
- Wenn möglich, noch den Öffnungshub messen, er soll 7 mm betragen.

Die Wasserpumpe

Die Kühlflüssigkeit wird von der Wasserpumpe im Kreislauf gehalten. Sie sitzt in Fahrtrichtung rechts vorn am Motor und wird vom Keilriemen in Schwung versetzt.

Fingerzeig: Die Wasserpumpe kann durch Undichtigkeit ausfallen. Anfangs tropft es nur gelegentlich aus dem Gehäuse, aber innerhalb kürzester Zeit geht das Kühlmittel in erheblichen Mengen verloren. Deshalb sollten Sie sofort nach Erkennen einer undichten Wasserpumpe für den Austausch sorgen.

Wasserpumpe ausbauen

- Kühlmittel ablassen.
- Keilriemen abnehmen, siehe Seite 182.
- Zahnriemenschutz ausbauen (Seite 31).
- Wagen aufbocken.
- Schläuche am Pumpengehäuse abnehmen.
- Zum leichteren Arbeiten die vier Schrauben des kompletten Wasserpumpengehäuses (Zeichnung rechts) losdrehen.
- Ingesamt acht Verschraubungen zwischen dem vorderen Lagergehäuse und dem Wasserpumpengehäuse lösen. Das Pumpenrad sitzt im Lagergehäuse.
- Dichtung zwischen Lagergehäuse und Wasserpumpengehäuse erneuern.
- Falls das komplette Wasserpumpengehäuse ausgebaut wird, muß beim Einbau die Dichtung zwischen dem Gehäuse und dem Motorblock ebenfalls ersetzt werden.
- Wasserpumpe mit 10 Nm festschrauben, Lagergehäuse sowie Halteschrauben der Keilriemenscheibe mit 20 Nm anziehen.

Keilriemenspannung prüfen

Wartung Nr. 11

Wie bereits erwähnt, wird die Wasserpumpe von einem Keilriemen angetrieben. Zur Wartung der Kühlanlage gehört daher unbedingt die Kontrolle der Keilriemenspannung. Ein durchrutschender Keilriemen – erkennbar an Quietschgeräuschen, wenn man aus dem Leerlauf kurz Gas gibt – kann die Kühlung erheblich beeinträchtigen.

- Keilriemen kräftig mit dem Finger eindrücken, und zwar:
- Bei einem Fahrzeug **ohne Servolenkung:** zwischen Wasserpumpe und Lichtmaschine.
- Beim Passat **mit Servolenkung** zwischen Wasserpumpe und Servopumpe.
- Bei einem Wagen **mit Klimaanlage ohne Servolenkung** zwischen Wasserpumpe und Kompressor der Klimaanlage.
- Das richtige Eindrückmaß lautet: **5 mm.**
- Zum Keilriemenspannen siehe Seite 181.

Gerissener Keilriemen

Wenn Sie ohne Antrieb des Wasserpumpen-Keilriemens weiterfahren, riskieren Sie einen Schaden am Motor! Zwar ist kaltes Wasser schwerer als warmes. Es zirkuliert auch ohne Wasserpumpe langsam durch den Motor. Diese »Thermosiphon«- oder Selbstumlaufkühlung reicht aber nicht aus.
Das Auflegen eines neuen Keilriemens finden Sie auf Seite 182 beschrieben.

Zur Wasserpumpe gehören folgende Teile:
1 – Dichtring zum Motorblock hin;
2 – Wasserpumpengehäuse;
3 – Deckel mit Schlauchflansch;
4 – Dichtring;
5 – Thermostat;
6 – Dichtung;
7 – Lagergehäuse der Wasserpumpe;
8 – Keilriemenscheibe;
9 – Riemenscheibe für den Keilriemen der Servolenkung.

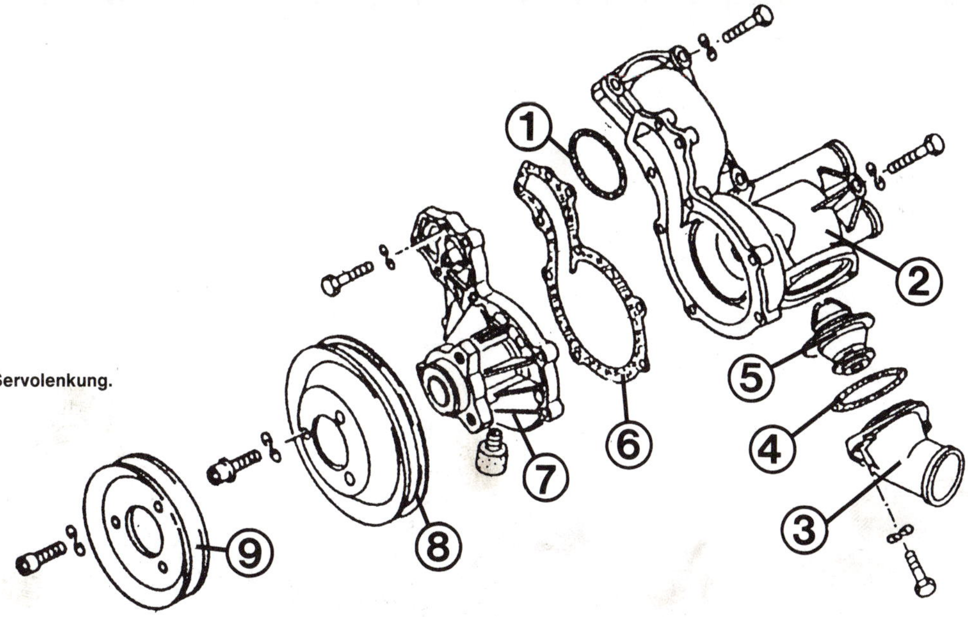

Der Kühlerventilator

An der in Fahrtrichtung linken Seite des Kühlers ist ein temperaturempfindlicher Schalter eingeschraubt. Wenn er »spürt«, daß das an ihm vorbeirauschende Kühlmittel nach Durchfluß des Kühlers noch zu heiß ist, schaltet er die erste Geschwindigkeitsstufe des Kühlerventilators ein. Über einen Vorwiderstand erhält dieser reduzierte Spannung für die halbe Drehgeschwindigkeit. Steigt die Temperatur des Kühlmittels weiterhin, kommt die zweite Stufe des Kühlerventilators zum Einsatz; der Lüfter dreht jetzt mit vollem Tempo. Das veranlaßt der zweite Schaltkontakt im Temperaturschalter. Mit abfallender Temperatur im Kühlsystem schaltet er den Ventilator wieder auf halbe Drehgeschwindigkeit bzw. ganz aus.
Bei der entsprechenden Einschalttemperatur schließt der Kontakt im Schalter den Stromkreis des Kühlerventilators, und dieser läuft an. Der Elektrolüfter hängt grundsätzlich an Dauerstrom, so daß er auch nach Abschalten der Zündung noch weiterlaufen kann.

Fingerzeig: Vorsicht beim Hantieren im Motorraum: Bei heißgefahrenem Triebwerk kann der Ventilator nochmals unvermittelt loslaufen!

Lüfter-Nachlaufschaltung

Der Kühlerventilator hat bei unseren Passat-Modellen noch eine weitere Aufgabe: Er soll verhindern, daß sich Dampfblasen im Kraftstoffsystem bilden. Damit der Wiederstart des warmgefahrenen Motors sichergestellt ist, läuft er ggf. nach dem Abstellen des Motors nochmals bis zu 12 Minuten in der langsamen Geschwindigkeit an, um die angestaute Wärme zum Motorraum hinauszublasen. Gesteuert wird dies über einen zusätzlichen Thermoschalter und ein Steuergerät bei abgeschalteter Zündung.

Die Thermoschalter

Motor	Thermoschalter für	Schalttemperaturen ein	Schalttemperaturen aus	Einbauort
Alle	Kühlerventilator Stufe I Kühlerventilator Stufe II	92 – 97° C 99 – 105° C	91 – 84° C 98 – 91° C	Kühler
53/55 kW Vergaser	Kühlerventilatornachlauf	65° C	60° C	Halteblech am Vergaser
79/85 kW (Digifant), 100 kW	Kühlerventilatornachlauf	100° C	90° C	Halter am Zylinderkopf

Störungen am Kühlerventilator

Ein ausgefallener Lüftermotor kann zu hohe Kühlmitteltemperatur verursachen, allerdings nur bei längerem Motorleerlauf oder einer scharfen Bergauffahrt. Der Ausfall des Ventilators muß aber nicht das Ende der Fahrt bedeuten:
○ Nachdem der Motor einigermaßen abgekühlt ist, kann man mit mittleren Drehzahlen und einigermaßen zügigem Tempo die nächste Werkstatt anlaufen. Dabei die Temperaturanzeige bzw. Warnleuchte im Auge behalten.
○ Leerlauf und Schleichfahrt dagegen sind für den Motor gefährlich. Da strömt kaum ein kühlender Lufthauch durch die Kühlerlamellen.

Störungssuche

- Ziehen Sie am Thermoschalter den Dreifachstekker ab.
- Überbrücken Sie im Stecker zwei Kontakte mit einem Stück isolierten Draht.
- Wird das rote mit dem rot/weißen Kabel verbunden, muß der Ventilator in der langsamen Geschwindigkeitsstufe anlaufen.
- Die Verbindung von rotem und rot/schwarzem

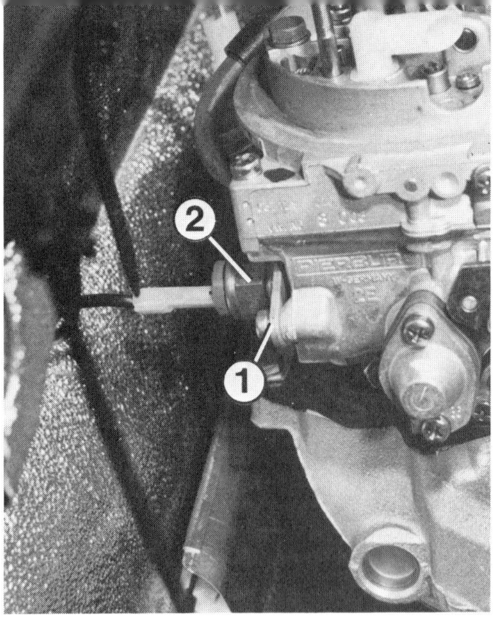

Ob der Kühlerventilator nachlaufen muß bestimmt ein Thermoschalter. Im linken Bild ist der Schalter (2) mit seinem Halt am 2 E 3-Vergaser des 53-kW-Motors g zeigt. Rechts sehen Sie den Thermoschalter (3) mit seinem Halter (4) am 79-kW-Motor mit Digifant-Einspritzung.

Kabel bewirkt, daß der Lüftermotor mit schnellem Tempo dreht.

- Wenn in beiden Fällen der Ventilator losbraust, ist der Thermoschalter defekt, der jetzt aus dem Stromkreislauf herausgenommen ist.
- Zur Weiterfahrt die Kabelbrücke zwischen rotem und rot/weißem Kabel im Dreifachstecker gut festklemmen. So läuft der Kühlerventilator dauernd in der ersten Geschwindigkeitsstufe.
- Damit die locker hängenden Kabel keinen Unfug stiften können, umklebt man sie kurzschlußsicher mit Klebeband oder Heftpflaster.
- Half die Überbrückung des Thermoschalters nicht weiter, kontrollieren Sie, ob ggf. Sicherung 19 defekt ist.
- Bei intakter Sicherung wird der Lüftermotor überprüft.
- Kabelstecker abziehen und stattdessen am Kontakt der rot/weißen bzw. rot/schwarzen Leitung ein entprechend langes Kabelstück zum Batterie-Pluspol legen. Die Steckverbindung für das braune Kabel wird direkt mit Masse verbunden.
- Dreht sich der Propeller in der langsamen Stufe nicht, aber in der schnellen, ist der Vorwiderstand im Ventilatormotor defekt.
- Regt sich nichts, ist der Motor selbst defekt.
- In beiden Fällen muß der Ventilatormotor ersetzt werden, der Vorwiderstand kann nicht alleine getauscht werden.
- Läuft der Ventilator jedoch in beiden Geschwindigkeiten, müssen die Kabelstecker sowie sämtliche Kabelverbindungen von Thermoschalter und Elektrolüfter überprüft werden.

Fingerzeig: Bei allen Notschaltungen muß am Ende der Fahrt eine der Kabelverbindungen getrennt werden, sonst läuft der Lüftermotor so lange, bis die Batterie leer ist.

Störungssuche bei Lüfternachlauf

Ein Ausfall des Thermoschalters für den Lüfternachlauf bleibt so lange unbemerkt, bis Sie erstmals Startschwierigkeiten bei heißgefahrenem Motor haben. Falls Sie den Verdacht haben, daß die Nachlaufschaltung nicht funktioniert:

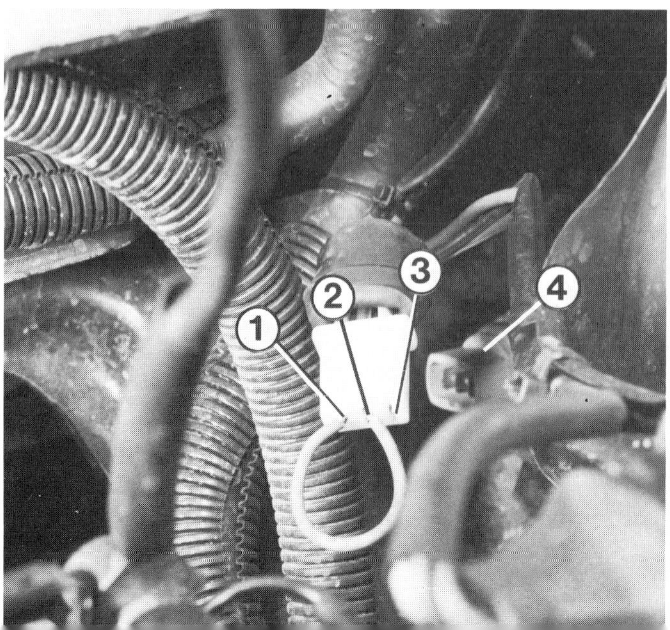

So wird der Thermoschalter des Kühlerventilators überbrückt: Kabelstecker (4) abziehen und die jetzt freiliegenden Kontakte miteinander verbinden. Der Ventilatormotor läuft in der langsamen Geschwindigkeit an, wenn Kontakt »1« und »2« miteinander verbunden sind. Für die schnelle Lüfterdrehzahl müssen Kontakt »1« und »3« zusammengeschlossen werden.

Der Kühlerventilator mit seinen Teilen:
1 – Lüfterrad für Bosch-Lüftermotor (2);
3 – AEG-Motor mit Lüfterrad (4);
5 – Thermoschalter.

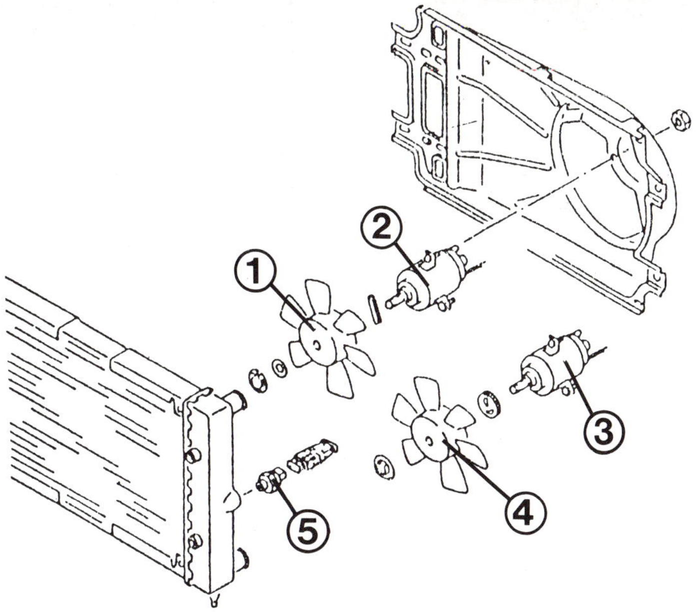

- Ziehen Sie das Kabel bei ausgeschalteter Zündung am betreffenden Thermoschalter ab und halten es direkt an Masse.
- Der Ventilatormotor muß in der langsamen Stufe anlaufen.
- Falls nicht, kann es am Schalter oder am Steuergerät liegen.
- Dieses sitzt an Relaisplatz 14 der Zentralelektrik.

Von einem Helfer das Kabel des Thermoschalters an Masse tippen lassen, während Sie am Steuergerät horchen oder fühlen, ob es schaltet.

- Rührt sich nichts, Leitungsverlauf kontrollieren, ggf. Steuergerät ersetzen.
- Falls das Steuergerät arbeitet, ist der Thermoschalter der Übeltäter.

Ventilatormotor ausbauen

- Kabelstecker zum Kühlerventilator abziehen.
- Vier Schrauben des Tragrings losdrehen und diesen samt Lüftermotor abnehmen.
- Drei Muttern am Tragring lösen, Ventilatormotor abnehmen.
- Der Propeller des Ventilators ist je nach Herstellerfirma auf unterschiedliche Weise mit der Motorwelle verbunden:
- Am Bosch-Lüfter Spannstift herausklopfen und Sicherungsscheibe abnehmen.
- Beim AEG-Ventilator Klemm- und Zahnscheibe abnehmen.

Störungsbeistand

Kühlsystem

Die Störung	– ihre Ursache	– ihre Abhilfe
A Temperatur-Anzeigenadel steht ganz oben, rote Warnleuchte blinkt	1 Wasserpumpen-Keilriemen zu schwach gespannt oder gerissen	Keilriemenspannung kontrollieren oder Riemen ersetzen
	2 Zu wenig Flüssigkeit im Kühlsystem	Auffüllen, notfalls aus der Scheibenwaschanlage
	3 Kabel zur Temperaturanzeige hat Massekontakt	Kabel am Temperaturfühler abziehen, Zeiger muß zurückgehen und rote Lampe muß verlöschen, sonst Masseschluß; Kabelverlauf kontrollieren
	4 Thermostat öffnet den Kaltwasserzufluß aus dem Kühler nicht (Kühler kalt)	Thermostat ausbauen und ohne ihn weiterfahren oder Wagen abschleppen lassen
	5 Kühlerventilator schaltet nicht ein	Siehe Seite 57
	6 Überdruckventil im Verschlußdeckel defekt	Deckel prüfen (lassen), ggf. austauschen
	7 Spannungs-Konstanter defekt (nur wenn die Tankanzeige ebenfalls falsche Werte anzeigt)	Austauschen
	8 Anzeigeinstrument defekt	Überprüfen, siehe Seite 221
	9 Temperaturfühler hat Kurzschluß	Austauschen
B Temperaturanzeige spricht sehr langsam an, schwache Heizleistung	Thermostat schließt nicht völlig, aufgeheiztes Kühlwasser strömt zu früh durch den Kühler	Thermostat säubern, ggf. ersetzen

Quellenforschung

Über Kraftstoff wird viel gesprochen, oft ohne das richtige Grundwissen. Deshalb finden Sie hier einige wichtige Informationen.

Normal- oder Superbenzin?

Die Bezeichnungen »Normal« und »Super« stimmen eigentlich nicht, denn die Kraftstoffarten sind z. B. im Reinheitsgrad und im Verdampfungsverhalten gleich. Das wesentliche Unterscheidungsmerkmal ist die Klopffestigkeit. Sie wird durch die Oktanzahl gekennzeichnet und liegt bei Super höher als bei Normalbenzin. Superkraftstoff kann höhere Kompressionsdrücke aushalten, ohne sich selbst zu entzünden, was sonst zu Motorklopfen führt.
Beim Verdichten erwärmt sich jedes Gas, auch das Kraftstoff/Luft-Gemisch. Sie kennen das vielleicht von der Fahrrad-Luftpumpe beim Aufpumpen eines Reifens. Mit höherem Kompressionsverhältnis kann es also um so leichter zu Selbstzündungen im Verbrennungsraum kommen, wenn der Kraftstoff nicht klopffest genug ist. Je nach Verdichtungsverhältnis müssen unsere Motoren demzufolge mit Normal- oder Superbenzin betrieben werden. Allerdings kommen einige Triebwerke notfalls auch mit Normalkraftstoff aus, siehe Tabelle auf der gegenüberliegenden Seite.

Die Klopffestigkeit

Zur Kennzeichnung der Klopffestigkeit dient die Oktanzahl. Das ist eine Vergleichsgröße, die in einem speziellen Prüfmotor mit bestimmten Meßkraftstoffen ermittelt wird. Häufig genannt ist die »Research-Oktanzahl«, kurz ROZ. Seltener findet man dagegen die aussagekräftigere »Motor-Oktanzahl« oder MOZ.
Die Mindest-Oktanwerte für bleifreien Kraftstoff wurden früher vom **D**eutschen **I**nstitut für **N**ormung nach DIN 51 600 (verbleiter Kraftstoff) bzw. DIN 51 607 (bleifreies Benzin) festgelegt. Heute gilt jedoch die **E**uro-**N**orm EN 228:

Verbleiter Kraftstoff		Unverbleiter Kraftstoff					
Super		Normal		Euro Super		Super Plus	
ROZ	MOZ	ROZ	MOZ	ROZ	MOZ	ROZ	MOZ
98	88	91	82,5	95	85	98	88

Bleifreies Benzin

Der Kraftstoff wird nicht nur anhand seiner Klopffestigkeit unterschieden, sondern auch nach den sogenannten Antiklopfbeimischungen. Beim verbleiten Benzin ist dies das Blei-Tetraäthyl. Bleifreier Kraftstoff kommt ohne diesen hochgiftigen Zusatz aus.

Fingerzeig: Bleifreies Benzin ist für einen VW mit Katalysator unerläßlich, da sonst der Katalysator »vergiftet« wird, siehe Seite 49.

Bleifreies Benzin im Ausland

Nachdem auch in unseren europäischen Nachbarländern die Verbreitung von Katalysatorfahrzeugen laufend zunimmt, ist die Versorgung mit bleifreiem Kraftstoff kein Problem mehr.

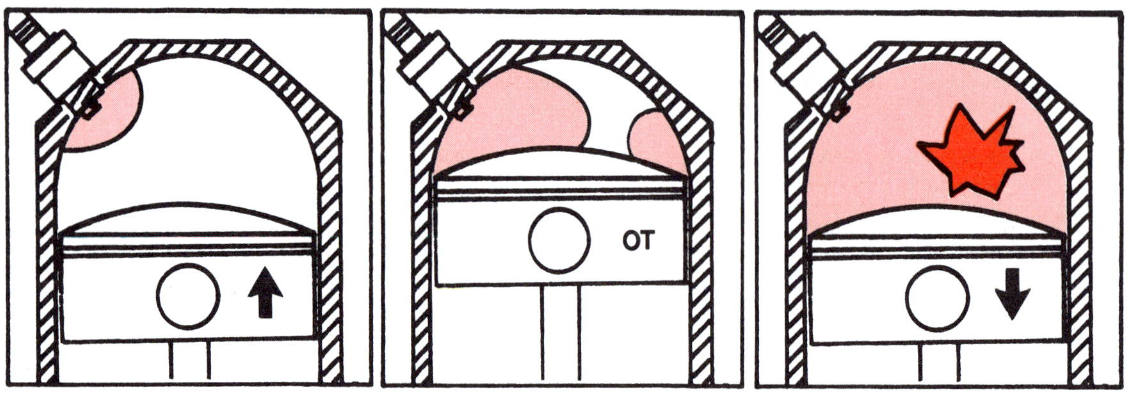

Der Motor klopft: Zusätzlich zu dem von der Zündkerze entflammten Gemisch entzündet sich in einer Ecke ein Gemischrest. Das ergibt eine unkontrollierte Detonation.

Welchen Kraftstoff tanken?

Für unsere Passat-Modelle sind die folgenden Kraftstoffarten verwendbar:

Motor	Kenn-buchstaben	Verdich-tung	bleifrei Normal 91 ROZ	verbleit Normal 91 ROZ[1]	bleifrei Super 95 ROZ	bleifrei Super 98 ROZ	verbleit Super 98 ROZ
1,6/53 kW mit Kat	RF	9,0:1	+	–	+[2]	+[2]	–
1,6/53 kW mit Kat	1F	9,0:1	+	–	+[2]	+[2]	–
1,6/55 kW o. Kat	EZ	9,0:1	+	+	+[2]	+[2]	+[2]
1,8/55 kW mit Kat	AAM	9,0:1	+	–	+[2]	+[2]	–
1,8/66 kW mit Kat bis 7/91	RP	9,0:1	+	–	+[2]	+[2]	–
1,8/66 kW mit Kat ab 8/91	ABS	10,0:1	–	–	+	+[2]	–
1,8/79 kW mit Kat	PF	10,0:1	+[3]	–	+	+[2]	–
2,0/85 kW mit Kat	2E	10,4:1	+[3]	–	+	+[2]	–
2,0/100 kW m. Kat	9A	10,0:1	–	–	+	+[2]	–

[1] Falls noch verfügbar
[2] Auf Grund der Motorauslegung nicht erforderlich
[3] Mit geringer Leistungsminderung

Klingeln und Klopfen

Normalerweise entflammt das Kraftstoff/Luft-Gemisch im Zylinder auf »Befehl« des Zündkerzenfunkens wellenförmig – wie wenn man einen Stein in ruhiges Wasser wirft: Die Wellen breiten sich kreisförmig aus. Durch die zunehmende Entzündung des Gemisches dehnen sich die Gase im Zylinder aus. Ist diese Ausdehnung zu stark, kann ein noch unverbrannter Gasrest an die Wand gedrückt werden. Diese Drucksteigerung bewirkt eine Wärmezunahme des Gasrestes, so daß er sich von selbst entzünden kann. Dabei knallt er der von der Zündkerze auf ihn zueilenden Flammenfront entgegen. Das gibt einen gewaltigen Druckanstieg im Zylinder. Der Kolben erhält einen Schlag auf den Boden und leitet ihn über sein Pleuel an die Lager der Kurbelwelle weiter.
Tritt dieser Effekt bei hohen Motordrehzahlen auf, werden die harten Verbrennungsgeräusche von den Fahrgeräuschen übertönt. Das ist für den Motor ausgesprochen gefährlich. Dieses Hochdrehzahlklopfen bewirkt eine erhebliche Motorüberhitzung. Bis aber die Kühlmittelanzeige anspricht, ist es meist zu spät, und ein oder mehrere Kolbenböden sind bereits geschmolzen.
Bekannter, weil besser zu hören, ist das Beschleunigungsklingeln. Es macht sich bemerkbar, wenn Sie mit nicht genügend klopffestem Kraftstoff aus niedrigen Drehzahlen heraus voll beschleunigen. Diese Klingelerscheinungen schaden dem Motor kaum.
Nicht betroffen vom Klingeln und Klopfen sind die Motoren mit 79 und 85 kW sowie der 16 V. Ihre Zündsteuerung besitzt eine Klopfregelung, siehe Kapitel »Die Zündung«.

Vorratshaltung

Der Benzinspeicher im Auto muß hohen Sicherheitsanforderungen genügen, denn er darf bei einem Unfall weder reißen noch platzen, und sein Inhalt darf nicht davonfließen.

Der Tank

An der sichersten Stelle – zwischen den Hinterrädern – sitzt der Tank. Er ist aus hochmolekularem Polyäthylen großer Dichte (HDPE) gefertigt. Somit gibt es keine Korrosionsgefahr innen oder außen, und er ist leicht.

Fingerzeig: Bevor Sie irgendwelche Arbeiten an der Kraftstoffanlage in Angriff nehmen, sollten Sie unbedingt das Batterie-Massekabel abnehmen. Unbeabsichtigte elektrische Verbindungen können zu gefährlicher Funkenbildung führen und Benzindämpfe explodierend entzünden.

Kraftstoff ablassen

Der Tank besitzt keine Ablaßschraube. Da der Kraftstoffzu- sowie -rücklauf an der Tankoberseite sitzen, kann man auch nicht einfach eine Leitung abziehen und das Benzin auslaufen lassen.

- **Vergasermotor:** Ist der Tank noch einigermaßen voll, durch den Einfüllstutzen einen Schlauch möglichst tief in den Tank schieben.
- Obere Schlauchöffnung mit dem Finger dicht verschließen. Schlauch wieder ein Stück herausziehen und so tief wie möglich in ein Gefäß halten.
- Wenn der Schlauch weit genug ins Benzin reichte, fließt das Benzin jetzt durch das Gefälle heraus.
- Ansaugen des Benzins mit dem Mund ist gesundheitsgefährdend!
- **Einspritzmotor:** Rücksitzbank vorklappen bzw. ausbauen (Seite 263). Teppichboden zurückschlagen.
- Blechdeckel am Wagenboden abschrauben.
- Blaue Rücklaufleitung am Tankgeber abnehmen, nach unten herausführen und in einen genügend großen Behälter halten.
- Kraftstoffpumpenrelais abziehen (im Steckfeld »12« der Zentralelektrik und stattdessen die Kontakte von Klemme 30 und Klemme 87 (bei angeklemmter Batterie) überbrücken.
- Die Pumpe saugt jetzt den Tank leer.

Tank ausbauen

- Zuerst die Wagenunterseite gründlich sauberspritzen, damit bei der Montage kein Schmutz in die Kraftstoffanlage gelangen kann.
- Kraftstoff ablassen.
- Abdeckblech des Tankgebers unter der Rücksitzbank abschrauben.
- Schlauchleitungen und Kabelstecker vom Tankgeber abziehen.
- Spannring der Gummimanschette am Tankeinfüllstutzen abnehmen.
- Wagen hinten aufbocken.
- Schwerkraftventil ausbauen.
- Gummimanschette abnehmen.
- Masseband am Einfüllstutzen abschrauben.
- Schrauben der Befestigungen der beiden Tankhaltebänder lösen, dabei Tank unten abstützen.
- Kraftstoffbehälter abnehmen.
- Beim Einbau die Schläuche am Tankgeber richtig anschließen, siehe Bild rechts unten.

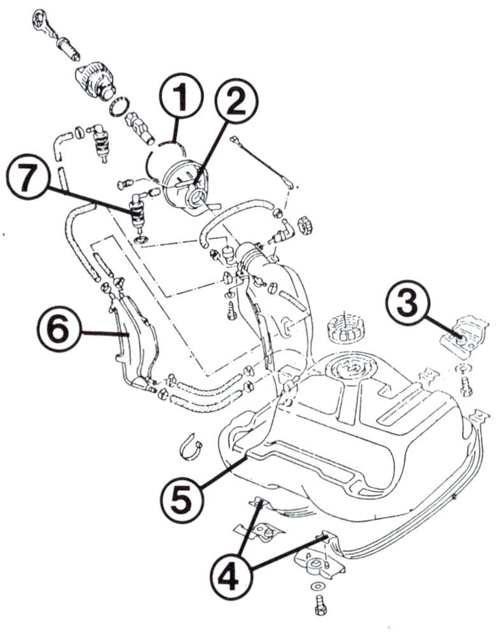

Die wichtigsten Teile des Passat-Tanks haben wir hier mit Zahlen versehen:
1 – Spannring;
2 – Gummimanschette;
3 – Haltebock für Tankhaltebänder (4);
5 – Tank (Ausführung für Einspritzmotoren);
6 – Ausgleichbehälter;
7 – Schwerkraftventil.

Der ausgebaute Tankgeber des Vergasermotors:
1 – Widerstand mit Schleifkontakt;
2 – Schwimmer;
3 – Anschlußstecker;
4 – Sieb am Saugkorb;
5 – Rücklauf vom Vergaser.

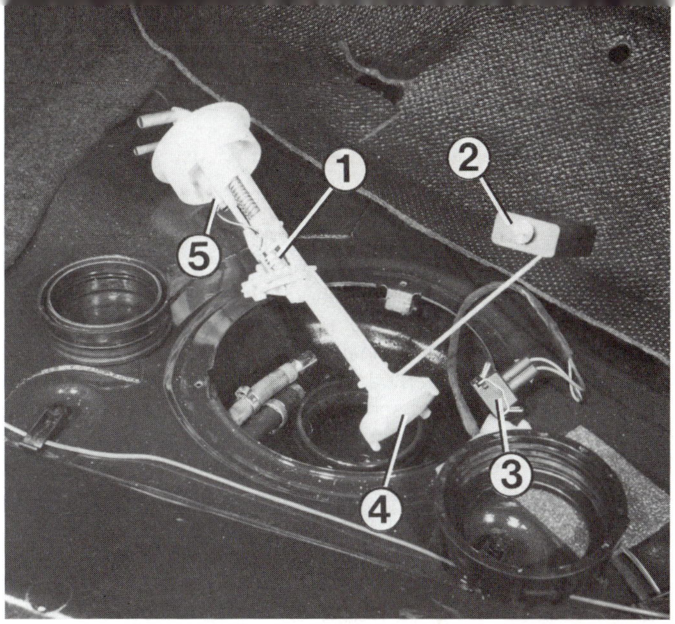

Geber für die Tankanzeige

Der Tankgeber meldet die Flüssigkeitsmenge im Vorratsbehälter auf elektrischem Weg an das Anzeigeinstrument.
Der Tankgeber ist kombiniert mit dem Kraftstoffansaugflansch oben im Tank. Beim 16 V sitzt unten an dieser Baueinheit noch die Kraftstoff-Vorförderpumpe, siehe Seite 66. Bei Monojetronic- und Digifant-Einspritzung sitzt die Kraftstoffpumpe im Tank. Der Schleifkontakt des Tankgebers ist hier seitlich am Pumpengehäuse eingesteckt.

Tankgeber ausbauen

- Rücksitzbank vorklappen oder ausbauen.
- Kofferraummatte herausnehmen.
- Schwarzen Blechdeckel abschrauben.
- Klemmschellen der Schläuche öffnen.
- Schläuche und Mehrfachstecker vom Anschlußflansch abziehen.
- Kunststoff-Überwurfmutter losdrehen. Sitzt die Mutter sehr fest, einen möglichst stumpfen Schraubenzieher an einer Rippe ansetzen und mit leichten Hammerschlägen die Mutter lockern.
- **Vergaser-Motor:** Flansch mit daran befestigtem Geber herausziehen, Dichtring abnehmen.
- Vor dem Wiedereinbau das Sieb unten am Saugkorb (Nr. 4 im Bild oben) ggf. säubern.
- **Monojetronic-/-motronic- und Digifant-Einspritzer:** Ansaugflansch mit Dichtring abnehmen, Steckkontakt trennen.
- Gehäuse der Kraftstoffpumpe nach links drehen (Bajonettverschluß) und herausziehen.
- Steckanschlüsse zur Kraftstoffpumpe abziehen.
- Haltenasen des Tankgeber-Schleifkontakts am Pumpengehäuse ausrasten.
- Schleifkontakt mit Schwimmer seitlich aus dem Pumpengehäuse herausziehen.
- **16 V:** Flansch mit Dichtring, Tankgeber und darunter sitzender Vorförderpumpe herausziehen.
- Darauf achten, daß das Sieb unten an der Pumpe nicht abgestreift wird und in den Tank fällt.
- **Alle Motoren:** Gummidichtung des Ansaugflansches etwas einölen, sauber am Tank aufziehen, dann Flansch montieren.
- Flansch so ausrichten, daß die Pfeilmarkierung dem Pfeil auf dem Tank genau gegenübersteht, siehe Bild unten.

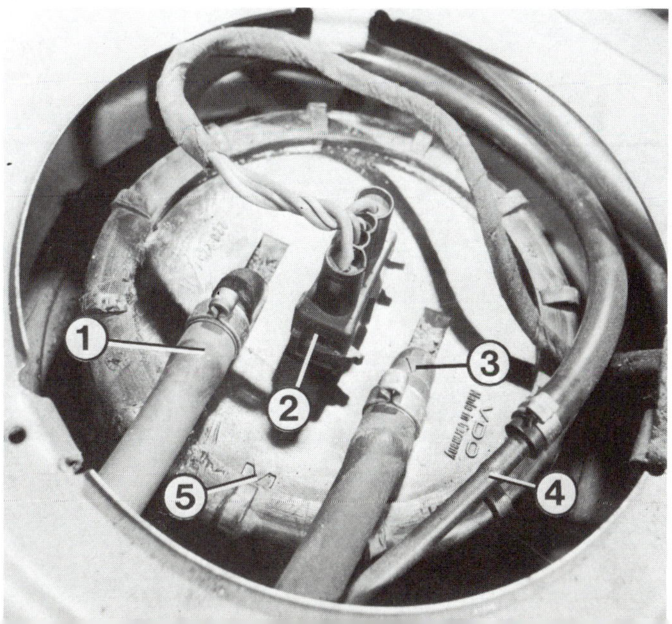

Nach Lösen des Metalldeckels am Kofferraumboden sehen Sie die Oberseite des Tankgebers. Hier die Ausführung der Monojetronic-/-motronic-Einspritzung (mit integrierter Pumpe):
1 – Kraftstoff-Rücklauf;
2 – Anschlußstecker;
3 – Kraftstoffleitung nach vorn zum Motorraum;
4 – Tank-Entlüftungsleitung;
5 – Einstellmarke für den Einbau des Tankgebers.

Die Tank-Be- und -Entlüftung

○ An der Tankoberseite ist die sogenannte Schnell-Entlüftung angeschlossen, die zum Tankeinfüllstutzen führt. Durch diese Leitung entweicht die Luft, wenn der Tank mit Benzin gefüllt wird. Dazwischen sitzt noch ein Ausdehnungsbehälter, der für einwandfreien Abzug der verdrängten Luft erforderlich ist.
○ Wenn der Tank randvoll befüllt wurde und der Passat anschließend in der prallen Hitze abgestellt wird, dehnt sich der Kraftstoff aus. Die so entstehende Mehrmenge nimmt der speziell geformte Einfüllstutzen auf.
○ Vor dem Austritt der Schnell-Entlüftungsleitung ins Freie sitzt ein Schwerkraftventil. Es verschließt bei schrägstehendem Wagen den Austritt der Schnell-Entlüftungsleitung. Dadurch wird verhindert, daß selbst bei randvollem Tank und schräg geparktem Fahrzeug Benzin austreten kann.
○ Die zweite Entlüftungsleitung sitzt ebenfalls oben am Einfüllstutzen. Sie soll die ständig und unvermeidlich sich bildenden Benzindämpfe ableiten. Während der Fahrt strömt durch diese Leitung entsprechend der verbrauchten Kraftstoffmenge von außen Luft in den Tank hinein, so daß sich kein Unterdruck bilden kann. Am Ende dieser Leitung sitzt ein mechanisches Ventil. Es schließt beim Abnehmen des Tankdeckels, so daß beim Benzineinfüllen kein Kraftstoff austreten kann. Beim Aufsetzen des Tankverschlusses öffnet das Ventil wieder.

Schwerkraftventil prüfen

In einem separaten Stutzen in Fahrtrichtung vorn am Tankeinfüllrohr sitzt das Schwerkraftventil.

- Zum Prüfen Tankdeckel abnehmen.
- Haltering der Gummimanschette aushängen.
- Manschette am Einfüllstutzen herausziehen.
- Schwerkraftventil aus der Halterung ziehen.
- Ein passendes Schlauchstück auf einen Anschluß des Ventils stecken.
- Schwerkraftventil senkrecht halten und durchblasen, das muß ohne Widerstand möglich sein.
- Ventil jetzt schräg halten (45°). Das Ventil muß nun schließen, Durchblasen darf nicht mehr möglich sein.
- Beim Wiedereinbau auf richtigen Sitz der Dichtung am Ventil achten und Schlauch zur Manschette des Einfüllstutzens wieder anschließen.

Entlüftungsventil prüfen

Am Tankeinfüllrohr sitzt in Fahrtrichtung hinten das Entlüftungsventil. Zur Überprüfung:

- Oben im hinteren rechten Radkasten am Entlüftungsventil die Schlauchklemme abnehmen und Entlüftungsschlauch abziehen.
- Kontrollieren Sie, ob der Hebel am Ventil beweglich ist.
- Schlauch am Ventilstutzen aufstecken und hineinblasen.
- Bei abgenommenem Tankdeckel muß das Ventil geschlossen haben.
- Wenn Sie den Hebel leicht zur Seite drücken, muß das Ventil öffnen – Sie können ohne Widerstand durchblasen.

Kraftstoff-Verdunstungsanlage

Bei den Motoren mit geregeltem Katalysator werden die entstehenden Benzindämpfe aus dem Tank nicht einfach ins Freie geleitet. Die Tankentlüftung mündet in den mit Aktivkohle befüllten Behälter der Kraftstoff-Verdunstungsanlage im vorderen rechten Längsträger. Bei stehendem oder im Leerlauf drehendem Motor werden die Benzindämpfe im Behälter gespeichert, um dann bei erhöhter Drehzahl dem Motor zur Verbrennung zugeführt zu werden.

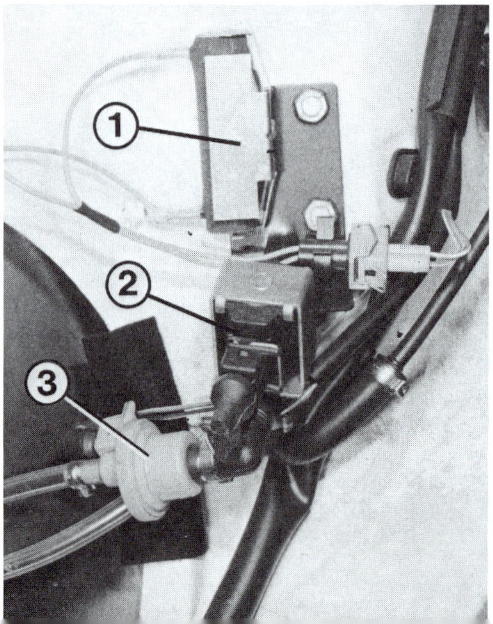

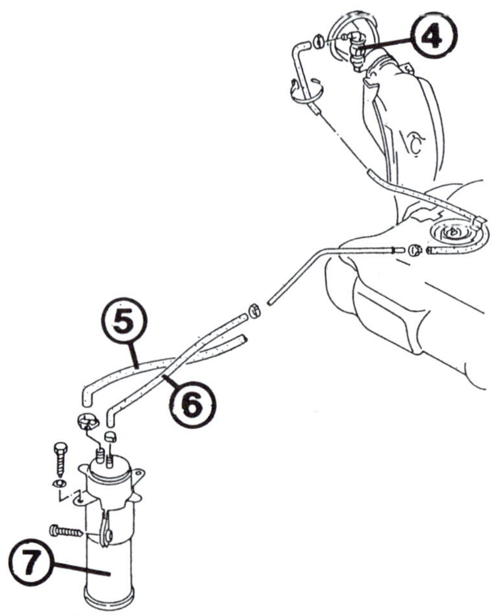

Im Bild links sehen Sie:
1 – Vorwiderstand der Monojetronic-Einspritzung;
2 – Taktventil;
3 – Abschaltventil der Kraftstoff-Verdunstungsanlage.
Rechts: Zur Kraftstoff-Verdunstungsanlage gehören:
4 – Schwerkraftventil;
5 – Entlüftungsleitung;
6 – Leitung zum Saugrohr;
7 – Aktivkohlebehälter.

Links: Zum Abnehmen eines Kraftstoffschlauches fährt man mit einem schmalen Schraubenzieher in die Öse der Schlauchschelle (1) und hebelt sie auf.
Im Bild rechts ist gezeigt, wie Sie den Kraftstoffschlauch von seinem Anschlußstutzen (2) mit einem Gabelschlüssel abdrücken (Pfeil).

Die Beimischung der Kraftstoffdämpfe zum Kraftstoff/Luft-Gemisch besorgt ein Abschaltventil und bei Monojetronic- sowie KE-Motronic-Einspritzung ein Taktventil. Beide sitzen vorn rechts im Motorraum.

Funktion prüfen

● **Monojetronic/-motronic und KE-Motronic:** Das graue Taktventil muß bei ausgeschalteter Zündung geöffnet sein, das schwarze Abschaltventil öffnet beim Einschalten der Zündung.
● Das kontrollieren Sie, indem Sie am Ventil durchzublasen versuchen.
● Bei noch nicht warmgefahrenem Motor (Kühlmitteltemperatur unter 60° C) vom grauen Ventil den Schlauch zum Aktivkohlebehälter abziehen.
● Motor starten und im Leerlauf drehen lassen.
● Das Ventil darf nicht arbeiten, am Anschluß des Ventils ist kein oder nur geringer Unterdruck fühlbar.
● Motor so lange laufen lassen, bis das Kühlmittel über 60° C warm ist.
● Jetzt muß das Ventil im Abstand von eineinhalb Minuten für je zwei Minuten lang arbeiten (starker Unterdruck am Anschluß).
● Wenn nicht, Leitungen anhand des Stromlaufplans überprüfen.
● Ist kein Fehler erkennbar, liegt es am Steuergerät der Einspritzanlage bzw. Zünd/Einspritz-Steuerung.

Die Kraftstoffleitungen

○ Beim Vergasermotor wird der Kraftstoff in einfachen Schläuchen und Leitungen vom Tank nach vorn gepumpt. Damit der Druck auf das Schwimmernadelventil im Vergaser nicht zu groß werden kann, gelangt zuviel geförderter Kraftstoff durch eine Rücklaufleitung in den Tank zurück.
○ Bei den Einspritzmotoren müssen die Schläuche und Leitungen einem Druck zwischen 1,2 und 5,5 bar widerstehen. Die Schläuche bestehen daher aus besonders druckfestem Werkstoff und sind an den Verbindungsstellen fest verschraubt. Nur wenige Leitungen werden von Schlauchschellen gehalten.

Kraftstoffleitungen und -schläuche ausbauen

Wenn Sie eine Kraftstoffleitung bei einem Fahrzeug mit Einspritzmotor lösen, dürfen Sie nie vergessen, daß das Kraftstoffsystem auch längere Zeit nach dem Abschalten des Motors noch unter Druck steht. Nur die Leitungen am Tankgeber sind drucklos.
● Mit einem schmalen Schraubenzieher in die Schlaufe der Schlauchschelle fahren und diese durch seitliches Hebeln lockern.
● Schlauch unter Drehbewegungen abziehen.
● Ist dies nicht möglich, kleinen Gabelschlüssel am Schlauchende ansetzen und damit abdrücken, siehe Bild oben rechts.
● Beim Einbau sollten Sie statt der Klemmschellen solche zum Schrauben verwenden.
● Beim **Einspritzmotor** zum Lösen einer Benzinleitung einen Lappen bereithalten, damit kein Kraftstoff in die Augen spritzen kann.

Kraftstoffanlage auf Dichtheit prüfen

Riecht es am Abstellplatz des Wagens nach Benzin, tritt dies irgendwo aus einer Leitung oder an einem Bauteil der Kraftstoffanlage aus. Zur Suche einer Undichtigkeit sollte der Wagen über Nacht an einem trockenen, sauberen Platz gestanden haben.
● Flecken unter den Wagenboden?
● Wenn nicht, Motor starten und einige Minuten laufen lassen.
● Nach dem Abstellen erneute Kontrolle auf dem Boden.
● Falls immer noch nichts sichtbar ist, sämtliche Leitungen und Teile der Kraftstoffanlage verfolgen und auf den charakteristischen Benzingeruch achten.

Die Kraftstoffpumpe

Vergasermotor

Die Benzinpumpe sitzt vorn in Höhe des 3. Zylinders. Den Antrieb liefert die Zwischenwelle über einen Exzenter. Im Oberteil der Pumpe ist das Saug- und Druckventil eingebaut. Im Unterteil sitzt der Steuermechanismus und dazwischen eine Membrane. Eine Feder am Pumpenstößel zieht diesen samt der daran befestigten Membrane nach unten, das Saugventil öffnet: Benzin wird aus dem Tank angesaugt. Der Pumpenantrieb drückt nun den Pumpenstößel mit der Membrane zurück, und das Druckventil öffnet: Kraftstoff wird in den Vergaser gefördert.

Störungen an der Benzinpumpe

○ Die Pumpenventile können Probleme bereiten. Sie sind lediglich eingepreßt. Wenn sich eines löst, stockt der Benzinstrom. Falls ein Ventil hängt, hilft bisweilen kräftiges Klopfen auf das Pumpengehäuse.

○ Das Oberteil der Pumpe ist nicht zugänglich. Erweist sich die Pumpe als defekt, muß sie komplett ersetzt werden.

Kraftstoffpumpe prüfen

- Benzinschlauch zum Vergaser abnehmen und in ein Gefäß halten.
- Motor von Helfer starten lassen. Kommt Benzin?
- Sie können den Benzinpumpendruck auch mit einem Manometer messen. Dazu muß der Motor mit 4000/min drehen und die Rücklaufleitung zum Tank mit einer Klemme verschlossen werden.
- Der richtige Wert lautet **0,35 – 0,40 bar**.

Benzinpumpe ausbauen

- Schläuche an der Pumpe abnehmen.
- Vom Tank kommenden Schlauch durch Hineindrehen einer Schraube verschließen.
- Halteschrauben losdrehen.
- Beim Einbau die Dichtringe unter der Pumpe und dem Dichtflansch erneuern. Der Flansch wird wiederverwendet.
- Halteschrauben mit 20 Nm anziehen.

Die elektrische(n) Benzinpumpe(n)

Einspritzmotoren

○ Die Motoren mit Monojetronic/motronic- und Digifant-Einspritzung (53 – 85 kW) werden durch eine elektrische Benzinpumpe mit Kraftstoff versorgt. Die Pumpe sitzt in einem Gehäuse im Tank.

○ Beim 16 V dienen zum Herbeischaffen des nötigen Kraftstoffes zwei Pumpen. Die eigentliche Kraftstoffpumpe (in einem rechteckigen Behälter) ist rechts unten am Wagenboden angeschraubt. Neben der Pumpe sitzt der Benzinfilter. Vorn am Halteblech der Benzinpumpe ist noch ein Kraftstoffspeicher befestigt. Damit der Pumpe am Wagenboden das Ansaugen leichter gemacht ist, sitzt innen im Tank am Tankgeber noch eine »Vorförderpumpe«. Sie ist ständig von kühlendem Benzin umgeben; so können sich auch bei hohen Betriebstemperaturen keine Dampfblasen bilden, die Aussetzer verursachen würden.

○ Eine Sicherheitsschaltung verhindert bei allen Motoren, daß die Pumpe bei stehendem Motor, aber eingeschalteter Zündung läuft. Andererseits wird dafür gesorgt, daß ganz kurz beim Einschalten der Zündung oder mit den ersten Impulsen der Zündspule beim Anlassen Kraftstoff gefördert wird. Dafür ist das Kraftstoffpumpenrelais verantwortlich.

Kraftstoffpumpen-Nachlauf
79-kW-Motor

Bei der Digifant-Einspritzung des 79-kW-Triebwerks kann die Kraftstoffpumpe nach dem Abstellen des Motors noch einmal kurz anlaufen, wenn die Temperatur im Motorraum zu hoch wird und gleichzeitig der Druck in der Einspritzanlage so weit absinkt, daß ein einwandfreier Motorstart nicht gesichert ist. Die beteiligten Bauteile sind das Steuergerät für den Kraftstoffpumpen-Nachlauf, der Druckschalter im Kraftstoffverteiler und der Thermoschalter für den Lüfternachlauf, siehe Seite 57.

Störungssuche an der elektrischen Kraftstoffpumpe

- Zuerst kontrollieren, ob Sicherung 18 intakt ist.
- Zündung lahmlegen (Seite 190).
- Zündung einschalten. Je nach Einspritzanlage läuft die Benzinpumpe sofort kurzfristig an, oder der Zündschlüssel muß in Anlaßstellung gedreht werden.
- Die Kraftstoffpumpe muß kurzzeitig hörbar anlaufen.
- Falls nichts läuft, Kraftstoffpumpenrelais aus dem Steckfeld 12 der Zentralelektrik herausziehen.
- Mit einem genügend langen Kabelstück den Kontakt 4 im Relaisteckfeld kurz mit dem Batterie-Pluspol verbinden.
- Wenn hierbei die Kraftstoffpumpe anläuft (beim 16 V müssen beide Pumpen laufen), das Benzinpumpenrelais prüfen.
- Bleibt es ruhig, Relais wieder einstecken und die Spannungsversorgung der Pumpe(n) prüfen. Die Vorarbeiten sind unter »Tankgeber ausbauen« beschrieben.
- Kabelstecker an der Pumpe im Tank abziehen.
- Prüflampe zwischen den Anschluß des rot/gelben und des braunen Kabels anklemmen.
- Beim Einschalten der Zündung bzw. beim Dreh in Anlaßstellung muß die Prüflampe leuchten.
- Beim 16 V gleiche Prüfung an der Pumpe am Wagenboden.
- Leuchtet die Prüflampe nicht, Leitungen zur Pumpe überprüfen.
- Lag Spannung an, ist die Kraftstoffpumpe defekt.

Fingerzeige: **Ein leichtes Brummgeräusch während der Fahrt ist normal. Heul- oder Brummgeräusche aus Richtung Tank werden von Kraftstoffleitungen verursacht, die an der Karosserie anliegen. Oder der Tankgeber ist verspannt eingebaut.**
Wenn die Benzinpumpe beim 16 V auffallend laut läuft, ist wahrscheinlich die Vorförderpumpe ausgefallen. Die Elektropumpe am Wagenboden zieht dadurch Luft an.

Störungssuche am Kraftstoffpumpen-Nachlauf
79-kW-Motor

Das vollständige Fehlersuchprogramm läßt sich nur mit einem Druckmeßgerät durchführen. Wir beschreiben hier eine behelfsmäßige Prüfung, wenn Sie aufgrund Startschwierigkeiten bei warmgefahrenem Motor eine Störung vermuten.

- Der Motor muß schon mindestens eine Stunde lang abgestellt sein. Stecker am Druckschalter für Pumpennachlauf abziehen.
- Mit Ohmmeter den Widerstand des Schalters messen. Er soll $\infty\ \Omega$ betragen. Stecker wieder anschließen.
- Motor starten und im Leerlauf drehen lassen.
- Motor abschalten. Stecker am Druckschalter der Einspritzanlage abziehen.
- Widerstand messen – Sollwert $0\ \Omega$.
- Stecker am Thermoschalter für Lüfternachlauf abziehen und Anschluß direkt mit Masse verbinden (Zündung ausgeschaltet). Der Kühlerventilator muß anlaufen.
- Stecker am Druckschalter der Einspritzung wieder aufstecken, Zündung ein- und ausschalten.
- Nach zwei bis drei Minuten muß die Kraftstoffpumpe laufen.
- Jetzt den Stecker für Lüfternachlauf aufstecken – die Pumpe darf nicht mehr laufen.

Kraftstoffpumpenrelais prüfen

Für die nachfolgenden Prüfungen ist eine herkömmliche Elektrikprüflampe nicht geeignet, sie könnte dem elektronischen Steuergerät Schaden zufügen. Hier wird ein Diodenprüfer gebraucht.

- Kraftstoffpumpenrelais abziehen.
- Zündung einschalten und Diodenprüfer einmal zwischen Kontakt 5 im Relais-Stecksockel und Masse anschließen, dann zwischen Kontakt 2 und Masse und zuletzt zwischen Kontakt 6 und 4.
- In allen Fällen muß die Leuchtdiode aufleuchten. Andernfalls Leitungsunterbrechung suchen.
- Zündung ausschalten.
- Diodenprüfer an Kontakt 3 und 2 anschließen.
- Zündung einschalten. Für die Dauer von etwa einer Sekunde muß die Leuchtdiode leuchten.
- Blieb sie dunkel, ist entweder eine Leitung zum Steuergerät der Einspritzung unterbrochen oder das Steuergerät selbst schadhaft.

Fördermenge prüfen

Wenn mangelhafte Motorleistung bei hohen Drehzahlen oder »Verschlucker« beim Fahren Zweifel an der ausreichenden Kraftstoffversorgung aufkommen lassen, kann die Fördermenge der Benzinpumpe(n) gemessen werden.

- Zündung lahmlegen, siehe Seite 190.
- **Monojetronic/-motronic und Digifant:** Tankdekkel abnehmen.
- Im Motorraum den Schlauch zwischen Druckregler und der blauen Rücklaufleitung abziehen und in das Meßgefäß halten.
- Rücklaufleitung verschließen.
- Motor von Helfer 30 Sekunden mit dem Anlasser durchdrehen lassen.
- In dieser Zeit muß mindestens ½ Liter Kraftstoff gefördert werden.
- **Vorförderpumpe des 16 V:** Schwarze Schlauchleitung nach vorn abnehmen und eine saubere Schraube als Verschluß eindrehen.
- Passenden Schlauch von höchstens 35 cm Länge am freigewordenen Stutzen des Tankgebers aufstecken.
- Schlauch in ein benzinfestes Meßgefäß halten,

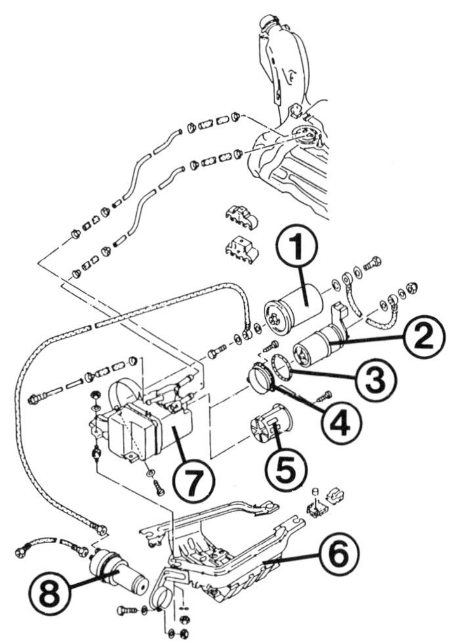

Die elektrische Benzinpumpe des 100-kW-Motors sitzt am Wagenboden. Hier haben wir die verschiedenen Teile beziffert:
1 – Kraftstoffilter;
2 – Pumpe;
3 – Dichtring;
4 – Klemmring;
5 – Kraftstoffsieb;
6 – Trägerblech;
7 – Gehäuse für Pumpe;
8 – Kraftstoffspeicher.

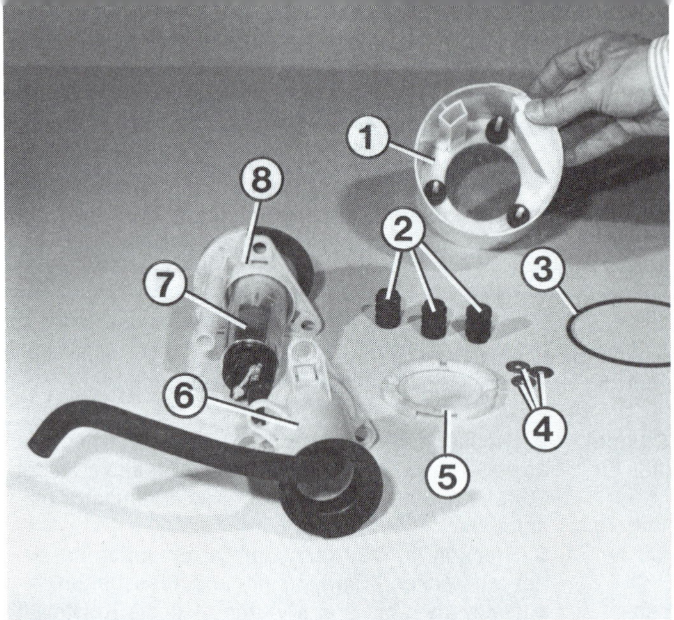

Hier haben wir die elektrische Benzinpumpe mit ihrem Gehäuse aus dem Tank ausgebaut. Folgende Teile sind gezeigt:
1 – Gehäuse für die Kraftstoffpumpe;
2 – Gummilager;
3 – Dichtring;
4 – Scheiben;
5 – Haltering unten am Pumpengehäuse;
6 – oberer Pumpenhalter;
7 – Pumpe;
8 – unterer Pumpenhalter.

Motor von Helfer 10 Sekunden lang mit dem Anlasser durchdrehen lassen.
● Mindestfördermenge 300 cm^3.
● **Kraftstoffpumpe des 16 V:** An den Kontakten der Pumpe am Wagenboden ein Voltmeter anschließen.
● Kraftstoffpumpenrelais aus der Zentralelektrik herausziehen.
● Schraubverbindung der Kraftstoff-Rücklaufleitung lösen, Schlauch in ein Meßgefäß halten.
● Wie unter »Störungssuche« beschrieben, von einem Helfer genau 30 Sekunden lang Kontakt 4 direkt mit Batterie-Plus verbinden lassen.
● Währenddessen Spannung am Voltmeter ablesen.
● Die Fördermenge muß bei 9 V Spannung ca. 335 cm^3 betragen; bei 12 V müssen es etwa 760 cm^3 Benzin sein.
● **Alle Motoren:** Zu geringe Fördermenge könnte auch durch einen verstopften Kraftstoffilter verursacht sein.

Benzinpumpe im Tank ausbauen

● Die Vorarbeiten sind bereits unter »Tankgeber ausbauen« beschrieben.
● Bei **Monojetronic/-motronic und Digifant** den oberen Haltering im Deckel ausclipsen.
● Deckel des Pumpengehäuses ausclipsen und mit Dichtring abnehmen.
● Unteren Haltering losdrehen.
● Unterlegscheiben und Gummilager von den Haltezapfen im Gehäuse abziehen.
● Pumpe nach oben aus dem Gehäuse ziehen.
● Beim Einbau der Pumpe auf den richtigen Sitz der Gummilager achten: Die Unterlegscheiben liegen oben auf den oberen Lagergummis.
● **16 V:** Schellen am Verbindungsschlauch zwischen oberem Flansch und Pumpe lösen.
● Vorförderpumpe abziehen.
● Das Sieb unten an der Pumpe ist lediglich eingeklemmt.

Benzinpumpe am Wagenboden ausbauen

● Batterie abklemmen, Wagen aufbocken.
● Arbeitsbereich am Wagenboden säubern.
● Kraftstoffleitung an der Pumpe abschrauben, dabei Lappen gegen herausspritzendes Benzin bereithalten.
● Adapter mit dem Steckanschluß abschrauben, der Kabelstecker kann aufgesteckt bleiben.
● Wanne für auslaufendes Benzin unterstellen.
● Haltering der Pumpe losschrauben, Pumpe aus dem Gehäuse herausziehen.
● Im Gehäuse sitzt noch ein Sieb, das ebenfalls herausgezogen und gleich auf Verschmutzung kontrolliert wird.
● Beachten Sie beim Einbau, daß der Dichtring zwischen Sieb und Haltering richtig sitzt. Bei der Montage mit Kraftstoff anfeuchten.

Kraftstoffilter ersetzen

Wartung Nr. 36

Damit kein Schmutz ins Gemischaufbereitungssystem gelangt, ist ein Kraftstoffilter eingesetzt. Beim Vergaser-Passat soll er regelmäßig ausgewechselt werden.
● **Vergaser-Motor:** Der Filter sitzt »fliegend« in der Leitung vom Tank zur Kraftstoffpumpe.
● Klemmschellen aufdrücken, Schläuche abziehen.
● Neuen Filter mit neuen Schellen befestigen.
● Achten Sie beim Einbau auf die richtige Durchflußrichtung des Filters. Darauf weist ein Pfeil am Filtergehäuse.
● Bei den **Einspritzmotoren** ist kein Wechselintervall vorgesehen. Hier sitzt der Filter am Wagenboden (beim 16 V neben dem Kraftstoffpumpengehäuse).
● Zum Ausbau Verschraubung an der Filterhalterung lösen.
● Kraftstoffleitungen abschrauben. Lappen für herausspritzendes Benzin bereithalten.
● Beachten Sie die Durchflußrichtung beim Einbau: Der Pfeil auf dem Gehäuse muß in Fahrtrichtung nach vorn zeigen.

Weg der Luft

Die Verbrennungsluft saugt der Passat durch das große VW-Zeichen in der Frontblende an. Ein Kanal verbindet den Lufteintritt mit dem Luftfilter. Dort werden die Staub- und Schmutzteilchen aus der angesaugten Luft herausgefiltert. Sonst könnten sie in die Teile der Gemischaufbereitung oder die Verbrennungsräume gelangen und dort Schaden stiften. Außerdem wirkt der Filter als Dämpfer für die Ansauggeräusche.

Luftfiltereinsatz ausblasen

Wartung Nr. 9

Das Papierfilterelement soll mindestens einmal im Jahr ausgeblasen werden. Falls Sie viel auf unbefestigten Straßen fahren (etwa im Urlaub), sollten Sie die Reinigungskur schon nach 5000 km durchführen.

- Luftfiltereinsatz ausbauen, wie unten beschrieben.
- Papierfilter auf harter Unterlage ausklopfen.
- Den feinen Staub müssen Sie mit Druckluft ausblasen.
- Luftstrahl seitlich an den Filterlamellen vorbeistreichen lassen. Nicht von außen nach innen blasen, sonst wird der Staub noch fester in die Filterporen gedrückt.
- Niemals den Papierfilter in Flüssigkeiten zu reinigen versuchen. Das verstopft die Filterporen.
- Ölspuren im Filtergehäuse aus der Kurbelgehäuse-Entlüftung mit einem benzingetränkten Lappen auswischen.

Luftfiltereinsatz wechseln

Wartung Nr. 35

Durch einen verschmutzten Filtereinsatz erhält der Motor nicht mehr die volle Ansaugluftmenge. Das Gemisch wird fetter, der Verbrauch steigt, und die Leistung sinkt. Der rechtzeitige Filtertausch ist daher durchaus ratsam. Die Teilenummer des V.A.G.-Filtereinsatzes lautet für alle Motoren: 859 129 620 oder unter anderen Herstellerbezeichnungen im Zubehörhandel.

Luftfiltereinsatz ausbauen

- Spannbügel rund um den Luftfilterdeckel lösen.
- Deckel (bei Digifant und KE-Motronic mit Luftmengenmesser) abnehmen.
- Papiereinsatz herausnehmen.

Luftfiltergehäuse ausbauen

- Frischluft-Ansaugschlauch vorn abziehen.
- Ggf. Schraubschelle am Schlauch zum Warmluftfangblech der Ansaugluft-Vorwärmung lösen und Schlauch abziehen.
- Dünnen Schlauch der Steuerung für die Ansaugluft-Vorwärmung abziehen, falls notwendig.
- Haltering des Filtergehäuses aushängen, Gehäuse aus den beiden Gummihaltern abziehen und abnehmen.

Im Bild ist der Ausbau des Luftfiltereinsatzes gezeigt:
1 – Halteklammern für den Filtergehäusedeckel (2);
3 – Papierfiltereinsatz;
4 – Gehäuseunterteil;
5 – Haltering des Filtergehäuses (durch Überdehnung gerissen).

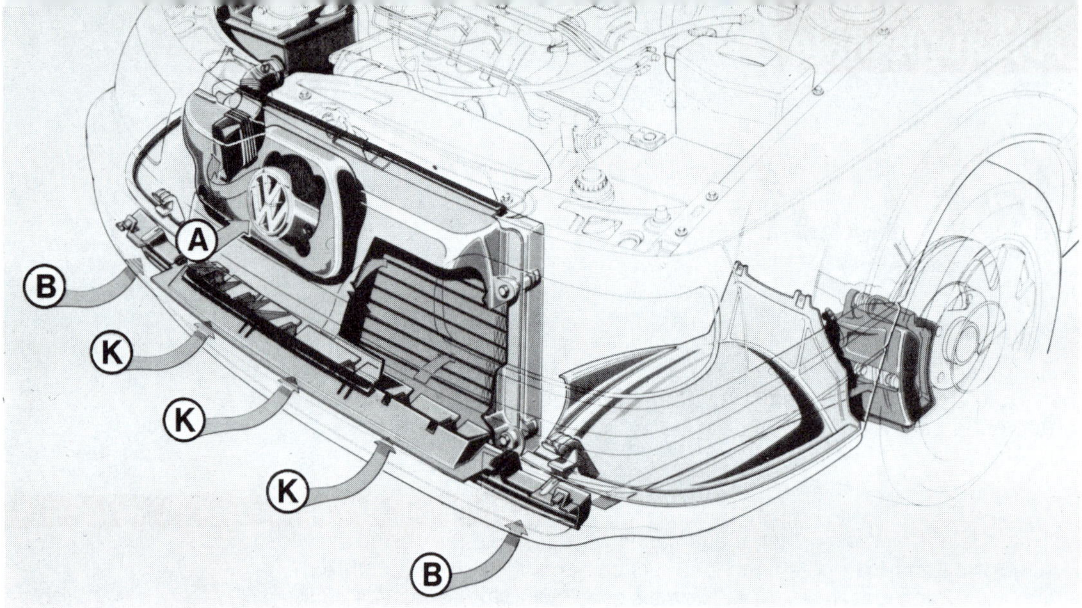

So verteilt sich die anströmende Luft beim Passat:
A – Ansaugluft für die Gemischverbrennung;
B – Kühlluft für die Bremssättel;
K – Kühlluft für die Motorkühlung.

Die Ansaugluft-Vorwärmung

Die angesaugte Verbrennungsluft sollte eine bestimmte Temperatur haben:

○ Bei kühlem Wetter vergast das Gemisch besser, wenn die Verbrennungsluft angewärmt ist.

○ Bei höheren Außentemperaturen ist kältere Ansaugluft besser. Luft dehnt sich bei Erwärmung aus. Da der Motor nur eine bestimmte Menge Luft ansaugen kann, erhält er weniger, wenn diese angewärmt wurde. Das führt zu fetterem Gemisch und höherem Verbrauch.

○ Vorgewärmte Luft beugt der Vereisung im Gemischbildungssystem vor, die zwischen $+3^\circ$ und $+8^\circ$ C und hoher Luftfeuchtigkeit auftreten kann. Bei laufendem Motor verdunstet ein Teil des Kraftstoffes; die entstehende Verdunstungskälte kann zur Bildung einer Eisschicht führen und die einwandfreie Gemischbildung verhindern.

Die Teile der Ansaugluft-Vorwärmung

○ Kernstück der Ansaugluft-Vorwärmung ist das Mischgehäuse mit der darin sitzenden Regelklappe. In das Gehäuse kann durch einen Stutzen Kaltluft und durch einen zweiten vom Auspuffkrümmer angewärmte Luft einströmen.

○ Eine Unterdruckdose am Mischgehäuse ist über einen zwischengeschalteten Temperaturregler durch einen Schlauch mit Vergaser, Einspritzeinheit bzw. Drosselklappenstutzen verbunden. Geöffnet wird die Warmluftklappe durch den Unterdruck, der auf die Druckdose einwirkt.

○ Der Temperaturregler am Luftansaugstutzen bzw. im Filtergehäuse unterbricht den freien Durchgang im Schlauch, sobald die Ansaugluft eine bestimmte Temperatur erreicht hat.

Störungen der Ansaugluft-Vorwärmung

Funktioniert die Vorwärmung der Ansaugluft nicht richtig, können sich folgende Störungen bemerkbar machen.

Winters

○ Schlechter Leerlauf nach dem Kaltstart in der Warmlaufphase

○ Schlechter Übergang, Motor neigt zum Stottern

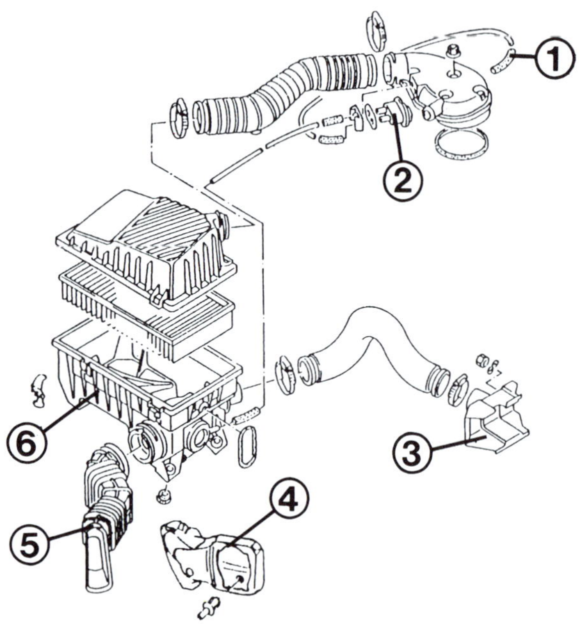

Zur Ansaugluft-Vorwärmung gehören:
1 – Unterdruckschlauch;
2 – Temperaturregler;
3 – Warmluftfangblech am Auspuffkrümmer;
4 – Ansaugluftführung;
5 – Luftansaugschlauch;
6 – Luftfiltergehäuse mit Mischgehäuse.

In der warmen Jahreszeit
○ Geringere Leistung, übliche Höchstgeschwindigkeit wird nicht erreicht
○ Höherer Kraftstoffverbrauch

Ansaugluft-Vorwärmung kontrollieren

● Luftfilterdeckel abnehmen und den Filtereinsatz herausnehmen.
● Motor starten und im Leerlauf drehen lassen.
● Beim **Vergasermotor** muß die Klappe im Gehäuse bei höchstens 20° C die Kaltluftöffnung verschließen.
● Am Temperaturregler den Unterdruckschlauch zum Vergaser abziehen.
● Nach etwa 20 Sekunden muß die Klappe wieder in ihre Ausgangslage zurückkehren.
● **Monojetronic-/-motronic:** Unter 35° C muß der Kaltlufteinlaß von der Klappe verschlossen sein, über 45° C ist die Warmluftzufuhr gesperrt.
● Die weitere Prüfung muß bei einer Ansauglufttemperatur von weniger als 40° C stattfinden.
● Beobachten, ob bei laufendem Motor der Kaltlufteinlaß geschlossen wird.
● Wenn nicht, am Stutzen über der Einspritzeinheit beide Schläuche vom Temperaturregler abziehen und miteinander verbinden.
● Bleibt der Warmlufteinlaß verschlossen, ist die Unterdruckdose im Luftfiltergehäuse defekt.
● Wird der Einlaß für Kaltluft geöffnet, ist der Temperaturregler defekt.
● **Digifant:** Am Temperaturregler die Unterdruckleitung zur Unterdruckdose im Filtergehäuse abziehen.
● Der Warmlufteinlaß muß von der Klappe verschlossen sein.
● Schlauch an der Unterdruckdose ggf. mit einem passenden Schlauchstück verlängern.
● Wenn Sie nun an diesem Schlauch Luft ansaugen, muß die Klappe den Kaltlufteinlaß verschließen.
● Während der Motor noch im Leerlauf dreht, verbinden Sie den verlängerten Schlauch mit dem Messingröhrchen am Temperaturregler.
● Nach 20 Sekunden Klappenstellung kontrollieren.
● Die nachfolgenden Werte gelten auch für die **KE-Motronic:** Lufttemperatur unter 20° C – Kaltlufteinlaß verschlossen.
● Zwischen 20 und 30° C – beide Lufteinlässe sind geöffnet.
● Über 30° C darf keine Warmluft mehr zuströmen.

Ansaugrohr-Beheizung

Das Kraftstoff/Luft-Gemisch kondensiert an den Wandungen des Vierkanal-Ansaugrohrs beim Vergaser- und Monojetronic-/-motronic-Motor, vor allem, wenn dieser noch kalt ist. Dem wird vorgebeugt durch eine Beheizung des Ansaugrohrs. Das geschieht zunächst durch ein elektrisches Heizelement. Wegen seiner Vielzahl nach oben ragender wärmeabstrahlender Stifte heißt dieses Heizelement im VW-Sprachgebrauch auch »Igel«. Gleichzeitig wird das Ansaugrohr von aufgeheiztem Kühlmittel durchflossen. Doch erst ab einer bestimmten Temperatur kann auf die Elektroheizung verzichtet werden. Das besorgt ein Thermoschalter.

Ansaugrohr-Beheizung prüfen

Mangelhafter Leerlauf oder schlechter Übergang können durch eine defekte Ansaugrohr-Beheizung verursacht werden.
● **Elektrisches Heizelement:** Bei kaltem Motor unten am Ansaugrohr die Steckverbindung zum »Igel« trennen.
● Voltmeter an der stromzuführenden Leitung anschließen.
● Zündung einschalten. Die Spannung muß mindestens 11,5 V betragen.
● Liegt keine Spannung an, ist möglicherweise das Relais der Ansaugrohr-Beheizung defekt. Prüfung siehe Seite 229. Oder der Thermoschalter streikt.
● Ohmmeter zwischen das Anschlußkabel des elektrischen Heizelements und Fahrzeugmasse anschließen.
● Der gemessene Widerstand muß 0,25 – 0,50 Ω betragen, sonst Heizelement ersetzen.
● **Thermoschalter:** In einem gemeinsamen Schlauchstutzen in Fahrtrichtung vorn am Zylinderkopf sitzen zwei temperaturempfindliche Schalter.
● Für die Saugrohr-Beheizung dient der Schalter mit an den Steckzungen rot eingefärbtem Isoliermaterial.
● Falls Sie aufgrund von Motorlaufstörungen vermuten, daß der Thermoschalter nicht richtig arbeitet, läßt sich dies mit einem Thermometer und einem Ohmmeter prüfen.
● Thermoschalter ausbauen.
● Ohmmeter an den Steckkontakten des Schalters anschließen.
● Thermoschalter in einen Topf mit kaltem Wasser legen, Widerstand messen.
● Wasser langsam erhitzen und prüfen, ob der Thermoschalter bei folgenden Temperaturen schaltet:
● Unter 55° C Widerstand 0 Ω (Schaltkontakte geschlossen), über 65° C Widerstand ∞ Ω (kein Durchgang, Kontakte offen).

Frisch gemischt

Nur bei der 53-kW-Version des Passat mit ungeregeltem Katalysator übernimmt ein Vergaser die Aufbereitung des Kraftstoff/Luft-Gemisches. Diese Mischvorrichtung ist notwendig, weil flüssiges Benzin recht kraftlos vor sich hin brennt. Die Energie läßt sich erst dann nutzbar entfesseln, wenn der Kraftstoff in Luft dampf- oder gasförmig eingemischt ist.

Die wichtigsten Teile des Vergasers

Der Vergaser unseres Passat trägt die Hersteller-Typbezeichnung Pierburg 2 E 3.

Austrittsrohr: Der von den nachfolgend aufgezählten Düsen mit Luft vorgemischte Kraftstoff wird aus diesem Rohr abgesaugt. Seine Austrittsöffnung sitzt in der engsten Stelle des Lufttrichters.

Beschleunigungspumpe: Beim Durchtreten des Gaspedals spritzt sie zusätzlich Benzin in den Saugkanal ein, damit bei plötzlichem Gasgeben das Kraftstoff/Luft-Gemisch durch das schlagartige Öffnen der Drosselklappe nicht zu kraftstoffarm wird.

Drosselklappe: Sie sitzt ganz unten im Vergaser und regelt die Menge des Kraftstoff/Luft-Gemisches, die der Motor ansaugen soll. Wie weit sie geöffnet wird, bestimmt der Fahrer beim Treten des Gaspedals. Pedal und Drosselklappe sind über den Gaszug direkt verbunden.

Hauptdüse: Sie ist in die Schwimmerkammer eingeschraubt. Mit ihrer genau bemessenen Bohrung sorgt sie für den Abfluß der richtigen Kraftstoffmenge aus der Schwimmerkammer.

Leerlaufdüse: Sie liefert dem Leerlaufsystem eine stets gleichbleibende Kraftstoffmenge zur Aufbereitung des Leerlaufgemisches.

Luftkorrekturdüse: Sie mischt den von der Hauptdüse kommenden Kraftstoff mit Luft vor.

Lufttrichter: Er sitzt im Saugkanal (Vergasereinlaß). Eine Einschnürung in seinem Innendurchmesser beschleunigt die durchströmende Luft. Das verstärkt den Unterdruck, und aus dem Austrittsrohr kann mehr Kraftstoff abgesaugt werden.

Mischrohr: Ihm werden Kraftstoff von der Hauptdüse und Luft durch Bohrungen von der Luftkorrekturdüse zugeführt. Beides wird vermischt in den Austrittsarm im Saugkanal weitergeleitet. Bei höheren Drehzahlen werden Bohrungen frei, die zusätzliche Luft einströmen lassen, um das andernfalls durch höheren Kraftstoffdurchsatz fetter werdende Mischungsverhältnis konstant zu halten.

Schwimmerkammer: Hier wird die Speicherung des Kraftstoffes durch Schwimmer und Schwimmernadelventil geregelt. Sobald der Kraftstoffstand in der Kammer eine bestimmte Höhe erreicht hat, drückt der Schwimmer durch seinen Auftrieb über einen Hebel gegen das Kugelventil. Dessen Kugel sperrt dann den weiteren Zufluß ab.

Starterklappe: Sie sitzt ganz oben im Vergaser. Bei kaltem Motor muß sie geschlossen werden. So baut sich beim Anlaufen der Maschine im Vergasereinlaß stärkerer Unterdruck auf, der mehr Benzin am Austrittsrohr absaugen kann. Das Gemisch wird kraftstoffreicher (fetter). Mit zunehmender Motorerwärmung muß die Starterklappe wieder geöffnet werden.

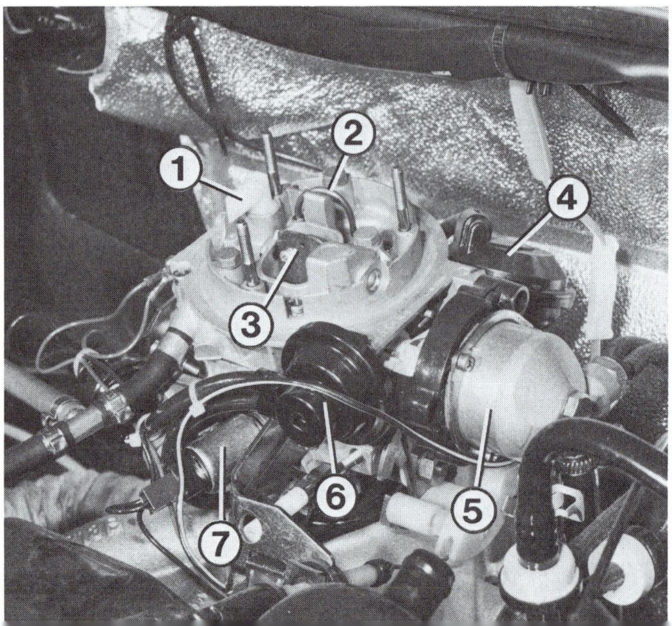

Ein Blick auf den 2 E 3-Vergaser:
1 – Rohr der Schwimmerkammerbelüftung;
2 – Einspritzrohr;
3 – Starterklappe;
4 – Unterdruckdose zur Betätigung der Drosselklappe von Vergaserstufe II;
5 – Starterdeckel;
6 – Unterdruckdose für den Starterklappen-Pulldown;
7 – Leerlauf-Abschaltventil.

Der 2 E 3 von Pierburg ist ein sogenannter Fallstrom-Vergaser. Die angesaugte Luft strömt darin senkrecht (»fällt«) nach unten und saugt dabei aus den verschiedenen Düsen den Kraftstoff. Wir haben mit dem 2 E 3 einen Register- oder Stufen-Vergaser mit zwei Mischkammern vor uns. Er ermöglicht gute Gemischzuteilung für die einzelnen Zylinder. Charakteristisch ist die Betätigung der Drosselklappe für die II. Vergaserstufe: Erst wenn die Drosselklappe der I. Stufe den Vergaserdurchlaß mehr als zur Hälfte freigibt, öffnet bei entsprechenden Drehzahlen eine Unterdruckdose am Vergaser die Drosselklappe der II. Stufe.

Start

Zum **Einschalten der Startautomatik** muß der Fahrer vor dem Anlassen des kalten Motors das **Gaspedal** einmal (oder bei Frost) zweimal **durchtreten**. Dadurch wird in der I. Stufe des Vergasers über einen Starterhebel und eine Verbindungsstange die **Starterklappe** geschlossen. Gleichzeitig öffnet die **Drosselklappe von Stufe I** einen gewissen Spalt. Der Unterdruck – von den im Motor auf und ab laufenden Kolben erzeugt – kann nun die fette Startmischung ansaugen. Die Starterklappe bleibt jedoch nicht fest in Geschlossen-Stellung: Sie kann durch ihre außermittige Aufhängung von der angesaugten Verbrennungsluft zum Flattern gebracht werden. Das verhindert zu starke Gemischanreicherung.
Gleich nach dem Anspringen dreht der Motor hoch auf die Kaltleerlaufdrehzahl. Das Gaspedal muß jetzt kurz angetippt werden, der Motor fällt auf die sogenannte Durchlaufdrehzahl ab. Zeitgleich zieht der **Starterklappen-Pulldown** die Klappe in eine festgelegte Öffnungsstellung für erhöhte Luftzufuhr.
Bei Außentemperaturen unter dem Gefrierpunkt setzt das Pulldownsystem etwas verzögert ein. Dazu dient das **Thermozeitventil** in Fahrtrichtung vorn rechts am Vergaser (Bild Seite 76 unten). Das Ventil ist bei tiefen Temperaturen offen. So kann kein Unterdruck auf die Pulldowndose einwirken. Nach ca. 1–6 Sekunden schließt das Ventil. Der Unterdruck wirkt auf die Pulldownmembrane ein, und die Starterklappe wird ein Stück aufgezogen.
An die Starterklappenwelle ist ein Hebel montiert, in den eine Bimetallfeder eingehängt ist. Mit dem Einschalten der Zündung wird diese Feder der **Startautomatik** elektrisch beheizt. Außerdem fließt das während der Fahrt erhitzte Kühlwasser durch den Starterdeckel. Bei Aufheizung dehnt sich die Bimetallfeder aus. So öffnet sie die Starterklappe allmählich wieder.

Leerlauf

Nur in der I. Stufe wird das Leerlaufgemisch gebildet. Eine kombinierte **Kraftstoff/Luft-Düse** erhält Kraftstoff von der **Hauptdüse** und vermischt ihn mit Luft. Vorbei am geöffneten **Leerlauf-Abschaltventil** und an der **CO-Einstellschraube** zur Einstellung des Benzin/Luft-Verhältnisses fließt das Gemisch aus der Leerlauf-Austrittsbohrung in den Vergaserdurchlaß. Zuvor wird noch am Übergangsschlitz Luft beigemengt. Zum Einstellen der Leerlaufdrehzahl wird die Stellung der Drosselklappe verändert.

Übergang

Damit beim Tritt auf das Gaspedal aus dem Leerlauf heraus kein »Loch« entsteht, ist oberhalb der Leerlauf-Austrittsbohrung der **Übergangsschlitz** angeordnet. Beim Öffnen der Drosselklappe gibt er einen Spalt frei, aus dem zusätzliches Kraftstoff/Luft-Gemisch ausströmen kann.

Normalbetrieb

In der I. Vergaserstufe setzt das **Hauptdüsensystem** mit dem Öffnen der Drosselklappe ein. Das Kraftstoff/Luft-Gemisch bilden die **Hauptdüse** und die **Luftkorrekturdüse**. Das Gemisch fließt über das **Austrittsrohr** ins Ansaugrohr. Dazu gelangt noch Gemisch aus dem Leerlaufsystem über die Leerlauf-Austrittsbohrung und den Übergangsschlitz.

Eine weitere Maßnahme zur Verhinderung von Startschwierigkeiten bei warmem Motor ist der Einbau des hier gezeigten Vorratsbehälters (4). Die Schläuche sind wie folgt angeschlossen:
1 – Rücklauf vom Vergaser zum Tank;
2 – Zulauf zum Vergaser;
3 – Rücklauf vom Vorratsbehälter zum Tank;
5 – Zulauf von der Benzinpumpe;
6 – Zulauf vom Tank zur Benzinpumpe.

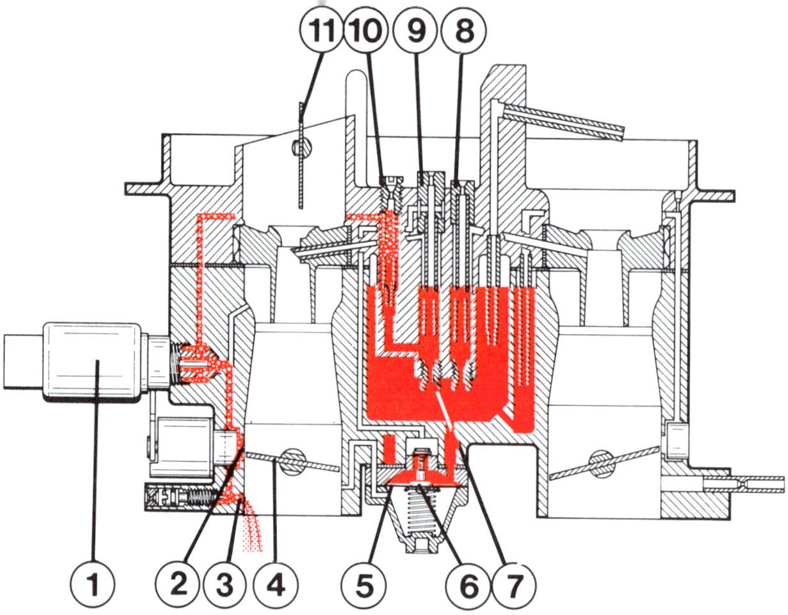

Der Leerlauf beim 2 E 3-Vergaser: Es bedeuten:
1 – Leerlauf-Abschaltventil;
2 – Übergangsschlitz Stufe I;
3 – Leerlaufgemisch-Austritt;
4 – Drosselklappe Stufe I;
5 – Membrane des Anreicherungsventils (6);
7 – Hauptdüse Stufe I;
8 – Luftkorrekturdüse Stufe II;
9 – Luftkorrekturdüse Stufe I;
10 – kombinierte Kraftstoff/Luftdüse Stufe I;
11 – Starterklappe.

Wird die Drosselklappe weiter geöffnet, kommt über ein unterdruckgesteuertes **Anreicherungsventil** zusätzlicher Kraftstoff ins Hauptdüsensystem. Gleichzeitig nimmt die Gemischlieferung aus dem Leerlaufsystem ab bzw. hört ganz auf.

Beschleunigen

Beim Niederdrücken des Gaspedals wird zusätzlich Benzin in den Saugkanal eingespritzt, da das Hauptdüsensystem nicht gleich genügend Kraftstoff liefern kann. Das geschieht über einen mit der Drosselklappe verbundenen Hebel und eine kleine, separate **Membranpumpe**.

Übergang zur II. Stufe

Sobald die Drosselklappe der I. Stufe mehr als zur Hälfte geöffnet ist, wird die bis dahin wirksame **Verriegelung der Drosselklappe** von Stufe II aufgehoben. Über die schon angesprochene **Unterdruckdose** kann sich die Drosselklappe jetzt entsprechend des anliegenden Unterdrucks öffnen.
Damit die II. Stufe nicht ruckartig oder mit »Verschluckern« einsetzt, ist die II. Stufe mit einem **Übergangssystem** versehen, das ähnlich wirkt wie der Übergangsschlitz von Stufe I.

Vollast

Bei voll geöffneter Drosselklappe und hohen Drehzahlen gelangt zusätzlicher Kraftstoff in den Saugkanal, damit der Motor auf seine volle Leistung kommt:
- Das vom Unterdruck im Ansaugrohr gesteuerte und bereits bei Teillast wirksame **Anreicherungsventil** gibt den entsprechenden Kraftstoffkanal noch weiter frei.
- Das **Hauptdüsensystem** der Stufe II läßt Gemisch am Vorzerstäuber der II. Stufe austreten.
- Die **Vollastanreicherung** der Stufe II liefert durch die Sogwirkung zusätzlich Kraftstoff.
- Auch das **Übergangssystem** der II. Stufe steuert noch eine geringe Gemischmenge bei.

Das Leerlauf-Abschaltventil

Der Motor neigt nach dem Abschalten dazu, noch einige Takte weiterzulaufen. Ursache ist nach dem Abstellen angesaugtes Gemisch, das sich an heißen Stellen im Brennraum entzünden kann. Da dieses Nachdieseln oder Nachlaufen dem Motor nicht gut bekommt, wird ihm mit Abschalten der Zündung die Gemischzufuhr abgeriegelt. Das geschieht durch ein Ventil, das den Leerlauf-Gemischkanal verschließt.

Motor dieselt nach

- Falls der Motor nach Ausschalten der Zündung weiterläuft, Handbremse fest anziehen.
- 2. Gang einlegen, Kupplungspedal langsam loslassen – der Motor wird abgewürgt.

Störungsbeistand

Abschaltventil

Die Störung	– ihre Ursache	– ihre Abhilfe
A Motor dieselt nach	1 Abschaltventil locker (Motor zieht »falsche Luft«)	Festschrauben
	2 Ventilnadel hängt	Prüfen, ggf. Ventil austauschen
B Motor geht im Leerlauf sofort aus	1 Sicherung 15 defekt	Kontrollieren, ggf. ersetzen
	2 Elektrische Leitung zum Ventil unterbrochen	Leitungsverlauf kontrollieren
	3 Siehe A 2	

Links: Das Leerlauf-Abschaltventil (1) besitzt keinen Sechskant zum Ansetzen eines Schraubenschlüssels. Das Ventil besitzt eine Erhebung (3), an der das V.A.G.-Werkzeug 3064 (2) eingreift. Behelfsmäßig geht es zur Not mit einer Zange.
Im rechten Bild ist die Funktionsprüfung gezeigt. Das Abschaltventil wird mit angeschlossenem Kabel an das Vergasergehäuse (4) gedrückt. Zündung ein- und ausschalten – die Nadel muß sich bewegen.

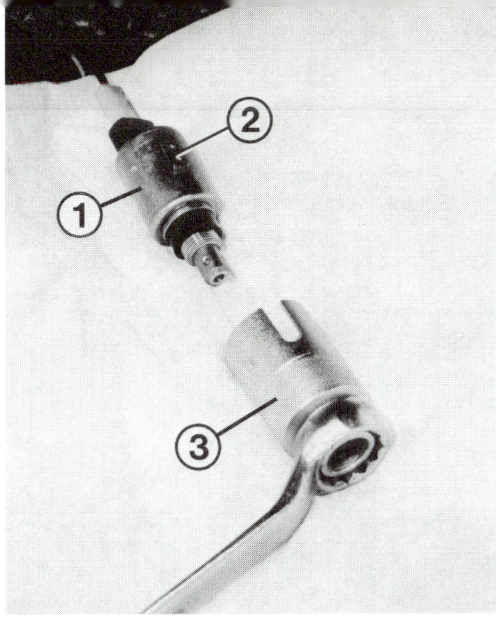

Abschaltventil prüfen

- Ohr in die Nähe des Abschaltventils halten.
- Beim Ein- und Ausschalten der Zündung (von einem Helfer) muß das Ventil deutlich hörbar klicken.
- Oder elektrische Leitung am Ventil abziehen.
- Abschaltventil losschrauben.
- Kabel wieder aufstecken, Ventil gegen blankes Metall halten.
- Von Helfer Zündung ein- und ausschalten lassen.
- Die Ventilnadel muß sich bewegen, sonst Abschaltventil austauschen.

Die Startautomatik

Der Starterdeckel wird doppelt beheizt, damit die Bimetallfeder die Starterklappe öffnen kann.
○ Damit die Beheizung schnell wirkt, wird der Starterdeckel zunächst elektrisch beheizt. Das ermöglicht schnelles Öffnen der Starterklappe.
○ Sobald die Kühlflüssigkeit eine festgelegte Temperatur erreicht hat, kann sie die Beheizung des Starterdeckels übernehmen, und die Elektrobeheizung wird abgeschaltet. Bei vorübergehendem Abstellen des Motors hält die Warmwasserbeheizung die Starterklappe offen. Das verhindert Überfettung beim Wiederstart. Die Steuerung der Starterdeckelbeheizung übernimmt ein temperaturempfindlicher Schalter im »kleinen« Kühlmittelkreislauf. Dieser sitzt in Fahrtrichtung vorn in einem Schlauchstutzen mit zwei weiteren Thermoschaltern am Zylinderkopf. Zur Unterscheidung ist beim Schalter für die Startautomatik das Isoliermaterial um die Steckzungen grün eingefärbt.

Starterdeckel prüfen

Läuft der Motor nach dem Kaltstart in der Warmlaufphase unwillig und verlassen schwärzliche Abgase den Auspuff? Wenn dieser Effekt mit zunehmender Betriebstemperatur verschwindet, kann es an der Elektroheizung des Starterdeckels liegen.

- Steckverbindung zum Starterdeckel trennen.
- Diodenprüfer zwischen Steckkontakt im Deckel und Pluspol der Batterie anschließen.
- Der Diodenprüfer muß aufleuchten, sonst Deckel ersetzen.

Links Teile der Startautomatik:
1 – Unterdruckdose für den Starterklappen-Pulldown;
2 – Starterdeckel;
3 – Mitnehmerhebel auf der Starterklappenwelle;
4 – Bimetallfeder, deren Öse in den Mitnehmerhebel eingehängt wird;
5 – Leitung zur elektrischen Beheizung für den Starterdeckel.
Rechts: Für die korrekte Einstellung der Startautomatik dient eine Kerbe am Vergasergehäuse (1). Am Starterdeckel (3) befinden sich mehrere Kerben. Die einzelne Kerbe am Gehäuse soll innerhalb des Toleranzbereiches am Deckel stehen.

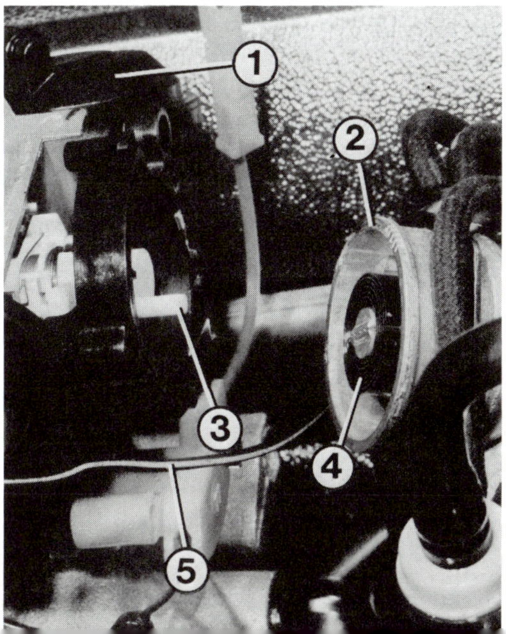

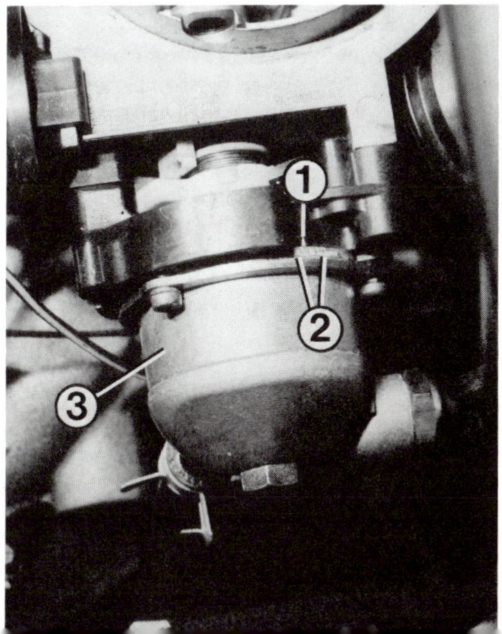

Links: An der in Fahrtrichtung rechten Vergaserseite sitzen das Teillast-Anreicherungsventil (3) und das Thermozeitventil (2), an dem wir hier den Kabelstecker abgezogen haben.
Rechts: Leerlaufeinstellung: Der Schraubenzieher »1« ist an der Drosselklappen-Anschlag-schraube für die Drehzahlkorrektur angesetzt. Im rechten Winkel sitzt die CO-Einstellschraube – hier ist Schraubenzieher »2« angesetzt.

Thermoschalter prüfen

Falls Sie aufgrund von Motorlaufstörungen vermuten, daß der Thermoschalter nicht richtig arbeitet, prüfen Sie mit einem Thermometer und einem Ohmmeter.

- Ausgebauten Thermoschalter ins Gefrierfach legen.
- Ohmmeter an den Steckkontakten des Schalters anschließen und Widerstand messen. Der Schalterkontakt muß geöffnet sein, Sollwert ∞ Ω.
- Thermoschalter in Wasser langsam erhitzen und prüfen, ob der Schalter ab ca. 55° C seine Kontakte schließt. Meßwert 0 Ω.

Starterklappe prüfen

- Luftansaugstutzen abnehmen.
- Solange das Gaspedal bei kaltem Motor noch nicht getreten wurde, muß die Starterklappe senkrecht stehen.
- Gaspedal einmal durchtreten und langsam zurückkommen lassen.
- Die Starterklappe muß jetzt bis auf einen geringen Spalt geschlossen sein.
- Das exakte Starterklappen-Spaltmaß läßt sich nur dann prüfen, wenn ständig Unterdruck am Pulldownsystem anliegt. Da außerdem das Maß für die erste und zweite Öffnungsstufe hierbei kontrolliert wird, muß der Vergaser-Spezialist ran.
- Sie können auch folgendes prüfen: Drosselklappe an ihrem Betätigungshebel ein wenig öffnen und kontrollieren, ob die Starterklappe gut beweglich ist.
- Außerdem kontrollieren, ob die Kerbe am Starterdeckel in Mittelstellung zu den Kerben am Vergasergehäuse gegenübersteht (Grundeinstellung).

Pulldownsystem prüfen

- Luftansaugstutzen abnehmen und den Unterdruckschlauch vom Vergaser zum Temperaturregler der Ansaugluft-Vorwärmung verschließen.
- Motor starten und im Leerlauf drehen lassen.
- Luftklappe in Richtung »Geschlossen« drücken. Das muß bis auf einen Spalt von 3 mm leicht möglich sein, dann wird ein größerer Widerstand spürbar.
- Läßt sich die Starterklappe ohne Widerstand ganz schließen, ist entweder die Membran der Pulldowndose am Vergaser gerissen oder das Unterdrucksystem undicht.
- Zur Überprüfung der Pulldowndose verwendet die Werkstatt ein spezielles Meßgerät und eine Unterdruckpumpe.

Thermozeitventil prüfen

Falls der Motor bei Temperaturen bis ca. 10° C nach dem Start gleich wieder absterben will, kann es am Thermozeitventil liegen. Es öffnet nicht, wodurch die Starterklappe vom Pulldownsystem schon zu früh aufgezogen wird.

- Thermozeitventil ausbauen.
- Am Unterdruckanschluß eine passendes Schlauchstück aufstecken, an dem Sie Luft ansaugen müssen.
- Ventil im Gefrierfach des Kühlschranks auf unter 0° C abkühlen.
- Jetzt muß Durchblasen möglich sein.
- An den Kontaktzungen des Ventils zwei elektrische Leitungen anschließen, womit das Thermozeitventil mit Batterie-Plus und -Minus verbunden werden kann.
- Nach 1– 6 Sekunden muß das (immer noch kalte) Ventil schließen.
- Wenn das Thermozeitventil etwa 20 – 30° C warm ist, können Sie den Widerstand zwischen den Kontaktzungen messen. Sollwert 1,87 – 2,7 Ω.

Leerlaufdrehzahl und CO-Gehalt einstellen

Wartung Nr. 32

Für den Selbsthelfer ist eine genaue Leerlaufeinstellung leider kaum mehr zu bewerkstelligen. Außer einem exakten Drehzahlmesser wird ein Abgasmeßgerät benötigt, das in vernünftiger Ausführung praktisch unerschwinglich ist. Die einfachen Abgastester, wie sie für Heimwerker angeboten werden, arbeiten nicht ausreichend genau. Für die Einstellung empfehlen wir hier eine Werkstatt mit einem Vergaserspezialisten.

Vorbereitungen

○ Zur Einstellung muß der Motor betriebswarm sein. Das entspricht einer Öltemperatur von mindestens 60° C.
○ Elektrische Prüfgeräte anschließen. Das darf nur bei abgeschalteter Zündung geschehen.
○ Die Starterklappe muß voll geöffnet sein. D. h. die Einstellschraube für den Kalteleerlauf darf nicht mehr auf der Stufenscheibe aufliegen.
○ Schlauch der Kurbelgehäuse-Entlüftung am Luftfilter am Luftansaugstutzen abziehen und Schlauch so legen, daß nur frische Luft angesaugt werden kann.
○ Alle elektrischen Verbraucher müssen abgeschaltet sein. Wenn der Kühlerventilator anläuft, muß der Einstellvorgang unterbrochen werden.
○ Falls die Einstellung länger als etwa zwei Minuten dauert, staut sich CO-Gas im Auspuff und verfälscht den Abgas-Meßwert. In diesem Fall den Motor runde 20 Sekunden mit halber Gasstellung drehen lassen.

Die Einstellschrauben

Die Leerlaufdrehzahl wird an der **Drosselklappen-Anschlagschraube** eingestellt, zur Korrektur des CO-Gehalts dient die **CO-Einstellschraube**. Sie sitzt aufgrund einer gesetzlichen Vorschrift unter einem Stopfen. Das soll unbefugtes Verdrehen verhindern. Wenn an dieser Einstellschraube gedreht werden muß, wird die Abdeckung der Schraube mit einer Nadel o. ä. herausgehebelt.

Einstellwerte

Die richtige Leerlaufdrehzahl lautet **800 ± 50/min**. Der Anteil von Kohlenmonoxid wird beim Kat-Motor am CO-Entnahmerohr gemessen (Stopfen abnehmen), beim Motor ohne Kat am Auspuffendrohr. Der richtige Meßwert beträgt in beiden Fällen **1,0 ± 0,5 Vol.%**.

Einstellung mit CO-Meßgerät

● Die Einstellung erfolgt durch wechselweises Verdrehen der Einstellschraube für Drehzahl bzw. CO-Wert.
● Bei noch laufendem Motor den Schlauch der Kurbelgehäuse-Entlüftung wieder aufstecken und Abgaswert beobachten.
● Steigt der CO-Gehalt, liegt das nicht an falscher Einstellung, sondern an Überfettung aus dem Kurbelgehäuse. Das Schmieröl enthält Kraftstoffkondensate durch überwiegenden Kurzstreckenverkehr.
● Hier hilft eine zügige Überlandfahrt über rund 100 km. Die Kraftstoffkondensate verdunsten.
● Anschließend sofort den Ölstand kontrollieren, der erheblich absinken kann!
● Oder, wie auf Seite 17 empfohlen, den Ölwechsel vorverlegen.

Behelfsmäßige Vergaser-Einstellung

● Zuerst Motordrehzahl etwas erhöhen.
● Drosselklappen-Anschlagschraube hineindrehen.
● Jetzt wird die CO-Einstellschraube etwas hineingedreht, bis die Drehzahl abfällt.
● CO-Einstellschraube wieder so weit herausdrehen, daß der Motor gleichmäßig dreht.
● Zum Absenken der Motordrehzahl auf den vorgeschriebenen Wert die Drosselklappen-Anschlagschraube herausdrehen.
● Evtl. die CO-Schraube nochmals verdrehen, wenn der Motor nicht sauber rund läuft.
● Diese Einstellung sollte alsbald mit einem CO-Tester überprüft werden.

Abgas-Untersuchung (AU)

In der Bundesrepublik ist für Fahrzeuge ohne bzw. mit ungeregeltem Katalysator eine jährliche Abgaskontrolle vorgeschrieben. Dazu gehört auch eine Überprüfung der Zündeinstellung und ggf. die Funktionskontrolle des Katalysators. Diese Arbeit führen markengebundene und freie Werkstätten, Tankstellen, DEKRA und TÜV durch.
Wenn für den Passat eine »Fahrzeug-Hauptuntersuchung« beim DEKRA oder TÜV ansteht, muß zuerst die Abgas-Untersuchung erfolgen. Das geht nach unseren Erfahrungen am schnellsten in der Marken-Werkstatt. Zur Zeitersparnis kommt noch hinzu, daß in der Werkstatt immer die allerneuesten Einstelldaten vorliegen, die andere Werkstätten bzw. DEKRA oder TÜV erst mit einer gewissen Verzögerung erhalten.
Bei der AU muß die Auspuffanlage intakt sein, und am Vergaser bzw. am Ansaugrohr darf keine »Nebenluft« eintreten können. Stellen Sie außerdem sicher, daß der Luftfilter sauber ist sowie der Zündkerzen-Elektrodenabstand stimmt. Vorsichtshalber können Sie auch noch die Zündeinstellung kontrollieren. Nach monatelangem Kurzstreckenbetrieb ist außerdem ein Ölwechsel ratsam. Das ins Motoröl gelangte Kraftstoffkondensat verschlechtert nämlich die Abgaswerte.

Fingerzeige: Eine Undichtigkeit im Bereich des Ansaugsystems läßt sogenannte Nebenluft eintreten. Das vom Vergaser aufbereitete Gemisch wird nachträglich abgemagert. Am deutlichsten erkennt man die Störung im Leerlauf an schwankender Drehzahl. Nebenluft läßt sich recht einfach erkennen: Warmgefahrenen Motor im Leerlauf drehen lassen. Mit einer Startkraftstoff-Spraydose (z.B. »Start-

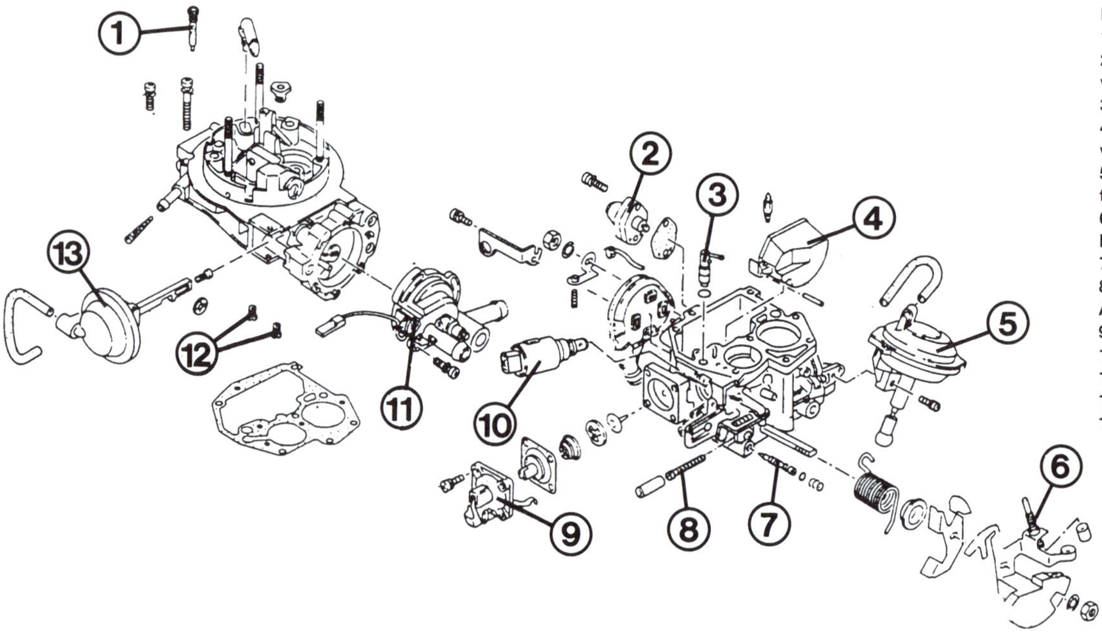

Der Vergaser in Teilen:
1 – Leerlaufdüse;
2 – Teillast-Anreicherungsventil;
3 – Einspritzrohr;
4 – Schwimmer mit Nadelventil;
5 – Unterdruckdose zur Betätigung der II. Stufe;
6 – Kaltleerlaufdrehzahl-Einstellschraube;
7 – CO-Einstellschraube;
8 – Drosselklappen-Anschlagschraube;
9 – Beschleunigungspumpe;
10 – Abschaltventil;
11 – Starterdeckel;
12 – Hauptdüsen;
13 – Pulldowndose.

pilot«) Vergaserfuß, Saugrohr und Leitungen zu den unterdruckgesteuerten Aggregaten (z. B. Bremskraftverstärker, Zündverteiler) ansprühen. Dreht der Motor beim Besprühen einer bestimmten Stelle höher, liegt dort die Undichtigkeit vor.

Wenn Sie die Wartung des Passat immer in der Werkstatt durchführen lassen, gehört die Abgas-Untersuchung grundsätzlich zum Umfang des jährlich fälligen Service dazu.

Kaltleerlaufdrehzahl einstellen

Damit der kältestarre Motor nach dem Start richtig rund läuft, liegt die sogenannte Kaltleerlaufdrehzahl wesentlich höher als die übliche Leerlaufdrehzahl. Falls der Motor nach dem Start nicht richtig läuft, muß der Kaltleerlauf eingestellt werden.

- Motor warmfahren.
- Drehzahlmesser anschließen.
- Motor starten und Drehzahl auf etwa 2500/min erhöhen durch Drehen am Drosselklappenhebel.
- Stufenscheibe der Startautomatik (zwischen Vergaser- und Startautomatikgehäuse) nach unten bis zum Anschlag drücken.
- Drosselklappenhebel loslassen. Die Einstellschraube für den Kaltleerlauf muß nun auf der zweiten Stufe aufliegen.
- Drehzahl ablesen: Der richtige Wert lautet **1700 ± 500/min.**
- Ggf. Drehzahl an der Einstellschraube korrigieren.

Der Gaszug

Der Ausbau und die Einstellung des Gaszugs erfolgt bei allen Motoren und Gemischbildungssystemen auf dieselbe Weise. Lesen Sie bitte im Kapitel »Monojetronic/Monomotronic« nach.

Störungsbeistand

Vergaser

Die Störung	– ihre Ursache	– ihre Abhilfe
A Kalter Motor springt nicht oder schlecht an	1 Kraftstoffweg im Vergaser nicht in Ordnung	Prüfung: Zuleitung am Vergaser abziehen, in ein Gefäß halten und Motor starten. Kommt kein Benzin, siehe unter Kraftstoffpumpe
	a) Schwimmernadelventil klemmt oder Schwimmer defekt	Gegen Schwimmerkammerdeckel klopfen, evtl. Vergaserdeckel abnehmen, Schwimmer und Nadelventil überprüfen
	b) Bohrungen, Düsen und Kanäle im Vergaser verstopft	Vergaser reinigen

Die Störung	– ihre Ursache	– ihre Abhilfe
A Kalter Motor springt nicht oder schlecht an	2 Leerlauf-Abschaltventil defekt	Siehe Seite 74
	3 Starterklappe schwergängig oder klemmt	Gängig machen
	4 Bimetallfeder der Startautomatik ausgehängt	Feder einhängen oder Starterdeckel ersetzen
	5 »Falsche Luft« tritt an Deckeldichtung oder Ansaugflansch ein bzw. an einem der Unterdruckschläuche	Kontrollieren, schadhafte Dichtungen bzw. Schläuche ersetzen
B Kalter Motor geht nach dem Start wieder aus	1 Siehe A 3 und 5	
	2 Starterklappenspalt falsch eingestellt	Einstellen lassen
	3 Starterdeckel falsch eingestellt	Einstellmarken gegenüberstellen
	4 Pulldown-Einrichtung gestört	Prüfen
	5 Thermozeitventil defekt	Prüfen
C Kalter Motor hat zu hohe oder niedrige Leerlaufdrehzahl	1 Siehe A 5	
	2 Ansaugrohr-Beheizung gestört	Siehe Seite 71
	3 Starterdeckel-Beheizung gestört	Siehe Seite 75
	4 Leerlauf falsch eingestellt	Einstellen (CO-Wert)
D Kalter Motor nimmt schlecht Gas an und ruckelt	1 Ansaugluft-Vorwärmung gestört	Siehe Seite 71
	2 Siehe A 3 und 5	
	3 Siehe B 2 und 4	
	4 Siehe C 2 – 4	
	5 Beschleunigungssystem arbeitet nicht	Prüfung: Luftansaugstutzen abnehmen. Wird Benzin eingespritzt, wenn Sie den Drosselklappenhebel bewegen?
	a) Kanäle verstopft	Vergaser reinigen
	b) Membrane defekt	Auswechseln
	6 Beschleunigungs-Einspritzmenge falsch	Einstellen lassen
E Warmer Motor springt schlecht oder nicht an	1 Siehe A 2	
	2 Dampfblasen im Kraftstoffsystem	Mit durchgetretenem Gaspedal starten
	a) Lüfternachlauf funktioniert nicht	Thermoschalter überprüfen, siehe Seite 58
	b) Benzinzulaufleitung liegt am Motor oder Ventildeckel an	Leitung so verlegen, daß sie frei hängt
	3 Schwimmernadelventil undicht	Ersetzen
	4 Schwimmer defekt	Prüfen, ggf. austauschen
	5 Schwimmerstand falsch	Dünnere oder dickere Dichtung unter Schwimmernadelventil einbauen
F Leerlauf ungleichmäßig bzw. zu hoch oder zu niedrig	1 Siehe A 5	
	2 Siehe C 4	
	3 Leerlauf-Kraftstoffdüse verschmutzt oder lose	Vergaser reinigen bzw. Düse festziehen
	4 CO-Einstellschraube beschädigt	Ersetzen
	5 Teillast-Anreicherungsventil defekt	Ersetzen
G Leerlaufdrehzahl oder CO-Gehalt nicht einstellbar	1 Siehe A 3 – 5	
	2 Siehe F 5	
H Schlechte Übergänge bei höheren Drehzahlen	Unterdruckdose der 2. Stufe undicht	Austauschen
J Auspuffknallen im Schiebebetrieb	1 Siehe A 5	
	2 Siehe C 4	
K Kraftstoffverbrauch zu hoch	1 Siehe A 3	
	2 Siehe C 2 – 4	
	3 Siehe D 1	
	4 Siehe E 3, 4 und 5	
	5 Siehe F 5	

Einzelspritzer

Der 53-kW-Motor mit geregeltem Katalysator und das 66-kW-Triebwerk bis 7/90 haben eine »Monojetronic« genannte Zentraleinspritzung. Sie besteht im wesentlichen aus einem Gehäuse, das dem eines Vergasers ähnelt, versehen mit einem einzigen Einspritzventil. Den Kraftstoffaustritt am Ventil bestimmt ein elektronisches Steuergerät.
Im 55- und 66-kW-Motor seit 8/90 kommt die »Monomotronic« zum Einsatz. Ihr einziger, aber gravierender Unterschied ist die ins Steuergerät integrierte Steuerung der Zündverstellung – mehr darüber erfahren Sie im Kapitel »Die Zündanlage«.

Die wichtigsten Teile

Steuergerät

Es sitzt rechts im sogenannten Wasserfangkasten und erhält über einen Vielfachstecker Informationen von folgenden Bauteilen:
○ **Hallgeber** im Zündverteiler für die Motordrehzahl
○ **Lambdasonde** im Abgasrohr vorn für den Sauerstoff-Restgehalt im Abgas
○ **Potentiometer** für die Stellung der Drosselklappe und damit die Menge der angesaugten Luft
○ **Temperaturfühler** im Einlaß der Einspritzeinheit für die Ansaugluft-Temperatur
○ **Temperaturfühler** (mit blauer Isolierung) am Kühlwasserstutzen vorn am Zylinderkopf für die Kühlwassertemperatur
Aus den eingehenden Signalen errechnet das Steuergerät die Öffnungsdauer des elektromagnetisch betätigten Einspritzventils und damit die einzuspritzende Kraftstoffmenge. Dabei greift das Steuergerät auf ein Motorkennfeld zurück – eine Datei, in der alle nur denkbaren Motorsituationen gespeichert sind. Ebenfalls in diesem Kennfeld festgehalten sind die zugehörigen Kraftstoffmengen – selbstverständlich in Form von elektrischen Signalen. Bei der Monomotronic sind im Steuergrät jeweils auch die zur Kraftstoffmenge und Betriebssituation erforderlichen Zündzeitpunktwerte als Kennfelder gespeichert.

Zentrale Einspritzeinheit

Die Mehrzahl der Teile der Zentral-Einspritzung ist in diesem Gehäuse zusammengefaßt. Es sieht nicht nur aus wie ein Vergaser, sondern hat auch wie jener eine Drosselklappe – bewegt durch des Gaspedal. Durch das Gehäuse strömt die Ansaugluft, und hier wird – vom Einspritzventil – auch der Kraftstoff zugesetzt, genau wie im Vergaser.

Einspritzventil

Es wird durch einen Elektromagnet geöffnet. So kann Kraftstoff fließen oder auch nicht – je nach Befehl des Steuergeräts. Damit der Kraftstoff optimal zerstäubt wird, besitzt das Ventil schräge Austrittsbohrungen, aus denen das Benzin gegen die konische Wandung der Austrittsbohrung prallt und dort verwirbelt wird.

Lufttemperaturgeber

Er sitzt seitlich am Gehäuse des Einspritzventils und kann so die Temperatur der Ansaugluft, wie sie an der Einspritzeinheit ankommt, genau erfassen.

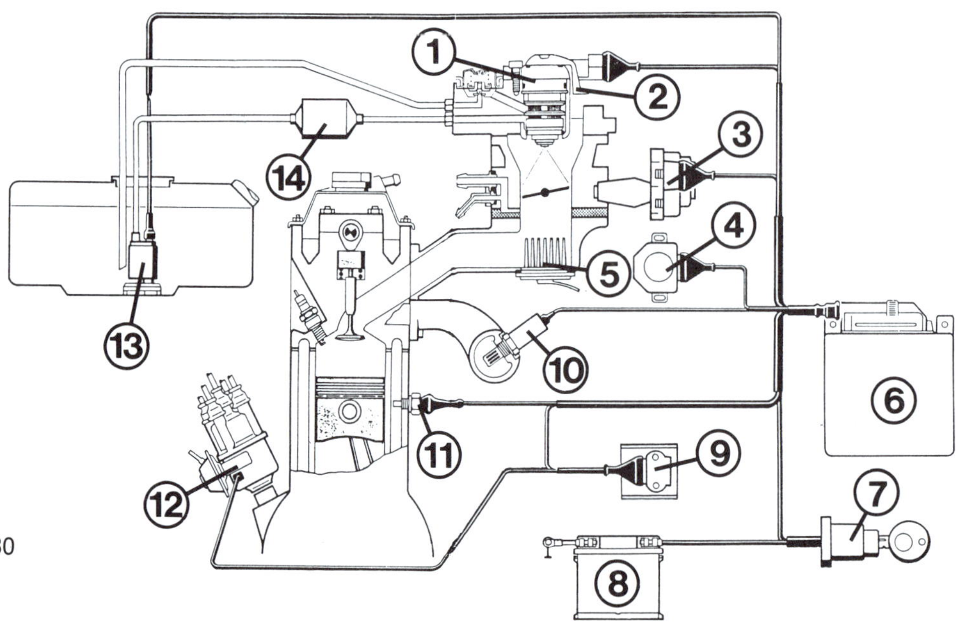

In dieser Zeichnung ist die Monojetronic mit ihren Teilen schematisch dargestellt:
1 – Einspritzeinheit;
2 – Lufttemperaturfühler;
3 – Drosselklappensteller;
4 – Drosselklappen-Potentiometer;
5 – Heizelement der Ansaugrohrbeheizung;
6 – Steuergerät;
7 – Zünd-/Anlaßschalter;
8 – Batterie;
9 – TSZ-Schaltgerät;
10 – Lambdasonde;
11 – Kühlmittel-Temperaturgeber;
12 – Zündverteiler;
13 – elektrische Kraftstoffpumpe.

Der Druckregler

Er sorgt dafür, daß der Kraftstoffdruck am Einspritzventil stets bei 1 bar liegt. Dazu läßt er mehr oder weniger Benzin durch die Rücklaufleitung zum Tank zurückfließen. Die Kraftstoffzufuhr bleibt nämlich weitgehend konstant.

Drosselklappen-steller

Ein kleiner Elektromotor mit Winkelgetriebe fährt den Betätigungsstößel mehr oder weniger weit gegen den Leerlauf-Anschlag der Drosselklappe. So kann die Drosselklappe je nach Bedarf ein kleines oder etwas größeres Stück geöffnet werden. So läßt sich die Leerlaufdrehzahl bei unterschiedlichen Belastungen konstant halten. Vorn im Betätigungsstößel des Drosselklappenstellers sitzt noch ein Drosselklappenschalter, der dem Steuergerät mitteilt, wenn Sie das Gaspedal loslassen.

Drosselklappen-Potentiometer

Es meldet die Bewegungen der Drosselklappe und deren Stellung dem Steuergerät. So wird zum Beispiel plötzliches Gasgeben als Beschleunigen erkannt. Die Meldung erfolgt auf elektrischem Weg – ein Potentiometer ist nichts anderes als ein veränderbarer Widerstand.

Die Funktion

Grundfunktion

Die Kraftstoffpumpe schafft Benzin unter Druck zum Druckregler. Dieser sorgt dafür, daß am Einspritzventil stets derselbe Kraftstoffdruck (1 bar) »anliegt«.
Das Steuergerät erhält Informationen über den Motorlauf durch die Drehzahlimpulse von der Zündung und die Widerstandswerte vom Drosselklappen-Potentiometer (Drosselklappenstellung). Daraus zieht das Steuergerät Rückschlüsse auf den Lastzustand des Motors und mißt (über das Einspritzventil) die zur angesaugten Luft nötige Menge Kraftstoff bei. Berücksichtigt ist bei dieser Zumessung das Kraftstoff/Luft-Verhältnis von $\lambda = 1$ für optimales Arbeiten des Katalysators. Dieses Verhältnis muß je nach Signal der Lambdasonde korrigiert werden (siehe dazu Seite 49).

Korrekturgrößen

Das Einspritzventil kann nur öffnen und schließen, nicht aber die Menge dosieren. Deshalb wird die Kraftstoffmenge über die Einspritzzeit variiert. Und das geht so: Bei jedem Zündimpuls der Zündanlage spritzt das Ventil einmal ab. Wird wenig Kraftstoff gebraucht, öffnet das Ventil bei diesem Impuls nur ganz kurz – oft weniger als eine tausendstel Sekunde.
Benötigt der Motor dagegen mehr Kraftstoff (in kaltem Zustand oder bei Vollast), wird länger abgespritzt. Das gilt natürlich für jeden Zündimpuls.
Kalter Motor: Über die Motortemperatur ist das Steuergerät durch den Kühlmittel-Temperaturgeber informiert. Je kälter der Motor, desto länger die Einspritzzeiten für ein kraftstoffreicheres Gemisch. Bei diesem Betriebszustand muß das Lambdasignal ohne Beachtung bleiben, d.h. es kann kein für den Katalysator optimales Gemisch erzeugt werden.
Leerlauf: Der Drosselklappenschalter am Drosselklappensteller informiert das Steuergerät über diesen Betriebszustand. Nun reguliert der Drosselklappensteller die Leerlaufdrehzahl. Parallel dazu löst bei der Monojetronic der Leerlaufschalter das Umschalten des Zweiwegeventils aus. So gelangt kein Unterdruck mehr an die Zündverstellung am Verteiler. Durch das Ausschalten der Unterdruck-Zündverstellung wird der Zündzeitpunkt etwas in Richtung »Spät« verlegt, was das Abgas verbessert.
Beschleunigen: Spontanes Gasgeben erkennt das Steuergerät durch die Signale vom Potentiometer als Beschleunigungsvorgang, weshalb das Gemisch sofort »angefettet« wird.

Das Einspritzventil (2) ist hier mit angeschlossenem Stecker (1) aus der Aufnahme (3) der Einspritzeinheit ausgebaut. Seitlich am Ventil sehen Sie das Kraftstoffsieb.

Vollast: Bei Vollgas oder genauer gesagt ab ca. 72,5° Drosselklappenstellung veranlaßt das Steuergerät die Vollastanreicherung. Es wird also im Verhältnis mehr Kraftstoff beigemischt. Über die Drosselklappenstellung informiert das Potentiometer. Die Vollastanreicherung ignoriert natürlich das Lambda-Signal.
Schubbetrieb: Bergab mit losgelassenem Gaspedal spart die Monojetronic/-motronic Sprit und schaltet die Kraftstoffzufuhr ab. Das Steuergerät erkennt diesen Betriebszustand am losgelassenen Gaspedal (Drosselklappen-Potentiometer) und der hohen Motordrehzahl.
Drehzahlbegrenzung: Oberhalb der Maximal-Drehzahl schaltet das Steuergerät zum Schutz des Motors die Kraftstoffzufuhr ab. Die Drehzahlbegrenzung kann bei Wagen mit Katalysator nicht durch Abschalten der Zündung erfolgen, denn sonst käme unverbrannter Kraftstoff in den Kat. Das könnte zu gefährlichen Temperaturspitzen und damit dauerhaften Schäden am Kat führen.

Selbsthilfe

Viele Prüfungen an der Einspritzung sind dem Selbsthelfer mangels der nötigen Prüfgeräte leider nicht möglich. Dennoch bleibt ein breites Betätigungsfeld.

Vorgehensweise

Das Steuergerät selbst kann mit Heimwerkermitteln nicht kontrolliert werden. In der Praxis ist hier auch nur sehr selten mit Fehlern zu rechnen. Geber, Schalter und Kabelverbindungen geben ungleich häufiger Anlaß zu Beanstandungen. Daher ist bei einem Defekt folgende Vorgehensweise ratsam:

- ○ Sicherstellen, daß die Zündung in Ordnung ist.
- ○ Kraftstoffversorgung prüfen (Seite 66).
- ○ Sichtprüfung an den Teilen der Einspritzanlage durchführen (siehe folgenden Abschnitt).
- ○ Wurde so kein Fehler gefunden, Fehlerspeicher abrufen (lassen), mögliche Fehlerquelle ermitteln, verdächtiges Bauteil nach Prüfanleitung kontrollieren.

Fingerzeig: Bei Totalausfall der Einspritzung zuerst Sicherung Nr. 18 und bei Monomotronic Nr. 15 prüfen. Über sie läuft die Stromversorgung der Einspritzung.

Sichtprüfung

- Unterdruckschläuche auf Dichtheit prüfen. Alle Schläuche, die an der Einspritzeinheit oder am Ansaugkrümmer angeschlossen sind, müssen geprüft werden – vom dicken Schlauch des Bremskraftverstärkers bis zu den kleinen Unterdruckschläuchen zum Verteiler.
- Ist die Dichtung unter der Einspritzeinheit in Ordnung; ebenso die Flanschdichtungen der Ansaugkanäle?
- Undichtigkeiten lassen »Nebenluft« ins Ansaugsystem eindringen, Luft also, die in der Berechnung des Steuergeräts nicht enthalten ist und die deshalb die Gemischaufbereitung empfindlich stört. Das Gemisch magert unkontrolliert ab. Motorlaufstörungen – hauptsächlich im Leerlauf – sind die Folge.
- Sind an den Kraftstoffleitungen Undichtigkeiten zu erkennen?
- Wurden die Kabelstecker mehrfach auseinandergezogen und wieder verbunden? Korrosion oder ungeschicktes Reißen kann mangelnden Kontakt zur Folge haben.
- Sehen Sie sich die Stecker an den Bauteilen der Einspritzung genau an. Kontakte nicht nachbiegen, sondern nur mit Kontaktspray behandeln.

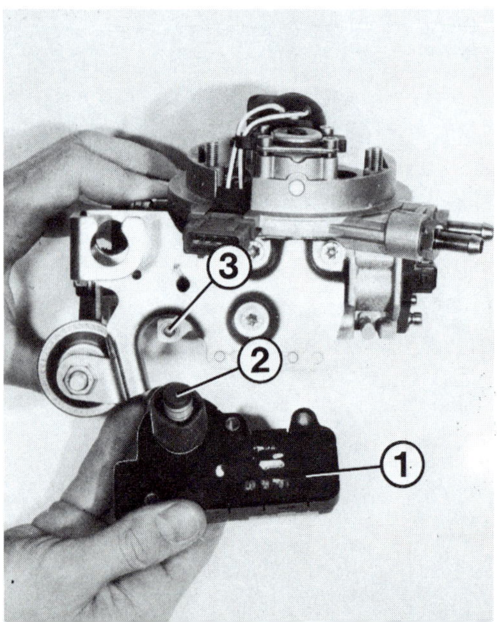

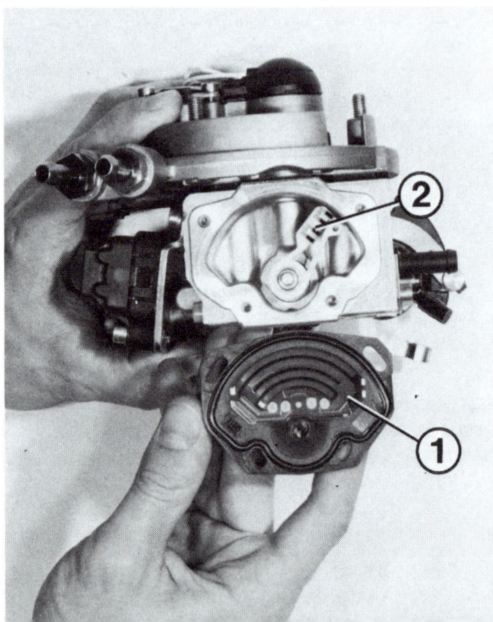

Links: Der Drosselklappensteller (1) kann einzeln ausgebaut werden. Das ist auch erforderlich, wenn der Leerlaufschalter (2) einen Defekt an seinem Betätigungsstößel aufweist. Position »3« bezeichnet die Anschlagschraube der Drosselklappe. Rechts: Der Drosselklappen-Potentiometer wird im Werk eingestellt und darf nicht zerlegt werden. Wir haben ihn hier lediglich ausgebaut, um die Schleifkontakte (2) und die Widerstands-Leiterbahnen (1) zeigen zu können. Bei einem Defekt die Einspritzeinheit ersetzen.

Monojetronic: Das Steuergerät kann einen Teil der Fehler, die während des Motorbetriebs auftreten, erkennen und speichern. Dieser Fehlerspeicher läßt sich abrufen. Die Fehlerlampe am Armaturenbrett (bis 12/88) blinkt dann in einem festgelegten Rhythmus je nach Art des Fehlers unterschiedlich (siehe Tabelle). Der Fehler bleibt über 8 Motorstarts hinweg gespeichert. Trat er in dieser Zeit nicht mehr auf – das kann beispielsweise bei einem Wackelkontakt der Fall sein –, wird er gelöscht.
Monomotronic: Aufgetretene Fehler werden in einem Dauerspeicher des Steuergerätes festgehalten. Beim Inspektions-Service in der Werkstatt wird der Fehlerspeicher abgefragt. Das geschieht mit einem Auslesegerät; eine Möglichkeit für den Heimwerker zur Fehlerspeicherabfrage ist bei der Monomotronic nicht vorgesehen. Falls Sie einen Fehler in der Zünd-/Einspritzsteuerung vermuten, läßt sich den Fehlerspeicher nur in der V.A.G.-Werkstatt abrufen. Zusätzlich können Sie aber auch unseren Störungsbeistand zu Hilfe nehmen, in dem wir eine Vielzahl von möglichen Fehlern über die Eigendiagnose hinaus aufgeführt haben. Nach Beheben des Fehlers wird der Fehlerspeicher mit dem Auslesegerät gelöscht.

Fehlerspeicher abrufen
nur Monojetronic

● Motor starten und im Leerlauf drehen lassen. Bis 12/88 leuchtet die Fehlerlampe.
● Läuft der Motor wegen eines Defekts gar nicht an, Anlasser ca. sechs Sekunden lang betätigen. Zündung danach nicht ausschalten.
● Schalthebelmanschette hochziehen. In der Mittelablage sind die Stecker für die Fehlerdiagnose untergebracht.
● Zur Abfrage des Fehlerspeichers bei den Passat der ersten Bauserie (bis ca. 8/88) an der Rückseite der Zentralelektrik im Steckfeld »G« den Kontakt 11 für etwa fünf Sekunden mit Masse verbinden.
● Am roten Stecker schließen Sie eine Meßleitung mit Stiftkontakt an. Es darf aber auch ein gewöhnliches Kabelstück sein.
● Anderes Kabelende mindestens fünf Sekunden lang mit Masse verbinden. Kabel wieder abziehen.
● Die Lampe brennt zunächst einmal lang, um den Beginn der Anzeige zu signalisieren. Danach folgen nach einer Pause vier Blinksignale, die im Abstand von etwa 2½ Sekunden wiederholt werden.
● Diese Blinksignale – jeweils bestehend aus bis zu vier kurzen Blinkimpulsen – sind unser Fehlercode.
● Blinkfolge notieren.
● Was der Fehlercode bedeutet, zeigt die Tabelle.
● Fehlerabfrage bei weiterhin laufendem Motor wiederholen; vielleicht befindet sich ein weiterer Fehler im System.
● War ein weiterer Fehler vorhanden, wird dieser jetzt angezeigt.
● Ist Kein Fehler mehr im System: Dann kommt das Blinkzeichen 4 – 4 – 4 – 4 »Kein Fehler erkannt«.
● Um sicherzugehen, daß wirklich kein Fehler mehr vorhanden ist, sollten nun eine Probefahrt von zehn Minuten anschließen.
● Danach fragen Sie den Fehlerspeicher nochmals ab.

Fehlerspeicher löschen
nur Monojetronic

● Zündung ausschalten.
● Roten Stecker in der Mittelkonsole mit dem Kabelstück an Masse legen.
● Zündung einschalten.
● Nach frühestens fünf Sekunden die Leitung abziehen.
● Der Fehlerspeicher im Steuergerät der Monojetronic ist damit gelöscht.

Fehlertabelle

Monojetronic, Monomotronic

Blinkcode	Die Störung	– ihre Ursache	– ihre Abhilfe
1 – 1 – 1 – 1	Steuergerät defekt	Bauteil im Steuergerät schadhaft	Steuergerät ersetzen
2 – 1 – 2 – 1	Drosselklappenschalter gibt keine Signale	Leitungsunterbrechung oder Kurzschluß zur Masse	Prüfen
		Drosselklappenschalter oder Steuerventil für Zündzeitpunkt defekt	Drosselklappenschalter bzw. Steuerventil prüfen
	Drosselklappen-Potentiometer gibt keine Signale	Störung im Bauteil oder Kurzschluß zur Spannungsversorgung (66 kW bis 12/88)	Prüfen
2 – 1 – 2 – 2	Kein Drehzahlsignal vom Hallgeber	Leitungsunterbrechung bzw. Kurzschluß zur Masse	Leitung 1 prüfen
		TSZ-Schaltgerät bzw. Hallgeber defekt	Schaltgerät bzw. Hallgeber ersetzen
2 – 2 – 1 – 2	Drosselklappen-Potentiometer gibt keine Informationen	Leitungsunterbrechung bzw. Kurzschluß zur Masse	Leitungen prüfen

Blinkcode	Die Störung	– ihre Ursache	– ihre Abhilfe
2 – 2 – 1 – 2	Drosselklappen-Potentiometer gibt keine Informationen	Kurzschluß zur Spannungsversorgung (ab 12/88)	Prüfen
		Störung im Bauteil	Prüfen
2 – 3 – 1 – 2	Kein Signal vom Temperaturgeber der Einspritzanlage	Leitungsunterbrechung bzw. Kurzschluß zur Masse	Leitungen prüfen
		Temperaturgeber defekt	Temperaturgeber ersetzen
2 – 3 – 2 – 2	Keine Meldung vom Ansaugluft-Temperaturgeber*	Leitungsunterbrechung bzw. Kurzschluß zur Masse	Leitungen prüfen
		Temperaturgeber defekt	Halter für Einspritzventil mit Temperaturgeber ersetzen
2 – 3 – 4 – 1	Lambda-Regelung am Regelanschlag (außer Funktion) Wichtig: Dieser Fehler ist nur dann vorhanden, wenn vor Erscheinen des Blinkcodes 2 – 3 – 4 – 1 die Fehlerlampe geleuchtet hat. Andernfalls Fehlerspeicher löschen	Motor zieht Nebenluft an	Dichtheitsprüfung an Unterdruckanschlüssen, Ansaugrohr, Flansch der Einspritzeinheit
		Zündanlage schadhaft	Zündzeitpunkt, Zündkerzen, Verteilerkappe usw. prüfen
		Kraftstoffversorgung nicht in Ordnung	Druckregler prüfen
		Einspritzventil defekt	Abspritzstrahl des Einspritzventils prüfen
		Schlechter Motorzustand	Kompression prüfen
		Leitung für Lambda-Sonde hat Kurzschluß zur Masse oder Batterie-+	Leitung prüfen
		Lambda-Sonde gealtert oder beschädigt	Wenn kein Fehler gefunden wurde, Lambda-Sonde ersetzen
2 – 3 – 4 – 2	Lambda-Sonde gibt kein Signal zum Steuergerät	Leitungsunterbrechung zwischen Lambda-Sonde und Steuergerät	Leitungen prüfen
		Lambda-Sonde defekt	Lambda-Sonde ersetzen
2 – 3 – 4 – 3	Lambda-Regelung* unter- bzw. überschritten (Regelanschlag fast erreicht)	Fehlerursache ist wie bei Fehlercode 2 – 3 – 4 – 1. Lambda-Regelung noch in Funktion	Fehlerbeseitigung wie bei Fehlercode 2 – 3 – 4 – 1, Lambda-Sonde jedoch in Ordnung
4 – 4 – 3 – 1	Drosselklappensteller gibt kein Signal zum Steuergerät	Leitungsunterbrechung zwischen Drosselklappensteller und Steuergerät	Leitungen prüfen
		Drosselklappensteller defekt	Drosselklappensteller ersetzen
4 – 4 – 4 – 4	Kein Fehler erkannt		
0 – 0 – 0 – 0	Ende der Fehlerausgabe durch Blinken in 2,5-Sekunden-Intervallen		

* Dieser Fehler wird dem Fahrer nicht durch Dauerleuchten der Fehlerlampe angezeigt

Prüfen der Bauteile

Die folgenden Abschnitte beschreiben Heimwerker-Prüfungen an den Komponenten der Einspritzanlage.

Stecker der Einspritzanlage abziehen

- Abdeckung über dem Wasserfangkasten im Motorraum abziehen.
- Sicherungsbügel drücken, Stecker abziehen.
- Stecker aufdrücken, bis der Sicherungsbügel einrastet.

Masseverbindung prüfen

Vor der Fehlersuche sollten Sie zuerst prüfen, ob die Masseversorgung des Steuergeräts in Ordnung ist.

- Stecker am Steuergerät abziehen.
- mit einem Diodenprüfer zwischen Batterie-Plus und Kontakt 5 im Stecker kontrollieren, ob Verbindung zu Masse besteht.
- Gleiche Prüfung an Kontakt 25 des Steckers.
- Fehlt es an Masse, nach Schaltplan die Leitungen und den Massepunkt am Motorblock überprüfen.

Im Bild links ist der Stecker (Pfeil) vom Drosselklappenschalter abgezogen. Für die Fehlersuche sind die Kontakte am Schalter beziffert. Rechts: Hier prüfen wir, ob das Steuergerät mit Masse versorgt wird. Dazu muß der Kontakt Nr. 5 im Stecker mit einem Leuchtdioden-Spannungsprüfer mit Batterie-Plus verbunden werden.

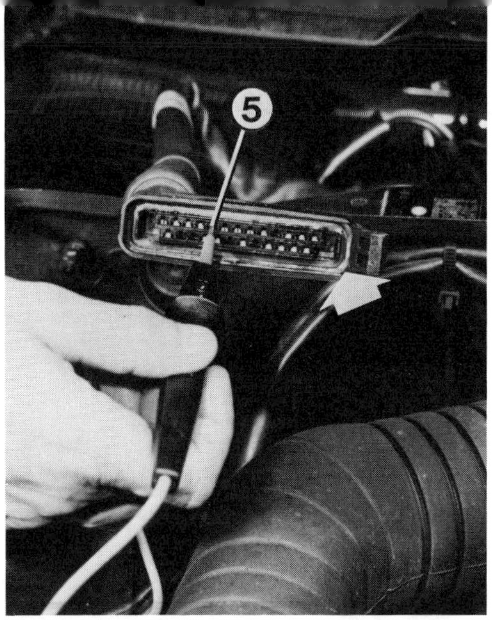

Drosselklappenschalter und Steuerventil prüfen
nur Monojetronic

- **Elektrische Prüfung:** Zündung einschalten.
- Drosselklappe am Betätigungshebel von Hand öffnen und wieder schließen:
- Dabei muß das Steuerventil zweimal klicken.
- Trifft das zu, ist der Drosselklappenschalter in Ordnung. Außerdem schaltet das Steuerventil.
- **Dichtheitsprüfung des Steuerventils:** Motor starten und im Leerlauf drehen lassen.
- Stecker am Steuerventil abziehen: Die Drehzahl muß ansteigen, weil sich der Zündzeitpunkt nach »Früh« verschiebt.
- Stecker wieder anschließen: Die Drehzahl muß nun abfallen.
- Wenn ja, ist das Steuerventil in Ordnung. Andernfalls Steuerventil ersetzen.
- **Drosselklappenschalter einzeln prüfen:** Die eingangs beschriebene Prüfung läßt – sofern ein Defekt vorliegt – offen, ob der Drosselklappenschalter oder die Elektrik des Ventils schadhaft ist.
- Deshalb Stecker am Steuerventil abziehen und Leuchtdioden-Spannungsprüfer an der Steckerkontakten anschließen.
- Zündung einschalten: Die Leuchtdiode muß brennen.
- Drosselklappe von Hand am Betätigungshebel öffnen: Die Leuchtdiode muß verlöschen.
- Ist beides der Fall, ist der Drosselklappenschalter in Ordnung.

Drosselklappenschalter einstellen

- Wurde der Drosselklappensteller samt Drosselklappenschalter ausgewechselt, muß die Anschlagschraube für den Schalter eingestellt werden.
- Vor dem Einstellen muß der Stößel des Drosselklappenstellers ganz zurückgefahren sein.
- Dazu an den oberen beiden Anschlußkontakten des Anstellers maximal 6 Volt Spannung anlegen.
- Das geht z. B. mit einer 4,5-Volt-Batterie oder dem 6-Volt-Ladebereich eines Ladesgerätes.
- Kabel anschließen; +-Pol nach oben.
- Warten, bis der Stößel ganz zurückgefahren ist.
- Ohmmeter an den unteren beiden Anschlüssen des Drosselklappenstellers anschließen.
- Fühlerlehrenblatt mit 0,5 mm zwischen Stößel und Anschlagschraube einschieben, dabei Ohmmeter beobachten.
- Bei eingeschobener Fühlerlehre muß der Schalter geschlossen sein. Anzeige: 0 Ω.
- Fühlerlehre wieder herausziehen. Der Schalter muß jetzt offen sein. Anzeige: ∞ Ω.
- Gegebenenfalls die Einstellschraube mit einem kleinen Innensechskantschlüssel verdrehen und anschließend mit einem Lacktupfer sichern.

Drosselklappensteller prüfen

- Stecker am Drosselklappensteller abziehen.
- Batterie-Ladegerät auf **6 Volt** umstellen und an den oberen beiden Anschlußkontakten des Anstellers anschließen; +-Pol nach oben.
- Der Stößel muß ganz zurückfahren.
- Anschlußkabel umpolen (–-Pol an den oberen Kontaktstift):
- Der Stößel muß ganz ausfahren.
- Ist das der Fall, ist der Drosselklappensteller in Ordnung. Wenn nicht, ersetzen.
- Zusätzlich können Sie eine Widerstandsmessung durchführen.
- Wicklungswiderstand des Stellmotors zwischen den beiden oberen Anschlüssen 3–200 Ω.
- An den beiden unteren Kontakten bei geöffneter Drosselklappe 0,5 Ω.
- Bei geöffneter Drosselklappe strebt der Widerstand gegen ∞ Ω.

Im Bild links sind die Kontakte des Drosselklappen-Potentiometers bezeichnet. Bei welcher Messung das Ohmmeter an welchen Kontakten angeschlossen wird, steht in der Tabelle unten.
Rechts: An den mit Pfeilen bezeichneten Anschlüssen des Einspritzventils und seines Steckers wird das Ohmmeter zur Widerstandsmessung angeschlossen.

Drosselklappen-Potentiometer prüfen

● Stecker am Drosselklappen-Potentiometer abziehen.
● Ohmmeter laut Tabelle an je zwei der vier Steckkontakte anschließen (siehe dazu Abbildung oben links).
● Werden die genannten Werte nicht erreicht, ist das Drosselklappen-Potentiometer defekt. Leider kann es nicht einzeln ersetzt werden. Es muß das komplette Unterteil der Einspritzeinheit ausgewechselt werden.

Klemmen	Prüfbedingungen	Widerstand
1 + 5	–	520 – 1300 Ω
1 + 2	von Drosselklappe zu bis ca. 1/4 offen: Widerstand ändert sich, danach konstant	600 – 3500 Ω
1 + 4	Drosselklappe zu bis ca. 1/4 offen: Widerstand konstant, danach sich ändernder Widerstand	600 – 6600 Ω

Einspritzventil prüfen

● **Prüfung bei laufendem Motor:** Er muß mindestens 60° C Öltemperatur haben, also warmgefahren sein.
● Luftansaugstutzen abbauen.
● Motor starten und im Leerlauf laufen lassen.
● Spritzstrahl des Einspritzventils beobachten. Er muß ein gleichmäßiges Spritzbild haben und auf die Drosselklappe gerichtet sein.
● Zur Dichtheitsprüfung Motor abstellen.
● Es dürfen bei stehendem Motor nicht mehr als zwei Tropfen pro Minute austreten.
● Die weiteren Prüfungen führen Sie durch, **wenn der Motor nicht anspringt**.
● Sicherung 18 bzw. 15 kontrollieren.
● Luftansaugstutzen abbauen.
● Von Helfer den Motor mit dem Anlasser durchdrehen lassen.
● Das Einspritzventil muß Kraftstoff abspritzen.
● Wenn nicht, braunen Stecker oben an der Einspritzeinheit abziehen.
● Ohmmeter an den beiden mittleren Anschlußkontakten (an der Einspritzeinheit) anschließen:
● Bei einer Umgebungstemperatur zwischen +15 und +30° C müssen 1,2 – 1,6 Ω abzulesen sein, andernfalls ist das Einspritzventil defekt. TORX-Schraube lösen und Ventil wechseln.
● **Stromversorgung des Einspritzventils prüfen**, wenn das Ventil trotz richtiger Werte nicht abspritzt.
● Leuchtdioden-Spannungsprüfer – nichts anderes verwenden – an die beiden mittleren Kontakte im abgezogenen Anschlußstecker anschließen.
● Anlasser betätigen lassen: Die Leuchtdioden müssen flackern, sonst Leitungsunterbrechung oder Steuergerät defekt.
● **Vorwiderstand des Einspritzventils prüfen** (nur Monojetronic): Vorn rechts am Stehblech den Kabelstecker des Vorwiderstands trennen.
● An den Kontakten des Steckers zum Widerstand ein Ohmmeter anschließen.
● Der Meßwert soll 3 – 4 Ω betragen.

Schubabschaltung prüfen

● Luftansaugstutzen abbauen.
● Motor starten, kurz auf über 3000/min hochdrehen und schlagartig Drosselklappe schließen.
● Der gut sichtbare Sprühstrahl des Einspritzventils muß in diesem Augenblick kurz unterbrochen werden. Dann ist die Schubabschaltung in Ordnung.
● Wenn nicht, Drosselklappenschalter und Steuergerät kontrollieren (lassen).

Temperaturgeber prüfen

● **Temperaturgeber Ansaugluft:** Braunen Stecker oben an der Einspritz-Einheit abziehen.
● An den beiden äußeren Steckkontakten ein Ohmmeter anschließen.
● **Temperaturgeber Kühlmittel:** Stecker am Geber unten am Kühlwasserstutzen abziehen.
● An beiden Geberkontakten bzw. Kontakte 1 und 3 ein Ohmmeter anschließen.

Das Diagramm verdeutlicht die Abhängigkeit von Ansaugluftttemperatur (linke Hälfte) bzw. Kühlmitteltemperatur (rechte Hälfte) und Geber-Widerstand.
Im Bild rechts sehen Sie folgende Temperaturfühler bzw. -geber:
1 – Ansaugrohrbeheizung (rote Isolierung);
2 – Einspritzanlage (blau);
3 – Kühlmittel-Temperaturanzeige (schwarz).

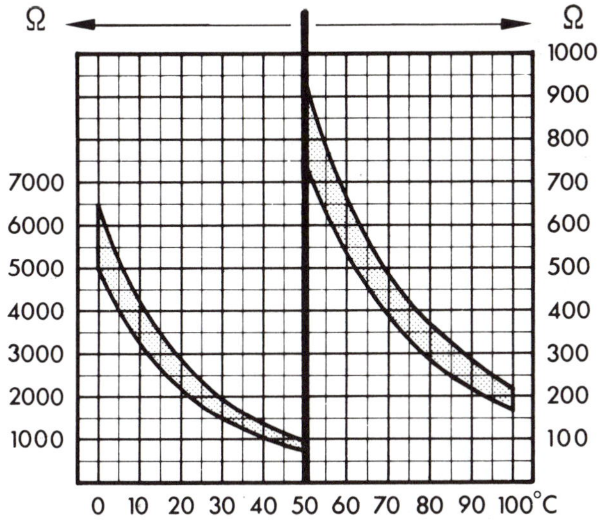

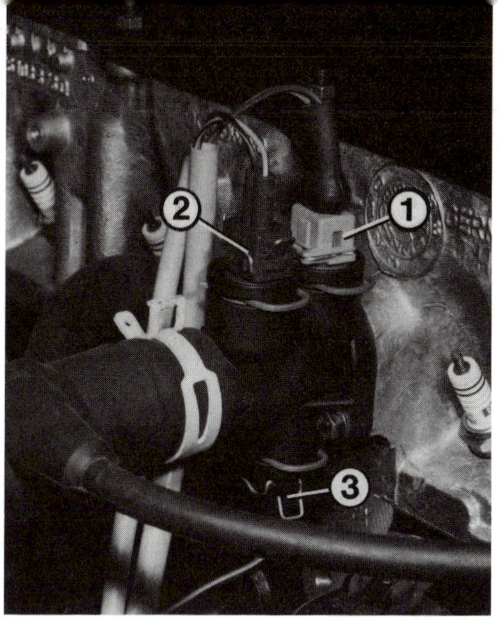

- **Beide Geber:** Widerstandswert ablesen.
- Im Diagramm oben prüfen, ob die Werte für den Geber-Widerstand und die momentane Luft- bzw. Kühlmitteltemperatur ihren Schnittpunkt auf der Kurve haben.
- Wenn ja, ist der Geber in Ordnung.

Kraftstoffdruck prüfen

- Der Kraftstoffdruck kann nur mit einer Meßvorrichtung (Werkstatt) genau kontrolliert werden.
- Bei Verdacht auf falschen Kraftstoffdruck den Druckregler zerlegen (siehe Bild unten links).
- Dazu vier TORX-Schrauben lösen.
- Prüfen, ob die Membran beschädigt ist oder ob sich Schmutz abgelagert hat.

Schließdämpfer prüfen

Der Schließdämpfer soll verhindern, daß die Drosselklappe beim Loslassen des Gaspedals schlagartig in Geschlossen-Stellung geht.

- Bei richtiger Einstellung muß der Hebel an der Drosselklappenwelle den Stößel des Schließdämpfers um 4 – 4,5 mm hineindrücken (Bild unten rechts).
- Wenn nicht, Haltemutter des Schließdämpfers lockern.
- Schließdämpfer so weit zurückdrehen, daß der Stößel den Hebel der Drosselklappenwelle gerade berührt.
- Aus dieser Stellung den Dämpfer 4 1/2 Umdrehungen hineindrehen und Mutter wieder festziehen.

Abgas-Untersuchung (AU)

Für Fahrzeuge mit geregeltem Katalysator ist in der Bundesrepublik erstmals drei Jahre nach Erstzulassungsdatum und darauf alle zwei Jahre eine Abgas-Untersuchung vorgeschrieben, bei der auch die Zündeinstellung und die Wirksamkeit des Katalysators geprüft wird. Wenn für den Passat eine »Fahrzeug-Hauptuntersuchung« beim DEKRA oder TÜV ansteht, muß zuerst die Abgas-Untersuchung erfolgen. Das geht nach unseren Erfahrungen am schnellsten in der Marken-Werkstatt. Zur Zeitersparnis kommt noch hinzu, daß in der

Im linken Bild ist der Druckregler zerlegt:
1 – Deckel;
2 – Feder;
3 – Membran;
4 – Anlagefläche.
Rechts: Die Einstellung des Schließdämpfers (8):
5 – Fühlerblattlehre;
6 – Hebel an der Drosselklappenwelle;
7 – Stößel;
9 – Kontermutter der Einstellschraube.

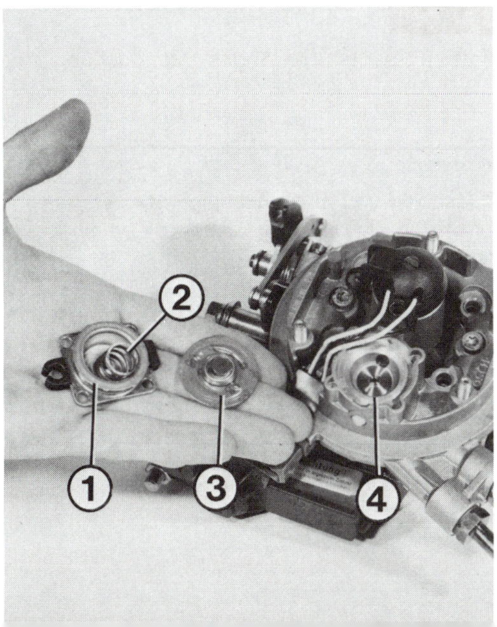

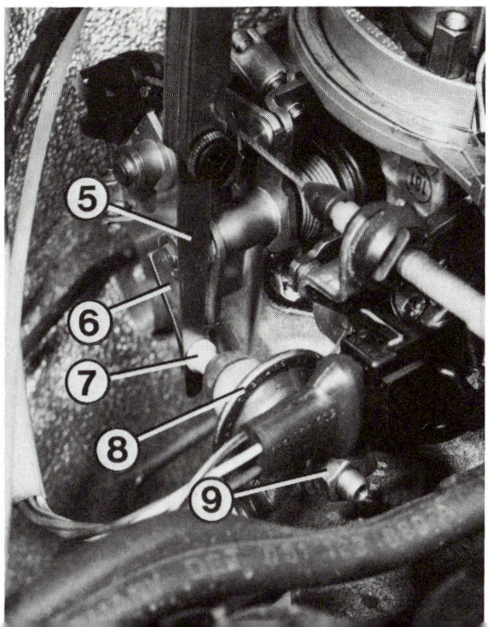

Der Gaszug ist am Widerlager (2) neben der Einspritzeinheit eingesteckt. Zur Einstellung der Zuglänge dient die Stecksicherung (1). An der Drosselklappenwelle hält eine Klammer (3) den Zug. Eine weitere Klammer (4) verhindert, daß der Gaszug aus der Umlenkung herausrutscht.

VW-Werkstatt immer die allerneuesten Einstelldaten vorliegen, die andere Werkstätten bzw. DEKRA oder TÜV erst mit einer gewissen Verzögerung erhalten.
Bei der AU muß die Auspuffanlage intakt sein, und am Ansaugrohr darf keine »Falschluft« eintreten können. Stellen Sie außerdem sicher, daß der Luftfilter sauber ist sowie der Zündkerzen-Elektrodenabstand stimmt. Vorsichtshalber können Sie auch noch die Zündeinstellung kontrollieren. Nach monatelangem Kurzstreckenbetrieb ist außerdem ein Ölwechsel ratsam. Das ins Motoröl gelangte Kraftstoffkondensat verschlechtert nämlich die Abgaswerte.
Für die Prüfung wird der Wagen an einen aufwendigen Werkstattester angeschlossen, dessen Drucker die erzielten Meßwerte zu einer Prüfbestätigung zusammenfaßt. Werden einzelne Vorgaben nicht erreicht, gibt's auch keine Prüfbestätigung. Bevor Sie bei nicht bestandener Abgas-Untersuchung ein teures Bauteil auswechseln (lassen), sollten Sie die Prüfung bei einer anderen Werkstatt wiederholen. Trotz aufwendiger Meßtechnik kommt es bei den Ergebnissen zu Streuungen. Manchmal genügt auch eine ausgedehnte Probefahrt, wobei Motor, Katalysator und Lambdasonde auf volle Betriebstemperatur kommen.

Fingerzeig: Wenn Sie die Wartung des Passat immer in der Werkstatt durchführen lassen, gehört die Abgas-Untersuchung grundsätzlich zum Umfang des Service dazu.

Leerlauf einstellen und Abgastest

Wartung Nr. 32

Diese Einstellarbeiten erübrigen sich bei der Monojetronic und Monomotronic, denn bei dieser Einspritzung gibt es nichts mehr einzustellen. Das Steuergerät übernimmt diese Aufgabe.
Nur in Zweifelsfällen wird die Leerlaufdrehzahl nachgeprüft. Prüfvoraussetzungen sind: Motor betriebswarm, alle elektrischen Verbraucher abgeschaltet und Zündzeitpunkt richtig eingestellt. Die Sollwerte lauten:
○ **800 – 1000/min** (53-kW-Motor), **825 – 1025/min** (55-kW-Motor) bzw. **750 – 950/min** (66-kW-Motor)

Wirkung des Katalysators prüfen

Wartung Nr. 33

Diese Prüfung führt die Werkstatt im Rahmen der Abgas-Untersuchung durch. Für den Heimwerker besteht keine Prüfmöglichkeit.

Der Gaszug

Der Verbindungszug zwischen Gaspedal und Einspritzanlage bzw. Vergaser ist knickempfindlich. Bei Arbeiten im Motorraum sollten Sie darauf achten, daß der abgeklemmte Zug nicht in einem ungünstigen Winkel verlegt wird, wodurch er Schaden nehmen könnte.

Gaszug ersetzen

- Am Seilzugende die Halteklammer und am Befestigungspunkt der Seilzughülle die Stecksicherung abnehmen.
- Im Innenraum die Öse des Gaszugs aus dem Haltenippel am Hebel des Gaspedals herausziehen.
- Gummitülle aus der Trennwand vom Motorraum zum Innenraum durchdrücken.
- Gaszug herausziehen.
- Beim Einsetzen der Gummitülle des neuen Gaszugs in die Trennwand darauf achten, daß der Zug nicht geknickt wird.

● Beim Einstellen muß der Stößel des Drosselklappenstellers ganz zurückgefahren sein, siehe unter »Drosselklappenschalter einstellen«.
● Unterläßt man das Zurückfahren des Stößels, funktioniert evtl. später die Schubabschaltung nicht mehr.
● Bei Automatikgetriebe zwischen den Anschlag am Wagenboden und das Gaspedal ein Distanzstück von exakt 15 mm Höhe klemmen.
● Gaspedal voll durchtreten lassen, bei Automatikgetriebe bis zum Distanzstück.
● Drosselklappenhebel in Vollgasstellung drücken.
● Stecksicherung in die entsprechende Kerbe der Gaszughülle am Widerlager einstecken.
● Am Drosselklappenhebel darf bei voll getretenem Gaspedal ein Spiel von höchstens 1 mm vorhanden sein.

Gaszug einstellen

Störungsbeistand

Monojetronic-/Monomotronic-Benzin-Einspritzung

Die Störung	– ihre Ursache	– ihre Abhilfe
A Kalter Motor springt nicht oder schlecht an	1 Sicherung defekt	Auswechseln
	2 Vorwiderstand bzw. Vorwiderstandsleitung defekt	Überprüfen, ggf. austauschen
	3 Kraftstoffpumpe fördert nicht oder nicht genügend	Benzin im Tank? Pumpe kontrollieren, Fördermenge messen
	4 Kraftstoff-Druckregler defekt	Druck messen lassen
	5 Kühlmittel-Temperaturgeber defekt	Prüfen
	6 Drosselklappen-Potentiometer defekt	Prüfen lassen
	7 Steuergerät defekt	Prüfen lassen
	8 Kabelstrang zwischen Hallgeber und Steuergerät defekt	Kabelverlauf kontrollieren
	9 Motor erhält Nebenluft	Sämtliche Schlauchleitungen überprüfen
B Warmer Motor springt nicht oder schlecht an	1 Siehe A 2–9	
	2 Einspritzventil undicht	Ventil überprüfen
C Motor springt an, stirbt aber wieder ab	1 Drosselklappensteller arbeitet nicht	Steller prüfen
	2 Siehe A 6	
	3 Lambdasonde defekt	Funktion prüfen lassen, ggf. ersetzen
D Kalter Motor schüttelt im Leerlauf	1 Siehe A 5	
	2 Siehe C 1	
E Warmer Motor schüttelt im Leerlauf	Siehe C 1	
F Leerlauf sinkt beim Einschlagen der Lenkung ab	Siehe C 1	
G Motor hat Aussetzer	1 Kraftstoffilter verstopft	Filter austauschen
	2 Siehe A 3	
	3 Siehe B 2	
	4 Siehe C 3	
H Schwankende Drehzahl bei 2000–3000/min	Siehe A 6	
I Motor stottert, setzt aus	Siehe A 3	
J Motorleistung ungenügend	1 Siehe A 3, 6 und 9	
	2 Siehe C 3	
	4 Drosselklappe geht nicht in Vollgasstellung	Gaszug einstellen
K Motor patscht ins Saugrohr	1 Siehe A 4	
	2 Siehe C 3	
L Kraftstoffverbrauch zu hoch	1 Siehe A 5 und 6	
	2 Siehe C 3	

Digitale Fütterung

Wer bei der Bezeichnung dieser Benzineinspritzung an das Wort Elefant erinnert wird, liegt gar nicht falsch. Die Elektronik-Ingenieure von VW haben den Begriff abgeleitet von den »weißen Elefanten«. Das sind in der Computerbranche Alleskönner. Daher die Wortschöpfung **Digi**taler Ele**fant**.
Die Einspritzanlage baut auf technischen Teilen der L-Jetronic von Bosch auf. Das entscheidende ist aber die von VW konstruierte elektronische Steuerung mit programmiertem Einspritzkennfeld, kennfeldgesteuerter Transistorzündung, klopfgeregelter Zündverstellung, integrierter Leerlaufstabilisierung und Schubabschaltung.

Das Funktionsprinzip

Bei der Digifant handelt es sich um eine komplette Steuerung von Einspritzung und Zündung. Kraftstoffzumessung und Zündzeitpunkt sind immer optimal aufeinander abgestimmt.

Die wichtigsten Teile der VW-Digifant

Steuergerät

Es sitzt gemeinsam mit dem TSZ-Schaltgerät im sogenannten Wasserfangkasten. Die Informationsleitungen von verschiedenen Bauteilen münden in einen Vielfachstecker am Steuergerät. Dazu zählen:

- **Anlasser Klemme 50** für Beginn und Ende des Startvorgangs
- **Drosselklappenschalter** (nur 79 kW) für die Stellung »Leerlauf« und »Vollast«
- **Drosselklappen-Potentiometer** (nur 85 kW) für die augenblickliche Stellung der Drosselklappe
- **Hallgeber** im Zündverteiler für die Motordrehzahl
- **Lambdasonde** für den Restsauerstoffgehalt im Abgas, siehe auch Kapitel »Abgas-Entgiftung«
- **Potentiometer** am Luftmengenmesser für die Lage der Stauklappe (= Menge der angesaugten Luft)
- **Temperaturgeber Ansaugluft** im Luftmengenmesser (79 kW) bzw. im CO-Potentiometer (85 kW)
- **Temperaturgeber** im Kühlmittelstutzen für die Kühlmitteltemperatur
- **Klopfsensor** am Motorblock für »klopfende« Verbrennung, siehe auch Kapitel »Zündung«

Anhand der Informationen über Drehzahl und Lastzustand errechnet das Steuergerät die Öffnungsdauer der elektromagnetisch betätigten Einspritzventile und somit die Kraftstoff-Einspritzmenge. Dazu stehen dem Steuergerät die Motorkennfelder für Einspritzung und Zündung zur Verfügung, Diese Kennfelder sind Datensammlungen für alle erdenklichen Motorsituationen und die zugehörigen Kraftstoffmengen bzw. Zündzeitpunkte. Diese Werte kann das Steuergerät aber nach Eingang von sogenannten Korrektursignalen (z. B. Ansaugluft- und Kühlmitteltemperatur) noch variieren.

CO-Potentiometer
nur 85 kW

Dieses Potentiometer am Luftfiltergehäuse-Oberteil ist mit dem Temperaturgeber für die Ansaugluft kombiniert. Mit der Einstellschraube kann das Kennfeld der Einspritzung und damit die Einspritzdauer insgesamt angehoben oder abgesenkt werden. Im Leerlauf liegt der Veränderungsbereich zwischen +25% und −20%, bei Teillast zwischen +10% und −10%. Die Information des Ansaugluft-Temperaturgebers gibt Auskunft über die »Luftdichte«. Kalte Luft ist dichter, die Kraftstoffmenge muß in diesem Fall höher sein als bei warmer Luft. Bei −24° C wird die Einspritzzeit z. B. um ein Viertel verlängert.

Drosselklappe(n)

Im Ansaugrohr sitzen in einem Stutzen zwei Drosselklappen (79 kW). Die kleinere ist über den Gaszug mit dem Pedal im Innenraum verbunden. Sie dosiert den Ansaugluftstrom in den Motor bis in Halbgasstellung. Mit zunehmend durchgetretenem Gaspedal öffnet ein Gestänge die zweite, größere Klappe, bis bei Vollgas beide Drosselklappen vollständig geöffnet sind. Der 85-kW-Motor verfügt nur über eine Drosselklappe.

Drosselklappenschalter
nur 79 kW

Zwei Drosselklappenschalter sind parallel geschaltet. Ihre Kontakte sind geschlossen in Stellung »Leerlauf« (Drosselklappe geschlossen) und »Vollast« (Drosselklappen ganz geöffnet). Im Bereich dazwischen öffnen die Schalter ihre Kontakte.

Drosselklappen-Potentiometer
nur 85 kW

Das Drosselklappen-Potentiometer erfaßt die augenblickliche Stellung der Drosselklappe von »Leerlauf« (Drosselklappe geschlossen) bis »Vollast« (Drosselklappe ganz geöffnet). Anhand von seinen Informationen wird die Leerlaufstabilisierung, Schubabschaltung bzw. Vollastanreicherung aktiviert.

Druckregler

Er sitzt vor dem Kraftstoffverteiler und reguliert den Kraftstoffdruck zu den Einspritzventilen. Dazu wird ihm die Höhe des Unterdrucks im Ansaugrohr übermittelt. Im Leerlauf bei geschlossener Drosselklappe und hohem

Unterdruck hält er den Druck geringer. Mit abfallendem Unterdruck bei höherer Motorlast wird der Kraftstoffdruck vom Druckregler erhöht. Die Kraftstoffpumpe schafft einen viel höheren Betriebsdruck, doch durch den Druckregler wird der Benzinrücklauf zum Tank entsprechend vergrößert und ggf. verringert.

Einspritzventile

Sie spritzen bei jeder Kurbelwellenumdrehung Benzin in den Saugkanal vor das Einlaßventil ihres betreffenden Zylinders – die Dauer wird vom Steuergerät festgelegt. Der jeweilige Zylinder erhält also eine Ration auf Vorrat und die zweite bei geöffnetem Einlaßventil direkt in den Brennraum.

Geber für Kühlmitteltemperatur

Die Temperatur des Kühlmittels wird für die Steuerung mehrerer Funktionen der Einspritzung gebraucht: Kaltstartanreicherung, Nachstartanreicherung (über den gesamten Temperaturbereich), Beschleunigungsanreicherung, Schubabschaltung und Leerlauf-Stabilisierung. Die Kühlmitteltemperatur wird dem Steuergerät als Widerstandswert übermittelt. Es errechnet nun die richtige Einspritzzeit, die bei betriebswarmem Motor zwischen 2 und 8 Millisekunden liegt. Dieser Wert kann um bis zu 70% verlängert werden, wenn die Kühlmitteltemperatur bei arktischen −25°C liegt.

Kaltstartventil
nur 85 kW

Das ist ein elektromagnetisch betätigtes Einspritzventil, das je nach Motortemperatur beim Anlassen für 1 – 4 Sekunden zusätzlichen Kraftstoff fein zerstäubt ins Ansaugrohr spritzt. Die Einspritzdauer bestimmt das Digifant-Steuergerät.

Luftmengenmesser

Die vom Luftfilter kommende Verbrennungsluft drückt je nach angesaugter Menge eine Stauklappe mehr oder weniger stark beiseite. Eine mit der Stauklappe verbundene Dämpfungsklappe verhindert Schwingungen der Stauklappe.

Ventil für Leerlaufstabilisierung

In der Warmlaufphase, bei vollem Einschlagen der Servolenkung, bei laufender Klimaanlage oder eingelegter Automatik-Fahrstufe gibt das Ventil einen Luftnebenkanal frei; damit überbrückt man die Drosselklappe. Der höhere Luftdurchsatz in Richtung Saugrohr bewirkt gleichzeitig eine vermehrte Kraftstoffzuteilung. So wird die höhere Reibung im Motor im kalten Zustand bzw. die höhere Motorbelastung durch die kraftzehrende Servopumpe, den Klimakompressor bzw. die Getriebeautomatik ausgeglichen.
Auch im Schiebebetrieb wird das Leerlauf-Stabilisierungsventil genutzt. Es läßt bei geschlossener Drosselklappe die im Schub nötige Menge Luft eintreten.

So funktioniert die VW-Digifant

Kaltstart: Zusätzlich zur Ansaugluft läßt das Ventil für Leerlaufstabilisierung weitere Luft einströmen. Zugleich erhält das Steuergerät die Information »Motor kalt« vom Kühlmittel-Temperaturgeber. Daraus errechnet das Steuergerät lange Öffnungsdauer der Einspritzventile für ein fetteres Gemisch. Außerdem wird beim 85-kW-Motor das Kaltstartventil vom Steuergerät kurzzeitig für eine zusätzliche Kraftstoffration aktiviert.
Warmlauf: Die zunehmende Erwärmung des Kühlmittels meldet der Geber der Kühlmitteltemperatur ans Steuergerät. Dieses veranlaßt, daß das Ventil für Leerlaufstabilisierung schließt, und die Spritzdauer der Einspritzventile geht auf den Normalwert zurück.
Leerlauf: Aus den Meldungen der Drosselklappenschalter (79 kW) bzw. des Drosselklappen-Potentiometers (85 kW) und des Potentiometers am Luftmengenmesser erkennt das Steuergerät, wenn der Motor im Leerlauf

Die Digifant-Einspritzung ist hier schematisch mit ihren Bauteilen dargestellt. Den Weg der Luft zeigen die weißen Pfeile, die Kraftstoffversorgung ist rot dargestellt. Es bedeuten:
1 – Tank;
2 – Druckregler;
3 – Kraftstoffverteiler;
4 – Einspritzventil;
5 – Saugrohr;
6 – Luftmengenmesser;
7 – Leerlaufdrehzahl-Einstellschraube;
8 – CO-Einstellschraube;
9 – Ventil für Leerlaufstabilisierung;
10 – Kraftstoffpumpe (beim Passat im Tank);
11– Benzinfilter.

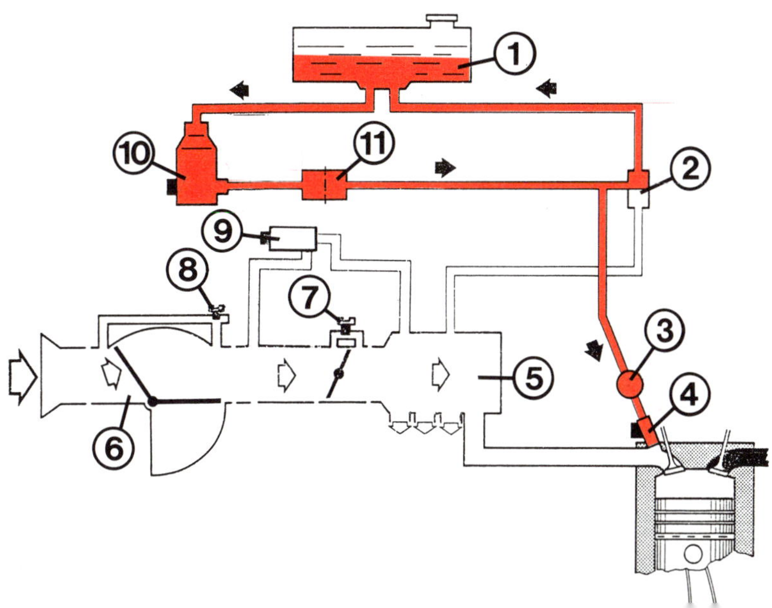

dreht, fällt die Leerlaufdrehzahl ab, verändert das Steuergerät den Zündzeitpunkt. Gleichzeitig öffnet das Ventil für Leerlaufstabilisierung seinen Luftkanal, wodurch die Einspritzmenge etwas erhöht wird.

Normalbetrieb erfordert keinerlei besondere Einrichtungen. Die Stellung der Drosselklappen und der Stauklappe im Luftmengenmesser bestimmen die Öffnungsdauer der Einspritzventile, ganz automatisch stellt sich immer das richtige, verbrennungsgünstigste Verhältnis ein.

Beschleunigen: Schnelles Öffnen der Drosselklappe erkennt das Steuergerät beim 85-kW-Motor anhand der Meldung vom Drosselklappen-Potentiometer als Beschleunigen. Dementsprechend wird jetzt die Einspritzzeit kurzzeitig etwas verlängert.

Lambdaregelung: Wie bereits im Kapitel »Abgas-Entgiftung« beschrieben, braucht der Katalysator für einwandfreies Arbeiten den ständigen Wechsel von leicht angefettetem bzw. abgemagertem Gemisch. Den augenblicklichen Restsauerstoffgehalt übermittelt die Lambda-Sonde (im Auspuffkrümmer) dem Steuergerät, das in Sekundenbruchteilen den Einspritzventilen den Befehl zu kürzerer oder längerer Spritzzeit und damit der zugeteilten Benzinmenge übermittelt.

Schubabschaltung: Die Information, daß der Fuß vom Gaspedal genommen wurde, gelangt wieder über das Drosselklappen-Potentiometer ans Steuergerät. Meldet der Kühlmittel-Temperaturgeber gleichzeitig, daß der Motor betriebswarm ist und liefert der Hallgeber im Verteiler die Information, daß die Motordrehzahl über 1500 Umdrehungen in der Minute liegt, gibt das Steuergerät keinen Öffnungsbefehl an die Einspritzventile.

Vollast: Für volle Leistung bei ganz durchgetretenem Gaspedal braucht der Motor mehr Kraftstoff. Anhand der Meldung »Vollgas« vom Drosselklappenschalter (79 kW) bzw. -Potentiometer (85 kW) in Verbindung mit der voll ausgelenkten Stauklappe erkennt das Steuergerät den Zustand »Vollast« und läßt die Einspritzventile einen längeren Zeitraum abspritzen, wobei das Lambdasondensignal ignoriert wird.

Drehzahlbegrenzung: Zum Schutz vor Überdrehen des Motors schaltet das Steuergerät die Einspritzventile ab, wenn der Hallgeber eine Drehzahl von 6500/min meldet.

Notlauffunktion: Wenn das Signal von einem der Informationsgeber gar keinen oder einen unsinnigen Wert liefert, gerät die Digifant noch nicht durcheinander. Das Steuergerät wählt jetzt einen sogenannten Ersatzwert, der bereits fest eingespeichert ist. Dieser Ersatzwert kann natürlich viele Betriebsbedingungen nicht berücksichtigen, aber immerhin bleibt das Fahrzeug fahrbereit. Leistungsmangel oder schlechte Starteigenschaften sind das Zeichen für den Ausfall eines Gebersignals.

Selbsthilfe bei der Einspritzung

Allzuviel Selbsthilfe ist bei der Einspritzanlage leider nicht möglich, denn tiefergreifende Prüfungen setzen eine gute Kenntnis der Materie und vor allem auch Meß- und Prüfgeräte voraus. Zu zahlreichen Messungen sind spezielle Meßleitungen und Prüfstecker erforderlich, damit nichts an den Steckkontakten beschädigt wird. Zu Funktionsprüfungen muß ggf. ein Vorwiderstand zwischengeschaltet werden, damit das Steuergerät keinen Schaden erleidet.

- ○ Verweigert der Passat den Dienst, kontrollieren Sie zuerst, ob die Zündanlage in Ordnung ist.
- ○ Als nächstes wird die Kraftstoffversorgung überprüft.
- ○ Die Sichtprüfung der Anlage geschieht wie im Kapitel »Monojetronic- und Monomotronic-Einspritzung«.

Störungssuche an einzelnen Bauteilen

Druckregler

Druckmessungen erfordern ein entsprechendes Manometer (V.A.G. 1318) mit Absperrhahn und Adapter. Im Leerlauf muß der Kraftstoffdruck etwa 2,5 bar betragen, bei abgezogenem Unterdruckschlauch vom Druckregler muß er auf rund 3 bar ansteigen.

Einspritzventile

Für die elektrische Prüfung brauchen Sie einen Spannungsprüfer mit Leuchtdioden.

- **Spannungsversorgung:** An dem Halter, in dem sämtliche Kabel zu den Einspritzventilen laufen, den Kabelstecker abziehen.
- Spannungsprüfer am Stecker anschließen.
- Motor von Helfer starten lassen, hierbei muß die Leuchtdiode im Spannungsprüfer flackern.
- Bleibt es dunkel, Kabelstecker und Leitungsverlauf zu den Einspritzventilen kontrollieren oder Digifant-Steuergerät prüfen lassen.
- **Widerstandsprüfung:** Am Steckanschluß des Leitungshalters ein Ohmmeter anschließen.
- Wenn alle vier Einspritzventile in Ordnung sind, müssen Sie 3,7 – 5,0 Ω ablesen können.
- Folgende Meßwerte erhalten Sie im Defektfall:
- Ein Ventil defekt: 5,0 – 6,7 Ω.
- Zwei Ventile defekt: 7,5 – 10,0 Ω.
- Drei Ventile defekt: 15,0 – 20,0 Ω.
- Haben Sie am Steckanschluß mehr als 5,0 Ω gemessen, muß die Leitungsführung vom Kraftstoffverteilerrohr abgehebelt werden.
- Widerstand an den einzelnen Ventilen messen; Sollwert 15 – 20 Ω.
- An den einzelnen Anschlußssteckern darf der Widerstand höchstens 0,5 Ω betragen.
- Hinweise zum Wiedereinbau der Einspritzventile weiter hinten in diesem Kapitel beachten.

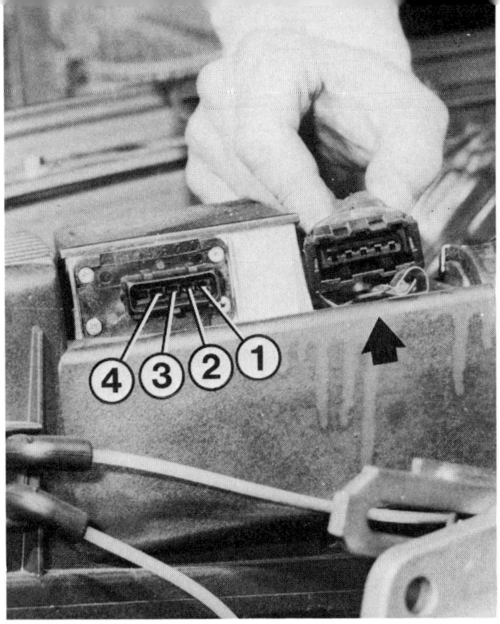

Im Bild links haben wir den Stekker (Pfeil) vom Luftmengenmesser abgezogen. An den Kontakten können Sie die unten beschriebenen Messungen vornehmen.
Rechts: Das Ventil für die Leerlaufstabilisierung (1) sitzt hinter dem Zylinderkopfdeckel. Bei abgezogenem Stecker (2) können Sie den Widerstand am Ventil messen.

Temperaturgeber prüfen

- **Temperaturgeber Ansaugluft:** Vierfachstecker oben am Luftmengenmesser abziehen.
- An den beiden äußeren Steckkontakten ein Ohmmeter anschließen.
- **Temperaturgeber Kühlmittel:** Stecker am Geber unten am Kühlwasserstutzen abziehen.
- An den beiden Steckkontakten des Gebers ein Ohmmeter anschließen. Bei der vierpoligen Ausführung wird an den Kontakten 1 und 3 angeschlossen.
- **Beide Geber:** Widerstandswert ablesen.
- Anhand des Diagramms auf Seite 87 oben prüfen, ob die Werte für den Geber-Widerstand und die momentane Luft- bzw. Kühlmitteltemperatur ihren Schnittpunkt auf der Kurve haben.
- Wenn ja, ist der Geber in Ordnung.

Kaltstartventil

nur 85 kW

- Am Kraftstoffverteiler den Stecker für die Einspritzventile abziehen.
- **Spannungsversorgung:** Kabelstecker am Kaltstartventil abziehen.
- Diodenprüfer mit Hilfsleitungen am Stecker anklemmen.
- Von Helfer den Motor mit dem Anlasser durchdrehen lassen, die Leuchtdiode muß für 1 – 4 Sekunden aufleuchten.
- Wenn nicht liegt eine Leitungsunterbrechung vor oder das Digifant-Steuergerät ist schadhaft.
- **Funktion:** Der Stecker für die Einspritzventile bleibt weiterhin vom Kraftstoffverteiler abgezogen.
- Kaltstartventil abschrauben, Kabelstecker und Kraftstoffleitung bleiben angeschlossen.
- Stecker vom Kühlmittel-Temperaturgeber abziehen.
- Kaltstartventil in ein Gefäß halten.
- Motor von einem Helfer mit dem Anlasser durchdrehen lassen.
- Das Ventil muß für 1 – 4 Sekunden in einem gleichförmigen Strahl Benzin abspritzen.
- Zur Dichtheitsprüfung Ventil sauber abtrocknen.
- Innerhalb einer Minute darf kein Benzin nachtropfen, auch äußerlich darf das Kaltstartventil nicht kraftstoffeucht sein.

Lambdasonde

Für diese Prüfung wird ein CO-Meßgerät gebraucht, ggf. ist also ein Besuch in der Werkstatt erforderlich. Voraussetzung für die Überprüfung ist ein genau eingestellter Leerlauf, eine dichte Auspuffanlage und daß an der Lambdasonde Spannung anliegt (Sicherung 18 in Ordnung?).

- Motor warmfahren.
- CO-Tester anschließen.
- Motor starten und mindestens zwei Minuten im Leerlauf drehen lassen.
- Motor auf 2000/min hochdrehen.
- CO-Gehalt notieren.
- Am Drosselklappenstutzen den Unterdruckschlauch vom Druckregler abziehen und das Röhrchen mit dem Finger verschließen.
- Der CO-Gehalt muß kurzzeitig ansteigen und dann wieder auf den ursprünglich gemessenen Wert abfallen.
- Falls der CO-Wert keine Reaktion zeigt, Steckverbindung zur Lambdasonde trennen.
- Mit einem Kabel (möglichst mit Prüfspitze) den Kontakt im Stecker abwechselnd mit dem Plus- und Minuspol der Batterie verbinden.
- Verändert sich bei dieser Prüfung nun der CO-Wert, ist die Lambdasonde defekt.
- Blieb der CO-Gehalt dagegen konstant, muß der Leitungsverlauf zum Steuergerät überprüft werden.
- War hier kein Fehler zu finden, ist das Steuergerät schadhaft.

Luftmengenmesser

- Kabelstecker am Luftmengenmesser abziehen.
- Die Numerierung der Kontaktzungen lautet bei der Draufsicht von rechts 1 nach links 4.
- **Ansaugluft-Temperaturfühler:** Ohmmeter zwischen den äußeren Kontakten 1 und 4 anschließen.
- Die Widerstandswerte lauten bezogen auf die Außentemperatur: Bei 0° C 5 – 6,5 kΩ, bei 10° C 3 – 4 kΩ, bei 20° C 2,2 – 2,8 kΩ, bei 30° C 1,5 – 2 kΩ.

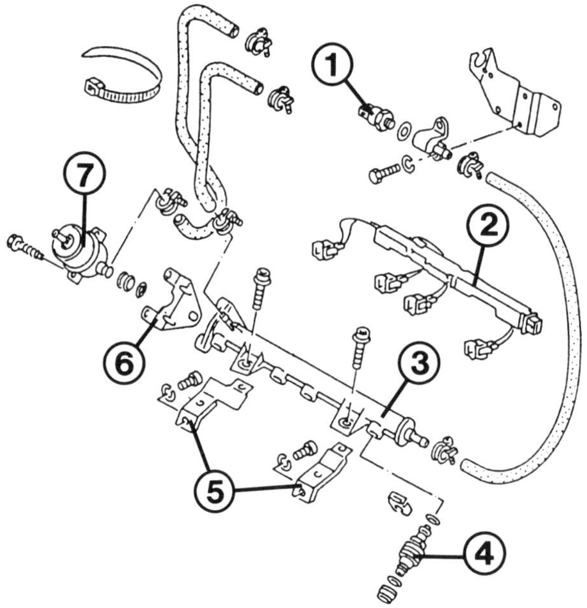

Zur Digifant-Einspritzung gehören folgende Teile:
1 – Temperaturschalter für Lüfternachlauf;
2 – Leitungs-/Stecker-Satz für die Einspritzventile;
3 – Kraftstoffverteiler;
4 – Einspritzventil;
5 – Halter;
6 – Stütze;
7 – Druckregler.

● **Potentiometer:** Ohmmeter zwischen den mittleren Kontakten 2 und 3 anschließen.
● Stauklappe bewegen und dabei das Ohmmeter beobachten.
● Der Widerstand muß sich verändern.
● Ohmmeter zwischen den Kontakten 3 und 4 anschließen.
● Der Widerstand muß zwischen 0,5 und 1 kΩ liegen.
● Zeigen sich nicht die geforderten Meßwerte, muß der Luftmengenmesser ausgetauscht werden.

Steuergerät

● Motor warmfahren.
● **Lambda-Regelung:** Siehe unter »Lambdasonde«.
● **Schubabschaltung und Vollastanreicherung:** Beide Funktionen werden auf dieselbe Weise geprüft.
● Motor warmfahren und abschalten.
● Drehzahlmesser anschließen, Motor starten und im Leerlauf drehen lassen.
● Mit einer Hand den Drosselklappenschalter oben in Geschlossen-Stellung halten und gleichzeitig mit der anderen Hand am Drosselklappenhebel soviel Gas geben, daß der Motor mit etwa 2000/min dreht.
● Die Drehzahl muß jetzt ansteigen und abfallen – der Motor »sägt«, da die Schubabschaltung einsetzt.
● Bleibt die Drehzahl konstant (keine Schubabschaltung), ziehen Sie den blauen Stecker vom Kühlmittel-Temperaturgeber ab.
● Kontakte im Stecker mit einem Kabelstück überbrücken.
● Prüfung wiederholen.
● »Sägt« der Motor jetzt, ist der Temperaturgeber defekt — austauschen.
● Ändert sich die Motordrehzahl immer noch nicht, liegt eine Leitungsunterbrechung zum Temperaturgeber oder Drosselklappenschalter vor.
● Oder das Digifant-Steuergerät ist schadhaft.
● **Elektrische Prüfung:** Der konstruktive Innenwiderstand der Prüfgeräte und die Umgebungstemperatur beeinflussen die Meßwerte stark. Da können mit Heimwerker-Meßgeräten völlig andere Werte herauskommen als vom Kundendienst vorgegeben. Deshalb sollten Sie die elektrische Prüfung in der V.A.G.-Werkstatt durchführen lassen.

Leerlauf-stabilisierung

● **Funktion:** Zündung einschalten.
● Das Ventil muß ein summendes Geräusch von sich geben. Außerdem können Sie fühlen, ob es vibriert.
● Wenn ja, können Sie mit einem Amperemeter mit mA-Meßbereich noch eine elektrische Prüfung durchführen, siehe weiter unten.
● Blieb das Leerlauf-Stabilisierungsventil ruhig, ziehen Sie am Ventil den Stecker ab.
● Ohmmeter anschließen und Widerstand an den Steckkontakten des Ventils prüfen.
● Bei intaktem Ventil müssen Sie 3,5 – 4,5 Ω (79 kW) bzw. 2 – 10 Ω (85 kW) messen.
● Wird der Sollwert nicht erreicht, Ventil ersetzen.
● Bei richtigem Widerstand liegt es an einer Leitungsunterbrechung, oder das Digifant-Steuergerät ist schadhaft.
● **Regelung:** Gemessen wird bei warmem Motor. Der Kühlmittel-Temperaturgeber muß intakt, der Leerlauf richtig eingestellt und das Ansaugsystem dicht sein.
● Die Werkstatt verwendet zur Messung ein spezielles Adapterkabel, mit dem die Leitungen zum Ventil bei aufgedrücktem Stecker »angezapft« werden können.
● Meßkabel zwischen Ventil und Kabelstecker anklemmen, Amperemeter anschließen.
● Motor starten und etwa eine Minute im Leerlauf drehen lassen.
● Dreimal kräftig Gas geben (die Drehzahl muß über

3000/min ansteigen), dann im Leerlauf (850 ± 50/min beim 79 kW-Motor, 800 ± 50/min beim 85 kW-Triebwerk) den Steuerstrom messen.

● Er schwankt im Bereich von 390 bis 450 mA.

● Blauen Stecker vom Kühlmittel-Temperaturgeber abziehen.

● Die Leerlaufdrehzahl steigt auf 950 ± 50/min an.

● Der Meßwert soll jetzt gleichmäßig bei 420 ± 30 mA liegen.

● Haben Sie nicht die geforderten Werte gemessen, obwohl die Prüffolge genau eingehalten wurde, liegt es am Digifant-Steuergerät.

Fingerzeig: Der Steuerstrom für die Leerlaufstabilisierung hängt von der Belastung des Motors ab. Er kann auf bis zu 1000 mA ansteigen durch kalten Motor, eingeschaltete elektrische Verbraucher oder Klimaanlage bzw. beim Einschlagen der Servolenkung.

Einspritzventile aus- und einbauen

● Schlauch zwischen Leerlauf-Stabilisierungsventil und Saugrohr abnehmen, Stecker am Ventil abziehen.

● Ventil aus seinem Halter ziehen und zur Seite legen, ggf. Schlauch zum Luftansaugschlauch ebenfalls lösen.

● Schlauch zum Druckregelventil der Kurbelgehäuseentlüftung abnehmen.

● Ggf. Thermoschalter für Lüfternachlauf ausbauen.

● Druckregler mit Kraftstoffschläuchen abbauen.

● **79 kW:** Stecker von der Leitungsführung und von den Einspritzventilen abziehen.

● Leitungsführung abnehmen.

● Zwei Innensechskantschrauben des Kraftstoffverteilers herausdrehen.

● Halteklammern der Einspritzventile am Kraftstoffverteiler abziehen, Kraftstoffverteiler von den Ventilen abziehen.

● Einspritzventil mit einer Zange herausziehen.

● **85 kW:** Fünf Innensechskantschrauben 5 mm des Kraftstoffverteilers herausdrehen. Hierfür eignet sich am besten eine Knarre mit ¼"-Antrieb.

● Beachten Sie, daß eine Schraube 30 mm kürzer ist als die übrigen, für den Wiedereinbau in der richtigen Reihenfolge ablegen.

● Kraftstoffverteiler gemeinsam mit den Einspritzventilen zum Luftfilter hin herausnehmen.

● In der Mitte des Kraftstoffverteilers oben die Schraube herausdrehen, Oberteil vom Kraftstoffverteiler abhebeln.

● Eine der Innensechskant-Halteschrauben mit ihrem Gewindeteil in einen Schraubstock spannen – Gewinde dabei nicht beschädigen.

● Auszubauendes Einspritzventil am herausstehenden Schraubenkopf ansetzen, Kraftstoffverteiler herunterdrücken, so löst sich das Ventil aus dem Verteiler.

● Dichtungen und Dichtringe auf Beschädigungen kontrollieren, ggf. ersetzen.

● Dichtung zwischen Kraftstoffverteiler und dessen Oberteil am Oberteil auflegen.

● Einspritzventile ins Oberteil einsetzen.

● **Alle:** Gummidichtungen am Ventil mit Öl benetzen, um eine exakte Abdichtung zu erzielen.

● Wird ein Ventil »trocken« eingesetzt, besteht die Gefahr, daß die Gummiringe gequetscht werden und nicht einwandfrei abdichten. Das gibt dann Störungen im Fahrverhalten, z. B. unrunden Leerlauf.

● **85 kW:** Oberteil gemeinsam mit den Einspritzventilen in den Kraftstoffverteiler drücken.

● **Alle:** Halteschrauben des Kraftstoffverteilers bzw. Oberteils mit 10 Nm, Druckregler mit 15 Nm festziehen.

Im Bild links ist die Einstellschraube für die Leerlaufdrehzahl am Drosselklappenstutzen gezeigt. In der rechten Abbildung sehen Sie die CO-Einstellschraube am Luftmengenmesser. In Richtung »+« bedeutet Höherdrehen, nach »–« steht für Herunterdrehen.

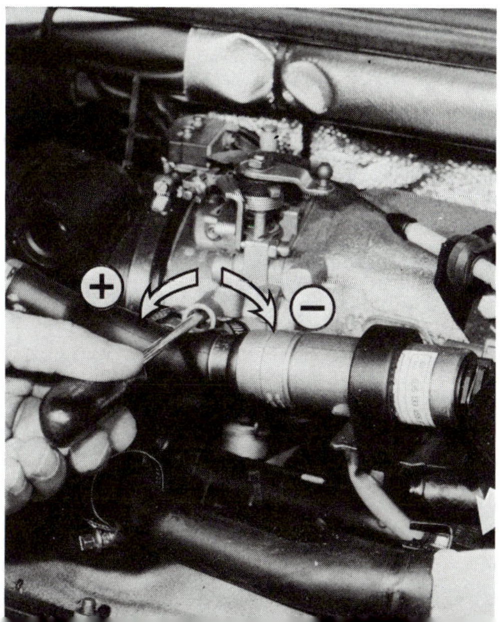

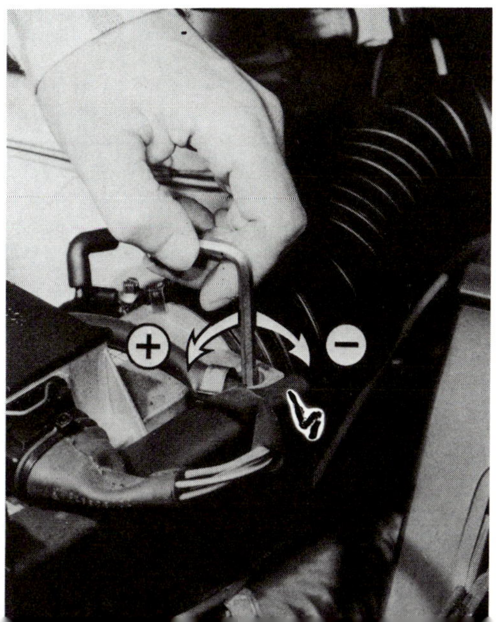

Leerlaufdrehzahl und CO-Gehalt einstellen

Wartung Nr. 32

Normalerweise ist eine Drehzahlanpassung gar nicht nötig, Sie können aber gelegentlich mit einem exakten Drehzahlmesser kontrollieren. Der CO-Abgaswert läßt sich dagegen nur mit einem guten Werkstattgerät genau ermitteln.

Einstellung

○ Die **Leerlaufdrehzahl** muß beim **79-kW-Motor** und beim **85-kW-Triebwerk 800 ± 50/min** betragen. Zur Einstellung dient die Schraube oben auf dem Drosselklappenstutzen, die in Fahrtrichtung rechts vorn sitzt (Bild auf der Vorseite bzw. unten links). Hineindrehen dieser Schraube läßt den Motor langsamer, Herausdrehen läßt ihn schneller laufen.

○ Der **CO-Gehalt** ist auf **0,7± 0,4 Vol.%** festgelegt (bezogen auf 300 m Höhenlage. Werte zuzüglich 0,2 Vol.% CO je 100 m Höhenzunahme). Zur Korrektur dient beim 79-kW-Motor die im Bild unten rechts auf der Vorseite gezeigte Innensechskantschraube am Luftmengenmesser (blauen Abdeckstopfen herausziehen). Beim 85-kW-Triebwerk wird an der im Bild unten rechts gezeigten Schraube am CO-Potentiometer reguliert. Hineindrehen verringert jeweils den CO-Gehalt, Herausdrehen läßt ihn ansteigen.

● Der Motor muß auf mindestens 80° C Kühlmitteltemperatur warmgefahren sein.

● Entlüftungsschlauch des Kurbelgehäuses am Druckregelventil abziehen und Schlauch verschließen.

● Meßgeräte bei ausgeschalteter Zündung anklemmen.

● Abgastester am CO-Entnahmerohr anschließen – es darf keine Nebenluft eintreten.

● Motor starten. Elektrische Verbraucher dürfen nicht eingeschaltet sein.

● Nach etwa einer Minute Motorlauf den blauen Stecker vom Kühlmittel-Temperaturgeber abziehen.

● Motor dreimal auf über 3000/min hochdrehen und wieder im Leerlauf drehen lassen.

● Drehzahl und CO-Wert ablesen.

● Stecker wieder aufdrücken, dreimal kräftig Gas geben und nochmals im Leerlauf Meßwerte ablesen.

● Zur Kontrolle der Lambda-Regelung den Unterdruckschlauch vom Druckregler am Drosselklappenstutzen abziehen.

● Freigewordenes Röhrchen mit dem Finger verschließen.

● CO-Gehalt beobachten: Er muß kurz ansteigen und dann wieder abfallen. Wenn nicht, siehe unter »Lambdasonde«.

Abgas-Untersuchung (AU)

Was zu dieser im Zweijahres-Rhythmus vorgeschriebenen Abgaskontrolle zu sagen ist, finden Sie im vorangegangenen Kapitel »Monojetronic und Monomotronic« beschrieben.

Wirkung des Katalysators prüfen

Wartung Nr. 33

Dieser Wartungspunkt wird im Rahmen der Abgas-Untersuchung durchgeführt, wie im vorangegangenen Kapitel beschrieben. Bitte lesen Sie dort nach.

Der Gaszug

Was es über den Betätigungszug für die Drosselklappe(n) zu sagen gibt, können Sie im Kapitel »Monojetronic- und Monomotronic-Einspritzung« nachlesen.

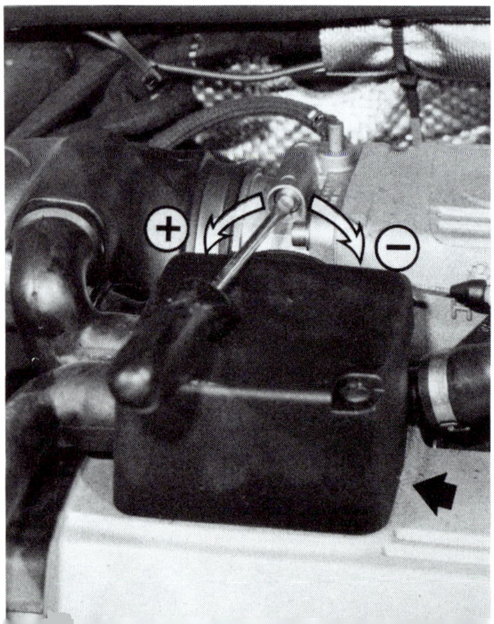

Links: Die Drehzahl im Leerlauf wird an der Einstellschraube am Drosselklappenstutzen verändert, an der hier der Schraubenzieher angesetzt ist. »+« steht für Höherdrehen, »–« für Senken der Drehzahl. Der Pfeil zeigt auf das Gehäuse der Kurbelgehäuse-Entlüftung.
Rechts: Am Deckel (1) des Luftfiltergehäuses sitzt der CO-Potentiometer (2). Die Einstellschraube für den CO-Gehalt im Abgas ist mit dem blauen Stopfen (3) verdeckt.

Die Störung	– ihre Ursache	– ihre Abhilfe
A Kalter Motor springt nicht oder schlecht an	1 Sicherung 18 defekt	Auswechseln
	2 Spannungsversorgungs-Relais defekt	Überprüfen, ggf. austauschen
	3 Kraftstoffpumpe fördert nicht oder nicht genügend	Benzin im Tank? Pumpe kontrollieren, Fördermenge messen
	4 Kaltstartventil (85 kW) spritzt nicht ein oder undicht	Kaltstartventil prüfen
	5 Kraftstoff-Druckregler defekt	Druck messen lassen
	6 Kühlmittel-Temperaturgeber defekt	Prüfen
	7 Drosselklappen-Potentiometer (85 kW) defekt	Prüfen lassen
	8 Steuergerät defekt	Prüfen lassen
	9 Kabelstrang zwischen Hallgeber und Steuergerät defekt	Kabelverlauf kontrollieren
	10 Motor erhält Nebenluft	Sämtliche Schlauchleitungen überprüfen
B Warmer Motor springt nicht oder schlecht an	1 Unterdruckleitung zum Kraftstoff-Druckregler defekt	Leitung überprüfen
	2 Siehe A 2 – 10	
	3 Kraftstoffpumpen-Nachlauf funktioniert nicht	Siehe Seite 67
	4 Einspritzventile undicht	Ventile überprüfen
C Motor springt an, stirbt aber wieder ab	1 Leerlauf-Stabilisierungsventil arbeitet nicht	Ventil prüfen
	2 Siehe A 6 und 7	
	3 Siehe B 1	
	4 CO-Potentiometer defekt bzw. CO-Wert stimmt nicht	Prüfen lassen bzw. einstellen
	5 Luftmengenmesser oder Zuleitungskabel defekt	Widerstandswerte messen bzw. Kabelverlauf überprüfen
	6 Drosselklappenschalter (79 kW) defekt oder falsch eingestellt	Funktion kontrollieren bzw. einstellen lassen
D Kalter Motor schüttelt im Leerlauf	1 Siehe A 6	
	2 Siehe C 1	
	3 Digifant-Steuergerät und Drosselklappen-Potentiometer (85 kW) nicht aufeinander abgeglichen (nur nach Bauteiletausch)	Ableich durchführen
E Warmer Motor schüttelt im Leerlauf	Siehe C 1 und 4	
F Leerlauf sinkt beim Einschlagen der Lenkung ab	Siehe C 1	
G Motor hat Aussetzer	1 Kraftstoffilter verstopft	Filter austauschen
	2 Siehe A 3	
	3 Siehe B 4	
	4 Siehe C 4 und 5	
H Schwankende Drehzahl bei 2000 –3000/min	1 Siehe A 7	
	2 Siehe C 6	
I Motor stottert, setzt aus	Siehe A 3	
J Motorleistung ungenügend	1 Siehe A 3, 7 und 10	
	2 Siehe C 4 und 6	
	3 Klopfsensor defekt	Siehe Kapitel »Die Zündanlage«
	4 Drosselklappen gehen nicht in Vollgasstellung	Gaszug einstellen
K Motor patscht ins Saugrohr	1 Siehe A 5	
	2 Siehe C 4	
L Kraftstoffverbrauch zu hoch	1 Siehe A 6 und 7	
	2 Siehe C 4	

Kraft-Spritze

Beim Passat 16 V ist eine komplette Steuerung von Einspritzung und Zündung vorhanden. In der Bezeichnung KE-Motronic steht das »K« für **k**ontinuierlich und »E« für **e**lektronisch. Die Motronics von Bosch sind grundsätzlich kombinierte Zünd-/Einspritz-Systeme.

Die Teile der Einspritzung

Zum besseren Verständnis der Gesamtfunktion unserer Einspritzanlage sollen zuerst die wichtigsten Bauteile und Begriffe erklärt werden.

Drosselklappen

In einem Stutzen im Ansaugrohr sitzen zwei Drosselklappen. Die kleinere dieser Klappen ist über den Gaszug mit dem Pedal im Fahrerfußraum verbunden. Sie regelt den Ansaugluftstrom in den Motor bis etwa in Halbgasstellung. Mit zunehmendem Tritt aufs Gaspedal öffnet ein Gestänge die zweite, größere Klappe. Bei Vollgas sind beide Drosselklappen vollständig geöffnet.

Gemischregler

Er ist das Hauptbestandteil der Einspritzung und besteht aus dem Luftmengenmesser und dem Kraftstoffmengenteiler. Das funktioniert so:

- Die leichtgewichtige Blechscheibe des **Luftmengenmessers** sitzt mitten im Luftstrom, der vom Motor angesaugt wird. Diese Stauscheibe wird durch den Sog der Kolben beim Ansaugtakt angehoben, und zwar um so mehr, je mehr Luft von der Drosselklappe freigegeben wird. Über ein Hebelsystem wird die Auslenkung der Scheibe zum Kraftstoffmengenteiler übertragen.
- Der **Kraftstoffmengenteiler** besteht im wesentlichen aus dem **Steuerkolben** und dem **Schlitzträger**. Für jeden Zylinder des Motors ist im Schlitzträger ein Schlitz vorhanden, durch den der Kraftstoff an das jeweilige Einspritzventil gelangt. Der Steuerkolben verschließt oder öffnet diese Schlitze mehr oder weniger und läßt so – je nach Stellung der Stauscheibe – eine entsprechende Kraftstoffmenge strömen.

Systemdruck: Von den Kraftstoffpumpen wird Kraftstoff unter Druck nach vorn zur Einspritzung gepumpt. Dort sitzt als erste Station der Systemdruckregler in einem separaten Gehäuse. Er mindert den Überdruck und läßt für das Kraftstoffsystem nur noch 6,6 bar übrig. Dieser Druck – der Systemdruck – wirkt damit im Mengenteiler, den Kraftstoffleitungen und in den Einspritzventilen.

Drucksteller

Der Drucksteller bei der KE-Motronic beeinflußt mit dem **Unterkammerdruck** die Gemischzusammensetzung. Das geschieht an den Differenzdruckventilen, die normalerweise anderen Aufgaben nachkommen. Zur Funktion: Der Kraftstoffzufluß zu den Unterkammern (von denen aus die Gemischmenge beeinflußt werden kann) erfolgt durch den Drucksteller. Läßt er viel Kraftstoff in die Unterkammern fließen, steigt der Unterkammerdruck. Folge: Die Membranen der Differenzdruckventile wölben sich in Richtung der Ventilbohrungen – es kann weniger Kraftstoff zu den Einspritzventilen fließen. Umgekehrt funktioniert das natürlich genauso. Seine Anweisungen bekommt der Drucksteller vom Steuergerät. Das geschieht abhängig von der Lambda-Regelung, der Motortemperatur und der Motorbelastung. Der Drucksteller sitzt seitlich am Gemischregler.

Einspritzventile

Sie spritzen Benzin in den Saugkanal vor das Einlaßventil ihres betreffenden Zylinders, sobald der Kraftstoffdruck 3,7 – 4,8 bar (je nach Motor) erreicht hat. Dabei öffnen sie bis zu 2000 Mal in der Sekunde (sie »schnarren«), wodurch das Benzin besonders fein zerstäubt wird.

KE-Motronic-Steuergerät

Das Steuergerät regelt über den Drucksteller die Gemischzusammensetzung für den Motor. Damit diese Regelung fundiert ist, erhält das Steuergerät Informationen über Motortemperatur, Drehzahl, Startvorgang, Stauscheibenstellung und Leerlauf und Vollast. Dazu kommen Daten von der Lambdasonde (Seite 49) und von der Zündung. Untergebracht ist das Steuergerät im Wasserfangkasten zwischen Motor- und Fahrzeug-Innenraum.

Steuerventil für Leerlaufstabilisierung

Es gleicht abfallende Leerlaufdrehzahl aus, wenn z. B. starke elektrische Verbraucher oder die Klimaanlage eingeschaltet werden oder die Servolenkung voll eingeschlagen wird. Das Ventil öffnet einen Luftschlauch, der die Drosselklappen umgeht. Der Luftmengenmesser »glaubt« durch die Mehrmenge an Luft, man habe die Drosselklappe geöffnet und sorgt deshalb für die zugehörige Mehrmenge an Kraftstoff – die Drehzahl erhöht sich. Wieviel Luft zusätzlich einströmen soll, regelt das KE-Motronic-Steuergerät in Abhängigkeit der momentanen Leerlaufdrehzahl.

Kaltstartventil

Das ist ein elektromagnetisch betätigtes Einspritzventil, das je nach Motortemperatur beim Anlassen für kurze Zeit zusätzlichen Kraftstoff fein zerstäubt ins Ansaugrohr spritzt. Die Einspritzdauer bestimmt das Steuergerät.

Drosselklappenschalter

Er signalisiert bei losgelassenem Gaspedal und damit ganz geschlossener Drosselklappe »Leerlauf« für die Leerlaufregelung und die Schubabschaltung.

Die Funktion

Zusammenspiel der Bauteile

Start: Der Unterdruck der ansaugenden Motorkolben hebt die Stauscheibe an. Dadurch gibt der Steuerkolben den Kraftstoffzufluß zu den Einspritzventilen frei. Während der Anlasser betätigt wird, spritzt gleichzeitig das Kaltstartventil zusätzlichen Kraftstoff ins Ansaugsystem – vorausgesetzt der Motor ist noch kalt. Nur dann läßt das Steuergerät das Einspritzen zu. Die maximale Einspritzzeit richtet sich auch nach der Temperatur.

Warmlauf: Damit der Motor in den ersten Minuten nach dem Start rund läuft, öffnet das Steuerventil für Leerlaufstabilisierung einen Kanal, der unter Umgehung der Drosselklappe eine zusätzliche Menge an Ansaugluft einströmen läßt. Dazu läßt der Drucksteller mehr Kraftstoff durch die Ventile fließen. Mehr Luft und Kraftstoff ermöglichen eine erhöhte Warmlaufdrehzahl mit fetterem Gemisch. Mit zunehmender Erwärmung schließt das Steuerventil die Luftzufuhr mehr und mehr. Parallel dazu gleicht sich die Kraftstoffzufuhr allmählich den Normalmengen an. Der Drucksteller reduziert die Einspritzmenge.

Leerlauf: Für gleichmäßige Leerlaufdrehzahl und weiche Gasannahme in niedrigen Drehzahlen gelangt um jedes Einspritzventil Luft in den Brennraum. Das bewirkt eine feinere Zerstäubung des Kraftstoffes. Die Luft strömt über einen Anschlußstutzen im Zylinderkopf und einen speziellen Luftkanal zu den Einspritzventilen. Das Steuerventil für Leerlaufstabilisierung läßt unter Umgehung der Drosselklappe mehr Ansaugluft einströmen, wenn die Drehzahl unter den Sollwert fällt.

Normalbetrieb, Beschleunigen und Vollast erfordern keinerlei besondere Einrichtungen. Die Stauscheibe im Luftmengenmesser wird je nach angesaugter Luftmenge angehoben oder abgesenkt. Entsprechend ist der Kraftstoffzulauf zu den Einspritzventilen: Viel Luft – viel Kraftstoff, wenig Luft – wenig Kraftstoff. Das richtige verbrennungsgünstigste Verhältnis stellt sich ganz automatisch ein.

Schubabschaltung: Sie schaltet die Kraftstoffzufuhr ab, wenn der Wagen ohne Gas bergab fährt.

Selbsthilfe

Viele Prüfungen an der Einspritzung sind dem Selbsthelfer in Ermangelung der nötigen Prüfgeräte leider unmöglich gemacht. Es besteht auch die Gefahr, daß man mit Heimwerker-Meßgeräten andere als die Sollwerte erreicht, obwohl das betreffende Teil intakt ist. Dann wird unnötigerweise ein Bauteil ersetzt. Für die tiefergreifenden Messungen sollten Sie die entsprechend gerüstete V.A.G.-Werkstatt aufsuchen.

Vorgehensweise

Das Steuergerät kann mit Heimwerkermitteln nicht kontrolliert werden. In der Praxis ist hier auch nur sehr selten mit Fehlern zu rechnen. Geber, Schalter und Kabelverbindungen geben ungleich häufiger Anlaß zu Beanstandungen.
Damit bietet sich bei einem Defekt folgende Vorgehensweise an:

Hier ist der Einspritzteil der KE-Motronic schematisch dargestellt:
1 – Einspritzventil;
2 – Kaltstartventil;
3 – Gemischregler;
4 – Drucksteller;
5 – Membrandruckregler;
6 – Tank;
7 – elektrische Benzinpumpe;
8 – Filter;
9 – Ventil für Leerlaufstabilisierung;
10 – Kraftstoffspeicher;
11 – Steuergerät;
12 – Drosselklappenschalter;
13 – Kühlmittel-Temperaturgeber.

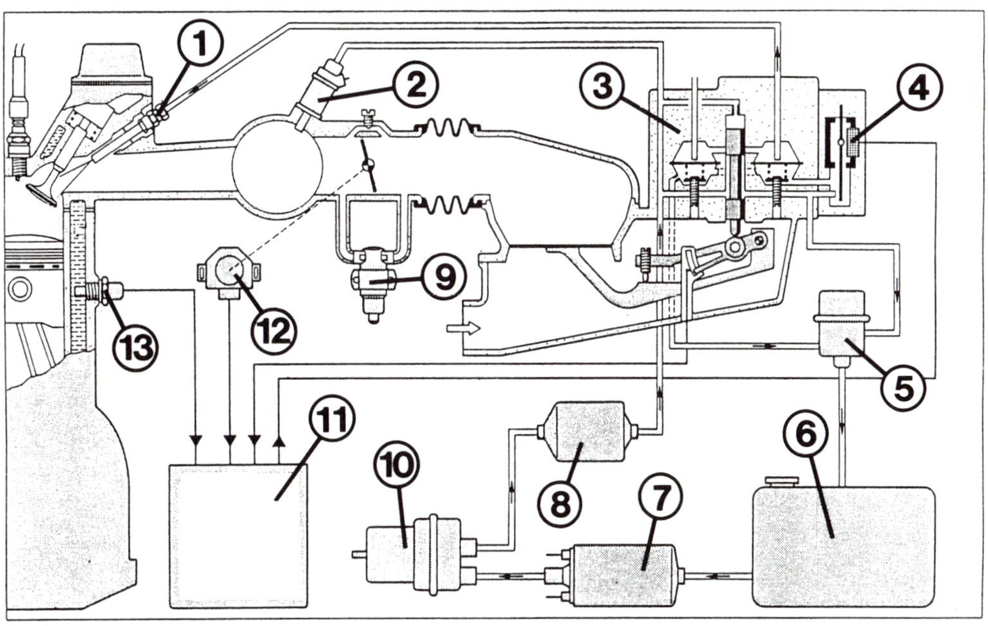

- Sicherstellen, daß die Zündung in Ordnung ist.
- Kraftstoffversorgung prüfen (Seite 66).
- Sichtprüfung an den Teilen der Einspritzanlage durchführen (siehe folgenden Abschnitt).
- Als letztes Fehlerspeicher abrufen. Auf diese Weise die mögliche Fehlerquelle ermitteln, verdächtiges Bauteil nach Prüfanleitung (folgende Seiten) kontrollieren.

Sichtprüfung

- Zuerst Luftschläuche auf Dichtheit prüfen! Alle Schläuche müssen geprüft werden.
- Sind die Dichtungen unter dem Kaltstartventil und an den Einspritzventilen in Ordnung; ebenso die Flanschdichtungen der Ansaugkanäle?
- Undichtigkeiten lassen »Nebenluft« ins Ansaugsystem eindringen – Luft also, die der Luftmengenmesser nicht erfassen kann und die deshalb die Gemischaufbereitung empfindlich stört. Das Gemisch magert unkontrolliert ab, Motorlaufstörungen und ungleichmäßiger oder »holpriger« Leerlauf sind die Folgen.
- Sind an den Kraftstoffleitungen Undichtigkeiten zu erkennen?
- Wurden Kabelstecker am Motor mehrfach auseinandergezogen und wieder verbunden? Korrosion oder ungeschicktes Reißen kann mangelnden Kontakt zur Folge haben.
- Sehen Sie sich die Stecker an den einzelnen Bauteilen der Einspritzung genau an. Mit einem schmalen Schraubenzieher lassen sich die Zungen ein wenig nachbiegen.

Prüfen der Bauteile

Die folgenden Abschnitte beschreiben Prüfungen an den Komponenten der Einspritzanlage, soweit sie mit Heimwerkermitteln möglich sind.

Fingerzeig: Bei allen Arbeiten sollten Sie daran denken, daß das Kraftstoffsystem auch lange Zeit nach dem Abschalten des Motors noch unter hohem Druck steht. Deshalb immer einen Lappen bereithalten, wenn Leitungen gelöst werden, damit kein Benzin in die Augen spritzen kann.

Störungssuche an Bauteilen

In den folgenden Abschnitten sind wir auf jene Möglichkeiten der Fehlersuche eingegangen, zu denen der Heimwerker keine besonderen Werkzeuge oder Meßgeräte benötigt. Haben Sie durch die Fehlerspeicherabfrage (Seite 105) ein bestimmtes Bauteil im Verdacht, können Sie hier die Prüfanleitung nachlesen.

Einspritzventile prüfen

- Zündung lahmlegen, siehe Seite 190.
- Zur Überprüfung, ob ein Einspritzventil überhaupt Benzin erhält, am Kaltstartventil die Halteschraube der Kraftstoffleitung lösen.
- Lappen bereithalten, denn meist spritzt Kraftstoff heraus. Wenn nicht, von Helfer den Anlasser betätigen lassen.
- Tritt Kraftstoff aus, Einspritzventil ausbauen.
- Gefäß oder Lappen für den austretenden Kraftstoff bereithalten.
- Großen Luftschlauch zwischen Gemischregler und Drosselklappenstutzen abbauen, damit die Stauscheibe zugänglich ist.
- In der Zentralelektrik das Kraftstoffpumpenrelais (siehe Seite 229) abziehen und auf dem Steckfeld die Steckkontakte 30 und 87 mit einem Drahtstück überbrücken. Die Kraftstoffpumpe läuft jetzt.
- Stauscheibe im Mengenteiler von Hand ein wenig anheben. Das Ventil muß jetzt kegelförmig abspritzen.
- Falls nicht, Stauscheibe versuchsweise einmal bis zum Anschlag hochheben. Prüfung wiederholen.
- Auf die gleiche Weise läßt sich die Einspritzmengentoleranz zwischen den einzelnen Zylindern messen. Allerdings nur behelfsmäßig.
- Alle Einspritzventile in insgesamt vier Meßgläschen halten, dabei die Einspritzleitungen nicht beschädigen.
- Stauscheibe ein wenig (ca. 20 mm) anheben.
- Die erwähnte Drahtbrücke von einem Helfer so lange einstecken lassen, bis im ersten Gläschen 20 cm^3 (ml) Kraftstoff schwappen.
- Einspritzmengen vergleichen: Die Abweichungen untereinander sollen nicht mehr als 3 cm^3 betragen.
- Bei größeren Abweichungen die Ventile mit dem höchsten und dem niedrigsten Wert gegeneinander austauschen. Messung wiederholen.
- Sind die Abweichungen mit den Ventilen »gewandert«, ist das Einspritzventil mit der entsprechenden Abweichung austauschreif.
- Haben Sie an den betreffenden Zylindern die gleichen Meßergebnisse wie zuvor, ist die Leitung zum Ventil möglicherweise verengt oder der Mengenteiler defekt.
- Dichtheitsprüfung an den Ventilen: Wird die Kraftstoffpumpe nach zweiminütiger Laufzeit mit angehobener Stauscheibe abgeschaltet (Drahtbrücke herausnehmen), dürfen die Ventile nicht nachtropfen.
- Einbau der Einspritzventile siehe Seite 103.

Seitlich am Saugrohr des 100-kW-Passat ist das Kaltstartventil (2) angeschraubt. Weiterhin sehen Sie die Kraftstoffzuleitung (1) und den Kabelstecker (3).

Kaltstartventil prüfen

- Zündung lahmlegen, siehe Seite 190.
- Kaltstartventil abschrauben, Kabelstecker abziehen, die Kraftstoffleitung bleibt angeschlossen.
- Anlasser kurz betätigen, damit die Kraftstoffpumpe Druck aufbaut.
- Ventil in ein Gefäß halten, zwei genügend lange Kabelstücke an den Anschlußkontakten des Ventils anschließen.
- Freie Enden der Kabel mit den Polen der Batterie verbinden – eines mit »+«, eines mit dem Minuspol.
- Das Ventil muß jetzt kegelförmig Benzin abspritzen.
- Dichtheitsprüfung: Kabel abnehmen.
- Nochmals den Anlasser kurz betätigen, damit die Kraftstoffpumpe Druck aufbaut.
- Ventil sauber abtrocknen. Innerhalb von einer Minute darf kein Benzin nachtropfen.

Kraftstoff-Mengenteiler prüfen

- Motor kurz (ca. 10 Sekunden) laufen lassen oder Anlasser betätigen, damit der volle Kraftstoffdruck aufgebaut wird.
- Spannbänder am dicken Luftschlauch zwischen Gemischregler und Drosselklappenstutzen lösen, Schlauch abziehen.
- Deckel des Luftfilters mit dem daran festgeschraubten Gemischregler abnehmen.
- Die jetzt sichtbare Stauscheibe ganz nach oben ziehen. Das muß über den gesamten Weg mit gleichem Widerstand möglich sein.
- Bei schnellem Abwärtsdrücken der Stauscheibe darf kein Widerstand spürbar sein. Falls doch, muß der Luftmengenmesser ersetzt werden.
- Läßt sich die Stauscheibe nur schwer nach oben, aber leicht nach unten bewegen, hängt der Steuerkolben im Mengenteiler. Kraftstoffmengenteiler ersetzen.

Luftmengenmesser prüfen

- Motor warmfahren bzw. warmen Motor vor der Prüfung ca. 10 Sekunden laufen lassen.
- Luftansaugschlauch zwischen Gemischregler und Drosselklappenstutzen nach Lösen der Spannbänder abnehmen.
- Stauscheibe kontrollieren. Sie muß an der den Einspritzleitungen zugewandten Seite in einer genau bestimmten Stellung stehen.
- Die Stauscheibe soll 1,9 mm unter der Oberkante, stehen allenfalls jedoch 3 mm tiefer.
- Steht die Scheibe falsch, kann sie hochgezogen und durch Verbiegen des Haltedrahtbügels unten im Schacht des Luftmengenmessers in der Stellung korrigiert werden. Nicht die Blattfeder biegen!
- Prüfen Sie nun, ob die Stauscheibe an der Wandung streift.
- Wenn ja, die zentrale Befestigungsschraube lösen und die Scheibe neu zentrieren.
- Nach dieser Einstellung müssen Leerlaufdrehzahl und CO-Gehalt überprüft werden.

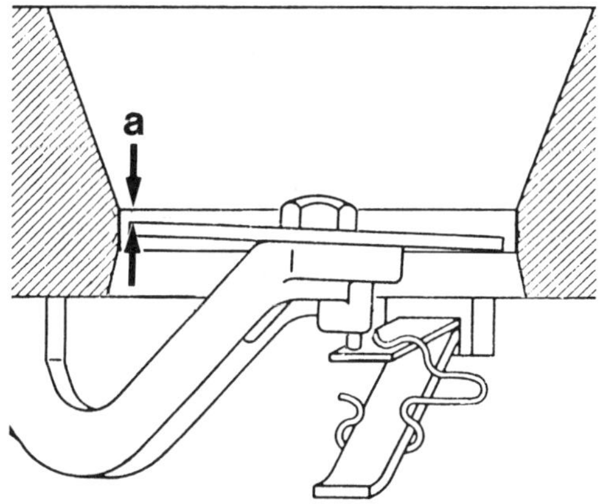

Die Zeichnung verdeutlicht die Stellung der Stauscheibe. Sie soll im Lufttrichter etwa 1,9 mm unter der Verengung stehen (Maß »a«). Die Stauscheibe darf maximal noch 3 mm tiefer stehen.

Ein Blick auf den Kraftstoffmengenteiler (3) des Passat 16 V:
1 – Membrandruckregler;
2 – Drucksteller;
4 – Drosselklappen-Potentiometer.

Leerlaufstabilisierung prüfen

● Zündung einschalten: Die Arbeitsschwingungen des Ventils müssen zu spüren sein.
● Andernfalls ist das Steuerventil oder der Temperaturgeber defekt.

Drosselklappenschalter prüfen

● Steckverbindung zum Schalter am Drosselklappenstutzen trennen. Gemessen wird mit dem Ohmmeter im Steckkontakt zum Schalter.
● Widerstand bei geschlossener Drosselklappe 0 Ω, bei geöffneter Klappe ∞ Ω.
● Zum Prüfen der Einstellung des Drosselklappenschalters Drosselklappe langsam öffnen und schließen.
● Bei 0,15 mm Abstand vom Anschlag zum Drosselklappenhebel (Fühlerlehre dazwischen halten) muß der Schalter vernehmlich »Klick« sagen, dann stimmt die Einstellung.

Drosselklappenschalter einstellen

● Halter des Drosselklappenschalters lösen.
● Fühlerlehre von 0,10 mm Stärke zwischen Anschlag und Hebel halten.
● Schalter in Richtung Drosselklappenhebel schieben, bis bei einem deutlichen Klicken der Schaltpunkt überschritten wurde.
● In dieser Stellung den Drosselklappenschalter festziehen und Einstellung nochmals überprüfen.

Temperaturgeber prüfen

● Stecker am Geber an der in Fahrtrichtung linken Zylinderkopfstirnseite abziehen.
● An den beiden Steckkontakten des Gebers ein Ohmmeter anschließen, Widerstandswert ablesen.
● Im Diagramm Seite 89 prüfen, ob die Werte für den Geber-Widerstand und die Kühlmitteltemperatur ihren Schnittpunkt auf der Kurve haben.
● Wenn ja, ist der Geber in Ordnung.

Lambda-Regelung prüfen

● Voraussetzungen sind korrekt eingestellter Leerlauf, dichter Auspuff und intakter Temperaturgeber.
● Zur Überprüfung der Lambdasonden-Beheizung Kabelstecker an der Sonde abziehen.
● Mit Prüflampe zwischen dem Kontakt des rot/weißen Kabels und Masse prüfen, ob Spannung anliegt.
● Wenn nicht, Kabelunterbrechung nach Stromlaufplan suchen.
● Als nächstes Fehlerspeicher abfragen.

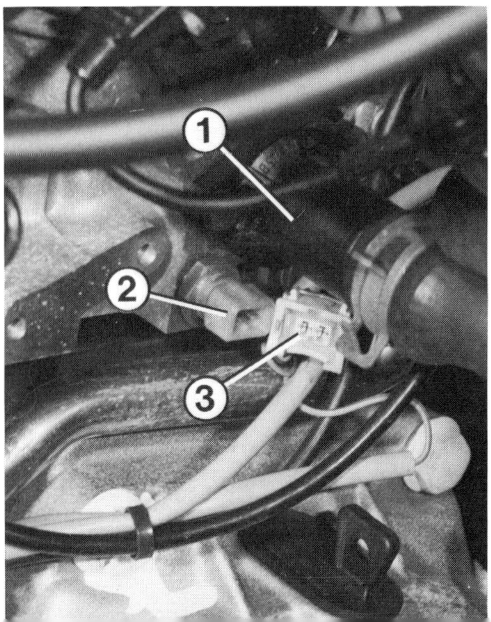

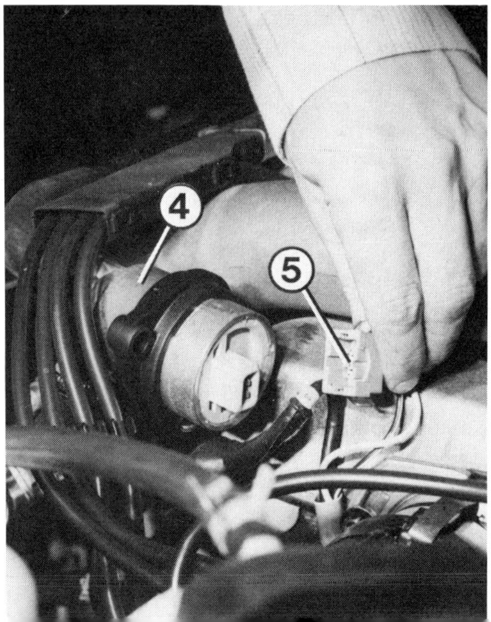

Links: Der Kühlmittel-Temperaturgeber (2) sitzt an der in Fahrtrichtung linken Stirnseite am Zylinderkopf unter dem Kühlwasserstutzen (1). Hier im Bild haben wir den Kabelstecker (3) abgezogen.
Rechts: Das Leerlauf-Stabilisierungsventil (4) mit abgezogenem Stecker (5).

Links: Die Steckanschlüsse der Lambdasonde:
1 – schwarze Leitung zum Steuergerät;
2 – Stecker zur Zentralelektrik;
3 – Stecker zur Lambdasonde mit rot/weißer und brauner Leitung.
Rechts: Das Einspritzventil (6) ist mit zwei Dichtringen (5) in den Einsatz (4) für das Einspritzventil eingesteckt.

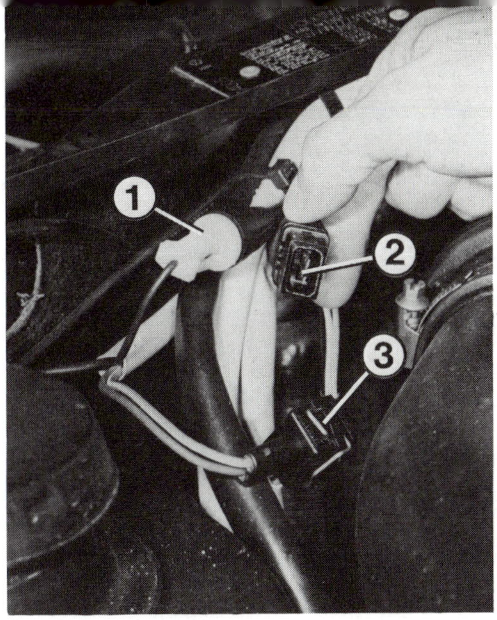

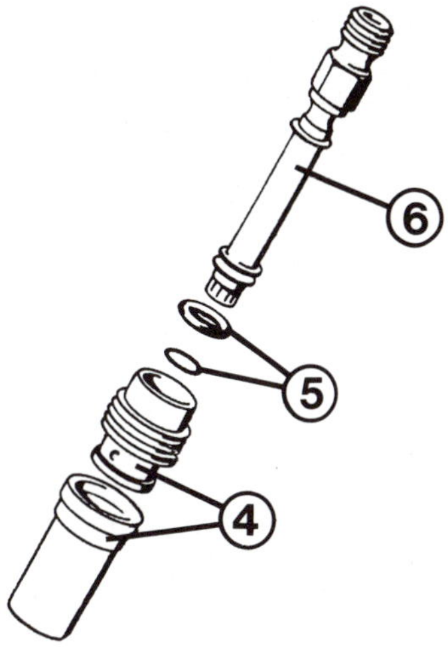

- Zur nachfolgend beschriebenen Messung verwendet die Werkstatt ein spezielles Adapterkabel, mit dem die Leitungen zum Drucksteller bei aufgedrücktem Stecker »angezapft« werden können.
- Meßkabel zwischen Drucksteller und Kabelstekker anklemmen, Amperemeter anschließen.
- Warmgefahrenen Motor starten und mindestens zwei Minuten im Leerlauf drehen lassen.
- Steuerstrom ablesen und notieren.
- Schlauch der Kurbelgehäuse-Entlüftung zusammenklemmen. Jetzt muß der Steuerstrom abfallen.
- Wenn nicht, Steckverbindung zur Lambdasonde trennen.
- Die zum Steuergerät führende schwarze Leitung für rund 20 Sekunden an Masse halten.
- Wenn sich jetzt der Steuerstrom ändert, ist die Lambdasonde defekt.
- Bleibt der Steuerstrom gleich, liegt der Fehler vermutlich am Motronic-Steuergerät. Hier muß die Werkstatt weiterprüfen.

Einspritzventile ausbauen

- Kraftstoffleitungen abschrauben und vorsichtig zur Seite drücken.
- Einspritzventil samt Einsatz mit einer Zange herausziehen.
- Achten Sie peinlich darauf, daß kein Schmutz ins Ventil gelangt.
- Zum Einbau müssen die Gummi-Dichtringe am Ventil sowie am Einsatz mit Öl bestrichen werden, um ein leichtes Einschieben in den Dichtsitz zu garantieren.
- Wird das Ventil »trocken« eingesetzt, besteht die Gefahr, daß ein Gummiring gequetscht wird und nicht einwandfrei abdichtet. Das gibt dann Störungen im Fahrverhalten durch Nebenluft, z.B. unrunden Leerlauf.
- Beschädigte bzw. spröde Dichtringe unbedingt ersetzen.

Leerlaufdrehzahl und CO-Gehalt einstellen

Wartung Nr. 32

Der 16 V-Motor besitzt eine automatische Leerlaufdrehzahl-Regelung. Bei der KE-Motronic besteht keine Möglichkeit zur Drehzahl-Einstellung. Der CO-Gehalt ist aber weiterhin einstellbar. Sie brauchen hierfür einen ganz exakten Abgastester.

Voraussetzung für richtigen Leerlauf ist natürlich die genaue Zündzeitpunkt-Einstellung, die sich bei unseren Motoren mit Kennfeldzündung normalerweise nicht verändert. Die Leerlaufstabilisierung muß funktionieren (Ventil summt und vibriert bei eingeschalteter Zündung). Beim 2,0 l/100 kW-Motor liegt die Leerlaufdrehzahl bei **700 – 900/min**, der CO-Wert bei 1,0 ± 0,5 Vol.%.

Fingerzeig: Was zur Abgas-Untersuchung zu sagen ist, finden Sie im Kapitel »Monojetronic- und Monomotronic-Einspritzung«.

Vorbereitungen

○ Als erstes muß der Fehlerspeicher abgefragt werden.
○ Ist kein Fehler gespeichert, prüfen Sie den Zündzeitpunkt und den CO-Gehalt. Die Leerlaufdrehzahl können Sie – wie bereits erwähnt – nur kontrollieren, aber nicht einstellen.
○ Zur CO-Korrektur dient die Innensechskantschraube am Luftmengenmesser (blauen Abdeckstopfen herausziehen). Hineindrehen verringert den CO-Gehalt, Herausdrehen läßt ihn ansteigen.

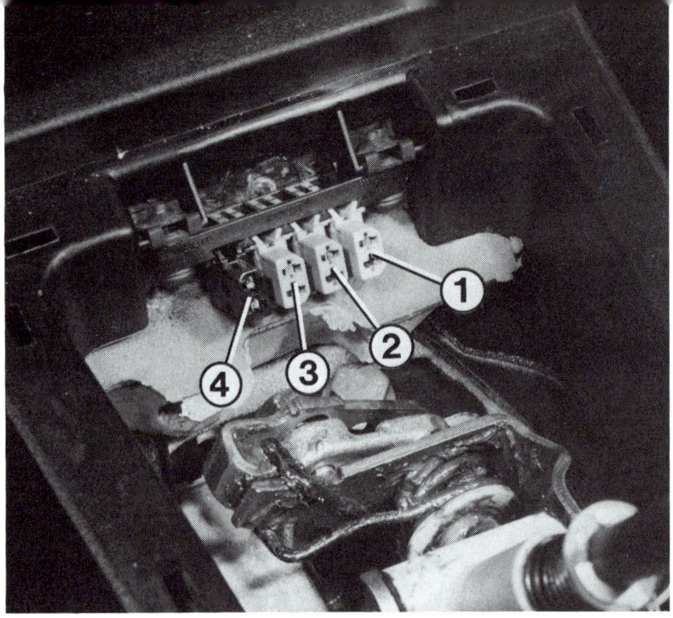

Die Steckanschlüsse für die Fehlerabfrage sitzen unter der Schalthebelmanschette. Bei diesem Fahrzeug mit ABS sind vier Steckanschlüsse vorhanden. Nur drei gehören zur KE-Motronic: 1 – blau; 2 – braun und 4 – schwarz. Der mit »3« bezeichnete braune Anschluß dient zur ABS-Überprüfung.

- Der Motor muß warmgefahren sein (mindestens 80° C Kühlmitteltemperatur).
- Meßgeräte bei ausgeschalteter Zündung anklemmen.
- Abgastester am CO-Entnahmerohr anschließen.
- Elektrische Verbraucher und ggf. die Klimaanlage dürfen nicht eingeschaltet sein.

Fingerzeig: Beim Drehen der CO-Einstellschraube müssen Sie vorsichtig zu Werke gehen. Die Schraube darf mit dem Einstellschlüssel weder hinuntergedrückt noch angehoben werden. Solange der Schlüssel eingesteckt ist, darf kein Gas gegeben werden, sonst kann der Schlüssel verbogen werden. Nach jedem Einstellvorgang Schlüssel herausziehen und kurz Gas geben, ehe der CO-Wert abgelesen wird.

Einstellung

- Motor starten und Meßwerte ablesen.
- Sind bei der Fehlerspeicher-Abfrage die Blinkcodes 2 – 3 – 4 – 3 oder 2 – 3 – 4 – 4 aufgetreten, muß der CO-Gehalt eingestellt werden.
- Schläuche der Kurbelgehäuse-Entlüftung abnehmen, wie unter »Vorbereitungen« beschrieben.
- Vom Magnetventil I des Aktivkohlebehälters den Schlauch abziehen.
- Stecker vom Drucksteller des Gemischreglers abziehen und zwischen Stecker und Drucksteller das Adapterkabel von V.A.G. einstecken. Ersatzweise ein selbstgefertigtes Kabel verwenden.
- Amperemeter mit mA-Meßbereich an den Meßanschluß des Adapterkabels anklemmen.
- Zündung einschalten, der Steuerstrom muß im positiven Meßbereich mit 90 – 110 mA angezeigt werden. Bei Negativ-Meßwert die Meßleitungen vertauschen.
- Motor starten und im Leerlauf drehen lassen.
- Mit der CO-Einstellschraube den Steuerstrom auf 2,5 ± 2,5 mA einregeln.
- Der Meßwert muß schwanken, andernfalls ist die Lambda-Regelung nicht in Ordnung.
- Nach dem Einstellen den Fehlerspeicher löschen.

Abgas-Untersuchung (AU)

Auf die alle zwei Jahre vorgeschriebene Abgaskontrolle sind wir bereits ausführlich im Kapitel »Monojetronic und Monomotronic« eingegangen, bitte lesen Sie dort nach.

Wirkung des Katalysators prüfen

Wartung Nr. 33

Dieser Wartungspunkt wird zusammen mit der Abgas-Untersuchung durchgeführt, wie im Kapitel »Monojetronic und Monomotronic« beschrieben.

Der Gaszug

Was es über den Betätigungszug für die Drosselklappen zu sagen gibt, können Sie ebenfalls im Kapitel »Monojetronic- und Monomotronic-Einspritzung« nachlesen.

Störungen und Eigendiagnose

Das Steuergerät der Einspritzung kann Fehler, die während des Motorbetriebs auftreten, erkennen und speichern. Wenn Sie eine Störung in der Zünd-/Einspritzsteuerung vermuten, können Sie den Fehlerspeicher mit einem Dioden-Spannungsprüfer abrufen. Die Werkstatt verwendet ein Fehlerauslesegerät, das bei jedem Inspektions-Service angeschlossen wird. Die KE-Motronic speichert Fehlfunktionen je nach Fehlerart unterschiedlich. Im normalen Speicher werden die Fehler beim erneuten Starten des Motors wieder gelöscht, im Permanentspeicher bleiben sie erhalten, bis dieser bewußt gelöscht wird.

Fehlerspeicher abrufen

- Führen Sie eine Probefahrt von mindestens fünf Minuten durch. Der Motor muß warmgefahren sein.
- Hierbei müssen Drehzahlen über 3000/min erreicht werden und das Gaspedal muß voll durchgetreten worden sein.
- Anschließend den Motor noch mindestens zwei Minuten im Leerlauf drehen lassen.
- Motor **nicht** abstellen, denn beim Wiederstart wird der normale Fehlerspeicher gelöscht.
- Läuft der Motor wegen eines Defekts gar nicht an, Anlasser ca. sechs Sekunden lang betätigen. Zündung danach nicht ausschalten.
- Schalthebelmanschette abnehmen. Darunter sitzt der Steckanschluß zum Auslesen des Fehlerspeichers.
- Leuchtdioden-Spannungsprüfer mit passenden Kabeln an die beiden außenliegenden Prüfanschlüsse oben im Stecker anschließen.
- Ein kurzes Kabelstück am mittleren Prüfanschluß unten anklemmen.
- Zum Einleiten der Fehlerabfrage das freie Ende dieses Kabel mindestens vier Sekunden lang mit dem Anschluß unten rechts verbinden.
- Die Leuchte brennt zunächst einmal lang, um den Beginn der Anzeige zu signalisieren. Danach folgen vier Blinksignale mit längeren Pausen dazwischen.
- Diese Blinksignale – jeweils bestehend aus bis zu vier kurzen Blinkimpulsen – sind unser Fehlercode. Also notieren.
- Das Blinksignal wird nach kurzer Pause wiederholt.
- Wird das Signal 4 – 4 – 4 – 4 (ein langsames, gleichmäßiges Blinken) angezeigt, war kein Fehler gespeichert.
- Wurde per Blinksignal ein Fehler gemeldet, müssen Sie die Fehlerabfrage wie gehabt wiederholen. Vielleicht befindet sich ein weiterer Fehler im System.
- War ein weiterer Fehler vorhanden, wird dieser jetzt angezeigt.
- Das Spiel wiederholen Sie so lange, bis das Blinkzeichen 4 – 4 – 4 – 4 »kein Fehler erkannt« folgt.
- Zum Schluß Permanent-Fehlerspeicher löschen.
- Dazu bei noch angeschlossenem Spannungsprüfer die unteren Kontakte nochmals für vier Sekunden miteinander verbinden.
- Verbindung trennen – Leuchtdiode brennt jetzt dauernd. Dann ist der Permanentspeicher gelöscht.
- Zur Kontrolle die Verbindung ein weiteres Mal für vier Sekunden herstellen.
- Jetzt muß das Blinksignal 4 – 4 – 4 – 4 kommen.
- Der normale Fehlerspeicher wird beim nächsten Motorstart gelöscht.
- Nochmals eine Probefahrt mit anschließendem Abfragen des Fehlerspeichers durchführen.

Fehlertabelle

Zündung und Einspritzung KE-Motronic

Zündung			
Blinkcode	Die Störung	– ihre Ursache	– ihre Abhilfe
1 – 1 – 1 – 1 [1)]	Steuergerät defekt	Bauteile im Steuergerät schadhaft	Steuergerät ersetzen
1 – 2 – 3 – 1	Kein Signal vom Geschwindigkeitsgeber	Geschwindigkeitsgeber defekt oder Leitungsunterbrechung	Geschwindigkeitsgeber ersetzen bzw. Leitungen prüfen
2 – 1 – 1 – 2	Kein Signal vom Zündzeitpunktgeber	Zündzeitpunktgeber defekt oder Leitungsunterbrechung	Geber bzw. Leitungen prüfen
		Kein Drehzahlsignal vom Hallgeber	Hallgeber prüfen
2 – 1 – 1 – 3	Kein Drehzahlsignal vom Hallgeber	Hallgeber defekt oder Leitungsunterbrechung	Hallgeber bzw. Leitungen prüfen
	Falsches Signal vom Potentiometer	Verstellhebel der Stauscheibe am Luftmengenmesser schwergängig oder klemmt	Verstellhebel prüfen
2 – 1 – 2 – 1	Kein Signal vom Leerlaufschalter	Leerlaufschalter defekt (dauernd geschlossen)	Leerlaufschalter prüfen
		Leitung hat Kurzschluß zur Masse	Leitungen prüfen

Blinkcode	Die Störung	– ihre Ursache	– ihre Abhilfe
2 – 1 – 2 – 1	Klopfregelung an der Regelgrenze	Motor klingelt oder klopft	Kompressionsdruck messen, Einspritzanlage prüfen
		Kraftstoff mit zu geringer Oktanzahl getankt	Vorgeschriebenen Kraftstoff tanken
		Zündzeitpunkt falsch eingestellt	Zündzeitpunkt einstellen
		Abschirmung der Klopfsensorleitungen beschädigt	Leitungen der Klopfsensoren prüfen
2 – 1 – 4 – 2	Keine Meldung vom Klopfsensor I (rechts), Klopferkennung defekt	Leitungsunterbrechung bzw. Kurzschluß in der Sensorleitung	Leitungen des Klopfsensors prüfen
		Klopfsensor defekt	Klopfsensor ersetzen
		Keine Klopferkennung vom Steuergerät	Steuergerät ersetzen
2 – 1 – 4 – 4	Keine Meldung vom Klopfsensor II (links)	Siehe unter Klopfsensor I	
		Einspritzanlage	
2 – 2 – 3 – 1	Regelgrenzen der Leerlaufstabilisierung überschritten	Grundeinstellung der Drosselklappe stimmt nicht	Grundeinstellung der Drosselklappe durchführen
		Ansaugsystem undicht (Nebenluft)	Ansaugsystem auf Dichtheit prüfen
		Zündzeitpunkt falsch eingestellt	Zündzeitpunkt einstellen
2 – 2 – 3 – 2	Keine Meldung vom Potentiometer am Luftmengenmesser	Leitungsunterbrechung bzw. Kurzschluß zwischen Steuergerät und Potentiometer	Potentiometer bzw. Leitungen prüfen
2 – 3 – 1 – 2	Kein Signal vom Kühlmittel-Temperaturgeber	Leitungsunterbrechung bzw. Kurzschluß in der Geberleitung	Leitungen prüfen
		Temperaturgeber defekt	Temperaturgeber prüfen
2 – 3 – 4 – 1	Lambda-Regelung an der Regelgrenze	CO-Gehalt nicht im Sollbereich	CO-Gehalt prüfen
		Masseschluß an der Lambda-Sonde	Leitung der Lambda-Sonde nach Stromlaufplan prüfen. Lambda-Regelung prüfen
		Kaltstartventil undicht	Kaltstartventil prüfen
		Ventile der Kraftstoffverdunstungs-Anlage dauernd geöffnet	Kraftstoffverdunstungs-Anlage prüfen
		Ansaugsystem undicht	Dichtheit prüfen
2 – 3 – 4 – 2	Lambda-Sonde regelt nicht	Leitungsunterbrechung zur Lambda-Sonde bzw. Lambda-Sonde defekt	Lambda-Regelung prüfen
2 – 3 – 4 – 3	Gemisch-Regelung hat Regelgrenze »mager« überschritten	Leerlaufeinstellung nicht korrekt	Einstellung korrigieren
		Ansaugsystem undicht (Nebenluft)	Dichtheit prüfen
2 – 3 – 4 – 4	Gemisch-Regelung hat Regelgrenze »fett« überschritten	Leerlaufeinstellung nicht korrekt	Einstellung korrigieren
		Kaltstartventil undicht	Kaltstartventil prüfen
4 – 4 – 3 – 1	Leerlaufstabilisierung funktioniert nicht	Leitungsunterbrechung bzw. Leitung hat Kurzschluß zur Masse	Leitungen prüfen
		Steuerventil defekt	Steuerventil ersetzen
		Steuergerät defekt	Steuergerät ersetzen
4 – 4 – 4 – 4	kein Fehler erkannt		
0 – 0 – 0 – 0	Ende der Fehlerausgabe durch Blinken in 2,5-Sekunden-Intervallen		

Reibereien

Solange die Zahnradpaare vom Motor angetrieben werden, können Sie die einzelnen Gangstufen nicht schalten. Man muß die Verbindung zwischen Triebwerk und Schaltgetriebe kurz unterbrechen. Anschließend werden Motor und Getriebe wieder verbunden. Als trennendes und verbindendes Medium wirkt die Kupplung.

So funktioniert die Kupplung

Die Kraftübertragung zwischen Motor und Getriebe erfolgt durch Reibung. Zwei Körper werden gegeneinander gepreßt, wodurch der eine den anderen mitnimmt. Die Beteiligten sind:

- **Schwungscheibe** am Motor als die eine Anlagefläche;
- **Kupplungsdruckplatte** als die zweite Anlagefläche, die gegen die Schwungscheibe drückt.
- Dazwischen befindet sich die **Mitnehmerscheibe** auf der Eingangswelle des Getriebes.
- Weiterhin gehört noch das **Ausrücklager** dazu.

Durch den Tritt auf das Kupplungspedal wird über den Kupplungszug (53/55-kW-Motoren) bzw. die hydraulische Kupplungsbetätigung (Motoren ab 66 kW) der Ausrückhebel auf der Ausrückwelle angehoben. Diese Bewegung drückt das Ausrücklager auf die tortenförmig eingeschnittene Tellerfeder der Druckplatte. Das Ausrücklager übernimmt die Federkraft, die Druckplatte wird entlastet und bei völlig durchgetretenem Pedal zurückgezogen. Die Mitnehmerscheibe kann nun im Raum dazwischen frei umlaufen – es ist ausgekuppelt.
Beim Einkuppeln drückt die Tellerfeder der Druckplatte die Mitnehmerscheibe wieder gegen die Schwungscheibe. Zum sanften Übertragen der Kräfte muß dies langsam geschehen. Die Anlageflächen schleifen also eine gewisse Zeit aufeinander, ehe die Reibung wieder so groß ist, daß die Motorleistung vollständig an das Getriebe weitergeleitet wird.

Die Kupplungs-Lebensdauer

Jedes Einkuppeln bewirkt, daß die Beläge der Mitnehmerscheibe an ihren Gegenreibflächen schleifen und dabei heiß werden. Besonders verschleißfördernd ist das Anfahren mit hoher Motordrehzahl (Kavalierstart), Anfahren im 2. Gang, »Herummogeln« an Kreuzungen im 2. oder 3. Gang mit teilweise getretenem Kupplungspedal oder das »In-der-Waage-halten« an einer Steigung mit Kupplungs- und Gaspedal.

Auskuppeln beim Halt an der Kreuzung?

Recht verbreitet ist die Angewohnheit, mit eingelegtem 1. Gang und durchgetretenem Kupplungspedal bei rotem Ampellicht zu warten. Mancher fürchtet, den Gang nicht gleich einlegen zu können, wenn das grüne Licht den Weg freigibt. Wenn auch kein direkter oder sofort meßbarer Schaden entsteht, so beansprucht das Auskuppeln doch das Ausrücklager und bewirkt Verschleiß. Je öfter und länger das vor den vielen Ampeln geschieht, desto früher ist dieses Lager abgenutzt.

Die Kupplungsbetätigung

Die Fußkraft vom Kupplungspedal zum Ausrückmechanismus am Getriebe wird unterschiedlich übertragen:

- Bei den **53/55-kW-Motoren** ist das Kupplungspedal durch einen Kupplungszug **mechanisch** mit dem Ausrückhebel verbunden. Beim Druck auf das Kupplungspedal wird der Seilzug straffgezogen und über den Ausrückhebel das Ausrücklager betätigt.
- Bei den **Motoren ab 66 kW** erfolgt die Pedalkraftübertragung **hydraulisch**, also mit Flüssigkeit – wie bei der Bremse. Während Sie das Kupplungspedal niedertreten, verdrängt ein Kolben im Geberzylinder (am Pedal) eine gewisse Flüssigkeitsmenge und drückt sie zum Nehmerzylinder (am Getriebe). Dort tritt der Kolben ein Stück aus dem Zylinder heraus und bewegt dabei den mit ihm verbundenen Ausrückhebel und somit das Ausrücklager.

Kupplung prüfen

Die Belagstärke der Mitnehmerscheibe läßt sich im eingebauten Zustand nicht erkennen. Das erste Anzeichen für Verschleiß ist, wenn die Kupplung durchrutscht. Eine schleifende Kupplung bemerken Sie beim Fahren zuerst im höchsten Gang unter Last. Der Motor dreht hoch, ohne daß die Fahrgeschwindigkeit in gleichem Maß zunimmt. Einen gewissen Aufschluß kann die im folgenden beschriebene Methode geben, die Sie aber nur gelegentlich anwenden sollten.

Schleift die Kupplung?

● Handbremse anziehen, Motor starten.
● 3. Gang einlegen, langsam einkuppeln und Gas geben.
● Bei einwandfreier Handbremse müßte der Motor abgewürgt werden.
● Dreht er durch, muß bei mechanischer Kupplungsbetätigung die Nachstellautomatik des Kupplungszuges kontrolliert werden. Prüfung ggf. wiederholen.
● Normalerweise bedeutet ein durchdrehender Motor, daß ein Kupplungstausch fällig ist.

Trennt die Kupplung richtig?

Läßt sich das Getriebe auch bei warmem Motor nur schwer durchschalten oder wird der Schaltvorgang sogar von kratzenden oder krachenden Geräuschen »untermalt«, dann trennt die Kupplung nicht mehr richtig. Um sicherzugehen, daß es nicht am Getriebe liegt, macht man die Probe mit dem nicht synchronisierten Rückwärtsgang:
● Motor im Leerlauf drehen lassen.
● Kupplungspedal voll durchtreten, etwa drei Sekunden warten, dann den Rückwärtsgang einlegen.
● Kratzt es jetzt bei einem Wagen mit Kupplungszug bzw. läßt sich der Gang bei einem Fahrzeug mit Kupplungshydraulik nur sehr schwer einlegen, trennt die Kupplung nicht mehr sauber – die Mitnehmerscheibe läuft also nicht ganz frei.
● Nachstellautomatik des Kupplungszuges bzw. Kupplungshydraulik kontrollieren, evtl. Hydraulik entlüften.
● Prüfung nochmals durchführen. Kratzt es immer noch, sollten Sie unseren Störungsbeistand am Ende des Kapitels zu Hilfe nehmen.

Automatische Kupplungsnachstellung

Zwischen den Teilen der Kupplungsübertragung muß ein gewisser Abstand verbleiben, solange das Pedal nicht niedergedrückt wird.
Die 53/55-kW-Motoren besitzen eine selbstnachstellende Kupplungsbetätigung. Bei zunehmendem Kupplungsbelagverschleiß muß der Seilzug länger werden. Das erzielt man durch automatische Verkürzung der Seilzughülle. Dazu ist die Kupplungszughülle bei entlastetem Kupplungspedal in der Länge veränderlich, beim Tritt aufs Pedal wird dagegen eine starre Verbindung hergestellt.
Bei den Motoren ab 66 kW gleicht die hydraulische Übertragung den zunehmenden Verschleiß der Mitnehmerscheibe von selbst aus.

Kupplungszug ersetzen

Der Nachstellmechanismus eines intakten Kupplungszuges muß zum Ausbau zusammengedrückt und in dieser Stellung mit einem Halteband zusammengehalten werden. Mit diesem Band wird die Nachstellung am neuen Kupplungszug zusammengehalten. Dazu die Öse oben am Halteband so aufschneiden, daß die Öse noch stabil bleibt. Ohne dieses Hilfsmittel ist der eigenhändige Aus- und Einbau nicht ratsam.
Achten Sie darauf, daß ein Kupplungszug, der neu oder wieder eingebaut wird, nicht geknickt werden darf. Das kann die automatische Nachstellung beeinträchtigen.
● Im Innenraum das linke Ablagefach abschrauben (Seite 261).
● **Ausbau:** Kupplungspedal mehrere Male bis zum Anschlag durchtreten, sofern der Zug noch intakt ist.
● Öse des Haltebandes oberhalb der Schutzhülle am Nachstellmechanismus einhängen.

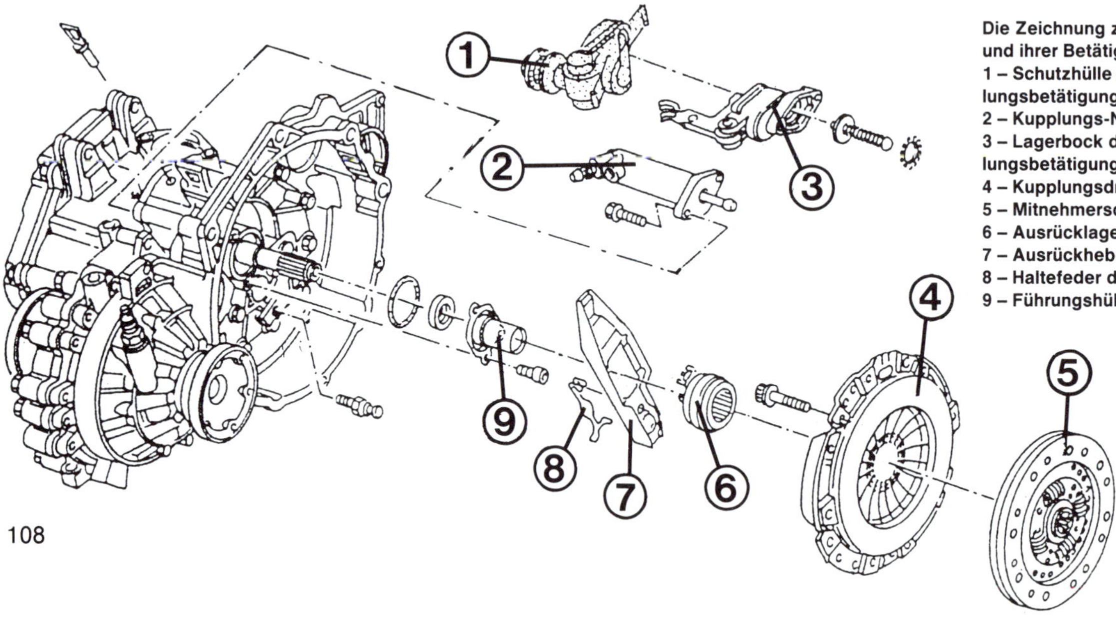

Die Zeichnung zeigt Teile der Kupplung und ihrer Betätigung:
1 – Schutzhülle der mechanischen Kupplungsbetätigung;
2 – Kupplungs-Nehmerzylinder;
3 – Lagerbock der mechanischen Kupplungsbetätigung;
4 – Kupplungsdruckplatte;
5 – Mitnehmerscheibe;
6 – Ausrücklager;
7 – Ausrückhebel;
8 – Haltefeder des Ausrücklagers;
9 – Führungshülse.

In der Abbildung links sehen Sie die Teile der mechanischen Kupplungsbetätigung, rechts ist die hydraulische Betätigung gezeigt:
1 – Pedalbock;
2 – Sicherungsscheibe;
3 – Pedal;
4 – Übertotpunktfeder;
5 – Haltebügel für den Kupplungszug (6);
7 – Aufnahme für den Kupplungs-Geberzylinder (9);
8 – Kupplungs-Nehmerzylinder.

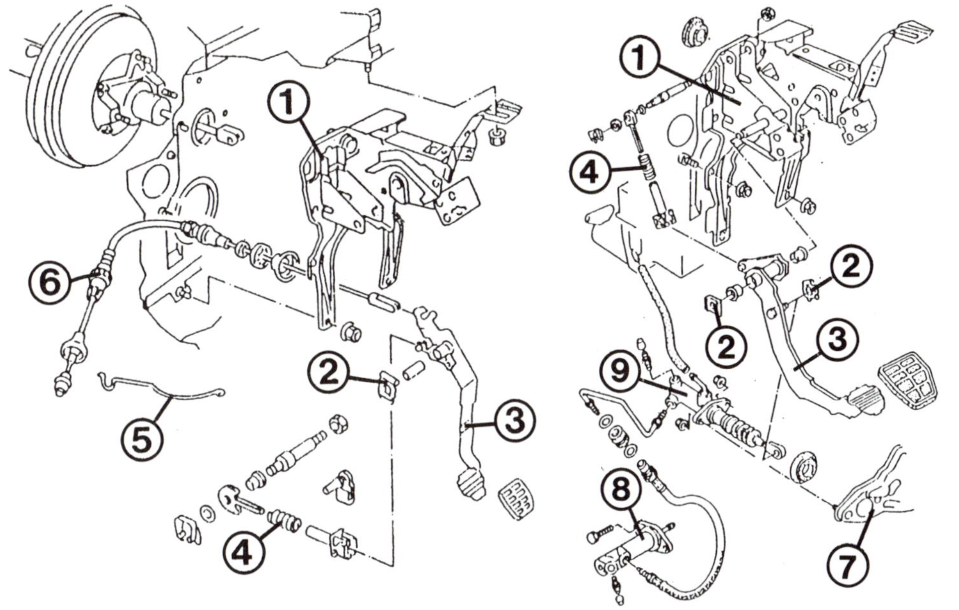

● Öse des Haltebandes oberhalb der Schutzhülle am Nachstellmechanismus einhängen.
● Kupplungszug aus seiner Kunststoff-Halteklammer aushängen.
● Zum Zusammendrücken des Nachstellmechanismus muß die Zughülle am Widerlager des Getriebes in Fahrtrichtung nach vorn gezogen werden.
● Funktioniert das Zusammendrücken nicht, ist der Nachstellmechanismus defekt. Dann müssen Sie den Zug zum Ausbau durchschneiden.
● Von einem Helfer die Laschen des Haltebandes seitlich an den Stiften des Nachstellmechanismus einhängen lassen.
● Kupplungsseil am Hebel oben am Getriebe aushängen.
● Im Fußraum den Seilzug am Pedal aushängen.
● An der Seilzugabstützung am Getriebe den Gummipuffer herausdrücken.
● Seilzug abnehmen.
● Beim **Einbau** Seilzug zuerst am Kupplungspedal einhängen.
● Beim neuen Kupplungsseil wird der Nachstellmechanismus durch das Halteband in zusammengedrücktem Zustand gehalten.
● Gummipuffer in die Abstützung drücken.
● Seil am Betätigungshebel und an der Kunststoff-Halteklammer einhängen.
● Halteband so abnehmen, daß es wieder verwendet werden kann.
● Zuletzt die Funktionskontrolle: Kupplungspedal mindestens fünf Mal voll durchtreten.
● Der Hebel muß sich jetzt etwa 10 mm in Fahrtrichtung nach vorn frei bewegen lassen.

Kupplungshydraulik prüfen

Wartung Nr. 19

○ Wenn die Kupplung richtig trennt ist in jedem Fall auch die Kupplungshydraulik in Ordnung.
○ Trennt sie dagegen schlecht oder fällt das Pedal gar ohne Widerstand durch, ist sicher Luft in die hydraulische Anlage geraten. Entlüften hilft da nicht – die Leckstelle muß ausfindig gemacht und repariert werden. Erst dann können Sie entlüften. Andere Ursachen für nicht trennende Kupplung finden Sie im »Störungsbeistand«.
○ Wer eine vorbeugende Untersuchung der Kupplungshydraulik vornehmen will, sucht nach Spuren von Bremsflüssigkeit am Geberzylinder (in Fahrtrichtung links neben dem Bremskraftverstärker), an der Betätigungsstange am Kupplungspedal und am Nehmerzylinder (seitlich links am Getriebe).
○ Ein ölfeuchter Kupplungszylinder ist undicht und muß ausgetauscht werden.

<u>Fingerzeig:</u> Die Kupplungshydraulik bezieht ihre Flüssigkeit auch aus dem Bremsflüssigkeitsbehälter. Doch droht der Bremsanlage bei einem Leck in diesem Bereich keine Gefahr. Der Entnahmestutzen zur Kupplungshydraulik ist relativ hoch am Behälter angebracht, so daß immer eine ausreichende Flüssigkeitsmenge für die Bremse zurückbleibt.

Kupplungs-Geberzylinder ausbauen

● Sicherheitshalber Massekabel an der Batterie abnehmen, wenn Sie im Fußraum arbeiten.
● Bei einem Fahrzeug mit Scheinwerfer-Reinigungsanlage den Waschwasserbehälter ausbauen.
● Aus dem Bremsflüssigkeitsbehälter möglichst viel Flüssigkeit absaugen (z. B. mit einer alten Injektionsspritze).
● Linkes Ablagefach ausbauen, siehe Seite 261.
● Lappen unter den Geberzylinder legen, Zulaufschlauch abziehen und den Flüssigkeitsrest in den Lappen tropfen lassen.
● Druckleitung zum Nehmerzylinder abschrauben.
● Im Motorraum zwei Muttern von den Haltebolzen losdrehen.

● Am Kupplungspedal die Sicherungsklammer abnehmen, Betätigungsstange aus dem Bolzen aushängen.
● Zylinder zum Motorraum hin abnehmen.
● Beim Einbau an der Berührungsfläche Pedal/Betätigungsstange etwas MoS_2-Fett auftragen.
● Die Muttern des Geberzylinders sollen mit 6 Nm angezogen werden.
● Kupplungshydraulik entlüften.

Fingerzeig: Das Kupplungspedal ist im Passat mit einer sogenannten Übertotpunktfeder versehen. Sie hilft beim Treten des Pedals, drückt es aber nach dem Loslassen in die Ruhestellung. Wandert das Pedal nicht zurück, ist Luft in die Kupplungshydraulik gelangt. Oder die Pedal- bzw. Federlagerung ist schwergängig.

Kupplungs-Nehmerzylinder ausbauen

● Zuerst senkrecht stehenden Umlenkhebel der Schaltbetätigung zusammen mit dem Seilzug am Getriebe abbauen. Wählseilzug nicht lösen.
● Hydraulik-Druckschlauch am Zylinder abschrauben. Vorsicht, es läuft Bremsflüssigkeit aus – auffangen.
● Zwei Muttern von den Haltebolzen des Nehmerzylinders lösen.
● Kupplungszylinder zur Seite abziehen, ggf. mit Rostlöserspray und Montierhebel nachhelfen.
● Bei ausgebautem Zylinder nicht aufs Kupplungspedal treten.
● Neuen Zylinder an den blanken Gehäuseflächen leicht einfetten, Betätigungsstößel mit MoS_2-Paste bestreichen.
● Hydraulikschlauch am neuen Zylinder anschrauben, Zylinder mit 25 Nm am Getriebegehäuse festschrauben.
● Hydraulikanlage entlüften.

Kupplungshydraulik entlüften

Wer das in der Werkstatt übliche Entlüftungsgerät nicht zur Verfügung hat, entlüftet die Kupplungshydraulik so wie die Bremsen (Seite 146) oder – fast ohne Kleckerei – nach der folgenden Methode:
● Entlüftungsnippel einer Vorderradbremse und Nippel des Kupplungs-Nehmerzylinders je 1½ Umdrehungen öffnen.
● Beide Nippel mit einem Schlauch verbinden.
● Bremspedal jetzt mehrmals langsam und behutsam niedertreten, damit Bremsflüssigkeit von der Vorderradbremse durch die Kupplungshydraulik gedrückt wird.
● Nicht zu kraftvoll treten, sonst rutscht der Schlauch ab!
● Flüssigkeitsstand im Bremsflüssigkeits-Vorratsbehälter regelmäßig kontrollieren.
● Wenn im Bremsflüssigkeitsbehälter keine Luftbläschen mehr aus der Kupplungshydraulik aufsteigen, werden beide Entlüftungsnippel zugedreht und der Schlauch abgenommen.
● Zuletzt Bremsflüssigkeit wieder auffüllen.

Kupplung aus- und einbauen

● Getriebe ausbauen (Seite 113).
● Druckplatte über Kreuz losschrauben, dazu einen Schraubenzieher als Arretierung in die Verzahnung der Schwungscheibe stecken.
● Druckplatte und Mitnehmerscheibe abnehmen.
● Schwungscheibe mit Druckluft sauberblasen oder mit einem benzingetränkten Lappen abwischen.

Zum Entlüften der Kupplungshydraulik haben wir hier auf das Entlüfterventil am Kupplungs-Nehmerzylinder (3) einen Schlauch (1) aufgesteckt. Das andere Schlauchende steckt in einem mit Bremsflüssigkeit gefüllten Glas (2).

● Vor dem Wiedereinbau der alten Druckplatte muß diese genau überprüft werden.
● Ihre Nietverbindungen müssen noch fest sitzen.
● Die Anlagefläche zur Mitnehmerscheibe darf keine Risse oder Brandstellen zeigen und nicht mehr als 0,3 mm nach innen durchgebogen sein.
● Zum Messen an der Anlagefläche ein Metallineal quer über die Druckplatte legen und mit der Fühlerblattlehre am Innenrand messen.
● Zum Einbau Keilnuten der Getriebewelle hauchdünn mit hitzebeständigem Fett schmieren.
● Mitnehmerscheibe und Druckplatte in die Schwungscheibe einsetzen. Dabei müssen die Federkäfige der sechs Dämpfungsfedern in der Mitnehmerscheibe zur Druckplatte hin zeigen.
● Mitnehmerscheibe zentrieren. Andernfalls ist nicht gewährleistet, daß sich das Getriebe ohne Schwierigkeiten anflanschen läßt.
● Wenn Sie hierzu nicht den entsprechenden Dorn aus der V.A.G.-Werkstatt zur Verfügung haben, geht es mit einem passenden Stahldorn oder mit einem runden Holzstiel.
● Halteschrauben der Druckplatte über Kreuz mit 20 Nm anziehen.

Fingerzeig: Neue Druckplatten sind gefettet und mit Korrosionsschutzwachs eingesprüht. Während die Anlagefläche für die Mitnehmerscheibe unbedingt mit Verdünnung saubergerieben werden muß, soll das Wachs an den übrigen Stellen keinesfalls abgewaschen werden.

Ausrücklager ersetzen

● Getriebe ausbauen.
● Das Ausrücklager ist mit einer Haltefeder am Kupplungshebel befestigt. Feder abziehen und das Ausrücklager abnehmen.
● Wird das alte Lager wieder eingebaut, darf es nicht ausgewaschen werden; lediglich abwischen.
● Die Führungshülse, auf der das Ausrücklager hin und her verschoben wird, soll an der Anlagefläche zum Ausrücklager mit MoS_2-Fett geschmiert werden.
● An der Stelle, wo das Ausrücklager am Ausrücklager anliegt, muß ebenfalls etwas MoS_2-Fett aufgetragen werden.
● Ausrücklager mit der Feder sichern.

Störungsbeistand

Kupplung

Die Störung	– ihre Ursache	– ihre Abhilfe
A Kupplung rutscht	1 Zu geringes Kupplungsspiel durch defekte Nachstellautomatik (nur mechanische Betätigung)	Nachstellautomatik kontrollieren
	2 Kupplungsbeläge abgenutzt	Mitnehmerscheibe ersetzen
	3 Anpreßdruck der Kupplung zu gering	Kupplungsdruckplatte ersetzen
	4 Belag verölt	Mitnehmerscheibe und defekte Getriebe- oder Kurbelwellendichtung ersetzen
	5 Kupplung wurde überhitzt	Defekte Teile ersetzen
B Kupplung trennt nicht	1 Luft in der Kupplungshydraulik (nur hydraulische Kupplungsbetätigung)	Defektes Teil ersetzen, anschließend entlüften
	2 Mitnehmerscheibe klemmt auf Getriebewelle	Kerbverzahnung mit Drahtbürste gründlich reinigen. Anschließend mit Moly-Paste oder -Spray schmieren
	3 Mitnehmerscheibe hat Schlag	Mitnehmerscheibe ersetzen
	4 Mitnehmerscheibe verzogen oder Belag gebrochen	Mitnehmerscheibe ersetzen
	5 Belag an Schwungscheibe nach sehr langer Standzeit festgerostet	Anfahren, wie unter »Fahren mit defekter Kupplungsbetätigung« beschrieben. Kupplung dauernd durchtreten. Gaspedal ruckartig durchtreten und loslassen, um die Kupplung loszubrechen. Andernfalls ausbauen
C Kupplung trennt nicht und rutscht gleichzeitig durch	Kupplungsdruckplatte defekt	Druckplatte auswechseln
D Kupplung rupft	1 Motor- oder Getriebeaufhängung defekt	Motor- oder Getriebelager ersetzen
	2 Unebenheiten auf der Anlagefläche von Schwungscheibe oder Druckplatte	Defektes Teil ersetzen
	3 Falsche Beläge	Mitnehmerscheibe ersetzen
E Kupplungsgeräusche	1 Unwucht der Kupplungsdruckplatte bzw. Mitnehmerscheibe	Kupplungsdruckplatte bzw. Mitnehmerscheibe ersetzen
	2 Torsions-Dämpferfeder defekt	Mitnehmerscheibe ersetzen
	3 Ausrücklager defekt	Ausrücklager ersetzen
	4 Nietverbindungen in der Kupplung locker	Kupplungsdruckplatte ersetzen

Wechselschritt

Zwischen der Kurbelwelle der Motors und den Antriebsrädern ist eine »Untersetzung« angeordnet, um die Kraft des Motors übertragen zu können. Zum einen gehört dazu das entsprechend den Fahr-Erfordernissen veränderliche Schaltgetriebe und zum anderen der unveränderliche Achsantrieb.

Funktion des Schaltgetriebes

Die Motorleistung wird über die Kupplung auf die Eingangswelle des Schaltgetriebes geleitet. Auf dieser Eingangs- oder Antriebswelle sitzen fünf bzw. sechs Zahnräder (einschließlich Rückwärtsgang), die mit fünf oder sechs dazu passenden Zahnrädern auf der sogenannten Abtriebswelle ständig im Eingriff stehen. Diese Zahnräder können frei umlaufen, bis eines von ihnen beim Schalten eines bestimmten Gangs mit seinem entsprechenden Gegenrad auf der Antriebswelle gekuppelt wird. Das Verhältnis der Zähnezahlen des jeweiligen Zahnradpaars ergibt die betreffende Untersetzungsstufe.
Der Passat hat »vollsynchronisierte« Vorwärtsgänge. Die Zahnräder auf der Antriebs- und Abtriebswelle sind auf stiftartigen Rollen (»Nadeln«) gelagert. Es besteht also keine starre Verbindung zwischen Wellen und Rädern. Die Zahnräder bleiben immer im Eingriff. Beim Gangwechsel wird eine Verbindung zwischen Zahnrad und Welle hergestellt, nicht zwischen den Zahnrädern. Um die Drehzahlen von Welle und Zahnrad einander anzugleichen, läßt man ein Teil einer Welle gegen ein Teil der anderen Welle über Reibelemente schleifen. Durch die Reibung wird die schnellere Welle abgebremst, bis bei gleichem (synchronem) Lauf eine kraftübertragende Verbindung hergestellt werden kann.

Schaltungsprobleme

Wenn sich die Gänge nur noch schwer einlegen lassen oder die Schaltung nach längerer Fahrt plötzlich Schwierigkeiten macht, kommt als Fehlerursache weit häufiger die Kupplung in Betracht als das Getriebe. Zur Kontrolle der Schaltseileinstellung besitzt die V.A.G.-Werkstatt eine Lehre. Nur wenn Sie sich unterwegs behelfen müssen, sollten Sie die beschriebene Noteinstellung durchführen.

Behelfsmäßige Einstellung

- Schalthebel in Leerlaufstellung drücken.
- Sicherheitshalber die Stellung der Seilzugbefestigung markieren.
- Dann wissen Sie noch die ursprüngliche Einstellung, wenn unsere Noteinstellung nicht weiterhilft.
- Im Motorraum am senkrecht stehenden Umlenkhebel die Schraube am Haltezapfen für den Wählseilzug lockern.
- Jetzt können Sie den Zapfen im Langloch verschieben.
- Festziehen und am Schalthebel kontrollieren, ob sich die Gänge besser einlegen lassen. Achten Sie vor allem auf die Rückwärtsgangsperre.
- Hat das nichts gebracht, wiederholen Sie dasselbe am waagrechten Getriebeschalthebel mit dem Schaltseilzug.

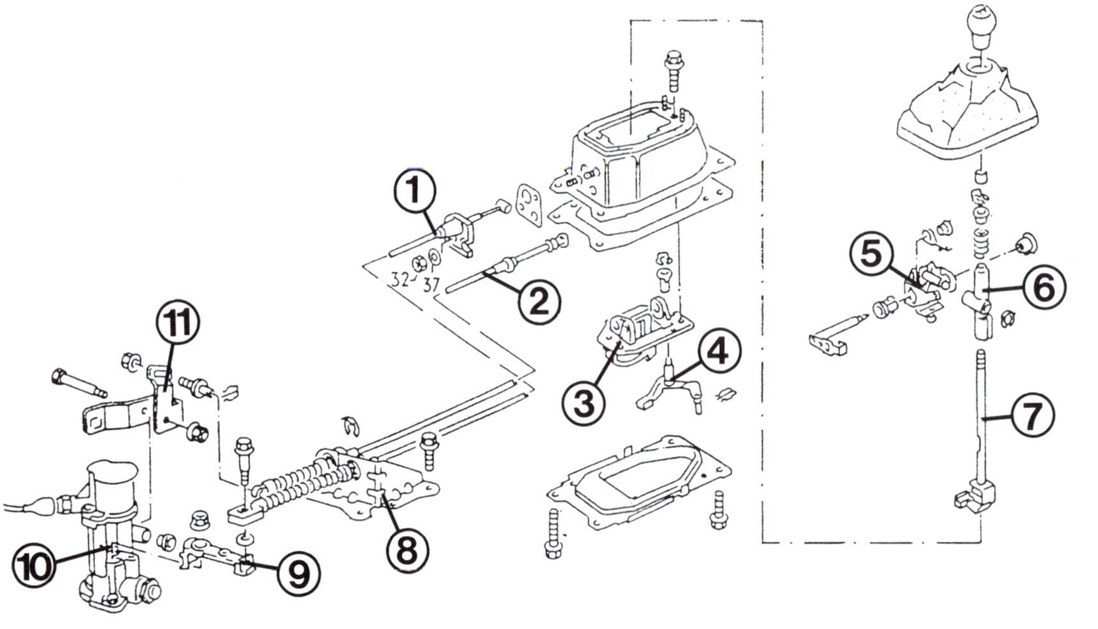

Die Teile der Schaltbetätigung beim Passat-Getriebe:
1 – Schaltseilzug;
2 – Wählseilzug;
3 – Lagerplatte;
4 – Wählwinkel;
5 – Wählgehäuse;
6 – Schalthebelführung;
7 – Schalthebel;
8 – Seilzug-Widerlager;
9 – Getriebeschalthebel;
10 – Schaltgehäuse;
11 – Umlenkhebel.

Der Passat muß so aufgebockt werden, daß Sie sowohl im Motorraum als auch an der Wagenunterseite arbeiten können. Das Getriebe wird nach unten abgenommen.
Zum Getriebeausbau wird auch die Motoraufhängung gelöst. Daher müssen Sie den Motor an einem Flaschenzug aufhängen. Das Einlegen eines Kantholzes (an dem der Motor hochgebunden wird) zwischen beiden Vorderkotflügeln ist beim Passat nicht ratsam. Es kann wegen des stark abfallenden Vorderwagens abrutschen – Unfallgefahr! Ohne geeignete Sicherungsmaßnahmen ist der eigenhändige Getriebeausbau nicht ratsam.

- Motorhaube ausbauen (Seite 247).
- Motor mit Ketten oder Stahlseilen am Flaschenzug einhängen.
- Massekabel an der Batterie abklemmen.
- Am Getriebe sämtliche elektrischen Anschlüsse abklemmen und für den Wiedereinbau kennzeichnen.
- Schaltseilzüge von ihren Hebeln abklemmen.
- Widerlager der Seilzüge abschrauben (Bild unten).
- **53/55-kW-Motor:** Kupplungsseil vom Betätigungshebel abnehmen (Seite 108).
- **Motoren ab 66 kW:** Zum Abbau des Kupplungs-Nehmerzylinders muß der Umlenkhebel mit dem daran befestigten Wählseilzug abgenommen werden.
- Nehmerzylinder ausbauen (Hydraulikschlauch bleibt angeschlossen) und seitlich so festbinden, daß er bei den weiteren Arbeiten nicht stört.
- **Alle Motoren:** Tachowelle vom Getriebe lösen (Seite 219).
- Obere Verbindungsschrauben Motor/Getriebe herausdrehen.
- Um Platz zu schaffen, den Ansaugschlauch zum Luftfilter abnehmen.
- Die im folgenden angesprochenen Aufhängungsteile des Triebwerkblocks sehen Sie auf Seite 43.
- An der rechten Motorhaltekonsole die drei Schrauben zum Metall-Gummi-Lager/Hydrolager losdrehen.
- Links an der Getriebehaltekonsole oben die Schraube zum Gummi-Metall-Lager lösen. Bei Servolenkung deren Schlauchleitungen vorsichtig zur Seite drücken.
- Beim Passat mit ABS ist diese Schraube nur sehr schlecht zugänglich. Hier sollten Sie zuvor den Kühlmittel-Ausgleichbehälter ausbauen.
- An der Motorhaltekonsole vorn die Mutter zum Gummi-Metall-Lager losdrehen.
- Ketten bzw. Seile am Flaschenzug »auf Spannung« bringen, also etwas straff ziehen.
- Um Platz zu gewinnen, Kühlerventilator ausbauen.
- Anlasser ausbauen, siehe Seite 184.
- Motorhaltekonsole vorn abschrauben.
- Schlauchleitungen der Servolenkung über das Gummi-Metall-Lager der vorderen Motorhaltekonsole drücken und festbinden.
- Am Aggregateträger das schwingungsdämpfende Ausgleichgewicht (Bild Seite 43) abschrauben.
- Wenn am Motor ein Wärmeschutzblech für das innere Gelenk der rechten Antriebswelle montiert ist, muß dies abgenommen werden.
- Gelenkwellen vom Getriebe abschrauben.
- Motor/Getriebe-Block so weit wie möglich nach rechts drücken und, wenn möglich, an der rechten Fahrzeugseite etwas anheben.
- Getriebestütze und -konsole links vom Getriebe abschrauben.
- Jetzt den Motor/Getriebe-Block zum Innenraum hin drücken, damit Sie die untere Schraube der Getriebekonsole abnehmen können.
- An der Kupplungsglocke das kleine Abdeckblech abschrauben, Schrauben für das Deckblech herausdrehen.
- Von unten einen Rangierheber ans Getriebe heranfahren und die unteren Verbindungsschrauben zwischen Motor und Getriebe herausdrehen.

Ein Blick auf das Getriebe mit der Schaltbetätigung:
1 – Wählseilzug;
2 – Schaltseilzug;
3 – Tilgergewicht;
4 – Schaltgehäuse;
5 – Kontaktstecker für Rückfahrlichtschalter;
6 – Umlenkhebel;
7 – Kupplungs-Nehmerzylinder.

● Mit einem Montierhebel das Getriebe vom Motor abdrücken und ablassen.
● Zum **Einbau** den Kupplungsausrückhebel zum Getriebegehäuse hin drücken und in dieser Stellung mit einer 22 mm langen M-8-Schraube sichern.
● Beim Ansetzen des Getriebes muß das Deckblech richtig sitzen.
● Achten Sie darauf, daß die Motor/Getriebe-Aufhängungen nicht verspannt sind.
● Beim 53/55-kW-Motor Funktion der Kupplungsnachstellung prüfen, siehe Seite 109.
● Schaltseile behelfsmäßig einstellen. Gelegentlich in der Werkstatt mit dem Spezialwerkzeug Einstellung kontrollieren lassen.

Anzugs-drehmomente

Bauteile	Nm
Getriebe an Motor	80
Anlasser an Getriebe und Motor	60
Gelenkwellen an Getriebe	45
Getriebehaltekonsole und -stütze an Gummi-Metall-Lager	60
Getriebehaltekonsole an Getriebe	25
Getriebestütze an Getriebe	60
Motorhaltekonsole hinten rechts an Gummi-Metall-Lager	25
Motorhaltekonsole vorn an Gummi-Metall-Lager	60
Schaltseilzug-Widerlager an Getriebe	15
Schaltseilzug an Getriebeschalthebel	25
Kupplungs-Nehmerzylinder an Getriebe	25
Ausgleichgewicht an Aggregateträger	30

Getriebegeräusche

Im Lauf der Zeit kann das Getriebe durch Geräuschentwicklung auf sich aufmerksam machen. Dann sollten Sie zuerst nach dem Ölstand im Getriebe sehen.
○ Tritt ein **heulendes Geräusch in einem Gang** auf und verändert sich der Ton beim Gasgeben und Gas wegnehmen, dürfte die Verzahnung des betreffenden Gangradpaares verschlissen sein.
○ Treten die **Geräusche in allen Gängen** auf, liegt es am Achsantrieb oder an den Getriebe-Wellenlagern.
○ **Rauhe, mahlende Geräusche**, die erst bei warmem Getriebe hörbar werden, weisen auf schlagende Synchronringe hin. Bei dünnflüssiger werdendem Öl wird dieses immer an derselben Stelle vom Synchronring weggedrückt.

Automatisches Getriebe

Das Automatikgetriebe für den Passat ist elektrohydraulisch gesteuert. Neben vier Fahrstufen verfügt dieses Getriebe auch noch über zwei Schaltprogramme. Mit einem Schalter kann der Fahrer zwischen Stellung »Eco« (verbrauchsgünstige Fahrweise, das Getriebe schaltet möglichst früh hoch) oder »Sport« (in den einzelnen Fahrbereichen wird erst bei höheren Drehzahlen hochgeschaltet) wählen. Die neuere Automatikversion erkennt an den Bewegungen des Gaspedals, welches Programm richtig ist, der Tastschalter ist entfallen.

Funktion allgemein

Kernstück des Automatikgetriebes sind sogenannte Planetensätze. Die bestehen aus einem Zahnrad, um das drei weitere Zahnräder umlaufen. Über diese Anordnung ist ein Ringrad mit Innenverzahnung gestülpt. Jeweils zwei dieser Baugruppen sind zu einem Radsatz zusammengefaßt und bilden ein eigenes kleines Zweiganggetriebe. Das Geniale an diesen Getrieben ist die Art, sie zu schalten. Die Übersetzungsänderung erfolgt lediglich durch Festhalten oder Loslassen von Teilen des Planetensatzes. Geschaltet wird also ohne Unterbrechen des Kraftflusses. Das Halten und Lösen besorgen hydraulisch gesteuerte Lamellenkupplungen und Lamellenbremsen.
Um ein mehrstufiges Getriebe zu erhalten, sind drei Planetensätze hintereinandergeschaltet. So entsteht ein Vierganggetriebe mit Rückwärtsgang. Die Koordination der Radsätze erledigt die hydraulische Getriebesteuerung.

Der Drehmomentwandler

Die Übertragung der Kraft des Motors auf das Getriebe erfolgt mit Flüssigkeit. Der Motor treibt das Pumpenrad im Drehmomentwandler an. Die in Rotation gebrachte Wandlerflüssigkeit kann nun über ein dazwischen sitzendes Leitrad das mit dem Getriebe verbundene Turbinenrad ebenfalls in Bewegung setzen. Zwischen dem mit Motordrehzahl rotierenden Pumpenrad und dem Turbinenrad am Getriebeeingang herrscht immer ein Drehzahlunterschied. Er ist beim Anfahren am größten, mit zunehmender Geschwindigkeit gleichen sich die Drehzahlen zwischen Pumpen- und Turbinenrad immer mehr an. Aber ein gewisser »Schlupf« bleibt beim herkömmlichen Automatikgetriebe immer noch. Bei unserem Getriebe wird dagegen der Drehmomentwandler im 3. und 4. bzw. ausschließlich im 4. Fahrbereich überbrückt, d. h. es herrscht eine starre Verbindung zwischen Motor und Automatikgetriebe. So läßt sich der Kraftstoffverbrauch senken.

Die Kraftübertragung vom Motor auf die Antriebsräder ist hier schematisch dargestellt.
Die Zahlen bedeuten:
1 – Getriebe;
2 – Getriebe-Antriebswelle;
3 – Kupplung;
4 – Motor;
5 – Getriebe-Abtriebswelle;
6 – Achsantrieb;
7 – Ausgleichgetriebe;
8 – Tachoantrieb.
Die Zahnräder der einzelnen Gänge sind mit I, II, III, IV, V und R markiert.

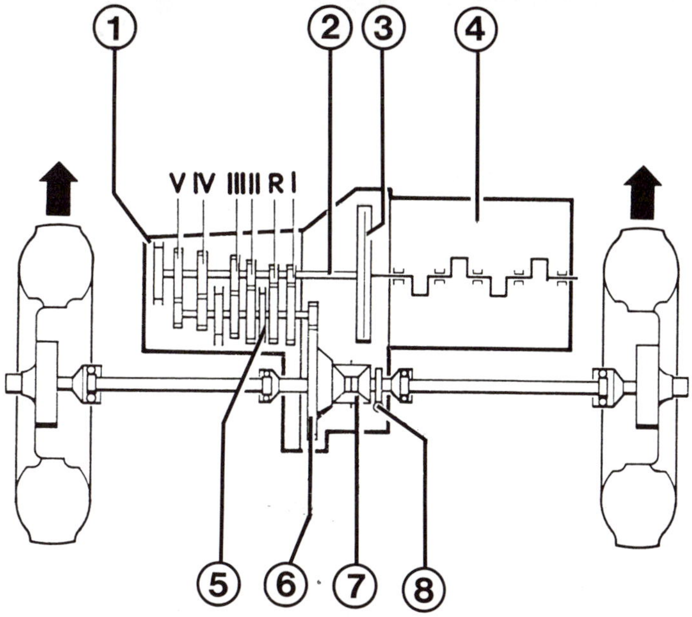

Die elektronische Getriebesteuerung

Eingangssignale

Das Steuergerät verarbeitet Signale von verschiedenen Bauteilen; Informationen kommen von:
○ **Wählhebel mit Mulitfunktionsschalter** für die Wählhebelstellung. Die Hebelstellung steuert auch das Einschalten der Rückfahrleuchten, die Anlassersperre bei eingelegtem Fahrbereich und das Ein- und Ausschalten der Geschwindigkeits-Regelanlage.
○ **Eco/Sport-Taste** (alte Getriebeversion) neben dem Wählhebel für das gewünschte Schaltprogramm.
○ **Drosselklappen-Potentiometer** für die Stellung der Drosselklappe. Dieses von der Einspritzung bekannte Bauteil dient zur Errechnung der Schaltpunkte.
○ **Geschwindigkeitssensor** im Getriebe zur Ermittlung der Fahrgeschwindigkeit ebenfalls für die Schaltpunkte. Fällt dieser Sensor aus, nimmt das Steuergerät die Motordrehzahl (vom Hallgeber der Zündanlage) als Ersatzwert.
○ **Kickdownschalter** im Gaszug; er gibt Meldung, wenn das Gaspedal voll durchgetreten wurde. Dann wird später hochgeschaltet oder ggf. auch ein oder zwei Fahrbereiche zurückgeschaltet.
○ **Bremslichtschalter** für die Freigabe der elektromagnetischen Wählhebelsperre. Nur bei getretenem Bremspedal läßt sich der Wählhebel aus Stellung »P« oder »N« in einen Fahrbereich schieben.
○ **ATF-Temperaturfühler** für die Temperatur der Getriebeflüssigkeit. Starke Drehzahlunterschiede zwischen Motor und Getriebe können eine erhebliche Erwärmung der ATF bewirken. Wenn ans Steuergerät die Meldung »erhöhte Temperatur« kommt, wird in den einzelnen Fahrbereichen später hochgeschaltet. Das verringert den Schlupf im Wandler und senkt die ATF-Temperatur – erst dann wird wieder auf das normale Fahrprogramm umgeschaltet.

Steuerung der Schaltvorgänge

Wenn Sie den Wählhebel in Stellung »D« bewegen, gelangt unter Druck stehende ATF an die sogenannten Schaltschieber im Schaltschieberkasten, die ihrerseits die Lamellenkupplungen und -bremsen hydraulisch steuern. Den Druck regelt das Steuergerät mit Magnetventilen und bestimmt so den Zeitpunkt zum Hoch- bzw. Zurückschalten sowie die Schaltübergänge. Gleichzeitig besteht eine Verbindung mit dem Steuergerät der Zünd/Einspritz-Steuerung – beim Hochschalten wird der Zündzeitpunkt etwas zurückgenommen, damit der Schaltübergang weich verläuft.
Befehle vom Steuergerät gelangen weiterhin an den Magnet der Wählhebelsperre, das Kombirelais für Anlassersperre und Rückfahrleuchten und die Eco/Sport-Leuchtanzeige. Ist der Passat mit einer Geschwindigkeitsregelanlage ausgestattet, wird diese vom Steuergerät nur dann mit Spannung versorgt, wenn ein Vorwärts-Fahrbereich eingelegt wurde und die Geschwindigkeit erstmals 30 km/h überschritten hat.

Eigendiagnose

Das Steuergerät kann auftretende Fehler erkennen und speichern. Ein Prüfprogramm überwacht die Ein- und Ausgangssignale praktisch aller Geber und Bauteile sowie deren Stromkreise. Aufgetretene Fehler werden in einem Dauerspeicher festgehalten. Beim Inspektions-Service in der Werkstatt wird der Fehlerspeicher abgefragt. Das geschieht mit einem Auslesegerät; eine Möglichkeit für den Heimwerker zur Fehlerspeicherabfrage ist leider nicht vorgesehen. Falls Sie einen Fehler in der Getriebesteuerung vermuten, können Sie den Fehlerspeicher nur in der V.A.G.-Werkstatt abrufen lassen.

Notlauf

Hat das Steuergerät einen Fehler erkannt, der die Funktion erheblich beeinträchtigt oder ist das Steuergerät selbst defekt, wird auf »Notlauf« geschaltet. Passiert dies während der Fahrt in einem Vorwärts-Fahrbereich, wird die 3. Fahrstufe aktiviert. Sie haben als Fahrer ein eindeutiges Erkennungszeichen für einen Defekt an der Getriebesteuerung: In Stellung »D« wird nicht mehr bis zur 4. Fahrstufe hochgeschaltet.

Wenn der Passat aufgebockt ist, lassen sich die Manschetten der Antriebswellengelenke (1) problemlos kontrollieren. Drücken Sie, wie hier im Bild gezeigt, die hochstehenden Manschettenteile (Pfeil) zur Seite, damit Sie auch versteckt sitzende Beschädigungen erkennen. Rechts auf der Antriebswelle sehen Sie das Ausgleichgewicht (2).

Automatikgetriebe prüfen

Für den Selbsthelfer bietet das Automatikgetriebe im Passat kaum noch Möglichkeiten zur Eigeninitiative. Gezielte Prüfungen helfen jedoch, den Fehler einzukreisen, was nicht zuletzt beim Gebrauchtwagenkauf interessant ist:

○ Der ATF-Stand im Getriebe ist bei Störungen als erstes zu prüfen.

○ Riecht die ATF am Peilstab verbrannt, liegt ein schwerer Getriebeschaden vor. Die Bremsbänder bzw. Kupplungslamellen sind dann defekt.

○ Auf einer Probefahrt können die Schaltpunkte überprüft werden.

○ Die Art, wie die Schaltvorgänge erfolgen, gibt Aufschluß über den Zustand der Automatik.

○ Die Einstellung des Wählhebelseilzuges zum Getriebe ist eine wichtige Voraussetzung für fehlerfreie Arbeitsweise.

Beurteilen der Schaltvorgänge

Bei einer Probefahrt können Sie Ihre Aufmerksamkeit auf die Schaltvorgänge richten:

○ Hochschalten: Bei teilweise durchgetretenem Gaspedal ist der Gangwechsel kaum wahrnehmbar; bei Vollgas oder Kickdown werden die Übergänge zwar etwas deutlicher, doch stets muß der höhere Gang geschmeidig fassen. Kurzes Hochdrehen beim Gangwechsel deutet auf Fehler hin.

○ Herunterschalten: Ohne Gas (beim Ausrollenlassen) kaum spürbar bei sehr niederen Geschwindigkeiten. Ein Stoß ist beim Rückschalten mit Teil- oder Vollgas normal. Das Zurückschalten ohne Gas mit dem Schalthebel dauert ein bis zwei Sekunden. Wird beim zwangsweisen Zurückschalten mit dem Schalthebel Gas gegeben, erfolgt der Gangwechsel ohne Verzögerung.

Der Achsantrieb

Das Getriebe und der Achsantrieb mit dem Ausgleichgetriebe sitzen in einem gemeinsamen Gehäuse. Die vom Motor ans Getriebe geleitete Kraft gelangt über ein kleines und ein großes Zahnrad an den Achsantrieb. Am großen Zahnrad ist das Gehäuse des Ausgleichgetriebes angeschraubt. In diesem Gehäuse sitzen vier ineinandergreifende Kegelräder, von denen zwei mit den Antriebswellen verbunden sind.
Solange wir geradeaus fahren, rollen beide Vorderräder mit der Drehzahl des großen Achsantriebsrades. Die Kegelräder des ebenfalls im gleichen Tempo drehenden Ausgleichgetriebe-Gehäuses stehen dagegen still. Beim Durchfahren einer Kurve muß das kurvenäußere Rad einen längeren Weg zurücklegen als das innere. Jetzt treten die Kegelräder in Aktion: Die schnellere Drehung des äußeren Rades und seines Kegelrades wirkt über die beiden Übertragungskegelräder auf jenes Kegelrad auf der Kurveninnenseite ein, das nun entsprechend langamer dreht. Dieser Ausgleich ist notwendig, sonst würde der Wagen ruckartig mit durchdrehenden Vorderrädern durch die Kurven fahren. Nachteilig wirkt sich das Ausgleichgetriebe jedoch aus, wenn ein Antriebsrad auf glattem Untergrund durchdreht. Dann wird auf das andere Vorderrad praktisch keine Kraft mehr übertragen, der Wagen rührt sich nicht von der Stelle.

Die Antriebswellen

Damit Sie beim Fahren und Lenken kein Zerren in der Lenkung verspüren, müssen die Gelenke der Antriebswellen die Kräfte in allen Feder- und Lenkstellungen vollkommen gleichmäßig übertragen. Am Ausgleichgetriebe sitzt ein sogenanntes Verschiebegelenk. Es ermöglicht den zum Ein- und Ausfedern notwendigen Längenausgleich, muß aber nur geringe Beugewinkel ertragen. Am Rad sitzt ein Festgelenk. Hier ist kein Längenausgleich notwendig, dafür ein großer Beugewinkel für den Lenkeinschlag.

Das Ausgleichgewicht (1) auf der Antriebswelle sitzt dicht zum inneren Gelenk (2) hin. Die genaue Stellung des Gewichts wird jedoch vom äußeren Gelenk (3) gemessen. Das Maß »d« beträgt bei der linken Antriebswelle 264,5 mm, bei der Welle rechts dagegen 521 mm.

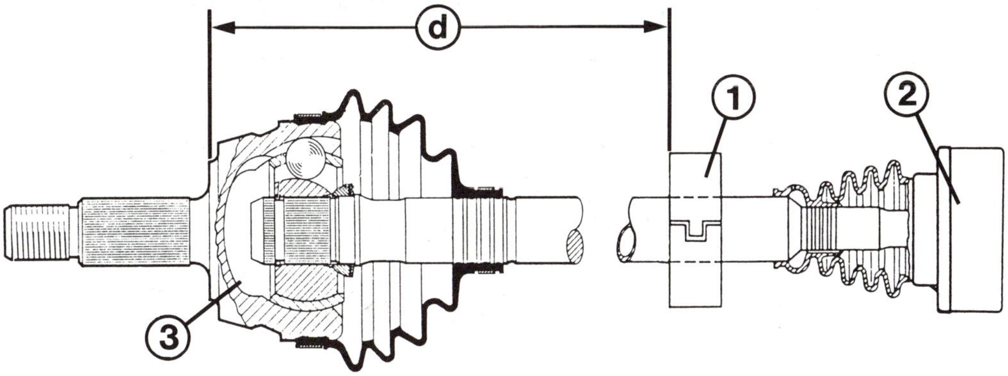

Manschetten der Antriebswellen prüfen

Wartung Nr. 23

- Wagen vorn mit freihängenden Rädern aufbocken.
- Am Rad drehen und beide Manschetten der Welle auf feine Risse und spröde Stellen kontrollieren.
- Sitzen die Schlauchbinder fest?
- Fettspuren an der Manschette sind ein Alarmsignal, denn fehlendes Schmiermittel oder eindringender Schmutz bzw. Feuchtigkeit zerstören die Gelenkoberflächen sehr schnell.
- Beschädigte Manschetten sofort ersetzen. Dazu muß die Antriebswelle ausgebaut und zerlegt werden.

Störungssuche an den Antriebswellen

Gewöhnlich gibt es mit den Antriebswellen keine Probleme. Ihre Lebensdauer hängt natürlich von der Fahrweise ab. Vollgasstarts mit eingeschlagenen Vorderrädern und Anfahren mit durchdrehenden Antriebsrädern führen zu vorzeitigem Defekt.
Die Gelenke der Antriebswellen zeigen meist schlagartig Ausfallserscheinungen, die aber zwischendurch wieder völlig verschwinden können. Die »ruhige Phase« kann sich über mehrere Tage und Kilometer erstrecken.

○ Charakteristisch sind **rhythmische Schlag- oder Knack-knack-knack-Geräusche** beim Gasgeben und im Schiebebetrieb. Verändern sich diese Töne noch abhängig vom Lenkeinschlag, dürfte das radseitige Gelenk defekt sein.

○ **Vibrationen und Zitterbewegungen im Lenkrad** bei eingeschlagenen Rädern weisen ebenfalls auf ein schadhaftes äußeres Gelenk.

Antriebswelle ausbauen

Die Haltemutter an der Achsnabe ist selbstsichernd und muß jedesmal erneuert werden. Außerdem ist es wichtig zu wissen, daß der Passat mit ausgebauter Gelenkwelle nicht geschoben werden darf. Hierbei würde das Radlager ungleichmäßig belastet, und die Lagerrollen werden beschädigt.

- Radzierkappe bzw. kleine Blende abnehmen.
- Sechskantmutter SW 30 in der Radnabe lösen; hierzu muß der Passat absolut fest auf dem Boden stehen. Mutter herausdrehen.
- Wagen vorn aufbocken.
- Innenvielzahnschrauben der Welle am Getriebe herausdrehen.
- Zum Abnehmen der linken Welle Federbein vom Radlagergehäuse abschrauben, siehe Seite 124.
- Radlagergehäuse zur Seite schwenken.
- Gelenkwelle vom Getriebeflansch abdrücken und herausziehen.
- Welle aus dem Radlagergehäuse ziehen.
- An der rechten und linken Gelenkwelle ist ein Aus-

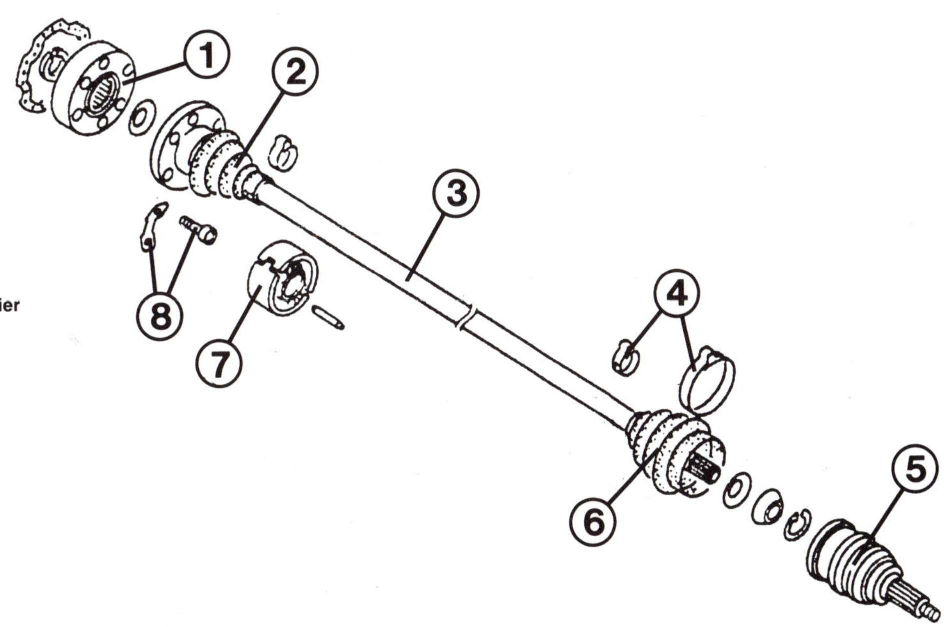

Die wichtigsten Teile der Antriebswelle sind hier abgebildet:
1 – getriebeseitiges Antriebsgelenk;
2 – Manschette innen;
3 – Welle;
4 – Schlauchbinder;
5 – radseitiges Antriebsgelenk;
6 – Manschette außen;
7 – Ausgleichgewicht;
8 – Schraube mit Unterlegplättchen.

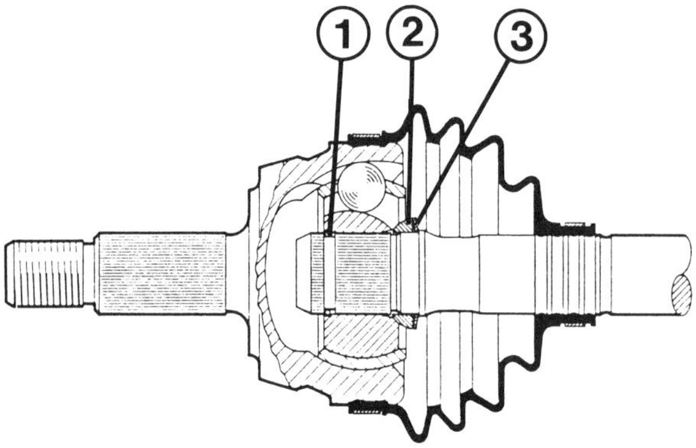

Beim Zusammenbau des äußeren Antriebswellengelenks müssen die Teile wie abgebildet montiert sein. Es bedeuten:
1 – Sicherungsring;
2 – Abstandsring;
3 – Tellerfeder.

gleichgewicht angebracht, muß es an gleicher Stelle an der neuen Antriebswelle wieder montiert werden.

● Dazu eine der beiden Spannhülsen im Ausgleichgewicht mit einem dünnen Dorn herausklopfen, Ausgleichgewicht auseinanderklappen und abnehmen.

● Damit das Ausgleichgewicht nicht auf der Gelenkwelle verrutschen kann, ist an seiner Innenseite ein Klebeband angebracht.

● Kontrollieren Sie vor der Montage, ob dessen Klebewirkung noch ausreicht.

● Wenn nicht, neues Klebeband anbringen oder einen anderen Kleber auftragen.

● Das Ausgleichgewicht muß an einer festgelegten Stelle an der Welle montiert werden (Zeichnung auf der Vorseite oben).

● Beim Eintreiben der Spannhülse an der neuen Gelenkwelle darauf achten, daß die Schutzlackierung der Welle nicht beschädigt wird.

● Unterlegplättchen der Innenvielzahnschrauben nicht vergessen. Anzugsdrehmoment 45 Nm.

● Wagen ablassen, Räder blockieren. Neue Achsnabenmutter mit Unterlegscheibe montieren und mit 265 Nm anziehen.

Gelenkwellen-Ausführungen

Motor	Kennbuchstaben	Gelenk innen		Gelenk außen
		Breite	Fettfüllung	Fettfüllung
53/55 kW	RF, 1F, EZ, AAM	90 mm	90 g VW G6.2	90 g VW G6.2
66/79/85 kW	RP, PF, 2E	100 mm	120 g VW G6.2	90 g VW G6.2
100 kW	9A	100 mm	120 g VW G6.3	90 g VW G6.3

Antriebswelle zerlegen

Zum Manschetten- oder Gelenkwechsel muß die ausgebaute Antriebswelle zerlegt werden. Problematisch ist hierbei, daß das getriebeseitige Verschiebegelenk aufgepreßt ist. Wenn Sie es nach unserer behelfsmäßigen Ausbaumethode nicht abnehmen können, muß es abgepreßt und das neue Gelenk aufgepreßt werden.

● **Äußeres Gelenk:** An einer intakten Manschette den großen Schlauchbinder aufbiegen, Schutzhülle zurückstreifen.

● Bei beschädigter Manschette diese komplett abnehmen.

● Gelenk mit einem Kunststoffhammer von der Gelenkwelle mit einem kräftigen Schlag losklopfen.

● Beim Einbau Sitz der Tellerfeder und des Abstandsrings beachten (Zeichnung oben).

● Manschette aufziehen.

● Neuen Sicherungsring in die Nut der Gelenkwelle einsetzen, dann Gelenk mit dem Kunststoffhammer aufklopfen, bis der Sicherungsring einrastet.

● Gelenk fetten: Ein neues erhält an jeder Seite die Hälfte der oben angegebenen Menge eingedrückt, ein gebrauchtes Gelenk wird nachgefettet.

● Klemmschellen der Manschette fest zusammenpressen.

● **Inneres Gelenk:** Lage der Gummimanschette am Gelenkwellenrohr anzeichnen (dabei den Lack nicht beschädigen). In dieser Lage muß die neue Manschette wieder montiert werden.

● Blech-Schutzkappe samt der daran befestigten Manschette mit Hammer und Durchschlag vorsichtig vom Gelenk herunterklopfen. Dabei den Durchschlag an mehreren Stellen rund um das Gelenk ansetzen.

● Am Wellenstumpf den Sicherungsring des Gelenks mit zwei feinen Schraubenziehern und Geduld aus seiner Nut herausheben.

● Antriebsgelenk mit Hammerschlägen von der Welle losklopfen.

● Tellerfeder von der Antriebswelle abdrücken.

● Klemmschelle der Manschette aufbiegen oder mit einem Seitenschneider durchschneiden, Manschette abziehen.

● Neue Manschette montieren, Klemmschelle fest zusammenpressen.

● Tellerfeder so einbauen, daß ihr größerer Durchmesser zum Gelenk hin zeigt.

● Gelenk in seinen Sitz klopfen, neuen Sicherungsring montieren.

● Bei der 100 mm breiten Ausführung (ab 66 kW) sitzt zwischen dem inneren Gelenk und dem Getriebe noch eine Dichtung. Zum Ersetzen dieser Dichtung die Schutzfolie abziehen und in das Gelenk kleben.

● Auf jeder Seite des neuen Gelenks die halbe Menge Schmierfett eindrücken. Ein gebrauchtes Gelenk lediglich nachfetten.

● Blech-Schutzkappe der Manschette aufdrücken, notfalls leicht aufklopfen.

Bodenkontakt

Sache des Fahrwerks ist es nicht nur, guten Kontakt zur Fahrbahn herzustellen – also für gute Straßenlage zu sorgen. Darüber hinaus muß es Stöße von Unebenheiten in gedämpfte Bewegungen umwandeln, die von den Wageninsassen noch als angenehm empfunden werden.

Die Vorderradaufhängung

Im Mittelpunkt steht ein massiver Aggregateträger. Gelenkig mit ihm verbunden ist rechts und links unten je ein Achslenker in Form eines Dreiecks. Sie dienen zur Führung der Räder. An jedem Dreieckslenker ist außen über ein Gelenk das Radlagergehäuse befestigt, das seinerseits mit dem sogenannten Federbein als Federungs-/Stoßdämpfungseinheit verschraubt ist.
Außerdem ist beim Passat an den beiden Dreieckslenkern der vorderen Radaufhängung ein Stab aus Rundstahl angeschraubt. Bei den Limousinen bis 66 kW beträgt sein Durchmesser 22 mm, die stärkeren Limousinen und alle Variant haben einen 24-mm-Stabi.
Er bewirkt folgendes: Federn beide Räder gleichzeitig ein, macht dieser Stabilisator die Bewegung mit, ohne sich dagegen zu sperren. Beim Durchfahren einer Kurve federt jedoch das kurveninnere Rad aus, und die Feder des kurvenäußeren Rades wird stärker zusammengepreßt. Dadurch wird der Stabilisator in sich verdreht. Er verstärkt so die Federung im kurvenäußeren Rad und bewirkt, daß sich die Karosserie weniger stark zur Kurvenaußenseite neigt.

Die Lenkung

Die Drehungen am Lenkrad wandelt ein Lenkgetriebe – es sitzt hinter dem Motor vor der Trennwand zum Innenraum – in eine hin- und hergehende Bewegung um, damit die Vorderräder zur Seite schwenken können. Der Passat hat eine Zahnstangenlenkung. Ein Zahnrad (Ritzel) am Ende der Lenksäule greift in eine gezähnte Stange ein und verschiebt diese je nach Drehung am Lenkrad nach rechts oder links. Diese Bewegungen übertragen die beiden an der Zahnstange angeschraubten Spurstangen auf die schwenkbaren Radzapfen (Achsschenkel) und damit auf die Räder.
Durch eine bestimmte Schrägstellung der Federbeine wurde noch ein Effekt erzielt, der ebenfalls auf die Lenkung Einfluß hat: Das ist der spurstabilisierende Lenkrollradius. Das kann man sich so vorstellen: Wir verbinden den oberen und den unteren Lagerpunkt des Federbeins mit einer gedachten Linie und schauen, wo diese (verlängert nach unten) auf den Boden auftrifft. Beim Passat ist der Auftreffpunkt außerhalb der Reifenmitte.
Damit wird eine Umkehr der Kräfte erzielt, die auf das Rad wirken. Ist beispielsweise die Bremse am linken Vorderrad defekt, würde der Wagen beim Bremsen nach rechts ziehen. Nicht so beim Passat. Die am Rad ansetzende Kraft wirkt gewissermaßen entgegengesetzt auf das Fahrwerk, und die Tendenz zum Ausbrechen des Wagens wird ausgeglichen.

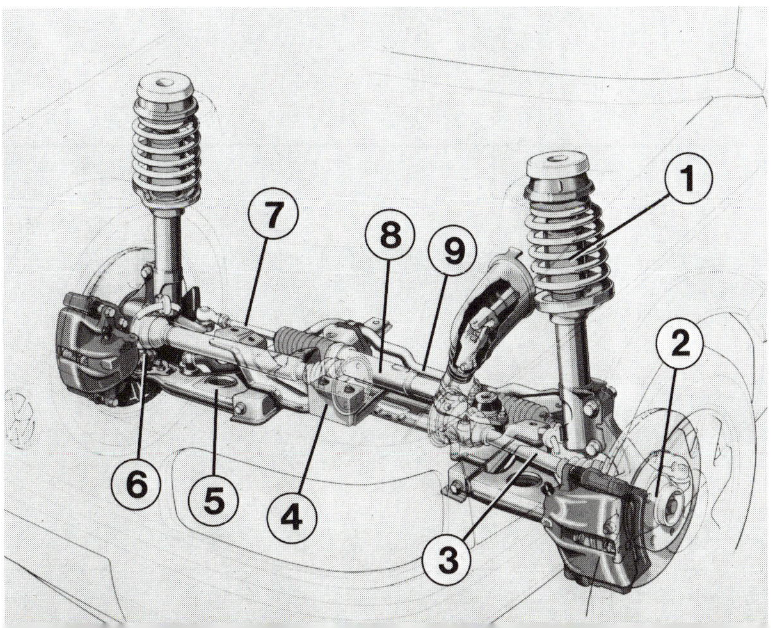

Die Vorderachse des Passat:
1 – Federbein;
2 – Radlagergehäuse;
3 – Antriebswelle;
4 – Tilgergewicht;
5 – Dreieckslenker;
6 – Achsgelenk;
7 – Spurstange;
8 – Lenkgetriebe;
9 – Stabilisator.

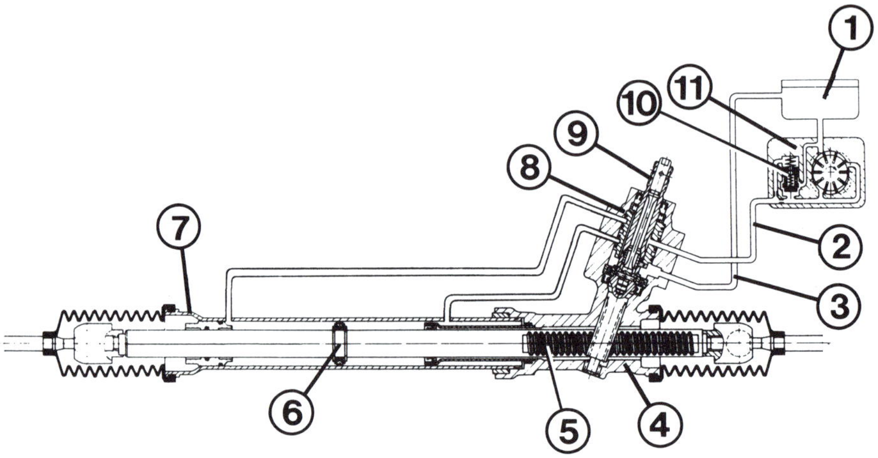

Die Servolenkung im Schema dargestellt:
1 – Vorratsbehälter;
2 – Druckleitung;
3 – Rücklaufleitung;
4 – Ritzelgehäuse;
5 – Zahnstange;
6 – Kolben;
7 – Gehäuse;
8 – Ventilkörper;
9 – Lenkritzel;
10 – Druck- und Strombegrenzungsventil;
11 – Flügelpumpe.

Die Servolenkung

Bei der Servolenkung dient die Zahnstange im Lenkgetriebe gleichzeitig als Kolben. Dieser wird vom hineingepumpten Hydrauliköl nach rechts oder links verschoben. In welche Richtung gepumpt wird, bestimmen Sie beim Drehen des Lenkrads. Diese Drehung wird auf ein Ventilsystem übertragen, das Richtung und Menge des Flüssigkeitsstromes regelt.
Den Druck im hydraulischen System erzeugt eine Flügelpumpe, die der Motor über einen Keilriemen antreibt.

Die Hinterachse

Hier haben wir eine richtige Achse aus einem Stück vor uns. Sie ist aber nicht starr, sondern in sich verdrehbar; dabei wirkt sie wie ein Stabilisator. Das Kernstück bildet ein V-förmiger Querträger aus Federstahl. Daran sind rechts und links rohrförmige Längslenker angeschweißt. Sie tragen in Fahrtrichtung hinten die Haltekonsole für das Federbein, an ihrer Seite ist der Radzapfen angeschraubt. Mit Ausnahme der 53/55-kW-Limousinen mit Schaltgetriebe ist bei allen Modellen ein zusätzlicher Stabilisator am Hinterachskörper angeschweißt. Dieser besitzt je nach Motorvariante einen Durchmesser von 14, 18 oder 21 mm.
Die Verbindung zwischen Hinterachse und Karosserie stellen sogenannte spurkorrigierende Gummi-Metall-Lager her. Sie verhindern durch ihre spezielle Form, daß seitlich einwirkende Kräfte z. B. beim Kurvenfahren die Hinterachse aus ihrer Lage drücken. Das würde sonst einen »Mitlenk«-Effekt der Hinterachse verursachen und auf unebener Fahrbahn, in Wechselkurven oder bei hoher Zuladung zu kritischen Fahrsituationen führen.

Die Federbeine

Unter dem Begriff Federbein verstehen wir die Zusammenfassung von Feder und Stoßdämpfer in einer Einheit. Der Dämpfer ist in die Schraubenfeder hineingesteckt. Feder und Stoßdämpfer arbeiten genau in derselben Bewegungsrichtung. Das ergibt gleichmäßige, für die Fahrzeuginsassen angenehme Federbewegungen. Solche Federbeine hat der Passat an der Vorder- und Hinterachse.
Für die Vorderradfederung wurde ein Patent des Amerikaners Earl S. McPherson verwendet. Das nach ihm benannte Federbein stellt ein komplettes Radaufhängungssystem dar. Oben an der Verbindung zur Karosserie ist es drehbar gelagert, so daß Lenkbewegungen überhaupt möglich sind. Am unteren Teil sitzt der Achsschenkel, durch den der Radzapfen gesteckt ist. Auf diesem Zapfen läuft das Vorderrad.

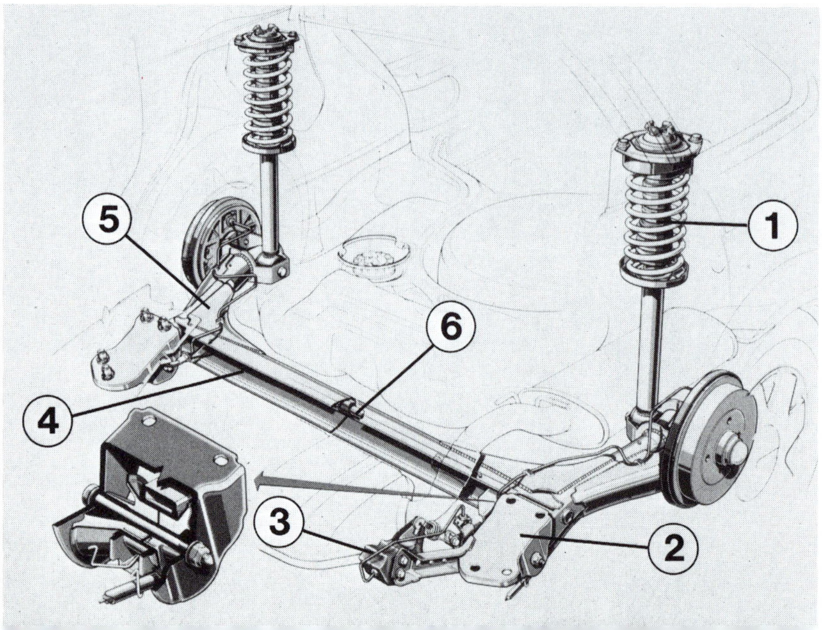

Die Passat-Hinterachse vom Zeichner gesehen:
1 – Federbein;
2 – Lagerbock mit Gummi-Metall-Lager;
3 – Bremskraftregler;
4 – Hinterachskörper;
5 – Längslenker;
6 – Stabilisator (nicht bei 53/55-kW-Limousine).

Die Stoßdämpfer

Die Stöße der Fahrbahn schlucken Reifen und Federn. Die Stoßdämpfer indessen sollen die Schwingungen der Radmassen unterdrücken bzw. zum Abklingen bringen. Richtiger wäre daher die Bezeichnung »Schwingungsdämpfer«.
Serienmäßig sind sogenannte Zweirohrdämpfer eingebaut. Sie bestehen aus einem Arbeitszylinder, in dem ein mit einer Kolbenstange verbundener Arbeitskolben auf und ab gleiten kann. Der Arbeitszylinder ist von einem zweiten Zylinder umgeben, der als Vorratsbehälter für das Stoßdämpfer-Hydrauliköl dient. Bei Federbewegungen eines Rades verschiebt sich der Kolben im Zylinder. Das in Bewegung versetzte Spezialöl wird durch Ventile hindurchgepreßt, was die Kolbenbewegung verlangsamt und damit die Schwingungen des jeweiligen Rades dämpft.

Lenkgetriebe-Manschetten kontrollieren

Wartung Nr. 17

Die aus dem Lenkgetriebegehäuse austretende Zahnstange ist rechts und links durch eine Gummimanschette geschützt. Ein schadhafter Faltenbalg läßt Schmutz und Feuchtigkeit ins Lenkgetriebe eindringen. Das ergibt zusammen mit dem Lenkgetriebefett eine Art Schleifpaste und nagt an der Lenkgetriebeverzahnung. Fühlt sich die Lenkung in der Geradeausstellung schon etwas »teigig« an, hilft Nachstellen nicht mehr. Andernfalls klemmt sie beim Einschlagen der Räder und geht nach Kurven nicht mehr zurück.

- Nehmen Sie die Vorderräder ab und schlagen Sie das Lenkrad ganz nach rechts bzw. links ein.
- Ziehen Sie den Faltenbalg Stück um Stück auseinander, um Risse in den Gummiwülsten zu erkennen.
- Ist die Manschette verdreht?
- Sitzt der Haltering fest auf der Manschette?
- Kontrollieren Sie den festen Sitz des Schlauchbinders der Manschette.
- Eine defekte Manschette sofort ersetzen.

Staubkappen und Spiel der Spurstangenköpfe prüfen

Wartung Nr. 21

Rechts und links zwischen Spurstange und Lenkhebel am Radlagergehäuse sitzt ein Gelenk. Der stählerne Kugelkopf ist von selbstschmierendem Kunststoff umhüllt und durch eine staub- sowie wasserdichte Umhüllung geschützt.

- Kontrollieren Sie die Manschetten der Spurstangengelenke auf Risse.
- Eventuelles Spiel im Gelenk wird bei auf dem Boden stehendem Wagen geprüft. Am besten geht das auf einer Grube.
- Lassen Sie einen Helfer das Lenkrad mehrmals kurz nach links bzw. rechts drehen und fühlen Sie an den Spurstangengelenken, ob sie »Luft« haben.
- Spurstangenköpfe mit defekter Manschette oder Spiel müssen umgehend ersetzt werden.

Staubkappen der Achsgelenke kontrollieren

Wartung Nr. 22

Die Gelenke rechts und links zwischen Dreieckslenker und Radlagergehäuse sind wartungsfrei. Die stählernen Kugelköpfe der Achsgelenke sitzen in einer Fett-Dauerfüllung und zusätzlich in Kunststoffschalen. Als Schutz vor Nässe und Schmutz dienen Staubkappen aus Gummi. Eindringender Schmutz wirkt wie Schmirgelsand im Gelenk; Feuchtigkeit läßt es mit der Zeit festrosten.

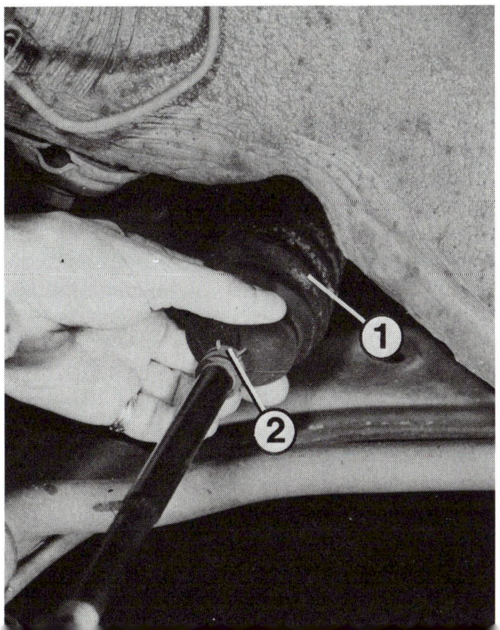

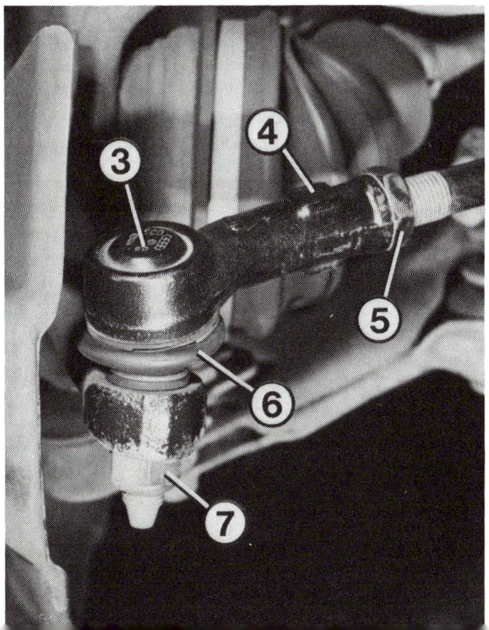

Linkes Bild: Den Zustand der Lenkgetriebemanschette (1) prüft man vom Radkasten her. Bei dieser Gelegenheit auch auf den richtigen Sitz des Schlauchbinders (2) achten.
Rechts: Hier sehen Sie den Spurstangenkopf (3) mit folgenden Teilen:
4 – Sechskant zum Ansetzen eines Schraubenschlüssels;
5 – Kontermutter;
6 – Staubkappe;
7 – selbstsichernde Haltemutter.

- Lenkung nach einer Seite voll einschlagen.
- Kappen der Achsgelenke rechts und links auf Beschädigungen kontrollieren.
- Eine schadhafte Staubkappe kann nicht einzeln ersetzt werden, das Achsgelenk muß komplett ausgetauscht werden.

Spiel der Achsgelenke kontrollieren

Eine Prüfung, ob die Achsgelenke Spiel aufweisen, ist im Wartungsplan nicht vorgesehen. Die Kontrolle ist nach unseren Erfahrungen erst ab einer Kilometerleistung von 80 000 erforderlich. Auch bei der Hauptuntersuchung durch DEKRA oder TÜV wird diese Verschleißprüfung durchgeführt.

- Wagen aufbocken, daß das betreffende Vorderrad frei hängt.
- Rad oben und unten fassen und quer zur Fahrtrichtung daran rütteln.
- Zeigt sich »Luft«, sollten Sie das Spiel in der Werkstatt prüfen lassen.

Lenkungsspiel prüfen

Wartung Nr. 6

- Linkes Seitenfenster herunterkurbeln. Stellen Sie sich neben den Passat.
- Durchs Fenster greifen und Lenkrad kurz hin und her drehen. Bei einem Fahrzeug mit Servolenkung soll der Motor hierzu laufen.
- Bewegt sich das linke Vorderrad aus der Geradeausstellung sofort mit? Achten Sie auf die Felge, denn der elastische Reifen kann einen Teil des Einschlags »schlucken«, ehe er sich bewegt.
- Zeigt das Lenkgetriebe Spiel, kann es nachgestellt werden.

Keilriemenspannung prüfen

Wartung Nr. 11

Die Pumpe der Servolenkung wird zusammen mit der Wasserpumpe des Kühlsystems über einen Keilriemen von der Motorkurbelwelle angetrieben. **Sollte der Keilriemen unterwegs reißen**, erkennen Sie das sofort an etwa doppelt so hohem Kraftaufwand beim Lenkraddrehen. Sie dürfen so **keinesfalls weiterfahren**, denn jetzt ist der Kühlmittelstrom ins Stocken geraten, Näheres dazu finden Sie auf Seite 56 und 183.

- Keilriemen zwischen beiden Riemenscheiben mit kräftigem Fingerdruck durchdrücken.
- Der Riemen darf nicht mehr als **5 mm** nachgeben.
- Kontrollieren Sie auch gleich, ob der Keilriemen beschädigt ist.
- Falls ja, ersetzen (Keilriemengrößen auf S. 182).

Radlagerspiel prüfen

Wartung Nr. 37

Die Räder laufen vorn auf zweireihigen Kugellagern und hinten auf Schrägkegel-Rollenlagern. Sie halten, mit Dauerfetten montiert, an der Hinterachse weitaus mehr als 100 000 km. Die vorderen Radlager können schon wesentlich früher durch laute Laufgeräusche auf sich aufmerksam machen. Wird das Geräusch z. B. in Rechtskurven lauter, ist das linke Radlager defekt.

- Fassen Sie nacheinander die fest am Boden stehenden Räder oben und versuchen Sie, diese quer zum Wagen zu bewegen.
- Bei einwandfreien Lagern darf praktisch keine »Luft« vorhanden sein.
- Zeigen die hinteren Radlager Spiel, können sie nachgestellt werden.
- Bei Spiel an den Lagern der Vorderräder lassen Sie einen Helfer auf das Bremspedal treten und wiederholen die Kontrolle.
- Ist weiterhin Spiel vorhanden, liegt die Ursache am Achsgelenk.
- Die vorderen Radlager können nicht eingestellt werden, sondern man muß sie ersetzen.
- Bei hochgebocktem Wagen können Sie noch prüfen, ob sich die Räder leicht drehen lassen (keine Schleif- oder Mahlgeräusche?).

Stoßdämpfer prüfen

Nachlassende Dämpfwirkung wird oft unbewußt durch verändertes Fahrverhalten ausgeglichen. Eine Faustregel besagt, daß nach zwei verschlissenen Reifensätzen die Serienstoßdämpfer austauschreif sind.
Keine genaue Diagnose erhält man durch die bekannte »Schaukelmethode« im Stand, bei der man den Wagen am betreffenden Kotflügel aufschaukelt und plötzlich losläßt: Die Federbewegung müßte sofort gedämpft werden. So läßt sich aber nur ein total ausgefallener Stoßdämpfer feststellen.
Ein genaueres Bild über den Stoßdämpferzustand liefert ein spezieller Prüfstand, wie z. B. der »Shocktester« von Boge. Die Ausschwingbewegungen der zuvor in Schwingung versetzten Fahrzeugachse werden in einem Diagramm aufgezeichnet. Dazu darf das Stoßdämpferöl nicht zu kalt sein, sonst wird das Meßergebnis verfälscht. Anhand des Diagramms hat man einen Anhaltspunkt über die Funktionsfähigkeit der Stoßdämpfer. Solche Prüfstände haben Autoclubs im »Wandereinsatz« sowie manche Werkstätten und TÜV-Stellen.

Störungsbeistand

Stoßdämpfer

Es gibt einige untrügliche Anzeichen für nachlassende Stoßdämpferwirkung:
- **Poltergeräusche** während der Fahrt.
- **Flatternde Lenkung**, weil die Räder keinen ständigen Bodenkontakt haben.
- Die **Karosserie schwingt weiter** nach Überfahren von Unebenheiten.
- **»Schwammiges« Verhalten** in Kurven, weil die kurveninneren Räder nicht genügend auf den Boden gedrückt und die äußeren nicht stark genug entlastet werden.
- **Springende Räder**; das muß freilich ein neben- oder hinterherfahrender Begleiter beobachten.
- **Vielfach unterbrochene Bremsspur** bei Vollbremsung durch springende Räder.
- **Ungleichmäßige Abnutzung der Reifen** und erhöhter Reifenverschleiß.
- **Erhebliche Ölspuren** außen am Stoßdämpfer bis unter den Federteller des Federbeins. Geringe Leckverluste sind dagegen normal.

Eigenarbeiten an Lenkung und Fahrwerk

Für die Verkehrssicherheit sind Fahrwerk und Lenkung von entscheidender Bedeutung. Sie sollten daran nur schrauben, wenn Sie sich Ihrer Sache völlig sicher sind. Andernfalls gefährden Sie sich und andere. Sollten Sie die hier genannten Werkzeuge nicht besitzen oder im Zweifel sein, ob Sie die betreffende Reparatur selbst bewerkstelligen können, gehört die Arbeit in die Werkstatt.

Vorderradaufhängung zerlegen

An den Teilen der vorderen Radaufhängung läßt sich vieles selbst aus- und einbauen. Für bestimmte Arbeiten sind allerdings Werkstattgeräte erforderlich. Beschädigte Teile der Radaufhängung dürfen nicht gerichtet oder gar geschweißt, sondern müssen grundsätzlich erneuert werden.

Stabilisator ausbauen

- Wagen vorn aufbocken. Beide Räder müssen gleichmäßig ausgefedert sein.
- Je eine Schraube an den Halteschellen rechts und links am Aggregateträger von unten losdrehen.
- An den vorderen Lagerpunkten am Aggregateträger beidseitig die Mutter der Koppelstange losdrehen.
- Beidseitig die Koppelstangen aus dem Aggregateträger herausziehen, Stabilisator abnehmen.
- Kontrollieren Sie den Zustand sämtlicher Gummiteile, die zur Stabilsatorbefestigung gehören: die Stabi-Lager, die Gummilager in beiden Koppelstangen und die Lager der Koppelstangen (oben und unten am Dreieckslenker).
- Beim **Einbau** neuer Stabilisator-Gummilager und neuer Gummis in die Koppelstangen sollten Sie diese zum Aufschieben oder Eindrücken mit Glyzerin oder Schmierseife bestreichen. So lassen sie sich leichter montieren.
- Die Gummilager und die Scheibe unten an der Koppelstange müssen richtig sitzen: Die Seite mit der großen Vertiefung am Gummilager zeigt zum Dreieckslenker hin. Der »Kragen« an der Scheibe zeigt zur Mutter hin.
- Die selbstsichernden Muttern durch neue ersetzen, Anzugsdrehmoment 25 Nm.

Achsgelenk ersetzen

- Wagen vorn aufbocken, betreffendes Vorderrad abnehmen.
- Unten am Radlagergehäuse die Verschraubung der Klemmverbindung lösen.
- Achsgelenk nach unten herausziehen, ggf. abhebeln.
- Unten am Dreieckslenker die drei Halteschrauben des Achsgelenks losdrehen.
- Das Sicherungsblech mit den drei selbstsichernden Muttern und die selbstsichernde Mutter der Klemmbefestigung zwischen Achsgelenk und Radlagergehäuse müssen erneuert werden.
- Schrauben des Achsgelenks mit 25 Nm festziehen.
- An der Klemmbefestigung muß der Schraubenkopf in Fahrtrichtung nach vorn zeigen, die Mutter wird mit 50 Nm angezogen.

Dreieckslenker ausbauen

- Stabilisator abschrauben.
- Klemmverbindung zwischen Achsgelenk und Radlagergehäuse lösen, siehe vorangegangenen Abschnitt.
- Halteschrauben der Dreieckslenkerlager vorn und unten am Aggregateträger losdrehen, Lenker abnehmen.
- Vorn am Dreieckslenker ist bei Fahrzeugen ab 66 kW ein Luftleitblech angeclipst. Ggf. abnehmen.
- Die Gummi-Metall-Lager im Dreieckslenker auf Risse oder sonstige Beschädigungen kontrollieren.
- Die Lager können nur mit Werkstattmitteln ausgetauscht werden.
- Verschraubungen zwischen Dreieckslenker und Aggregateträger mit 130 Nm anziehen.

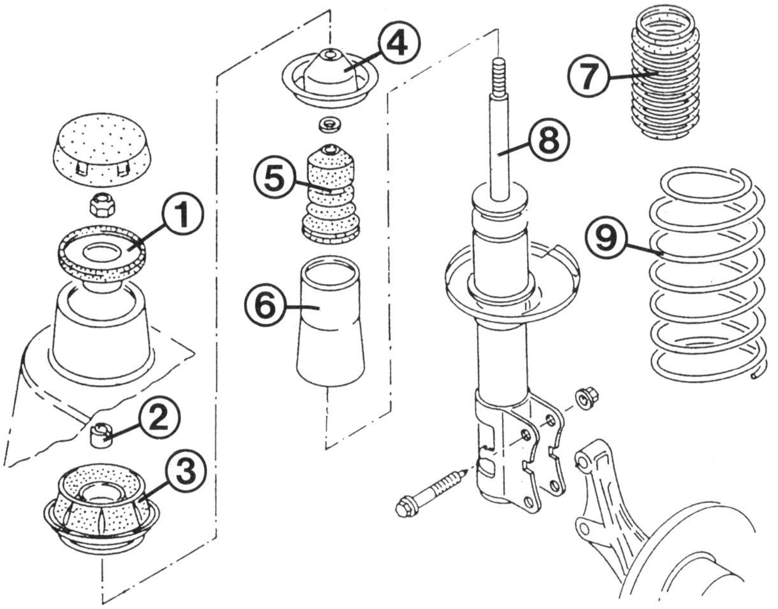

Das vordere Federbein besteht aus:
1 – Anschlag;
2 – Nutmutter;
3 – Federbeinlagerung;
4 – Federteller;
5 – Anschlagpuffer;
6 – Schutzkappe;
7 – Faltenbalg;
8 – Stoßdämpfer;
9 – Schraubenfeder.

Federbein ausbauen

● Wagen vorn aufbocken, Rad abschrauben.
● Dreieckslenker unten abstützen.
● Im Motorraum die Abdeckung oben am Federbein abnehmen.
● Haltemutter SW 21 von der Kolbenstange des Federbeins abschrauben. Dazu muß der Innensechskant in der Kolbenstange mit einem Steckschlüssel gegengehalten werden.
● Beide Verschraubungen SW 19 unten zwischen Federbein und Radlagergehäuse lösen.
● Schrauben herausziehen, Federbein abnehmen.
● Beim Einbau die Muttern an der Verschraubung Federbein/Radlagergehäuse mit 95 Nm anziehen.
● Kolbenstange zum Festziehen der oberen Federbein-Haltemutter wieder gegenhalten.
● Für diese selbstsichernde Mutter (ersetzen!) gilt ein Anzugsdrehmoment von 60 Nm. Da gleichzeitig die Kolbenstange gegengehalten werden muß, hat die V.A.G.-Werkstatt hierzu einen Ringschlüssel-Ansatz für den Drehmomentschlüssel.
● Behelfsmäßig geht es nur mit gefühlsmäßigem Anziehen mit einem herkömmlichen Ringschlüssel.

Stoßdämpfer bzw. Feder ausbauen

Zu dieser Arbeit ist eine Spannvorrichtung für die Schraubenfeder zwingend erforderlich. Gebraucht werden drei Federspanner. Ohne diese besteht durch die etwa vierfache Vorspannung der Schraubenfeder die Gefahr, daß die Teile nach Lösen der zentralen Halteschraube explosionsartig auseinanderfliegen.
Eine zusätzliche Hürde stellt die Verschraubung oben am Federbein dar. Das ist eine geschlitzte Nutmutter ohne Außensechskant. Dafür gibt es das V.A.G.-Spezialwerkzeug 524. Als Behelf kann eine besonders lange Rohrzange dienen, wenn die Nutmutter ebenfalls ersetzt wird.

● Federbein ausbauen.
● Schraubenfeder spannen.
● Nutmutter oben lösen, gleichzeitig die Kolbenstange des Stoßdämpfers gegenhalten.
● Teile abnehmen und in ihrer Reihenfolge ablegen.
● Schraubenfeder langsam entspannen.
● Anschlaggummi und Abdeckung abnehmen.
● Beim Zusammenbau nach Einsetzen von Abdekkung und Gummipuffer die Schraubenfeder wieder spannen, dann Federbeinlager mit seinen Teilen montieren.
● Die Nutmutter oben am Federbeinlager soll mit 40 Nm festgedreht werden.

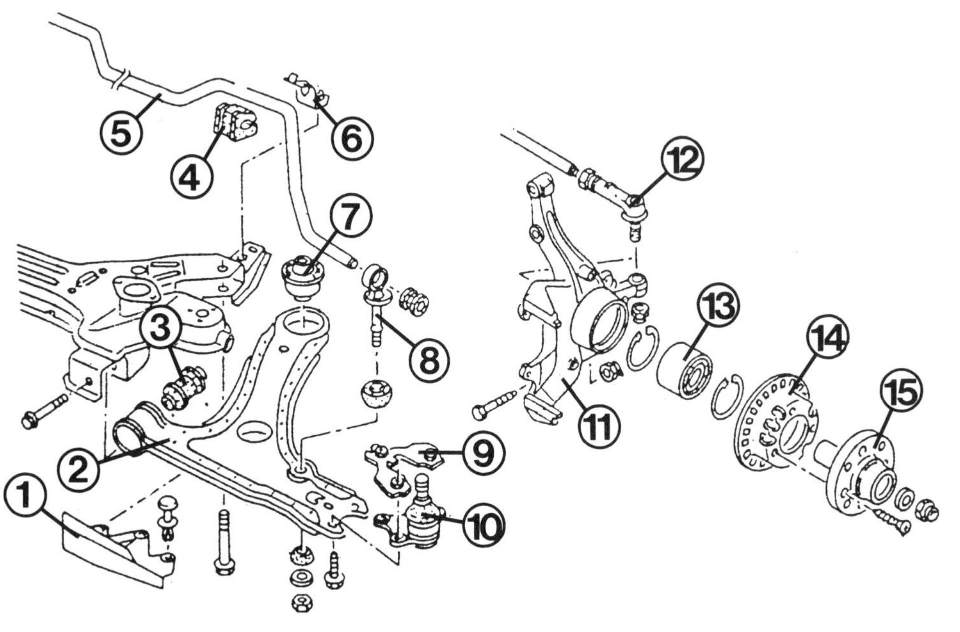

Die Einzelteile der vorderen Radaufhängung:
1 – Luftleitteil;
2 – Dreieckslenker;
3 – Gummi-Metall-Lager;
4 – Gummilager für Stabilisator (5);
6 – Halteschelle;
7 – Gummi-Metall-Lager;
8 – Koppelstange;
9 – Sicherungsblech;
10 – Achsgelenk;
11 – Radlagergehäuse;
12 – Spurstangenkopf;
13 – Radlager;
14 – Rotor für ABS-Drehzahlfühler;
15 – Radnabe.

Ein Blick auf die in Fahrtrichtung hinten liegende Seite des Lenkgetriebes. Es ist mit der Halteschelle (2) am Aggregateträger (4) angeschraubt. Links erkennen Sie die Lenkgetriebemanschette (1). Der Schraubenschlüssel ist auf die Einstellschraube (3) des Lenkgetriebes angesetzt.

Spurstangenkopf auswechseln

Nur der Spurstangenkopf an der rechten Spurstange ist getrennt angeschraubt.

- Rad abnehmen.
- Mutter unten am Spurstangenkopf lösen.
- Spurstangenkopf mit einem Klauenabzieher nach oben aus dem Lenkhebel am Radlagergehäuse herausdrücken.
- Kontermutter an der Spurstange losdrehen, dabei den Sechskant am Gewindebolzen gegenhalten.
- Lage der Spurstangenkopf-Verschraubung anzeichnen, dann stimmt die Spur nach dem Zusammenschrauben wieder einigermaßen.
- Spurstangenkopf abschrauben und neuen bis zur Markierung eindrehen.
- Kugelbolzen des Spurstangenkopfes in den Lenkhebel hineindrücken, ggf. vorsichtig hineinklopfen.
- Neue selbstsichernde Mutter am Spurstangenkopf mit 35 Nm anziehen, Kontermutter auf der Spurstange mit 50 Nm festdrehen.
- Spur kontrollieren lassen.

Fingerzeig: Zum Ausbau der Spurstangen muß das Lenkgetriebe demontiert werden, was wir jedoch der Werkstatt überlassen würden. Die Schutzmanschetten des Lenkgetriebes können jedoch auch bei montierten Spurstangen ersetzt werden.

Lenkgetriebe-Manschette ersetzen

- Wagen vorn aufbocken, betreffendes Vorderrad abnehmen.
- Spurstangenkopf vom Lenkhebel trennen.
- Den zum Lenkgetriebe hin sitzenden Schlauchbinder mit einer Zange durchschneiden.
- Spannring der Lenkgetriebemanschette abnehmen.
- Manschette über die Spurstange abziehen.
- Falls Fett aus dem Lenkgetriebe verlorengegangen sein sollte, wird nachgefettet.
- Dazu verwenden Sie das Fett AOF 063 000 04.
- Nicht zu viel Fett einstreichen. Die Belüftungsbohrungen in den Manschetten dürfen nicht verstopft sein, sonst kann die Manschette beschädigt werden.
- Neue Manschette aufziehen.
- Kontrollieren Sie vor dem Anbringen der Schlauchbinder, ob die Manschette nicht in sich verdreht ist.

Lenkgetriebe einstellen

Bevor Sie an diese Arbeit gehen, müssen Sie sicherstellen, daß das Spiel in der Übertragung der Lenkbewegungen nicht von den Spurstangen oder Teilen der Radaufhängung verursacht wird.

- Wagen vorn aufbocken, Räder geradeaus stellen.
- Selbstsichernde Einstellschraube (in Fahrtrichtung hinten, siehe Bild oben) vorsichtig rund 20° hineindrehen. Das ist knapp die Hälfte einer Vierteldrehung!
- Wagen ablassen und probefahren.
- Geht die Lenkung nach Kurven nicht von selbst wieder in die Geradeausstellung zurück, Einstellschraube etwas herausdrehen.
- Bei noch vorhandenem Spiel die Schraube ein wenig hineindrehen.

Radlager ausbauen

Das Radlager ist mit seinem Außenring ins Radlagergehäuse eingepreßt, am inneren Lagerring ist die Radnabe eingepreßt. Ein neues Radlager darf auf keinen Fall mit dem Hammer in seinen Sitz geklopft werden, sonst ist der nächste Schaden »mit eingebaut«. Das Aus- und Einpressen sollten Sie in der Werkstatt machen lassen.

- Mutter der Antriebswelle lösen (Seite 117).
- Rad abbauen, Bremssattel demontieren (Seite 136) und mit angeschlossenem Bremsschlauch an der Karosserie aufhängen.

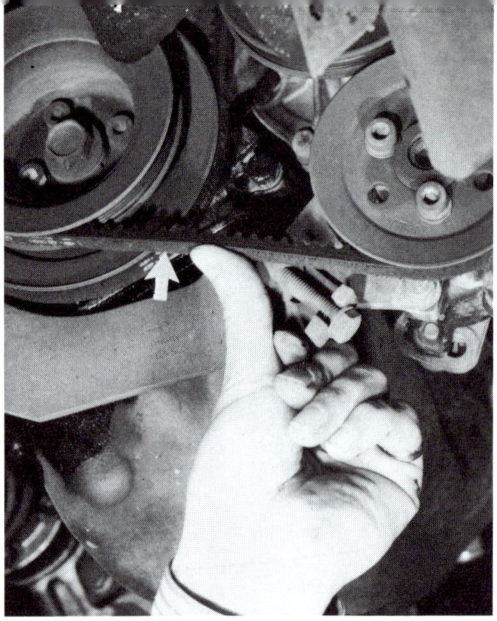

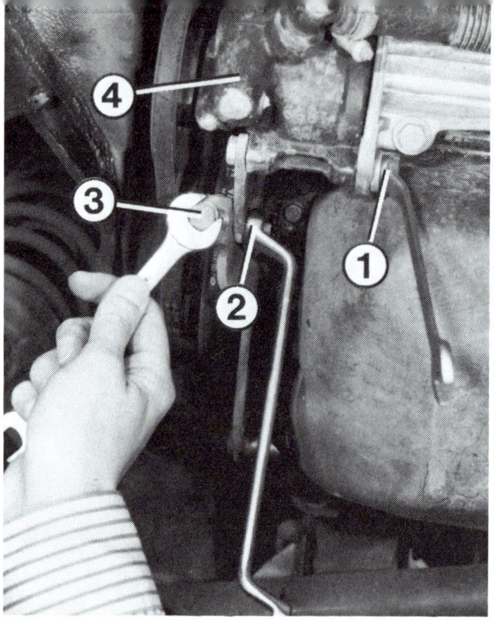

Links: Die Spannung des Servolenkungs-Keilriemens prüft man am besten von unten her. Der Riemen soll bei kräftigem Fingerdruck (Pfeil) nicht mehr als 5 mm nachgeben. Im Bild rechts sind die Schrauben der Servopumpe (4) beziffert, die zum Riemenspannen gedreht werden müssen: 1 – vorderer Spannbügel; 2 – Spannbügel hinten; 3 Spannschraube.

- Bremsscheibe ausbauen (Seite 137).
- Abdeckblech der Bremsscheibe abschrauben.
- Spurstangenkopf vom Radlagergehäuse trennen.
- Klemmbefestigung zwischen Radlagergehäuse und Achsgelenk lösen und Bauteile trennen.
- Verschraubungen zwischen Radlagergehäuse und Federbein lösen. Radlagergehäuse abnehmen.
- Zuerst Radnabe abpressen.
- Bei einem Fahrzeug mit ABS den Rotor für Drehzahlfühler abschrauben.
- Lagerinnenring von der Radnabe abziehen.
- Radlager-Sicherungsringe auf beiden Seiten abnehmen. Lager aus dem Gehäuse pressen.
- Sicherungsring an der Außenseite des Radlagers einsetzen, Lager bis zum Anschlag einpressen, zweiten Sicherungsring einbauen.
- Zum Einpressen der Radnabe muß der Innenring des Radlagers unterstützt werden, damit das Lager nicht überlastet wird.

Servolenkung

Keilriemen spannen

- Schraube am vorderen Schwenkbügel lösen.
- Zwei weitere Schrauben am hinteren Bügel an der Rückseite der Servopumpe lösen.
- Spannschraube zum Riemenspannen herausdrehen.
- Anschließend Schrauben wieder festziehen.

Keilriemen ersetzen

- Servopumpe lockern, wie im vorangegangenen Abschnitt beschrieben.
- Alten Riemen abnehmen, neuen auflegen.
- Keilriemengröße siehe Seite 182.
- Riemen spannen und nach etwa 500 km die Spannung nochmals kontrollieren.

Servolenkung auf Dichtheit prüfen

Wurde im Vorratsbehälter ein abgesunkener Flüssigkeitsstand festgestellt, muß umgehend die gesamte Lenkanlage überprüft werden. Sonst könnte während der Fahrt plötzlich die Lenkunterstützung ausfallen. Auf welche Teile Sie Ihr Augenmerk richten müssen, steht im Störungsbeistand.

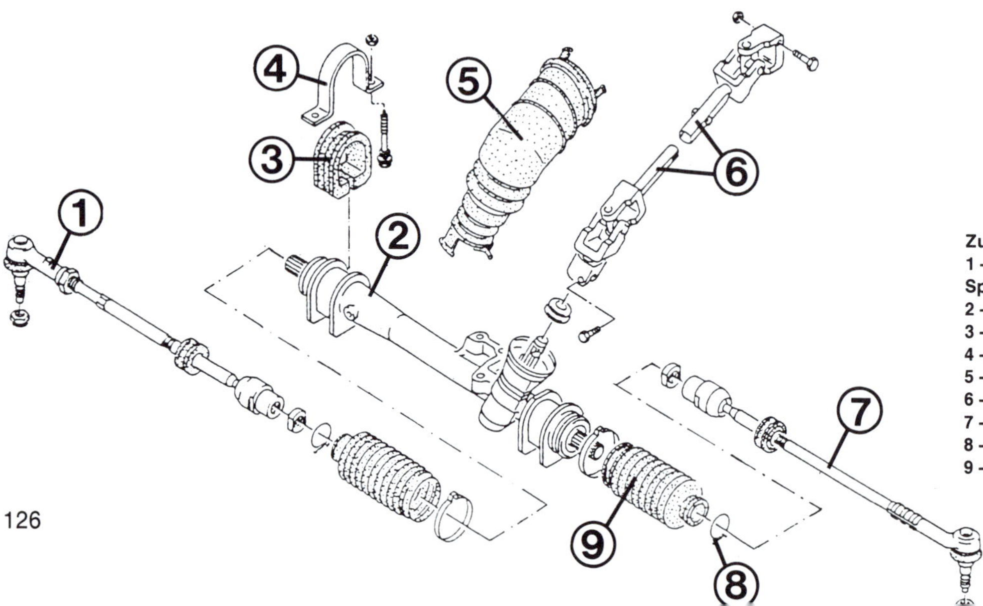

Zum Passat-Lenkgetriebe gehören:
1 – Spurstange rechts mit abschraubbarem Spurstangenkopf;
2 – Lenkgetriebe;
3 – Gummilager;
4 – Halteschelle;
5 – Schutzhülle;
6 – Gelenkwelle;
7 – Spurstange links;
8 – Spannring;
9 – Schutzmanschette.

In dieser Zeichnung haben wir die abweichenden Teile der Servolenkung herausgehoben:
1 – rechte Spurstange mit abschraubbarem Spurstangenkopf;
2 – Spurstange links mit abschraubbarem Kopf;
3 – Rücklaufschlauch;
4 – Hydrauliköl-Vorratsbehälter;
5 – Saugschlauch;
6 – Druckschlauch;
7 – Servopumpe.

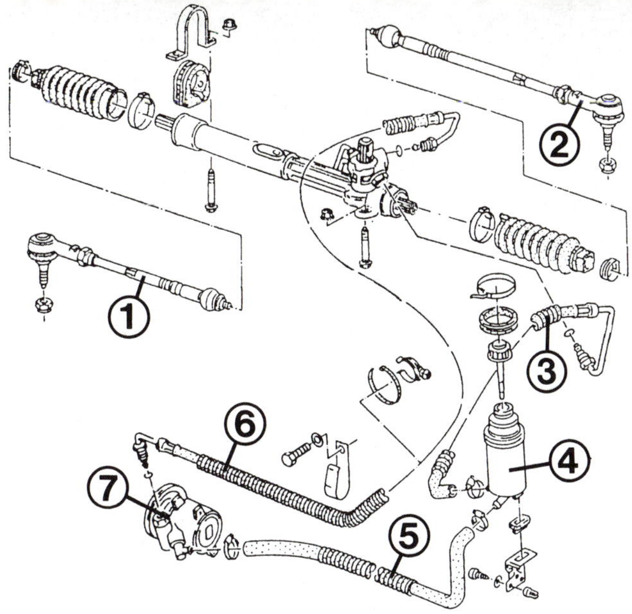

Pumpe der Servolenkung ausbauen

Soll die Servopumpe lediglich wegen Montagearbeiten im Motorraum ausgebaut werden, bleiben ihre Schlauchleitungen angeschlossen, damit kein Schmutz in die Lenkhydraulik gelangt. Falls die Schläuche an der Pumpe abgenommen werden müssen, ist äußerste Sorgfalt vonnöten. Selbst kleinste Schmutzpartikel in der Hydraulikflüssigkeit können Funktionsstörungen verursachen.

- Keilriemen abnehmen, wie beschrieben.
- Haltebügel vorn und hinten von der Pumpe abschrauben, Pumpe abnehmen.
- Beim Einbau neue Dichtungen an den Leitungsanschlüssen verwenden, falls diese gelöst wurden.

Störungsbeistand

Servolenkung

An Lenkgetriebe und Flügelpumpe der Servolenkung können im Gegensatz zu früheren Anweisungen Reparaturarbeiten durchgeführt werden – eine Arbeit für die V.A.G.-Werkstatt.

Die Störung	– ihre Ursache	– ihre Abhilfe
A Flüssigkeitsstand im Behälter zu niedrig	Undichtigkeit an a) Leitungsanschlüssen	Neue Dichtringe montieren und festziehen
	b) Ventilkörper am Lenkgetriebe bzw. Abdichtung der Lenkgetriebe-Zahnstange	Dichtheitsprüfung durchführen lassen, ggf. Lenkgetriebe ersetzen lassen
	c) Pumpe der Servolenkung	Dichtheitsprüfung durchführen lassen, ggf. Pumpe ersetzen
B Lenkung wird mit zunehmendem Einschlag schwergängig	1 Ventil klemmt im Pumpengehäuse	Pumpe austauschen
	2 Steuerschlitze des Ventilkörpers verschmutzt	Lenkgetriebe ersetzen lassen
	3 Förderdruck der Servopumpe zu gering	Druck messen lassen, ggf. Pumpe ersetzen
	4 Systemdruck zu gering	Systemdruck prüfen lassen, ggf. Lenkgetriebe ersetzen lassen
C Lenkungsgeräusche	1 Flüssigkeitsstand zu niedrig	Hydrauliköl auffüllen, Undichtigkeit erforschen
	2 Keilriemen nicht genügend gespannt	Riemen spannen
	3 Verschraubungen an der Saugseite nicht genügend fest	Festziehen

Lenkrad ausbauen

ohne Airbag

Die Lenkräder haben seit ca. 8/88 eine feinere Verzahnung als früher. Die Lenksäulenverzahnung blieb aber gleich. Zur Anpassung dient ein spezieller Adapter. Beschrieben ist das Lenkrad ohne Airbag. Bei einem Passat mit Airbag siehe Seite 9.

- Flexible Abdeckung in Lenkradmitte von Hand abziehen.
- Lenkrad in Sperrstellung einrasten lassen.
- Lenksäulenmutter mit Stecknuß SW 24 lösen.
- Lenkschloß entriegeln und Vorderräder genau geradeaus stellen, so daß die Lenkradspeichen symmetrisch stehen.
- Mutter und Unterlegscheibe abnehmen, Lenkrad mit ruckelnden Bewegungen abziehen.
- Beim Einbau des Lenkrades auf die symmetrische Ausrichtung der Speichen achten.
- Lenkschloß einrasten lassen.
- Lenksäulenmutter mit 40 Nm anziehen.

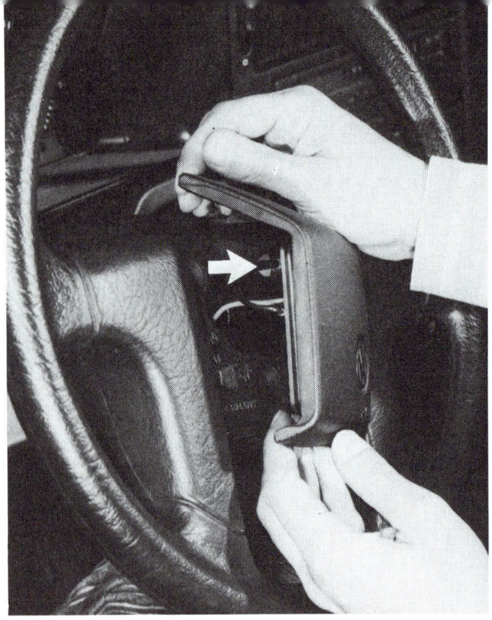

Links: Die Halteklammern (Pfeil) raste beim Abziehen der mittleren Lenkrada deckung leicht aus. Dann den Kabelst ker der Hupbetätigung abziehen. Rechts: Zum Lösen der Lenkrad-Halte mutter brauchen Sie einen Hebel mit k zer Verlängerung zur Stecknuß SW 24

Die Radeinstellung

Für sicheres Fahrverhalten müssen die Vorderräder in Längs- und Seitenrichtung in bestimmten Winkelstellungen stehen. Damit Sie sich unter der »Lenkgeometrie« etwas vorstellen können, hier eine Erläuterung der Begriffe:

Spur: Im Gegensatz zu vielen anderen Fahrzeugen stehen die Vorderräder im Stillstand genau parallel zueinander, die Spur ist **neutral**. Die Reibung zwischen Rad und Straße drückt das linke Rad nach links weg und das rechte nach rechts weg. Das gleichen die Kräfte des Frontantriebs wieder aus, die bestrebt sind, die Vorderräder vorn zusammenzudrücken. Beim Hineinlenken des Wagens in eine Kurve geht die neutrale Spur durch die trapezförmige Anordnung des Lenkgestänges in »Nachspur« über. Das kurveninnere Rad schwenkt stärker herum als das kurvenäußere. Dies ist auch notwendig, weil ja in einer Kurve die inneren Räder einen engeren Kreis fahren müssen als die äußeren. Das ergibt automatisch eine Unterstützung der Lenkbewegung und der Lenkkräfte.

Sturz: So nennt man die leichte Auswärtsneigung der Vorderräder – oben im Radkasten haben sie beim Passat einen engeren Abstand voneinander als unten am Boden. Das heißt in der Fachsprache **negativer** Sturz.

Spreizung: Sie gehört zum Sturz. Spreizung ist die geringfügige Neigung der Schwenkachse, um die beim Lenken die ganze Geschichte schwenkt. Beide Schwenkachsen haben oben einen kleineren Abstand voneinander als unten. Sturz und Spreizung verhindern zusätzlich das Flattern der Räder. Ferner erleichtern sie das Einschlagen der Räder. Und zusätzlich bewirken sie das »Rückstellmoment«, worunter man das Bestreben der Vorderräder versteht, bei oder nach Kurven selbsttätig wieder in Geradeausstellung zu gehen.

Nachlauf: Darunter versteht man die Schrägstellung der Schwenkachse in Fahrzeuglängsrichtung. Das hilft ebenfalls, den Geradeauslauf zu stabilisieren und Flattern der Vorderräder zu verhindern. Außerdem bewirkt er eine Rückstellung der Lenkung nach Kurven.

Erkennungsmerkmale für falsche Radeinstellung

Wenn Sie fehlerhafter Lenkgeometrie beim Fahren auf die Schliche kommen wollen, müssen Sie zuerst sicherstellen, daß beide Vorderreifen dieselbe Reifensorte, Profiltiefe und den vorgeschriebenen Luftdruck (siehe Seite 154) aufweisen.

○ Stehen die **Lenkradspeichen bei Geradeausfahrt symmetrisch**? Ein schiefsitzendes Lenkrad ist oft das Zeichen für falsche Spureinstellung.

○ **Unruhiger Geradeauslauf**; er ist besonders gut auf schnee- oder eisglattem Untergrund zu erkennen. Überbreite Reifen können den Geradeauslauf trotz richtiger Radeinstellung ebenfalls verschlechtern.

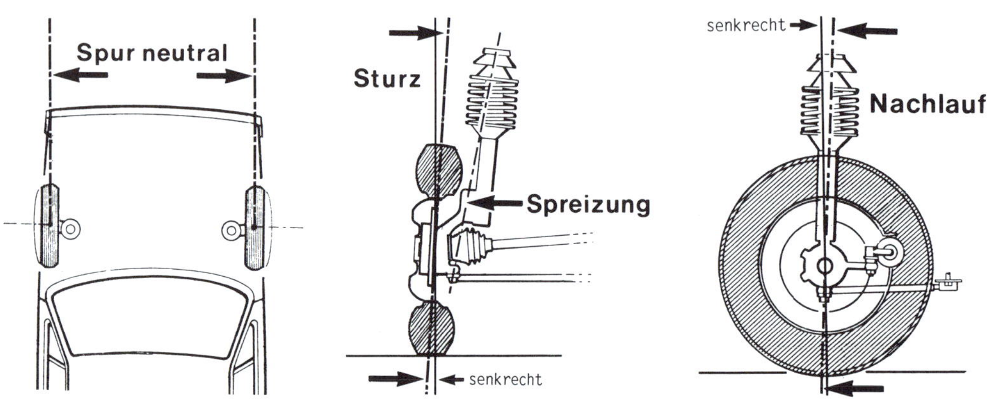

Die Zeichnungen sollen die Begriffe der Radeinstellung verdeutlichen: Bei neutraler Spur stehen die Vorderräder genau geradeaus. Negativer Sturz bedeutet, daß das betreffende Rad unten zur Fahrbahn stärker nach außen geneigt ist als oben im Radkasten. Mit Nachlauf ist die leichte Schrägstellung zwischen oberem und unterem Befestigungspunkt des Federbeins bezeichnet.

O **Zieht der Passat zur Seite** auf völlig ebener Fahrbahn und bei losgelassenem Lenkrad?
O **Stellt sich die Lenkung** nach Kurven wieder **von selbst in Geradeausstellung**?
O Schauen Sie sich die **Vorderräder** aus fünf bis zehn Meter Entfernung an – stehen sie **in Geradeausstellung symmetrisch zueinander**?
O Ist das **Reifenprofil einseitig abgenutzt**? Bei scharfer Fahrweise ist es allerdings nicht ungewöhnlich, daß an beiden Vorderreifen die Außenkanten stärkere Verschleißspuren zeigen als innen.
O Eine **verbeulte Felge** deutet auf eine harte Bordsteinberührung, wodurch die Geometrie der Federbein-Vorderradaufhängung leicht aus dem Winkel gerät.
O Weitere Ursachen für fehlerhafte Stellung der Räder können verschlissene Gelenke bzw. Gummilager sein oder unsachgemäße Unfallreparaturen.

Fingerzeig: Zur Vermessung der Radstellung wird ein optischer Achsmeßstand verwendet. Das ist eine Arbeit für die Werkstatt.

Hinterachse zerlegen

Wurde beim Vermessen der Hinterradstellung eine zu große Abweichung vom Sollwert festgestellt, muß der Achskörper komplett ausgetauscht werden (Werkstattsache). Richt- und auch Schweißarbeiten sind nicht zulässig.

Federbein ausbauen

● Bei der Limousine an der betreffenden Wagenseite vom Kofferraum her den Gurtaufroller losschrauben.
● Ggf. im Innenraum oberhalb der Stoßdämpferaufnahme die Kreuzschlitzschraube der Abdeckung (mit Halter für den Sicherheitsgurt) losdrehen.
● Die Abdeckung ist noch mit einer Klammer befestigt.
● Zwei Halteschrauben des Federbeins vom Federbeindom losdrehen.
● Fahrzeug hochbocken, Rad abnehmen.
● Untere Verschraubung des Federbeins losdrehen.
● Federbein aus der unteren Konsole herausnehmen, dazu den Radzapfen etwas nach unten drücken.
● Das Federbein ist jetzt oben noch in vier Haltenasen eingehängt. Federbein drehen, bis die Haltenasen aus den Aussparungen »ausgefädelt« werden können.
● Zum Einbau das Federbein nach oben schieben und leicht drehen, bis die Haltenasen richtig in ihren Aufnahmen an der Karosserie eingehängt sind.
● Kommen Sie hierbei nicht zurecht, können Sie den Aufnahmebock für die hintere Gurtbefestigung vom Stoßdämpferdom abschrauben. Dann sind die Haltenasen der oberen Federbeinaufnahme gut zugänglich.
● Verschraubung unten mit 105 Nm festziehen, für die beiden Schrauben oben gelten 25 Nm Drehmoment.

Stoßdämpfer bzw. Feder ausbauen

Hier gilt das gleiche wie für das vordere Federbein. Sie brauchen zum Zerlegen Federspanner, siehe Seite 124. Beachten Sie, daß die Einzelteile des Federbeins für Limousine und Variant unterschiedlich sind. Das gilt auch für die Abmessungen verschiedener Bauteile.
● Federbein ausbauen.
● Schraubenfeder spannen.
● Kappe mit den Haltenasen mit einem Schraubenzieher heraushebeln.
● Selbstsichernde M-10-Mutter lösen, Kolbenstange dabei gegenhalten.
● Teile abnehmen und in ihrer Reihenfolge ablegen.
● Schraubenfeder entspannen.
● Anschlaggummi und Abdeckkappe über dem Stoßdämpfer abnehmen.
● Beim Einbau muß die Schaumstoffauflage am Federbeinlager unbedingt ersetzt werden.
● Beachten Sie: An der Auflage für die Schraubenfeder ist durch die Beschriftung »Federanfang« ange-

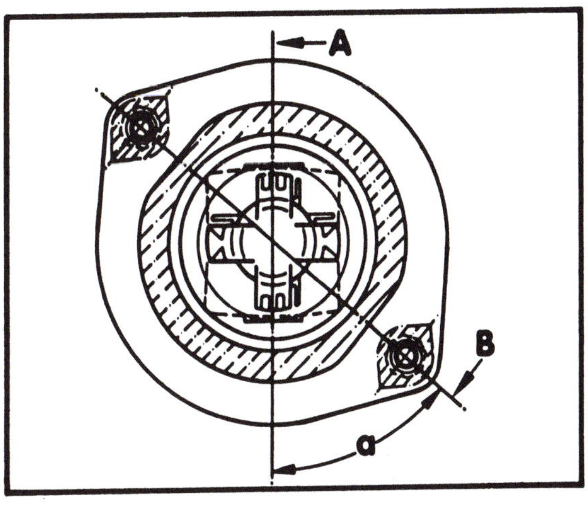

Das Federbeinlager muß in einem bestimmten Winkel zum unteren Befestigungspunkt des Stoßdämpfers stehen. Diese untere Aufnahme für die Verschraubung heißt »Dämpferauge«. Die Linie »A« in der Zeichung entspricht der unteren Stoßdämpfer-Halteschraube. Mit »B« ist die Linie zwischen den beiden Verschraubungen des Federbeinlagers gekennzeichnet. Die beiden Linien sollen bei korrektem Zusammenbau des Federbeins in einem Winkel von 50° zueinander stehen.

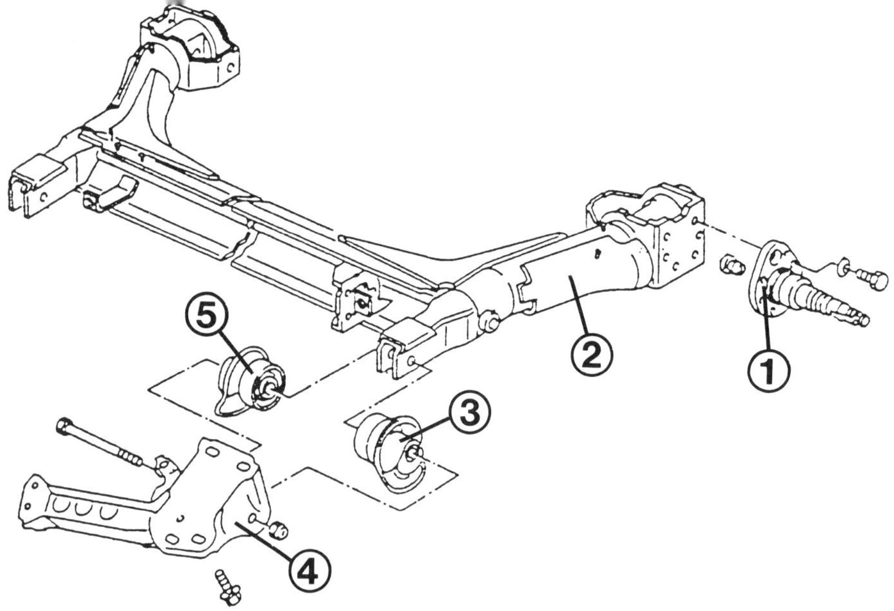

Zur Hinterachse (2) des Passat gehören weiterhin:
1 – Radzapfen;
3 – äußeres Gummi-Metall-Lager;
4 – Lagerbock;
5 – inneres Gummi-Metall-Lager.

zeichnet, wo die obere Federwindung anliegen muß.

● Das Federbeinlager muß in einer festgelegten Stellung zum sogenannten Dämpferauge stehen (Zeichnung auf der Vorseite). Dieses »Auge« ist die Aufnahme der unteren Halteschraube.

● Die selbstsichernde Mutter oben am Stoßdämpfer wird mit 25 Nm angezogen.

● Die Abdeckkappe mit den Haltenasen wird in der Werkstatt mit Spezialwerkzeug eingedrückt. Behelfsmäßig geht es ggf. in erwärmtem Zustand (in heißes Wasser legen) oder nach Einstreichen mit Gleitmittel. Nicht mit Gewalt einklopfen, sonst wird die Kappe beschädigt.

Radlager ausbauen

● Wagen aufbocken, Rad abnehmen.

● Bei einem Passat mit hinteren Scheibenbremsen Bremssattel demontieren, siehe Seite 142.

● Nicht zu scharfen Meißel an den Abdichtwulst der Nabenkappe ansetzen und diese ein wenig nach außen treiben.

● Kräftige Schraubenzieherklinge hinter den Nabenwulst klemmen und die Kappe gleichmäßig abhebeln.

● Sicherungssplint geradebiegen, aus der Kronensicherung ziehen und diese abnehmen.

● Sechskantmutter losdrehen, Druckscheibe und äußeres Radlager abnehmen.

● Bremstrommel bzw. -scheibe abnehmen (Seite 138 bzw. 142).

● Dichtring an der Innenseite abhebeln, inneres Radlager herausnehmen.

● Beide Radlager sauberreiben und auf Verschleiß kontrollieren.

● Laufringe der Lager in der Bremstrommel bzw. Bremsscheibe ebenfalls kontrollieren. Zeigen sich hier Verschleißspuren, müssen neue Ringe eingepreßt werden.

● Radlager mit Mehrzweckfett einsetzen, Nabenkappe etwa zur Hälfte mit Fett füllen.

● Inneren Dichtring über Kreuz mit Kunststoffhammer einschlagen.

● Spiel der Radlager einstellen.

Radlagerspiel einstellen

● Nabenkappe und Kronensicherung abnehmen.

● Sechskantmutter SW 24 festziehen, dabei das Rad bzw. die Radnabe drehen, damit sich die Lager nicht verklemmen.

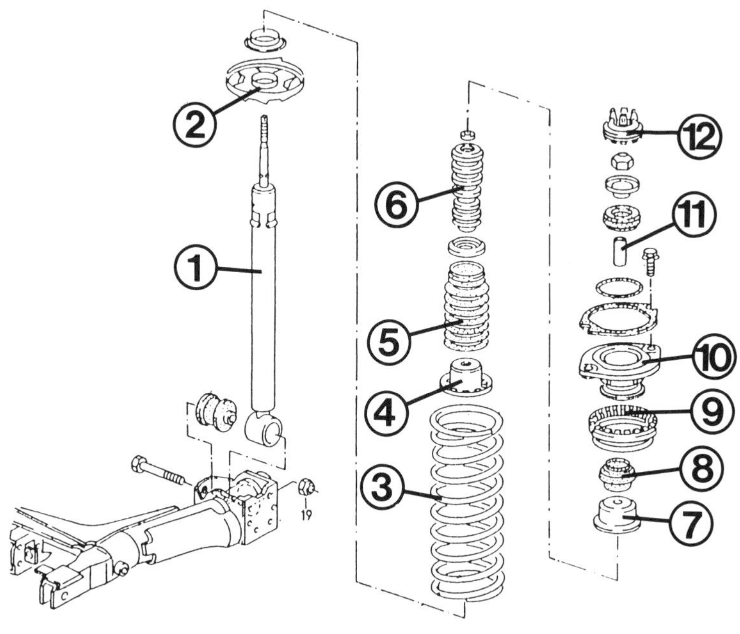

Das hintere Federbein mit seinen Teilen:
1 – Stoßdämpfer;
2 – Federteller unten;
3 – Schraubenfeder;
4 – Schutzkappe;
5 – Faltenbalg;
6 – Anschlagpuffer;
7 – Aufnahme für Anschlagpuffer;
8 – Lagerring unten;
9 – Federauflage oben;
10 – Federteller;
11 – Abstandsrohr;
12 – Kappe.

Die Druckscheibe (1) unter der Einstellmutter (2) muß sich bei richtig eingestelltem Radlagerspiel mit der Schraubenzieherklinge gerade noch verschieben lassen. Dazu darf die Klinge nicht an der Bremstrommel abgestützt sein.

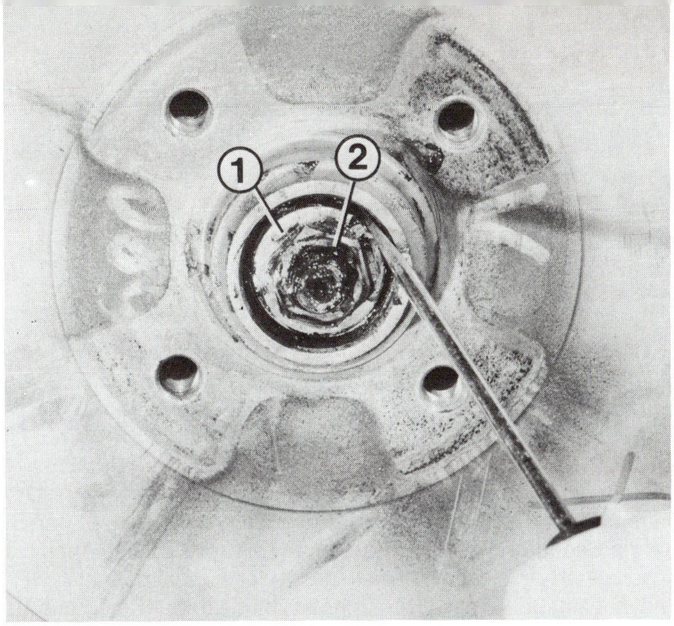

- Mutter wieder etwas lockern.
- Das Spiel ist richtig eingestellt, wenn sich die Druckscheibe hinter der Mutter mit einem Schraubenzieher unter mäßigem Fingerdruck gerade noch verschieben läßt. Die Schraubenzieherklinge dabei nicht an der Radnabe abstützen.
- Läßt sich jetzt der neue (!) Sicherungssplint noch nicht durch die Kronensicherung einschieben, wird die Mutter ein wenig in Richtung »Zu« gedreht.
- Nabenkappe mit Kunststoffhammer vorsichtig eintreiben.
- Eine verbeulte Kappe muß ersetzt werden, sonst kann Feuchtigkeit ins Lager eindringen.

Radzapfen ausbauen

- Radlager und Bremstrommel bzw. Bremssattel und -scheibe ausbauen.
- Handbremsseil aushängen, siehe Seite 143.
- Bei Trommelbremse die Bremsleitung am Bremsträgerblech abschrauben (Seite 145).
- Halteschrauben des Bremsträgers bzw. Haltebleches losdrehen; damit ist auch der Radzapfen vom Achskörper gelöst.
- Die Anlagefläche für den Radzapfen und die Gewindelöcher müssen frei von Lack und Schmutz sein.
- Zum Anschrauben die sogenannte Tellerfeder unter den Schrauben so einsetzen, daß die große Auflagefläche zum Bremsträger bzw. zum Abdeckblech hin zeigt. Drehmoment 60 Nm.
- Zuletzt Bremse entlüften.
- Bei hinterer Scheibenbremse Handbremse einstellen, siehe Seite 141.

Niveauregulierung

Wer häufig schwere Gegenstände im Koffer- oder Ladraum transportieren muß, kennt das Problem: Das Wagenheck sinkt ab, die Vorderachse wird entlastet und das Fahrverhalten verschlechtert sich deutlich. Beim Passat gibt es als Mehrausstattung eine pneumatische (mit Luft funktionierende) Niveauregulierung. Anstelle von Stahlfedern sind an der Hinterachse zwei Luftfederelemente eingebaut, die jeweils mit einem hydraulischen Zweirohr-Gasdruckdämpfer eine Einheit bilden. Weitere Bauteile sind:

○ Geber am linken Feder/Dämpfer-Element zur Ermittlung des Einfederungszustands

○ Luftkompressor im geräuschdämpfenden Gehäuse in der linken hinteren Seitenwand zum Aufpumpen der Federelemente

○ Trockenpatrone, in der der angesaugten Außenluft die Feuchtigkeit entzogen wird. Beim Absenken des Wagenhecks bläst die ausströmende Luft die Feuchtigkeit wieder nach draußen

○ Magnetventil zum Ablassen der Luft bei entladenem Fahrzeug

○ Steuergerät am Geräuschdämpfungsgehäuse des Luftkompressors

Funktion

○ Bei beladenem Fahrzeug und eingeschalteter Zündung erkennt der Geber das Absinken des Passat-Hecks. Das Steuergerät gibt dem Kompressor innerhalb von nur 2 Sekunden den Befehl zum Aufpumpen, bis das Heck Normalhöhe erreicht hat. Dann wird der Kompressor abgeschaltet. Beim Entladen bzw. Aussteigen von Fahrgästen meldet der Geber zu hohes Fahrzeugniveau, deshalb wird vom Steuergrät das Magnetvenil so lange geöffnet, bis wieder die richtige Höhe erreicht ist.

○ Damit die Niveauregulierung aber nicht durch die Ein- und Ausfederbewegungen beim Fahren irritiert wird, verlängert sich die Ansprechzeit nach dem Motorstart auf 45 Sekunden.

○ Die Niveauregulierung läßt sich auch auf »Handbetrieb« umschalten, womit man z. B. einen Höhenausgleich zwischen Zugfahrzeug und einem angekoppelten Hänger erreichen kann. Bei einem eventuellen Defekt an der Steuerung der Anlage kann so ebenfalls die Wagenhöhe korrigiert werden.

Halte-Stellen

Die spontane Einsatzbereitschaft der Bremsanlage wird als selbstverständlich angesehen. Doch dafür ist regelmäßige Wartung vonnöten, denn die Bremsen verschleißen gewissermaßen im Stillen.

Eigenarbeiten an der Bremse

Von der richtigen Funktion der Bremsen im Passat hängt Ihr Leben ab. Das sollten Sie sich stets vor Augen halten, wenn Sie Reparaturen daran ausführen wollen. Muten Sie sich also nicht zu viel zu. Andererseits ist bei der Bedeutung der Bremsen keine Kontrolle zu viel. Auch wenn Sie regelmäßig die Werkstatt besuchen, sehen gerade in diesem speziellen Fall vier Augen mehr als zwei. Durch gezielte Kontrollen, nicht aber durch unsachgemäße Reparaturen können Sie dazu beitragen, die Verkehrssicherheit Ihres Wagens zu erhalten und so sich selbst zu schützen. Was Sie selbst tun können, ist hier im Buch behandelt. Alle anderen Arbeiten sollten Sie der Werkstatt überlassen.

So funktionieren die Bremsen

○ Wenn Sie auf das Bremspedal treten, preßt eine mit dem Pedal verbundene Druckstange zwei hintereinanderliegende Kolben in den Hauptbremszylinder (im Motorraum).
○ Die Kolben übertragen die Kraft auf die dort eingeschlossene Bremsflüssigkeit. Der so entstehende hydraulische Druck in der Bremsflüssigkeit gelangt über Rohr- und Schlauchleitungen zu den Radzylindern.
○ In diesen drücken Kolben die Bremsklötze gegen die Bremsscheiben bzw. die Bremsbacken gegen die Bremstrommeln.
○ Der Flüssigkeitsdruck gelangt an die Radbremszylinder in zwei voneinander unabhängigen Leitungssystemenen, und zwar für je ein Vorderrad und das gegenüberliegende Hinterrad (diagonal aufgeteilte Zweikreisbremse).
○ Falls ein Bremskreis ausfallen sollte, bleiben so ein Vorderrad und das Hinterrad auf der anderen Seite bremsfähig. Mit dem ungebremsten Vorderrad kann man noch lenken, und das ungebremste Hinterrad hält das Heck in der Spur.

Fingerzeig: Den Ausfall eines Bremskreises erkennen Sie zum einen daran, daß Sie das Pedal fast bis zum Bodenblech durchtreten können. Zum anderen müssen Sie wesentlich stärker auf das Bremspedal treten. Außerdem wird der Anhalteweg länger.

Die Bremsflüssigkeit

Die Flüssigkeit in den Bremsleitungen und Bremszylindern ist eine Mischung aus Glykol, Polyglykoläther und ein paar weiteren Bestandteilen. Diese gelbliche Flüssigkeit greift die Metall- und Gummiteile der Bremsanlage nicht an. Sie bleibt selbst bei – 40° C noch ausreichend dünnflüssig, und sie hat trotz ihrer Dünnflüssigkeit den extrem hohen Siedepunkt von ca. 260° C.
Aber die Bremsflüssigkeit hat auch unangenehme Eigenschaften: Sie ist gegen Autolack aggressiv und im übrigen auch noch giftig. Besonders gefährlich ist aber die Tatsache, daß sie gern Wasser aufnimmt, sie ist »hygroskopisch«. Wasser – oder besser Luftfeuchtigkeit – kann tatsächlich in die Bremsflüssigkeit gelangen: Über den Ausgleichbehälter sowie durch mikroskopische Undichtigkeiten an den Bremsschläuchen und Gummimanschetten. Solche Wasseraufnahme führt nicht nur zu Korrosion an den Metallteilen der Anlage, sondern bewirkt ein rapides Absinken des Siedepunkts.
Das ist bei starker Beanspruchung der Bremsen (Paßabfahrt, evtl. noch mit Anhänger, häufige Vollbremsungen auf der Autobahn) gefährlich, weil sie sich dann sehr stark aufheizen. In der Nähe der erhitzten Bremsen können sich Dampfblasen in der Hydraulikflüssigkeit bilden. Die lassen sich zusammenpressen – das Bremspedal kann tief durchgetreten werden; manchmal tritt man sogar ins Leere! In diesem Fall kann bisweilen noch schnelles Pumpen mit dem Bremspedal helfen. Besonders gefährlich ist dieser Effekt nach dem Abstellen des Wagens nach starker Bremsbeanspruchung. Mangels Fahrtwind heizt sich die Bremsenumgebung noch stärker auf; die höchste Temperatur herrscht nach etwa 15 Minuten Standzeit. Erst nach etwa einer halben Stunde ist wieder die normale Bremsflüssigkeitstemperatur erreicht.
Vorbeugend schreibt der Wartungsplan daher den Wechsel der Bremsflüssigkeit alle zwei Jahre vor.
Bremsflüssigkeit muß der Spezifikation FMVSS 116 **DOT 4** entsprechen.

Bremsflüssigkeitsstand prüfen

Ständige Kontrolle

Bedingt durch die Scheibenbremsen sinkt der Flüssigkeitsstand auch bei völlig intakter Bremsanlage mit zunehmender Kilometerleistung. Denn die im Durchmesser verhältnismäßig großen Kolben der Scheibenbrems-Radzylinder wandern mit den verschleißenden Belägen weiter heraus, und mehr Flüssigkeit fließt nach. Ein gewisses, langsames Absinken der Bremsflüssigkeit muß also nicht unbedingt alarmierend sein. Wenn Sie wissen, wie hoch die Bremsflüssigkeit bei neuen und abgenutzten Scheibenbremsbelägen steht, läßt sich am Niveau der hydraulischen Flüssigkeit sogar ablesen, wie weit die Beläge abgenutzt sind. Werden neue Scheibenbremsbeläge eingesetzt, müssen die Kolben in den Bremssätteln zurückgedrückt werden, wodurch der Flüssigkeitsstand im Behälter wieder ansteigt. Wurde unnötigerweise bei abgefahrenen Belägen Bremsflüssigkeit aufgefüllt, kann diese beim Zurückdrücken der Kolben durch die Belüftungslöcher im aufgeschraubten Deckel austreten.

- Links hinten im Motorraum, direkt auf dem Hauptbremszylinder, sitzt der Bremsflüssigkeitsbehälter (siehe Bilder unten).
- Im weißlich durchscheinenden Behälter soll die Bremsflüssigkeit zwischen den Markierungen »MIN« und »MAX« stehen.
- Ist der Flüssigkeitsstand auffallend gesunken, was auch durch eine Warnleuchte im Kombiinstrument angezeigt wird, muß die Bremsanlage auf undichte Stellen kontrolliert werden.

Bremsen prüfen

Ständige Kontrolle

- Zuerst eine Vollbremsung bei Schrittgeschwindigkeit.
- Am Gummiabrieb auf der Straße sehen Sie bei gleich langen Spuren, daß die Bremsen gleichmäßig ziehen. Bei einem Fahrzeug mit ABS werden Sie keinen Gummiabrieb feststellen.
- Gleiche Prüfung mit der Handbremse.
- Für die Bremsenprüfung bei höheren Geschwindigkeiten brauchen Sie eine ebene Strecke.
- Nun aus etwa 50 km/h bei losgelassenem Lenkrad, aber mit griffbereiten Händen zuerst sanft und dann scharf bis zum Stillstand abbremsen.
- Zieht der Wagen etwa nach links, ist eine der rechten Radbremsen nicht in Ordnung. Das Auto zieht in Richtung des stärker gebremsten Rades.
- Lassen Sie den Passat ein schwaches Gefälle hinunterrollen, um festzustellen, ob die Räder leichtgängig sind.
- Nach der Probefahrt kontrollieren ob eine Felge auf der einen Wagenseite wärmer ist als auf der anderen Seite.
- Für alle Bremsenmängel siehe Störungsbeistand ab Seite 147.

Bremsanlage auf Undichtigkeiten und Beschädigungen

Wartung Nr. 18

Zur Kontrolle muß die Wagenunterseite trocken sein, damit Sie undichte Stellen erkennen können. Bremsflüssigkeit kriecht auch unter Schmutz. Feuchtdunkle Stellen oder schwarzer Schmutz lassen eine Undichtigkeit vermuten.

- Kontrollieren Sie sämtliche Anschluß- und Verbindungsstellen; auch Bremssättel und die Bremsankerplatten, hinter denen die Radbremszylinder sitzen.
- Die Bremsschläuche dürfen weder feucht noch aufgequollen oder angescheuert sein. Sonst auswechseln.
- Die Bremsleitungen sind zum Schutz gegen Rost

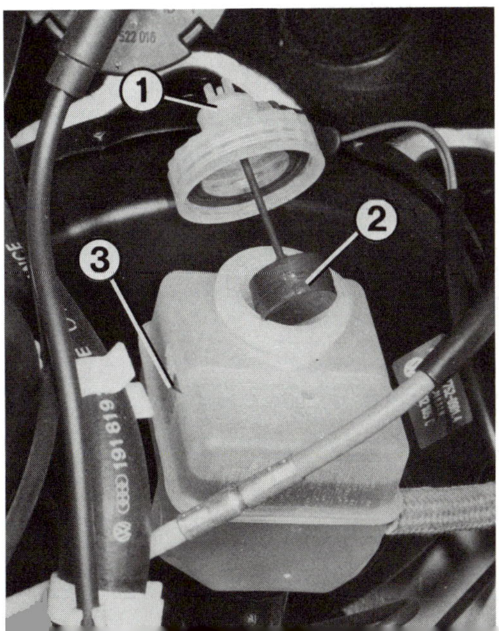

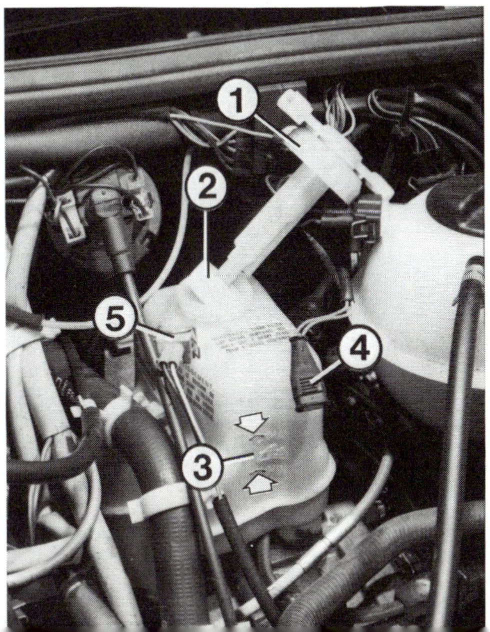

Der Vorratsbehälter für die Bremsflüssigkeit – links bei herkömmlicher Bremsanlage, rechts bei ABS. Die Zahlen kennzeichnen:
1 – Deckel;
2 – Schwimmer zur Kontrolle des Flüssigkeitsstands;
3 – Markierungen für Mindest- und Höchststand;
4 – Kabelstecker für Warnleuchte für Flüssigkeitsstand;
5 – Stecker für ABS-Kontrolle.

mit einer Kunststoffschicht überzogen. Wird diese Schutzschicht beschädigt, kann es zu Rostansatz kommen.

- Die Leitungen nie mit Schraubenzieher, Schmirgelleinen oder Drahtbürste säubern, sondern Kaltreiniger nehmen.
- Ist die Schutzschicht beschädigt, soll Rostschutzgrundierung dünn aufgestrichen werden.
- Leitungen mit Rostnarben und solche, die plattgedrückt sind, müssen ersetzt werden.
- Sind Schutzkappen auf allen Entlüftungsventilen? Sie sitzen an den Bremssätteln bzw. innen an den Bremsankerblechen der Trommelbremse.
- Die Bremsdruckprobe können Sie provisorisch selbst machen: Treten Sie voll aufs Bremspedal.
- Es darf auch nach einigen Minuten der vollen Belastung nicht nachgeben, sonst ist eine der Manschetten im Hauptbremszylinder defekt.
- Durch die undichte Manschette sinkt der Flüssigkeitsstand im Behälter nicht, sondern die unter Druck gesetzte Flüssigkeit mogelt sich an einem Kolben des Hauptbremszylinders vorbei auf die drucklose Seite.
- Gewisse undichte Stellen an den Kolbenmanschetten lassen sich allerdings nur bei einer genauen Druckprüfung in der Werkstatt ermitteln.

Die vorderen Scheibenbremsen

Zusammen mit jedem Vorderrad dreht sich eine Stahlscheibe frei im Luftstrom. Sogenannte Bremssättel umfassen sattelförmig die Scheiben. Beim Tritt auf das Bremspedal drücken Kolben die Bremsbeläge gegen die Scheiben – es wird gebremst.
Durch den Fahrtwind werden die Scheibenbremsen ständig gekühlt. Zusätzlich sind die vorderen Bremsscheiben der Modelle ab 79 kW innenbelüftet: Im Umfang der Bremsscheibe sitzen große Aussparungen, die Luft wegschaufeln und so die Kühlung noch verbessern. Belagabrieb wird gleich weggeblasen, und ohne besondere Mechanik stellen sich die Scheibenbremsen selbst nach.
Alle Modelle besitzen sogenannte Faustsattelbremsen. Der Bremssattel sieht wie eine geballte Faust aus. Der Bremskolben im Zylindergehäuse drückt den inneren Belag gegen die Bremsscheibe, wodurch das Zylindergehäuse in seiner Führung herübergezogen und der Bremsklotz auf der anderen Seite ebenfalls gegen die Scheibe gepreßt wird. Im Passat mit 53/55 kW bis ca. 10/89 sind Bremssättel des Herstellers »Ate« eingebaut; bei allen übrigen Modellen kommen Bremsen vom Hersteller »Girling« zum Einsatz.

Fingerzeige: Bei Regen wird die offen liegende Bremsscheibe kräftig geduscht, weshalb die Bremswirkung einen Sekundenbruchteil verspätet einsetzt. Die Feuchtigkeit zwischen Bremsscheiben und -klötzen muß erst zum Verdampfen gebracht werden.
In streusalzreichen Wintern tritt diese Erscheinung verstärkt auf, unter ungünstigen Umständen spricht die Bremse überhaupt nicht an. Die auf Bremsbelägen und -scheiben sitzende Salzschicht muß beim Bremsen erst abgeschliffen werden. Bei Fahrten in streusalzhaltigem Tauwasser die Bremsen immer wieder mal ein paar Sekunden lang warmbremsen. Regen- oder tauwassernasse Bremsen sollten Sie vor mehrtägigem Abstellen des Wagens »trockenfahren«.

Stärke der Scheibenbremsbeläge messen

Wartung Nr. 26

Die großzügig bemessenen Bremsbeläge der vorderen Scheibenbremsen halten oft bis zu 50 000 km. Trotzdem darf die regelmäßige Prüfung nicht vergessen werden.

Die restliche Belagstärke (zwischen den Pfeilen) an den Scheibenbremsen können Sie am genauesten bei abgenommenem Rad erkennen. Legen Sie einen Zollstock an der Bremsscheibe (1) an und messen Sie den Abstand zum Belagträger (2).

● Die **Mindestbelagstärke** beträgt **mit Trägerplatte** des Bremsbelags **7 mm**. Die Trägerplatte selbst – also das Metallstück, auf das der Belag geklebt ist – hat eine Stärke von ca. 5 mm.

● Zur flüchtigen Kontrolle mit einer Lampe durch ein Felgenloch leuchten und die Belagstärke abschätzen.

● Genauer ist die Kontrolle bei abgenommenen Rädern.

● Meterstab anlegen und messen, wie im Bild links gezeigt. Bremsbelag auf der Innenseite nicht vergessen!

Zustand der Bremsscheiben kontrollieren

Wartung Nr. 27

Wenn die Vorderräder zur Belagkontrolle abgenommen sind, prüft man auch den Zustand der Bremsscheiben.

● Die Scheiben dürfen keine tiefen Rillen (durch Schmutz oder zu stark abgefahrene Beläge) aufweisen. Die Riefen graben sich in neue Bremsbeläge tief ein, was deren Lebensdauer wesentlich verkürzt.

● Riefige Bremsscheiben können nachgeschliffen werden, wenn sie nicht durch lange Laufzeit auf das zulässige Mindestmaß (siehe Tabelle unten) »abgemagert« sind.

● Zu dünne Scheiben müssen paarweise ausgetauscht werden.

● Eine bläuliche Verfärbung der Bremsscheibe ist ohne Bedeutung.

Bremsscheiben	vorn unbelüftet	vorn innenbelüftet	hinten
Stärke neu Stärke mindestens	13 mm 11 mm	20 mm 18 mm	10 mm 8 mm

Vordere Scheibenbremsbeläge erneuern

Grundsätzlich müssen rechts und links beide Beläge ausgetauscht werden. Nur Beläge mit »Allgemeiner Betriebserlaubnis« (ABE) verwenden. Für die Bremse des Herstellers »Ate« sind neue Belaghaltefedern erforderlich. Bei der »Girling«-Bremse werden zum Belagwechsel zwei neue selbstsichernde Schrauben gebraucht. Diese sind meist im Bremsbelagsatz enthalten – kontrollieren.

Weil die Kolben in den Bremssätteln mit zunehmendem Verschleiß der Beläge weiter herauswandern, müssen sie vor dem Einsetzen neuer, dicker Beläge zurückgedrückt werden. Hierbei wird die Bremsflüssigkeit durch die Leitungen in den Vorratsbehälter gepreßt. Haben Sie in der Zwischenzeit unnötigerweise Bremsflüssigkeit nachgefüllt, muß das Zuviel jetzt mit einer sauberen Pipette oder Spritze abgesaugt werden. Andernfalls greift die am Vorratsbehälter austretende Bremsflüssigkeit umliegende lackierte Teile im Motorraum an.

● Wagen vorn aufbocken und sichern.

● Rad abnehmen.

● Lenkung einschlagen, damit die Beläge gut zugänglich sind.

● **Ate-Bremse:** Haltefedern oben und unten aushängen.

● Schrauben an der Innenseite (Bild unten links) mit Innensechskantschlüssel SW 6 herausdrehen.

● **Girling-Bremse:** Obere und untere Sechskantschraube des Bremssattelgehäuses herausdrehen (siehe Bild unten rechts), dabei den Führungsbolzen an seinem Sechskant gegenhalten.

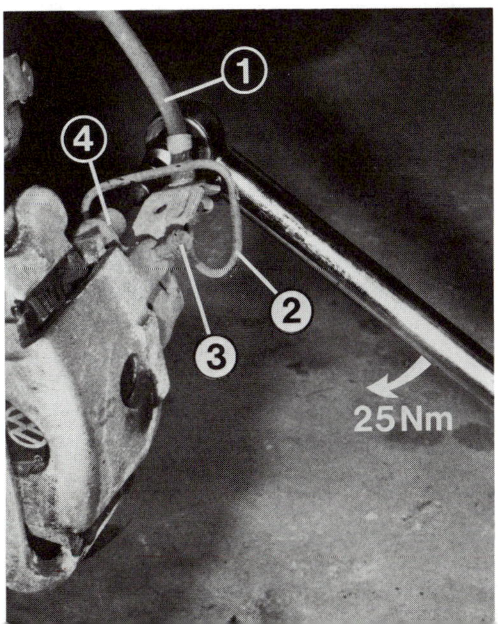

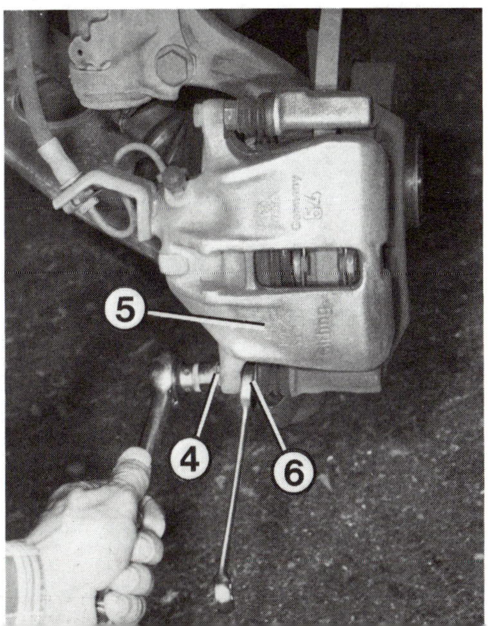

Im linken Bild ist die Ate-Bremse abgebildet:
1 – Bremsschlauch;
2 – Bremsleitung;
3 – Entlüftungsventil;
4 – obere Belaghalteschraube mit Innensechskantkopf. Beim Zusammenbau werden die Schrauben mit 25 Nm angezogen.
Die rechte Abbildung zeigt den Girling-Bremssattel (5). Zum Lösen der Sechskantschrauben oben und unten (4) muß der Führungsbolzen (6) gegengehalten werden.

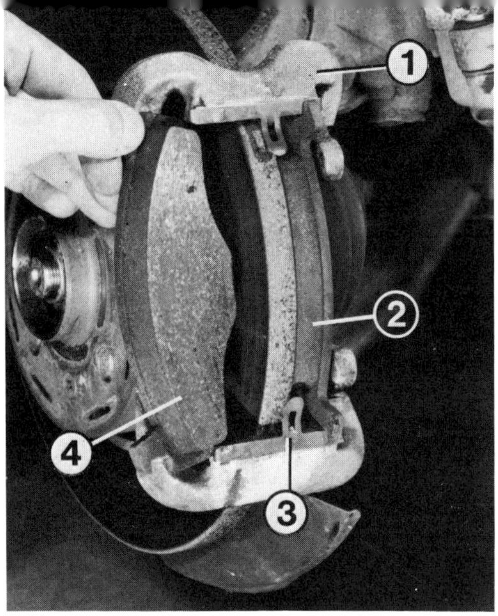

In der linken Abbildung ist der Ate-Bremssattel (1) beim Wiedereinbau des äußeren Bremsbelages (4) gezeigt. Der innere Belag (2) ist bereits eingesetzt. Entscheidend ist, daß die Belaghaltefedern oben und unten (3) zuerst eingesteckt werden müssen.
Rechts: Bei eingelaufender Bremsscheibe sollten Sie die Innenkante (Pfeil) neuer Beläge mit einer Feile leicht anschrägen. Dann liegen die Beläge gleich voll an der Bremsscheibe an, was die Bremswirkung verbessert.

- **Beide Versionen:** Schrauben herausziehen, Bremssattelgehäuse abnehmen.
- Damit das Bremssattelgehäuse nicht an seinem Bremsschlauch zerrt, wird es mit Draht am Federbein aufgehängt.
- Beläge rechts und links aus den Führungsschienen nehmen.
- Kolben im Bremssattel mit einer Schraubzwinge zurückdrücken.
- Damit der Kolben nicht verkantet oder beschädigt wird, auf den Anlagering ein kleines Brettchen legen.
- **Girling-Bremse:** Zum Zurückdrücken des Kolbens das Wärmeschutzblech abnehmen.
- Neue Beläge einsetzen.
- **Ate-Bremse:** Beim Einbau erst die Belaghaltefedern und dann die Beläge einsetzen (der innere Belag hat die kleinere Belagfläche).
- Bremssattelgehäuse nur so weit herandrücken, daß sich die Halteschrauben ansetzen lassen. Wird der Bremssattel über diese Stellung hinausgedrückt, können sich die Haltefedern verbiegen und beim Bremsen Geräusche verursachen.
- Lange Schraube oben, die kürzere unten einsetzen und jeweils mit 25 Nm anziehen.
- **Girling-Bremse:** Wärmeschutzblech wieder im Kolben einsetzen.
- Bremssattel montieren.
- Neue Befestigungsschrauben mit **35 Nm** anziehen. Schlanken Gabelschlüssel zum Gegenhalten des Führungsbolzens verwenden, sonst wird er eingeklemmt und die Anzugskraft stimmt nicht.
- Nach dem Zusammenbau **Bremspedal mehrmals treten**, bis die Beläge an den Bremsscheiben anliegen. Sonst ist keine Bremswirkung vorhanden!

Fingerzeig: Mit neuen Bremsbelägen sollten Sie auf den ersten 500 km nur behutsam bremsen, wenn möglich. Gewaltbremsungen gleich zu Anfang führen zu Brandstellen im Belag. Er erreicht nicht die günstigste Bremsverzögerung und verhärtet – »verglast«, wie der Fachmann sagt.

Bremssattel vorn ausbauen

Die vorderen Bremssättel sind mit je zwei sogenannten Rippschrauben am Federbein befestigt. Diese Schrauben besitzen hinter ihrem Sechskantkopf eine geriffelte Fläche, die ein unbeabsichtigtes Lösen der Schraube verhindert. Diese Rippschrauben keinesfalls durch herkömmliche Schrauben ersetzen!

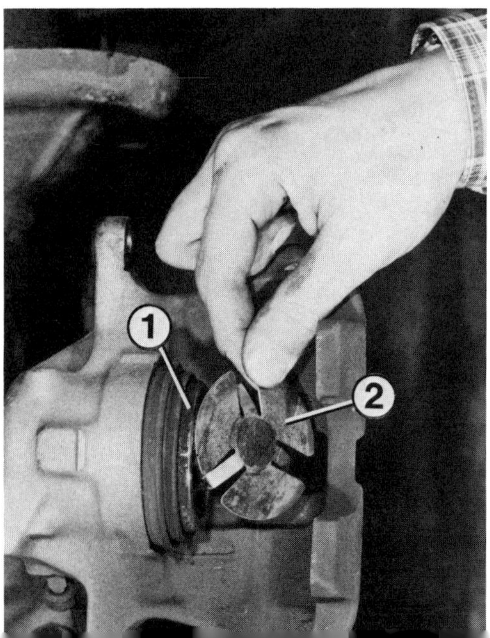

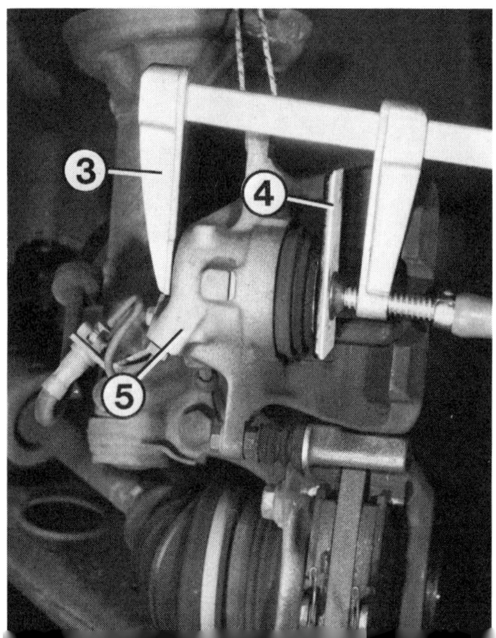

Links: Bevor an der Girling-Bremse der Kolben (1) zurückgedrückt wird, muß das Wärmeschutzblech (2) abgenommen werden.
Rechts: Zum Zurückdrücken des Bremskolbens in das Bremssattelgehäuse (5) ist eine Schraubzwinge (3) das am besten geeignete Werkzeug. Zum Schutz des Kolbens dient ein zwischengelegtes Holzbrettchen (4).

Bei zunehmendem Fahrzeugalter können die Gleitschienen der Bremssättel Rost ansetzen. Dann gleiten die Belagträger nicht mehr einwandfrei auf den Schienen. Bei Rostansatz deshalb die Schienen (Pfeile) blankkratzen.

- Rad abschrauben.
- Bremsbeläge ausbauen.
- Halteschrauben des Bremssattels losdrehen.
- Bremssattel mit angeschraubtem Bremsschlauch so aufhängen, daß der Schlauch nicht unter Spannung steht.
- Oder Bremsschlauch bzw. -leitung abschrauben.
- Bremspedal niederdrücken und -halten, um Auslaufen von Bremsflüssigkeit zu verhindern.
- Vor dem Einbau die geriffelten Flächen der Rippschrauben reinigen.
- Rippschrauben mit **125 Nm** anziehen.
- Bremsschlauch bzw. -leitung wieder festschrauben.
- Bremsanlage entlüften, falls der Bremsschlauch bzw. -leitung abgeschraubt war.
- **Bremspedal** vor den ersten Metern Fahrt **mehrfach durchtreten**, bis sich normales Pedalspiel einstellt.

Bremskolbenmanschette wechseln

Wurde die Bremskolbenmanschette im Bremssattel beschädigt, müssen Sie baldigst für Ersatz sorgen, sonst klemmt bald der Bremskolben aufgrund von Schmutz und Korrosion. Die Manschette gibt's nur zusammen mit dem Bremskolben-Dichtring zu kaufen. Zum Einbau beider Teile muß der Kolben im Bremssattelgehäuse herausgedrückt werden. Aus Sicherheitsgründen sollten Sie diese Arbeit in der Werkstatt durchführen lassen. Eventuell Bremssattel selbst ausbauen und zur Reparatur bringen.

Bremsscheibe vorn ersetzen

Bremsscheiben müssen grundsätzlich beidseitig erneuert werden. Einseitiger Wechsel kann ungleiche Bremswirkung zur Folge haben.

- Bremssattel abschrauben und mit Draht an der Karosserie befestigen; die Hydraulikleitung bleibt angeschlossen.
- Eine Kreuzschlitzschraube (neben Radschraubenbohrung) herausdrehen – am besten unter Verwendung von Rostlöserspray.
- Die Bremsscheibe kann nun von Hand von der Radnabe gezogen werden.
- Ist sie festgerostet, mit kräftigen Hammerschlägen nachhelfen – aber nur, wenn die Scheibe ohnehin gewechselt wird.
- Vor dem Ansetzen der neuen Bremsscheibe die Anlagefläche an der Radnabe säubern.

Die hinteren Trommelbremsen

An den hinteren Rädern besitzen die Modelle bis 66 kW sogenannte Trommelbremsen. Je zwei halbkreisförmige Beläge werden von einem oben sitzenden Radbremszylinder gegen die zylindrischen Bremstrommeln gedrückt. Diese Bauart mit einem Radzylinder für zwei Beläge nennt sich Simplexbremse.

Die Trommelbremse wirkt selbstverstärkend. Und zwar zieht sich eine Bremsbacke durch die Drehung des Rades in gewissem Maß selbsttätig an die Bremstrommel. Dadurch sind geringere Fußkräfte am Pedal notwendig. Bei Vorwärtsfahrt wirkt die vordere Bremsbacke selbstverstärkend. Sie heißt Auflauf- oder Primärbremsbacke im Gegensatz zur hinteren Ablauf- bzw. Sekundärbremsbacke.

Belagstärke der Trommelbremsen kontrollieren

Wartung Nr. 28

Da die Auflaufbacke schneller verschleißt als die hintere Ablaufbacke, wird nur an der vorderen Bremsbacke die Stärke gemessen.

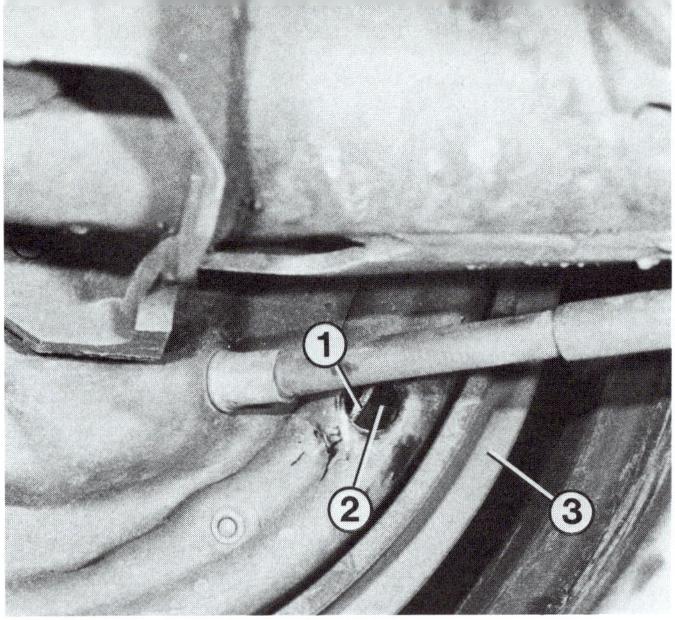

An den hinteren Trommelbremsen sitzt das Schauloch in Fahrtrichtung vorn im Bremsträgerblech (3). Gleich daneben läuft der Handbremszug. Bei abgezogenem Stopfen sehen Sie die Bremsbacke (1) und den Belag (2).

- Passat hinten aufbocken.
- An der Innenseite des jeweiligen Hinterrades vorn am Bremsträgerblech den Plastikstopfen abziehen.
- Mit Taschenlampe ins Schauloch leuchten, Belagstärke feststellen.
- Die Beläge sind neu 7,5 mm stark und dürfen bis auf **5 mm Reststärke** abgefahren werden – jeweils mit Belagträger gemessen.

Bremspedalweg prüfen

Wartung Nr. 3

- Drücken Sie das Bremspedal von Hand nieder.
- Der **Leerweg** soll **höchstens 1/3 des gesamten Pedalwegs** betragen.
- Bei längerem Pedalweg sind die Trommelbremsbeläge auf das Mindestmaß abgefahren und müssen erneuert werden.
- Zu langer Pedalweg kann auch durch verklemmte Bremsbeläge oder einen festgerosteten Bremssattel verursacht werden.

Automatische Bremsennachstellung

Die Trommelbremsen brauchen nicht mehr nachgestellt zu werden. Allerdings bewirkt dies – anders als bei den Scheibenbremsen – eine Mechanik. Die Druckstange zwischen den Bremsbacken muß mit zunehmendem Belagverschleiß verlängert werden, damit die Beläge wieder zum Anliegen an die Trommel kommen. Das geschieht durch einen unter Federzug stehenden Keil, der mit den allmählich verschleißenden Belägen in der Druckstange nachrückt.

Bremstrommel abnehmen

- Die Bremstrommel kann auch mit angeschraubtem Rad abgenommen werden.
- In diesem Fall eine Radschraube herausdrehen.
- Wagen hinten aufbocken.
- Äußeres Radlager ausbauen (Seite 130).
- Felge oder Bremstrommel so drehen, daß ein Radschraubenloch in Fahrtrichtung vorn oben steht.
- Durch das Schraubenloch mit einem Schrauben-

Zum Ausbau der Bremsscheibe muß der Bremssattel abgenommen werden. Zur Sicherung der Scheibe auf der Radnabe dient eine Kreuzschlitzschraube.

Wenn sich die hintere Bremstrommel nach Abnahme des Radlagers nicht von den Bremsbakken abziehen läßt, muß der Nachstellkeil hochgedrückt werden. Im Bild ist die Stellung des Radschraubenloches gezeigt, durch das der Schraubenzieher gesteckt wird (in Fahrtrichtung vorn!).

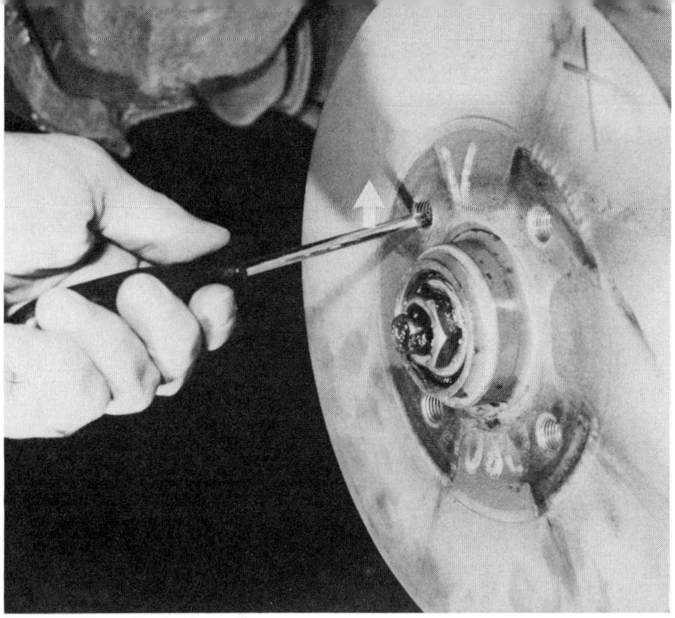

zieher den Nachstellkeil hochdrücken – damit werden die Bremsbacken zurückgezogen.

- Bremstrommel abziehen.
- Beim Zusammenbau Radlagerspiel einstellen, siehe Seite 131.
- Beläge durch einmaliges kräftiges Treten des Bremspedals zum Anliegen an der Trommel bringen. Dazu müssen die Bremstrommeln rechts und links montiert sein.

Fingerzeig: Bei einem älteren Wagen läßt sich der Nachstellkeil nicht einfach nach oben drücken. Lassen Sie von einem Helfer das Bremspedal treten (die Bremstrommel auf der anderen Seite darf nicht abgenommen sein), und schieben Sie den Keil nach oben. Bremspedal loslassen und erst jetzt den Schraubenzieher aus der Bremstrommel ziehen, sonst rutscht der Keil wieder nach unten.

Zustand der Bremstrommeln kontrollieren

- Die Schleiffläche in der Bremstrommel muß möglichst glatt sein.
- Zeigen sich tiefe Rillen oder Riefen (durch bis auf die Nieten abgefahrene Bremsbeläge), kann die Trommel ausgedreht werden.
- Neue Bremstrommeln haben einen Innendurchmesser von 200 bzw. 230 mm.
- Nach dem Ausdrehen darf der Durchmesser nur 1 mm größer sein.
- Zu weit eingelaufene Bremstrommeln sind zu ersetzen, und zwar immer beide.

Bremsbacken ausbauen

In den Abbildungen auf diesen Seiten sehen Sie die im Text genannten Teile.

- Federteller der Druckfedern an den Bremsbacken mit einer Kombizange oder besser mit einem Steckschlüssel SW 10 zurückdrücken, Haltestift hinten an der Bremsankerplatte um 90° drehen und herausziehen, Federn abnehmen.
- Rückzugfeder des Nachstellkeils aushängen.
- Bremsbacken aus der unteren Abstützung und den Kolben im Radbremszylinder herausheben.
- Handbremsseil an den abgezogenen Bremsbakken aushängen.

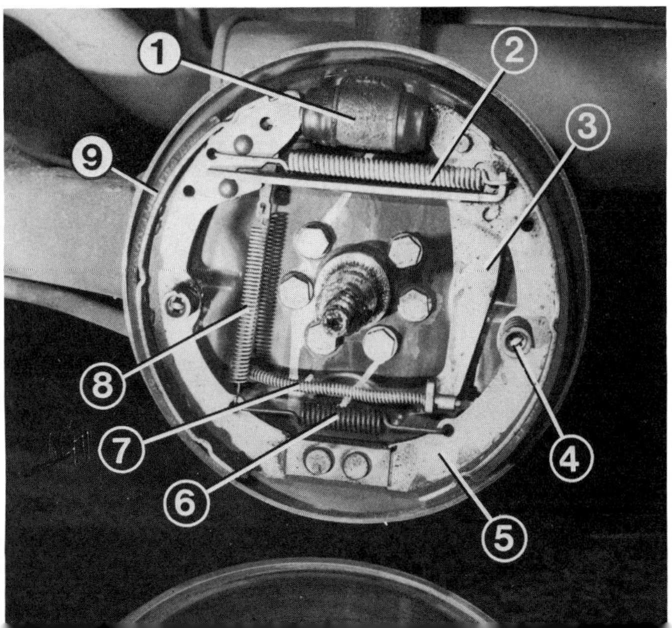

So sieht es aus, wenn Sie die Bremstrommel abziehen:
1 – Radbremszylinder;
2 – Rückzugfeder oben;
3 – Handbremshebel;
4 – Druckfeder;
5 – Bremsbacke;
6 – Rückzugfeder unten;
7 – Handbremszug;
8 – Zugfeder mit Nachstellkeil;
9 – Bremsbelag.

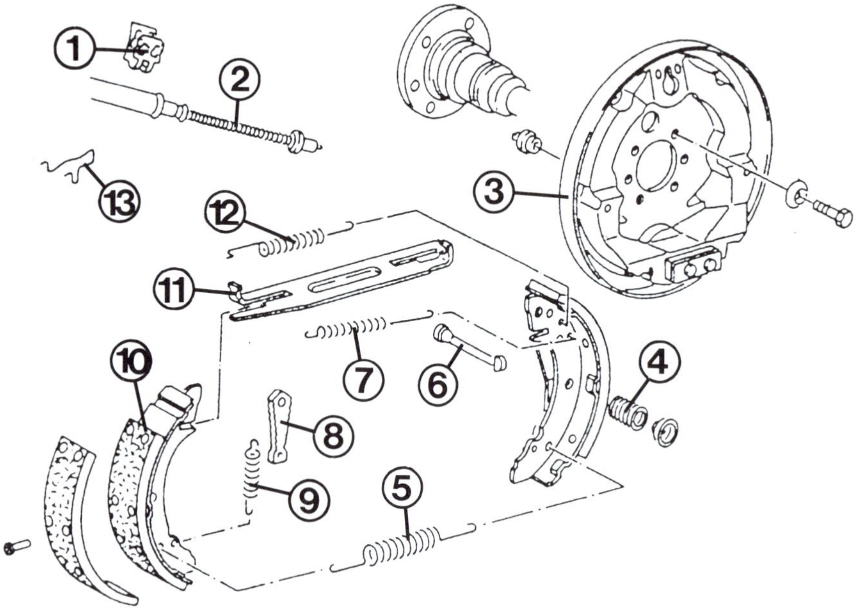

Hier sind die Teile der Trommelbremse einzeln nochmals deutlich erkennbar:
1 – Halteclip für Handbremszug (2);
3 – Bremsträger;
4 – Druckfeder;
5 – Rückzugfeder unten;
6 – Haltestift;
7 – Rückzugfeder oben;
8 – Nachstellkeil;
9 – Zugfeder;
10 – Bremsbacke;
11 – Druckstange;
12 – Anlagefeder;
13 – Halteklammer für Handbremszug.

- Rückzugfedern oben und unten abnehmen.
- Nachstellkeil aus der Druckstange ziehen.
- Anlagefeder oben aus der Druckstange aushängen. Ggf. hierzu die Druckstange in einen Schraubstock spannen.
- Beim **Zusammenbau** Druckstange in Schraubstock spannen.
- Anlagefeder an der Druckstange und Bremsbacke einhängen. Wie die Feder richtig montiert wird, zeigt das Bild unten.
- Bremsbacke auf der Druckstange einsetzen, Nachstellkeil von oben einstecken. Die »Warze« oben zeigt zur Bremsankerplatte hin.
- Bremshebel der Sekundär-Bremsbacke in die Aussparung der Druckstange einsetzen, obere Rückzugfeder einhängen.
- Zum Einhängen des Handbremsseils bei noch nicht montierten Bremsbacken Feder und Federteller auf dem Seil zurückdrücken, in dieser Stellung mit einer Zange festhalten, so daß das Handbremsseil ein Stück freiliegt.
- Bremshebel einhängen.

Fingerzeige: Grundsätzlich müssen beide Beläge auf jeder Seite ausgewechselt werden. Für einwandfreie Bremswirkung nur Beläge mit ABE verwenden (die Original-V.A.G.-Beläge sind asbestfrei). Bremsbacken gibt es fertig aufgeklebt im Austausch im V.A.G.-Teilelager zu kaufen.

Die hinteren Scheibenbremsen

Ab 79 kW besitzt der Passat auch an der Hinterachse Scheibenbremsen. In Verbindung mit ABS haben die Versionen mit 53 – 66 kW bis Baujahr 7/89 hinten ebenfalls Scheibenbremsen. Es handelt sich wie bei den Vorderrädern um Faustsättel. Zusätzlich zur hydraulischen Betätigung durch die Fußbremse kann die hintere Scheibenbremse auch über die Seilzüge der Handbremse bedient werden. Der Bremskolben wird über einen Hebel, in den der Bremszug eingehängt ist, und eine Druckstange gegen den Belag gepreßt.

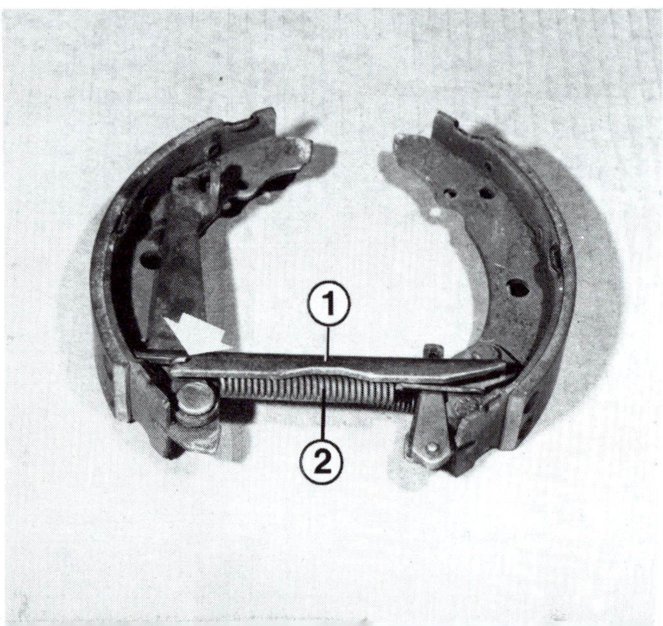

Das umgebogene Ende (Pfeil) der Anlagefeder (2) muß nach innen zeigen, wenn sie richtig in die Druckstange (1) eingesetzt ist.

Der hydraulische Teil der Scheibenbremse ist selbstnachstellend. Bei der mechanischen Betätigung durch die Handbremse ist dagegen eine spezielle Nachstellvorrichtung notwendig, welche die Druckstange nach Bedarf gewissermaßen verlängert. Die Stange würde sonst den weiter nach außen gerückten Kolben ab einem bestimmten Belagverschleiß nicht mehr erreichen.
Kernstück der Nachstellung ist ein Gewinde, auf dem sich die Druckstange mit zunehmendem Belagverschleiß immer weiter herausschraubt – die Druckvorrichtung wird also länger. Der Bremskolben darf deshalb beim Belagwechsel nicht einfach zurückgedrückt werden, sondern er wird auf dem Nachstellgewinde zurückgeschraubt. Dazu benötigt man leider das V.A.G.-Sonderwerkzeug 3131.

Automatische Nachstellung

Beläge und Bremsscheiben kontrollieren

Wartung
Nr. 26 und 27

Die Kontrolle des Belagverschleißes an den hinteren Scheibenbremsen geschieht auf gleiche Weise wie an den Vorderrädern. Bitte lesen Sie auf Seite 134 nach. Gleichzeitig soll auch der Zustand der hinteren Bremsscheiben kontrolliert werden, was auf Seite 135 beschrieben steht.

Hintere Scheibenbremsbeläge erneuern

Außer vier Scheibenbremsbelägen brauchen Sie neue selbstsichernde Schrauben, die dem V.A.G.-Reparatursatz beigelegt sind. Die alten Schrauben dürfen Sie allenfalls mit Schraubensicherungsmittel versehen nochmals verwenden.

- Hinterrad abschrauben.
- Halteklammer des Handbremszugs abdrücken.
- Das kugelförmige Seilzugende am Hebel der Handbremsbetätigung aushängen.
- Beide Halteschrauben des Bremssattelgehäuses losdrehen, dabei den Führungsbolzen gegenhalten, siehe Bild unten.
- Schrauben herausziehen, Bremssattelgehäuse abnehmen und so an der Karosserie aufhängen, daß der Bremsschlauch nicht unter Spannung steht.
- Beläge von den Führungsschienen abnehmen. Wenn sie wieder verwendet werden sollen, müssen Sie die Beläge kennzeichnen, damit sie wieder an derselben Stelle eingebaut werden. Andernfalls könnte die Bremswirkung ungleichmäßig sein.
- Führungsschienen ggf. von Korrosionsansatz säubern, Beläge einsetzen.
- Werden **neue Beläge** eingebaut, muß der **Bremskolben** jetzt mit dem V.A.G.-Werkzeug 3131 unter kräftigem Druck **zurückgedreht** werden. Dieses Werkzeug besitzt vier Nasen, die in die entsprechenden Aussparungen im Bremssattelkolben eingreifen müssen.
- Nicht mit Gewalt drücken oder die Fußbremse treten, sonst wird die Handbremsnachstellung zerstört!
- Neue selbstsichernde Schrauben mit 35 Nm anziehen, dabei den Führungsbolzen gegenhalten. Keinen zu breiten Gabelschlüssel verwenden, der sonst eingeklemmt wird und das Anzugsdrehmoment verfälscht.
- Nach dem Einbau neuer Beläge muß die Grundeinstellung der Handbremse durchgeführt werden.
- Zuletzt **treten Sie mehrmals kräftig auf das Bremspedal**, damit die Beläge richtig an der Bremsscheibe anliegen.

Grundeinstellung der hinteren Scheibenbremsen

Wenn neue hintere Scheibenbremsbeläge montiert bzw. die Bremsseile oder die hinteren Bremsscheiben ersetzt wurden, muß eine Grundeinstellung der Scheibenbremsen erfolgen.

- Handbremshebel nicht anziehen, Passat mit eingelegtem Gang feststellen.
- Von einem Helfer am Handbremshebel die Einstellmuttern so weit anziehen lassen, bis sich an beiden Bremssätteln die im Bild auf der nächsten Seite gezeigten Hebel gerade vom Anschlag abheben.

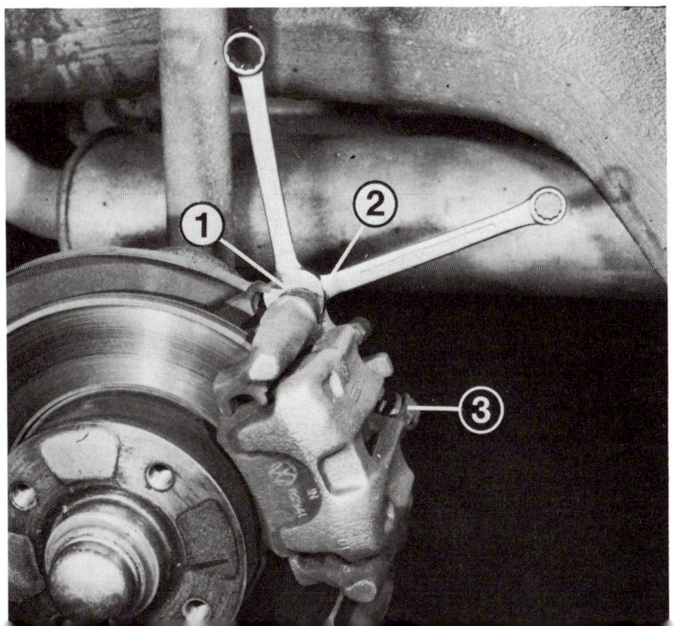

Bevor die Schrauben am hinteren Bremssattel gelöst werden können, muß der Handbremszug (3) ausgehängt werden. Im Bild wird der Führungsbolzen (1) gegengehalten, um die Schraube (2) loszudrehen.

Nach dem Einsetzen der neuen Scheibenbremsbeläge muß die Handbremse eingestellt werden. Die Einstellmutter im Innenraum am jeweiligen Handbremszug wird so lange verdreht, bis sich der hier gezeigte Hebel (1) gerade von seinem Anschlag (2) abhebt. Der höchstzulässige Abstand beträgt 1,5 mm (mit Fühlerblattlehre messen).

- Der Abstand zwischen Hebel und Anschlag darf höchstens 1,5 mm betragen (mit einer Fühlerblattlehre messen).
- Handbremshebel anziehen und wieder lösen.
- Jetzt bei hinten noch aufgebocktem Passat kontrollieren, ob sich beide Hinterräder weiterhin gut durchdrehen lassen.

Bremssattel ausbauen

- Bremssattelgehäuse oben und unten abschrauben, ggf. Bremsschlauch losschrauben.
- Bremsbeläge ausbauen.
- Bremsträger vom Achsträger abschrauben.
- Beim Einbau die Schrauben des Bremsträgers mit 65 Nm festziehen.
- Beläge einbauen, Bremsanlage ggf. entlüften und Grundeinstellung der Hinterradbremsen durchführen.

Bremskolbenmanschette auswechseln

Für das Auswechseln defekter Bremskolbenmanschetten an den hinteren Bremssätteln gilt dasselbe wie für die vorderen Sättel: Da der Bremskolben ausgebaut werden muß, sollten Sie diese Arbeit aus Sicherheitsgründen in der Werkstatt durchführen lassen.

Bremsscheibe ausbauen

- Bremssattel, Beläge und Bremsträger ausbauen, wie beschrieben.
- Äußeres Radlager ausbauen.
- Bremsscheibe abziehen.
- Beim Zusammenbau Radlagerspiel einstellen, siehe Seite 131.
- Nach dem Einbau Grundeinstellung der hinteren Scheibenbremsen durchführen.

Die Handbremse

Die Übertragung der Bremskraft erfolgt hier auf mechanische Weise. Wenn Sie am Handbremshebel ziehen, werden die beiden am Ausgleichbügel (eine Art Wippe) eingehängten Bremsseile zu den Hinterrädern ge-

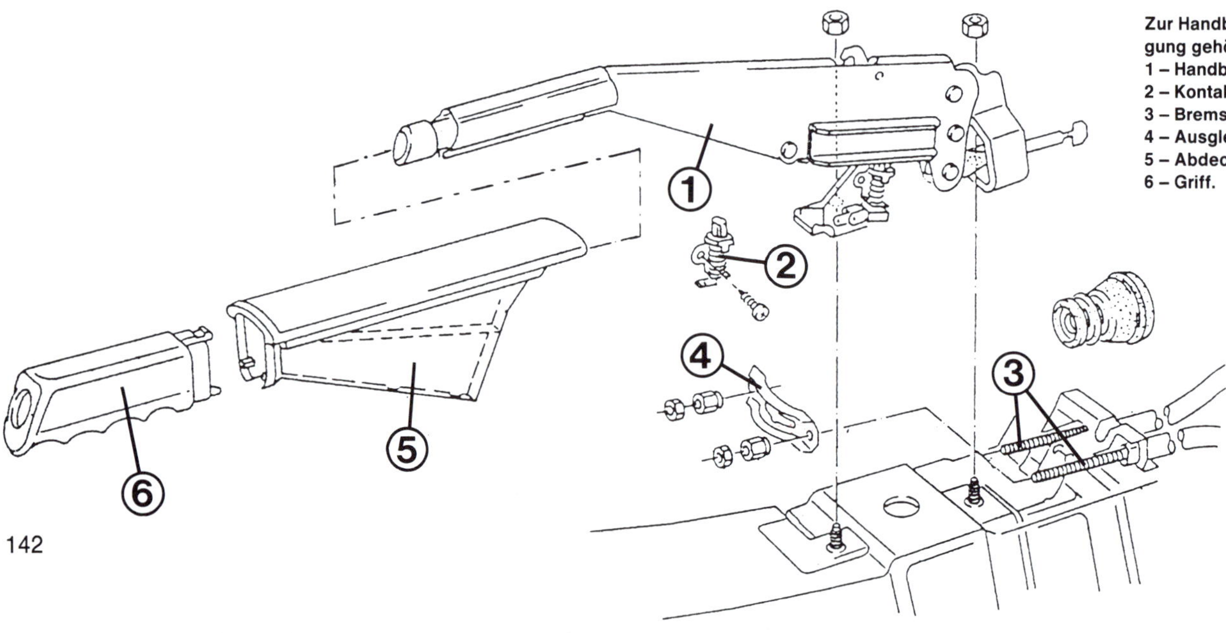

Zur Handbremsbetätigung gehören:
1 – Handbremshebel;
2 – Kontaktschalter;
3 – Bremsseile;
4 – Ausgleichbügel;
5 – Abdeckung;
6 – Griff.

spannt. Durch die Ausgleichwippe wird die Kraft beim Anziehen so gleichmäßig wie möglich an die hinteren Bremsen verteilt. Leichte Schwankungen im Reibwert der beiden Bremsseile gleicht die Wippe dabei aus.
○ Bei den Modellen mit **Trommelbremsen hinten** zieht jedes Seilzugende den Bremshebel an der hinteren Sekundärbremsbacke an. Durch diese Bewegung wird die Bremsbacke gegen die Trommel gedrückt. Gleichzeitig stützt sich der Bremshebel über die Druckstange an der vorderen Bremsbacke ab, die ebenfalls nach außen gedrückt wird – die Hinterräder werden gebremst.
○ Ab 79 kW Leistung und bei allen Passat mit ABS wirken die Handbremsseile auf die **Scheibenbremsen hinten** über den Betätigungshebel, die Druckstange und den Nachstellmechanismus. Mehr darüber steht auf Seite 141.

Leerweg des Handbremshebels prüfen

Wartung Nr. 4

● Die Wirkung der Handbremse soll mit der **dritten Raste** des Hebels beginnen.
● Bei eingerastetem vierten Zahn sollten die Hinterräder blockiert sein.
● Ist der Hebelweg länger, weist das auf abgenutzte hintere Trommelbremsbeläge oder gedehnte Handbremsseile, weil die Handbremse bei jedem Parken kräftig angezogen wurde.
● Eine Einstellung der Handbremse ist bei der Trommelbremse nur nach Auswechseln eines Handbremsseils erforderlich.

Handbremszug wechseln

● Wagen hinten aufbocken, Handbremse lösen.
● Verlängerung der Mittelkonsole ausbauen (Seite 262).
● Konter- und Einstellmuttern an den Bremsseilen losdrehen.
● **Trommelbremse:** Bremstrommel abbauen, Bremsbacken abnehmen und Handbremsseil aushängen.
● **Scheibenbremse:** Halteklammer des Handbremsseils abdrücken.
● Bremshebel nach vorn drücken und das Seil aushängen.
● **Alle Modelle:** Schelle des Bremsseils lösen, Seilzug aus dem Führungsrohr an der Karosserie, dem Drahthalter an der Hinterachse und (bei Trommelbremse) aus der Bremsankerplatte herausziehen.
● Nachdem der neue Handbremszug am Handbremshebel befestigt wurde, die Eintrittstelle des Zuges ins Führungsrohr an der Karosserie mit (wasserbeständigem) Mehrzweckfett einstreichen.
● Bei hinterer Scheibenbremse müssen die Bremsseile folgendermaßen befestigt werden:
● Die blaue Markierung am rechten Handbremsseil muß in der Mitte der Halteschelle sitzen.
● Das linke Seil hat einen weißen Farbpunkt, der ebenfalls in der Mitte der Schelle sitzen muß.
● Nach dem Zusammenbau bei der Trommelbremse Handbremse einstellen.
● Bei hinteren Scheibenbremsen muß die Grundeinstellung der Hinterradbremse durchgeführt werden.

Handbremse einstellen

Diese Arbeit wird bei der hinteren Trommelbremse nur nach Auswechseln des Handbremsseils ausgeführt.
● Wagen hinten so aufbocken, daß beide Hinterräder frei hängen.
● Bremspedal einmal kräftig treten.
● Verlängerung der Mittelkonsole ausbauen (Seite 262).
● Einstellmutter auf jeder Seite so weit hineindrehen, bis sich das entsprechende Hinterrad nur noch schwer von Hand durchdrehen läßt.
● Kontermuttern an den Einstellmuttern lösen.
● Handbremshebel in die **vierte Raste** ziehen.

Zum Einstellen der Handbremse am jeweiligen Seil (1) die Kontermutter (2) lösen. Dann läßt sich die Einstellmutter (4) drehen. Damit der Bremszug bei der Einstellung nicht verdreht wird, soll er an seinem geschlitzten vorderen Ende (3) mit einem Schraubenzieher gegengehalten werden.

● Beim Drehen der Mutter das Gewindeteil des Handbremsseils mit einem Schraubenzieher gegenhalten, siehe Bild Vorseite.
● Handbremse lösen. Prüfen Sie nun, ob sich beide Räder ohne Widerstand durchdrehen lassen.
● Einstellmuttern mit der jeweiligen Kontermutter sichern.

Der Bremskraftverstärker

Fahrzeuge ohne ABS

Scheibenbremsen wirken im Gegensatz zu Trommelbremsen nicht selbstverstärkend. Es ist eine wesentlich höhere Pedalkraft vonnöten. Deshalb hat der Passat einen Bremskraftverstärker, der rund 60% der Bremskraft aufbringt.
Diese Hilfseinrichtung sitzt links im Motorraum hinter dem Hauptbremszylinder. Das Bremspedal ist jedoch weiterhin direkt mit den Bremskolben im Hauptbremszylinder verbunden, so daß man auch noch bei ausgefallenem Hilfsgerät bremsen kann. Der notwendige Pedaldruck muß allerdings mehr als verdoppelt werden!
Die Hilfskraft liefert bei der Bremsanlage ohne ABS der Unterdruck aus dem Ansaugrohr. Der Bremskraftverstärker ist über einen Schlauch mit dem Saugrohr verbunden. Beim Bremsen verschiebt der Druckunterschied zwischen dem äußeren Luftdruck und dem Unterdruck im Ansaugrohr eine große, elastische Membrane und drückt zusätzlich auf die Kolben im Hauptbremszylinder.
Wenn der Motor nicht läuft, kann der Servo auch keine (zusätzliche) Bremskraft liefern. Deswegen müssen Sie stärker aufs Pedal treten, wenn Ihr Wagen z. B. abgeschleppt wird.

Bremskraftverstärker prüfen

Wartung Nr. 5

● Bei abgestelltem Motor das Bremspedal zehnmal durchtreten und in seiner tiefsten Stellung halten.
● Motor starten. Bei einwandfrei funktionierendem Verstärker muß das Pedal noch ein Stück nachgeben (Verstärkung wird wirksam).
● Senkt sich das Pedal nicht, kommen in Betracht: Unterdruckschlauch vom Ansaugkrümmer zum Bremskraftverstärker undicht, Rückschlagventil im Unterdruckschlauch, Gummiring zwischen Hauptbremszylinder und Servogerät oder Membrane des Bremskraftverstärkers defekt.
● Zur Kontrolle des Rückschlagventils den Unterdruckschlauch am Bremsservo abnehmen.
● Durchblasen muß, Ansaugen darf nicht möglich sein.
● Das Rückschlagventil gibt es nur mit dem zugehörigen Unterdruckschlauch.
● Der Pfeil am Ventil muß in Richtung Ansaugkrümmer zeigen.
● Zum Austausch eines schadhaften Gummirings zwischen Hauptbremszylinder und Verstärker muß der Zylinder demontiert werden.
● Ein defekter Bremskraftverstärker wird komplett ersetzt. Reparieren ist nicht möglich.

Der Bremskraftregler

Bei allen Passat sitzt in Fahrtrichtung links vor der Hinterachse ein Bremskraftregler. Er kann den Flüssigkeitsdruck zu den hinteren Radbremszylindern reduzieren. Das geschieht je nach Belastung: Viel Druck bei vollgeladenem Wagen, wobei die Hinterachse auch beim Bremsen nur wenig entlastet wird; wenig Druck bei Ein- oder Zweimannbesatzung – hierbei hebt sich der Wagen stärker aus den Hinterfedern. Durch zu viel Bremsdruck an den Hinterrädern blockieren diese vorzeitig, und das Auto stellt sich quer.

Bremskraftregler prüfen

Für eine schnelle Funktionsprüfung brauchen Sie einen Helfer. Der Wagen darf nicht aufgebockt sein.
● Treten Sie das Bremspedal kräftig durch und lassen Sie es schnell los.
● Hierbei muß sich der Hebel am Bremskraftregler bewegen.
● Für eine genaue Prüfung werden Federspanner und ein Druckprüfgerät gebraucht – eine Arbeit für die V.A.G.-Werkstatt.

Arbeiten an der Bremshydraulik

Bei den nachfolgenden Arbeiten kommen Sie mit Bremsflüssigkeit in Kontakt. Deshalb ein paar Hinweise:
○ Bremsflüssigkeit ist giftig, deshalb nicht mit dem Mund oder offenen Wunden in Berührung bringen.
○ Die Bremsflüssigkeit greift den Lack an. Deshalb keine bremsflüssigkeitsgetränkten Lappen oder -verschmierten Werkzeuge auf die Lackierung legen. Auch im Motorraum nach der Montage die Spuren von Bremsflüssigkeit abwaschen; aber erst, wenn sämtliche Anschlüsse fest angeschraubt sind.
○ Zum Lösen und Anziehen der Bremsleitungen brauchen Sie einen Bremsleitungsschlüssel 10 × 11 z.B. Hazet 05202). Er sieht aus wie ein aufgesägter Ringschlüssel. Für die Bremsschläuche genügt ein Gabelschlüssel SW 14.

Die Teile der Fußbremsbetätigung:
1 – Bremslichtschalter;
2 – Rückzugfeder;
3 – Pedal;
4 – Pedalbock;
5 – Bremsdruckstange;
6 – Bremskraftverstärker.

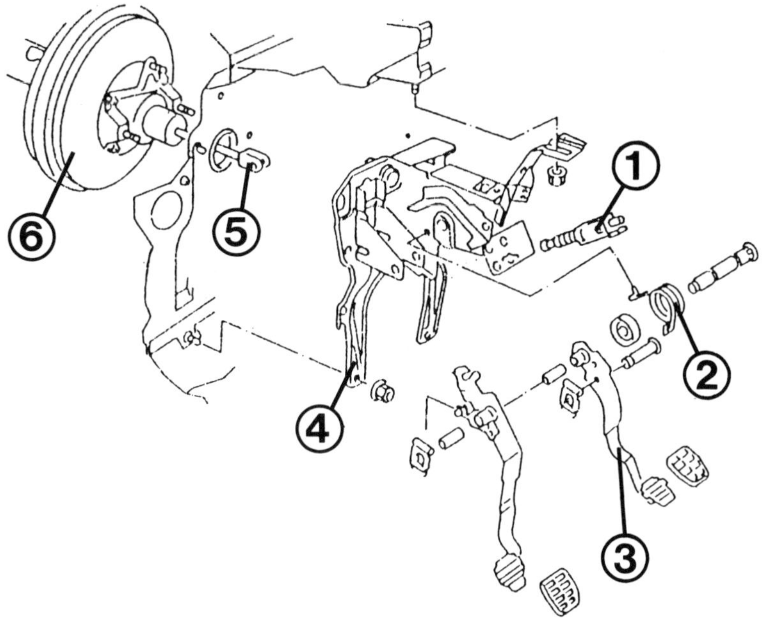

○ Nach allen Arbeiten an der Bremshydraulik muß die Bremsanlage entlüftet werden. Oft genügt es, nur den Bremskreis zu entlüften, an dem gearbeitet wurde.

Bremsleitung ausbauen

● Überwurfmutter der Bremsleitung losdrehen. Hierzu Gegenverschraubung – z. B. an einem Bremsschlauch – festhalten.
● Ist die Mutter auf der Leitung angerostet, wodurch sich diese mitdreht, muß die Leitung in jedem Fall erneuert werden. Die dünnwandigen Rohre knikken schnell ab.
● Zum Lösen der Leitungsanschlüsse kann folgender Trick weiterhelfen, wenn das betreffende Leitungsstück ohnehin ausgewechselt werden soll:
● Bremsleitung nahe der Verschraubung absägen, Überwurfmutter mit einer Sechskantnuß losdrehen.
● Muß eine neue Leitung noch etwas zurechtgebogen werden, darf dies nur in einem großen Radius geschehen. Andernfalls knickt das dünne Rohr ab.
● Innenseite des Bogens beim Biegen mit dem Daumen unterstützen. So können Sie sich langsam dem Radius entlang arbeiten.
● Ggf. Schutzschläuche der Leitungen anbringen.
● Bremsleitungen in ihren Abstandshaltern verlegen.
● Bremsanlage entlüften.

Bremsschlauch ausbauen

● Zuerst die Überwurfmutter der betreffenden Bremsleitung losdrehen. Dabei darauf achten, daß sich die Leitung nicht verdreht.
● Ist ein Bremsschlauch mit einem Blechhalter an der Karosserie befestigt, dann ist er mit einem Blechbügel gegen Hin- und Herrutschen gesichert. Beim Zusammenbau darf dieser sogenannte Schlauchhalter nicht vergessen werden.
● Beim Einbau den Schlauch immer zuerst an der Stelle festdrehen, an der er sein Außengewinde hat.
● Dann andere Verschraubung anziehen.
● Der Bremsschlauch darf nicht in sich verdreht sein. Zur Kontrolle dient der Farbstreifen oder Gummianguß entlang des Schlauches.
● Bremssystem entlüften.
● Sofort nach der Reparatur kontrollieren, ob der Schlauch bei Federbewegungen irgendwo scheuern kann.
● Diese Kontrolle nach einer längeren Fahrstrecke wiederholen.

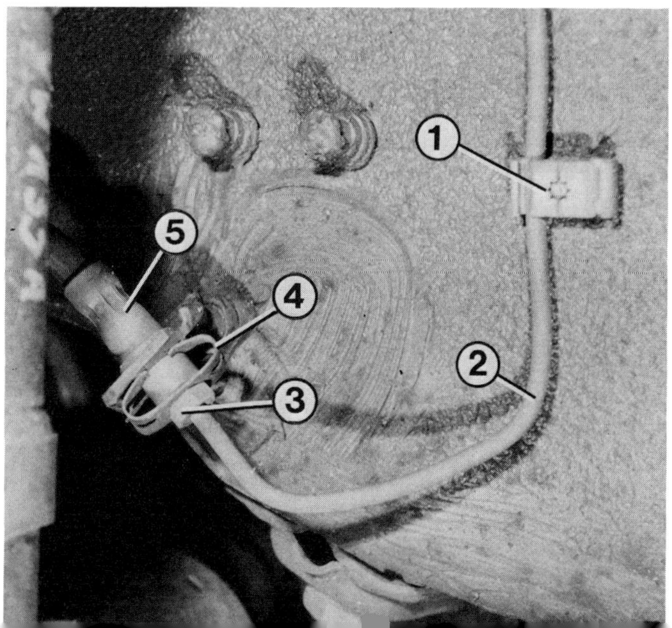

Zwischen der Verbindung von Bremsschlauch (5) und Bremsleitung (2) sitzt ein sogenannter Schlauchhalter (4). Er darf beim Zusammenbau nicht vergessen werden. Weiter sehen Sie:
1 – Halter für die Bremsleitung;
3 – Haltemutter auf der Bremsleitung.

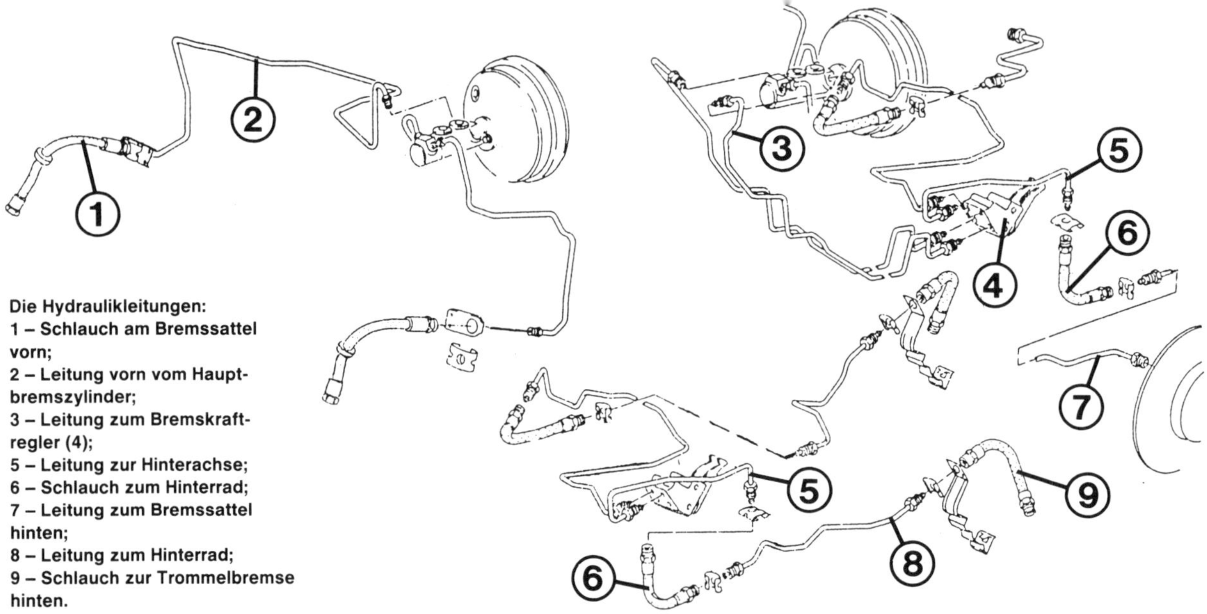

Die Hydraulikleitungen:
1 – Schlauch am Bremssattel vorn;
2 – Leitung vorn vom Hauptbremszylinder;
3 – Leitung zum Bremskraftregler (4);
5 – Leitung zur Hinterachse;
6 – Schlauch zum Hinterrad;
7 – Leitung zum Bremssattel hinten;
8 – Leitung zum Hinterrad;
9 – Schlauch zur Trommelbremse hinten.

Radbremszylinder ausbauen

● Bremstrommel und Bremsbacken ausbauen.
● Entlüftungsventil und Bremsleitung hinten am Bremsankerblech abschrauben.
● Halteschrauben des Bremszylinders losdrehen, Radzylinder abnehmen.
● Nach dem Zusammenbau Bremsen entlüften.

Hauptbremszylinder ausbauen

● Bremsflüssigkeit aus dem Vorratsbehälter absaugen.
● Behälter aus dem Hauptbremszylinder herausziehen.
● Kabelstecker abnehmen.
● Sämtliche Bremsleitungen am Hauptbremszylinder abschrauben.
● Muttern der Verbindung Hauptbremszylinder/Bremskraftverstärker losdrehen, Hauptbremszylinder abnehmen.
● Beim Zusammenbau neuen Dichtring zwischen Bremskraftverstärker und Hauptbremszylinder einlegen.
● Dichtstopfen für die Anschlußstutzen des Vorratsbehälters innen mit Bremsflüssigkeit anfeuchten, bevor der Behälter aufgedrückt wird.
● Bremsanlage entlüften.

Bremskraftverstärker ausbauen

● Linkes Ablagefach ausbauen (Seite 261).
● Am Hebel des Bremspedals die Sicherungsklammer am Haltebolzen für die Bremsdruckstange abnehmen, Bolzen herausdrücken.
● Unterdruckschlauch am Verstärker abnehmen.
● Bremsflüssigkeit absaugen und Bremsleitungen abschrauben.
● Im Fahrerfußraum die vier Muttern des Haltebocks für den Bremskraftverstärker losdrehen.
● Servogerät mit Hauptbremszylinder und Haltebock aus dem Motorraum herausnehmen.
● Hauptbremszylinder und Haltebock losschrauben.
● Beim Einbau Muttern des Haltebocks mit 20 Nm anziehen.
● Sicherungsklammer auf dem Bolzen für die Bremsdruckstange nicht vergessen.
● Bremssystem entlüften.

Bremsanlage entlüften

Nach allen Reparaturen an der Bremshydraulik muß entlüftet werden. Die Werkstatt benutzt hierzu ein Entlüftungsgerät, es geht aber genauso gut nach der althergebrachten Methode. Beachten Sie bei einem Fahrzeug mit ABS die richtige Vorgehensweise.

● Die Arbeitsreihenfolge lautet: Hinten rechts, hinten links, vorn rechts und zuletzt vorn links.
● **Bei ABS:** Zündung ausschalten, Bremspedal 20 Mal durchtreten, damit der Druck im Bremsdruckspeicher abgebaut wird.
● **Alle:** Vorratsbehälter auf dem Hauptbremszylinder mit frischer Bremsflüssigkeit auffüllen. Während des Entlüftens muß immer wieder nachgefüllt werden, sonst wird aus dem leeren Behälter wieder Luft angesaugt.
● Gummikappe vom Entlüftungsventil abnehmen.
● Ventilnippel sauberreiben, durchsichtigen Schlauch auf den Nippel schieben.
● Freies Schlauchende in ein teilweise mit Bremsflüssigkeit gefülltes Glas stecken.
● Entlüfterventil eine bis eineinhalb Umdrehungen lösen.
● **Alle ohne ABS, Vorderradbremsen mit ABS:** Von Helfer das Bremspedal langsam niedertreten lassen. So wird Bremsflüssigkeit und die darin eingeschlossene Luft herausgepumpt. Sie sehen die Luftbläschen im durchsichtigen Schlauch und im Glas.
● Entlüfterventil schließen – der Helfer muß das Pedal niedergetreten halten.
● Pedal langsam zurückkommen lassen.
● Das wird nun so lange wiederholt, bis keine Luft mehr kommt. Dabei müssen sich Entlüfter und Pedaltreter jeweils durch Zuruf verständigen, wann das

Pedal durchgetreten und wann das Ventil wieder geschlossen ist.

● Bremspedal ganz durchgetreten halten, bis das Entlüftungsventil endgültig angezogen (nicht »angeknallt«) wurde.

● Auf gleiche Weise werden die übrigen Radbremsen entlüftet.

● **Hinterradbremsen mit ABS:** Druck durch zwanzigmaliges Pedaltreten abbauen.

● Schlauch am Entlüfterventil aufstecken, Ventil öffnen.

● Zündung einschalten, die ABS-Pumpe läuft los und pumpt die Flüssigkeit aus dem Ventil.

● Sobald keine Luftbläschen mehr in der Flüssigkeit sichtbar sind, Zündung ausschalten und Ventil schließen.

● Vorsicht, der Vorratsbehälter darf hierbei nicht leerlaufen. Außerdem darf die Pumpe nicht länger als zwei Minuten ununterbrochen laufen.

● Nach dem Entlüften Zündung so lange einschalten, bis die ABS-Pumpe abschaltet.

● Jetzt nochmals Bremsflüssigkeit auffüllen.

Bremsflüssigkeit wechseln

Wartung Nr. 39

● Bremsflüssigkeit aus dem Vorratsbehälter mit einer Pipette oder einer sauberen Injektionsspritze absaugen.

● Frische Bremsflüssigkeit einfüllen bzw. regelmäßig nachgießen.

● An jedem Entlüfterventil sollen 500 cm³ Bremsflüssigkeit durchgepumpt werden. Durch diese relativ hohe Menge ist gewährleistet, daß sich neue Bremsflüssigkeit nicht mit der alten vermischt hat, sondern das Bremssystem durchweg mit unverbrauchter Flüssigkeit befüllt ist.

Störungsbeistand

Bremsen

Die Störung	– ihre Ursache	– ihre Abhilfe
A Bremsen ziehen einseitig	1 Reifendruck ungleichmäßig	Korrigieren bei kalten Reifen
	2 Reifenprofil ungleich abgefahren	Reifen so untereinander auswechseln, daß auf jede Achse gleichmäßig abgenutzte Reifen kommen
	3 Beläge verschmutzt, verschmiert oder abgenutzt	Erneuern
	4 Bremsflächen der Scheiben bzw. Trommeln stark verschmutzt, verrostet oder zu stark abgenutzt	Scheiben abschleifen bzw. Trommeln ausdrehen. Ggf. austauschen
	5 Belagführung im Bremssattel verschmutzt oder verrostet	Blank schleifen
	6 Festsitzender Kolben im Bremssattel	Gängig machen oder Bremssattel überholen lassen
	7 Nachstellmechanismus der Trommelbremsen nicht in Ordnung	Einbaulage der Bauteile überprüfen
	8 Festsitzender Kolben im Radbremszylinder	Gängig machen oder Bremszylinder austauschen
	9 Bremskraftregler defekt	Druckprüfung in der Werkstatt

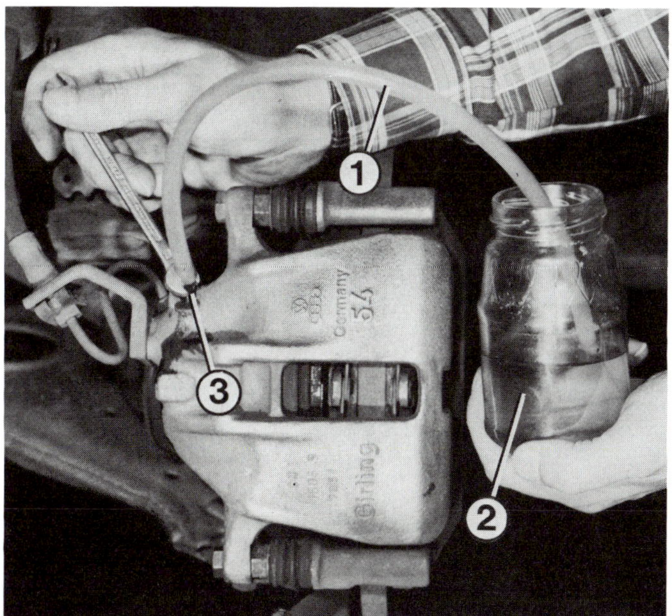

Zum Entlüften der Bremsanlage wird ein durchsichtiger Schlauch (1) auf das Entlüfterventil (3) gesteckt. Das andere Schlauchende muß in ein mit Bremsflüssigkeit gefülltes Gefäß (2) reichen. Erst jetzt das Ventil öffnen.

Die Störung	– ihre Ursache	– ihre Abhilfe
B Bremse quietscht	1 Beläge verschlissen oder verhärtet (»verglast«)	Erneuern
	2 Siehe A 4 – 8	
	3 Neue Bremsbeläge liegen nicht plan an	Außenkanten der Beläge mit einer Feile brechen
	4 Lose Belagnieten	Erneuern
C Bremse rubbelt, Bremspedal pulsiert	1 Bremsscheiben verschlissen, beschädigt oder Belagreste angeklebt. Seitenschlag der Bremsscheibe oder Radnabe zu groß	Scheiben abschleifen oder austauschen. Ggf. Radnaben und evtl. Radlager ersetzen
	2 Siehe A 3 und 7	
	3 Bremstrommel hat Seiten- oder Höhenschlag oder beschädigte Bremsflächen	Bremstrommeln ausdrehen bzw. austauschen
D Hinterräder blockieren	1 Siehe A 9	
	2 Bremsflächen der Trommeln verrostet oder mit starken Riefen	Bremstrommeln ausdrehen bzw. ersetzen
	3 Siehe A 7	
	4 Beläge gerissen oder an der Oberfläche beschädigt	Erneuern
	5 Schwache Vorderradbremswirkung, siehe A 4 – 6	
E Bremse wird heiß, löst sich nicht	1 Hydrauliksystem unter Vordruck. Alle Räder schwergängig:	Prüfung: Wagen aufbocken, Räder durchdrehen
	a) Kein Spiel zwischen Bremspedal (Druckstange) und Hauptbremszylinderkolben	Spiel kontrollieren
	b) Bremskraftverstärker defekt	Austauschen
	c) Hauptbremszylinder defekt	Ersetzen
	2 Ein Bremskreis unter Vordruck. Ein Vorderrad und evtl. gegenüberliegendes Hinterrad schwergängig:	
	Ausgleichbohrung im Hauptbremszylinder verstopft	Säubern lassen
	3 Bremsmechanik klemmt. Ein oder zwei Räder einer Achse schwergängig:	
	a) Siehe A 4 – 8	
	b) Handbremse löst nicht	Handbremseinstellung kontrollieren bzw. Grundeinstellung der hinteren Scheibenbremsen durchführen
	4 Gummiteile gequollen durch Verwendung falscher Bremsflüssigkeit	Bremsflüssigkeit wechseln und schadhafte Teile erneuern
F Pedalweg zu groß	1 Trommelbremsbeläge abgenutzt	Erneuern
	2 Siehe A 5	
G Pedalweg zu groß, Pedal läßt sich weich und federnd durchtreten	1 Luft im Bremssystem, evtl. Flüssigkeit im Vorratsbehälter zu tief abgesunken. Ursachen:	
	a) Leck im Bremssystem	Kontrollieren, schadhafte Teile erneuern
	b) Manschette im Hauptbremszylinder undicht	Hauptbremszylinder austauschen oder überholen lassen
	2 Überhitzte Bremsflüssigkeit, Dampfblasenbildung durch zu hohen Wassergehalt der Bremsflüssigkeit oder Überbeanspruchung der Bremsen	Bremsflüssigkeit wechseln
	3 Siehe A 6 und 7	
H Schlechte Bremswirkung bei hohem Pedaldruck	1 Pedalweg normal:	
	a) Beläge verölt, verbrannt oder verhärtet	Erneuern
	b) Siehe A 4 und 8	
	2 Pedalweg kurz: Bremskraftverstärker arbeitet nicht	Siehe Seite 144
	3 Pedalweg lang:	
	a) Siehe A 6	
	b) Ein Bremskreis ausgefallen durch Undichtigkeit oder Beschädigung	Kontrollieren, schadhafte Teile auswechseln

Stotterbremse

Für den Passat gibt es gegen Aufpreis (bis 85 kW) oder serienmäßig (100 kW) ein **A**nti-**B**lockier-**S**ystem (ABS) von Teves. Bis 7/89 wurden Fahrzeuge bis 66 kW Leistung in Verbindung mit ABS an den Hinterrädern statt mit Trommelbremsen hinten mit Scheibenbremsen versehen.

Was ABS macht

ABS sorgt immer für eine optimale »Stotterbremsung«, so daß eine reine Blockierbremsung nicht mehr möglich ist. Die Räder drehen sich selbst bei einer Vollbremsung auf Glatteis noch etwas, damit sie das Fahrzeug in der Spur halten können.

ABS kann nicht alles!

ABS kann keine Bremswunder vollbringen, wie häufig angenommen wird. Es verkürzt nicht unbedingt den Bremsweg, sondern soll vor allem die Lenkfähigkeit auch bei einer Vollbremsung erhalten.
Verfallen Sie nicht dem Irrglauben, die höheren Sicherheitsreserven des Antiblockiersystems dürften durch erhöhte Risikobereitschaft ausgeglichen werden! Wer zu dicht auf dem Vordermann »klebt«, knallt ihm trotz ABS ins Heck. Auf Glatteis kann ABS keinen Sand streuen; wenn die physikalischen Grenzen erreicht sind, fliegt der Passat von der Fahrbahn. Gleiches gilt für die Fliehkraft in Kurven: Wenn die Seitenführungskräfte der Reifen überschritten sind, geht es trotz ABS »in die Botanik«.

- Bei Vollbremsung voll aufs Bremspedal treten. Nur so kommen alle Räder in den Regelbereich, und es wird kein wertvoller Bremsweg verschenkt. Das Dosieren der Bremskraft übernimmt das ABS für Sie.
- Beim Herumlenken um ein Hindernis bedarf es eines weit größeren Lenkeinschlags als normal. Üben Sie deshalb auf einem abgelegenen Parkplatz Vollbremsungen unter Lenkeinschlag.
- Wundern Sie sich nicht über das pulsierende Bremspedal. Wenn das ABS regelt, sind diese Pedalschwingungen normal.
- In Extremfällen werden Sie auch bei ABS das Bremspedal loslassen müssen, um heikle Situationen in der Kurve noch zu retten. Wenn z. B. die Seitenführungskräfte der Reifen zu gering geworden sind, um den Passat in der Spur zu halten.

Die wichtigsten Bauteile

Bremskreise: Das Bremssystem ist in drei Kreise aufgeteilt: Je einer für die Vorderräder und ein weiterer für beide Hinterradbremsen. Entsprechend ist der Vorratsbehälter für die Bremsflüssigkeit in drei Kammern aufgeteilt. Der Hauptbremszylinder mit zwei Arbeitskolben wirkt lediglich auf die beiden Vorderräder. Den Bremsdruck für die Hinterräder erzeugt der hydraulische Bremskraftverstärker.
Hydraulikeinheit: Sie sitzt an der gleichen Stelle, wo bei herkömmlicher Bremsanlage Hauptbremszylinder und Bremskraftverstärker ihren Platz haben (Abbildung Seite 151). Dazu gehören der hydraulische Bremskraftverstärker mit Hauptbremszylinder; der Block der Magnetventile zum Verringern des Bremsdrucks bei

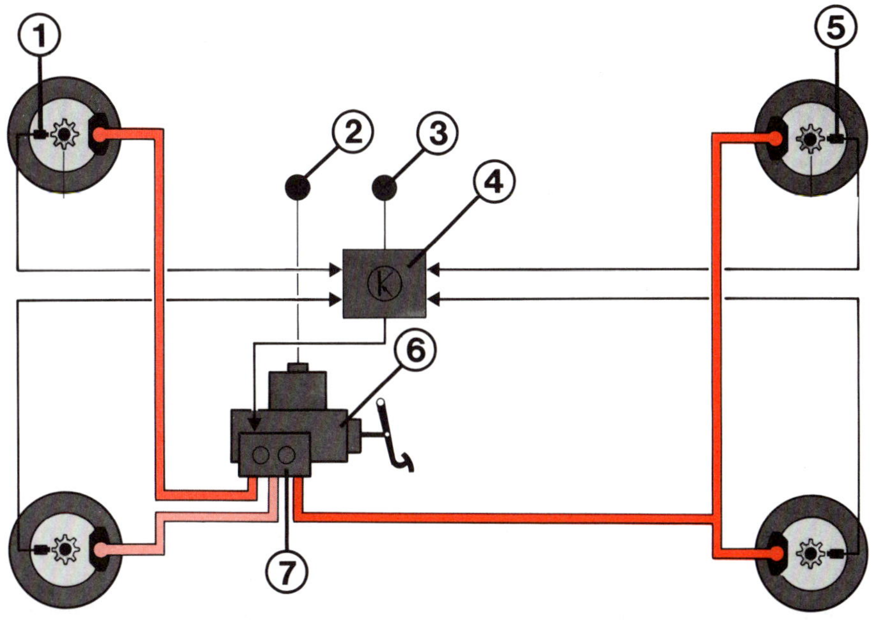

Anhand dieser Zeichnung läßt sich die Funktion des Anti-Blockier-Systems leicht verstehen. Die drei verschiedenen Bremskreise sind unterschiedlich dargestellt: rosa – links vorn; hellrot – rechts vorn; rot – hinten. Die Raddrehzahl übermitteln die Drehzahlfühler vorn (1) und hinten (5) dem Steuergerät (4). Falls ein Rad beim Bremsen zum Blockieren neigt, reduziert die Hydraulikeinheit (6) über die Magnetventile (7) den Druck im entsprechenden Bremskreis. Das Rad kann bei vermindertem Bremsdruck wieder drehen. Fehler im Bereich Bremsflüssigkeitsstand/Hydraulikeinheit meldet die rote Kontrollampe (2); ein Defekt im Steuergerät wird von der gelben Lampe (3) angezeigt.

Blockiergefahr; die Hydraulikpumpe mit Elektromotor, Druckspeicher, Druckschalter und Druckwarnschalter sowie der Ausgleichbehälter mit Warnschalter für den Flüssigkeitsstand.
Drehzahlfühler: Dies sind Dauermagneten, an denen ein Impulsrad (an jeder Radnabe) vorbeiläuft. Die Fühler ermitteln die Drehgeschwindigkeit der Räder.
Steuergerät: Es sitzt unter der Rücksitzbank (siehe Bild unten) und verarbeitet die von den Rädern eingehenden Drehzahlsignale.

Funktion der Einzelteile

Die Hydraulikeinheit

Die Antiblockierregelung für die Vorderräder erfolgt unabhängig voneinander. Die Hinterräder werden gemeinsam geregelt, wobei dasjenige Rad die Regelung bestimmt, welches zuerst zum Blockieren neigt.
Entsprechend den Befehlen vom elektronischen Steuergerät wird der Druck zu den Bremskreisen entweder konstant gehalten, verringert oder wieder aufgebaut. Höher als der Druck, den Sie über das Bremspedal erzeugen, kann der Druck aber nicht werden.
Für die Druckregelung sind sechs schnell schaltende Magnetventile zuständig – je ein Einlaß- und ein Auslaßventil pro Bremskreis. Solange Druck aufgebaut wird, sind die Magnetventile stromlos. Damit ist der Einlaß geöffnet und der Auslaß geschlossen. Zum Halten des Drucks erhält das Einlaßventil Spannung, es schließt, und der Druck im blockiergefährdeten Bremskreis kann nicht mehr erhöht werden. Soll Bremsdruck abgebaut werden, werden Ein- und Auslaßventil mit Spannung versorgt. Der Einlaß bleibt geschlossen, der Auslaß öffnet für eine ganz kurze Zeitdauer. Der Bremsdruck wird in Richtung Vorratsbehälter abgeleitet, und das blockiergefährdete Rad kann wieder schneller drehen. Das Spiel von Druckaufbau, -halten und -abbau kann von neuem beginnen, bis die Blockiergefahr beseitigt ist.
Die Druckabbauphase spüren Sie am Bremspedal. Im Hauptbremszylinder öffnet das elektrische Hauptventil. Eine sogenannte Positionierungshülse wird entgegen der Pedalkraft gedrückt und mit ihr die Kolben des Hauptbremszylinders. Damit der Druck im Hauptbremszylinder jetzt nicht abfällt, wird der zuströmende Bremsdruck eingespeist. Das geschieht innerhalb von Sekundenbruchteilen – das Pedal pulsiert.

Die Drehzahlfühler

Insgesamt vier Drehzahlfühler erfassen die Drehzahlen jedes einzelnen Rades und leiten diese Information zur Steuerelektronik weiter. Damit kann das Schaltgerät seinerseits die Hydraulikeinheit ansteuern.
Die Drehzahlfühler sind in geringem Abstand zu einer Zahnscheibe – dem Rotor – montiert. Der Rotor dreht sich mit dem Rad und läßt damit die zahnförmigen Erhebungen an seinem Umfang je nach Geschwindigkeit schneller oder langsamer am Fühler vorbeilaufen. Jeder Zahn, der unter dem Fühler vorbeiwandert, induziert im Fühler einen kurzen Spannungsanstieg. Auf diese Weise wird im Fühler eine Wechselspannung erzeugt, die entsprechend der Raddrehzahl ihre Frequenz ändert. Das so entstandene Signal wird vom Schaltgerät als Drehzahlinformation verarbeitet.

Das elektronische Steuergerät

Das Steuergerät verarbeitet die Informationen von den Drehzahlfühlern. Gleichzeitig steuert es die Hydraulikeinheit so an, daß die Räder nicht blockieren. Neben der komplizierten Signalaufarbeitung enthält das Steuergerät eine doppelte Steuerlogik. Das heißt im Klartext, daß die eingehenden Signale in zwei getrennten Mikroprozessoren verarbeitet werden. Beide Logikblöcke werden durch eine Verbindungsleitung gegenseitig durch zwei sogenannte Vergleicher überwacht. Werden Fehler festgestellt, schaltet das Steuergerät das ABS aus, und die Kontrollampe im Armaturenbrett leuchtet auf.

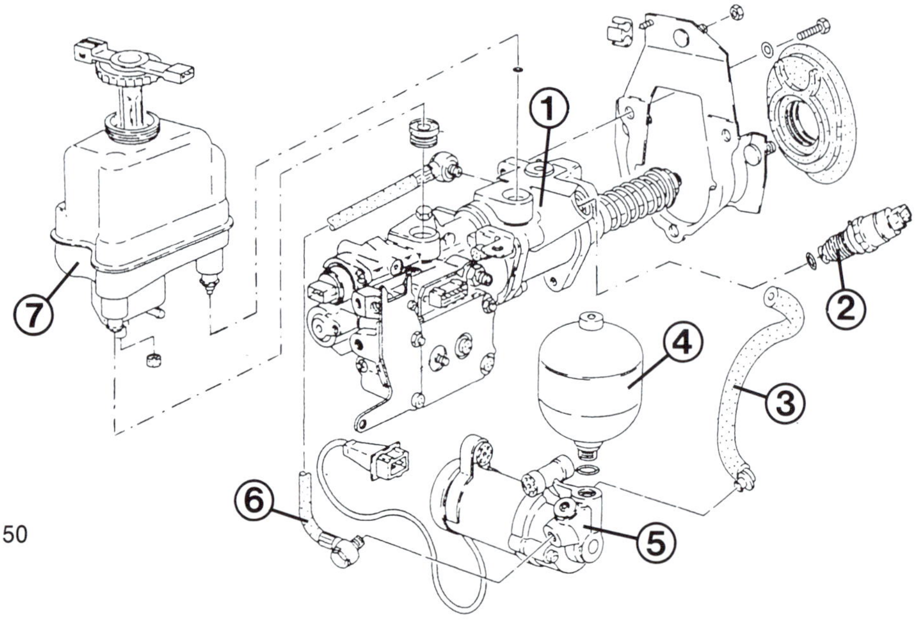

Zur Hydraulikeinheit (1) des Anti-Blockier-Systems gehören folgende Teile:
2 – Druckwarnschalter;
3 – Rücklaufschlauch;
4 – Druckspeicher;
5 – Hydraulikpumpe;
6 – Hochdruckschlauch;
7 – Vorratsbehälter.

Zwei Relais gehören noch zum Antiblockiersystem, und zwar einerseits das Spannungsversorgungs-Relais für das ABS und andererseits das Relais für die Hydraulikpumpe. Die Relais sitzen zusammen mit zwei Zusatzsicherungen oben auf separaten Haltern an der Zentralelektrik.

Die Relais

Störungsbeistand

ABS

Die ABS-Kontrolleuchte im Armaturenbrett leuchtet mit dem Einschalten der Zündung für einige Sekunden auf. In der Selbstprüfphase des Steuergerätes flackert die Lampe. Anschließend muß sie verlöschen, d. h. das System ist intakt. Wenn nicht, erkennen Sie dies an folgendem.

Erkennungsmerkmal	Ursache/Besonderheiten
A Gelbe Kontrolleuchte verlöscht nicht nach ABS-Selbstprüfung (maximal 60 Sekunden ab Einschalten der Zündung)	Funktionsstörung im Antiblockiersystem, das ABS ist abgeschaltet. Die hydraulische Bremskraftverstärkung bleibt weiterhin intakt
B Rote Kontrolleuchte für Bremsanlage im Kombiinstrument leuchtet (Handbremse ist gelöst)	Bremsflüssigkeitsstand ist abgesunken
C Gelbe Kontrolleuchte für ABS und rote Kontrolleuchte für Bremsanlage leuchten gemeinsam	1 Bremsflüssigkeitsverlust in einem vorderen Bremskreis. Die ABS-Regelung für die Vorderräder ist abgeschaltet; der Pedalweg ist deutlich länger 2 Bremsflüssigkeitsverlust im hinteren Bremskreis. Die ABS-Regelung für die Hinterräder ist abgeschaltet. Der Pedalweg ist beinahe unverändert, aber die Fußkraft am Pedal muß wesentlich erhöht werden, da die Bremskraftverstärkung nicht funktioniert 3 Der Druck im Druckspeicher ist unter 105 bar gesunken. Nach fünf bis sechs Bremsungen fällt die Bremskraftverstärkung aus
D Langer Pedalweg	Undichtigkeit in einem vorderen Bremskreis
E Hoher Pedaldruck zum Bremsen erforderlich, normaler Pedalweg	1 Undichtigkeit in einem hinteren Bremskreis, keine Bremskraftverstärkung 2 Hydraulikpumpe gestört oder ausgefallen

Die elektronische Differentialsperre (EDS)

In Verbindung mit ABS können unsere Modelle auch mit einer **E**lektronischen **D**ifferential-**S**perre ausgestattet werden. Diese funktioniert jedoch nicht im Achsantrieb durch mechanische Überbrückung des Differentials oder mit Hilfe von Reibflächen, weil diese das Lenken und Kurvenfahren erschweren. Das »E« im Begriff EDS verrät es schon, hier wird die Elektronik zu Hilfe genommen – in Zusammenarbeit mit dem Antiblockiersystem:

○ Dreht ein Vorderrad beim Anfahren durch, erkennen die Drehzahlfühler die unterschiedlichen Raddrehzahlen.

○ Das kombinierte Steuergerät von ABS und EDS veranlaßt nun, daß die Scheibenbremse am durchdrehenden Rad betätigt wird. Dies geschieht über ein zusätzliches Paar Magnetventile in der Hydraulikeinheit des ABS. Es öffnet die Verbindung vom Druckspeicher zum Radzylinder der betreffenden Scheibenbremse so lange, bis das Rad so weit abgebremst ist, daß das andere Vorderrad Kraft übertragen kann.

○ Sobald an beiden Vorderrädern gleiche Schlupf-Verhältisse herrschen, beendet das Steuergerät den Regelvorgang und schließt die Magnetventile. Der Fahrer braucht nicht einzugreifen, er bemerkt das Einsetzen der Differentialsperre nur durch ein verändertes Geräuschbild.

○ Um Fehlfunktionen auszuschließen, wird das EDS von einer Sicherheitsschaltung überwacht. Anhand des Bremsdrucks sowie nach einer festgelegten Maximalzeit wird das EDS abgeschaltet, um eine Überbeanspruchung der Bremsen zu vermeiden; über 40 km/h ist es generell abgeschaltet. Die Schaltungen der Magnetventile sind so ausgelegt, daß die Bremsen vorn nicht unkontrolliert ansprechen können.

○ Erkennt das Steuergerät einen Fehler in der EDS, wird diese abgeschaltet; das Antiblockiersystem funktioniert weiterhin. Steckt ein Fehler in der Drehzahlerfassung oder in der Elektronik, werden ABS und EDS gemeinsam abgeschaltet. Der VW bleibt aber in allen Fällen jederzeit bremsbereit.

○ Das Steuergerät besitzt zwei Fehlerspeicher. Im Dauerspeicher werden gravierende Fehler festgehalten, als Beispiel seien die Magnetventile genannt. Solch eine Fehlermeldung bleibt selbst bei abgeklemmter Batterie über Jahre gespeichert. Gelegentlich auftretende Störungen im Geschwindigkeitsbereich bis 40 km/h werden dagegen in einem Kurzzeitspeicher festgehalten. Tritt dieser Fehler innerhalb der nächsten 15 Motorstarts nicht mehr auf, löscht das Steuergerät die Fehlermeldung wieder.

○ Bleibt nach der Eigendiagnose des Steuergeräts die gelbe ABS-Kontrolleuchte brennen, muß die Werkstatt beim kombinierten ABS/EDS-Steuergerät den Fehlerspeicher mit einem sogenannten Auslesegerät abfragen.

Rundliche Figur

Nicht nur die Außenhaut des Passat weist eine rundliche Figur auf. Vier weitere Rundungen finden Sie unten am Wagen – Gebilde aus Gummi, Stahldraht und Gewebe, welche die Verbindung zwischen unserem VW und der Straße herstellen.

Welche Reifen sind montiert?

Die zugelassenen Reifengrößen für Ihr Fahrzeug sind in den Kfz-Papieren vermerkt. Andere als die dort aufgeführten dürfen nur dann montiert werden, wenn sie vom TÜV begutachtet und anschließend in die Fahrzeugpapiere eingetragen wurden.
Folgende Reifengrößen gibt es bei unseren Modellen in Serien- bzw. Sonderausstattung:

Modell	Reifengröße	Felge	Einpreßtiefe
Limousine 53/55 kW bis 7/90	165/70 R 14 81 S	5½ J × 14	38 mm
Limousine und Variant 53–66 kW	185/65 R 14 85 T 195/60 R 14 85 H 195/55 R 15 83 V 205/50 R 15 85 V	6 J × 14 6 J × 14 6 J × 15 6 J × 15	38 mm 38 mm 38 mm 38 mm
Limousine und Variant 79/85 kW	185/65 R 14 85 H 195/60 R 14 85 H 195/55 R 15 83 V 205/50 R 15 85 V	6 J × 14 6 J × 14 6 J × 15 6 J × 15	38 mm 38 mm 38 mm 38 mm
Limousine und Variant 100 kW	195/60 R 14 85 V 195/55 R 15 83 V 205/50 R 15 85 V	6 J × 14 6 J × 15 6 J × 15	38 mm 38 mm 38 mm

Die Reifenbezeichnung

Nach international gültigen Vereinbarungen wird die Reifengröße in Millimeter oder, wie in unserem Fall, gemischt in Millimeter und Zoll angegeben. Die Bezeichnungen 165/70 R 14 81 S, 185/65 R 14 H oder 195/55 R 15 V besagen folgendes:
165, 185, 195, 205: Reifenbreite in unbelastetem Zustand in mm
/70, /65, /60, /55: Das Verhältnis von Reifenhöhe zu Reifenbreite beträgt zwischen 70 und 55 : 100
R: Kennzeichnung der Bauart als **R**adial- oder Gürtelreifen
14: Innendurchmesser des Reifens in Zoll (″)
Q: Zulässige Höchstgeschwindigkeit bis 160 km/h – Geschwindigkeitsklasse für herkömmliche M+S-Reifen
S: Höchstgeschwindigkeit bis 180 km/h
T: Bis 190 km/h – u. a. auch Hochgeschwindigkeits-M+S-Reifen
H: Bis 210 km/h
V: Über 210 km/h – für den Passat 16 V unbedingt erforderlich

Fingerzeig: Die breiteren Niederquerschnittsreifen gibt es nur in höheren Geschwindigkeitsklassen.

Die Felgen

An unseren Fahrzeugen können Felgen mit folgender Bezeichnung montiert sein: 5½ J × 14 H 2 ET 38, 6 J × 14 H 2 ET 38 oder 6 J × 15 H 2 ET 38. Diese Zahlen und Buchstaben besagen
5½, 6: Felgenmaulweite in Zoll, an der Felgenhornbasis quer zur Laufrichtung des Rades gemessen
J: Kennzeichnung der Felgenhorn-Höhe
x: Zeichen für Tiefbettfelge
14, 15: Felgendurchmesser in Zoll, von Wulst zu Wulst gemessen
H 2: Zeichen für Doppelhump-Felge. Zwei höckerartige Erhebungen innen im Felgenbett verhindern, daß die Reifenwülste bei seitlicher Beanspruchung (scharfe Kurvenfahrt mit niedrigem Luftdruck) vom Felgenhorn abgleiten können

ET 38: Einpreßtiefe 38 mm. Dieses Maß erläutert unsere Zeichnung unten links näher.
Diese Norm-Bezeichnungen geben nur die Hauptabmessungen der Felgen an, nicht aber die fahrzeugspezifischen Daten, wie Anzahl der Radbefestigungslöcher oder Lochkreisdurchmesser.

Welche Felgen verwenden?

Der Passat ab 4/88 rollt serienmäßig auf 14″-Felgen, es können aber auch welche mit 15″ Innendurchmesser montiert werden. **Achtung: Die 13″-Felgen vom Vorgängermodell dürfen nicht verwendet werden!** Hier ein Auszug der verwendbaren Felgen aus dem V.A.G.-Programm:

Felge	Material	Teile-Nummer	Einpreßtiefe
$5^1/_2$ J × 14	Stahl	357 601 025	38 mm
6 J × 14	Stahl	357 601 025 A/B	38 mm
6 J × 14	Stahl	321 601 025 H	38 mm
6 J × 14	Leichtmetall	191 601 025 F	38 mm
6 J × 14	Leichtmetall	357 601 025 C	38 mm
6 J × 14	Leichtmetall	321 601 025 N	38 mm
6 J × 14	Leichtmetall	535 601 025 B	38 mm
6 J × 14	Leichtmetall	357 601 025 E	38 mm
6 J × 14	Leichtmetall	171 601 025 H	38 mm
6 J × 14	Leichtmetall	191 601 025 B	38 mm

Nur eine Radschraubensorte

Radschrauben und Felgen stellen eine Konstruktionseinheit dar und müssen deshalb richtig gepaart werden. Der Kegelsitz an den Befestigungslöchern der Felgen ist genau auf den Kegel der Radschrauben abgestimmt. Andere Kegelformen können den sicheren Sitz der Schraube und damit die Befestigung des Rades nicht garantieren.
Für die am Passat werksseitig montierten und zugelassenen Felgen (Stahl und Leichtmetall) eignet sich ausschließlich die sogenannte Kronenkopfschraube (Teile-Nr. 321 601 139 C). Sie ist erkennbar an den Einkerbungen oben am Schraubenkopf (siehe Bild unten rechts).

Andere Schrauben für Sonderfelgen

Abweichend vom eben gesagten können nachträglich montierte Leichtmetallfelgen von anderen Herstellern als VW besondere Schrauben erfordern. Das hat folgende Gründe: Für die entsprechende Stärke der Felgen-Anlagefläche muß die passende Radschraubenlänge verwendet werden. Eine zu kurze Radschraube hält das Rad nicht sicher an der Nabe. Eine Schraube mit zu langem Schraubengewinde ragt zu weit in die Schraubenbohrung der Radnabe und kann vor allem an der hinteren Trommelbremse Teile beschädigen.

Felgen für die Winterbereifung

Leichtmetallfelgen können unter Streusalzeinwirkung bis zur Verkehrsunsicherheit korrodieren. Schäden im Felgen-Decklack müssen deshalb möglichst bald ausgebessert werden. Noch besser ist die Anschaffung eines zweiten Reifensatzes auf den weniger empfindlichen Stahlfelgen. Reifenfachgeschäfte bieten oft Komplettsätze zu günstigen Preisen an. Beachten Sie, daß die schmalen 5½″-Felgen ausschließlich für die Limousinen-Modelle mit 53/55-kW-Motor bis Baujahr 7/90 zulässig sind.

Gebrauchte Felgen

Wer gebrauchte Felgen sucht, kann nur auf die 14″-Lochfelgen aus Stahl zurückgreifen, die an bestimmten Golf/Jetta II und Passat GT montiert wurden. Die Teile-Nummer dieser Felge lautet 321 601 025 H.

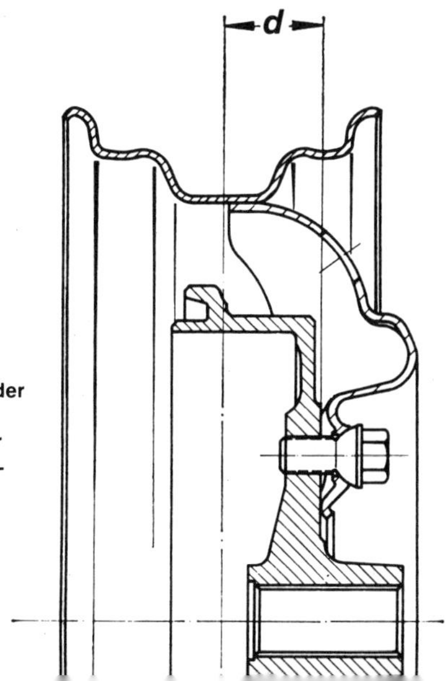

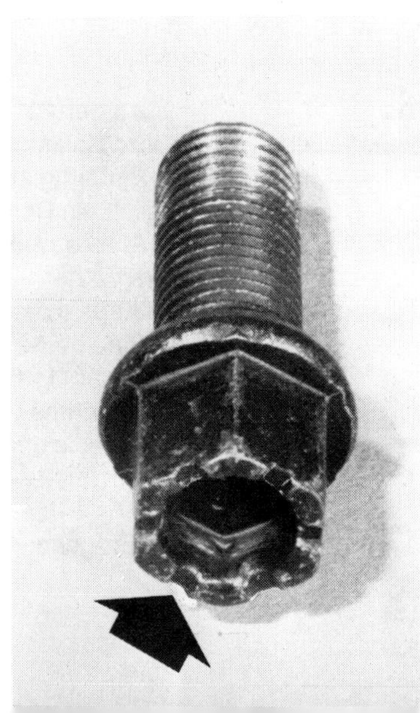

In der Zeichnung links wird die Einpreßtiefe der Felge verdeutlicht. Mit dem Maß »d« bezeichnet man den Abstand zwischen der Felgenmitte und der Anlagefläche der Felge an die Radnabe. Rechts: Die richtigen Radschrauben für die Original-Stahl- oder Leichtmetallfelgen am Passat besitzen einen sogenannten Kronenkopf. Der Pfeil weist auf eine der Einkerbungen im Schraubenkopf.

Reifendruck prüfen

Ständige Kontrolle

Fahren mit zu wenig Luftdruck bewirkt, daß der Reifen vermehrt durchgewalkt (verformt) und dabei zu heiß wird. Das kann zu einem Totalausfall führen, wenn sich die äußere Gummierung vom Gewebe ablöst. Unter die genannten Werte (in bar Überdruck) sollte der Reifendruck keinesfalls absinken:

	165/70 R 14*		185/65 R 14		195/60 R 14		195/55 R 15		205/50 R 15	
	vorn	hinten	vorn	hinten	vorn	hinten	vorn	hinten	vorn	hinten
53/55 kW										
halbe Zuladung	2,1	2,1	1,9	1,9	1,9	1,9	2,1	2,1	1,9	1,9
volle Zuladung	2,4	2,7	2,1	2,4 (2,7)	2,1	2,4 (2,7)	2,4	2,7 (3,0)	2,1	2,7
66 kW										
halbe Zuladung	–	–	2,0	2,0	2,0	2,0	2,1	2,1	2,0	2,0
volle Zuladung	–	–	2,3	2,6 (2,9)	2,3	2,6 (2,9)	2,4	2,7 (3,0)	2,3	2,9
79/85 kW										
halbe Zuladung	–	–	2,1	2,1	2,1	2,1	2,2	2,2	2,1	2,1
volle Zuladung	–	–	2,4	2,7 (3,0)	2,4	2,7 (3,0)	2,5	2,8 (3,1)	2,4	3,0
100 kW										
halbe Zuladung	–	–	–	–	2,3	2,3	2,5	2,5	2,3	2,3
volle Zuladung	–	–	–	–	2,6	2,9 (3,2)	2,8	3,1 (3,4)	2,6	3,2

*** Nur für die 53/55-kW-Limousine bis 7/90 zulässig**

Die Druckangaben in Klammern gelten für den Variant

Fingerzeige: In Verbindung mit M+S-Reifen soll der Reifendruck um 0,2 bar erhöht werden. Ausnahme: Passat 16 V mit Winterbereifung – hier gelten die gleichen Druckwerte wie für die Sommerreifen. Im Reserverad (Notrad) beträgt der Druckwert einheitlich 4,2 bar. Beim Reserverad in Fahrbereifung pumpen Sie den Reifen auf den gleichen Wert auf, der in der Tabelle für volle Zuladung angegeben ist.

Luftdruck bei kalten Reifen messen

Bereits wenige Kilometer zügiger Fahrt lassen den Reifendruck um 0,2 – 0,4 bar ansteigen. Diese Druckerhöhung durch Erwärmung ist bei den Luftdruckempfehlungen bereits berücksichtigt worden und darf deshalb nicht abgelassen werden. Am günstigsten ist ein eigener Luftdruckprüfer, womit der Reifendruck vor Antritt der Fahrt bei kalten Reifen gemessen werden kann.

Reifenzustand kontrollieren

Wartung Nr. 16

Die Kontrolle geht am besten bei aufgebocktem Wagen, etwa beim Ölwechsel an der Tankstelle.

● Drehen Sie jedes Rad einmal komplett durch.

● Fremdkörper, wie kleine Steinchen, bohren Sie mit einem schmalen Schraubenzieher aus den Profillamellen, ohne den Reifen dabei zu beschädigen.

● Das Reifenprofil muß laut Gesetzesvorschrift über die gesamte Profilbreite **mindestens 1,6 mm** tief sein.

● Zur Verschleißkontrolle dienen in regelmäßigen Abständen quer zur Lauffläche verlaufende Erhebungen in den Profilrillen. Sie sind an der Reifenflanke durch die Buchstaben »TWI« (**T**read **W**ear **I**ndicator = Profilabnutzungsanzeiger) gekennzeichnet.

● Wenn diese Erhebungen mit den Profilrippen in gleicher Höhe stehen, ist der Reifentausch zwingend notwendig. Das Fahrverhalten auf nasser Fahrbahn wird bereits bei weniger als 3 mm Profiltiefe ganz erheblich schlechter, speziell mit breiten Reifen.

Das Reifenlaufbild

○ **An der Außenseite abgefahrene Vorderreifen** sind beim Passat nichts Ungewöhnliches. Grund ist die erhöhte Belastung dieses Laufflächenbereichs bei Kurvenfahrt.

○ **Einseitig abgefahrenes Profil** kann auch auf falsche Radeinstellung hinweisen; vor allem dann, wenn lediglich ein Reifen schräg abgelaufen ist.

○ **Starke Abnutzung in der Profilmitte** deutet auf wesentlich zu hohen Luftdruck. Dieser Effekt tritt besonders deutlich an den Hinterrädern auf. Oder es wird häufig mit hoher Geschwindigkeit gefahren, wobei sich die Lauffläche durch die Fliehkraft ausbaucht.

○ Sind **beide Außenschultern** eines Reifens **stärker abgefahren als die Profilmitte**, wurde lange Zeit mit zu niedrigem Luftdruck gefahren.

○ **Gleichmäßige Auswaschungen** im Profil deuten auf einen defekten Stoßdämpfer.

○ Tritt die **ungleiche Abnutzung nur an bestimmten Stellen** auf, ist das Rad unwuchtig, oder der Reifen-Unterbau ist beschädigt.

○ Eine **einzelne Stelle im Profil mit starker Abnutzung** stammt von einer Bremsung mit blockiertem Rad – eine sogenannte Bremsplatte.

Der Radwechsel

Soll ein intaktes, am Wagen gewuchtetes Rad – etwa zu Kontrollen an der Bremse – abgenommen werden, muß zuvor die Stellung Radnabe/Rad angezeichnet werden. Sonst stimmt hinterher die Wuchtung nicht mehr.
Unterwegs ist der Radwechsel nicht ganz problemlos. Die Radschrauben können festgerostet sein oder sie wurden beim letzten Radwechsel in der Werkstatt mit einem Schlagschrauber »angeknallt« (statt mit den vorgeschriebenen 110 Nm festgezogen). Dann hilft das Bordwerkzeug nicht mehr weiter, sondern nur ein kräftiger Radschraubenschlüssel oder ein Radkreuz mit aufgestecktem Rohrstück zur Verlängerung der Hebelkraft.

- Handbremse anziehen und 1. oder Rückwärtsgang einlegen.
- Unterwegs Warnblinkanlage einschalten und Warndreieck aufstellen.
- Räder der anderen Wagenseite gegen Wegrollen sichern, z. B. mit Steinen oder Holzstücken.
- Radzierblende mit einem Schraubenzieher abdrücken oder von Hand abziehen.
- Bei Leichtmetallfelgen mittlere Abdeckung und ggf. Radschraubenabdeckungen mit einem Schraubenzieher abdrücken bzw. Innenvielzahnschraube der Mittenabdeckung mit dem Winkelschraubenzieher aus dem Bordwerkzeug losdrehen.
- So vorhanden, Radschraubenschloß mit Schlüssel öffnen.
- Radschrauben jeweils knapp eine Umdrehung lockern.
- Bordwagenheber schräg nach außen stehend an der gekennzeichneten Stelle der Karosserie-Unterkante ansetzen (siehe Bild Seite 15). Der Wagenheber muß dabei in den senkrechten Steg der Karosserie eingreifen.
- Bei weichem Untergrund Brettchen unterlegen.
- Wagen hochkurbeln.
- Radschrauben vollends herausdrehen.
- Rad abnehmen, Notrad bzw. Reserverad aufstecken.
- Schrauben über Kreuz gleichmäßig anziehen. Dabei das Rad hin- und herdrehen, damit es sich einwandfrei auf der Radnabe zentriert.
- Wagen ablassen, Schrauben nachziehen (110 Nm).
- Radzierblende bzw. Mittenabdeckung oder Radschraubenkappen montieren.
- Bei Verwendung des Notrads muß die Fahrweise angepaßt werden (siehe unten).
- Festen Sitz der Schrauben nach kurzer Fahrtstrecke prüfen.

Das Notrad

Spätestens bei einer Reifenpanne werden Sie im Kofferraum eine Überraschung erleben: Statt eines herkömmlichen Rades erwartet Sie ein schmalbrüstiges Notrad auf einer speziellen Felge. Bei der Limousine lautet die Größe T 105/70 R 14 auf Felge $3^1/_2$ J × 14, beim Variant T 125/70 R 15 auf Felge $3^1/_2$ J × 15. Nur wer beim Neukauf des Passat einen Aufpreis bezahlt hat, besitzt ein herkömmliches Reserverad.
Solange keine Reifenpanne auftritt, kann man das Notrad verschmerzen. Aber wenn es doch einmal gebraucht wird, gibt es manche Probleme:

○ Das Notrad ist **nur für kurzzeitigen Einsatz geeignet**. Das kann sich am Wochenende auf einer Urlaubsfahrt übel auswirken, wenn Sie noch einige hundert Kilometer vor sich haben und keinen Ersatzreifen kaufen können.

○ Mit dem Notrad darf **nicht schneller als 80 km/h** gefahren werden. Durch seinen kleineren Abrollumfang macht es mehr Umdrehungen als das herkömmliche Rad auf der anderen Seite. An der Vorderachse muß das Differential den Drehzahlunterschied ausgleichen, wodurch die Getriebeöltemperatur entsprechend steigt. An der Vorderachse sollten Sie keine längere Strecke mit dem Notrad zurücklegen. Besser ein intaktes Hinterrad vorn montieren und einen zusätzlichen Reifenwechsel in Kauf nehmen.

○ Die Seitenführungs- und Bremseigenschaften des schmalen Reifens sind naturgemäß nur bescheiden, vor allem bei Regen oder gar im Schnee.

○ Der Reifendruck (4,2 bar!) muß umgehend nach dem Radwechsel kontrolliert werden, denn mit zu wenig Luft im »Kinderwagenrad« wird das Fahrverhalten kriminell.

○ Durch den kleineren Raddurchmesser ist auch die Bodenfreiheit geringer; denken Sie beim Überfahren von Unebenheiten daran.

Festen Sitz der Radschrauben kontrollieren

Wartung Nr. 29

Nach einigen Kilometern Fahrtstrecke soll nach jeder Radmontage kontrolliert werden, ob die Radschrauben richtig angezogen sind. Als Anzugsdrehmoment sind **110 Nm** vorgeschrieben, also nicht mit einem zusätzlich verlängerten Radschlüssel die Schrauben »anknallen«.
Zu starkes oder ungleichmäßiges Festschrauben kann dazu führen, daß sich die Bremsscheiben oder -trommeln verziehen. Das ergibt ungleichmäßige Bremswirkung, Bremsenschütteln und punkt- oder flächenförmigen Reifenverschleiß.

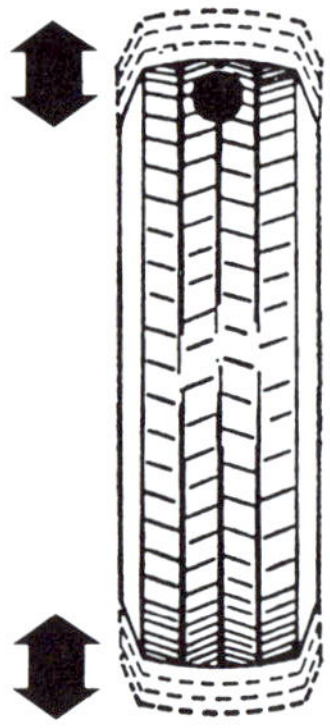

Unsere Skizze erläutert die Auswirkungen der Unwucht:

Die **statische** Unwucht erkennt man, wenn ein freihängendes, drehendes Rad immer mit der gleichen Stelle zu Boden sinkt und sich allmählich auspendelt. Folge: Das Rad hüpft während der Fahrt.

Die **dynamische** Unwucht ist durch Auspendeln des Rades nicht zu erkennen, denn sie liegt irgendwie schräg zur Radachse, so daß das schnellaufende Rad flattert und wackelt. Unausgewuchtete Räder führen zu schnellem Reifenverschleiß, unruhiger Lenkung und vorzeitiger Abnutzung der Radlager.

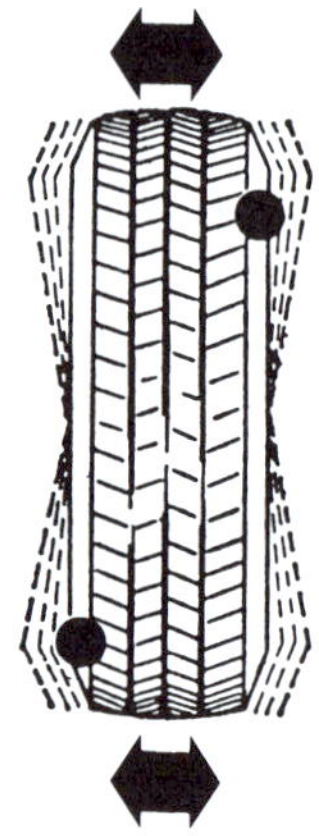

Rad-Unwuchten

Unwuchtige Räder spürt man durch Vibrationen im Lenkrad oder Schütteln im Vorderwagen. Beides tritt bei bestimmten Geschwindigkeiten besonders stark auf. Die Ursache liegt an ungleichmäßiger Gewichtsverteilung am Rad, siehe Zeichnung oben.

Räder auswuchten

Die Räder müssen statisch und dynamisch ausgewuchtet werden. Dazu gibt es zwei Methoden:

○ Das Rad wird am Wagen ab- und an einer Auswuchtmaschine angeschraubt. Dort läuft es zur Probe, Unwuchten werden dabei angezeigt und können durch Anbringen von Bleigewichten ausgeglichen werden.

○ Zum Ausschalten letzter Unwuchten ist Feinwuchten erforderlich. Dabei werden auch Unwuchten von Radnabe und Bremsscheibe ausgeglichen. Die am Wagen anmontierten Räder werden durch einen Elektromotor mit Reibrad in die notwendige schnelle Drehung versetzt und die Restunwucht angezeigt. Das gleicht man wieder durch Bleigewichte aus.

Neue Reifen kaufen

○ Die Reifengröße 165/70 R 14 ist nur für die Limousine mit 53/55-kW-Motor bis Baujahr 7/90 ausreichend. Hier genügt auch die Geschwindigkeitsklasse »S«.

○ Die Mehrzahl der Passat-Modelle wird mit der Größe 185/65 R 14 geliefert – ein guter Kompromiß in Sachen Preis, Fahrverhalten und Lebensdauer. Die Motorvarianten bis 66 kW kommen mit der Geschwindigkeitsklasse »T« aus. Dagegen müssen es in Verbindung mit dem 79/85-kW-Motor Reifen der Kategorie »H« sein.

○ Mit der Bereifung 195/60 R 14 wird der Passat 16 V serienmäßig bestückt. Sie ist hier fahrtechnisch durchaus berechtigt, bei den schwächeren Modellversionen dienen die breiteren und teureren »Socken« zugegebenermaßen doch eher der Optik. Die Reifen 195/60 R 14 genügen für die Motorisierungen bis 85 kW in der Ausführung »H«, der 16 V verlangt die Geschwindigkeitsklasse »V«.

○ In Verbindung mit 15″-Felgen kann die Reifengröße 195/55 R 15 und 205/50 R 15 montiert werden. Die Wahl wird wohl eher aus optischen Gründen auf diese Dimensionen fallen, zumal dann auch sicher Leichtmetallfelgen montiert werden. Wirklichen Nutzen bringen sie nur sehr »sportlichen« Fahrern. Die in der Anschaffung gegenüber der 14″-Bereifung wesentlich teureren Reifen haben keine längere Lebensdauer. Im Gegenteil: Mit breiteren Reifen wird die Aquaplaninggefahr auf regennasser Fahrbahn mit schwindender Profiltiefe immer größer. Der Reifentausch empfiehlt sich hier schon bei 3 mm Restprofil.

Fingerzeig: Für die Geschwindigkeitskategorie der Reifen gilt, was in Ihrem Kfz-Schein steht. Auch wenn Sie die Höchstgeschwindigkeit Ihres Passat nie ausfahren, dürfen keine Pneus in niedrigerer Geschwindigkeitsausführung montiert werden. Ausnahme: Winterreifen, siehe nächsten Abschnitt.

Winterbereifung

Breite 60er- oder 50er-Sommerreifen bzw. in H- oder V-Ausführung neigen auf Schnee und Eis schneller zum Durchdrehen als die schmäleren Pneus der S- oder T-Kategorie. Je nach Einsatzgebiet und bisheriger Sommerbereifung läßt sich die Anschaffung spezieller Winterreifen nicht immer umgehen.

○ Für alle Modelle haben Sie die Wahl zwischen den herkömmlichen M+S-Reifen, die lediglich 160 km/h schnell gefahren werden dürfen, und den teureren Hochgeschwindigkeitsreifen für 190 km/h Höchsttempo. Wer mit Q-Winterreifen fährt, muß irgendwo am Armaturenbrett einen Hinweis anbringen, der an die zulässige Höchstgeschwindigkeit von 160 km/h erinnert (gibt's beim Reifenhändler oder in der Werkstatt). Denn selbst der schwächste Passat erreicht mehr als 160 km/h. Gleiches gilt für T-Reifen, wenn der Passat laut Kfz-Papieren mehr als 190 km/h erreicht.

○ In Sachen Reifengröße raten wir bei Winterbereifung zu einer möglichst schmalen Ausführung. Demzufolge können Sie die 53/55-kW-Limousine bis 7/90 mit der Größe 165/70 R 14 auf 5½-″-Felgen ausrüsten. Alle übrigen Modelle brauchen die Dimension 185/65 R 14. Für manche Modelle ist auch noch die Größe 195/60 R 14 zulässig (vgl. mit den Fahrzeugpapieren).

Stromwirtschaft

»Elektrizität und Verzweiflung sind gleichbedeutende Begriffe« soll einmal ein geplagter Autofahrer ausgerufen haben. Wir wollen mit den folgenden Kapiteln verhindern, daß bei Ihnen Verzweiflung aufkommt.

So einfach ist Elektrik

Elektrizität kann man leider nicht sehen; das erschwert für manchen das Verständnis. Wir wollen es Ihnen anhand eines Beispiels leichter machen. Die Vorgänge um den elektrischen Strom lassen sich am einfachsten mit einer Wasserleitung erklären. Durch eine solche strömt unter einem bestimmten Druck eine gewisse Menge Wasser.

- Man kann den Wasserdruck vergleichen mit der **Spannung**, gemessen in Volt (Abkürzung: V).
- Die in einer bestimmten Zeit durchfließende Wassermenge entspricht dem **Strom**, der in Ampere (kurz: A) gemessen wird.
- Multipliziert man Spannung und Strom miteinander, so erhält man die elektrische **Leistung** mit der Maßeinheit Watt (abgekürzt: W).
- Einen anderen Wert erhalten wir, wenn wir die Spannung durch den Strom dividieren, nämlich den **Widerstand**, der in Ohm (Zeichen: Ω) gemessen wird. Wir können ihn uns als Absperrhahn in der Wasserleitung vorstellen. Bei geöffnetem Wasserhahn ist der Widerstand gleich 0, das Wasser fließt ungehindert. Wird der Hahn zugedreht, erhöht sich der Widerstand bis schließlich zum Wert unendlich (∞), wobei der Strom versiegt.

Jeder Stromverbraucher stellt einen Widerstand dar, der für seine einwandfreie Funktion mit genügend Strom beliefert werden muß. Deshalb braucht eine kleine Kontrollampe lediglich ein dünnes Kabel, der leistungsstarke Anlasser dagegen eine besonders dicke Leitung.

Minus an Masse

Strom kann nur in einem geschlossenen Kreislauf fließen. Wenn Sie zu Hause den Lichtschalter anknipsen, leuchtet das Licht auf. Genauso ist es im Auto, nur daß hier der von Batterie oder Lichtmaschine kommende Strom über den jeweiligen Stromverbraucher zurück zur Batterie oder Lichtmaschine fließt.
An die Mehrzahl der Stromverbraucher im Passat sind zwei Kabel angeschlossen. Doch nur eines läßt sich bis zur Batterie bzw. bis zum Generator zurück verfolgen, wie dies auch die Stromlaufpläne ab Seite 164 zeigen. Die andere Leitung ist dagegen meist schon nach wenigen Zentimetern irgendwo am Karosserieblech festgeschraubt oder mit einer Steckerfahne eingesteckt.
Hier hat man sich zunutze gemacht, daß die Metallteile von Karosserie und Motor bzw. Getriebe ebenfalls Strom leiten können. In der Autoelektrik bezeichnet man sie mit »Masse«. Sie sorgen für die Stromrückleitung zum Minuspol der Batterie. Merksatz: **M**inus an **M**asse.
Wenn ein Stromverbraucher direkt auf Metall sitzt, braucht er nur ein einziges Anschlußkabel, aber im heutigen kunststoffreichen Automobil müssen fast immer kleine Verbindungsleitungen den Kontakt zur Fahrzeugmasse herstellen.

Fingerzeig: Falls eine Glühlampe oder etwa ein Anzeigeinstrument nicht so funktioniert, wie es soll, liegt dies nicht selten an fehlender Masseverbindung. Den fehlenden Kontakt zur Fahrzeugmasse holt sich der Verbraucher auf Umwegen und stiftet so Verwirrung.

Orientierungshilfen in der Autoelektrik

Normklemmen-Bezeichnungen

Das bunte Kabelgewirr im Auto ist eigentlich ganz gut geordnet, denn viele Einzelheiten der Kraftfahrzeug-Elektrik sind genormt. Die Zahlen an verschiedenen Bauteilen und Kabelanschlüssen sowie in den Stromlaufplänen haben in allen deutschen und in manchen ausländischen Fahrzeugen dieselbe Bedeutung:
Klemme 15 erhält nur bei eingeschalteter Zündung Strom ab Zündschloß, wobei außer der Zündspule jene Stromverbraucher versorgt werden, die nur bei Betrieb des Wagens Strom erhalten sollen. Die Kabel an den Normklemmen 15 besitzen vielfach eine schwarze Ummantelung, bisweilen auch mit farbigen Zusatzstreifen bei bestimmten Stromverbrauchern.
Klemme 30 erhält dauernd Strom vom Pluspol der Batterie bzw. bei laufendem Motor von der Lichtmaschine. Das kann bei unvorsichtigem Umgang mit Werkzeug zu Kurzschlüssen und Funkenregen führen, wenn das

Minuskabel der Batterie nicht abgenommen wurde. Diese stets stromführenden Kabel haben meist eine rote Umhüllung, ggf. mit zusätzlichen Farbstreifen.
Klemme 49 ist für die Blink- und Warnblinkanlage zuständig.
Klemme 53 versorgt die Scheibenwischeranlage in meist grün bzw. grün mit Zusatzfarben gekennzeichneten Leitungen.
Klemme 56 ist für die Stromzufuhr des Abblendlichts mit gelben und gelb/schwarzen Kabeln sowie des Fernlichts mit weißen und weiß/schwarzen Leitungen zuständig.
Klemme 58 gehört zum Standlicht vorn sowie zu den Schluß- und Kennzeichenleuchten. Die Grundfarbe der Kabelumhüllung ist grau, jeweils mit zusätzlichen Farbstreifen.
Klemme 31 ist die Masse-Klemme, mit der ein Stromverbraucher zur Fahrzeugmasse verbunden sein muß, damit der Stromkreis geschlossen ist. Die entsprechenden Kabel sind braun umhüllt.

Bezeichnete Steckverbinder

Im Passat sind die meisten Einzelkabel zu ganzen Kabelbündeln zusammengefaßt. Verlaufen sie in schwarzer Umhüllung, ist die Suche nach einem bestimmten Kabel erschwert; Orientierungshilfe bieten in diesem Fall die zahlreichen Mehrfachsteckverbindungen. In den Stromlaufplänen ab Seite 164 ist die Anzahl der Kabel pro Stecker und ihre genaue Lage verzeichnet.
Die Bordelektrik ist in 26 einzelne Leitungsstränge aufgeteilt. Innerhalb dieser Stränge sind alle Kabel gleich lang. Das erleichtert den Ersatz eines defekten Kabelstrangs.

Stecker abziehen

Die Stecker im Passat sind fast alle durch verschiedene Einfärbung kodiert. Man sieht sofort, wo welcher Stecker hingehört. Zum anderen besitzen sie – die Zentralelektrik ausgenommen – eine Drahtsicherung, die beim Abziehen des Steckers gelöst werden muß:

- Sicherungsbügel niederdrücken.
- Stecker abziehen.
- Beim Aufstecken den Bügel nicht berühren.
- Stecker aufdrücken, bis der Sicherungsbügel einrastet.

Elektrische Messungen

Beim Prüfen und Reparieren der Fahrzeugelektrik und -elektronik gibt es verschiedene elektrische Größen zu messen. Was im Einzelfall zu tun ist, beschreiben die verschiedenen Kapitel hier im Buch.
Damit der Meßwert richtig abgelesen werden kann, bedarf es zunächst eines genauen Meßgeräts. Welche Geräte sich eignen, sehen Sie unten. Wie man das Meßgerät richtig anschließt, und was bei den einzelnen Messungen zu beachten ist, finden Sie in den folgenden Abschnitten erklärt.

Spannung messen mit Prüflampe

Praktisch ist eine Prüflampe mit Nadelkontakt, mit deren Nadel einfach die Isolierung des zu prüfenden Kabels durchstochen werden kann. Die Klemme am Kabel der Lampe wird irgendwo an blankem Fahrzeugmetall, der sogenannten Masse, angeklipst. Die Lampe gibt in erster Linie Auskunft darüber, ob überhaupt Spannung anliegt. An ihrer Helligkeit kann man in etwa die Höhe der Spannung abschätzen.

Spannung messen mit Diodenprüfer

An elektronischen Bauteilen darf mit einer herkömmlichen Prüflampe nicht gemessen werden. Sie nimmt zu viel Leistung auf und kann so Bauteile der Elektronik beschädigen. Wer in diesem Bereich Messungen vornehmen will, sollte sich einen Spannungsprüfer mit Leuchtdioden anschaffen.

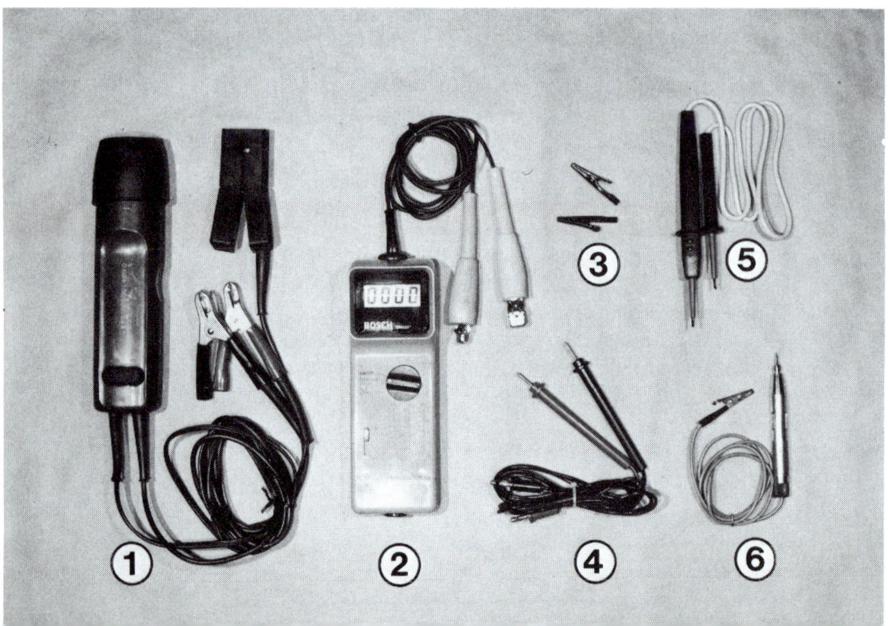

**Im Bild haben wir verschiedene Meßgeräte für die Fahrzeug- und Motorelektrik abgebildet:
1 – Stroboskoplampe zur Einstellung des Zündzeitpunkts;
2 – Präzisions-Motortester mit Digitalanzeige, dazu Krokodilklemmen (3) und Meßspitzen (4);
5 – Leuchtdioden-Spannungsprüfer (auch zur Prüfung elektronischer Bauteile geeignet);
6 – herkömmliche Prüflampe (sie darf nicht bei Elektronik-Bauteilen verwendet werden).**

Spannung messen mit Voltmeter

Exakter ist die Spannungsmessung mit dem Volt-Meßbereich eines Zeiger- oder Digitalmeßgeräts. Durch den sehr geringen Stromverbrauch des Instruments droht auch Elektronikteilen keine Gefahr.

○ Zum Messen der Batteriespannung (als Beispiel) wird das mit »–« gekennzeichnete Meßkabel an den Minuspol der Batterie angeschlossen. Das »+«-Kabel kommt an den Pluspol.

○ Zeigt das Instrument beispielsweise nur 10,4 Volt an, hat eine der Batteriezellen Kurzschluß. Interessant kann es auch sein, die Batteriespannung zu messen, während der Anlasser betätigt wird. Sind dann nur noch 6 Volt abzulesen, steht es mit der Batterie sicher nicht zum besten.

○ Messen einer Spannung »gegen Masse«: »+«-Kabel des Meßgeräts an einer Klemme anschließen, an der Spannung anliegt, »–«-Kabel an ein blankes Teil der Karosserie oder des Motors anklemmen. Beide sind durch dicke Kabel mit dem Minuspol der Batterie verbunden, wodurch eine exakte Messung möglich ist.

○ Häufig wird die Spannung zwischen zwei bestimmten Kontakten (etwa an einem Steuergerät) gemessen. Wie das Meßgerät anzuschließen ist und welche Spannung anliegen soll, ist in einem solchen Fall Bestandteil der Prüfvorschriften.

○ Mit dem Volt-Meßbereich kann auch geprüft werden, ob ein Massekabel in Ordnung ist: »+«-Kabel des Meßgeräts am Pluspol der Batterie anschließen, »–«-Kabel des Geräts am Ende des Massekabels anklemmen. Ist die Masseversorgung intakt, muß volle Batteriespannung angezeigt werden.

Strom messen

Ob Strom zu einem Verbraucher hin fließt, wird mit dem Amperemeter bzw. dem entsprechenden Meßbereich des Vielfachinstruments gemessen.

○ Dazu muß der Stromkreis aufgetrennt und das Meßgerät zwischen die jetzt freien Pole zwischengeschaltet werden.

○ In der Praxis sieht das so aus: Einen Steckkontakt in der Leitung zu einem Verbraucher abziehen und Meßgerät zwischen Stecker und Kontaktzunge zwischenschalten.

○ Strom wird beispielsweise gemessen, wenn der Verdacht besteht, daß ein heimlicher Stromverbraucher irgendwo im Bordnetz sitzt, der über Nacht die Batterie leersaugt. Um diese Leckstelle festzustellen, nehmen Sie das Batterie-Massekabel ab und klemmen zwischen Batteriepol und -kabel das Amperemeter. Zeigt das Instrument Stromfluß an, wird der Stromkreis ermittelt: Eine Sicherung nach der anderen herausnehmen und statt deren das Amperemeter an den Kontaktzungen im Sicherungskasten anklemmen. So können Sie erkennen, in welchem Stromkreis Verluste entstehen. Anhand der Sicherungstabelle auf Seite 161 vergleichen Sie dann, welche Verbraucher in diesen Stromkreis eingeschaltet sind und kontrollieren diese der Reihe nach durch.

○ **Niemals** versuchen, auf diese Weise den Stromverbrauch des Anlassers zu ermitteln! Der Strom ist viel zu hoch für unser kleines Meßgerät.

Widerstand messen

Die exakte Widerstandsmessung an einem Bauteil hat nur dann einen Sinn, wenn man ein genau anzeigendes Gerät besitzt. Sonst bleiben letztlich Zweifel an der Messung.

○ Mit dem Widerstandsmeßbereich läßt sich beispielsweise erkennen, welchen Innenwiderstand ein bestimmtes Bauteil hat. Die Angaben finden Sie – wo nötig – hier im Buch.

○ Die Kabel des Meßgeräts (Polung ist dabei gleichgültig) werden dazu an zwei Anschlüssen des Bauteils angeklemmt.

○ Oder es wird der Widerstand »gegen Masse« gemessen: Ein Kabel am Bauteil, das zweite an Motorblock oder Karosserie anklemmen.

○ Ferner läßt sich mit dem Widerstands-Meßbereich eines Meßinstruments prüfen, ob eine Leitung oder ein Schalter »Durchgang« hat (der Meßwert ist dann 0) oder ob der Stromweg irgendwo unterbrochen ist (dann erhalten Sie den Meßwert unendlich = ∞).

Eigendiagnose

Der Passat ist zu einem gewissen Ausmaß diagnosefähig, z. B. bei der Einspritz-/Zünd-Steuerung, der Getriebeautomatik oder dem Antiblockiersystem. Diagnosefähig ist ein solches Steuergerät, wenn es über einen Fehlerspeicher verfügt, in dem Fehlfunktionen im Fahrbetrieb festgehalten werden. Mit dem Fehlerauslesegerät kann die V.A.G.-Werkstatt die Fehlerspeicher abfragen.

Fehlerspeicher abfragen

Wartung Nr. 30

Im Inspektions-Service ist das Auslesen der Fehlerspeicher mit enthalten. Die Werkstatt hat damit sogar ohne Kundengespräch einen Überblick über etwaige Fehler an den Elektronikbauteilen des Fahrzeugs.

Wer die Wartung komplett selbst in die Hand nimmt, kann auf diesen Arbeitspunkt verzichten, zumal er ja den Wagen im Alltagsbetrieb ständig beobachtet – Fehlfunktionen wären in der Regel aufgefallen.

Drahtseilakt

Lassen Sie sich von dem Kabelwirrwarr und der Vielzahl von Leitungen in den nachfolgenden Stromlaufplänen keinen Schrecken einjagen. Mit Geduld und einer gewissen Zeit zum Hineindenken finden Sie sich bald zurecht.

Die Leitungen

Der Querschnitt eines Kabels wird je nach Stromanspruch des betreffenden Verbrauchers gewählt: Ein Kontrollämpchen kommt mit 0,5-mm^2 Kabelstärke aus, der Anlasser braucht dagegen ein 16-mm^2-Kabel. Ein zu dünnes Kabel heizt sich auf, und die Spannung fällt ab. Dann kommen statt der erwünschten 12 Volt z. B. an den Scheinwerfern vielleicht nur 10 oder 9,5 Volt an – das Licht wird trübe.

Die Zentralelektrik

Sämtliche Leitungen sind in bestimmten Leitungssträngen zusammengefaßt. Sie alle gehen von der sogenannten Zentralelektrik im Fahrerfußraum aus. Dort sitzen die Sicherungen, außerdem sind die Relais eingesteckt. Hat sich bei der Störungssuche herausgestellt, daß Kabelzuleitungen, die zuständige Sicherung bzw. das betreffende Relais keinen Schaden aufweisen, kann es an der Zentralelektrik liegen.
Typische Fehler sind Wackelkontakte oder temperaturabhängige Ausfallserscheinungen. Dann könnte eine Verbindung in der Zentralelektrik unterbrochen sein. Zur Reparatur muß die Zentralelektrik zerlegt werden – eine Arbeit, an die sich die Werkstatt verständlicherweise nicht wagt. Wer aber elektronikerfahren ist, kann zumindest versuchen, die Zentralelektrik zu öffnen und eine evtl. unterbrochene Kontaktstelle zu reparieren. Andernfalls muß ein neues Teil eingebaut werden.

Zentralelektrik ausbauen

- Ablagefach links ausbauen, siehe Seite 261.
- Halteklammern rechts und links an der Zentralelektrik zur Seite drücken und nach Drehung abnehmen.
- Jetzt läßt sich die komplette Zentralelektrik herausklappen und ggf. aus den Haltern nehmen.
- Zum Abnehmen eines Mehrfachsteckers muß die Stecker-Verriegelung gelöst werden.
- Dazu an der in Fahrtrichtung rechten Seite in der Mitte der beiden Steckerreihen den Verriegelungshebel zur Seite ziehen.
- Erst jetzt können Sie an der Rückseite des jeweiligen Mehrfachsteckers die Kunststoffklammer herunterdrücken und den Stecker abziehen.

Die Sicherungen

Wenn an einen vorhandenen Stromkreis zusätzliche Verbraucher angeschlossen werden oder durch einen Defekt ein Kurzschluß entsteht (der nichts anderes ist als ein abnorm ansteigender Stromdurchfluß), würde der Stromkreis überlastet. Die Leitung würde warm oder zu glühen beginnen, ebenso die Wicklungen der Lichtmaschine, die Batterieflüssigkeit könnte ins Sieden geraten – wären da nicht die elektrischen Sicherungen zwischengeschaltet. Die sind sehr kurz angebunden: Wenn der Strom ein gewisses, zuträgliches Maß übersteigt, unterbrechen sie ihn einfach.
Damit der Passat bei einem Defekt nicht gleich völlig ohne Strom dasteht, sind die Sicherungen auf verschiedene Stromkreise verteilt. Allerdings sind die Schaltungen zwischen Anlasser, Batterie, Lichtmaschine und Zündschloß nicht von Sicherungen überwacht. Bei einer Störung dieser Teile nützt der Blick in den Sicherungskasten also nichts. Dagegen haben die Einspritzanlage und alle übrigen elektrischen Aggregate eine eigene Absicherung.
Im Passat werden sogenannte Flachstecksicherungen verwendet. In ein durchscheinendes, eingefärbtes Kunststoffteil sind zwei Flachstecker eingebettet, die durch den Schmelzfaden verbunden sind. Mit diesen Sicherungen gibt es keine Korrosionsprobleme mehr, da sie wesentlich größere Kontaktflächen besitzen als die früheren Keramiksicherungen.

Sicherung auswechseln

- Soll eine der Stecksicherungen ausgewechselt werden, können Sie sich dazu der kleinen Kunststoffzange, die seitlich links an der Zentralelektrik befestigt ist, bedienen.
- Brennt die neue Sicherung sofort wieder durch, klären, ob eine zu schwache Sicherung eingesetzt wurde (siehe Sicherungstabelle).
- War das nicht der Fall, anhand der Sicherungsta-

belle die angeschlossenen Verbraucher ermitteln und einzeln prüfen.

● Im Zweifelsfall alle Verbraucher ausstecken und nacheinander wieder anschließen. Derjenige Verbraucher, bei dem die Sicherung durchbrennt, war defekt.

Zusatz-Sicherungen

Bei bestimmten Zusatzausstattungen sitzen weitere Sicherungen in zusätzlichen Haltern oberhalb der Zentralelektrik.

Sicherungstabelle

Nr.	Klemme	erhält Strom von	angeschlossene Stromverbraucher	A
1	56 b	bei eingeschalteter Zündung über Lichtschalter und Lichtumschalter Klemme 56 b	Abblendlicht links Motoren für Leuchtweitenregelung	10
2	56 b	wie Sicherung 1	Abblendlicht rechts	10
3	58	vom Lichtschalter Klemme 58	Kennzeichenleuchten Instrumentenbeleuchtung	10
4	X	bei eingeschalteter Zündung vom X-Kontakt-Entlastungsrelais	Heckscheibenwischermotor und Waschwasserpumpe (Ansteuerung) über Wischerschalter (nur Variant) Motor für Schiebedach über Schiebedachschalter Ansaugrohr-Beheizung über Thermoschalter und Relais (Monojetronic)	15
5	X	wie Sicherung 4	Frontscheibenwischermotor und Waschwasserpumpe (Ansteuerung) über Wischerschalter	15
6	X	wie Sicherung 4	Luftgebläse über Gebläseschalter Klimaanlage	20
7	58 R	über Lichtschalter Klemme 58 R oder Parklichtschalter Klemme 58 R	Standlicht rechts Schlußlicht rechts	10
8	58 L	über Lichtschalter Klemme 58 L oder Parklichtschalter KLemme 58 L	Standlicht links Schlußlicht links	10
9	X	wie Sicherung 4	Heizbare Heckscheibe über Schalter für heizbare Heckscheibe Beheizbare Außenspiegel	20
10		bei eingeschalteter Zündung vom X-Kontakt-Entlastungsrelais über Relais für Nebelscheinwerfer (nur in Verbindung mit Nebelscheinwerfern) bzw. Kabelbrücke und Schalter für Nebelscheinwerfer	Nebelscheinwerfer (Arbeitsstrom) Nebelschlußleuchte(n)	15
11	56 a	bei eingeschalteter Zündung über Lichtschalter und Lichtumschalter Klemme 56 a	Fernlicht links Fernlichtkontrolle	10
12	56 a	wie Sicherung 11	Fernlicht rechts	10

Damit Sie sich in der Sicherungsbelegung zurechtfinden, haben wir hier Sicherung 1 und 22 beziffert. Der Pfeil links deutet auf eine der Halteklammern, die zum Ausbau der Zentralelektrik gelöst werden muß.

Nr.	Klemme	erhält Strom von	angeschlossene Stromverbraucher	A
13	15	bei eingeschalteter Zündung von Zündschloß Klemme 15	Signalhorn bzw. Zweiklanghörner (Arbeitsstrom)	15
14	15	wie Sicherung 13	Rückfahrleuchten über Schalter für Rückfahrleuchten Motoren für elektrisch einstellbare Außenspiegel Elektrisch beheizbare Scheibenwaschdüsen Sitzbeheizung Beleuchtung für Fensterheberschalter Schalter für Geschwindigkeits-Regelanlage Elektronische Heizungsregulierung	10
15	15	wie Sicherung 13	Leerlauf-Abschaltventil (2 E 3-Vergaser) Vergaser-Startautomatik über Thermoschalter (2 E 3-Vergaser) Thermozeitventil für Kaltstart (2 E 3-Vegaser) Ansaugrohr-Beheizung (Schaltstrom) über Thermoschalter (2 E 3-Vergaser) Ventile für Kraftstoff-Verdunstungsanlage (Monojetronic und KE-Motronic) Steuerventil für Zündzeitpunktverstellung (Monojetronic) Ventil für Leerlaufstabilisierung (KE-Motronic) Kaltstartventil (KE-Motronic)	10
16	15	wie Sicherung 13	Kombiinstrument ABS-Kontrollampe Multifunktionsanzeige Handschuhfachleuchte Beleuchtung für Cassettenablage	15
17	15	wie Sicherung 13	Blinkanlage	10
18		vom Kraftstoffpumpenrelais	Elektrische Kraftstoffpumpe Lambda-Sonde (Digifant) Einspritzventil über Vorwiderstand (Monojetronic) Vorförderpumpe (KE-Motronic)	20
19	30	Batterie-+ über die Zentralelektrik	Kühlerventilator über Thermoschalter Klimaanlage (Arbeitsstrom)	30
20	30	wie Sicherung 19	Bremsleuchten über Bremslichtschalter	10
21	30	wie Sicherung 19	Innenleuchte Leseleuchten Make-up-Spiegel-Leuchten Gepäckraumleuchten Analog-/Digitaluhr Anzünder Zentralverriegelung	30
22	30	wie Sicherung 19	Radio	10

Zusatz-Sicherungen

Nr. im Stromlaufplan	erhält Strom von	angeschlossene Stromverbraucher	A
23	Batterie-+ von der Zentralelektrik	Relais für Klimaanlage	30
43	Batterie-+ von der Zentralelektrik	Steuergerät für elektrische Fensterheber	20
53	Batterie-+ von der Zentralelektrik	Relais für ABS-Hydraulikpumpe	30
54	Batterie-+ von der Zentralelektrik	Hauptrelais für ABS	30

Pfadfinder

Für Arbeiten an der Autoelektrik ist es wichtiger, die elektrische Verschaltung zu erkennen, als die Lage der einzelnen Bauteile zu ersehen. Deshalb haben sich bei VW die sogenannten Stromlaufpläne durchgesetzt, aus denen sich der funktionelle Zusammenhang der verschiedenen Teile der Autoelektrik ohne große Probleme erfassen läßt.

Aufbau der Stromlaufpläne

Im Stromlaufplan ist ein Stromkreis mit dem kürzestmöglichen Kabelweg – dem Strompfad – gezeichnet ohne Rücksicht auf die Einbaulage im Fahrzeug. Bauteile mit mehreren Funktionen können auf mehrere Pfade aufgeteilt sein.

Zentralelektrik: Wie schon auf Seite 160 beschrieben, vereinigt die oben im Stromlaufplan eingezeichnete Zentralelektrik den Sicherungskasten, die Steckfelder für die zahlreichen Relais (Kennbuchstaben »J«) und die Anschlüsse der Vielfachstecker. Diese Stecker sind in alphabetischer Folge gekennzeichnet, siehe Zeichnung unten. Die Buchstaben/Zahlen-Kombination an der unteren Leiste der Zentralelektrik gibt die Belegung der Leitungen in den Steckern an. So ist beispielsweise »C 5« der Kontakt 5 im Vielfachstecker C.

Stromverteilung: Ganz oben in der Zentralelektrik ist die Plus-Seite dargestellt. Von hier wird der Strom verteilt, der von der Batterie bzw. der Lichtmaschine kommt. An der unteren Seite zweigen die Leitungen zu den Verbrauchern ab.

Sicherungen: Mit dem Kennbuchstaben »S« und einer nachfolgenden Zahl sind die im Sicherungshalter sitzenden Sicherungen bezeichnet. Die Numerierung entspricht ihrem Platz im Halter. Außerdem ist die elektrische Belastbarkeit angegeben – z. B. 10 A Nennstrom.

Leitungen: Die elektrischen Leitungen sind mit dem Querschnitt ihrer Metallseele angegeben; »0,5« steht für 0,5 mm^2 Querschnitt. Außerdem sind die Kabelfarben abgekürzt wiedergegeben: Es bedeuten: bl – blau; br – braun; ge – gelb; gn – grün; gr – grau; li – lila; ro bzw. rt – rot; sw – schwarz; ws – weiß.

Steckverbindungen: Sie tragen mit Ausnahme der Vielfachstecker an der Zentralelektrik den Kennbuchstaben »T«. Aus der nachfolgenden Zahl läßt sich ablesen, um was für einen Stecker es sich handelt: »T 3« bedeutet Dreifachstecker. Anhand der Erklärung zum Stromlaufplan läßt sich herauslesen, wo dieser Stecker im Fahrzeug zu finden ist.

Bauteile: Alle elektrischen Bauteile im Stromlaufplan tragen Kennbuchstaben, ggf. mit Unterscheidungsziffern. Die Bedeutung ist einheitlich für alle VW- und Audi-Modelle. So bedeuten z. B. A – Batterie, E – Handschalter, L und M – Glühlampen, V – Motoren.

Schaltzeichen: Zur Darstellung der Bauteile werden genormte Schaltzeichen verwendet, wobei alle Schalter und Kontakte in Ruhestellung gezeichnet sind.

Klemmenbezeichnungen: Zweistellige Ziffern, ggf. mit Zusatzbuchstaben im Stromlaufplan finden sich gleichlautend am entsprechenden Bauteil, siehe auch Seite 156.

Strompfade: Unten an der Fußleiste sind die Stromlaufpläne durchnumeriert. Für jedes Bauteil ist mindestens ein eigener Strompfad vorhanden. Endet ein Strompfad mit einem quadratischen Kästchen, so gibt die Zahl im Kästchen an, wo der Strompfad weiterläuft.

Interne Verbindungen: Sie sind nicht als Kabel vorhanden, sondern als Metallschienen oder -brücken. Im Stromlaufplan sind sie als dünne Querlinien gezeichnet.

Masse: Karosserie, Motor oder Getriebe dienen in der Autoelektrik zur Rückleitung des Stromes – man spricht hier von »Masse«. Im Stromlaufplan ist sie unten als dünne Querlinie dargestellt. Kann ein elektrisches Bauteil nicht direkt mit Masse verbunden werden, stellt man die Verbindung über einen sogenannten Massepunkt her.

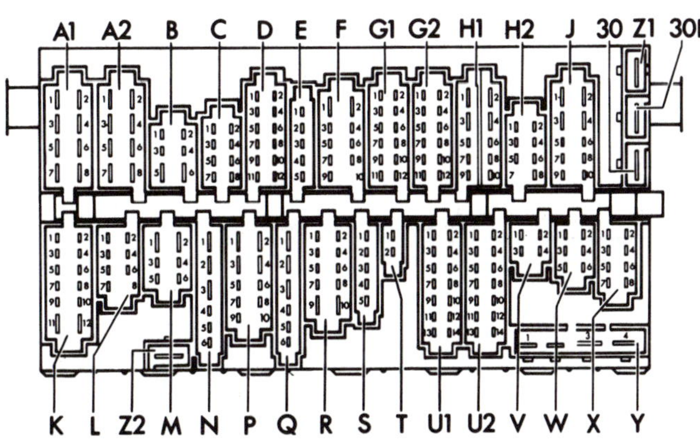

Die Buchstaben und Zahlen kennzeichnen die Steckfelder für die Mehrfachstecker an der Rückseite der Zentralelektrik.

Drehstrom-Generator, Batterie, Anlasser, Zünd/Anlaß-Schalter

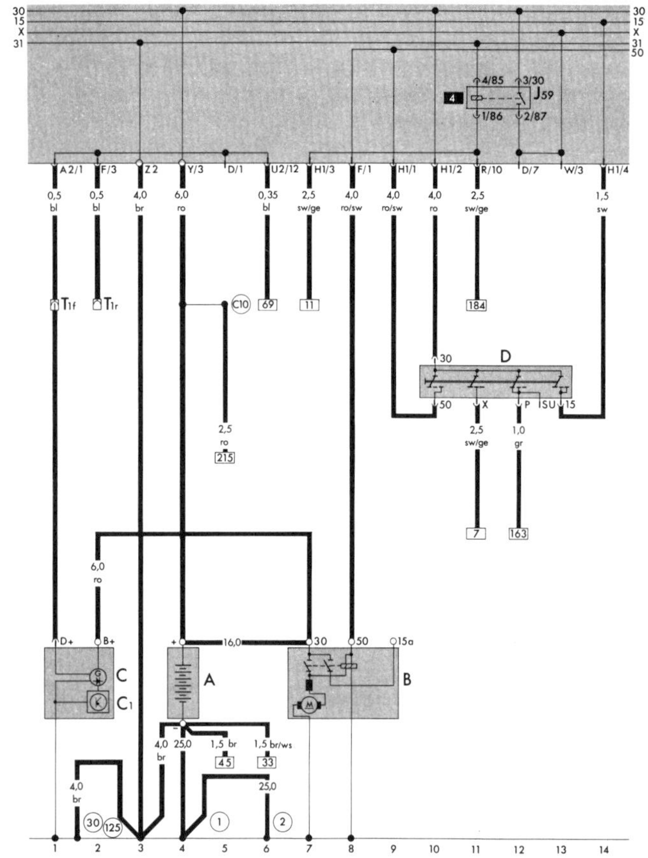

Digifant Kraftstoffversorgung

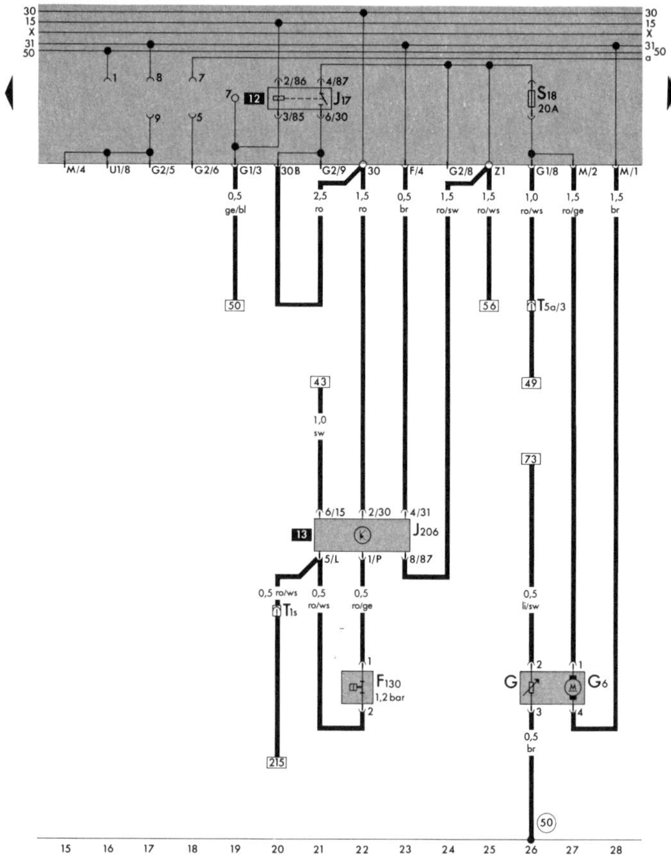

Digifant Zündanlage, Steuergerät, Klopfsensor

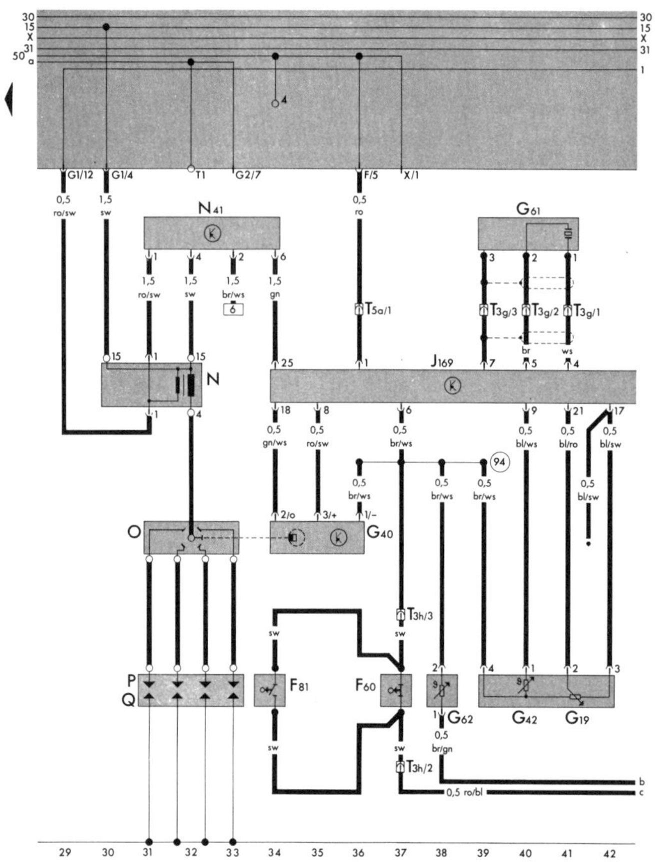

- A – Batterie
- B – Anlasser
- C – Drehstrom-Generator
- C 1 – Spannungsregler
- D – Zünd-/Anlaß-Schalter
- F 60 – Leerlaufschalter
- F 81 – Vollastschalter
- F 130 – Druckschalter für Kraftstoffpumpennachlauf
- G – Geber für Tankanzeige
- G 6 – elektrische Kraftstoffpumpe
- G 19 – Potentiometer für Luftmengenmesser
- G 40 – Hallgeber
- G 42 – Geber für Ansauglufttemperatur
- G 61 – Klopfsensor
- G 62 – Geber für Kühlmitteltemperatur
- J 17 – Kraftstoffpumpenrelais
- J 59 – Entlastungsrelais für X-Kontakte
- J 169 – Digifant-Steuergerät
- J 206 – Steuergerät für Kraftstoffpumpennachlauf
- N – Zündspule
- N 41 – TSZ-Schaltgerät
- O – Zündverteiler
- P – Zündkerzenstecker
- Q – Zündkerzen
- T 1f, T 3g – Steckverbindungen beim Anlasser
- T 1r, T 1s – Steckverbindungen hinter der Zentralelektrik
- T 3h – Steckverbindungen beim Drosselklappenteil
- T 5a – Steckverbindung an der Spritzwand links
- 1 – Masseband Batterie – Karosserie
- 2 – Masseband Getriebe – Karosserie
- 30 – Massepunkt neben der Zentralelektrik
- 50 – Massepunkt im Kofferraum links
- 94 – Massepunkt im Leitungsstrang Digifant
- 125 – Masseverbindung im Leitungsstrang Scheinwerfer
- C10 – Plusverbindung im Leitungsstrang Scheinwerfer
- – Leitung bleibt frei

Digifant Steuergerät, Lambdasonde, Einspritzventile

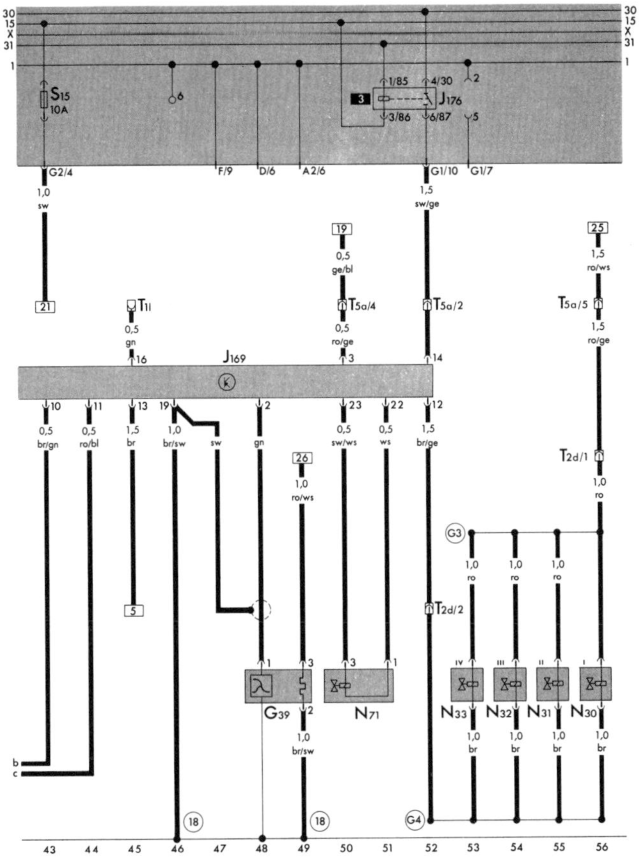

Kühlmittelmangelanzeige, Öldruckkontrolle

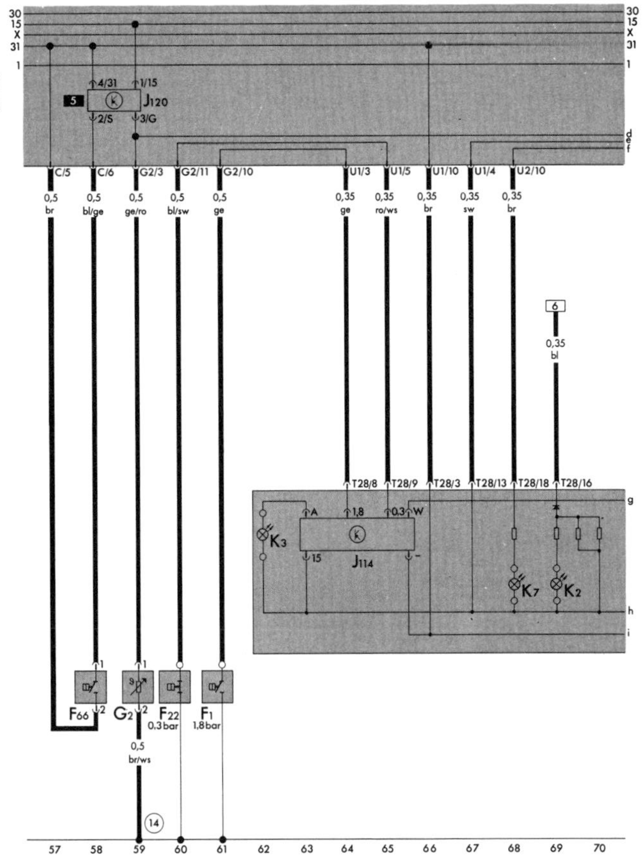

Kombiinstrument Drehzahlmesser, Tank- und Temperaturanzeige

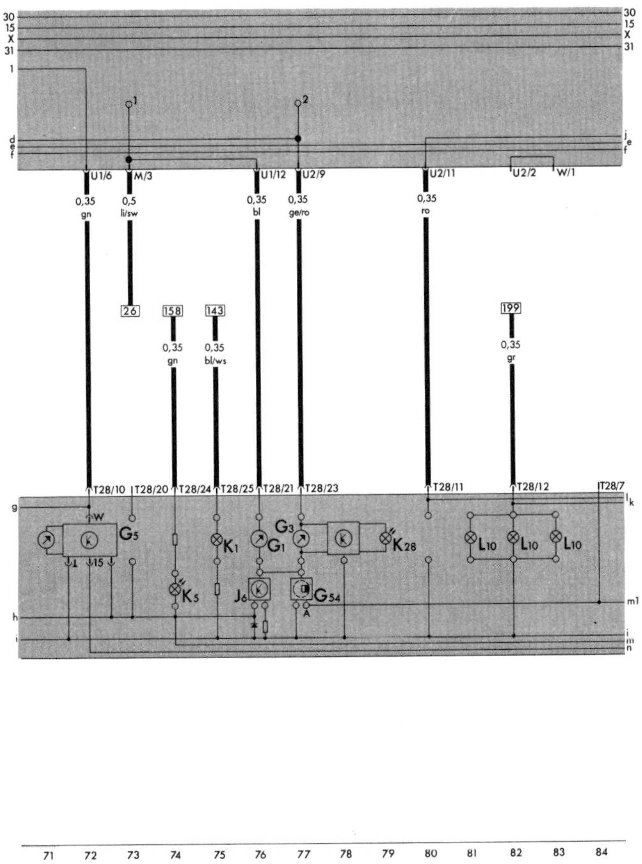

F 1 – Öldruckschalter 1,8 bar
F 22 – Öldruckschalter 0,3 bar
F 66 – Schalter für Kühlmittelmangelanzeige
G 1 – Tankanzeige
G 2 – Geber für Temperaturanzeige
G 3 – Temperaturanzeige
G 5 – Drehzahlmesser
G 39 – Lambdasonde mit Heizung
G 54 – Geschwindigkeitsgeber für MFA/Radio-Lautstärkeregelung
J 6 – Spannungskonstanter
J 114 – Steuergerät für Öldruckkontrolle
J 120 – Steuergerät für Kühlmittelmangelanzeige
J 169 – Digifant-Steuergerät
J 176 – Stromversorgungsrelais für Digifant-Steuergerät
K 1 – Kontrollampe für Fernlicht
K 2 – Kontrollampe für Generator
K 3 – Kontrollampe für Öldruck
K 5 – Kontrollampe für Blinker
K 7 – Kontrollampe für Bremse
K 28 – Kontrollampe für Kühlmittel
L 10 – Lampe für Beleuchtung Kombiinstrument
N 30 – Einspritzventil Zylinder 1
N 31 – Einspritzventil Zylinder 2
N 32 – Einspritzventil Zylinder 3
N 33 – Einspritzventil Zylinder 4
N 71 – Ventil für Leerlaufstabilisierung
T 1l – Steckverbindung an der Spritzwand mitte
T 2d – Steckverbindung beim Saugrohr
T 5a – Steckverbindung an der Spritzwand links
T 28 – Steckverbindung am Kombiinstrument
14 – Massepunkt am Getriebe
18 – Massepunkt am Motorblock
G3 – Plusverbindung in Leitungsführung Einspritzventile
G4 – Verbindung in Leitungsführung Einspritzventile

Multifunktionsanzeige

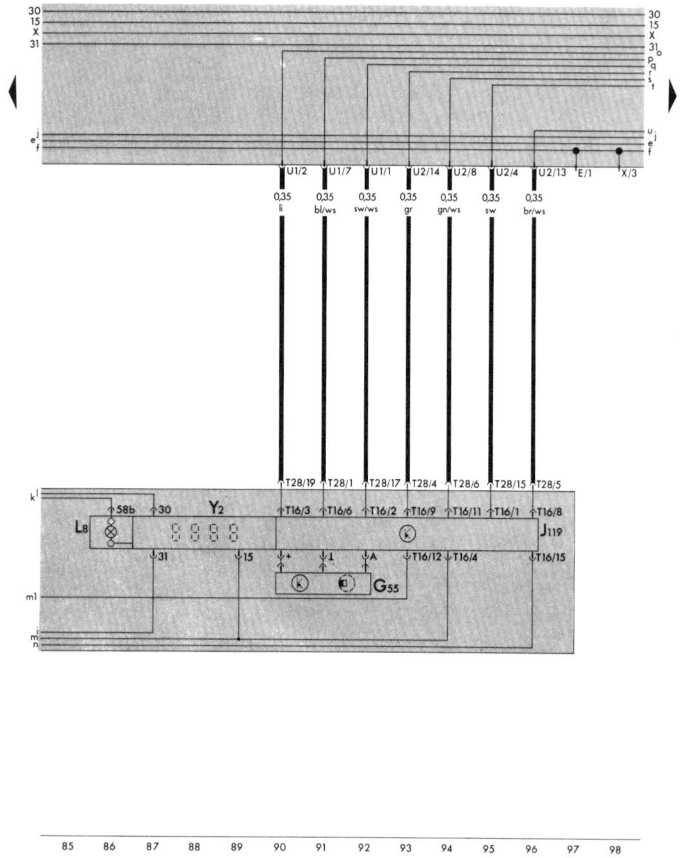

Schalter und Geber für Multifunktionsanzeige

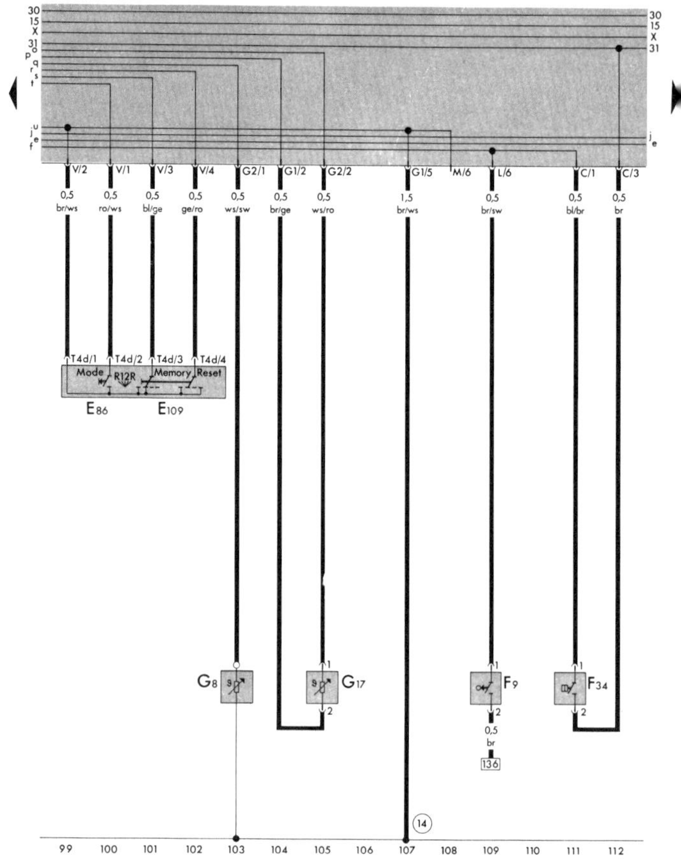

Handschuhfachleuchte, Anzünder, Kofferraumleuchte, Radioanschluß, Ascherbeleuchtung, Beleuchtung für Cassettenablage

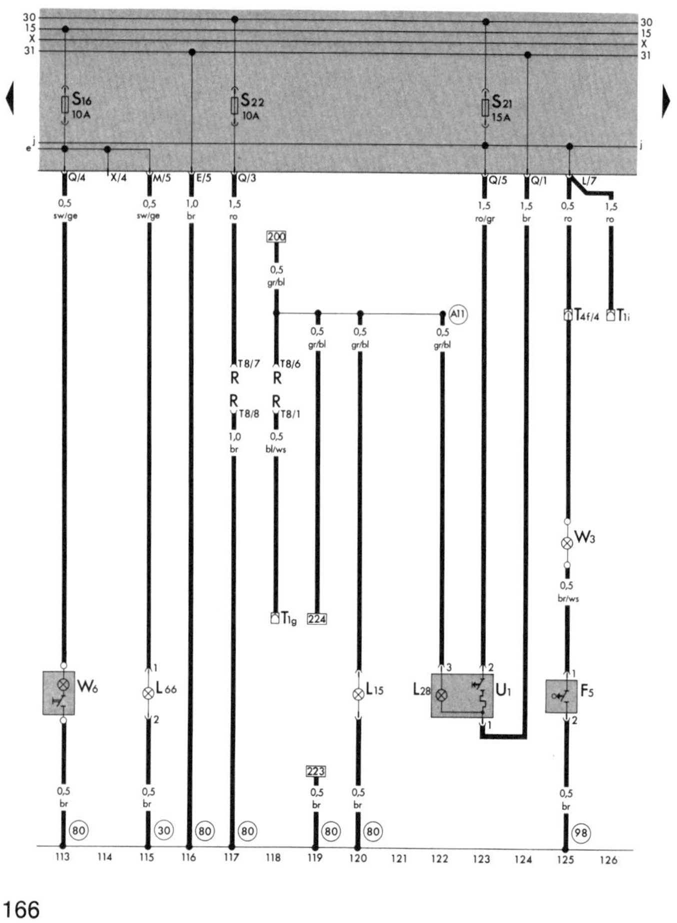

E 86 – Abruftaste für Multifunktionsanzeige
E 109 – Speicherschalter für Multifunktionsanzeige
F 5 – Schalter für Kofferraumbeleuchtung
F 9 – Schalter für Handbremskontrolle
G 8 – Geber für Öltemperatur
G 17 – Temperaturfühler für Außentemperatur
G 55 – Druckgeber für Multifunktionsanzeige
J 119 – Multifunktionsanzeige
L 8 – Lampe für Beleuchtung Zeituhr
L 15 – Lampe für Ascherbeleuchtung
L 28 – Lampe für Beleuchtung Anzünder
L 66 – Lampe für Beleuchtung Cassettenablage
R – Anschluß für Radio
T 1g – Steckverbindung am Kombiinstrument
T 1i – Steckverbindung hinter der Zentralelektrik
T 4d – Steckverbindung hinter der Verkleidung für Hebelschalter
T 4f – Steckverbindung im Kofferraum hinten links
T 16 – Steckverbindung 16fach
T 28 – Steckverbindung 28fach
U 1 – Anzünder
W 3 – Kofferraumleuchte
W 6 – Handschuhfachleuchte
Y 2 – Digitaluhr
14 – Massepunkt am Getriebe
30 – Massepunkt neben der Zentralelektrik
80 – Masseverbindung im Armaturenleitungsstrang
98 – Masseverbindung im Leitungsstrang Heckklappe
A11 – Plusverbindung im Armaturenleitungsstrang

Innenleuchten, Leseleuchten hinten

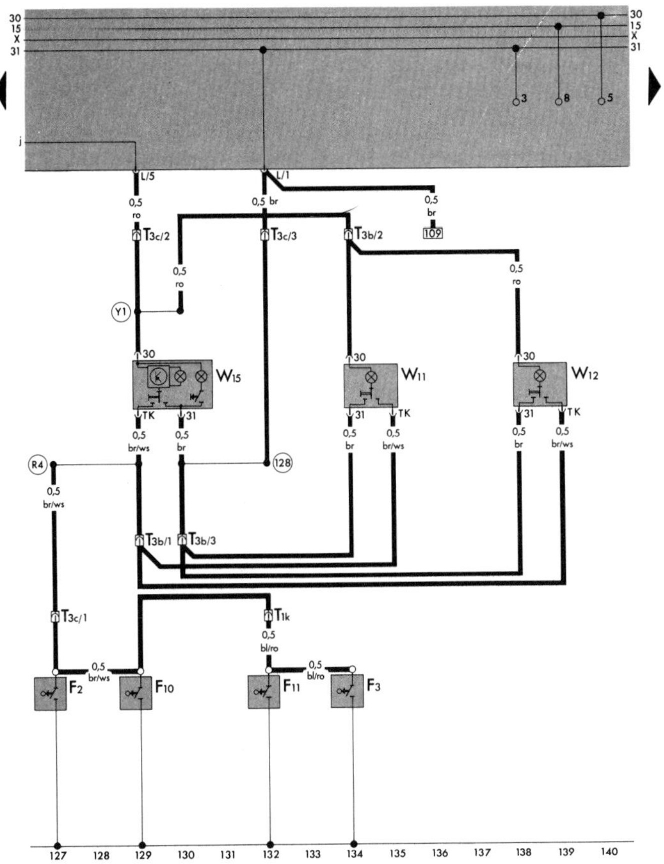

Scheinwerfer, Standlicht, Lichtumschalter

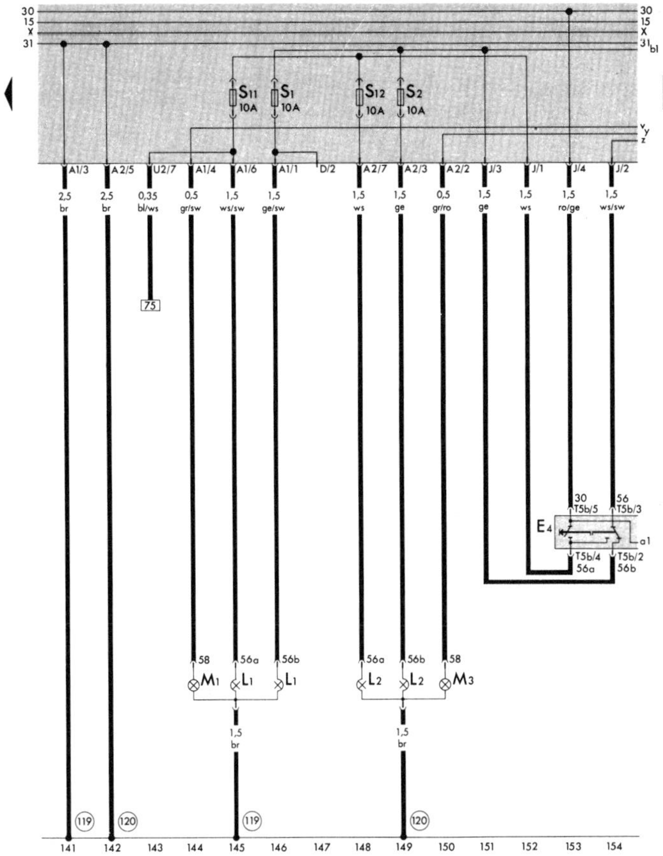

Blink- und Warnblinkanlage, Parklichtschalter

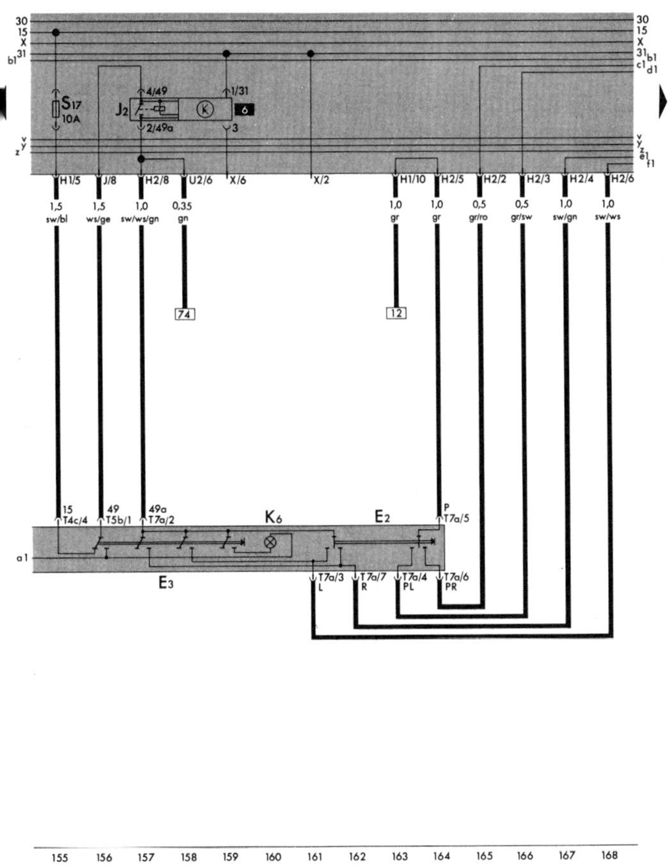

E 2 – Blinkerschalter
E 3 – Warnblinkschalter
E 4 – Lichtumschalter
E 19 – Parklichtschalter
F 2 – Türkontaktschalter vorn links
F 3 – Türkontaktschalter vorn rechts
F 10 – Türkontaktschalter hinten links
F 11 – Türkontaktschalter hinten rechts
J 2 – Blinkrelais
K 6 – Kontrollampe für Warnblinkanlage
L 1 – Zweifadenlampe für Scheinwerfer links
L 2 – Zweifadenlampe für Scheinwerfer rechts
M 1 – Lampe für Standlicht links
M 2 – Lampe für Standlicht rechts
T 1k – Steckverbindung im Kofferraum bei der Kraftstoffpumpe
T 3b, T 3c – Steckverbindungen bei der Innenleuchte vorn
T 4c, T 5b, T 7a – Steckverbindungen hinter der Verkleidung für Hebelschalter
W 11 – Leseleuchte hinten links
W 12 – Leseleuchte hinten rechts
W 15 – Innenleuchte mit Abschaltverzögerung
119 – Masseverbindung im Leitungsstrang Scheinwerfer
120 – Masseverbindung im Leitungsstrang Scheinwerfer
128 – Masseverbindung im Leitungsstrang Innenleuchte
R4 – Verbindung im Leitungsstrang Innenleuchte/Türkontaktschalter
Y1 – Plusverbindung im Leitungsstrang Innenleuchte

Blinkleuchten, Bremsleuchten, Schlußleuchten

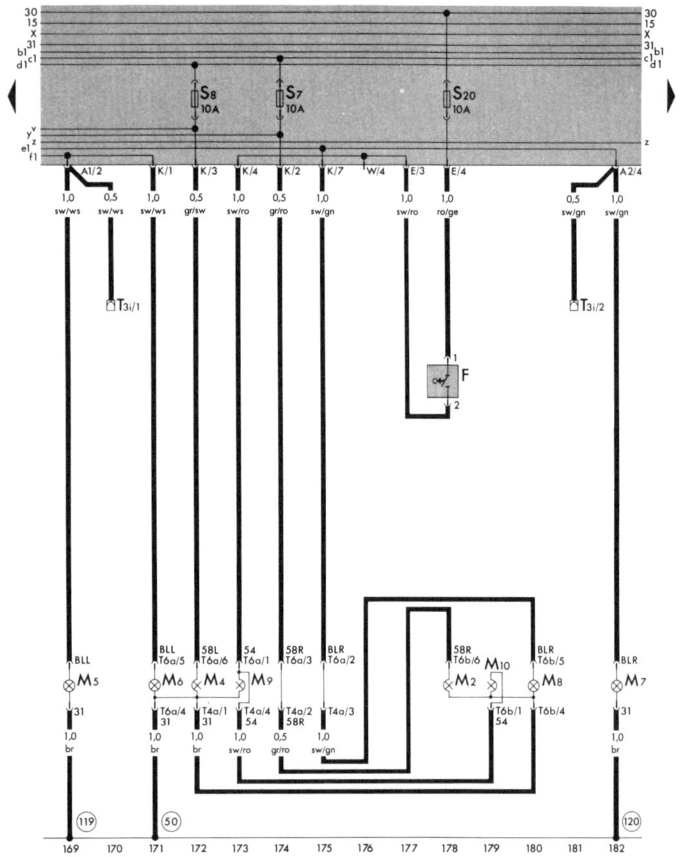

Lichtschalter, Kennzeichenleuchten

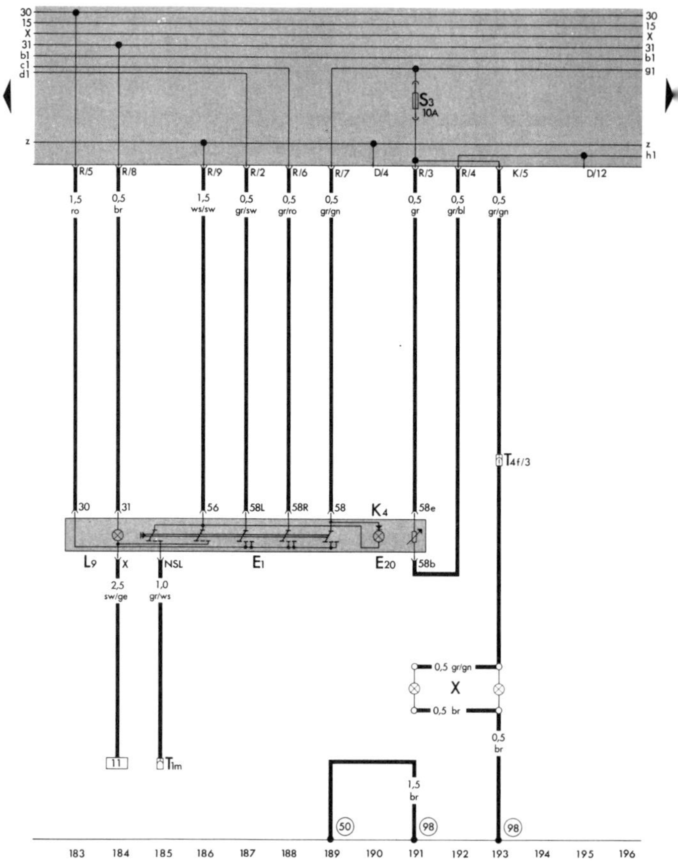

Nebelscheinwerfer, Nebelschlußleuchte, Rückfahrleuchten

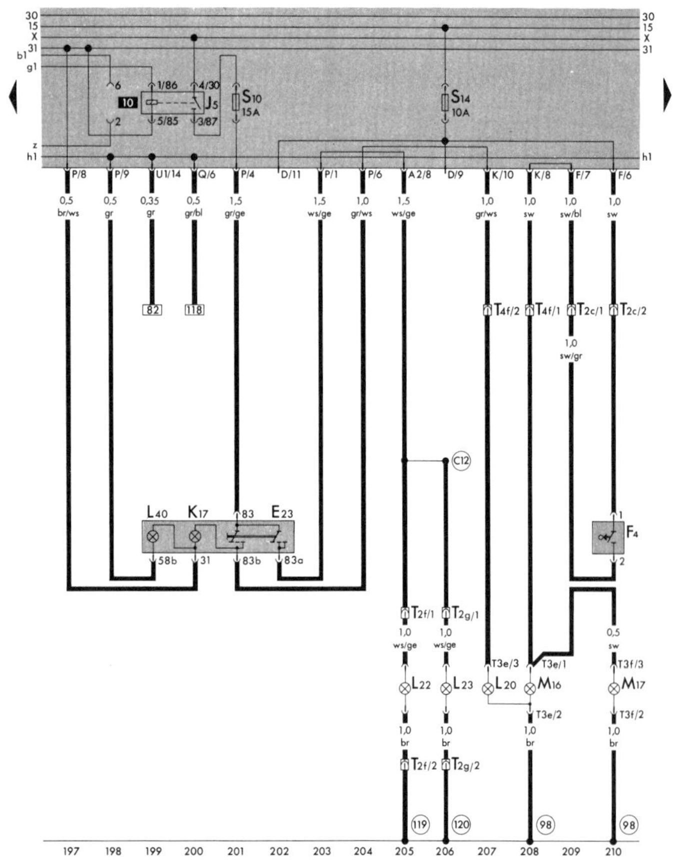

E 1 – Lichtschalter
E 20 – Regler für Beleuchtung Instrumente
E 23 – Schalter für Nebelscheinwerfer und -schlußleuchte
F – Bremslichtschalter
F 4 – Schalter für Rückfahrleuchten
J 5 – Relais für Nebelscheinwerfer
K 4 – Kontrollampe für Standlicht
K 17 – Kontrollampe für Nebelscheinwerfer
L 9 – Lampe für Beleuchtung Lichtschalter
L 20 – Lampe für Nebelschlußleuchte
L 22 – Lampe für Nebelscheinwerfer links
L 23 – Lampe für Nebelscheinwerfer rechts
L 40 – Lampe für Beleuchtung Nebelscheinwerferschalter
M 2 – Lampe für Schlußlicht rechts
M 4 – Lampe für Schlußlicht links
M 5 – Lampe für Blinklicht vorn links
M 6 – Lampe für Blinklicht hinten links
M 7 – Lampe für Blinklicht vorn rechts
M 8 – Lampe für Blinklicht hinten rechts
M 9 – Lampe für Bremslicht links
M 10 – Lampe für Bremslicht rechts
M 16 – Lampe für Rückfahrlicht links
M 17 – Lampe für Rückfahrlicht rechts
T 1m – Steckverbindung hinter der Zentralelektrik
T 2c – Steckverbindung am Getriebeschalter
T 2f – Steckverbindung beim Scheinwerfer links
T 2g – Steckverbindung beim Scheinwerfer rechts
T 3i – Steckverbindung im Motorraum links
T 4f – Steckverbindung im Kofferraum hinten links
T 3e, T 3f, T 4a, T 6a, T 6b – Steckverbindungen
X – Kennzeichenleuchte
50 – Massepunkt im Kofferraum links
98 – Masseverbindung im Leitungsstrang Heckklappe
119 – Masseverbindung im Leitungsstrang Scheinwerfer
120 – Masseverbindung im Leitungsstrang Scheinwerfer
C1 – Plusverbindung im Leitungsstrang Scheinwerfer

Kühlerventilator, Luftgebläse

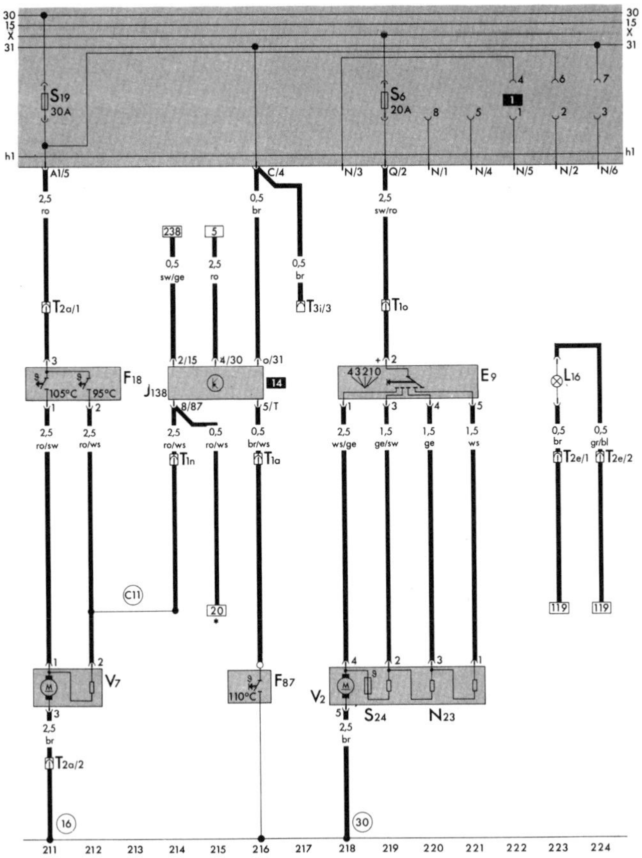

Heizbare Heckscheibe, Zweiklanghörner

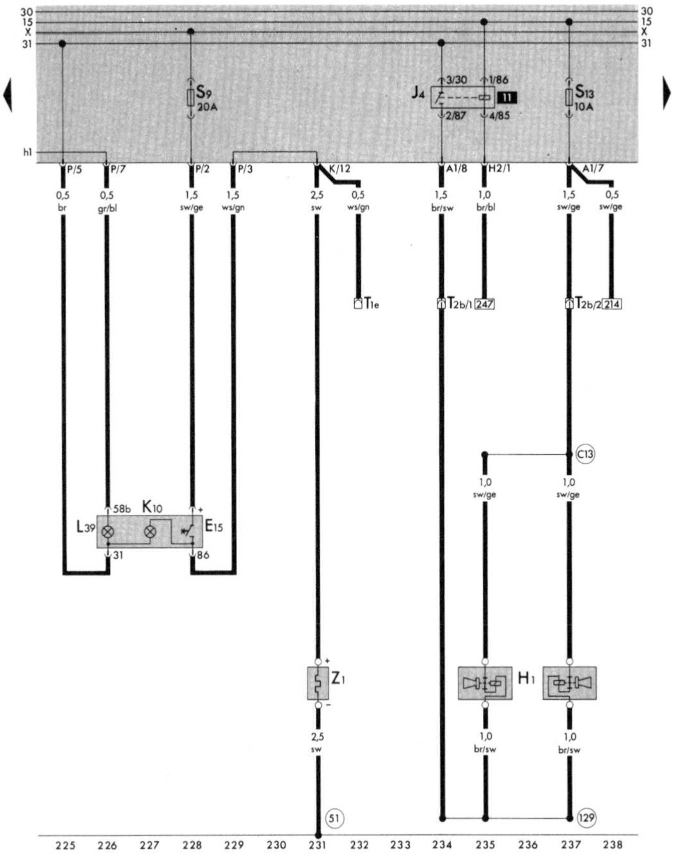

Scheibenwisch- und -waschanlage (Variant)

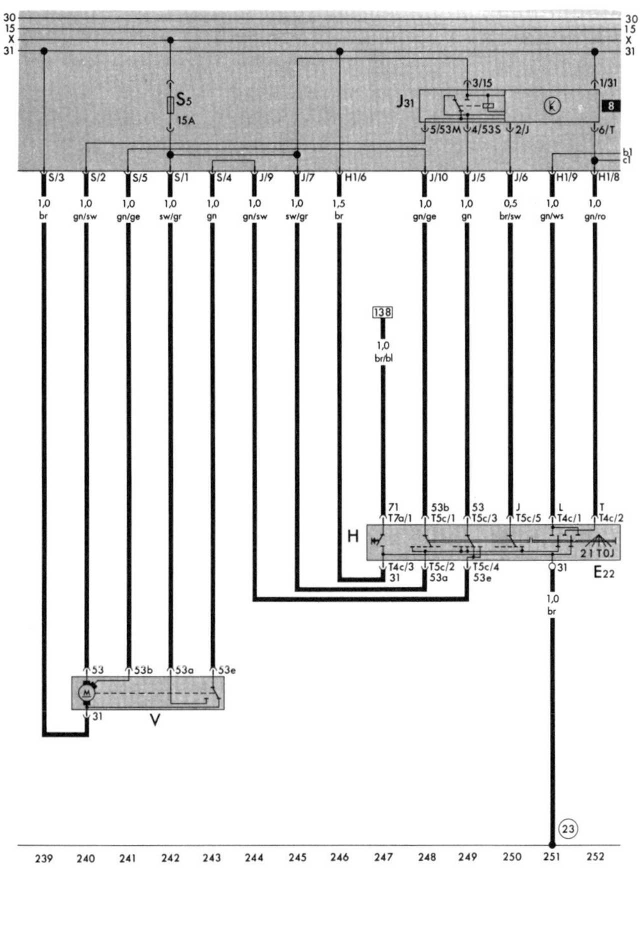

E 9 – Schalter für Luftgebläse
E 15 – Schalter für heizbare Heckscheibe
E 22 – Scheibenwischerschalter
F 18 – Thermoschalter für Kühlerventilator
F 87 – Thermoschalter 70° C für Lüfternachlauf (Vergaser 2 E 3)
H – Signalhornbetätigung
H 1 – Zweiklanghörner
J 4 – Relais für Zweiklanghörner
J 31 – Relais für Wisch/Wasch-Intervallschaltung
J 138 – Steuergerät für Lüfternachlauf
K 10 – Kontrollampe für heizbare Heckscheibe
L 16 – Lampe für Beleuchtung Heizbedienung
L 39 – Lampe für Beleuchtung Heizscheibenschalter
N 23 – Vorwiderstand für Luftgebläse
S 24 – Überhitzungssicherung
T 1e – Steckverbindung hinter der Zentralelektrik
T 1n, T 2a – Steckverbindungen beim Scheinwerfer links
T 1o, T 2e – Steckverbindungen hinter dem Armaturenbrett mitte
T 2b – Steckverbindungen beim Scheinwerfer rechts
T 3i – Steckverbindung im Motorraum links
T 4c, T 5c, T 7a – Steckverbindungen hinter der Verkleidung für Hebelschalter
V – Scheibenwischermotor
V 2 – Motor für Luftgebläse
V 7 – Motor für Kühlerventilator
Z 1 – heizbare Heckscheibe
16 – Massepunkt am Zylinderkopfdeckel
23 – Masseleitung über Lenkgetriebe
30 – Massepunkt neben der Zentralelektrik
51 – Massepunkt im Kofferraum rechts
129 – Masseverbindung im Leitungsstrang Zweiklanghörner
C11 – Verbindung im Leitungsstrang Kühlerventilator
C13 – Plusverbindung im Leitungsstrang Zweiklanghörner Digifant

Heckscheibenwisch- und -waschanlage (Variant)

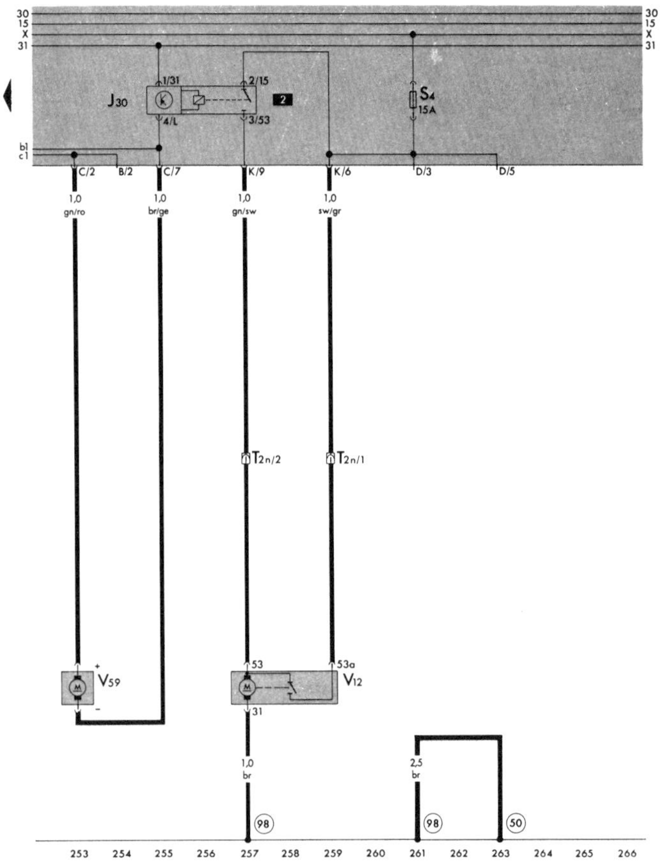

Vergaser 2 E 3 Startautomatik, Ansaugrohrbeheizung

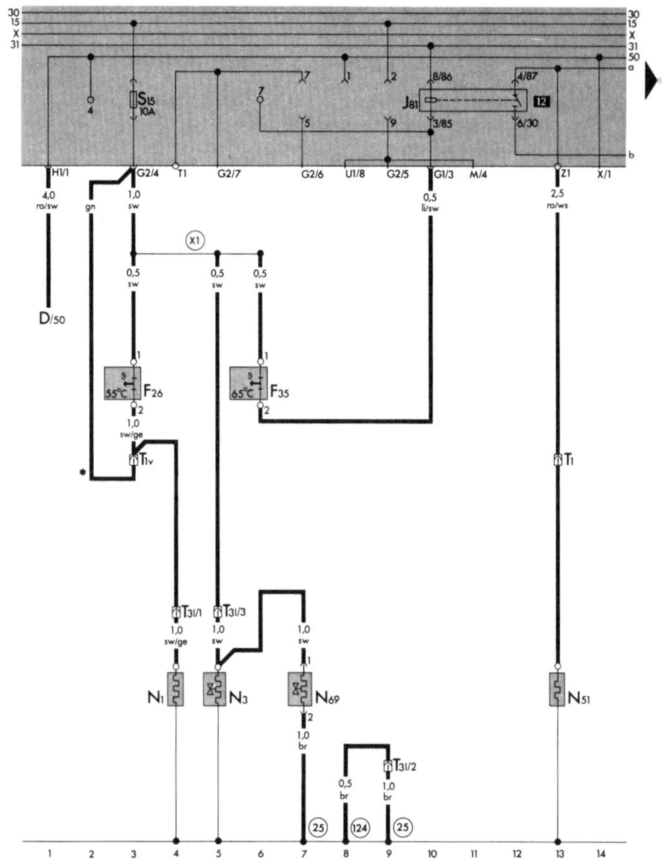

Vergaser 2 E 3 Zündanlage

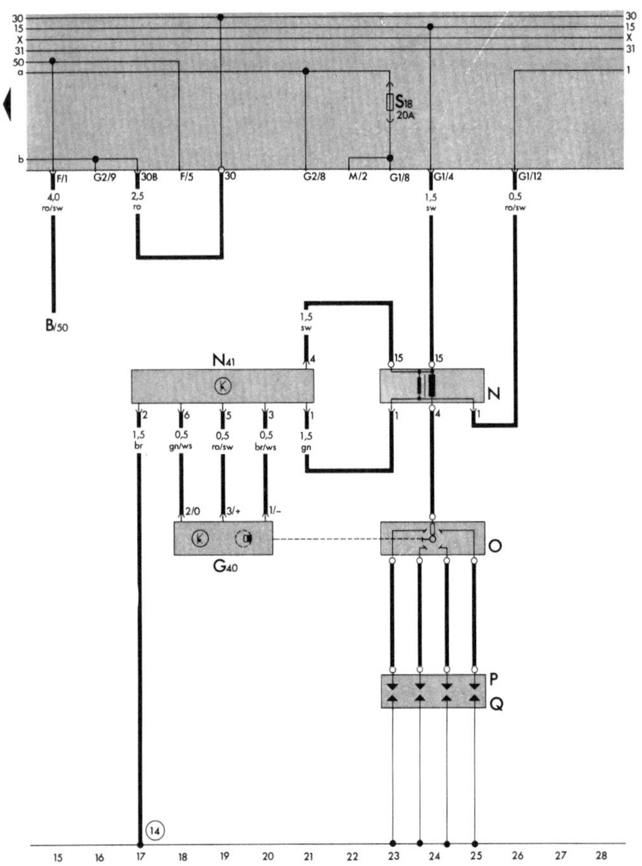

- J 30 – Relais für Heckscheibenwischer und -wascher
- T 2n – Steckverbindung an der Säule hinten links
- V 12 – Motor für Heckscheibenwischer
- V 59 – Motor für Scheibenwascherpumpe
- 50 – Massepunkt im Kofferraum links
- 98 – Masseverbindung im Leitungsstrang Heckklappe

- B – Anlasser
- D – Zünd/Anlaß-Schalter
- F 26 – Thermoschalter für Startautomatik
- F 35 – Thermoschalter für Ansaugrohrbeheizung
- G 40 – Hallgeber
- J 81 – Relais für Ansaugrohrbeheizung
- N – Zündspule
- N 1 – Vergaser-Startautomatik
- N 3 – Leerlauf-Abschaltventil
- N 41 – TSZ-Schaltgerät
- N 51 – Heizwiderstand für Ansaugrohrbeheizung
- N 69 – Thermozeitventil für Kaltstart
- O – Zündverteiler
- P – Zündkerzenstecker
- Q – Zündkerzen
- T 1, T 3l – Steckverbindungen beim Vergaser
- T 1v – Steckverbindung hinter der Zentralelektrik
- 14 – Massepunkt am Getriebe
- 25 – Massepunkt am Vergasergehäuse
- 124 – Massepunkt im Leitungsstrang Motorraum rechts
- X1 – Plusverbindung im Leitungsstrang Vergaser
- * – Widerstandsleitung hinter der Zentralelektrik

Monojetronic-Einspritzung, Lambdasonde

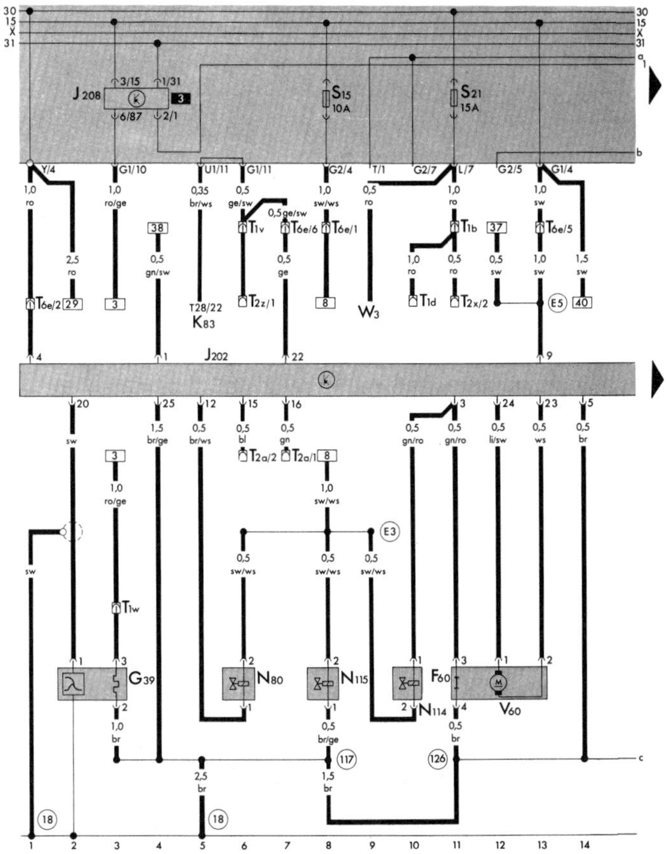

Monojetronic-Einspritzung Kraftstoffversorgung

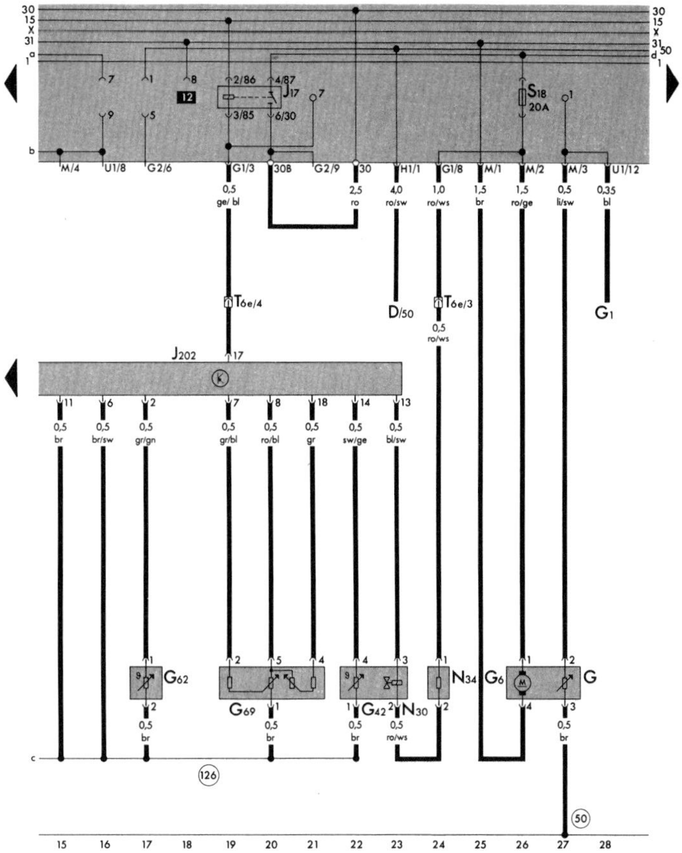

Monojetronic-Einspritzung Ansaugrohrbeheizung, Zündanlage

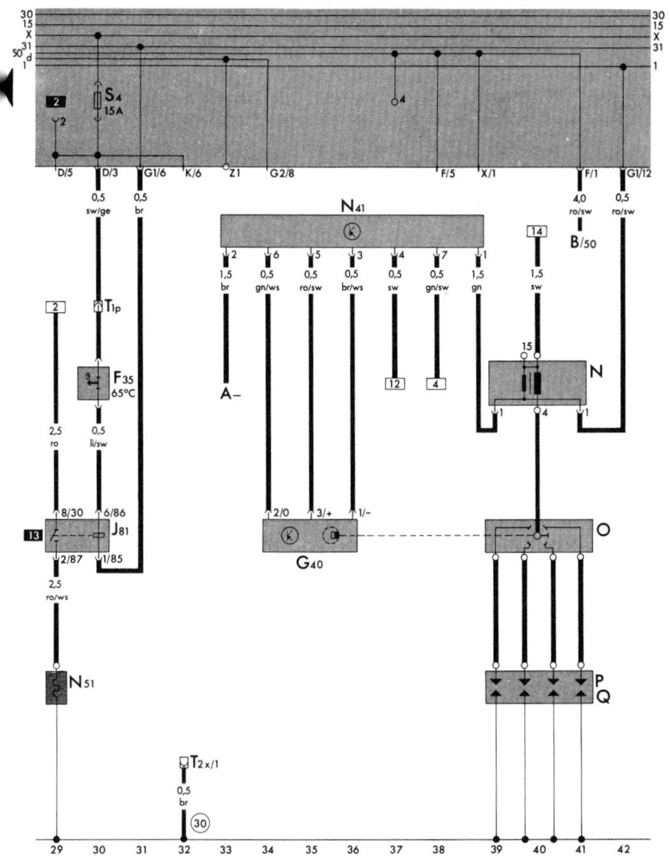

A – Batterie
B – Anlasser
D – Zünd-/Anlaß-Schalter
F 35 – Thermoschalter für Ansaugrohrbeheizung
F 60 – Leerlaufschalter
G – Geber für Tankanzeige
G 6 – elektrische Kraftstoffpumpe
G 39 – Lambdasonde beheizt (Heizung nur bei Monojetronic ohne Kat)
G 40 – Hallgeber
G 42 – Geber für Ansauglufttemperatur
G 62 – Geber für Kühlmitteltemperatur
G 69 – Drosselklappen-Potentiometer
J 17 – Relais für Kraftstoffpumpe
J 81 – Relais für Ansaugrohrbeheizung
J 202 – Steuergerät für Monojetronic
J 208 – Relais für Lambdasondenheizung (nur bei Monojetronic ohne Kat)
K 83 – Lampe für Fehleranzeige (bis 12/88)
N – Zündspule
N 30 – Einspritzventil
N 34 – Vorwiderstand für Einspritzventil
N 41 – TSZ-Schaltgerät
N 51 – Heizwiderstand für Ansaugrohrbeheizung
N 80 – Taktventil für Kraftstoff-Verdunstungsanlage
N 114 – Steuerventil für Zündzeitpunktverstellung
N 115 – Abschaltventil für Kraftstoff-Verdunstungsanlage
O – Zündverteiler
P – Zündkerzenstecker
Q – Zündkerzen
T 1b, T 1d, T 1p, T 1v – Steckverbindungen hinter der Zentralelektrik
T 1w, T 2a, T 6e – Steckverbindungen an der Spritzwand links
T 2x – Steckverbindung schwarz unter der Schalthebelhülle (Fehlerdiagnose)
T 2z – Steckverbindung blau unter der Schalthebelhülle (Fehlerdiagnose)
T 28 – Steckverbindung am Kombiinstrument
V 60 – Drosselklappensteller
W 3 – Kofferraumleuchte
18 – Massepunkt am Motorblock
30 – Massepunkt neben der Zentralelektrik
50 – Massepunkt im Kofferraum links
– Masseverbindung im Leitungsstrang Monojetronic
126 – Masseverbindung im Leitungsstrang Monojetronic
E3 – Plusverbindung im Leitungsstrang Monojetronic
E5 – Plusverbindung im Leitungsstrang Monojetronic

KE-Motronic Kraftstoffversorgung, Temperaturanzeige

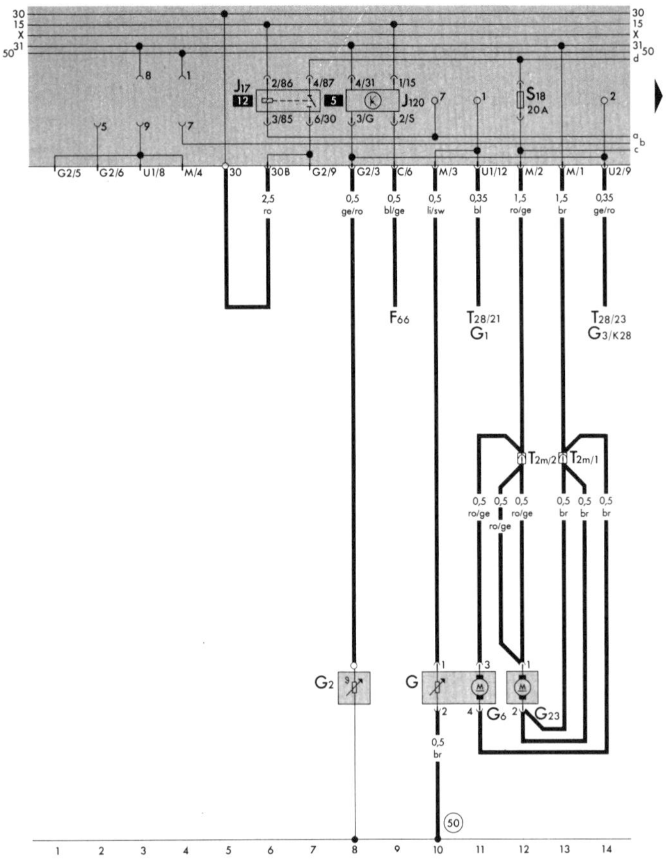

KE-Motronic Steuergerät, Klopfsensoren, Lambdasonde

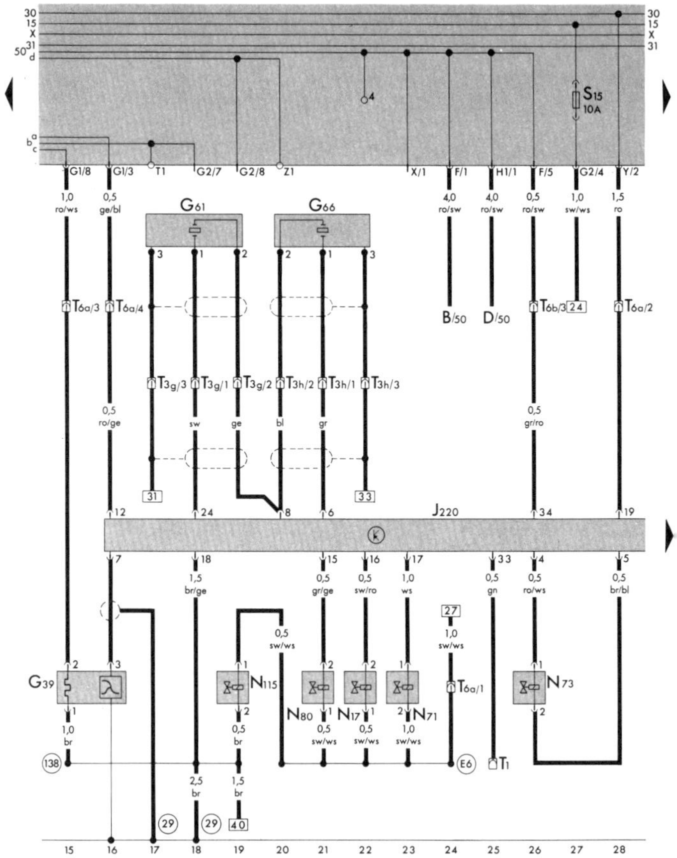

KE-Motronic Steuergerät, Zündanlage

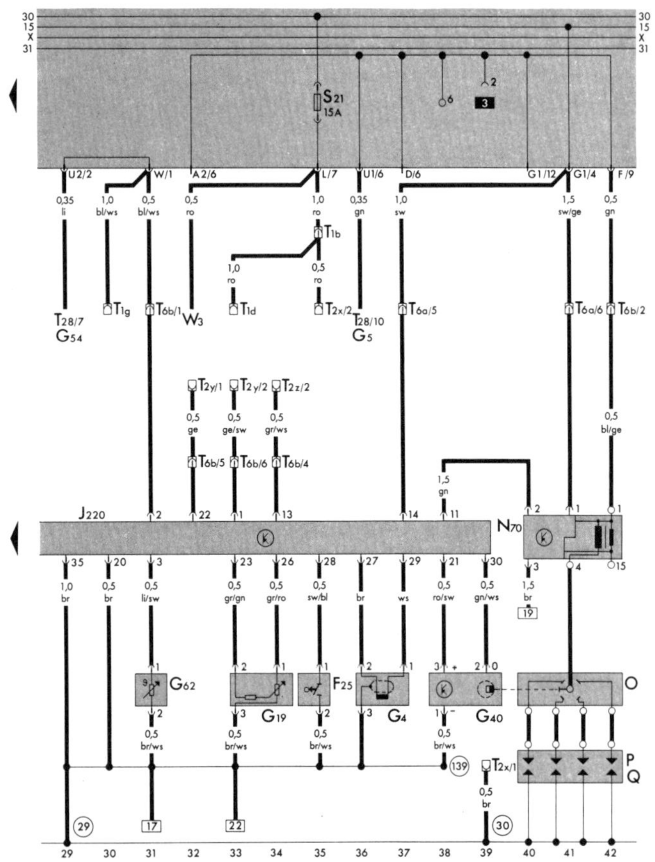

B – Anlasser
D – Zünd-/Anlaß-Schalter
F 25 – Drosselklappenschalter
F 66 – Schalter für Kühlmittel-Mangelanzeige
G – Geber für Tankanzeige
G 1 – Tankanzeige
G 2 – Geber für Temperaturanzeige
G 3 – Temperaturanzeige
G 4 – Geber für Zündzeitpunkt
G 6 – elektrische Kraftstoff-Vorförderpumpe
G 19 – Potentiometer für Luftmengenmesser
G 23 – elektrische Kraftstoffpumpe
G 39 – Lambdasonde mit Heizung
G 40 – Hallgeber
G 54 – Geschwindigkeitsgeber für MFA/Radio
G 61 – Klopfsensor I
G 62 – Geber für Kühlmitteltemperatur
G 66 – Klopfsensor II
J 17 – Relais für Kraftstoffpumpen
J 120 – Steuergerät für Kühlmittel-Mangelanzeige
J 220 – Steuergerät für KE-Motronic
K 28 – Kontrollampe für Kühlmittel
N 17 – Kaltstartventil
N 70 – Zündspule mit Leistungsendstufe
N 71 – Ventil für Leerlaufstabilisierung
N 73 – Drucksteller
N 80 – Taktventil für Kraftstoff-Verdunstungsanlage
N 115 – Abschaltventil für Kraftstoff-Verdunstungsanlage
O – Zündverteiler
P – Zündkerzenstecker
Q – Zündkerzen
T 1 – Steckverbindung an der Spritzwand rechts
T 1b, T 1d, T 1g – Steckverbindungen hinter der Zentralelektrik
T 2m – Steckverbindung im Kofferraum links unten
T 2x – Steckverbindung schwarz unter der Schalthebelhülle (Fehlerdiagnose)
T 2y – Steckverbindung beige unter der Schalthebelhülle (Fehlerdiagnose)
T 2z – Steckverbindung blau unter der Schalthebelhülle (Fehlerdiagnose)
T 3g, T 3h – Steckverbindungen beim Anlasser
T 6a, T 6b – Steckverbindungen an der Spritzwand links
28 – Steckverbindung am Kombiinstrument
W 3 – Kofferraumleuchte
29 – Massepunkt beim Zylinderkopf
Massepunkt neben der Zentralelektrik
50 – Massepunkt im Kofferraum links
138 – Masseverbindung im Leitungsstrang KE-Motronic
139 – Masseverbindung im Leitungsstrang KE-Motronic
E6 – Plusverbindung im Leitungsstrang KE-Motronic

ABS Stromversorgung für Steuergerät

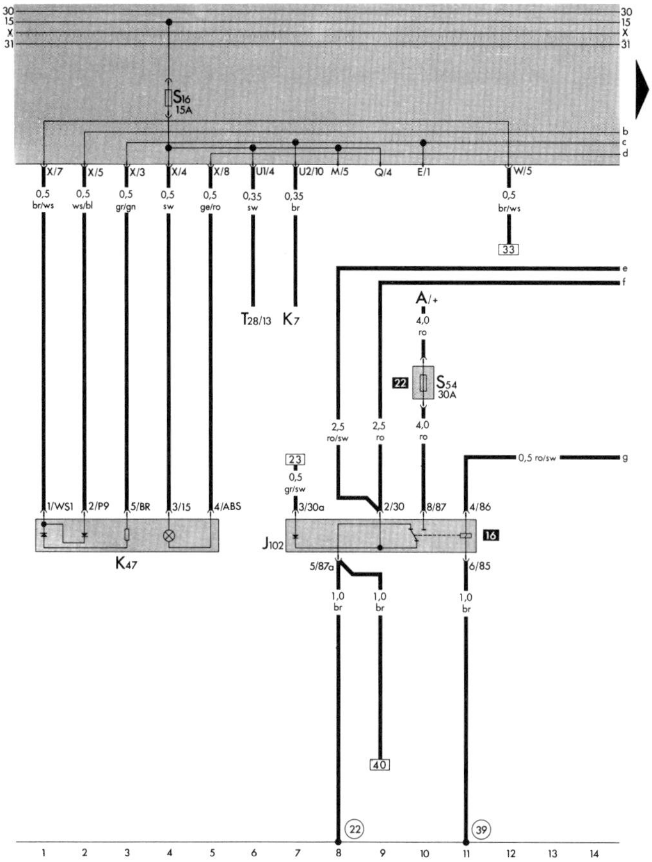

ABS Steuergerät, Drehzahlfühler, Hyraulikeinheit

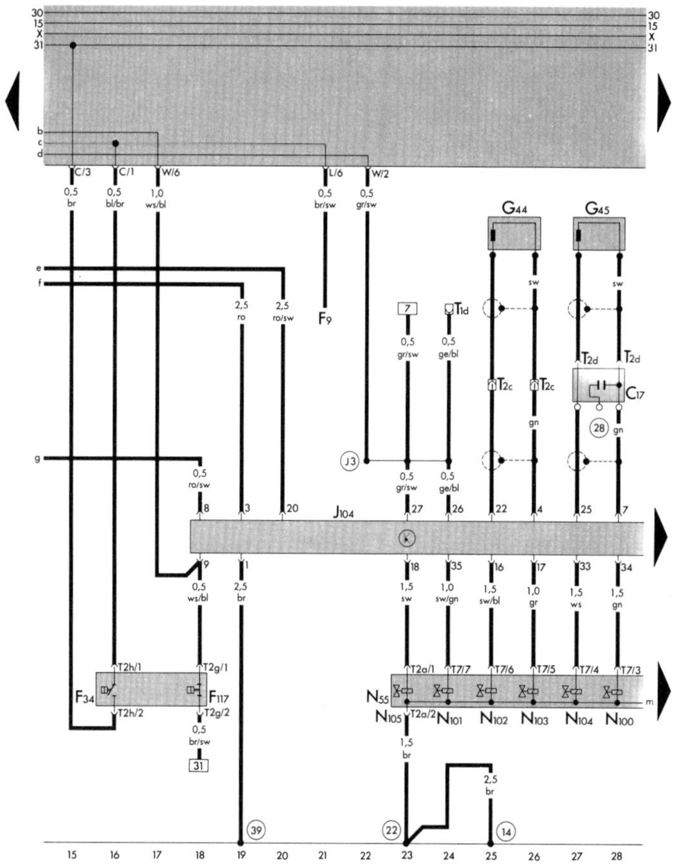

ABS Hydraulikeinheit

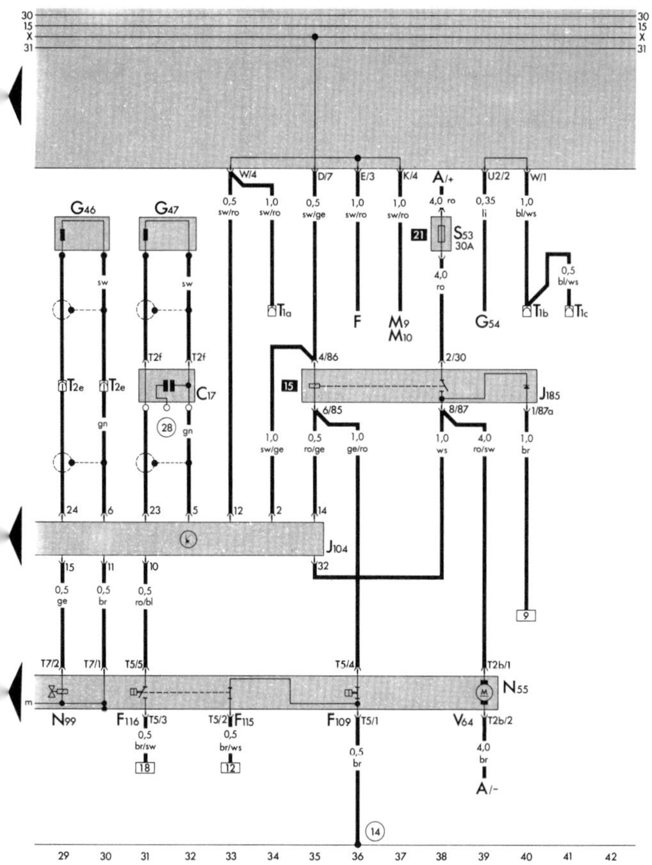

A – Batterie
C 17 – Kondensator für Drehzahlfühler
F – Bremslichtschalter
F 9 – Schalter für Handbremskontrolle
F 34 – Warnkontakt für Bremsflüssigkeitsstand
F 109 – ABS-Hochdruckschalter
F 115 – ABS-Warndruckschalter I
F 116 – ABS-Warndruckschalter II
F 117 – Warnkontakt für Bremsflüssigkeitsstand ABS
G 44 – Drehzahlfühler hinten rechts
G 45 – Drehzahlfühler vorn rechts
G 46 – Drehzahlfühler hinten links
G 47 – Drehzahlfühler vorn links
G 54 – Geschwindigkeitsgeber für Geschwindigkeits-Regelanlage
J 102 – Relais für ABS
J 104 – Steuergerät für ABS
J 185 – Relais für ABS-Hydraulikpumpe
K 7 – Kontrollampe für Bremsanlage
K 47 – Kontrollampe für ABS
M 9 – Lampe für Bremslicht links
M 10 – Lampe für Bremslicht rechts
N 55 – ABS-Hydraulikeinheit
N 99 – ABS-Einlaßventil vorn rechts
N 100 – ABS-Auslaßventil vorn rechts
N 101 – ABS-Einlaßventil vorn links
N 102 – ABS-Auslaßventil vorn links
N 103 – ABS-Einlaßventil hinten
N 104 – ABS-Auslaßventil hinten
N 105 – ABS-Hauptventil
S 53 – Sicherung für ABS-Hydraulikpumpe
S 54 – Sicherung für ABS-Ventile
T 1a, T 1b, T 1c -Steckverbindungen hinter der Zentralelektrik
T 1d – Steckverbindung hinter der Zentralelektrik oder unter der Schalthebelhülle (Fehlerdiagnose)
T 2a, T 2b, T 5, T 7 – Steckverbindungen an der Hydrauklikeinheit
T 2c – Steckverbindung unter der Rücksitzbank links
T 2d – Steckverbindung an der Spritzwand rechts
T 2f – Steckverbindung an der Spritzwand links
T 2g, – Steckverbindungen am Vorratsbehälter für Bremsflüssigkeit
T 2h
T 28 – Steckverbindung am Kombiinstrument
V 64 – Motor für ABS-Hydraulikpumpe
14 – Massepunkt am Getriebe
22 – Massepunkt an der Hydraulikeinheit
28 – Massepunkt an der Spritzwand
39 – Massepunkt unter der Rücksitzbank links
J3 – Verbindung im ABS-Leitungsstrang

Elektrisches Schiebedach

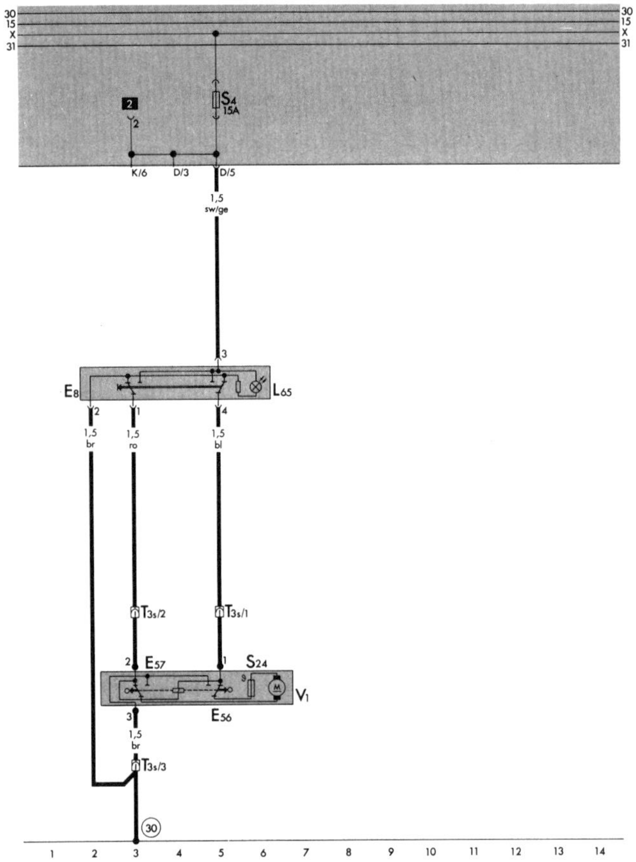

Elektrisch verstellbare und beheizbare Außenspiegel

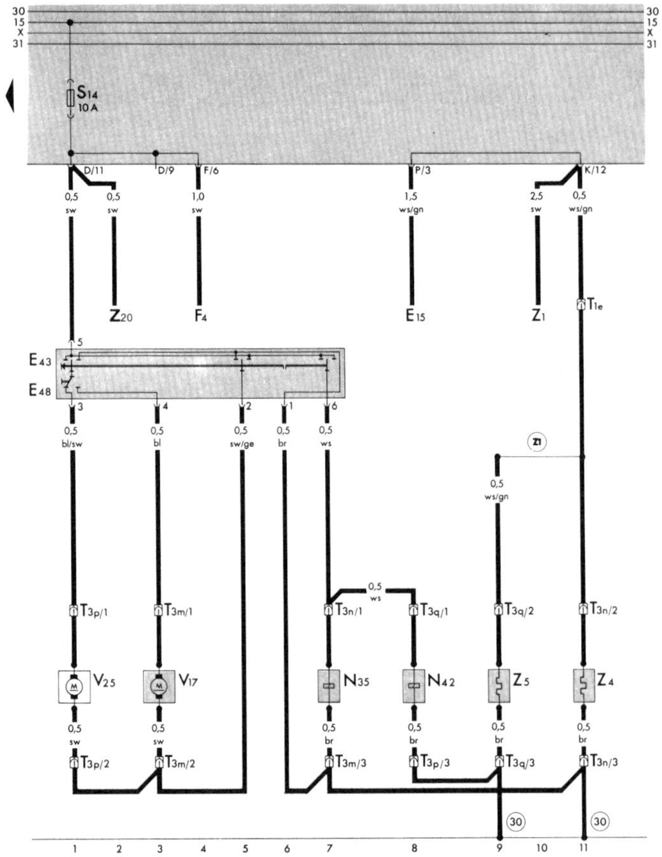

Steckdose für Anhängerbetrieb

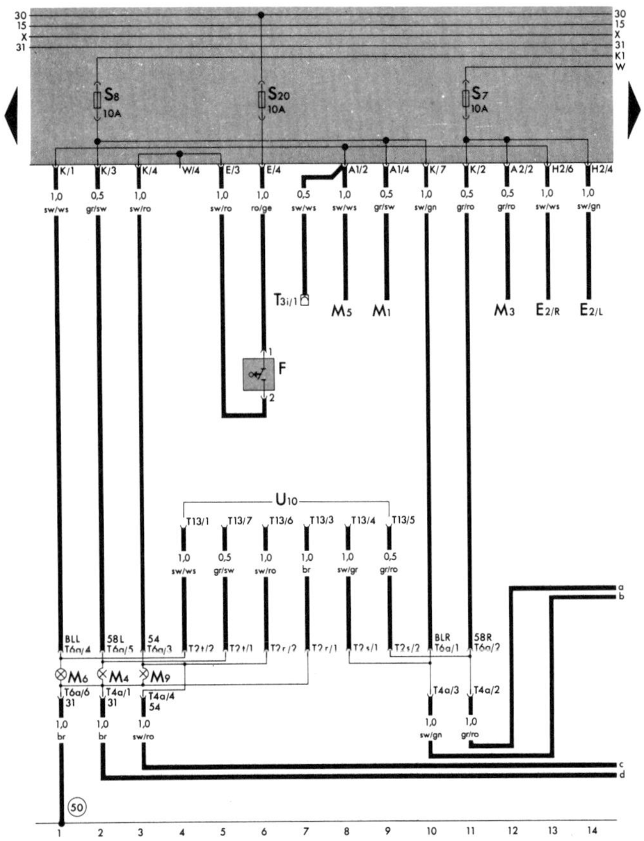

E 8 – Schalter für Schiebedach
E 56 – Endschalter für Schiebedach geschlossen
E 57 – Endschalter für Schiebedach geöffnet
L 65 – Lampe für Beleuchtung Schiebedachschalter
S 24 – Überhitzungssicherung
T 3s – Steckverbindung bei der Innenleuchte
V 1 – Motor für Schiebedach

30 – Massepunkt neben der Zentralelektrik
E 15 – Schalter für heizbare Heckscheibe
E 43 – Schalter für Spiegelverstellung
E 48 – Umschalter für Spiegelverstellung
F 4 – Schalter für Rückfahrleuchten
N 35 – Magnetkupplung für Spiegelverstellung Fahrerseite
N 42 – Magnetkupplung für Spiegelverstellung Beifahrerseite
T 1e – Steckverbindung hinter der Zentralelektrik
T 3m, T 3n – Steckverbindungen in der Fahrertür
T 3p, T 3q -Steckverbindungen in der Beifahrertür
V 17 – Motor für Spiegelverstellung Fahrerseite
V 25 – Motor für Spiegelverstellung Beifahrerseite
Z 1 – heizbare Heckscheibe
Z 4 – Heizwiderstand für Außenspiegel Fahrerseite
Z 5 – Heizwiderstand für Außenspiegel Beifahrerseite
Z 20 – Heizwiderstand für Wascherdüse
30 – Massepunkt neben der Zentralelektrik
Z1 – Verbindung im Leitungsstrang Außenspiegel

E 2 – zum Blinkerschalter
F – Bremslichtschalter
M 1 – zur Lampe für Standlicht links
M 3 – zur Lampe für Standlicht rechts
M 4 – Lampe für Schlußlicht links
M 5 – zur Lampe für Blinklicht vorn links
M 6 – Lampe für Blinklicht hinten links
M 9 – Lampe für Bremslicht links
T 2r, T 2s, T 2t, T 4a, T 6a, T 13 – Steckverbindungen
T 3i – Steckverbindung im Motorraum links
U 10 – Steckdose für Anhängerbetrieb
50 – Masseverbindung im Kofferraum links

Kontrollampe für Anhängerbetrieb

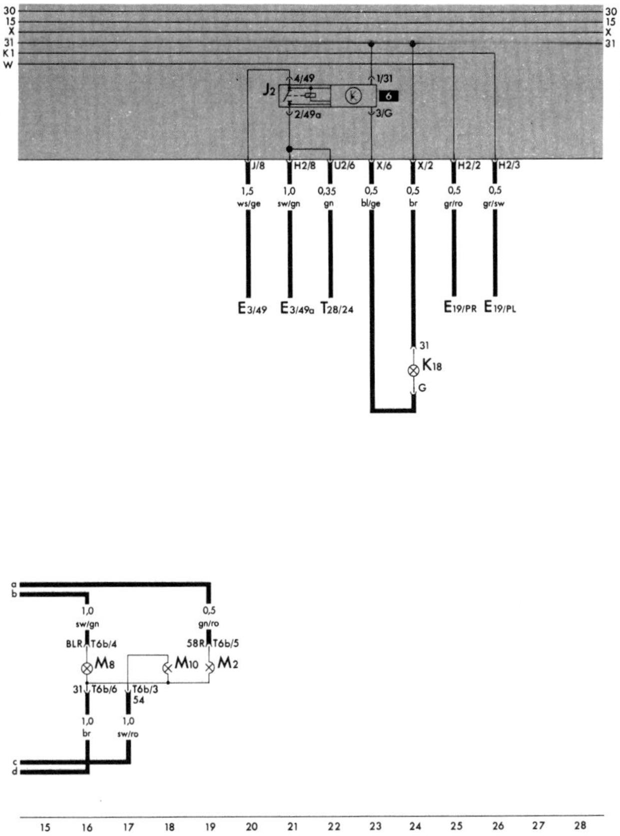

Zentralverriegelung Steuerelemente

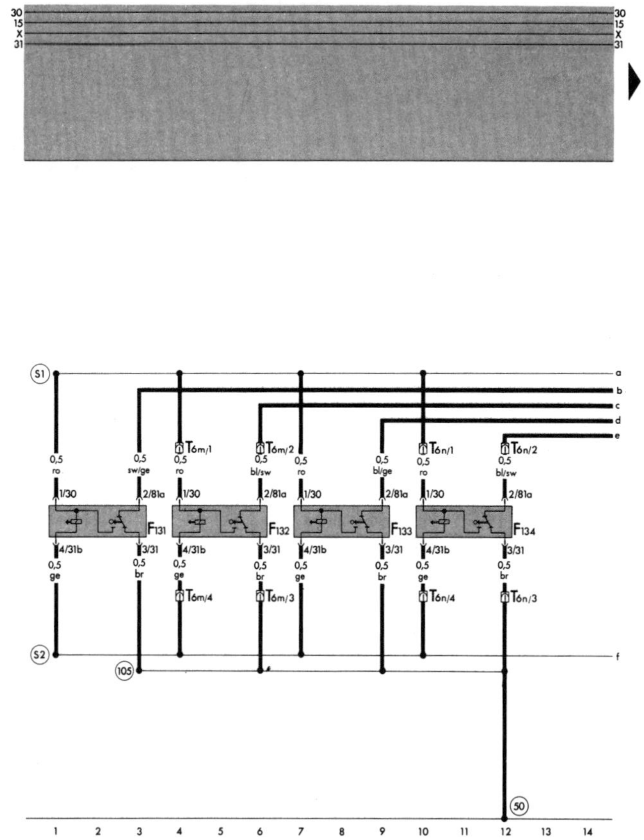

Zentralverriegelung Steuergerät

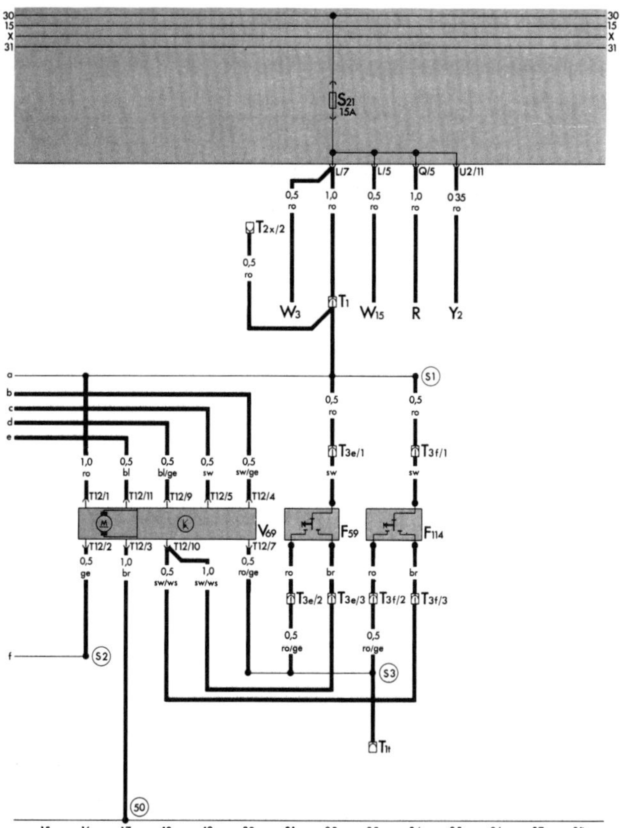

E 3 – zum Warnblinkschalter
E 19 – zum Parklichtschalter
K 18 – Blinkerkontrolle für Anhänger
M 2 – Lampe für Schlußlicht rechts
M 8 – Lampe für Blinklicht hinten rechts
M 10 – Lampe für Bremslicht rechts
T 6b, T 28 – Steckverbindungen

F 59 – Schalter für Zentralverriegelung
F 114 – Schalter für Zentralverriegelung
F 131 – Steuerelement vorn links
F 132 – Steuerelement hinten links
F 133 – Steuerelement vorn rechts
F 134 – Steuerelement hinten rechts
R – zum Anschluß für Radio
T 1 – Steckverbindung hinter der Zentralelektrik
T 1t – Steckverbindung unter dem Rücksitz mitte
T 2x – Steckverbindung unter der Schalthebelmanschette
T 3e – Steckverbindung in der Fahrertür
T 3f – Steckverbindung in der Beifahrertür
T 6m, T 6n – Steckverbindungen in der B-Säule
T 12 – Steckverbindung
V 69 – Pumpe mit Steuergerät für Zentralverriegelung
W 3 – zur Kofferraumleuchte
W 15 – zur Innenleuchte mit Abschaltverzögerung
Y 2 – zur Digitaluhr
S 1 – Plusverbindung im Leitungsstrang Zentralverriegelung
S 2 – Verbindung im Leitungsstrang Zentralverriegelung
S 3 – Verbindung (Schalter/Steuergerät) im Leitungsstrang Zentralverriegelung
50 – Massepunkt im Kofferaum links
105 – Masserverbindung im Leitungsstrang Zentralverriegelung

Stromlager

Die Funktion der Autobatterie läßt sich ganz einfach beschreiben: Beim Entladen wird aus chemischer Energie elektrische Energie gewonnen, und beim Laden wird elektrische Energie in chemische Energie umgesetzt.

Die richtige Batterie

Beim Passat sitzt die Batterie vorn links im Motorraum. Bis Juli '92 wurden Batterien mit einer Bauhöhe von 175 mm eingebaut, seit Modelljahr 1993 kommen Akkus mit 190 mm Bauhöhe zum Einsatz. Die neueren Batterien können problemlos auch in früheren Fahrzeugen eingebaut werden. Auf dem Akku finden Sie eine der folgenden Bezeichnungen:
Bis 7/92: 12 V/36 Ah, 12 V/45 Ah, 12 V/54 Ah oder 12 V/63 Ah
Ab 8/92: 12 V/44 Ah oder 12 V/60 Ah

Batterie-Daten

Typ-Nummer: Eine fünfstellige Zahl dient einheitlich bei allen deutschen Batterie-Herstellern zur Kennzeichnung von Leistung, Abmessungen und Bauart. Die auf die Ziffer 5 folgende Zahl 36, 44, 45, 54, 60 oder 63 gibt die Batterie-Kapazität an. Die letzten beiden Ziffern nennen Konstruktionsmerkmale sowie die Ausführung.
Spannung und Kapazität: In der Angabe 12 V/45 Ah gibt die vorangestellte 12 V natürlich die Spannung an. Hinter dem Schrägstrich ist die Stromstärke in ihrer »zeitlich lieferbaren Menge« vermerkt – »Ah« steht für Amperestunden. Das ist die Nenn-Batteriekapazität, die nach Normbedingungen gemessen wird. In Wirklichkeit rechnet man nur mit ⅔ der angegebenen Kapazität; bei einer älteren Batterie lediglich mit der Hälfte.
Kälteprüfstrom: Die Zahl 175 A, 220 A, 265 A oder 300 A nennt die Stromstärke, welche die Batterie bei −18°C liefern kann.

Wie lange reichen die Reserven?

Wie lange ein Stromverbraucher mit dem Stromvorrat aus der Batterie funktionieren kann, errechnen wir anhand der Formel **Betriebszeit = Batteriekapazität x Bordnetzspannung geteilt durch Leistung des Verbrauchers**. In der Praxis sollten Sie aber nie mit der vollen Batteriekapazität, sondern nur mit ½ bis ⅔ der Nennkapazität rechnen. Es ergeben sich dann beispielsweise die folgenden Betriebszeiten:

Batterie	Parklicht	Standlicht	Warnblinkanlage
36 Ah	ca. 32 Stunden	ca. 9 Stunden	ca. 3 Stunden
45 Ah	ca. 40 Stunden	ca. 12 Stunden	ca. 3½ Stunden
54 Ah	ca. 48 Stunden	ca. 14 Stunden	ca. 4½ Stunden
63 Ah	ca. 56 Stunden	ca. 16 Stunden	ca. 5¼ Stunden

Die größten Anforderungen an die Batterie stellt der Anlasser. Daher auch der Name »Starterbatterie«. Durch Reibungsverluste frißt der Anlasser im Augenblick des Einschaltens über 3000 Watt. Zum Durchdrehen des warmen Motors braucht er nur ⅕ dieser Leistung.
Andererseits wird der Strombedarf des Anlassers höher, wenn die Temperaturen sinken und die Schmierstoffe dadurch zäher sind. Die Batterie hat zudem die Eigenart, um so unwilliger auf Kälte zu reagieren, je weniger Strom sie gespeichert hat. Ein völlig leerer Akku ist so empfindlich, daß er bei Frost einfrieren und platzen kann. Randvoll geladen verträgt die Batterie die Kälte jedoch verhältnismäßig gut. Vor der kalten Jahreszeit empfiehlt sich bei einem älteren Akku die Kontrolle des Ladezustands.

Batteriesäurestand kontrollieren

Wartung Nr. 12

Die Batterieflüssigkeit besteht aus Schwefelsäure, die mit destilliertem Wasser verdünnt ist. Ein Teil dieses Wassers kann verdunsten oder wird beim Ladevorgang in Wasserstoff und Sauerstoff zersetzt. Im Passat ist eine sogenannte wartungsfreie Batterie eingebaut. Sie soll ohne Nachfüllen von destilliertem Wasser auskommen. Erhöhten Wasserverlust verursachen lediglich höhere Umgebungstemperaturen, längere Aufenthalte in heißen Regionen (Urlaub), ein defekter Lichtmaschinen-Spannungsregler, Selbstentladung bei langen Standzeiten des Fahrzeugs oder Tiefentladung, etwa durch eingeschaltetes Standlicht über Nacht.

- Die Batterieflüssigkeit muß mindestens bis zum unteren der beiden am Gehäuse auflackierten Striche reichen, zumindest aber die Plattenoberkanten gut bedecken.

● Bei abgesunkenem Flüssigkeitspegel Verschlußstopfen herausdrehen.
● Bei einer geladenen Batterie bis zum oberen Strich bzw. bis 15 mm über die Plattenoberkanten destilliertes Wasser auffüllen.
● In eine stark entladene Batterie nur so viel Wasser einfüllen, daß die Platten oben bedeckt sind. Beim Wiederaufladen steigt der Flüssigkeitsstand nämlich erheblich.
● Erst nach dem Laden bis zur oberen Marke nachfüllen.
● Die Wassermenge aus der Einfüllflasche muß gut dosierbar sein, sonst wird der Akku überfüllt.
● Eine überfüllte Batterie »kocht über«, die Säure tritt an den Verschlußstopfen aus und verursacht Korrosion und Säurekristalle an Batterieoberfläche und -standplatz.

Destilliertes Wasser verwenden!

In den Akku darf niemals Batteriesäure gefüllt werden, sondern nur entsalztes (ionengetauschtes) Wasser, landläufig destilliertes Wasser genannt. Leitungswasser, Regenwasser und auch abgekochtes Wasser enthält leitfähige Salze und andere Stoffe, die der Batterie schaden.

Batterie ausbauen

● Grundsätzlich muß an der Batterie zuerst das Minuskabel abgenommen werden, damit beim weiteren Hantieren kein Kurzschluß auftreten kann.
● Vorsicht, wenn ein Radio mit Anti-Diebstahl-Codierung eingebaut ist. Das Radio muß ausgeschaltet sein, wenn die Batterie abgeklemmt wird.
● Mutter an der Klemme des Minuskabels (gedrillte Kupferlitze) lösen, Klemme vom Batteriepol abheben.
● Pluskabel-Klemme lösen und abnehmen.
● Schraube der Halteleiste am Batteriefuß losdrehen, Schraube und Leiste abnehmen.
● Batterie herausheben.
● Beim Einbau zuerst das Pluskabel anschließen, dann die Minusklemme.
● Ein Vertauschen der Kabelklemmen ist nur mit Gewalt möglich, denn der Plus-Polkopf ist dicker als der Minus-Polkopf.
● Bei einem Radio mit Sicherheitscode die Code-Nummer wieder eingeben.

Kontaktpflege an der Batterie

● Ein verschmutztes Batteriegehäuse abwaschen.
● Oxidkristalle an den Batterieklemmen mit warmem Sodawasser abwaschen oder mit »Neutralon« von Varta behandeln.
● An den Stopfen kontrollieren, ob ihre Entlüftungsbohrungen frei sind, sonst säubern.
● Batteriepolköpfe und Kabelklemmen mit Säureschutzfett (Bosch »Ft 40 v 1«) einstreichen.
● Kein Fett erhalten die Polkopfseiten und die Innenseiten der Klemmen, sonst kann es Kontaktschwierigkeiten geben.

Ladezustand der Batterie prüfen

Erscheint der Akku trotz richtigem Säurestand kraftlos, muß der Ladezustand kontrolliert werden. Auskunft darüber gibt das spezifische Gewicht der Batteriesäure. Sie brauchen für die Kontrolle einen speziellen Hebe-Säuremesser (Aräometer), den Sie sich bei der Tankstelle ausleihen können.
● Batterie-Verschlußstopfen herausdrehen.
● So viel Batteriesäure ansaugen, daß die Meßspindel frei schwimmt.
● Säuregewicht ablesen. Es bedeuten: 1,28 kg/l = Batterie voll geladen; 1,20 kg/l = halb geladen; 1,12 kg/l = entladen.

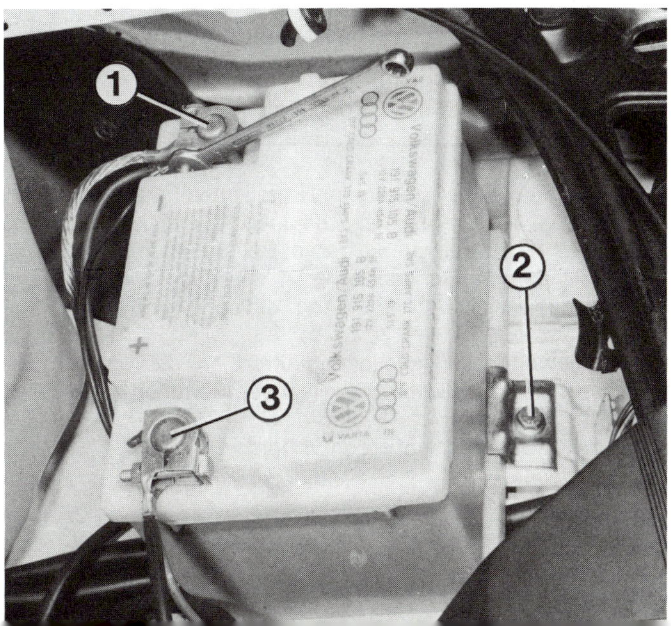

Zum Ausbau der Batterie muß als erstes das Masse-Kabel (1) abgenommen werden. Jetzt ist der Passat stromlos – beim Lösen des Plus-Kabels (3) können jetzt keine Funken mehr sprühen, wenn Sie versehentlich mit dem Werkzeug an Metall kommen. Zuletzt die Schraube »2« an der Fußhalteleiste losdrehen.

Batterie laden

Auch wenn die Batterie nichts zu leisten hat, will sie gelegentlich geladen werden. Sie hat nämlich die Untugend, sich mit der Zeit selbst zu entladen.

Ladegerät anschließen

- Pluskabel an Batterie-Pluspol, Minuskabel an Minuspol anklemmen.
- Die Batteriekabel brauchen bei einem gewöhnlichen Ladegerät nicht abgenommen zu werden.
- Die Batteriestopfen können eingeschraubt bleiben. Das sich beim Laden bildende Gas kann durch die Entlüftungsbohrungen in den Stopfen entweichen.
- Der Ladestrom soll anfangs etwa 10% der Batteriekapazität betragen (z. B. 4,5 A beim 45-Ah-Akku) und sich während der Ladung automatisch verringern.
- Die Batterie ist voll geladen, wenn ihre Säuredichte innerhalb von zwei Stunden nicht mehr ansteigt.
- Beim Batterieladen wird das destillierte Wasser teilweise zersetzt. Es bilden sich Gasblasen aus Wasserstoff und Sauerstoff – das hochexplosive Knallgas.
- Wenn mit hohem Strom geladen wird, für gute Durchlüftung des Raumes sorgen.
- Beim Laden der Batterie in deren Nähe nicht rauchen und kein offenes Feuer verwenden.
- Auch Funken beim Ab- oder Anklemmen des Laders bzw. der Batteriekabel können das Knallgas entzünden.

Schnelladung der Batterie

Wer es eilig hat, kann seine Batterie bei Tankstelle oder Werkstatt schnelladen lassen. Nach einer Stunde ist die Batterie wieder voll. Beachten Sie:

○ Einem älteren Akku kann die Schnelladung das Leben kosten, dann muß eine ohnehin bald fällige neue Batterie her.

○ Beide Batteriekabel müssen abgenommen werden. Durch den hohen Ladestrom können die empfindlichen elektronischen Bauteile im Auto Schaden nehmen.

○ Batterie-Verschlußstopfen herausdrehen und lose in die Öffnungen stecken, da der Akku bei der Schnellladung erheblich »gast«. Bei abgenommenen Stopfen sprüht durch die aufsteigenden und zerplatzenden Gasblasen ein feiner Säurenebel aus der Batterie, der sich rundum niederschlägt. Zum Schutz der Umgebung eine Plastikfolie oder Zeitung zum Abdecken verwenden.

Start mit leerer Batterie

Starthilfekabel

- Hilfsfahrzeug so dicht an den Passat heranfahren lassen, daß die Batterien beider Wagen durch die Starthilfekabel verbunden werden können.
- Kontrollieren Sie, ob im stromlosen Fahrzeug sämtliche Stromverbraucher abgeschaltet sind.
- Ein Kabel an beide Batterie-Pluspole anklemmen.
- Anderes Starthilfekabel zuerst am Minuspol der geladenen Fremdbatterie und dann im Motorraum des stromlosen Wagens an blanker Masse (z. B. direkt am Motor) anschließen.
- Motor des Hilfswagens mit erhöhter Drehzahl laufen lassen, damit die Lichtmaschine kräftig Spannung liefert.
- Falls der Motor nicht gleich anspringt, zwischendurch eine Abkühlungspause für den Anlasser einlegen. Hilfsmotor weiterlaufen lassen, wodurch die leere Batterie bereits etwas nachgeladen wird.
- Beim Abklemmen der Starthilfekabel zuerst die Klemme vom Minuspol der geladenen Fremdbatterie abnehmen.

Wagen anschieben

- Mit zwei Helfern läßt sich der Passat bei gutem Motorzustand anschieben:
- Zündung einschalten.
- 1. Gang einlegen. In höheren Gängen wird die Lichtmaschine für kräftige Stromlieferung zu langsam durchgedreht.
- Kupplung durchtreten, Wagen anschieben lassen, bis er in Schwung ist.
- Kupplung schnell kommen lassen. Der Motor wird abrupt durchgedreht und müßte anspringen.
- Sofort Kupplung treten und Gas geben.

Wagen anschleppen

Diese Methode sollten Sie nur im Notfall anwenden, wenn keine Starthilfekabel zur Verfügung stehen. Suchen Sie sich unbedingt einen schlepperfahrenen Helfer aus, damit nicht durch Ungeschick größerer Schaden entsteht. Und denken Sie daran: Bei stehendem Motor arbeiten weder der Bremskraftverstärker noch die evtl. eingebaute Servolenkung!

- Zündung einschalten, 2. Gang einlegen und Kupplung treten.
- Der Zugwagen muß langsam anfahren.
- Bei etwa 15 km/h die Kupplung langsam kommen lassen (rechte Hand an den Handbremshebel legen).
- Ist der Motor angesprungen, Kupplung treten und Gas geben.
- Handbremse sanft ziehen, damit Sie dem Vordermann nicht ins Heck rollen.
- Schleppfahrer Hupsignal geben.
- Gang herausnehmen, Kupplung loslassen.
- Mit der Handbremse zusammen mit dem Schleppwagen sanft abbremsen.

Stromlieferant

Unter Autofahrern hat sich der Begriff Lichtmaschine für den Stromerzeuger eingebürgert, obwohl andere, mindestens ebenso wichtige Stromverbraucher ebenfalls mit elektrischer Energie gespeist werden müssen. Bei stehendem Motor besorgt dies die Batterie. Sobald der Motor läuft, tritt der Generator in Aktion.

Der Drehstrom-Generator

Im Passat sitzt eine Drehstrom-Lichtmaschine, vom Motor über einen Keilriemen in Schwung versetzt. Im Drehstrom-Generator gibt es nichts zu schmieren, und selbst die Schleifkohlen halten 80 000 km und mehr.

Leistung

Im Passat sind je nach Motor und eventueller Sonderausstattung Lichtmaschinen mit 65 oder 90 Ampere Leistung eingebaut. Bei einer maximalen Spannung von 14 Volt sind das 910 oder 1260 Watt. Zwei Drittel dieser Leistung werden bereits bei 2000 Lichtmaschinen-Umdrehungen erzeugt. Da der Generator zur Motorkurbelwelle übersetzt ist, dreht er schneller als der Motor. Bei einer Übersetzung von knapp 1 : 2 liegen die 2/3 Leistung bereits bei etwas erhöhter Leerlaufdrehzahl an.

Fingerzeig: Die Lichtmaschine liefert 14 Volt Ladespannung im 12-V-Bordnetz, denn nur durch diesen kleinen Spannungsunterschied kann Strom zur Batterie fließen, damit diese aufgeladen wird.

Umgang und Vorsichts-Maßnahmen

Der Generator erzeugt Wechselstrom. Da die Batterie mit Gleichstrom geladen werden will, besorgen Halbleiter-Dioden die notwendige Gleichrichtung des Wechelstromes. Die Dioden sind empfindlich gegen zu hohe Spannungen. Deshalb:

- Bei laufendem Motor darf kein Kabel zwischen Akku und Lichtmaschine gelöst bzw. wieder angeschlossen werden. Dadurch kann die Spannung schlagartig ansteigen (Spannungsspitze) und eine Diode »verheizt« werden.
- Ohne richtig angeschlossene und intakte Batterie darf die Drehstrom-Lichtmaschine nicht laufen. Der Akku dient als Spannungsbegrenzer für den Generator, gewissermaßen als Puffer gegen Überspannungen.
- Sämtliche Kabelanschlüsse im Verbund Lichtmaschine – Batterie – Masse müssen ganz fest sitzen. Schon ein Wackelkontakt kann zu Spannungsspitzen führen.
- Beim Schnelladen der Batterie und beim elektrischen Schweißen an der Karosserie müssen beide Kabel vom Akku abgenommen werden.

Die Ladekontrolle

- Die Kontrolleuchte im Kombiinstrument hat zwei Plus-Anschlüsse: Zum einen von der Klemme D+ des Generators (blaues Kabel) und zum anderen von Klemme 15 über die Mehrfachsteckverbindung der Leiterfolie hinten am Kombiinstrument vom Zündschloß kommend.

Ein Blick auf die Rückseite der Drehstrom-Lichtmaschine zeigt:
1 – Spannungsregler;
2 – Entstörkondensator (bei Radio);
3 – Stromanschluß.

○ Mit Einschalten der Zündung führt Klemme 15 Spannung. Die Lichtmaschine steht aber noch, so daß der spannungslose D+-Kontakt als »Minus« wirkt. Die Kontrollampe leuchtet auf, denn zwischen dem von der Batterie versorgten Bordnetz und dem noch stehenden Generator herrscht eine Spannungsdifferenz.
○ Wird der Motor gestartet und hat die Lichtmaschine ihre Ladedrehzahl erreicht, verbindet der Spannungsregler den Stromerzeuger mit der Bordelektrik. Nun kommt Plusstrom von Klemme 15 und zusätzlich von Klemme D+. Damit besteht keine Spannungsdifferenz mehr, die Ladekontrolle verlöscht.
○ Beim Einschalten der Zündung muß die brennende Ladekontrolle – bei unserem Passat in Verbindung mit einem parallel geschalteten Widerstand – die Drehstrom-Lichtmaschine »vorerregen«. Nur so kann diese schon aus niedrigen Drehzahlen heraus Strom liefern. Allerdings ist die Vorerregung nur beim ersten Anlaufen des Generators erforderlich.

Der Spannungsregler

Je schneller die Lichtmaschine dreht, um so höher steigt die Spannung und damit auch der gelieferte Strom – wie beim Fahrraddynamo. Ein derartiges Auf und Ab ertragen die Stromverbraucher im Auto nicht. Deshalb begrenzt ein am Generator angeschraubter Regler die Spannung und verhindert ein Überladen der Batterie. Über die Schleifkohlen der Drehstrom-Lichtmaschine fließt nur ein geringer Strom, außerdem laufen die Kohlen auf glatten Schleifringen. Das bewirkt nur geringen Verschleiß. Die Schleifkohlen sitzen an der Innenseite des Spannungsreglers.

Spannungsregler prüfen

● Voltmeter zwischen Klemme B+ der Lichtmaschine und Masse anklemmen.
● Motor mit 2000/min drehen lassen.
● Die Regulierspannung muß **13,3 – 14,6 V** betragen.
● Messen Sie eine höhere Ladespannung, ist der Regler defekt und muß ausgetauscht werden.
● Zu niedrige Spannung kann evtl. an abgenutzten Schleifkohlen liegen.

Bosch-Schleifkohlen kontrollieren

● Zwei Halteschrauben am Regler lösen.
● Regler gewissermaßen herausklappen, damit die Kohlebürsten nicht hängenbleiben.
● Überstand der Schleifkohlen messen.
● Sind sie nur noch **5 mm** lang, müssen sie ersetzt werden.
● **Schleifkohlenwechsel:** Die Schleifkohlen sind am Regler mit ihren Anschlußlitzen an einem Halter angelötet. Sie brauchen als Werkzeug daher einen Lötkolben.
● Anschlußlitzen auslöten, Schleifkohlen herausziehen.
● Druckfedern von den alten Kohlen abziehen und auf die neuen stecken.
● Anschlußlitzen anlöten.

Valeo-Schleifkohlen kontrollieren

● Beide Halteschrauben des Reglers an der Lichtmaschinen-Rückseite herausdrehen.
● Regler herausziehen.
● Länge der herausragenden Kohlen messen.
● Bei **5 mm** Restlänge sind die Schleifkohlen abgenutzt.
● Die Kohlen können bei der Valeo-Lichtmaschine nicht einzeln ausgetauscht werden, sondern nur im Verbund mit dem Spannungsregler.

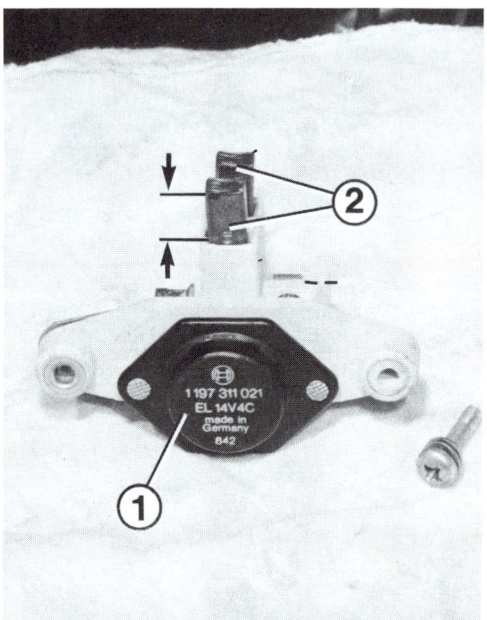

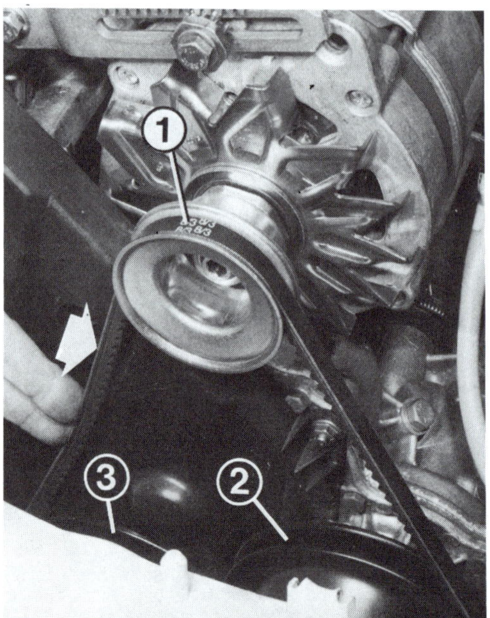

**Links: Bei ausgebautem Spannungsregler (2; hier die Ausführung von Bosch) läßt sich die Länge (Pfeile) der Schleifkohlen (2) leicht erkennen.
Rechts: Ohne Zusatzausstattung verläuft der Keilriemen zwischen:
1 – Lichtmaschine;
2 – Wasserpumpe;
3 – Kurbelwelle.
Zum Prüfen der Riemenspannung mit kräftigem Fingerdruck (Pfeil) an der längsten freilaufenden Riemenseite messen.**

Keilriemenzustand kontrollieren

Wartung Nr. 10

Keilriemen müssen bei den heutigen leistungsstarken Lichtmaschinen erhebliche Kräfte übertragen. Das ist der Grund, weshalb die Spannung wesentlich strammer eingestellt wird als früher.

- Drehen Sie zur Kontrolle des Riemens den Motor einige Male ganz durch.
- Nur so können Sie alle Flächen des Keilriemens sehen. Oft hat der Riemen nur einen einzigen, aber tiefen Riß, der bei der Kontrolle möglicherweise genau auf der Riemenscheibe zu liegen kommt.
- Einen angerissenen oder ausgefransten Riemen umgehend ersetzen.

Keilriemenspannung prüfen

Wartung Nr. 11

Die Lichtmaschine wird je nach Mehrausstattung des Passat zusammen mit unterschiedlichen Aggregaten angetrieben.

- Gemessen wird mit kräftigem Fingerdruck an der jeweils längsten freilaufenden Stelle des Riemens; bei einem Fahrzeug ohne Zusatzausstattung ist das zwischen Kurbelwellen-Keilriemenscheibe und Lichtmaschine.
- Bei richtiger Spannung soll sich ein gelaufener Riemen **5 mm** eindrücken lassen, ein neuer lediglich **2 mm**.
- Auch bei richtig gespanntem Riemen sollten Sie prüfen, ob die Spannschraube der Lichtmaschine und die Mutter am Schwenkbolzen gut angezogen sind.

Keilriemen spannen

Welche Teile im folgenden Text angesprochen sind, zeigen die Abbildungen auf diesen Seiten.

- **Motoren bis 85 kW:** Halteschraube des Spannbügels eine Umdrehung lösen.
- Spannschraube der Zahnmutter eine Umdrehung lockern, dabei die Mutter gegenhalten.
- Durch die Zahnriemenverkleidung den Schwenkbolzen mit Innensechskantschlüssel 6 mm lösen.
- Die Lichtmaschine muß durch ihr eigenes Gewicht zur Seite fallen.
- Zahnmutter mit einem Drehmomentschlüssel mit 8 Nm (bei neuem Keilriemen) bzw. 4 mm (gelaufener Keilriemen) anziehen.
- Mutter in dieser Stellung gegenhalten und Spannschraube festziehen (35 Nm).
- Ohne Drehmomentschlüssel Zahnmutter mit Gefühl drehen und die Spannschraube anziehen.
- Schwenkbolzen mit 35 Nm und Spannbügelschraube mit 30 Nm festziehen.
- **16 V:** Halteschraube des Spannbügels und Klemmschraube des Generators mindestens eine Umdrehung lösen, ebenso die Schraube unten am Schwenkpunkt der Lichtmaschine.
- Unten an der Lichtmaschine einen kräftigen Schraubenzieher oder eine stabile Stange ansetzen.
- Lichtmaschine zum Motor hin drücken.
- Gleichzeitig mit der anderen Hand die Klemmschraube anziehen.
- Übrige Schrauben mit 30 Nm festziehen.

Die richtige Keilriemengröße

Folgende Riemengrößen können beim Passat verwendet werden:

Keilriemen	Kurbelwelle/ Generator	Kurbelwelle/ Wasserpumpe/ Generator	Kurbelwelle/ Wasserpumpe/ Servopumpe	Kurbelwelle/ Wasserpumpe/ Klimakompressor	Generator/ Klimakompressor
Ohne Zusatzausstattung	–	9,5 × 950	–	–	–
53 – 85 kW mit Servolenkung	9,5 × 865	–	9,5 × 730	–	–
100 kW mit Servolenkung	9,5 × 950	–	9,5 × 730	–	–
53 – 85 kW mit Klimaanlage	–	–	–	12,5 × 947	9,5 × 630
100 kW mit Klimaanlage	–	–	–	12,5 × 947	9,5 × 635
53 – 85 kW mit Servolenkung und Klimaanlage	–	–	9,5 × 730	12,5 × 947	9,5 × 630
100 kW mit Servolenkung und Klimaanlage	–	–	9,5 × 730	12,5 × 947	9,5 × 635

Keilriemen abnehmen und montieren

Ein Keilriemen darf auf keinen Fall mit einem Schraubenzieher o.ä. über die Riemenscheiben »gewürgt« werden, sonst ist der nächste Riemenschaden durch Bruchstellen im Keilriemenunterbau bereits »mit eingebaut«.

- Bei einem Fahrzeug mit Servolenkung und/oder Klimaanlage zuerst den betreffenden Keilriemen abnehmen, siehe Seite 126 und 246.
- **Bis 85 kW:** Halteschraube des Spannbügels und die Spannschraube der Zahnmutter jeweils eine Umdrehung lockern – dabei die Mutter gegenhalten.
- Schwenkbolzen mit Innensechskantschlüssel 6 mm durch die Zahnriemenverkleidung lösen.
- **16 V:** Halteschraube am Spannbügel und Klemmschraube des Generators eine Umdrehung lösen.

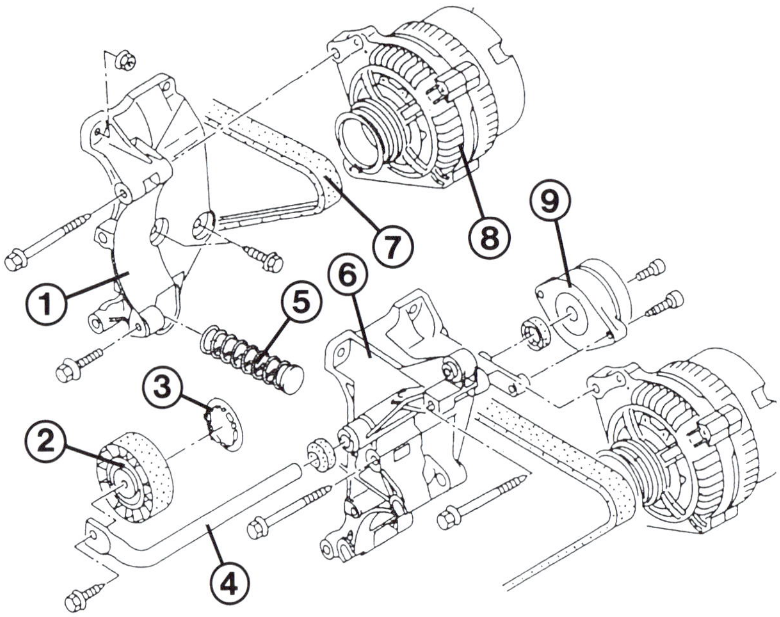

Die Einzelteile der Lichtmaschinen-Spannvorrichtung beim Keilrippenriemen:
1 – Lichtmaschinenhalter für Feder-Spannvorrichtung;
2 – Spannrolle;
3 – Schutzkappe;
4 – Spannhebel;
5 – Spannfeder;
6 – Halter für Lichtmaschine in Verbindung mit Klimakompressor;
7 – Keilrippenriemen;
8 – Lichtmaschine;
9 – Spannelement.

- Schraube unten an der Lichtmaschine lockern.
- **Alle:** Generator vom Motor weg schwenken.
- Keilriemen zuerst aus der Riemenscheibe der Kurbelwelle bzw. der Wasserpumpen herausheben.
- Nach dem Einbau eines neuen Keilriemens Spannung auf **2 mm Eindrücktiefe** einstellen.

Der Keilrippenriemen

Für den Antrieb des Generators dient bei den neueren Bauserien ein flacher Riemen, der an der Laufseite zu den Riemenscheiben hin durch mehrere Rippen verstärkt ist. Dieser Keilrippenriemen läuft auf Antriebsrädern, die mit einem dazu passenden Profil versehen sind. Der Keilrippenriemen wird durch eine spezielle Spannvorrichtung immer auf der richtigen Spannung gehalten. Dies geschieht
○ durch eine Spannfeder zwischen Lichtmaschine und ihrem Halter (zum Nachspannen die beiden Verschraubungen der Lichtmaschine lockern. Die Spannung stellt von selbst ein);
○ oder durch ein Spannelement, das über einen Hebel die Spannrolle auf den Rücken des Keilrippenriemens drückt (kein Nachspannen nötig).
Folgende **Keilrippenriemen** können eingebaut sein: 21,36 × 894; 21,36 × 976 (mit 120-A-Generator); 21,18 × 1153 (mit Klimaanlage).
Für die Servolenkung ist dann folgender **Keilriemen** nötig: 11,5 × 685 (ohne Klimaanlage); 11,5 × 755 (mit Klimaanlage).

Keilrippenriemen ausbauen

- Laufrichtung des Keilrippenriemens anzeichnen. Eine geänderte Laufrichtung schadet dem Riemen.
- Ggf. Keilriemen der Servolenkung abnehmen.
- Ohne Klimaanlage: Beide Halteschrauben der Lichtmaschine lösen.
- Lichtmaschine nach unten drücken.
- Mit Klimaanlage: An der Halteschraube der Spannrolle einen geraden Ringschlüssel SW 13 ansetzen.
- Keilrippenriemen entlasten, indem Sie die Spannrolle nach oben drücken.
- Keilrippenriemen abnehmen.

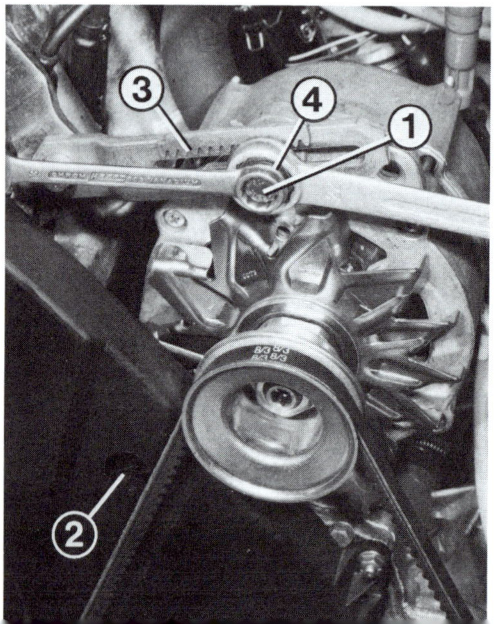

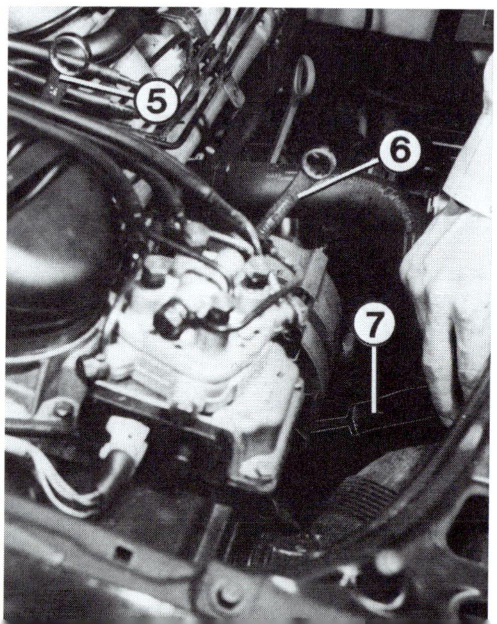

Im Bild links ist das Riemenspannen am Achtventiler gezeigt: Der Schwenkbolzen (2) und die Spannschraube (1) der Zahnmutter (4) müssen gelöst werden. Ggf. zusätzlich die Schraube des Spannbügels (3) lösen, bevor Sie an der Zahnmutter drehen.
Rechts: Beim Passat 16 V sind die Schrauben zum Riemenspannen schlecht sichtbar zu machen. Wir haben den Schraubenschlüssel auf der Klemmschraube (6) angesetzt. Position »5« zeigt hier den Schwenkbolzen. Mit einem unten an der Lichtmaschine angesetzten Schraubenzieher (7) wird der Generator hochgedrückt, damit der Riemen gespannt wird.

● Minuskabel der Batterie abnehmen.
● Haltebügel des Lichtmaschinen-Mehrfachsteckers zur Seite drücken, Stecker abziehen, dabei nicht an den Kabeln zerren.
● Massekabel am Generatorgehäuse lösen.
● Keilriemen abnehmen.
● Bolzen bzw. beide Schrauben am unteren Schwenkpunkt herausdrehen, dabei den Generator festhalten.

Generator ausbauen

Gerissener Keilriemen

Leuchtet plötzlich während der Fahrt die rote Ladekontrolle auf und haben Sie vielleicht gehört, daß im Motorraum kurz etwas gegen das Blech schlug, ist sicher der Generator-Keilriemen gerissen. Anhalten und nachsehen! Falls ja, herrschen unterschiedliche Alarmstufen:

○ **Beim Passat ohne Zusatzausstattung dürfen Sie auf keinen Fall weiterfahren!** Durch die nun nicht mehr angetriebene Wasserpumpe ist der Kühlmittelkreislauf unterbrochen, siehe Seite 56. Deshalb sofort neuen Keilriemen montieren oder Wagen abschleppen lassen.

○ **Mit Servolenkung und/oder Klimaanlage können Sie weiterfahren**, wenn die Batterie ausreichend geladen ist. Die Wasserpumpe wird weiterhin angetrieben (vom Keilriemen der Servopumpe oder des Klimakompressors).

Störungsbeistand

Batterie und Lichtmaschine

Die Störung	– ihre Ursache	– ihre Abhilfe
A Rote Ladekontrolle brennt nicht beim Einschalten der Zündung	1 Batterie leer	Mit Starthilfekabeln starten oder Wagen anschleppen
	2 Batteriekabel gebrochen, Kabelklemmen lose oder oxidiert	Batteriekabel und -klemmen kontrollieren
	3 Leuchtdiode oder deren Vorwiderstand defekt	Ersetzen
	4 Kabelweg zwischen Zündschloß, Kontrollampe und Lichtmaschine unterbrochen	Stromweg mit Prüflampe kontrollieren
	5 Massekabel zwischen Lichtmaschine und Motorblock gebrochen	Kabel kontrollieren
	6 Schleifkohlen abgenutzt	Schleifkohlen erneuern
	7 Spannungsregler defekt	Regler austauschen
	8 Lichtmaschine schadhaft	Lichtmaschine instand setzen lassen
	9 Nach zu heftiger Motorwäsche: Eingedrungene Feuchtigkeit hat einen isolierenden Schmierfilm zwischen den Schleifringen und Kohlen gebildet	Lichtmaschine mit Druckluft ausblasen oder Schleifringe und Kohlen sauberreiben
B Ladekontrolle brennt oder glimmt bei laufendem Motor	1 Keilriemen lose	Riemen spannen
	2 Mangelnder Kontakt an Kabelanschlüssen oder unterbrochene Kabel	Kabelanschlüsse und Kabel prüfen
	3 Siehe A 6, 7 und 8	
C Batterieoberfläche feucht	1 Batterie überfüllt	Destilliertes Wasser durch Überladen herausgasen. Keine Säure absaugen
	2 Batterieverschlüsse verstopft	Entlüftungslöcher säubern
	3 Siehe A 7	
D Batterie gast stark	Siehe A 7	

Fahren mit defekter Lichtmaschine

Wenn die Lichtmaschine oder ihr Regler streikt, ist die Weiterfahrt noch nicht gefährdet, denn die Batterie kann hilfreich einspringen. Bei Tag reicht der Batteriestrom noch eine ganze Weile, obwohl die Zündanlage zum Aufbau eines brauchbaren Zündfunkens eine Mindestspannung benötigt. Von der Batterie zehren weiterhin bei kaltem Vergasermotor die Ansaugrohr- und die Starterdeckelbeheizung bzw. beim Einspritzmotor die elektrische(n) Benzinpumpe(n). Zudem ist der Akku oft nur zu $2/3$ geladen. Je nach Batteriekapazität reicht es aber zu mindestens fünf Stunden Fahrt. Im Winter kommt erschwerend hinzu, daß die Batterie schwächer auf der Brust ist. Außerdem brauchen Sie das Licht schon wesentlich früher.

Kraftmeier

Beim Zündschlüsseldreh in Stellung »Start« gelangt von Klemme 50 am Zündschloß Spannung an den oben auf dem Anlasser sitzenden Magnetschalter.

○ Dadurch schiebt ein Einrückhebel das Zahnritzel des Anlassers auf einem Steilgewinde der Ankerwelle in den Zahnkranz des Motor-Schwungrades.

○ Beim Eingreifen des Ritzels schaltet der Magnetschalter den vollen, von Klemme 30 kommenden Batteriestrom ein, so daß der Anlasser den Motor erst nach dem Einspuren des Ritzels kräftig durchdreht.

○ Anlasser-Motor und Zahnritzel sind beim Passat 16 V durch ein Planetengetriebe verbunden. Der Elektromotor dreht deshalb wesentlich schneller als das Ritzel. Dadurch besitzt der Anlasser mehr Schwungenergie.

○ Ist der Motor angesprungen, wird das Ritzel aus dem Schwungrad wieder ausgespurt.

Anlasser ausbauen

● Massekabel an der Batterie abklemmen.

● Beide Kabelbinder auftrennen, mit denen die Kabel zum Generator und zum Magnetschalter am Anlasser befestigt sind.

● Kabelstecker entriegeln und abziehen.

● Kabel vom Magnetschalter abziehen.

● Motor und Getriebe vorn in der Mitte mit einem Wagenheber abstützen, damit der Triebwerksblock beim Lösen der Anlasser-Halteschrauben nicht nach unten sackt.

● Oben am Anlasser eine Schraube losdrehen (Bild unten).

● Eine weitere Schraube unten lösen.

● Schrauben herausziehen, dabei den Anlasser festhalten.

● Beim Einbau werden die Halteschrauben durch Motorhalterung, Motorblock, Getriebegehäuse und Anlasser gesteckt.

● Anzugsdrehmomente: Halteschrauben 60 Nm, Mutter der Klemme-30-Kabel 13 Nm.

● Am Anlasser vorbeilaufende Leitungen wieder mit zwei Kabelbindern sichern.

Magnetschalter ausbauen

● Anlasser demontieren.

● Kabel zwischen Magnetschalter und Anlasser lösen.

● Drei Schlitzschrauben am Halteflansch des Magnetschalters lösen.

● Magnetschalter ein Stück zurückziehen und aus dem Einrückhebel des Anlassers aushängen.

Anlasser-Schleifkohlen ersetzen

● Anlasser ausbauen.

● An der geschlossenen Seite des Anlassers zwei Schlitzschrauben an dem kleinen Lagerdeckel herausdrehen, Deckel abnehmen.

● Sicherungsscheibe und Einstellscheiben vom darunter liegenden Wellenstumpf abnehmen.

● Beide Schlitzschrauben (oder Muttern) am Kollektorlager herausdrehen und Lager abnehmen.

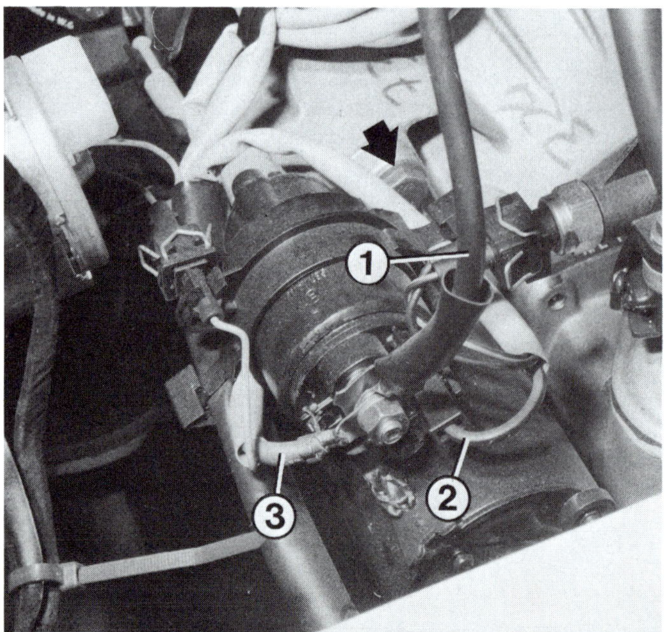

Der Anlasser ist beim Passat gut zugänglich. Hier im Bild sehen Sie
1 – Pluskabel zur Batterie;
2 – Klemme-50-Leitung;
3 – Pluskabel zum Drehstrom-Generator.

● Länge der Schleifkohlen an der Halteplatte messen – Mindestlänge: 11,5 mm (53 – 85 kW) bzw. 8 mm (100 kW).
● Zum Auswechseln der Schleifkohlen bei den Motoren bis 85 kW die Kohlebürsten-Halteplatte am Anschlußkabel auslöten und neue Platte einlöten.
● Beim Passat 16 V die Halteplatte mit ihrem Anschluß vom Magnetschalter abschrauben.
● Anlasser wieder zusammenbauen, dabei Kollektorlager, Halteschrauben und Lagerdeckel mit Dichtungsmittel abdichten.

Störungsbeistand

Anlasser

Nicht immer wird Ihnen unser Störungsbeistand so weit helfen, daß der Anlasser den Motor zum Laufen bringt. Aber Sie können einen Schaltgetriebe-Passat immer noch anschieben oder anschleppen lassen.

Die Störung	– ihre Ursache	– ihre Abhilfe
A Beim Drehen des Zündschlüssels in Startstellung dreht der Anlasser zu langsam oder gar nicht	1 Kontrollampen brennen schwach oder verlöschen	
	a) Batterie entladen	Mit Starthilfekabeln starten
	b) Kabelanschlüsse lose oder oxidiert	Kabelanschlüsse kontrollieren
	c) Anlasser hat Masseschluß	Anlasser überholen lassen
	2 Kontrollampen brennen hell, Klicken aus Richtung Anlasser	Kurz auf den Magnetschalter klopfen. Dreht der Anlasser weiterhin nicht:
	a) Kohlebürsten bzw. deren Anschlüsse im Anlasser gelöst	Kohlebürsten überprüfen
	b) Kontakte im Magnetschalter verschmort	Magnetschalter ersetzen
	c) Anlasserwicklung schadhaft	Anlasser überholen lassen
	3 Kontrollampen brennen hell, keinerlei Geräusche	
	a) Flachstecker der Klemme 50 am Magnetschalter lose	Steckanschluß überprüfen
	b) Klemme-50-Leitung vom Zündschloß zum Magnetschalter unterbrochen	Leitung mit Prüflampe kontrollieren
B Anlasser läuft, ohne den Motor durchzudrehen	1 Einrückvorrichtung klemmt	Anlasser überholen lassen
	2 Verzahnung des Ritzels oder des Motorschwungrads beschädigt	Wagen bei eingelegtem Gang ein Stück vorschieben. Erneut starten. Beschädigte Teile ersetzen lassen
C Magnetschalter schaltet in schneller Folge ein und aus, Anlasser läuft nicht an	Batterie stark entladen, beim Einschalten des Magnetschalters fällt die Spannung ab und er schaltet wieder ab	Batterie laden
D Anlasser läuft weiter, obwohl Zündschlüssel losgelassen wurde	1 Magnetschalter hängt und schaltet nicht ab	Zündung sofort abschalten, notfalls Batterie abklemmen. Magnetschalter ersetzen
	2 Zünd-/Anlaßschalter defekt	Zünd-/Anlaßschalter ersetzen

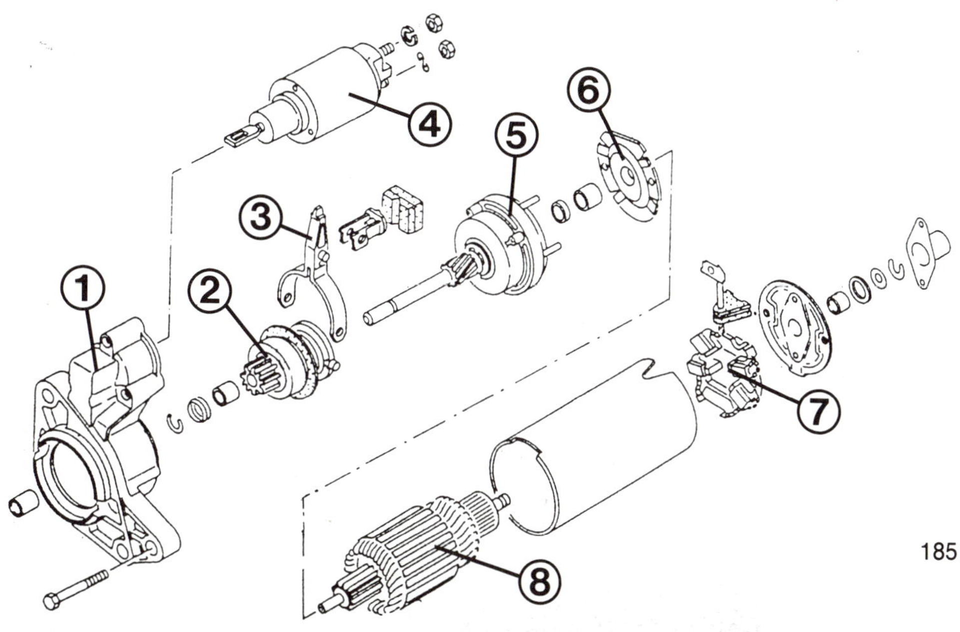

Der Anlasser mit seinen Teilen:
1 – Gehäuse;
2 – Ritzelgetriebe;
3 – Einrückhebel;
4 – Magnetschalter;
5 – Planetengetriebe (nur beim 16 V);
6 – Zwischenlager (nicht beim 16 V);
7 – Bürstenhalteplatte;
8 – Anker.

Es hat gefunkt

Ein kräftiger elektrischer Funke ist vonnöten, damit das von den Kolben angesaugte Kraftstoff/Luft-Gemisch entzündet werden kann. Das muß im richtigen Moment geschehen sowie unter allen Betriebsbedingungen.

Was die Zündung leistet

Die Zündanlage sorgt durch gezielt abgefeuerte Zündfunken für den richtigen Verbrennungsablauf im Motor. Der Funke muß im richtigen Augenblick überspringen. Am wirkungsvollsten ist die Verbrennung, wenn das Kraftstoff/Luft-Gemisch in dem Moment entzündet wird, da dieses auf engstem Raum zusammengepreßt ist. Diese höchste Verdichtung herrscht beim Viertaktmotor in jenem Augenblick, in dem der Kolben bei Beendigung des Kompressionshubs (2. Takt) von der Aufwärtsbewegung in die Abwärtsbewegung des (3.) Arbeitstakts übergehen will. Bevor sich die Bewegungsrichtung des Kolbens umkehrt, steht er einen winzigen Sekundenbruchteil lang im höchsten Punkt in seiner Bewegungsbahn still. Diesen Punkt nennt man den »Oberen Totpunkt« (OT).
Idealer Zündzeitpunkt ist der Moment, in dem der Kolben gerade seine Abwärtsbewegung beginnt. Die Verdichtung ist am höchsten, und der Kolben kann mit Kraft und Schwung zum Motorblock hinuntergedrückt werden. Trotzdem wäre es falsch, den Zündzeitpunkt genau auf OT zu legen. Denn das Kraftstoff/Luft-Gemisch braucht eine gewisse Zeit (rund $\frac{1}{3000}$ s), bis es sich entzündet hat und den vollen Verbrennungsdruck entwickelt. Also wird der Zündzeitpunkt vorverlegt – wir haben »Frühzündung«. Der Startschuß für den Funken erfolgt deshalb noch während der Aufwärtsbewegung des Kolbens, der Verbrennungsdruck setzt jedoch erst knapp nach dem OT ein.

Oberer Totpunkt und Frühzündung

Mit steigender Motordrehzahl muß der Zündfunke immer früher überspringen, denn – wir haben das im letzten Abschnitt schon angesprochen – das Kraftstoff/Luft-Gemisch braucht ja immer die gleiche Zeit zur Entzündung. Nur so erfolgt die Verbrennung wieder genau zur richtigen Zeit, nämlich dann, wenn der Kolben gerade wieder beginnt abwärts zu laufen. Das Verbrennen des Kraftstoff/Luft-Gemisches hängt aber auch von dessen Zusammensetzung ab. Bei nur gering durchgetretenem Gaspedal (bei »Teillast«) ist das Gemisch in den Brennräumen weniger zündfähig; es verbrennt daher langsamer. Auch hier muß früher gezündet werden.

Verschiedene Zündsysteme

Im VW Passat kommen vier Zündsysteme zum Einsatz:
○ Eine **Transistorzündung (TSZ)** besitzen die Motoren mit Vergaser (53/55 kW) und mit Monojetronic (53/66 kW). Bei dieser Zündung erfolgt die Zündverstellung – also die Anpassung des Zündzeitpunkts an die jeweilige Motorbelastung – im Verteiler durch Fliehkraft und Unterdruck.
○ Die Motoren mit 55 und 66 kW Leistung ab 8/90 haben eine **Monomotronic**. Hier wurde das Steuergerät für die Einspritzung mit einer elektronischen Zündverstellung kombiniert.
○ In Verbindung mit dem 79/85-kW-Motor wird eine Motorsteuerung namens **Digifant** eingebaut. Die elektronische Zündverstellung dieser Entwicklung von VW übernimmt das Digifant-Steuergerät.
○ Der 2,0-l-Passat mit 100 kW besitzt eine sogenannte **KE-Motronic**, die sowohl für die Einspritzung wie die elektronische Zündverstellung zuständig ist.

Welche Zündung in welchem Motor?

Damit Sie sich leichter zurecht finden, hier eine genaue Aufstellung:

1,6 Euro-Kat 53 kW RF	1,6 US-Kat 53 kW 1F	1,6 o. Kat 55 kW EZ	1,8 US-Kat 55 kW AAM	1,8 US-Kat 66 kW bis 7/90 RP	1,8 US-Kat 66 kW ab 8/90 RP, ABS	1,8 US-Kat 79 kW PF	2,0 US-Kat 85 kW 2E	2,0 US-Kat 100 kW 9A
TSZ	TSZ	TSZ	Monomotronic	TSZ	Monomotronic	Digifant	Digifant	KE-Motronic

Damit es in den folgenden Abschnitten dieses Kapitels zu keinen Verwechslungen kommt, finden Sie an den Überschriften den Zusatzvermerk »nur TSZ« (Transistorzündung), »nur Monomotronic« oder »nur Digifant« bzw. »nur KE-Motronic«. Fehlt der Vermerk, gilt der betreffende Absatz für alle Zündungen, oder es ist kein Zweifel möglich.

So entsteht der Zündfunke

Das Grundprinzip der Zündung besteht darin, daß einerseits die Zündspule bzw. der Zündtrafo für die notwendige Hochspannung sorgt und andererseits der Verteiler diese Hochspannung reihum auf die Zündkerzen verteilt.

○ Zunächst fließt der Batteriestrom durch die Primärwicklung der Zündspule/des Zündtrafos. Diese Wicklung besteht aus wenigen Windungen eines dicken Drahts. Unter der Wirkung des Stroms baut sich um den Eisenkern in der Spule ein kräftiges Magnetfeld auf – unsere Zündenergie.

○ Nähert sich der Kolben in seinem Zylinder dem Punkt, da die angesaugte und verdichtete Ladung gezündet werden soll (dem Zündzeitpunkt), wird der Strom zur Zündspule unterbrochen. Das geschieht je nach Zündsystem im TSZ-Schaltgerät bzw. in der »Endstufe« auf Veranlassung des Steuergeräts.

○ Mit dem Ausschalten des Stroms bricht das Magnetfeld in der Spule zusammen. Dabei passiert folgendes: In der Sekundärwicklung aus sehr vielen Windungen eines dünnen Drahts entsteht ein Hochspannungs-Stromstoß von einigen zigtausend Volt.

○ Diese Zündspannung wird über den Verteiler derjenigen Zündkerze zugeleitet, die in der Zündfolge des Motors gerade an der Reihe ist. Das Gemisch wird entzündet, der Motor dreht sich weiter. Der Stromkreis wird wieder geschlossen, und das Spiel läuft von neuem ab.

Der Hallgeber

Kernstück bei allen Zündanlagen ist der »Hallgeber«, bei dem der nach seinem amerikanischen Entdecker E. H. Hall so genannte Hall-Effekt nutzbar gemacht wird. Der Hallgeber haust im Verteilergehäuse und besteht aus einem vom Motor bewegten Blendenrotor mit vier Aussparungen, einem Dauermagneten und ihm gegenüberliegend dem eigentlichen Hall-IC. Das ganze funktioniert ähnlich wie eine Lichtschranke bei der automatischen Aufzugstür, nur daß hier anstelle von Licht mit magnetischen Wellen gearbeitet wird. Stehen Sie vor der Tür und unterbrechen den Lichtstrahl, bleibt die Aufzugstür offen. Sobald Sie den Lichtstrahl freigegeben haben, erhält der Türmechanismus den Schließbefehl. Zurück zur Zündung:

○ Steht eine Rotorblende im Magnetfeld, so erhält ein kräftiger Transistor im TSZ-Schaltgerät bzw. im Schaltteil des Zündtrafos das Signal, Batteriestrom durch die Primärwicklung der Spule fließen zu lassen.

○ Mit der Drehung der Zündverteilerwelle verläßt die Blende den Luftspalt zwischen Hall-IC und Dauermagnet. Dadurch kommt an das Schaltgerät der Befehl, den Strom zur Spule zu unterbrechen, wodurch der Zündfunke entsteht.

○ Die Breite der vier Rotorblenden bestimmt, wie lange der Primärstromkreis eingeschaltet wird. In dieser »Schließzeit« dreht sich der Motor eine bestimmte Zahl von Winkelgraden weiter – man nennt das den Schließwinkel. Die Gesamtbreite der Blende entspricht dem größtmöglichen Schließwinkel. Aber der wird nicht unbedingt ausgenutzt, sondern das Schalt- oder Steuergerät genehmigt der Spule gerade so viel Strom, wie diese benötigt. Im Extremfall (Zündung eingeschaltet, Motor läuft nicht) wird der Strom zur Spule ganz abgeschaltet, damit sie keinen Schaden erleiden kann.

Monomotronic, Digifant 85 kW, KE-Motronic

Die Zündfunkenerzeugung geschieht hier auf gleiche Weise, jedoch nicht mit einem separaten Schaltgerät, sondern mit dem Steuergerät. Damit die hohen Ströme nicht die empfindliche Elektronik für die Zündzeitpunktverstellung im Gerät stören können, ist der Schalttransistor (die Endstufe) außerhalb des Steuergeräts – im Zündtrafo bzw. neben der Zündspule der KE-Motronic – untergebracht.

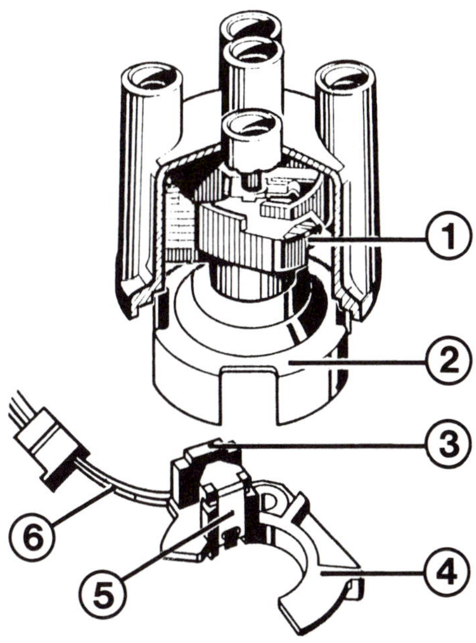

Im Zündverteiler der Transistorzündung finden Sie folgende Bauteile:
1 – Verteilerfinger;
2 – Blendenrotor mit einer Aussparung je Zylinder;
3 – Hall-IC (IC = integrierter Schaltkreis – ein elektronisches Bauteil);
4 – Halter;
5 – Magnet;
6 – elektrische Leitung.

Mechanische und unterdruckgesteuerte Zündverstellung

nur TSZ

Die Zündverstellung in Richtung »früh« übernehmen bei der TSZ einerseits die (mechanische) Fliehkraftverstellung unten im Verteiler und andererseits die seitlich sitzende Unterdruckdose. Beide Einrichtungen wirken dabei teilweise gemeinsam.

Frühzündungs-Fliehkraft-Verstellung

Die Fliehkraftverstellung wirkt »innerlich« auf die zweigeteilte Verteilerwelle. Die Trägerplatte des Fliehkraftverstellers sitzt im Verteilergehäuse unter dem Blendenrotor fest auf der Verteiler-Antriebswelle.
Je schneller diese dreht, um so intensiver drücken die Fliehgewichte auf ihrer Trägerplatte gegen einen Mitnehmer. Dieser bewegt die eigentliche Verteilerwelle zusätzlich in ihrer Drehrichtung. Dadurch erreicht man mit ansteigender Drehzahl zunehmende Frühzündung, weil der Hallgeberimpuls früher ausgelöst wird. Bei abnehmender Drehzahl stellen kleine Spiralfedern die Trägerplatte wieder zurück. Die Fliehkraftverstellung bewirkt maximal 32° Frühzündung.

Frühzündungs-Unterdruck-verstellung

Die Unterdruckdose am Verteiler ist durch eine dünne Saugleitung mit dem Vergaser bzw. der Einspritzeinheit verbunden. Oberhalb der Drosselklappe herrscht ein Unterdruck, der hauptsächlich von der Drosselklappenstellung abhängig ist. Bei geschlossener Drosselklappe ist der Unterdruck gleich Null. Er steigt mit zunehmender Öffnung und steigender Drehzahl unter Teillast auf einen Höchstwert, um bei voll geöffneter Drosselklappe wieder auf etwa ⅕ des Höchstwertes abzufallen.
Wenn bei nur teilweise durchgetretenem Gaspedal ein kräftiger Unterdruck herrscht, zieht dieser über die Saugleitung eine Membrane in der Unterdruckdose an. Von ihr reicht eine Zugstange in den Verteiler hinein und zieht dort die drehbare Grundplatte des Hallgebers an. Hierdurch wird die Platte entgegen der Drehrichtung der Verteilerwelle gezogen, und die Zündung erfolgt so entsprechend früher. Die Unterdruckverstellung mit höchstens 15° Frühverstellung wirkt zusätzlich zur Fliehkraftverstellung.

Elektronische Zündverstellung

Monomotronic, Digifant und KE-Motronic

Die mechanische und unterdruckgesteuerte Zündverstellung kann nur in engeren Grenzen für eine optimale Gemischverbrennung sorgen. Mit den Möglichkeiten der Elektronik läßt sich dagegen der Zündzeitpunkt für problematische Verbrennungsphasen günstiger legen. Das senkt den Verbrauch und verringert den Giftanteil im Abgas. Die Elektronik im Steuergerät ist es, welche den jeweils günstigsten Wert des Zündzeitpunkts ermittelt. Das geschieht nach vorprogrammierten Werten, die im Steuergerät als sogenanntes Zündkennfeld gespeichert sind. Damit fallen dem Steuergerät folgende Funktionen zu:

○ Die **Zündverstellung**, abhängig von Motordrehzahl und Motorbelastung wird nicht mehr im Verteiler vorgenommen. Der Verteiler hat keine Unterdruckdose, und auch die Verteilerwelle ist aus einem Stück gefertigt. Die Ausschnitte im Blendenrotor des Verteilers sind so gelegt, daß der Zündimpuls bis zu 60° vor OT an das Steuergerät gelangt. In dem so vorgegebenen Spielraum (bis 60°) errechnet das Steuergerät anhand der Informationen über Motordrehzahl (durch die Zündimpulsfolge) und Drosselklappenstellung (durch die Widerstandswerte vom Drosselklappen-Potentiometer) den optimalen Zündzeitpunkt.

○ Es stehen **Korrekturprogramme** zur Verfügung für Motorstart, Kaltlauf, Schubbetrieb etc.

○ Die **Klopfregelung** ermöglicht es, die mit Digifant und KE-Motronic ausgerüsteten Motoren immer mit größtmöglicher Frühzündung zu betreiben, was beste Leistungsausbeute verspricht. Die auf 95-ROZ-Euro-Super ausgelegten Digifant-Motoren können notfalls sogar mit Normalbenzin betrieben werden. Einen gewissen Leistungsverlust muß man dabei jedoch zwangsläufig in Kauf nehmen.

○ Nicht zuletzt findet ein **Datenaustausch mit der Einspritzung** statt. Auch deshalb, weil einige Geber am Motor doppelt genutzt werden.

Klopfregelung

Digifant und KE-Motronic

Klopfende Verbrennung durch zu weit in Richtung »früh« gelegten Zündzeitpunkt schadet dem Motor. Die Folgen sind Überhitzung, Lager- und Kolbenschäden. Andererseits ist die Leistungsausbeute des Motors am höchsten, wenn der Zündzeitpunkt so weit als möglich in Richtung »früh« gelegt wurde, wenn also hart an der Klopfgrenze gefahren wird. Zu viele Faktoren (Kraftstoffqualität, Brennraumablagerungen etc.) beeinflussen diese Klopfgrenze, als daß man sie genau festlegen könnte. Man braucht also einen großen »Sicherheitsabstand« bei der herkömmlichen Zündeinstellung. Oder einen »Horchposten«, der ermittelt, ob klopfende Verbrennung vorliegt – eine Klopfregelung.

Der Klopfsensor

In diesem Fühler ist ein »Piezokeramik«-Stückchen eingesetzt, ein Werkstoff, den wir als Funkenspender vom Gasfeuerzeug her kennen. Mechanische Kräfte (Zug, Druck), die auf die Piezokeramik wirken, werden von dieser in elektrische Spannung umgesetzt. Ungleichmäßige Schwingungen – erzeugt durch klopfende Verbrennung – genügen, um den Sensor zu aktivieren.

In der linken Zeichnung ist das Zündkennfeld mit mechanischer Zündverstellung dargestellt.
Rechts erkennen Sie, daß das Kennfeld wesentlich stärker ausgeformt ist. Der Zündzeitpunkt ist hier viel genauer auf den jeweiligen Betriebszustand angepaßt.

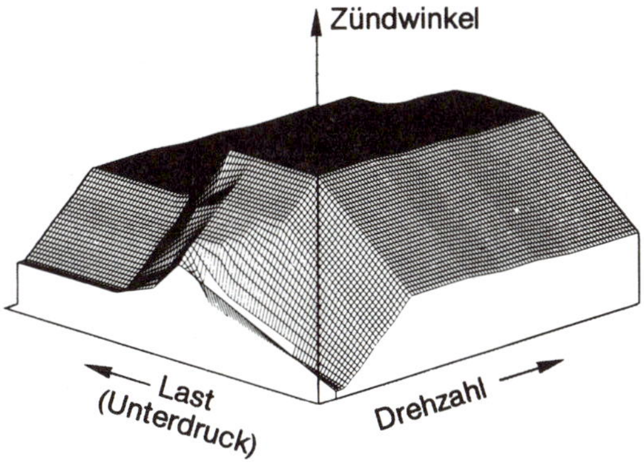

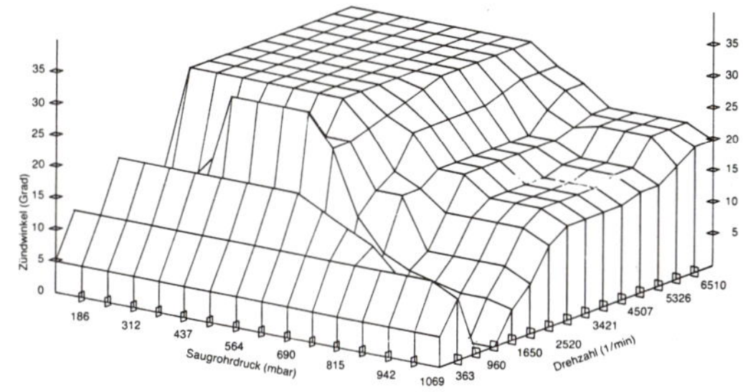

Vorsicht beim Umgang mit der Zündung

Im Motorraum des Passat warnt ein Aufkleber vor den **hohen Spannungen** der Zündanlage, und das nicht ohne Grund: Schon in der dünnen Steuerleitung zur Zündspule können Spannungen bis zu 100 Volt mit hoher Stromstärke auftreten, ganz zu schweigen von der Zündspannung, die mit über 30 000 Volt gefährlich hoch ist. Das Berühren blanker Kontakte bei eingeschalteter Zündung kann unter ungünstigen Umständen für Herzkranke und vor allem für Träger eines Herzschrittmachers sehr gefährlich werden. Deshalb:

○ Sämtliche elektrischen Leitungen – auch Anschlüsse von Prüfgeräten – nur bei **ausgeschalteter Zündung** berühren oder ab- bzw. anklemmen.
○ Soll der Motor vom Anlasser lediglich durchgedreht werden ohne anzuspringen, muß die Zündung lahmgelegt werden.
○ Zur Motorwäsche darf der Motor nicht laufen, und die Zündung muß ausgeschaltet sein.
○ Zur Starthilfe bei leerer Batterie mit einem Schnellader darf dieser höchstens eine Minute lang angeschlossen sein und die Spannung nicht mehr als 16,5 V betragen.
○ Bei einem bestehenden oder vermuteten Defekt an der Zündanlage zum Abschleppen des Fahrzeugs die Zündung ebenfalls lahmlegen.
○ An Klemme 1/– der Zündspule keinen Kondensator anschließen.
○ Zündverteilerläufer nicht gegen einen beliebigen austauschen, er hat einen Widerstand von 1 kΩ und die Kennzeichnung »R 1«.
○ An den dicken Zündkabeln nur Widerstände mit 1 kΩ und Kerzenstecker mit einem Widerstand von 5 kΩ verwenden.

Zündung lahmlegen

Zu manchen Arbeiten am Motor muß der Motor vom Anlasser durchgedreht werden, darf aber nicht anspringen. Damit das TSZ-Schaltgerät bzw. Steuergerät von Zündung und Einspritzung und die Endstufe des Zündtrafos keinen Schaden erleiden, muß der Dreifachstecker des Hallgebers am Zündverteiler bzw. bei KE-Motronic der Stecker an der Leistungsendstufe an der Zündspule abgezogen werden. Mangels Versorgungsspannung vom Schalt- bzw. Steuergerät kann jetzt nichts mehr passieren.

Störungssuche an der Zündung

Die Steuergeräte von Monomotronic und KE-Metronic können Fehler, die während des Motorbetriebs auftreten, in Eigendiagnose erkennen und speichern. Ein Prüfprogramm überwacht die Ein- und Ausgangssignale von Gebern und Bauteilen, wie in den Kapiteln über die Benzineinspritzung beschrieben.
Wer im Pannenfall einem Fehler im Zündungsbereich auf die Spur kommen will, muß ganz systematisch vorgehen.

○ Ob überhaupt ein Zündfunken erzeugt wird, klärt man mit einer einfachen Zündspannungs-Prüfung.
○ Eine genaue Sichtprüfung der Zündanlage deckt die häufigsten Fehlerursachen auf.
○ Sitzen alle Kabelanschlüsse und Steckkontakte an Zündtrafo, Verteiler sowie an der Zentralelektrik fest?
○ Ist in den Mehrfachsteckern eventuell ein einzelner Steckkontakt zurückgerutscht?
○ Hat sich teerartige Vergußmasse an der Zündspule bzw. am Zündspulenteil des Trafos herausgedrückt? Dann ist er defekt.
○ Sehen Sie am Zündspulen/-trafogehäuse Risse oder Brandspuren von überschlagenden Funken?
○ Zeigt die Verteilerkappe Schäden? Vor allem die Innenseite beachten.
○ Sind alle Teile der Zündanlage sauber und trocken? Feuchter Schmutz begünstigt Spannungsüberschläge.
○ Kontrollieren Sie zusätzlich die Haupt- oder Zündkerzenkabel auf festen Sitz und Schäden an der Isolation.
Die elektronischen Zündanlagen sind durch ihre hohen Zündspannungen empfindlich gegen Funkenüberschläge und Kriechströme.
○ Als letzte Station für den Zündfunken werden die Zündkerzen überprüft.
○ Erst jetzt Zündspule/-trafo und Hallgeber durchprüfen.

Fingerzeig: Beachten Sie bei den folgenden Messungen, daß Meß- und Prüfgeräte nur bei ausgeschalteter Zündung an- und abgeklemmt werden dürfen.

Ist Zündspannung vorhanden?

Gleich zu Anfang prüfen wir, ob die Zündanlage überhaupt Zündfunken zustandebringt:

- Einen Zündkerzenstecker abziehen, Kerze herausschrauben.
- Stecker wieder auf die Kerze stecken und diese so auf dem Motorblock ablegen, daß sie sicheren Massekontakt hat. Besser noch das Gewindeteil der Kerze mittels Starthilfekabel leitend mit dem Motor verbinden.
- Motor von einem Helfer mit dem Anlasser durchdrehen lassen.
- Springen kräftige Funken an der Kerzenelektrode über, ist Zündstrom vorhanden, doch vielleicht stimmt der Zündzeitpunkt nicht.
- Funkt nichts, versuchen Sie es mit der Kerze eines anderen Zylinders.
- Springen weiterhin keine Funken über, muß die Zündanlage komplett geprüft werden.

Die Zündspule

TSZ, Digifant 79 kW, KE-Motronic

Wie die Zündspule prinzipiell funktioniert, haben wir zu Beginn des Kapitels beschrieben.

○ Ihren Primärstrom erhält sie an Klemme 15.

○ Über die Primärwicklung der Zündspule gelangt die Spannung von deren Klemme 1/– zum Schaltgerät der Transistorzündung. An Klemme 1 ist auch der Drehzahlmesser angeschlossen.

○ Die Zündspannung von rund 35 000 Volt kommt aus der mittleren Klemme 4 der Spule und wird über das Hauptzündkabel zum Verteilerdeckel weitergeleitet.

○ Die Zündspulen für unsere Motoren sind unterschiedlich in ihren technischen Daten – nicht verwechseln. Wir unterscheiden die Spule mit grünem Aufkleber und grauem Aufkleber. In Verbindung mit KE-Motronic wird noch eine weitere Zündspulenversion eingebaut.

Zündspule prüfen

- Die **Sichtprüfung** an der Zündspule wurde bereits durchgeführt.
- Zur **Widerstandsprüfung** alle Leitungen an der Zündspule bei ausgeschalteter Zündung abnehmen. Wir messen Primär- und Sekundärwicklung der Spule.
- Mit einem genauen Ohmmeter zwischen den Zündspulenklemme 1/– und 15/+ messen.
- Sollwert bei Spule mit grünem Aufkleber: 0,52 – 0,76 Ω; alle anderen Spulen: 0,6 – 0,8 Ω.
- Nächste Messung zwischen Klemme 1 und 4.
- Sollwert bei grauem Aufkleber 6,9 – 8,5 kΩ; bei grünem Aufkleber 2,4 – 3,5 kΩ; bei KE-Motronic 6,5 – 8,5 kΩ.
- Werden die genannten Werte nicht erreicht, Zündspule ersetzen.
- Mit diesen Messungen läßt sich ein Kurzschluß zwischen den Wicklungen nicht erkennen. Fällt also der Verdacht trotz guter Meßergebnisse auf die Zündspule, sollten Sie die ausgebaute Spule bei einer Autoelektrik-Werkstatt durchprüfen lassen.
- Zur **Spannungsprüfung** ist eine geladene Batterie Voraussetzung.
- Voltmeter zwischen Klemme 15 der Zündspule und Masse anschließen.
- Zündung einschalten.
- Mindestens 11,5 Volt müssen abzulesen sein.
- Gleiche Messung am schwarzen Kabel des TSZ-Schaltgeräts.
- Messen Sie gar keine Spannung oder eine zu geringe, liegt der Fehler im Kabelweg zum Zündschloß.

Das »Lahmlegen« der Zündung ist ganz einfach: Am Steckkontakt des Hallgebers (Pfeil) muß lediglich der Dreifachstecker abgezogen werden.

Die Kabelstecker oben an der Zündspule haben folgende Normklemmen:
1 – Unterbrecherimpuls vom TSZ-Schaltgerät;
4 – hochgespannter Zündstrom;
15 – vom Zündschloß kommender Batteriestrom.

Das TSZ-Schaltgerät

Auf die Funktion des Schaltgerätes der Transistorzündung sind wir bereits eingegangen. Hier zur Erinnerung:
○ Der Impuls vom Hallgeber wird umgeformt und verstärkt.
○ Der Schließwinkel wird entsprechend den Motordrehzahlen variiert.
○ Die Leistungsendstufe im Schaltgerät schaltet den Primärstromkreis zur Zündspule an und aus.
Zur Schonung der Zündspule besitzt das Schaltgerät eine Sicherheitsschaltung. Da beim Einschalten der Zündung der Stromkreis immer geschlossen ist, könnte die Spule überhitzt werden, wenn die Zündung über längere Zeit eingeschaltet bleibt. Das verhindert die Sicherheitsschaltung: An Klemme 15 der Spule liegen 12 Volt an, an Klemme 1 dagegen nur rund 6 Volt. Es werden also etwa 6 Volt in der Spule verbraucht, wodurch sich diese aufheizen kann. Doch bereits nach 1 – 2 Sekunden legt das Schaltgerät an Klemme 1 ebenfalls 12 Volt Spannung. In der Spule herrscht keine Spannungsdifferenz mehr, der »Verbraucher« ist abgeschaltet.

Elektrische Verschaltung

○ Mit Einschalten der Zündung erhält das Schaltgerät Spannung von Zündschloßklemme 15 (schwarze Leitung).
○ Masse ans Schaltgerät gelangt über die braune Leitung.
○ Grün ist die Leitung der Klemme 1, über die der Unterbrechungsbefehl kommt.
○ Über das rot/schwarze Kabel kommt die Versorgungsspannung vom Schaltgerät zum Hallgeber.
○ Die braun/weiße Leitung stellt die Masseverbindung her.
○ Über das grün/weiße Kabel gelangt der Unterbrechungsimpuls vom Hallgeber zum Schaltgerät.

TSZ-Schaltgerät prüfen

Vor der Schaltgerät-Prüfung muß sichergestellt sein, daß die Zündspule in Ordnung ist.

● Kabel zur Saugrohrbeheizung und ggf. Startautomatik abziehen.

● Abdeckung über dem Wasserfangkasten abziehen.

● Gummimanschette am Mehrfachstecker des TSZ-Schaltgeräts zurückstreifen.

● **Spannungsversorgung:** Nach Herunterdrücken der Sicherungsklammer den Stecker abziehen.

Links: Das TSZ-Schaltgerät (2; hier bei einem Fahrzeug mit mechanischer Zündverstellung) sitzt auf einem sogenannten Kühlkörper (3), damit die entstehende Wärme abgeleitet wird. Wir haben hier den Mehrfachstecker (4) abgezogen, um am Schaltgerät die Kontakte sichtbar zu machen (1 – 7).
Rechts: Das hier gezeigte TSZ-Schaltgerät ist in einem Passat mit Digifant-Einspritzung eingebaut. Am Mehrfachstecker (Pfeil) sind nicht sämtliche Kontaktstellen belegt, wie hier die Zahlen zeigen.

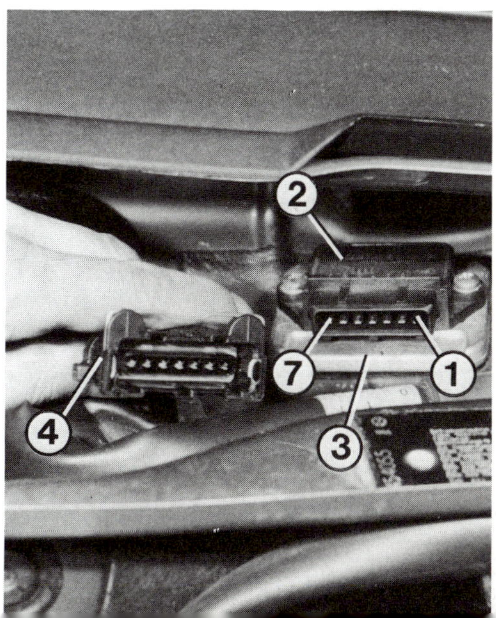

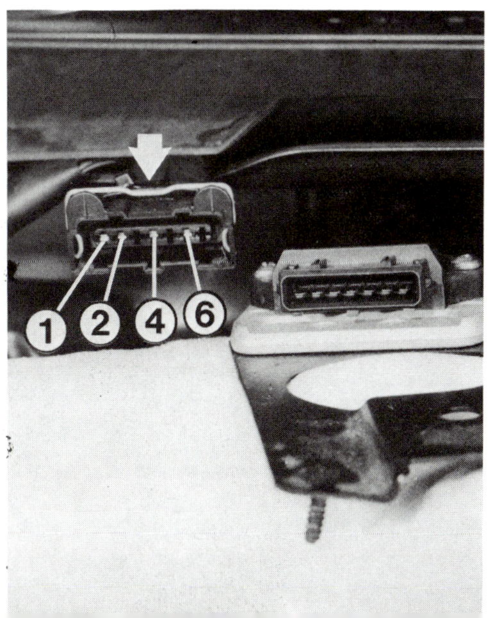

● Voltmeter an den Kontakten 2 (braunes Kabel) und 4 (schwarzes Kabel) anschließen.
● Zündung einschalten. Es müssen etwa 12 Volt anliegen.
● Zeigt sich nichts, Unterbrechung anhand der Stromlaufpläne suchen.
● Zündung ausschalten. Stecker am Schaltgerät wieder aufstecken.
● **Sicherheitsschaltung:** Voltmeter zwischen Klemme 1 und Masse anschließen.
● Sofort nach Einschalten der Zündung liegen ca. 6,6 Volt an.
● Nach 1 – 2 Sekunden steigt die Spannung auf ca. 12 V an. Das ist die Sicherheitsschaltung, damit sich die Zündspule bei lang eingeschalteter Zündung nicht aufheizen kann.
● Falls an Klemme 1 sofort 12 Volt anliegen, Stekker am Schaltgerät wieder abziehen.
● Durchgang der folgenden Leitungen überprüfen: Klemme 1 (grün), Klemme 15 (schwarz), Masse (braun).
● War hier kein Fehler erkennbar, muß das Schaltgerät ersetzt werden.
● Da die Zündspule durch die ausgefallene Sicherheitsschaltung gelitten haben könnte, muß sie auf ausgetretene Vergußmasse überprüft werden. Wenn ja, Zündspule ersetzen.
● **Impulsverarbeitung:** Zündung lahmlegen.
● Voltmeter zwischen Klemme 1 der Zündspule und Masse anschließen.
● Dreifachstecker am Zündverteiler abziehen.
● In den mittleren Steckkontakt einen Nagel, Splint o. ä. stecken.
● Zündung einschalten, am Voltmeter werden nach 1 – 2 Sekunden 12 Volt angezeigt.
● Mit dem verlängerten Mittelkontakt kurz Masse berühren und Voltmeter beobachten.
● Für 1 – 3 Sekunden sinkt die Spannung auf rund 6 Volt ab und steigt dann wieder auf ca. 12 V an.
● Bleibt die Spannung auf 12 Volt, ist das Schaltgerät defekt.
● Sinkt die Spannung kurzfristig, aber fehlt es am Zündfunken, ist die Zündspule defekt oder das Hochspannungskabel zwischen Spule und Verteiler unterbrochen.

Leistungsendstufe der KE-Motronic prüfen

● Die Prüfung setzt voraus, daß die Zündspule intakt ist.
● Stecker an der Endstufe abziehen.
● Voltmeter an den Klemmen des schwarz/gelben und braunen Kabels am Stecker anschließen, Zündung einschalten.
● Die Stromversorgung der Endstufe ist in Ordnung, wenn ca. 12 Volt angezeigt werden. Sonst Leitungsunterbrechung suchen.
● Bei ausgeschalteter Zündung Dioden-Spannungsprüfer mit Prüfspitzen im Stecker an den Kontakten des braunen und grünen Kabels anschließen.
● Beim Durchdrehen des Motors muß die Leuchtdiode flackern, andernfalls fehlt es am Signal vom Hallgeber.
● Zündung ausschalten, Stecker an Leistungsendstufe anschließen.
● Stecker zum Hallgeber am Verteiler abziehen.
● Voltmeter an der Zündspule zwischen Klemme 1/– und 15/+ anschließen.
● Zündung einschalten.
● Am noch abgezogenen Dreifachstecker legen Sie den mittleren Kontakt mit einem Kabel kurz an Masse. Meßgerät beobachten: Die Spannung steigt kurzfristig auf mindestens 2 Volt.
● Danach fällt sie wieder auf 0 Volt ab.
● Fällt die Spannung nicht wieder ab, ist die Leistungsendstufe bzw. das Steuergerät defekt (versuchsweise ersetzen).
● Zündspule bei ausgetretener Vergußmasse ebenfalls ersetzen.

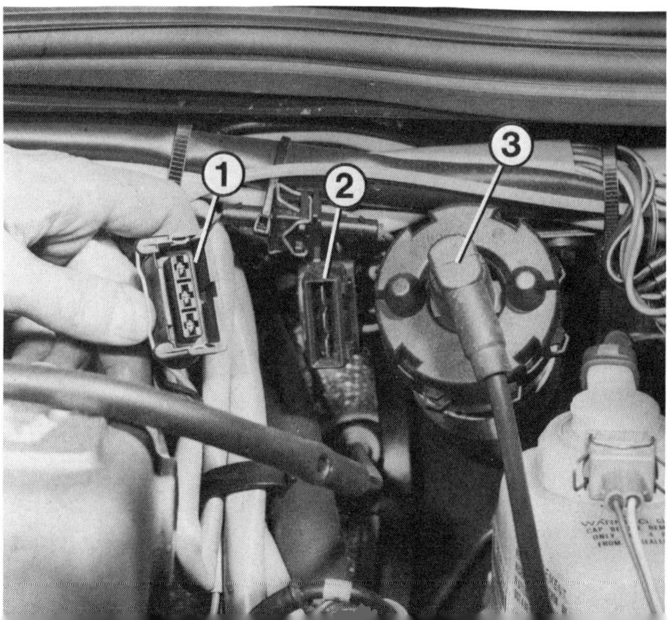

Beim Passat 16 V mit KE-Motronic sitzt neben der Zündspule (3) die Leistungsendstufe (2), von der wir hier den Kabelstecker (1) abgezogen haben.

Die beiden Zeichnungen zeigen, wie die Meßgeräte zum Prüfen des Zündtrafos angeschlossen werden müssen (Näheres dazu siehe Text unten und auf der folgenden Seite).

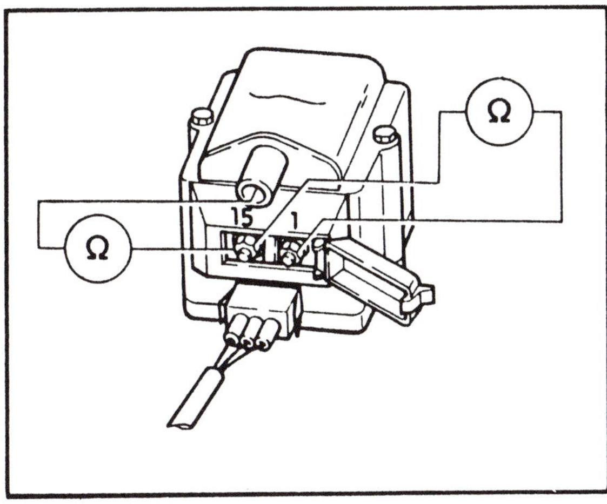

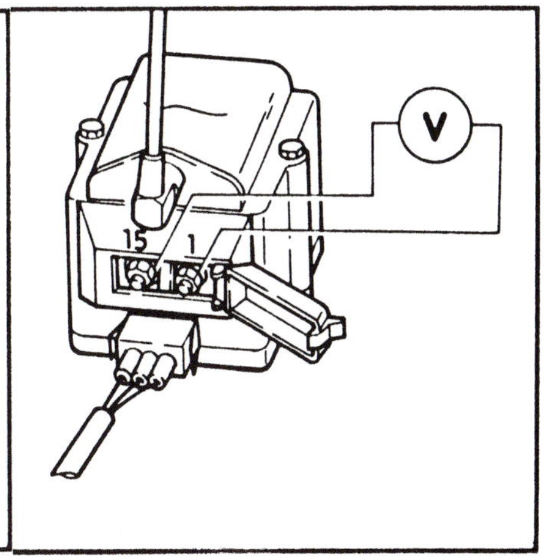

Der Zündtrafo

Monomotronic, Digifant 85 kW

Dieses Bauteil vereinigt Schaltgerät und Leistungsendstufe der Transistorzündung mit der Zündspule; die Zusammenfassung in einem Gehäuse verringert Spannungsverluste.

○ Für die Spannungsversorgung der Primärwicklung im Zündspulenteil dient eine schwarze Leitung von der Zentralelektrik zum Zündtrafo. Über den Kontakt der **Klemme 15** ist in der sogenannten Schließzeit die Verbindung zur Primärwicklung hergestellt.

○ Damit im gesamten Leistungsbereich die nötige Zündenergie vorhanden ist, wird die Zeit für den Stromfluß zum Zündspulenteil je nach Drehzahl und Versorgungsspannung angepaßt. Außerdem kann das Schaltteil den Primärstromfluß zum Zündspulenteil bis zu einem Maximalwert begrenzen.

○ Zur Schonung des Zündspulenteils besitzt der Zündtrafo eine Sicherheitsschaltung. Da beim Einschalten der Zündung der Stromkreis immer geschlossen ist, könnten die Spulenwicklungen überhitzt werden, wenn die Zündung über längere Zeit eingeschaltet bleibt. Das verhindert die Sicherheitsschaltung: An Klemme 15 liegen 12 Volt an, an Klemme 1 dagegen maximal 10 Volt (eher weniger). Es werden also mindestens 2 Volt in den Wicklungen »verbraucht«, wodurch sich diese aufheizen können. Doch bereits nach 1 – 2 Sekunden legt der Zündtrafo an Klemme 1 ebenfalls 12 Volt Spannung. In den Wicklungen herrscht keine Spannungsdifferenz mehr, der »Verbraucher« ist abgeschaltet.

○ Der Unterbrechungsimpuls vom Hallgeber gelangt über das Zünd/Einspritz-Steuergerät durch eine grün/schwarze Leitung an das Schaltteil mit Leistungsendstufe des Zündtrafos. Dort findet die Umformung und Stromverstärkung des Hallgeberimpulses statt, der – wie beschrieben über den Kontakt der **Klemme 1** – den Stromfluß durch die Primärwicklung steuert.

○ Die Zündspannung von rund 35 000 Volt kommt aus der dicken **Klemme 4** des Trafos und wird über das Hauptzündkabel zum Verteilerdeckel weitergeleitet.

○ Die braune Leitung stellt die **Masse**-Verbindung her.

Zündtrafo prüfen

● Die **Sichtprüfung** am Zündtrafo wurde bereits durchgeführt.

● Zur **Widerstandsprüfung** Dreifachstecker und Hauptzündkabel am Zündtrafo bei ausgeschalteter Zündung abnehmen. Wir messen Primär- und Sekundärwicklung des Spulenteils.

Der Zündtrafo sitzt an der Trennwand zum Wasserfangkasten. Die Zahlen bezeichnen die Klemmenbezeichnungen der Zündanlage. Mit dem Pfeil haben wir die kleine Kappe gekennzeichnet, die zu Prüfungen am Zündtrafo (wie hier gezeigt) hochgeklappt werden muß.

● Mit einem Ohmmeter zwischen den Zündtrafoklemmen 1/– und 15/+ messen.
● Sollwert: 0,5 – 0,7 Ω.
● Nächste Messung zwischen Klemme 15 und 4.
● Sollwert: 3 – 4 kΩ.
● Werden die genannten Werte nicht erreicht, Zündtrafo ersetzen.
● Mit diesen Messungen läßt sich ein Kurzschluß zwischen den Wicklungen nicht erkennen. Fällt also der Verdacht trotz guter Meßergebnisse auf den Zündtrafo, sollten Sie den ausgebauten Trafo bei einer Autoelektrik-Werkstatt durchprüfen lassen.
● Zur **Spannungsprüfung** brauchen Sie ein Voltmeter sowie Hilfskabel mit Prüfspitzen.
● An den außenliegenden Kontakten des Zündtrafo-Dreifachsteckers die Kontakte anklemmen.
● Zündung einschalten, am Voltmeter müssen etwa 12 Volt abzulesen sein. Lag keine Spannung an, Leitungsunterbrechung in der Plus- oder Masseleitung suchen.
● Zündung ausschalten.
● **Impulsprüfung:** Bei Digifant Kabelstecker am Kaltstartventil und am Halter für die Leitungen der Einspritzventile abziehen.
● Mit Hilfsleitungen und Prüfspitzen einen Leuchtdioden-Spannungsprüfer an den Kontakten 2 und 3 der Zündtrafosteckers anschließen.
● Von Helfer den Anlasser betätigen lassen.
● Die Leuchtdiode muß flackern. Wenn nicht, liegt es am Hallgeber, oder das Steuergerät ist defekt.
● Zündung ausschalten.
● **Sicherheitsschaltung:** Dreifachstecker am Trafo wieder aufdrücken.
● Voltmeter an den Schraubkontakten von Klemme 1 und 15 des Zündtrafos anklemmen.
● Zündung einschalten. Es müssen mindestens 2 Volt anliegen (= Spannungsdifferenz zwischen den Wicklungen).
● Nach 1 – 2 Sekunden fällt die Spannung auf 0 ab.
● Wenn nicht, ist die Sicherheitsschaltung des Zündtrafos defekt, und er muß ersetzt werden.

Der Zündverteiler

Dieses Teil der Zündanlage erfüllt wesentlich mehr Funktionen, als man seinem Namen zunächst entnehmen kann.
○ Im oberen Hochspannungsteil liefert der sich drehende Verteilerfinger den hochgespannten Strom an die einzelnen Zündkerzen.
○ Im Untergeschoß des Verteilers sitzt der Hallgeber, der die Zündimpulse auslöst.
○ Beim Passat mit einfacher TSZ ist die Verteilerwelle zweigeteilt. Sie ist kombiniert mit der fliehkraftgeregelten mechanischen Zündzeitpunktverstellung.
○ Seitlich am Verteiler ist bei der TSZ die Unterdruckdose der Unterdruck-Zündverstellung angebracht, die über eine Betätigungsstange auf die Hallgeber-Grundplatte wirkt.

Hallgeber prüfen

● **Spannungsversorgung:** Dreifachstecker am Zündverteiler abziehen.
● Voltmeter zwischen die außenliegenden Kontakte im Stecker der rot/schwarzen und der braun/weißen Leitung anschließen.
● Zündung einschalten. Die Spannung muß mindestens 10 Volt betragen.
● Liegt keine Spannung an, liegt es an Leitungsunterbrechung oder am TSZ-Schaltgerät bzw. Steuergerät.
● **Unterbrechungsimpuls:** Kabelstecker am Kaltstartventil (85 kW) und an der Einspritzeinheit (Monojetronic/-motronic) bzw. am Leitungshalter für die Einspritzventile abziehen.
● Schutzhülle am Mehrfachstecker des Hallgebers am Verteiler zurückstreifen. Der Stecker selbst bleibt angeschlossen.
● Voltmeter oder Spannungsprüfer (keine herkömmliche Prüflampe) zwischen den mittleren Kontakt und einen der außenliegenden Kontakte schalten.
● Motor von einem Helfer mit dem Anlasser durchdrehen lassen.
● Die Leuchtdiode muß flackern.
● Wenn nicht, ist der Hallgeber defekt.

Hallgeber prüfen bei KE-Motronic

● Stecker nach Drücken der Klammer abziehen.
● Dioden-Spannungsprüfer mit passenden Prüfspitzen zwischen den Kontakt der grünen und der braunen Leitung im Stecker schalten.
● Zündung einschalten, Motor von Hand in Drehrichtung oder mit dem Anlasser durchdrehen.
● Bei gedrehtem Motor muß die Leuchtdiode abwechselnd aufleuchten und verlöschen.
● Falls nicht, Zündung ausschalten und Versorgungsspannung für Hallgeber und KE-Motronic-Steuergerät prüfen.
● Dreifachstecker am Zündverteiler abziehen.
● Voltmeter zwischen die außenliegenden Kontakte im Stecker der rot/schwarzen und der braun/weißen Leitung anschließen.
● Zündung einschalten. Die Spannung muß mindestens 9 Volt betragen.
● Am Stecker zum Hallgeber die Gummihülle zurückstreifen, Stecker wieder aufdrücken.
● Dioden-Spannungsprüfer mit passender Hilfsleitung zwischen den mittleren Kontakt am Hallgeberstecker und dem Pluspol der Batterie verbinden.

Die Einzelteile des Zündverteilers:
1 – Verteilergehäuse;
2 – Halteklemme;
3 – Steckeranschluß;
4 – Hallgeber;
5 – Blendenrotor;
6 – Unterdruckdose (nur bei mechanischer Zündverstellung);
7 – Verteilerfinger;
8 – Verteilerdeckel;
9 – Blechabschirmung (zur Verhinderung von Störgeräuschen beim Radioempfang).

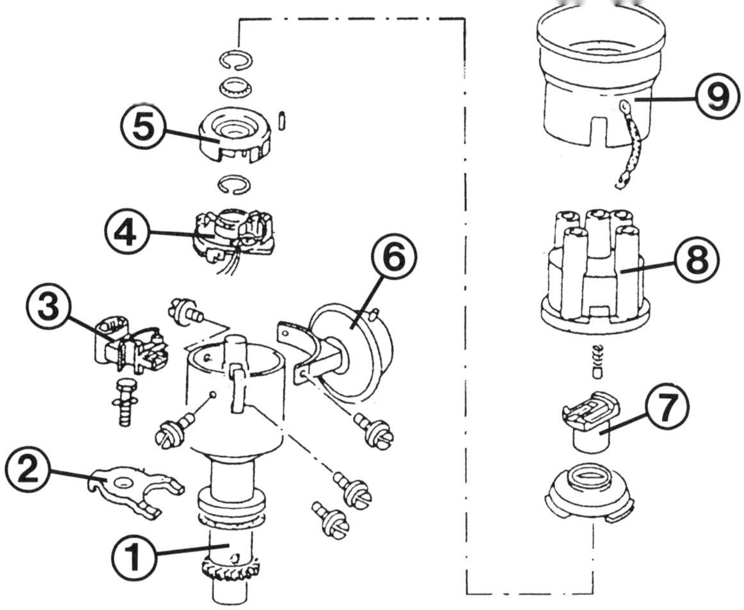

● Zündung einschalten, Motor von Hand oder mit dem Anlasser durchdrehen.
● Wenn jetzt die Diode abwechselnd aufleuchtet und verlöscht, ist der Hallgeber in Ordnung.
● Bleibt es dunkel, liegt es an Hallgeber und/oder Steuergerät der KE-Motronic.
● Für das Steuergerät gibt es keine Prüfmethode im herkömmlichen Sinn.

Verteiler öffnen

● Blech-Halteklammern des Deckels mit einem Schraubenzieher abdrücken.
● Massekabel der evtl. vorhandenen Blechabschirmung abziehen.
● Verteilerdeckel abnehmen, die Zündkabel bleiben aufgesteckt.
● **Bis 85 kW:** Verteilerfinger abziehen, darunterliegenden Staubschutzdeckel abnehmen.
● Beim Einbau den Staubschutzdeckel so auflegen, daß seine Haltenase in die Aussparung im Verteilergehäuserand zu liegen kommt.
● Der Verteilerfinger besitzt eine angegossene Erhebung, die in die Aussparung in der Verteilerwelle einrastet.
● Auch der Verteilerdeckel besitzt als Verdrehsicherung eine angegossene Nase, die in den Einschnitt im Verteilergehäuse einrasten muß.
● **100 kW:** Beim Passat 16 V läßt sich der Verteilerfinger nicht abziehen – er ist auf die Welle geklebt.
● Soll der Verteilerfinger ersetzt werden, muß man ihn zerstören.
● Das geschieht am besten durch Zerdrücken mit einer Zange. Keinesfalls zerschlagen, sonst wird die Zündverteilerwelle oder ihre Lagerung beschädigt!

Zündverteiler kontrollieren

● Verteilerdeckel abnehmen. Er muß innen und außen sauber sein, damit keine Strombrücke über Schmutz, Abrieb oder Feuchtigkeit den Zündstrom ableitet.
● Die Kontaktkohle in der Mitte muß glatt und glänzend sein, sich leicht einfedern lassen und ohne zu klemmen wieder zurückfedern.
● Der Verteilerfinger darf an seiner Kontaktzunge und über der Vergußmasse des Entstörwiderstands zwischen Mittelkontakt und der Zunge nicht verschmort sein.
● Der Widerstand des Verteilerfingers (Kennzeichnung »R 1«) muß 0,6 – 1,4 kΩ betragen.
● Bleistiftartige Striche im Verteilerdeckel sind

Linkes Bild: Mit dem Schraubenzieher wird hier eine der beiden Haltespangen (1) des Verteilerdeckels abgedrückt. Unten sehen Sie die Schraube (2) an der Verteiler-Halteklemme.
Rechts der Blick in den geöffneten Verteiler:
3 – Blendenrotor;
4 – Dreifach-Kabelstecker;
5 – Unterdruckdose der mechanischen Zündverstellung;
6 – Hallgeber.

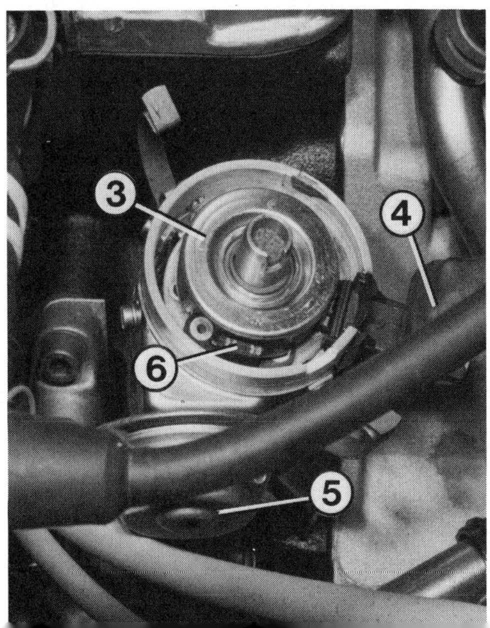

Brandspuren von Kriechströmen, die sich über Schmutz oder Feuchtigkeit einen Weg gebahnt und eingebrannt haben.

● Behelfsmäßige Abhilfe schafft hier Auskratzen mit einem Schraubenzieher oder Messer und Überstreichen mit Alleskleber, Nagellack oder im Notfall auch Lippenstift.

Fingerzeig: Durch die hohen Zündspannungen kann es am Verteilerdeckel zu Kriechströmen bzw. Spannungsdurchschlägen zwischen den Zündkabeln und der runden Blechabschirmung kommen. Behelf unterwegs: Blechabschirmung ganz abnehmen.

Verteiler ausbauen

● Zylinder 1 auf Zündzeitpunkt stellen (Seite 30).

● Verteilerdeckel abnehmen.

● **Bis 85 kW:** Schraube an der Halteklemme des Verteilers losdrehen, Zündverteiler nach oben abziehen.

● **100 kW:** Zwei Halteschrauben am Zündverteilerfuß losdrehen, Verteiler abnehmen.

● Zum **Einbau** des Verteilers muß der Motor folgendermaßen stehen:

● **Bis 85 kW:** Das »O« auf der Schwungscheibe muß gegenüber dem Pfeil im Schauloch stehen (Bild Seite 31 unten).

● Außerdem muß im Einsteckloch für den Zündverteiler der Aufnahmezapfen der Ölpumpenwelle parallel zur Kurbelwelle stehen.

● Die Körnermarkierung an der Rückseite des Nokkenwellen-Zahnriemenrades muß in Höhe der Zylinderkopfdeckeldichtung stehen, wie im Bild auf Seite 33 unten gezeigt.

● Verteilerwelle so drehen, daß der Verteilerfinger zur Marke im Verteilergehäuserand zeigt, Verteiler einsetzen.

● **100 kW:** Die Mitnehmerkupplung des Verteilers ist asymmetrisch geformt, der Verteiler läßt sich nur in einer Stellung richtig einsetzen.

● Anschließend Zündung einstellen.

Fehlersuche an der Zündverstellung der TSZ

Fliehkraft-Verstellung prüfen

● Stroboskoplampe anschließen.

● Unterdruckschlauch am Verteiler abziehen.

● Motor starten.

● Zündlichtlampe auf die Zündzeitpunktmarkierung halten (siehe unter »Zündung prüfen«).

● Die Kerbe auf der Schwungscheibe muß ruckfrei auswandern und beim Zurückgehen auf Leerlaufdrehzahl sofort wieder zur Zündmarkierung zurückkommen.

● Für eine genaue Überprüfung muß die Zündverstellung anhand der Verteiler-Verstellkurven in der Werkstatt gemessen werden.

Unterdruck-Verstellung prüfen

● Zur Prüfung Schlauch von der Unterdruckdose am Verteiler abziehen und mit dem Finger verschließen.

● Motor von einem Helfer starten und auf mittlerer Drehzahl (ca. 3000/min) halten lassen.

● Bei gleichmäßiger Drehzahl den Schlauch wieder an der Unterdruckdose aufstecken.

● Da nun vom Saugrohr her Luft durch den Schlauch angesaugt wird, muß die Unterdruckverstellung in diesem Teillastbereich in Aktion treten, wodurch die Motordrehzahl ohne Gaspedalveränderung sofort merklich erhöht wird.

● Falls der Motor nicht etwas schneller dreht, ist wahrscheinlich der Schlauch oder die Unterdruckdose undicht.

Zündverstellung und Klopfsensor der Digifant

Funktions-kontrolle

Voraussetzung für die Prüfung ist ein warmgefahrener Motor, und der Temperaturgeber der Digifant muß in Ordnung sein, siehe Kapitel »Digifant-Einspritzung«.

● Stroboskoblampe mit Verstellwinkelanzeige sowie Drehzahlmesser anschließen.

● Motor starten und im Leerlauf drehen lassen.

● Am Temperaturgeber blauen Stecker abziehen.

● Motor auf 2300/min hochdrehen, Zündzeitpunkt ablesen und notieren.

● Temperaturgeber-Stecker wieder anschließen, Zündzeitpunkt nochmals bei 2300/min messen.

● Er muß jetzt 30° über den notierten Wert hinaus in Richtung »früh« wandern (zulässige Toleranz ± 3°).

● Wird der Zündzeitpunkt nur um 20 ± 3° nach »früh« verstellt, liegt es am Klopfsensor.

● Nachfolgende Fehlerbeseitigungs-Versuche immer am ausgeschalteten Motor durchführen und dann erneut prüfen.

● Ursachen können sein: Klopfsensor zu fest angeschraubt.

● Abhilfe: Schraube lösen und mit genau 15 – 25 Nm anziehen.

● Weitere Möglichkeit: Leitungsunterbrechung. Anhand der Stromlaufpläne ermitteln.

● War die Leitung in Ordnung, Klopfsensor ersetzen.

● Messen Sie den gleichen Zündzeitpunkt bei abgezogenem und angeschlossenem Stecker am Temperaturgeber, hat die Leitung zum Geber eine Unterbrechung.

● Lag es nicht an der Leitung, steckt der Fehler im Digifant-Steuergerät.

Beim Sechzehnventiler sitzt in der Zündleitung (2) zur Kerze des 4. Zylinders ein Geber (3) für den Zündzeitpunkt. Der Kabelstecker (4) ist in den Halter (1) eingeklemmt.

Zündverstellung und Klopfsensor der KE-Motronic

Hier werden Zündverstellung und Klopfsensor über den Fehlerspeicher geprüft. Andere Kontrollmöglichkeiten stehen nicht zur Verfügung. Bisweilen macht jedoch ein defekter Klopfsensor auch durch heftiges Motorklingeln beim Beschleunigen auf sich aufmerksam.
Beim Einbau eines neuen Sensors unbedingt auf das richtige Anzugsmoment der Befestigungsschraube achten (15 – 25 Nm).

Digitale Leerlauf-Stabilisierung der KE-Motronic

In den seit 10/90 eingebauten Steuergeräten der KE-Motronic ist eine Digitale Leerlauf-Stabilisierung integriert, kurz DLS. Dieser Name rührt daher, daß die übermittelten Signale digital verarbeitet werden. Das DLS-Elektronikteil vergleicht den Zeitabstand der Zündimpulse im Leerlauf mit einer Sollzeit und korrigiert Abweichungen durch Veränderung des Zündzeitpunkts.
Wenn normalerweise ein leistungsstarker Stromverbraucher eingeschaltet oder ein Fahrbereich der Getriebeautomatik eingelegt wird, sinkt die Motordrehzahl, oder der Motor stirbt sogar ab. Damit fällt die Zündimpulsfolge unter einen in der DLS fest eingebenen Wert. Sie verschiebt den Zündzeitpunkt in Richtung »früh« durch kürzere Zündimpulse. Mit wieder ansteigender Drehzahl wird die DLS-Funktion abgeschaltet.

Fehlerspeicher bei allen Motronics

Ein Fehler in der Zünd- bzw. Einspritzsteuerung, der dem Motor schaden könnte, wird von der Motronic selbst erkannt. Diesen Fehler speichert das Steuergerät, solange die Zündung eingeschaltet ist. Um welchen Fehler es sich dabei handelt, muß man abfragen. Die Fehlerspeicher-Abfrage finden Sie unter der Beschreibung der Einspritzung.

Die Zündkabel

Die Verbindungskabel vom Verteiler zu den Zündkerzen besitzen funktionssichere Kupferdrähte. Normalerweise bereiten die Kabel keine Probleme.

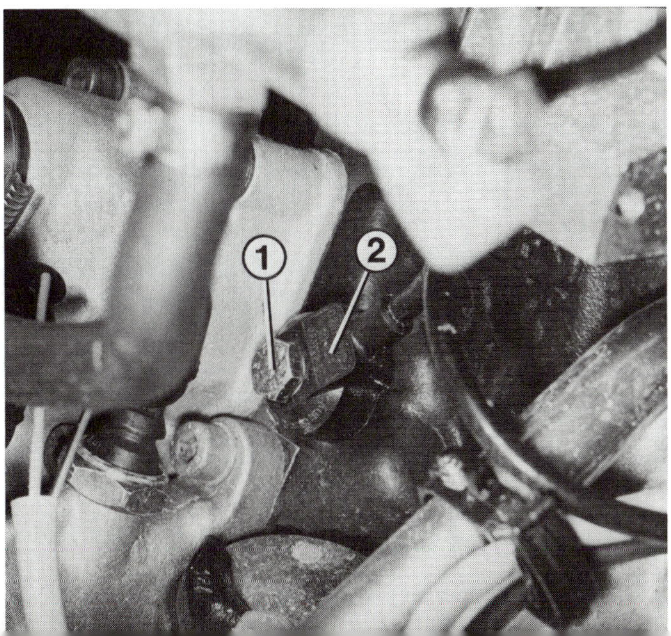

Am Passat 16 V sind zwei Klopfsensoren vorhanden. Hier im Bild sehen Sie den in Fahrtrichtung links eingeschraubten Sensor (2) mit seiner Halteschraube (1). Das Anzugsdrehmoment dieser Schraube muß unbedingt eingehalten werden, sonst funktioniert der Klopfsensor nicht.

Im Bild links haben wir beim Achtventiler die Aufsteck-Reihenfolge für die Zündkabel markiert. Der Pfeil kennzeichnet die Drehrichtung des Verteilerfingers.
Rechts: Wenn der Verteilerfinger direkt über der Kerbe im Verteilergehäuserand steht (Pfeile), ist Zylinder 1 in Zündstellung.

Zündkabel prüfen

● Kontrollieren Sie, ob die Kabel fest in die Buchsen des Verteilerdeckels eingesteckt sind. Sie können sich bei Erwärmung der eingeschlossenen Luft etwas herausheben und so Motorstottern verursachen.
● Die Messingklemmen dürfen nicht oxidiert sein, und sie müssen guten Kontakt zu den Kerzensteckern haben.
● Wenn der Zündfunke schon vor der Zündkerze zur Masse überspringt, hören Sie das an Knack- oder Knattergeräuschen im Motorraum.
● Nachts sehen Sie die Funken deutlich springen. Ursache kann eine Streusalzschicht auf den Kabeln sein, oder ein Kabel ist irgendwo durchgescheuert.
● Zündkabel mit Scheuer- oder Schmorstellen sollten Sie umgehend ersetzen.
● Bei Zündstörungen die Entstörstecker an der Zündspule sowie am Verteiler auf richtigen Widerstandswert messen.
● Das Ohmmeter soll 0,6 – 1,4 kΩ anzeigen.
● Widerstand der Zündkerzenstecker messen, Sollwert 4 – 6 kΩ.

Zündkabel auswechseln

● Kaufen Sie Kupferlitzen-Zündkabel als Meterware im Autozubehörgeschäft.
● Auf die Kabelenden zum Verteiler hin müssen Messingklemmen in die Kupferlitze eingedreht werden.
● Die Entstör- und Kerzenstecker müssen auf gleiche Weise eingedreht werden.

Die Zündfolge

Für ausgewogenen Motorlauf werden die Zylinder nicht etwa in der Folge 1 – 2 – 3 – 4 gezündet, sondern gewissermaßen durcheinander. Entsprechend der Zündfolge sind die Zündkabel im Verteilerdeckel eingesteckt. Wenn der Verteilerfinger bei abgenommenem Verteiler- und Staubschutzdeckel auf die Kerbe im Gehäuserand zeigt (Bilder oben und unten), steht Zylinder 1 (der in Fahrtrichtung rechts stehende) auf Zündzeitpunkt. Das ist ein Anhaltspunkt beim Aufstecken der Zündkabel.

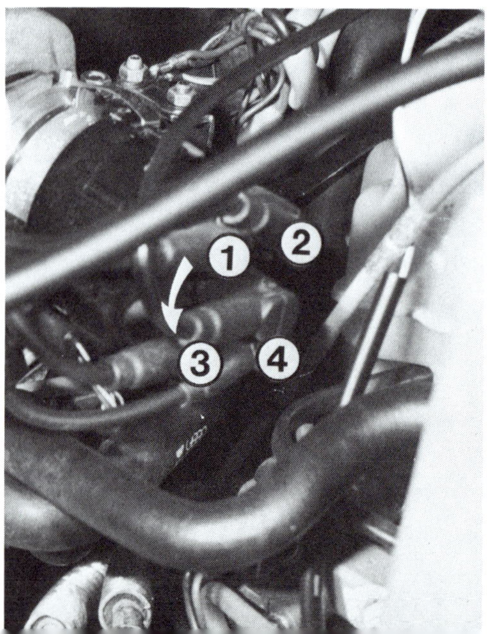

Beim waagrecht liegenden Verteiler des Passat 16 V sehen Sie links die Reihenfolge zum Aufstecken der Zündkabel.
Rechts: Der Verteilerfinger kann beim Sechzehnventiler nicht einfach abgezogen werden, denn er ist festgeklebt. Die Abbildung zeigt den Verteilerfinger in Zündstellung des 1. Zylinders.

Bedingt durch die beengten Raumverhältnisse durch das Saugrohr können beim Passat 16 V die Zündkerzen nur mit einem ganz schlanken Schlüssel herausgedreht werden. Hier im Bild das V.A.G.-Spezialwerkzeug.

Die Zündfolge lautet 1 – 3 – 4 – 2, der Verteilerfinger ist bei den Motoren bis 85 kW rechtsdrehend (im Uhrzeigersinn), beim 16 V dagegen linksdrehend (entgegen dem Uhrzeigersinn).

Zündkerzen kontrollieren

Wartung Nr. 13

Der Wartungsplan sieht den Kerzenwechsel alle 30 000 km bzw. alle 60 000 km vor. Eine Kontrolle zwischendurch kann aber nicht schaden.

Zündkerzen ausbauen

● Zündkerzenstecker fassen und von den Stiften der Kerzen ziehen. Nicht an den Zündkabeln zerren.
● Zündkerzen mit dem Kerzenschlüssel herausdrehen (bis 85 kW: SW 20,8, 100 kW: SW 16).
● Zündkerzen in der Reihenfolge der Zylinder ablegen.
● Sitzen die Kerzen sehr fest, keine Gewalt anwenden, sonst kann das Kerzengewinde im Leichtmetall-Zylinderkopf ausreißen.
● Motor heißfahren und jetzt die Kerzen herausdrehen. Vorsicht, daß Sie sich die Hände nirgends verbrennen.
● Beim Einbau keine kalten Kerzen in den warmen Zylinderkopf fest eindrehen, sie sitzen später wie eingenietet fest.
● Zündkerzen sollen mit 20 Nm festgezogen werden.
● Wenn kein Drehmomentschlüssel zur Hand ist: Kerze eindrehen, bis der Dichtring anliegt – sie läßt sich dann von Hand oder mit dem Kerzenschlüssel ohne Kraftanstrengung nicht mehr weiterdrehen.
● Eine neue Kerze jetzt mit dem Kerzenschlüssel eine knappe Viertelumdrehung (= 90°) weiter anziehen, das genügt.
● Eine gebrauchte Kerze, deren Dichtring bereits plattgedrückt ist, darf nur im Winkel von etwa 15° angedreht werden.

Zündkerzen prüfen

Die Zündkerzen sind gewissermaßen Augenzeugen der Verbrennung im Motor. Das Aussehen der Kerzenspitze (das »Kerzengesicht«) läßt erkennen, ob der Motor optimal arbeitet. Vorher sollte der Passat auf der Landstraße oder Autobahn gründlich warmgefahren worden sein. Die Kontrolle nach Kurzstreckenverkehr kann zu Fehlschlüssen führen. Sehen Sie sich die Isolatorspitze mit der Mittelelektrode und die Seitenelektrode(n) an:

○ **Isolatorspitze hellgrau bis bräunlich gefärbt:** Gute Einstellung von Vergaser bzw. Einspritzanlage, der Motor läuft wirtschaftlich.
○ **Starke Ablagerungen:** Ursache können Zusätze im Motoröl oder Kraftstoff sein oder erhöhter Ölverbrauch. Evtl. Öl- bzw. Kraftstoffmarke wechseln.
○ **Schwarze rußartige Ablagerungen:** Zündkerze erreicht durch häufigen Kurzstreckenverkehr ihre Selbstreinigungs-Temperatur nicht, falscher Wärmewert, CO-Gehalt zu hoch.
○ **Isolatorspitze weißlich gefärbt:** Zündzeitpunkt zu stark in Richtung »früh« eingestellt, Zündzeitpunktverstellung funktioniert nicht, CO-Gehalt zu niedrig.
○ **Schmelzerscheinungen an Mittel- und Seitenelektrode:** Glühzündungen durch Ablagerungen im Verbrennungsraum, überhitzte Ventile, falschen Zündzeitpunkt, defekte Zündzeitpunktverstellung oder Hitzestau durch mangelhafte Kühlung.
○ **Bruch der Isolatorspitze**, im Anfangsstadium als Haarrisse erkennbar: Klopfende Verbrennung durch minderwertigen Kraftstoff, falsche Zündeinstellung, schadhafte Zündzeitpunktverstellung, ungenügende Motorkühlung oder Gemischabmagerung durch Nebenluft.

○ **Gelblich glänzende Schicht auf der Isolatorspitze:** Benzin- und Motorölzusätze haben Ablagerungen gebildet, die sich bei abrupter voller Belastung des Motors verflüssigt haben und elektrisch leitfähig wurden – als Folge Zündaussetzer. Nach wochenlangem Kurzstreckenbetrieb sollten Sie den Motor nicht sofort voll belasten.
○ **Ölschicht über Elektroden und Innenraum der Kerze:** Kolbenringe, Ventilführungen oder Ventilschaftabdichtungen schadhaft.
○ Zeigt das Zündkerzengesicht keine Besonderheiten, aber leidet der Motor unter Startunwilligkeit oder Ruckeln, kann es dennoch an den Kerzen liegen. Unsichtbare Risse im Keramikisolator können beim Kaltstart durch kondensierenden Kraftstoff gefüllt werden, wodurch der Zündfunke abgeleitet wird. Auch unter Druck können Kerzen versagen, obwohl der Funke in ausgebautem Zustand überspringt.

Der Elektrodenabstand

Das Kraftstoff/Luft-Gemisch bzw. das verbrannte Altgas wirkt korrosiv auf die metallischen Zündkerzenelektroden. Und die hohe Spannung beim Funkenüberschlag sprengt kleine Metallpartikel ab, wodurch der Funkenspalt mit zunehmender Laufzeit der Zündkerzen vergrößert wird.
Für unsere Motoren sind unterschiedliche Zündkerzen-Elektrodenabstände vorgeschrieben, siehe Tabelle unten.
Bei zu großem Abstand wird eine höhere Zündspannung benötigt, und es kann zu Zündaussetzern kommen. Evtl. springt der Motor überhaupt nicht an. Deshalb bei Zündkerzen mit Einzel-Stirnelektrode diese rechtzeitig nachbiegen. Bei den 3-Elektroden-Zündkerzen kann sich der Zündfunke die jeweils kürzeste Überspringstrecke »aussuchen«. Ein Nachbiegen wird kaum erforderlich werden.

Neue Zündkerzen kaufen

Wärmewert: Zündkerzen müssen auf die im Motor auftretenden Brennraum-Temperaturen abgestimmt sein. Eine Kennzahl besagt, wieviel Hitze die Zündkerze ertragen, d. h. ableiten kann, ohne selbst zu heiß zu werden. Leitet die Kerze zu viel Wärme ab, erreicht sie nicht ihre Selbstreinigungs-Temperatur, und die Zündkerzenelektroden setzen Ruß an.
Elektroden: Beim Passat werden sowohl Zündkerzen mit einzelner Stirnelektrode verwendet als auch solche mit drei Masse-Elektroden. Welche Ausführung bei Ihrem Motor erforderlich ist, steht in der Tabelle.
Einschraubgewinde: Es muß bei allen Zündkerzen für den Passat 19 mm lang sein; der Gewindedurchmesser beträgt 14 mm.
Schlüsselweite: Der Sechskant zum Ansetzen des Zündkerzenschlüssels ist bei den Motoren bis 85 kW 20,8 mm breit, beim 100-kW-Motor des 16 V mißt er dagegen 16 mm.
Dichtsitz: Für sämtliche Motoren im Passat sind Kerzen mit flachem Dichtsitz vorgeschrieben. Sie besitzen einen unverlierbaren Dichtring, also keinen zusätzlichen Dichtring einlegen.

Zündkerzen-Empfehlungen

Die in der Tabelle genannten Zündkerzen entsprechen den Empfehlungen des Volkswagen-Kundendienstes.

Motor	Kennbuchstaben	Besonderheiten	Zündkerzen				Elektrodenabstand mm
			Beru	Bosch	Champion	NKG	
1,6/53 kW	RF	Spulenaufkleber grau	14–8 DUO	W 8 DCO	N 9 YCX	–	0,7 – 0,8
1,6/53 kW	1F		–	W 8 LTCR[1)2)]	–	BUR 5 ET	0,9 – 1,1
1,6/55 kW	EZ		14–8 DTU	W 8 DTC	N 9 BYC 4	BP 5 ET–10	0,9 – 1,1
1,8/55 kW	AAM		–	–	–	BUR 5 ET[1)]	0,7 – 0,9
1,8/66 kW	RP, ABS		–	W 7 LTCR[1)2)]	–	BUR 6 ET	0,7 – 0,9
1,8/79 kW	PF	Spulenaufkleber grün	14–7 DTU	W 7 DTC	N 7 BYC	–	0,7 – 0,9
1,8/79 kW	PF	Spulenaufkleber grau	14–7 DUO	W 7 DCO	N 7 YCX	–	0,7 – 0,8
2,0/85 kW	2E		–	–	N 7 BMC	–	max. 0,6
2,0/100 kW	9A		–	–	–	BKUR 7 ET	0,7 – 0,9

1) 60 000-km-Wechselintervall   2) Elektrodenabstand 0,9 – 1,1 mm

Zündzeitpunkt prüfen

Wartung Nr. 31

Der Zündzeitpunkt kann sich bei den elektronisch gesteuerten Zündanlagen des Passat eigentlich nur durch Verschleiß der Verteilerwelle verstellen. Trotzdem kontrolliert die Werkstatt im Rahmen des »ASU-Service« auch die Zündeinstellung.

- Beachten Sie die Vorsichtsmaßnahmen bei Arbeiten an der Zündung.
- Bei Digifant bzw. KE-Motronic muß der Klopfsensor (bzw. beide Sensoren) in Ordnung sein, sonst erhalten Sie falsche Werte.
- Motor warmfahren und abschalten.
- Drehzahlmesser anschließen.
- Stroboskoplampe anschließen und ihr Auslösekabel in das Zündkabel des 1. Zylinders (der in Fahrtrichtung rechts stehende) schalten.
- Bei Monojetronic Unterdruckschlauch am Verteiler abziehen und Anschluß luftdicht verschließen.

● Bei Digifant blauen Kabelstecker vom Temperaturgeber abziehen.
● Motor starten, im Leerlauf drehen lassen bzw. bei Digifant auf Prüfdrehzahl hochdrehen.
● Leerlaufdrehzahl – sofern noch einstellbar – ggf. nachregulieren.
● Stroboskoplampe auf die **Schaulochkante** am Getriebegehäuse (links im Motorraum) halten.
● Bei jedem Aufblitzen der Stroboskoplampe muß die **Kerbe auf der Motorschwungscheibe der angegossenen Pfeilmarke** an der Kante der Schaulochs am Getriebegehäuse gegenüberstehen (siehe Bild unten).
● Stimmt die Einstellung nicht, Schraube der Halteklammer unten am Verteilerfuß (bis 85 kW) bzw. beide Schrauben am Zylinderkopf (100 kW) lockern.
● Verteiler ein kleines Stück nach rechts oder links um seine eigene Achse verdrehen, bis die Kerbe der Schwungscheibe mit der Pfeilmarke fluchtet.
● Verändert sich die Motordrehzahl während des Einstellens, muß nachreguliert werden (sofern möglich).
● Zum Schluß Schraube(n) festziehen und Zündzeitpunkt nochmals nachprüfen.

Zünd-Einstellwerte

Die Tabelle zeigt zur Zündeinstellung einen Prüf- und einen Einstellwert, was so zu verstehen ist: Bei der zeitsparenden Kontrolle richtet man sich nach der größeren Toleranz des Prüfwerts. Muß man ohnehin einstellen, soll das so gründlich wie möglich geschehen.

Motor	Kenn-buchstaben	Zündzeitpunkt vor OT		Prüfdrehzahl
		Prüfwert	Einstellwert	1/min
1,6/53 kW Euro-Kat	RF	14 – 18	16 ± 1	800 ± 50
1,6/53 kW US-Kat	1F	4 – 8[1]	6 ± 1	800 – 1000
1,6/55 kW ohne Kat	EZ	14 – 18	16 ± 1	800 ± 50
1,8/55 kW US-Kat	AAM	4 – 8	6 ± 1	825 – 1025
1,8/66 kW US-Kat	RP, ABS	4 – 8[2]	6 ± 1	750 – 950
1,8/79 kW US-Kat	PF	4 – 8[3]	6 ± 1	2000 – 2500
2,0/85 kW US-Kat	2E	4 – 8[3]	6 ± 1	2000 – 2500
2,0/100 kW US-Kat	9A	4 – 8	6 ± 1	700 – 900

[1] Unterdruckschlauch am Verteiler abgezogen
[2] Bei Monojetronic (bis 7/90) Unterdruckschlauch am Verteiler abgezogen
[3] Blauer Stecker vom Temperaturgeber abgezogen

Fingerzeig: Besitzt Ihre Zündlichtpistole ein Auslösekabel, das ins Zündkabel des 1. Zylinders gesteckt wird, müssen Sie auf einwandfreien Kontakt achten. Bei Wackelkontakten zwischen Zündkabel und Kerze kann das Schalt- bzw. Steuergerät Schaden nehmen.

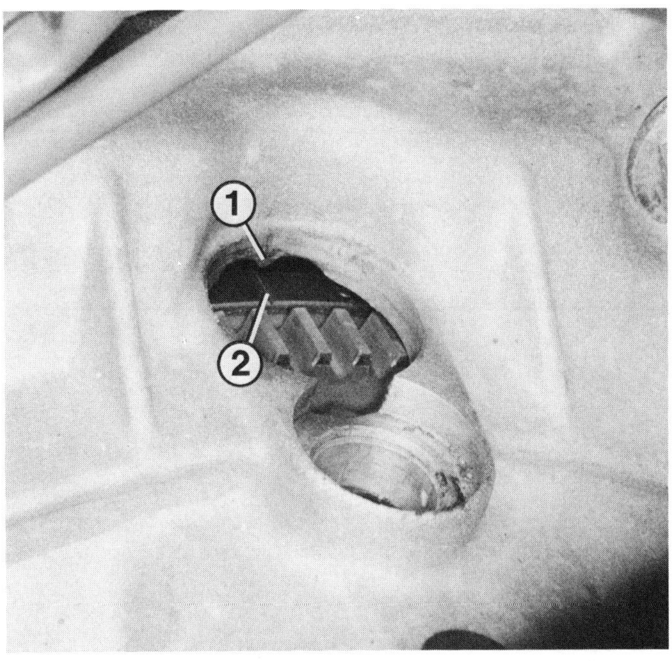

Bei richtiger Zündeinstellung muß die Kerbe (2) auf der Schwungscheibe im Blitzschein der Stroboskoplampe genau unter der Pfeilmarkierung (1) im Schauloch des Kupplungsgehäuses stehen.

Im rechten Licht

Nacht- und Nebelfahrten erfordern gutes Licht. Denn einerseits müssen Sie sehen, wohin Sie fahren und andererseits sollen die Verkehrsteilnehmer um Sie herum Ihren Passat rechtzeitig erkennen. Deshalb ein paar »einleuchtende« Worte.

Beleuchtung kontrollieren

Ständige Kontrolle

- Zündung einschalten und nacheinander einschalten und Funktion kontrollieren:
- Standlicht, Abblendlicht, evtl. eingebaute Nebelscheinwerfer, Fernlicht und Zusatzfernscheinwerfer.
- Blinker vorn rechts und links sowie Warnblinker.
- Rücklichter, Kennzeichenleuchten und Nebelschlußleuchte(n).
- Blinker hinten rechts und links, Warnblinker, Rückfahrleuchten.
- Zur Kontrolle der Bremsleuchten von einem Helfer das Bremspedal treten lassen.

Ersatzlampen für unterwegs

Im Ersatzlampenkasten sollten folgende Glühbirnen vorhanden sein:

- ○ Halogen-Zweifadenlampe H4, 60/55 Watt, DIN-Form YD (Hauptscheinwerfer)
- ○ Halogen-Einfadenlampe H3, 55 Watt, DIN-Form YC (Nebelscheinwerfer, ggf. Zusatz-Fernscheinwerfer)
- ○ Kugellampe, 21 Watt, DIN-Form RL (Blinker vorn und hinten, Rückfahrleuchten, Nebelschlußleuchte)
- ○ Zweifaden-Kugellampe, 21/5 Watt, DIN-Form SL (Brems- und Schlußlicht)
- ○ Kugellampe, 5 Watt, DIN-Form G (zweites Schlußlicht – nur Stufenheck)
- ○ Röhrenlampe, 4 Watt, DIN-Form HL (Standlicht)
- ○ Glassockellampe, 5 Watt, DIN-Form W (Kennzeichenleuchte)

Hauptscheinwerferlampen auswechseln

Die Glühlampen werden vom Motorraum her ausgebaut. Nach dem Auswechseln einer Scheinwerfer-Glühlampe (nicht der Standlichtbirne) sollte die Einstellung des betreffenden Scheinwerfers kontrolliert werden. Prüfen Sie vor dem Auswechseln einer Lampe, ob der Lichtschalter ausgeschaltet ist.

Die Glaskolben der Glühbirnen nicht mit der bloßen Hand berühren, sondern nur mit einem sauberen Lappen oder Papiertaschentuch anfassen. Handschweiß brennt sich auf den Glaskolben ein und trübt die Leuchtwirkung.

- Die Scheinwerfer-Rückseiten sind einigermaßen gut zugänglich, es sei denn, der Passat besitzt eine Servolenkung oder Klimaanlage.
- Damit Sie sich beim Lampenwechsel nicht zu weit in den Motorraum beugen müssen, um alle Teile zu sehen, besitzt das Schloßträgerblech oben Aussparungen zum Durchschauen.
- Bei Klimaanlage am rechten Scheinwerfer die

An der Scheinwerfer-Rückseite sind hier gezeigt:
1 – Scheinwerferlampe H 4;
2 – Kabelstecker der Standlichtlampenfassung;
3 – Dreifachstecker der Scheinwerferlampe;
4 – Abdeckkappe für die Scheinwerfer-Rückseite;
5 – Federklammer der Glühlampe.

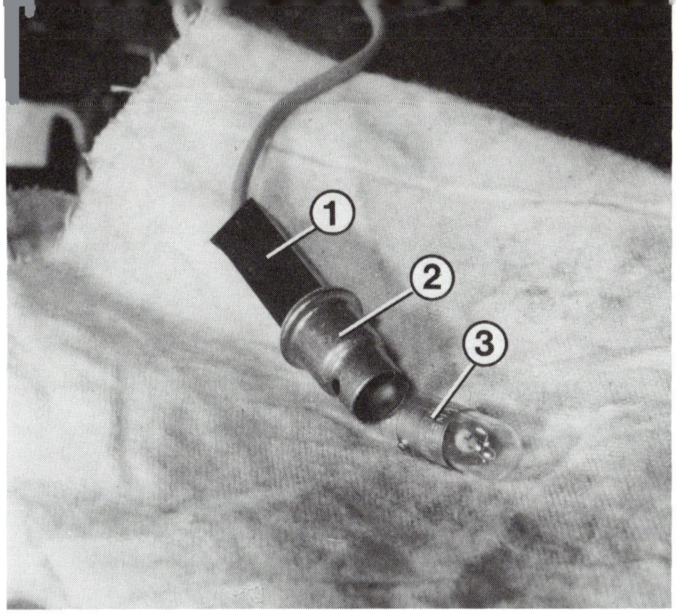

Die Fassung (2) für das Standlicht ist mit ihrem Anschlußstecker (1) aus dem Scheinwerfer-Reflektor herausgezogen. Zum Abnehmen der Glühlampe (3) muß sie ein wenig in die Fassung gedrückt und dann gedreht werden, damit ihre seitlichen Haltestifte ausrasten können.

Leitung des Kältemittelkreislaufs rechts vorn im Motorraum lösen und ein Stück nach oben ziehen.

- Jetzt läßt sich der Luftansaugschlauch an der in Fahrtricht linken Seite hochziehen und herausnehmen.
- Abdeckkappe an der Scheinwerfer-Rückseite durch Linksdrehen lösen und abnehmen.
- Dreifach-Kabelstecker mit hebelnden Bewegungen von der Glühlampe abziehen.
- Federklammer der Glühlampe aushaken und herunterklappen.
- Scheinwerferbirne herausziehen.
- Die neue Glühlampe muß so eingesetzt werden, daß ihre drei Stecker-Kontaktzungen ein nach unten offenes »U« bilden.
- Drahtbügel einrasten lassen.
- Beim Aufsetzen der Abdeckkappe auf die Markierung »Oben« achten.

Standlichtbirne

- Nach gleichen Vorarbeiten wie oben Standlicht-Lampenfassung (seitlich unter der Zweifadenlampe) nach hinten aus dem Reflektorgehäuse ziehen.
- Röhrenlampe leicht in die Fassung drücken, drehen und herausziehen.

Scheinwerfer ausbauen

Wenn das Scheinwerferglas beschädigt oder der Reflektor matt ist, brauchen Sie keinen kompletten Scheinwerfer zu kaufen. Die Leuchteinheit ist komplett zerlegbar.

Scheinwerfergehäuse ausbauen

- Halteschrauben der Frontblende lösen und Blende abnehmen (Seite 248).
- Von der Scheinwerfer-Rückseite her die Kunststoffklammer des Blinkergehäuses hineindrücken und das Blinkergehäuse zum Motorraum hineindrücken.
- Ggf. Lampenfassung des Blinkergehäuses lösen und im Motorraum ablegen.
- Rund um den Scheinwerfer vier Halteschrauben lösen (Bild unten).
- Steckverbindungen abziehen, Scheinwerfergehäuse komplett abnehmen.

Nach Ausbau der Frontblende sind die Halteschrauben (Pfeile) des Scheinwerfereinsatzes gut zugänglich.

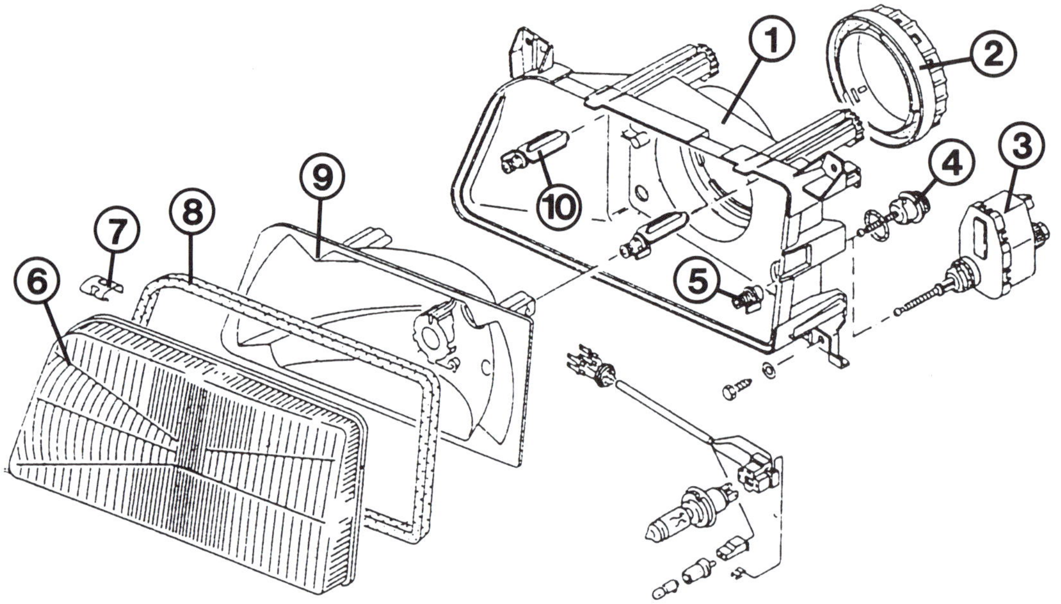

Die Einzelteile des Scheinwerfers:
1 – Gehäuse;
2 – Abdeckkappe;
3 – Motor für Leuchtweitenregulierung;
4 – Halter;
5 – Gelenkstück;
6 – Streuscheibe;
7 – Halteklammer;
8 – Dichtung;
9 – Reflektor;
10 – Stellhebel.

Scheinwerfer zerlegen

- Ausgebautes Scheinwerfergehäuse auf ein Tuch legen.
- Mit einem schmalen Schraubenzieher rundum die acht Halteklammern vorsichtig abhebeln.
- Scheinwerferglas – genauer »Streuscheibe«, denn sie streut die Lichtstrahlen fahrgerecht – und Dichtring abnehmen.
- Zum Ausbau des Reflektors Scheinwerfer- und Standlichtlampe ausbauen.
- Beide Rändelschrauben der Scheinwerferverstellung so lange im Gegenuhrzeigersinn drehen, bis der Reflektor oben gelöst ist.
- An der außenliegenden Seite den Reflektor aus dem Gelenkstück aushängen.
- Massekabel neben der Standlichtlampe vom Reflektor abziehen.
- Beim Zusammenbau auf richtigen Sitz der Dichtung achten, damit keine Feuchtigkeit in den Scheinwerfer eindringen kann.
- Scheinwerfer einstellen.

Nebelscheinwerfer

Die Nebelscheinwerfer des Passat zeichnen sich durch besonders geringe Baugröße aus. Erreicht wurde dies durch eine Sammellinse, die wie das Objektiv eines Diaprojektors arbeitet. Zwischen Linse und Reflektor sitzt noch eine Blende – also dort, wo beim Diaprojektor das Dia eingeschoben wird. Diese Blende ist für die exakte Hell/Dunkel-Grenze verantwortlich; die Nebelscheinwerfer bewirken eine besonders geringe Eigenblendung. Der speziell geformte Reflektor kann einen größeren Teil des Glühlampenlichts erfassen als ein herkömmlicher Scheinwerferreflektor. Dadurch ist die Lichtausbeute auch noch höher.

Nebelscheinwerfer ausbauen

- Unten an der Nebelscheinwerferblende den Bolzen aus dem Halteclip z. B. mit einer Zange herausziehen (Bild unten links). Ggf. den Bolzen erst mit einem schmalen Schraubenzieher ein wenig herausdrücken.
- Kunststoffclip ebenfalls herausziehen und Blende nach unten abnehmen.
- Drei Halteschrauben des Nebelscheinwerfers losdrehen, Scheinwerfer abnehmen.
- Kappe an der Scheinwerferrückseite abstreifen.

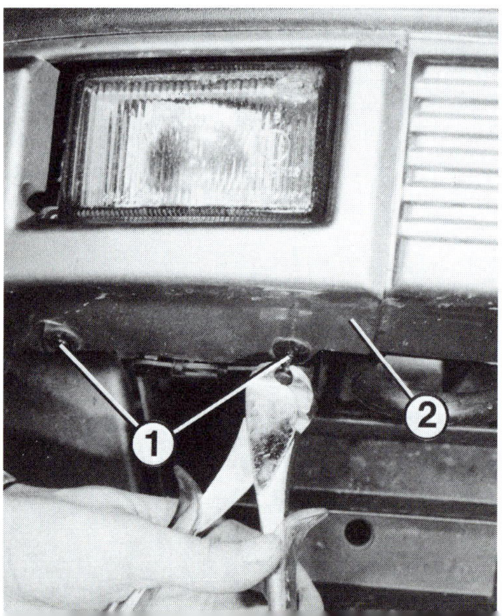

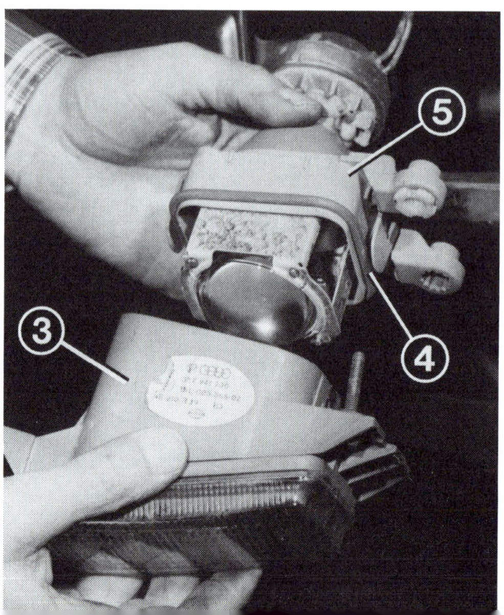

Links: Die Blende (2) des Nebelscheinwerfers wird von zwei Clips (1) gehalten.
Im Bild rechts ist der Nebelscheinwerfer bereits losgeschraubt. Jetzt läßt sich das Scheinwerferglas mit Rahmen (3) vom Reflektorgehäuse (5) abziehen. Beim Zusammenbau auf den richtigen Sitz der Gummidichtung (4) achten.

Lampenwechsel am Nebelscheinwerfer:
1 – Federklammer;
2 – Abdeckkappe;
3 – Kabelstecker;
4 – H 3-Glühlampe.

- Kabelstecker zur Glühlampe und Massekabel abziehen.
- Das Scheinwerferglas kann mit seinem Rahmen abgezogen werden.
- Achten Sie beim Zusammenbau darauf, daß die Gummidichtung sauber anliegt, sonst kann Feuchtigkeit in den Scheinwerfer eindringen.
- Zum Ausbau der Glühlampe Federdrahtbügel aushaken und beiseite klappen.
- Scheinwerferlampe herausziehen.
- Beim Einsetzen der neuen Glühbirne muß der Lampensockel genau in die Aussparung im Reflektor passen – die abgeschrägte Stelle der Birnensokkelplatte zeigt seitlich nach links unten.

Nebelleuchten nachträglich einbauen

Zubehör-Nebelscheinwerfer sehen an der glattflächigen Karosserie des Passat nicht sehr gut aus und lassen sich auch kaum an sinnvoller Stelle stabil anbringen. Man muß also auf die Original-Nebelleuchten zurückgreifen, für die im vorderen Stoßfänger Einbaufelder vorhanden sind. Zusätzlich wird für die Nebelscheinwerfer ein Relais gebraucht.

- In der Stoßfängerabdeckung die Felder für die Nebelscheinwerfer mit einem scharfen Messer ausschneiden oder aussägen, Kanten glattschleifen.
- Nebelscheinwerfer montieren und Kabel in den Motorraum durchführen.
- Die Verkabelung ist in manchen Wagen schon vorhanden; die Stecker zu den Nebelleuchten finden Sie dann rechts und links am Längsträger befestigt (Kabelfarben: weiß/gelb und braun). Anschließen.
- Falls keine Kabel vorhanden sind, an der Zentralelektrik am (gelben) Stecker A 2 an dessen Kontakt 8 ein Kabel von 1,5 mm^2 Querschnitt anschließen. Die VW-Normfarbe ist weiß/gelb.
- Diese Leitung dann in zwei 1 mm^2-Kabel aufteilen und zu den Scheinwerfern legen.
- Ebenso beidseits eine Kabelverbindung zur Fahrzeugmasse herstellen.
- In der Zentralelektrik die Drahtbrücke auf Relais-Steckplatz 10 durch das Nebelscheinwerfer-Relais ersetzen.
- Der Schalter im Armaturenbrett für die Nebelschlußleuchte ist bereits richtig verkabelt, hier muß nichts verändert werden.
- Als Kabelverbindungen eignen sich Quetschverbinder und Stecker aus dem Zubehörgeschäft.
- Bei eingeschalteter Zündung und Beleuchtung müssen die Nebelscheinwerfer bei gedrücktem Schalter brennen. Beim Umschalten auf Fernlicht verlöschen die Nebelscheinwerfer nicht, was einer EG-Richtlinie entspricht.
- Lichtstrahl der Nebelscheinwerfer einstellen.

Scheinwerfereinstellung kontrollieren

Wartung Nr. 34

Am genauesten geht die Scheinwerfereinstellung mit dem Meßgerät in der Werkstatt oder an der Tankstelle. Behelfsmäßig gibt es verschiedene, unterschiedlich genaue Methoden.

- Wagen möglichst im rechten Winkel in fünf Meter Abstand vor eine helle Wand stellen.
- Erneuerten Scheinwerfer in der Höhe dem unveränderten gleichstellen. Eine Seitenkorrektur ist so allerdings nicht möglich.
- Nach einer genauen Einstellung mit dem Meßgerät die Abknickpunkte (in diesen Punkten steigt der Abblend-Lichtstrahl um 15° nach oben an) an der Garagenwand anzeichnen. Dazu den Passat am Garagentor abstellen.
- So läßt sich später bei gleicher Fahrzeugstellung auch die Lichtstrahl-Seitenrichtung überprüfen.

Die Einstellschrauben

- Bei geöffneter Motorhaube sind die Einstellrändelräder an der Scheinwerfer-Rückseite erreichbar.
- Wenn Sie nicht an die Scheinwerfer-Rückseite herankommen (z. B. wegen des Vorratsbehälters der

Die Abbildung zeigt die Scheinwerfereinstellschrauben am in Fahrtrichtung rechten Scheinwerfer. Am linken Scheinwerfer sitzen die Schrauben spiegelbildlich dazu. Der Pfeil rechts deutet auf die Kunststoffklammer, mit der das Blinkergehäuse befestigt ist. Zur Wagenmitte hin sitzt das Rändelrad für die Seiteneinstellung (S). Für die Höheneinstellung (H) dient das außenliegende Rändelrad.

Servolenkung), können Sie auch einen Querschlitz-Schraubenzieher von oben schräg durch die Öffnungen im Schloßträgerblech stecken und so die Rändelräder erreichen.

- Zum Justieren des Scheinwerferstrahls wird zuerst die Höheneinstellung korrigiert. Erst dann erfolgt die Seiteneinstellung.
- Schauen Sie von hinten auf die Rändelräder:
- Am außenliegenden Rad im Uhrzeigersinn gedreht senkt sich der Lichtstrahl nach unten.
- Beim Drehen im Uhrzeigersinn am innenliegenden Rad wandert der Lichtstrahl nach links.
- Die werksseitig eingebauten Nebelscheinwerfer sind nur in der Höhe einstellbar. Die Einstellschraube erreichen Sie bei montierter Abdeckblende, siehe Bild unten.
- Beim Drehen im Uhrzeigersinn an dieser Schraube steigt der Lichtstrahl an.

Die Leuchtweitenregulierung

Damit die Scheinwerfereinstellung dem jeweiligen Belastungszustand angepaßt werden kann, ist der Passat seit 8/90 serienmäßig mit einer elektrischen Leuchtweitenregulierung ausgestattet.

- Abdeckkappe an der Scheinwerfer-Rückseite nach Linksdreh abnehmen.
- Stellmotor aus dem Scheinwerferhalterahmen ausrasten – beim linken Scheinwerfer durch Linksdreh, rechts durch Rechtsdreh.

Blinkleuchten vorn

Lampenwechsel

- Mit gelenkigen Händen können Sie evtl. die Rückseite des Blinkergehäuses erreichen. An der rechten Fahrzeugseite behindert bei einem Fahrzeug mit Klimaanlage die Ansaugluftführung.
- Deshalb ggf. die Vorarbeiten wie unter »Hauptscheinwerferlampen auswechseln« durchführen.
- Lampenfassung mit angeschlossenen Kabeln nach links drehen und aus dem Gehäuse ziehen.
- Glühlampe ein wenig in die Fassung drücken, nach links drehen und herausziehen.
- Einbau: Fassung in das Blinkergehäuse drücken und bis zum Anschlag nach rechts drehen.

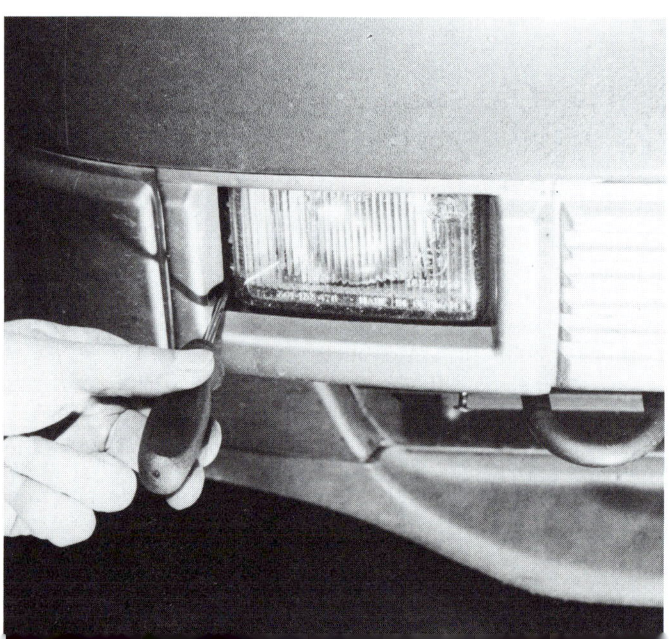

Bei den Nebelscheinwerfern läßt sich nur die Höhe des Lichtstrahls korrigieren. Der Schraubenzieher ist auf der Kreuzschlitz-Einstellschraube angesetzt. Die Scheinwerferblende braucht hierbei nicht abgenommen zu werden.

Lampenwechsel an der Blinkleuchte vorn: Die Fassung (2) wird aus dem Lampengehäuse (1) nach links gedreht und abgenommen. Jetzt können Sie die Glühlampe (3) auswechseln.

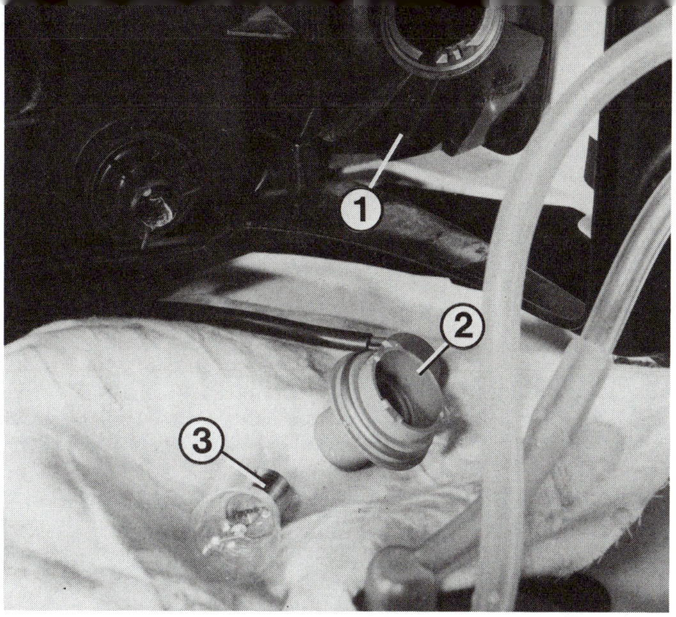

Lampengehäuse ausbauen

● Lampenfassung herausdrehen.
● Kunststoffklammer des Blinkergehäuses zurückdrücken, Gehäuse nach hinten herausnehmen.
● Zum Einbau das Blinkergehäuse sorgfältig in die Führungen am Scheinwerfergehäuse einschieben und einrasten lassen.

Heckleuchten

Lampenwechsel

● **Heckleuchte außen:** Kofferraumhaube bzw. Heckklappe öffnen.
● Bei der Limousine die Gepäckraumverkleidung aushängen und zur Seite drücken.
● Beim Variant die Klappe in der Laderaumverkleidung öffnen.
● **Leuchten im Kofferraumdeckel:** Bei der Limousine sind die Lampenträger frei zugänglich, beim Variant Abdeckkappe in der Heckklappenverkleidung ausrasten.
● **Alle Leuchten:** Halteklammern des Lampenträgers nach innen drücken und Träger abnehmen.
● Das Auswechseln der Glühbirnen geschieht in allen Fällen gleich – Lampe ein wenig in ihre Fassung drücken, nach links drehen und herausziehen.
● Beim Einsetzen der Zweifadenlampe für die Brems-/Schlußleuchte beachten, daß deren seitliche Haltezapfen unterschiedlich hoch angesetzt sind.
● Dadurch kann die Lampe nur in einer bestimmten Stellung ohne Gewalt in die Fassung eingesetzt werden.

Ausbau

● Lampenträger ausbauen.
● Heckleuchte außen: Vier Sechskantmuttern vom Kofferraum her losdrehen.
● Leuchte innen: Zwei Sechskantmuttern im Kofferraumdeckel bzw. in der Heckklappe lösen.
● Leuchtengehäuse von außen abziehen. Klebt das Gehäuse aufgrund der zwischengelegten Dichtschnur noch stark an der Karosserie, muß es mit einem lappenumwickelten Schraubenzieher vorsichtig abgehebelt werden.
● Zum Einbau neue Dichtschnur verwenden.

Die zweigeteilte Heckleuchte. Das linke Bild zeigt die Heckleuchte außen:
1 – Haltemutter des Lampengehäuses (2);
3 – Lampenträger;
4 – Kunststoff-Halteklammer.
In der rechten Abbildung sehen Sie die Leuchte in der hinteren Klappe:
5 – Mehrfachstecker;
6 – Halteklammer;
7 – Lampenträger.

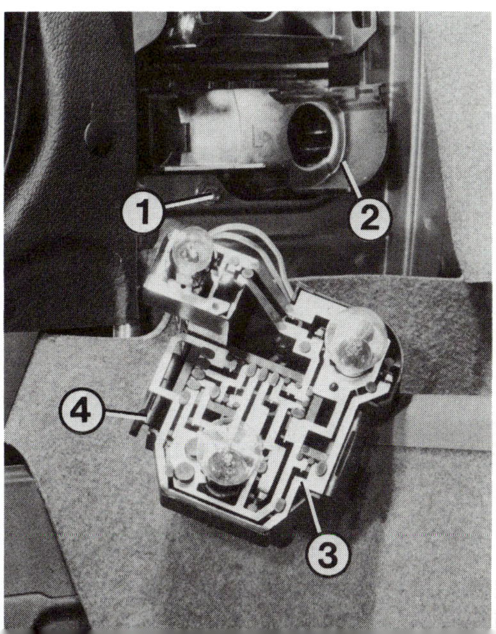

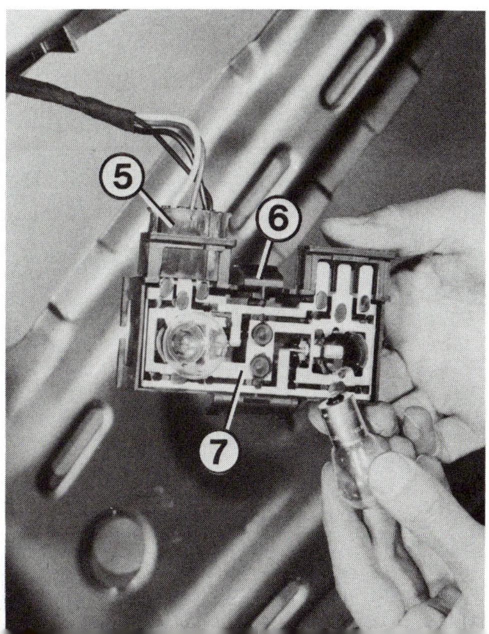

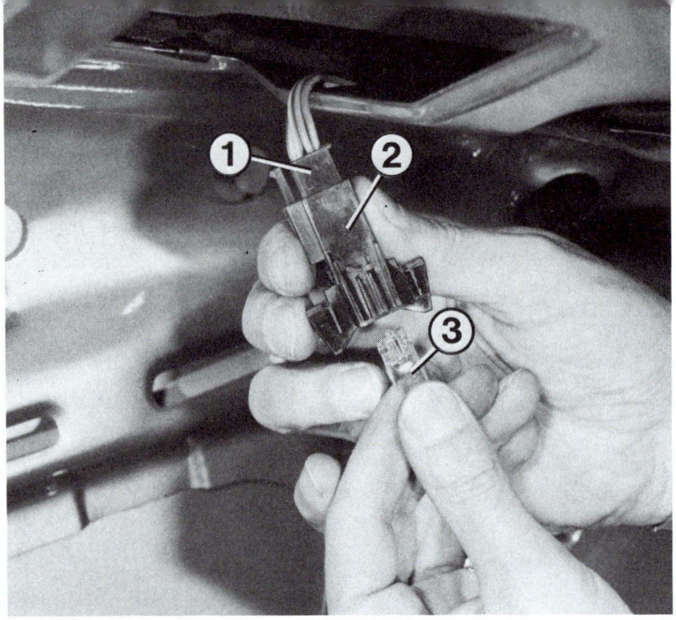

Die Kennzeichenleuchte kann bei der Limousine zum Lampenwechsel nach innen in den Kofferraumdeckel herausgezogen werden. Im Bild gezeigt:
1 – Anschlußstecker;
2 – Lampenfassung;
3 – Glassockellampe.

Rückfahrlichtschalter

Das Aufleuchten der Rückfahrleuchten veranlaßt der Schalter am Schaltgehäuse (Bild unten), wenn er beim Einlegen des Rückwärtsgangs von der entsprechenden Schaltschiene berührt wird.

● Bleibt es bei eingelegtem Rückwärtsgang hinten dunkel, kontrollieren Sie zuerst die Sicherung 14.

● Ist sie intakt, Stecker am Rückfahrlichtschalter abziehen und mit einem Drahtstück überbrücken. Leuchtet es jetzt, ist der Schalter defekt.

● Bleibt es jedoch dunkel in den Rückfahrleuchten, ist die Leitung nach hinten unterbrochen (intakte Glühbirnen vorausgesetzt).

Kennzeichenleuchten

● **Limousine:** Kofferraumdeckel öffnen.

● Durch die Blechaussparung greifen und die Fassung der betreffenden Leuchte aus dem Lampenglas ziehen.

● **Variant:** An der geschlossenen Heckklappe beide Kreuzschlitzschrauben des Deckglases herausdrehen.

● Kennzeichenleuchte herausziehen, Schrauben abnehmen.

● Lampenglas von der Fassung abziehen.

● **Alle Modelle:** Glassockellampe aus der Fassung ziehen und neue einsetzen.

● **Limousine:** Fassung wieder richtig ins Lampenglas stecken.

● **Variant:** Lampenglas mit Dichtung in die Fassung einsetzen, die Haltenasen müssen in entsprechende Aussparungen eingreifen.

● Beachten Sie beim Einbau des Lampenglases, daß die Leuchtfläche in Richtung Kennzeichen zeigt.

● Schrauben nicht zu kräftig anziehen, sonst bricht der Kunststoff.

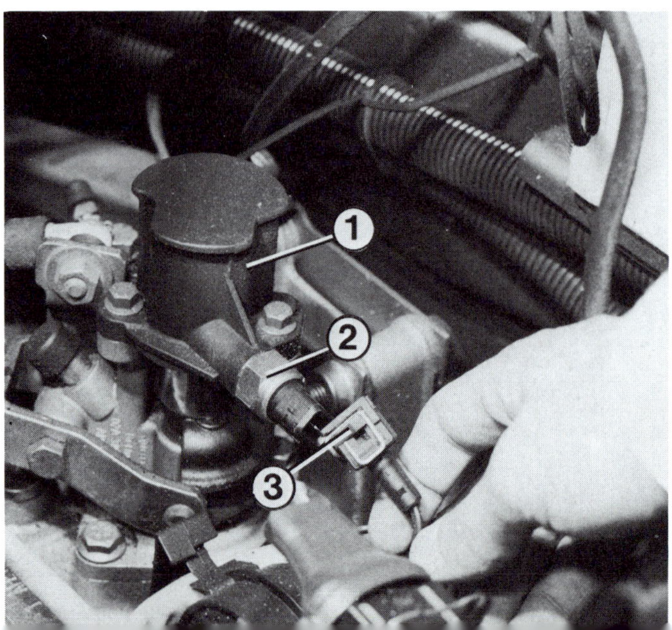

Oben auf dem Getriebe am Schaltgehäuse (1) ist der Rückfahrlichtschalter (2) eingeschraubt. Er bewirkt, daß mit dem Einlegen des Rückwärtsgangs auch die Rückfahrleuchten brennen. Hier haben wir den Anschlußstecker (3) abgezogen.

Die Innenleuchte (4) mit Leseleuchte (5):
1 – Abdeckglas der Innenleuchte;
2 – Elektronikbauteile der Abschaltverzögerung;
3 – Soffittenlampe;
6 – Fassung für die Glassockellampe (7) der Leseleuchte.

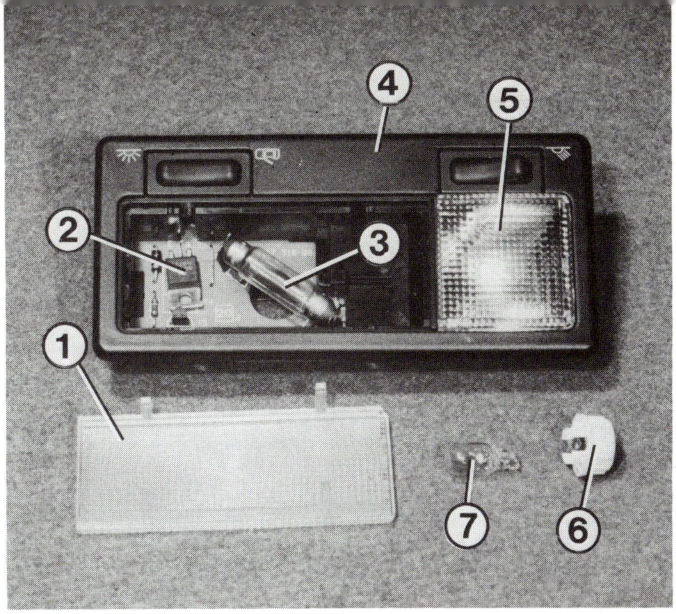

Leuchten im Innenraum

Innenleuchte vorn

Die Soffittenlampe (10 Watt, 41 mm lang, DIN-Form K) muß bei geöffneten Türen und entsprechender Schalterstellung brennen. Sie erhält dauernd Strom. Bei der Innenleuchte mit Abschaltverzögerung sitzt die Elektronik im Lampengehäuse. Sie läßt sich nur als komplette Leuchte nachrüsten.

- Mit einem Messer oder ähnlichem schmalen Werkzeug zwischen die Glasscheibe und das Lampengehäuse fahren und Lampenglas vorsichtig ein Stück abdrücken und dann mit der Hand abziehen.
- Lampe aus ihren Haltern nehmen und ersetzen.
- Beim Einbau auf die richtige Lage des Lampenglases achten – eine leichte Erhebung seitlich im Glas muß in die Aussparung links am Lampengehäuse eingreifen.

Innenleuchten hinten

- Lampengehäuse mit den Fingernägeln oder einer Messerklinge aus dem Dachholm heraushebeln.
- Damit Sie besser ins Lampengehäuse fassen können, zusätzlich das Deckglas abhebeln.
- Mit spitzen Fingern die Röhrenlampe, 4 Watt, DIN-Form HL aus der Blechfassung drehen und neue einsetzen.
- Beim Aufsetzen des Lampenglases beachten, daß die beiden Haltezungen im Glas den beiden Ösen im Lampengehäuse gegenüberliegen.

Türkontaktschalter der Innenleuchte

Die Innenleuchte wird bei entsprechender Schalterstellung durch die vier Kontaktschalter ein- und ausgeschaltet. Sie stellen die Masseverbindung zu der ständig unter Strom stehenden Innenleuchte her und schließen damit den Stromkreis – die Lampe kann brennen. Bleibt die Innenleuchte in der entsprechenden Schalterstellung bei einer geöffneten Tür dunkel, gerät der betreffende Türkontaktschalter in Verdacht. Folgende Störungen am Schalter können sich ergeben:

○ Der Druckstift des Schalters klemmt in der Führung oder ist verbogen. Schalter ersetzen.

○ Der Kabelstecker ist am Schalter gar nicht aufgesteckt. Abfallen können die codierten Stecker des Passat nicht.

○ Die Kontaktfläche des Schalters ist zur Halteschraube hin oder am Steckeranschluß oxidiert. Bei den

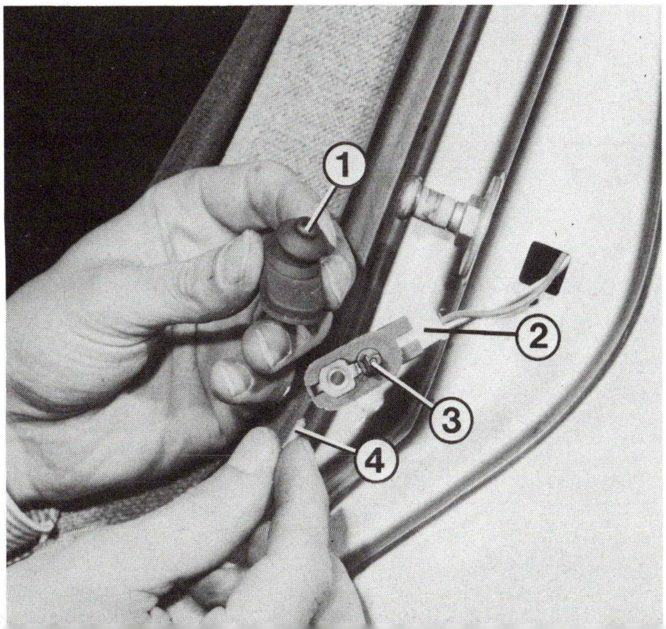

Die Türkontaktschalter sitzen beim Passat jeweils im hinteren Türausschnitt:
1 – Gummitülle;
2 – Anschlußstecker;
3 – Druckstift;
4 – Halteschraube.

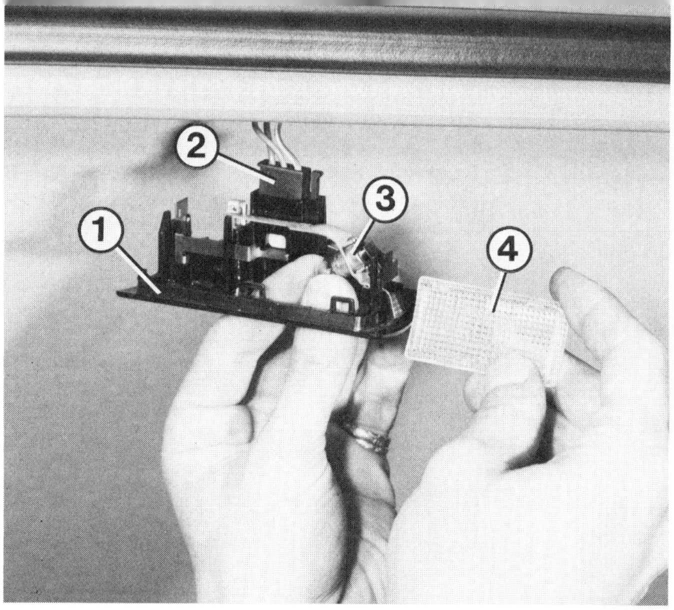

Die hintere Leseleuchte, nachdem sie aus der Dachverkleidung gehebelt wurde:
1 – Lampengehäuse;
2 – Kabelstecker;
3 – Röhrenlampe;
4 – Lampenglas.

durch eine Gummitülle geschützten Schaltern ein seltener Fehler. Ggf. Oxidschicht mit scharfkantigem Schraubenzieher wegkratzen oder mit Schleifpapier blankschleifen.
Der Türkontaktschalter selbst ist nur mit einer Kreuzschlitzschraube hinten an den Türausschnitt angeschraubt. Zum Ausbau Gummitülle abziehen, Schraube herausdrehen und Schalter herausziehen.

Leseleuchte vorn

- Gehäuse der Innenleuchte komplett aus der Deckenverkleidung abhebeln. Das geht mit entsprechend langen Fingernägeln oder mit einer sauberen Messerklinge.
- An der Rückseite des Innenleuchtengehäuses die weiße Lampenfassung ein wenig nach links drehen und abnehmen.
- Glassockellampe herausziehen und ersetzen.
- Beim Einbau darauf achten, daß die Leseleuchte auf der Beifahrerseite sitzt.

Leseleuchten hinten

- Lampengehäuse mit den Fingernägeln oder einer sauberen Messerklinge aus der Dachverkleidung heraushebeln.
- Die Röhrenlampe 4 Watt, DIN-Form HL ist von der Seite her schlecht zu fassen. Deshalb das Lampenglas vorsichtig abhebeln.
- Mit spitzen Fingern die Glühlampe lösen und austauschen.

Kofferraum- bzw. Laderaumleuchte

Das Ein- und Ausschalten dieser Leuchte besorgt ein Kontaktschalter. Er sitzt bei Limousine und Variant im Schloßteil der Heckklappe.

- Zum Ausbau der Leuchte brauchen Sie wieder kräftige Fingernägel oder eine Messerklinge.
- Lampengehäuse aus der Unterseite der Hutablage (Limousine) oder aus dem Dachhimmel (Variant) herausheben.
- Soffittenlampe 5 Watt, 36 mm lang, DIN-Form L aus den Haltezungen herausnehmen.
- Nach dem Wechsel der Glühlampe das Lampengehäuse mit der Kabelseite zuerst wieder im Ausschnitt einsetzen.
- Zum Ausbau des Kontaktschalters muß erst das Heckklappenschloß demontiert werden (Seite 258).
- Dann Halteschraube (nur Limousine) losdrehen und Schalter abnehmen.

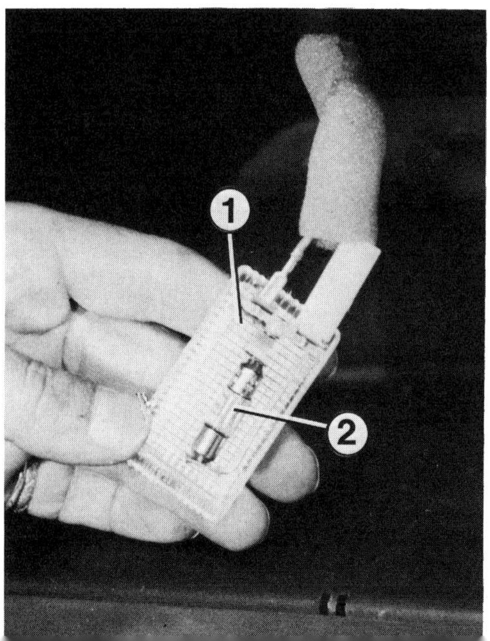

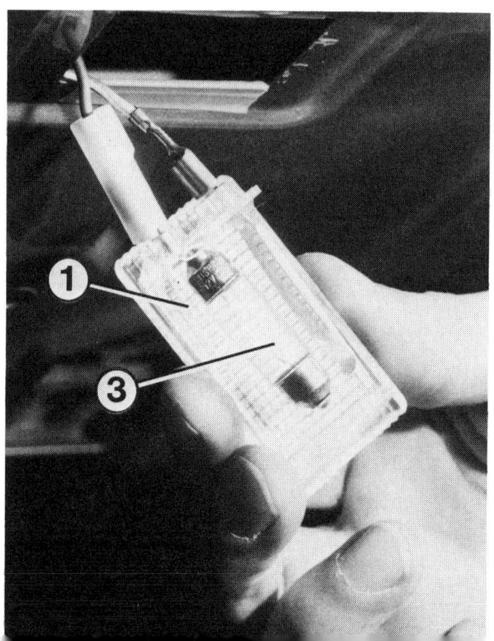

Die Gehäuse (1) der Handschuhfachleuchte (linkes Bild) und der Leuchte im Koffer- bzw. Laderaum (rechte Abbildung) sehen beinahe gleich aus. Der entscheidende Unterschied ist die Stärke der Soffittenlampe:
2 – 3-Watt-Lampe;
3 – Soffittenlampe mit 5 Watt Leistung.

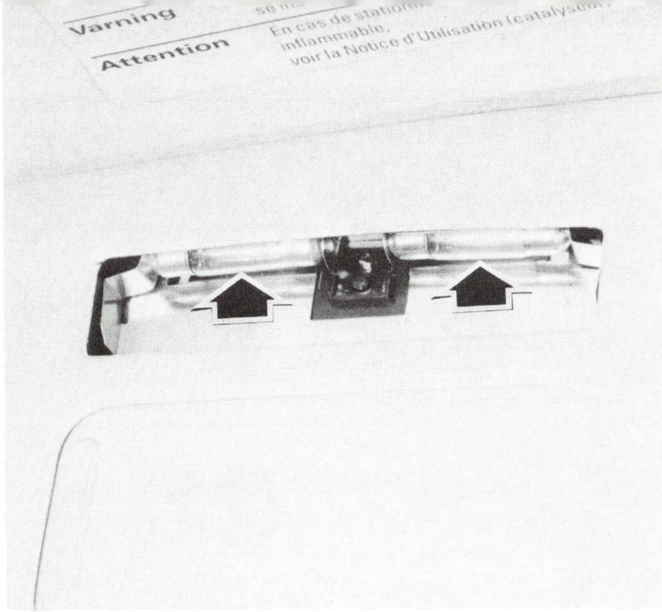

Für die Beleuchtung der Make-up-Spiegel in den Sonnenblenden dienen Soffittenlampen (Pfeile). Sie sind zugänglich, wenn Sie das Lampenglas aus der Sonnenblende abhebeln.

Handschuhfachleuchte

Damit die Batterie nicht von einer versehentlich eingeschalteten Handschuhfachleuchte in die Knie gezwungen wird, erhält diese Lichtquelle nur bei eingeschalteter Zündung Spannung.

● Leuchte mit den Fingernägeln oder Messerklinge herausheben.
● Soffittenlampe 3 Watt, 28 mm lang, DIN-Form M aus den Haltezungen nehmen und austauschen.
● Beim Einbau die Seite mit der Kabelzuführung zuerst in die Öffnung einsetzen.

Make-up-Spiegel-Beleuchtung

● Möglichst nur mit den Fingernägeln das Kunststoffglas aus der Sonnenblende herausheben. Mit Werkzeug besteht die Gefahr, daß Sie die Sonnenblende beschädigen.
● Soffittenlampe 3 Watt, 28 mm lang, DIN-Form M aus den Haltezungen nehmen.
● Nach dem Lampentausch Kunststoffglas wieder vorsichtig aufdrücken.

Sonstige Leuchten

Instrumenten-Beleuchtung

An dieser Stelle ist lediglich die Beleuchtung der Anzeigeinstrumente behandelt. Die ebenfalls im Kombiinstrument sitzenden Kontrolleuchten finden Sie auf Seite 218 beschrieben.

● Für bessere Zugänglichkeit sollten Sie das Lenkrad abschrauben (Seite 127).
● Zwei Halteschrauben oben an der Blende des Kombiinstruments losdrehen (Bild Seite 216), Blende abnehmen.
● Knopf für Tageskilometerzähler-Rückstellung herausdrehen.
● Rechts und links am Kombiinstrument je eine Kreuzschlitzschraube der Glasabdeckung lösen.
● Abdeckung oben ein Stück herausziehen und dann komplett abnehmen.
● Oben im Gehäuse des Kombiinstruments sitzen drei hellblaue Lampenfassungen (Bild unten links).
● Nur mit sehr gelenkigen Fingern werden Sie es schaffen, diese Fassungen nach Linksdrehen abzunehmen.
● Hilfreich ist eine kleine Flachzange oder besser eine »Telefonzange«, wie sie der Elektriker besitzt.

Linkes Bild: Für die Beleuchtung der Instrumente dienen Glassockellampen, die in ihrer Fassung (2) eingelötet sind. Die Verbindung mit dem Stromnetz erfolgt durch die Leiterfolie (1).
In der Abbildung rechts ist die Ascherbeleuchtung in der Mittelkonsole ausgebaut:
3 – Lampenfassung mit eingelöteter, grün eingefärbter Glassockellampe (4);
5 – Kabelstecker.

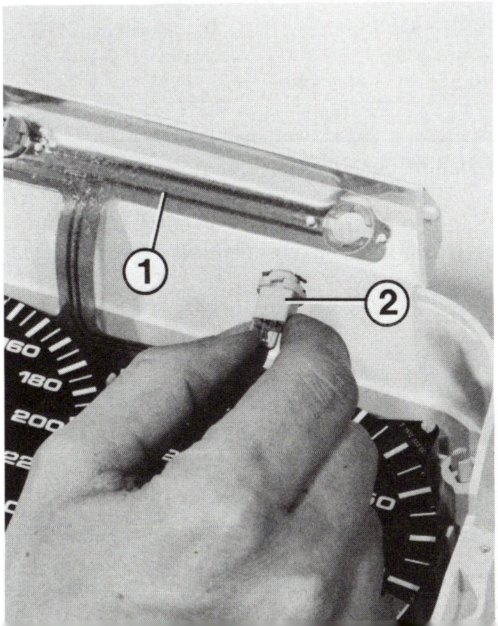

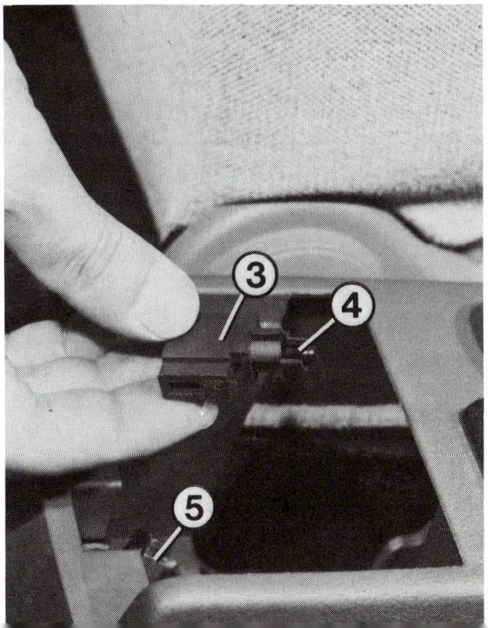

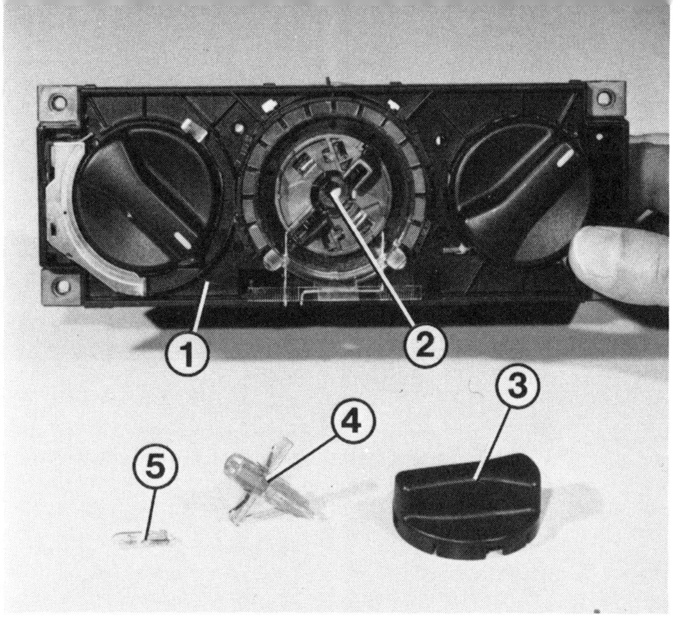

Die Beleuchtung der Heizregulierung (1) sitzt im mittleren Drehschalter (2). Wenn Sie den Schalterknopf (3) abziehen, kommt die Fassung (4) für die Glassockellampe (5) zum Vorschein.

● Die 1,2-Watt-Glassockellämpchen bilden mit der Fassung eine Einheit, Sie müssen sich also aus dem Teilelager eine Lampe mit blauer Fassung besorgen.
● Fassung mit Lampe wieder ins Instrumentengehäuse einsetzen und bis zum Anschlag rechtsdrehen.
● Nicht ganz so einfach erreichbar ist die Beleuchtung der Digitaluhr bzw. der Multifunktionsanzeige.
● Hier muß erst das linke Instrument ausgebaut werden, siehe Seite 217.
● Dann an der Rückseite des Instruments die braune oder schwarze Fassung nach Linksdreh abnehmen.
● Zum Losdrehen können Sie einen 4-mm-Querschlitz-Schraubenzieher in den Schlitz der Fassung stecken, besser geht es mit einer kleinen Zange.
● Auch diese 1,2-Watt-Glassockellampe gibt es nur komplett mit der Fassung.

Ascher- und Anzünderbeleuchtung

● **Ascher vorn:** Blende der Heizungs-/Lüftungs-Drehregler unten heraus- und dann oben abziehen.
● Eingeklemmte Fassung mit Glassockellampe herausnehmen.
● Stecker von der Fassung abziehen.
● Die grün eingefärbte Glassockellampe gibt es nur komplett mit Fassung.
● **Aschenbecher hinten** aus der Verlängerung der Mittelkonsole herausnehmen.
● Fassung aus der Mittelkonsole nach vorn abziehen.
● Steckkontakt abziehen.
● Fassung mit grün eingefärbter Glassockellampe komplett ersetzen.
● **Anzünder:** Der Halter für den Anzünder ist nur von der Rückseite der Mittelkonsole her erreichbar.
● Als Vorarbeit muß demzufolge die Mittelkonsole ausgebaut werden, siehe Seite 262.
● Fassung mit der eingesetzten Glassockellampe herausziehen und komplett ersetzen.

Heizregulierungsbeleuchtung

Zur Beleuchtung der Heizungs-/Lüftungsregler dient eine einzelne Glassockellampe. An die verschiedenen Punkte gelangt das Licht mittels eines sogenannten Lichtleiters.
● Blende des mittleren Drehreglers abziehen.
● Aus der Mitte des Reglers die durchscheinende grüne Fassung mit der darin sitzenden Glassockellampe abnehmen.
● Lampe (1,2 Watt, DIN-Form W) aus der Fassung ziehen und austauschen.

Cassettenbox-Beleuchtung

Für die beleuchtete Belegungsanzeige der Cassetten dient ebenfalls eine Fassung mit eingesetzter (klarer) Glassockellampe.
● Zum Auswechseln einer defekten Lampe die Cassettenbox aus der Verlängerung der Mittelkonsole herausziehen.
● Lampenfassung vom Stecker trennen und komplett ersetzen.

Meldung an alle

Im Straßenverkehr klappt die Verständigung untereinander mit Blinker, Bremslicht, Hupe und Lichthupe weltweit einheitlich. Das ist Grund genug, diese »Sprachorgane« immer intakt zu halten.

Blink- und Warnblinkanlage prüfen

Ständige Kontrolle

Die Warnblinkanlage muß ständig funktionieren, deshalb wird ihr Schalter direkt von Batterie-Plus (ohne zwischengeschaltete Sicherung) versorgt. Die Spannung für die Richtungsblinker kommt dagegen nur bei eingeschalteter Zündung über Sicherung 17 von der Zündschloßklemme 15. Zur Kontrolle der Richtungsblinker hat der Passat seit 8/90 zwei Kontrolleuchten.

- Drücken Sie bei ausgeschalteter Zündung auf den roten Druckschalter oben an der Lenksäule.
- Alle Blinkerlampen, die rote Schaltertaste und die Blinkerkontrolle(n) blinken im gleichen Rhythmus.
- Warnblinker ausschalten, Zündung einschalten.
- Bei gedrücktem Blinkerhebel müssen eine Blinkerseite und die (jeweilige) grüne Kontrolleuchte regelmäßig aufleuchten.

Störungsbeistand

Blink- und Warnblinkanlage

Die Störung	– ihre Ursache
A Grüne Kontrollampe für Richtungsblinker leuchtet in ganz kurzen Intervallen auf, normaler Blinker-Rhythmus beim Warnblinken	Eine Glühlampe defekt oder ohne Kontakt
B Blinkleuchten am Wagen brennen beim Richtungs- und Warnblinken dauernd, grüne Kontrolleuchte(n) bleiben dunkel	Blinkrelais defekt
C Grüne Kontrolleuchte(n) brennen beim Richtungs- und Warnblinken dauernd, Blinkleuchten am Wagen bleiben dunkel	Blinkrelais defekt
D Richtungsblinken funktioniert, aber kein Warnblinken	1 Leitung zwischen Klemme 30 der Zentralelektrik und Kombischalter unterbrochen 2 Kombischalter defekt 3 Unterbrechung in der Zentralelektrik
E Warnblinken funktioniert, aber kein Richtungsblinken	1 Sicherung 17 defekt 2 Leitung zwischen Klemme 15 der Zentralelektrik (Ausgang Sicherung 17) und Kombischalter unterbrochen 3 Siehe D 2 und 3
F Kein Richtungs- und kein Warnblinken	Siehe D 2
G Störungen im Blinker-Rhythmus, Blinker spricht ohne Schalterbetätigung an	Spannungsimpulse durch stromführende Leitungen in der Nähe des Blinkrelais

Behelf bei defektem Blinkrelais

- Blinkrelais aus der Zentralelektrik ziehen.
- Kurzschlußbrücke zwischen den Klemmen 49 und 49a (am Relais markiert) herstellen. Dazu in das Relaissteckfeld in die Steckanschlüsse, die Klemme 49 und 49a gegenüber liegen, ein kurzes Drahtstück einstecken.
- Blinkrelais wieder einsetzen.
- Bei gedrücktem Blinkerhebel leuchtet jetzt eine Blinkerseite dauernd.
- Durch Ein- und Ausschalten mit dem Blinkerhebel erhalten Sie einen Blinker-Rhythmus.

Bremsleuchten prüfen

Ständige Kontrolle

- Bei rückwärts gegen eine helle Wand geparktem Passat müssen Sie zwei rote Lichtreflexionen sehen, wenn Sie auf das Bremspedal treten. Am besten im Dunkeln kontrollieren.
- Oder in einer Kolonne im Rückspiegel prüfen, ob sich in den Scheinwerfer-Reflektoren oder in der Lackierung des Hintermannes beide Bremslichter spiegeln.

Der Bremslichtschalter

Oben im Fahrerfußraum sitzt ein mechanischer Schalter am Pedalbock. Durch den Tritt auf das Bremspedal wandert ein Druckstift aus dem Schalter heraus. Die Schalterkontakte werden geschlossen und damit der Stromkreis zu den Bremsleuchten. Sind beide Bremslichter ausgefallen, kontrollieren Sie zunächst einmal, ob es eventuell am Bremslichtschalter liegt:

Bremslichtschalter überprüfen

- Linkes Ablagefach ausbauen (Seite 261).
- Kabelstecker abziehen.
- Kabelanschlüsse im Stecker mit Büroklammer oder Drahtstück überbrücken.
- Brennen jetzt die Bremslichter, ist der Bremslichtschalter defekt.

Bremslichtschalter austauschen

- Linkes Ablagefach ausbauen, wie auf Seite 261 beschrieben.
- Kabelstecker abziehen.
- Bremslichtschalter eine Vierteldrehung nach links drehen und vom Pedalbock abziehen.
- Nach dem Einbau Funktion überprüfen.

Störungsbeistand

Bremslicht

Die Störung	– ihre Ursache	– ihre Abhilfe
A Eine Bremsleuchte brennt nicht	1 Glühbirne durchgebrannt	Austauschen
	2 Spannungszuleitung unterbrochen. Brennen alle übrigen Glühbirnen in derselben Heckleuchte? Falls nicht	Kabel kontrollieren
	3 Unterbrechung der Masseverbindung	Masseanschluß überprüfen
B Beide Bremslichter brennen nicht	1 Sicherung defekt	Ersetzen
	2 Bremslichtschalter defekt	Überprüfen, ggf. ersetzen
	3 Siehe A 1 und 3	
C Bremslicht brennt dauernd	1 Siehe B 2	
	2 Kabel zum Bremslichtschalter haben direkten Kontakt	Kabel kontrollieren

Hupe prüfen

Wartung Nr. 2

Bei eingeschalteter Zündung und beim Druck auf den Hupkontakt im Lenkrad muß das Horn ertönen bzw. bei »besserer« Ausstattung die Zweiklanghörner. Bei Modellen mit Zweiklanghörnern ist zur Schonung der Hupkontakte ein Relais zwischengeschaltet. Bei beiden Versionen liegt bei eingeschalteter Zündung am Signalhorn bzw. den Hörnern ständig Spannung von Klemme 15 an. Damit es hupt, wird die Verbindung zur Masse über den Hupkontakt und ggf. das Relais geschlossen. Die Schaltung ist aus den Stromlaufplänen ab Seite 164 zu ersehen.

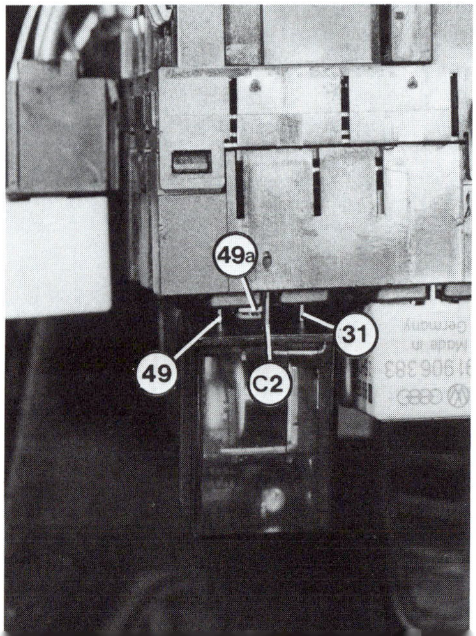

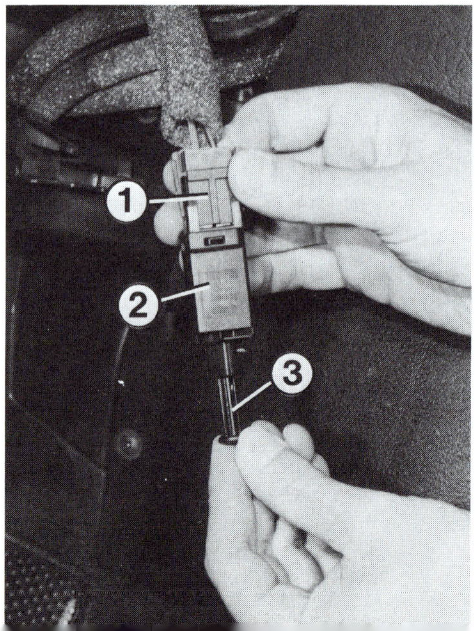

**Die Abbildung links zeigt die Bezeichnung der Kontakte am Blinkrelais:
31 – Masse;
49 – Eingangsspannung;
49a – Ausgangsspannung im Blinkertakt;
C 2 – Anschlußkontakt für Anhänger-Blinkerkontrolle (nur bei einem Fahrzeug mit Anhängevorrichtung).
Rechts sehen Sie am ausgebauten Bremslichtschalter (2) dessen Kabelstecker (1) und den Druckstift (3).**

Signalhorn kontrollieren

● Kabelstecker abziehen.
● Hupe ausbauen.
● An beiden Steckanschlüssen je ein Kabelstück aufstecken und diese mit dem Plus- bzw. Minuspol der Batterie verbinden.
● Bleibt es ruhig, ist das Signalhorn defekt.
● Ein krächzendes oder völlig stummes Horn läßt sich bisweilen durch Drehen der Einstellschraube an der Hupenrückseite wieder stimmen oder zu neuem Leben erwecken.
● Schraube unter der Vergußmasse freilegen.
● Nach dem Einstellen die Schraube mit Karosseriedichtmasse wieder feuchtigkeitssicher verschließen.

Fingerzeig: Zusätzliche Fanfaren oder Starktonhörner brauchen ein Schaltrelais. Andernfalls werden die Hupkontakte überbeansprucht, und die Hupen können nicht die volle Lautstärke abgeben. Kaufen Sie den Hupensatz gleich mit Relais. Dazu gehört auch eine Einbauanleitung mit Schaltplan.

Störungsbeistand

Hupe

Die Störung	– ihre Ursache	– ihre Abhilfe
A Einzelhupe tönt nicht	1 Sicherung defekt	Ersetzen
	2 Spannungszuleitung zur Hupe (schwarz/gelbes Kabel) unterbrochen	Kabelverlauf kontrollieren, Steckkontakte an der Hupe blank kratzen
	3 Hupe defekt	Prüfen, ggf. austauschen
	4 Leitung zwischen Hupenkontakt und Hupe unterbrochen	Kabelverlauf kontrollieren
B Einzelhupe tönt dauernd bei eingeschalteter Zündung	1 Kabel vom Hupkontakt zur Hupe hat Kurzschluß zur Masse	Braun/schwarzes Kabel abziehen. Hupt es nicht mehr, Kabelverlauf kontrollieren. Unterwegs: Kabel abgezogen lassen
	2 Hupe hat inneren Kurzschluß	Hupe ersetzen. Unterwegs: Stromzuführendes schwarz/gelbes Kabel abziehen und isolieren
C Eine Hupe der Zweiklanghörner tönt nicht	Siehe A 2 – 4	
D Beide Hupen der Zweiklanghörner tönen nicht	1 Siehe A 1, 2 und 4	
	2 Hupenrelais defekt	Prüfen, siehe Seite 229, ggf. austauschen

Die Lichthupe

Die Fernlicht-Glühfäden und die Fernlichtkontrolle leuchten immer auf, wenn Sie den Blinkerhebel zum Lenkrad hin ziehen.
Falls die Lichthupe nicht funktioniert, obwohl die Scheinwerfer bei eingeschalteter Beleuchtung brennen:
● Mit Prüflampe kontrollieren, ob das rot/gelbe Klemme-30-Kabel zum Kombihebel unter Spannung steht.
● Falls ja, dürfte der Lichthupenkontakt im Kombischalter defekt sein. Schalterausbau siehe Seite 227.

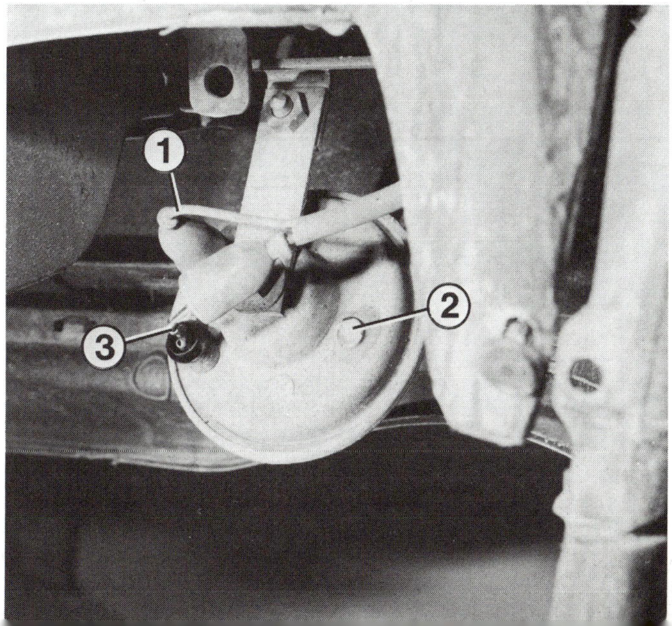

Die Hupe sitzt im rechten Radkasten vorn. Im Bild gezeigt sind:
1 – Masseverbindung über den Hupkontakt;
2 – Abdichtung über der Einstellschraube;
3 – Spannungszufuhr (schwarz/gelbe Leitung).

Hilfsorgane

Anzeigeinstrumente und Warnlichter informieren Sie über das augenblickliche Befinden Ihres Fahrzeugs. Und eine Vielzahl von Schaltern löst allerlei Funktionen aus. Auf alle diese Bauteile gehen wir in diesem Kapitel ein. Weiter sollen jene Einrichtungen zur Sprache kommen, mit denen das Autofahren sicherer oder komfortabler wird.

Kontrollinstrumente und -leuchten prüfen

Wartung Nr. 1

Setzen Sie sich hinter das Lenkrad und kontrollieren Sie nacheinander:

- Läuft die Zeiger- bzw. Digitaluhr?
- Zündung einschalten. Es müssen aufleuchten oder -blinken: Ladekontrolle, Öldruckwarnleuchte, Temperatur-/Kühlmittelstand-Warnleuchte und Handbremskontrolle (bei angezogenem Hebel). Im Lichtschalter muß das Lichtsymbol erleuchtet sein.
- Mit etwas Verzögerung wandert die Tankanzeigenadel über die Skala.
- Beim Passat mit Antiblockiersystem (ABS) leuchtet die Kontrollampe bei eingeschalteter Zündung auf. Nach dem Selbst-Check verlöscht sie.
- Linken Hebelschalter betätigen – leuchtet die (entsprechende) Blinkerkontrolle bzw. die Fernlichtkontrolle?
- Brennen bei gedrücktem Schalter die Kontrollleuchten für Warnblinker, heizbare Heckscheibe und – bei eingeschaltetem Licht – Nebelschlußleuchte?
- Bei einem Fahrzeug mit Anhänger-Blinkerkontrolle leuchtet diese beim Warnblinken ebenfalls rhythmisch auf.
- Motor starten – arbeitet ggf. der Drehzahlmesser?
- Bei einer Probefahrt die Funktion von Tachometer und Kühlmittel-Temperaturanzeige überprüfen.

Kombiinstrument zerlegen

Glasabdeckung abnehmen

Das Kombiinstrument ist trotz äußerlich nur geringer Unterschiede seit 8/90 in grundlegenden Teilen geändert. Die meisten Teile lassen sich übrigens ohne Demontage des Instrumentengehäuses ausbauen.

- Lenkrad abschrauben.
- Zwei Halteschrauben oben an der Blende des Kombiinstruments losdrehen, Blende unten aus den Blechhalteklammern abziehen.
- Knopf für Tageskilometerzähler-Rückstellung herausdrehen.
- Rechts und links am Kombiinstrument je eine kleine Kreuzschlitzschraube der Glasabdeckung lösen.
- Abdeckung oben ein Stück herausziehen und dann komplett abnehmen.

Instrumente ausbauen

- **Tachometer:** Der mechanische Tachometer ist angeschraubt, der elektronische Tacho (seit 8/90 in Verbindung mit MFA) und die übrigen Kontrollinstrumente sind lediglich eingesteckt.
- Bis 7/90 drei, ab 8/90 ggf. vier kleine Kreuzschlitzschrauben losdrehen.
- Tachometer aus dem Instrumentengehäuse abziehen.

Um an die Bauteile des Kombiinstruments heranzukommen, müssen lediglich die beiden mit Pfeil bezeichneten Schrauben losgedreht werden. Für bessere Zugänglichkeit sollte erst das Lenkrad abgenommen werden.

Drei Kreuzschlitzschrauben (Pfeile) sind zu lösen, wenn Sie den Tachometer ausbauen wollen.

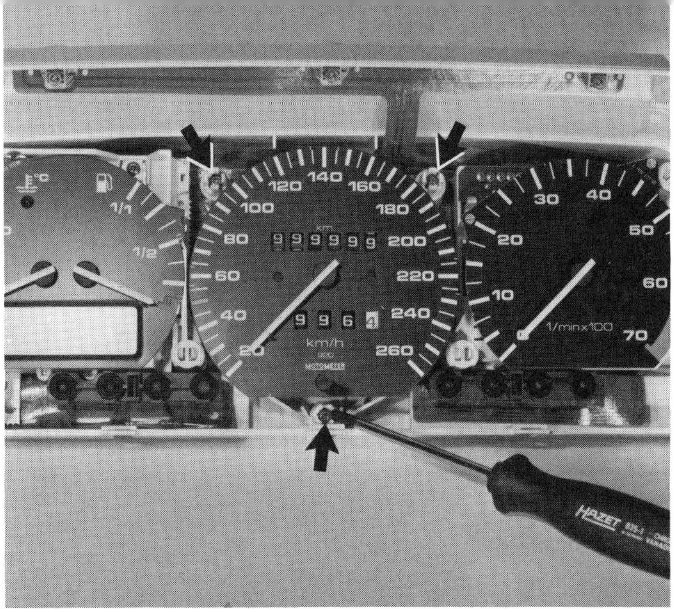

● **Seitliche Instrumente:** Massekabel der Batterie abklemmen.

● Bis 7/90 Raststifte mit einem schmalen Schraubenzieher etwas zurückdrücken (Bild unten links) und gleichzeitig das Instrument vorsichtig herausziehen.

● Ab 8/90 Instrumente einfach aus dem Gehäuse abziehen.

● Beim Einbau müssen Sie darauf achten, daß die Steckstifte hinten am Instrument korrekt in die entsprechende Steckerleiste eingesetzt sind. Bei ungeschicktem Ansetzen können die Stifte verbogen werden, und es fehlt am Kontakt.

● **Digitaluhr bis 7/90:** Tank-/Temperaturanzeige ausbauen.

● Rechts und links je eine kleine Schraube am Gehäuse der Uhr losdrehen.

● Digitaluhr abnehmen.

Fingerzeig: Die Instrumente von MotoMeter können von der Firma Imag, Gutenbergstraße 27, 70736 Fellbach-Schmiden repariert werden. VDO unterhält eigene Werkstätten, Anschriften erhalten Sie von der VDO Adolf Schindling AG, Postfach 6140, 65735 Schwalbach.

Weitere Bauteile ausbauen

● **Spannungskonstanter:** Bis 7/90 linkes, ab 8/90 ohne MFA rechtes Instrument ausbauen; ab 8/90 mit MFA Kombiinstrument komplett ausbauen.

● Oben am Gehäuse (bis 7/90) bzw. an der Leiterplatte (seit 8/90) die Kreuzschlitzschraube des Konstanters losdrehen.

● Einen schmalen Schraubenzieher in die Öse am Spannungskonstanter einsetzen und den Konstanter aus seinen Steckkontakten herausziehen.

● Beim Einbau die drei Kontaktstifte exakt in den Stecker einsetzen und Spannungskonstanter fest hineindrücken.

● Die Halteschraube muß richtig festgezogen werden, damit die Halteöse guten Kontakt mit dem Kühlblech im Gehäuse hat.

● Der Spannungskonstanter verringert die Bordnetzspannung auf 9,5–10,5 Volt. Dabei wird Wärme frei, die abgeleitet werden muß.

● **Unterdruckgeber der MFA:** Kombiinstrument komplett ausbauen.

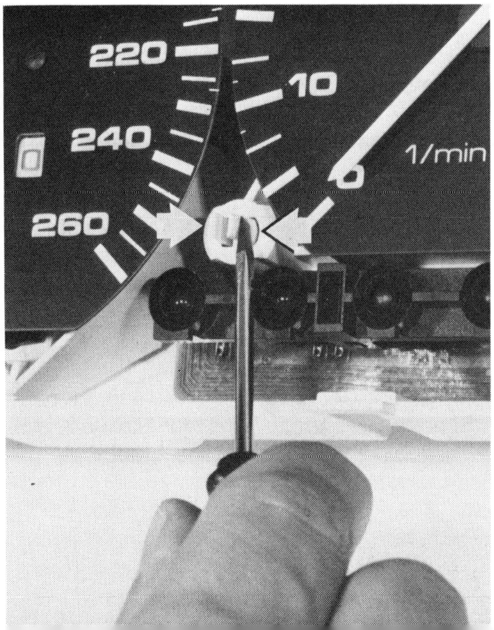

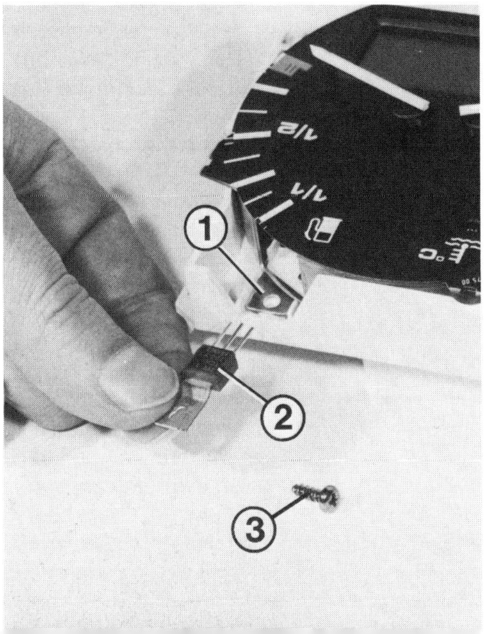

Links: Die seitlich vom Tachometer sitzenden Instrumente sind lediglich mit Raststiften (Pfeile) befestigt. Zum Ausbau eines Instruments Stifte mit einem schmalen Schraubenzieher zurückdrücken.
In der Abbildung rechts haben wir den Spannungskonstanter (2) losgeschraubt. Er muß beim Zusammenbau unbedingt auf seinem Kühlblech (1) angeschraubt werden. Position »3« zeigt die Halteschraube des Konstanters.

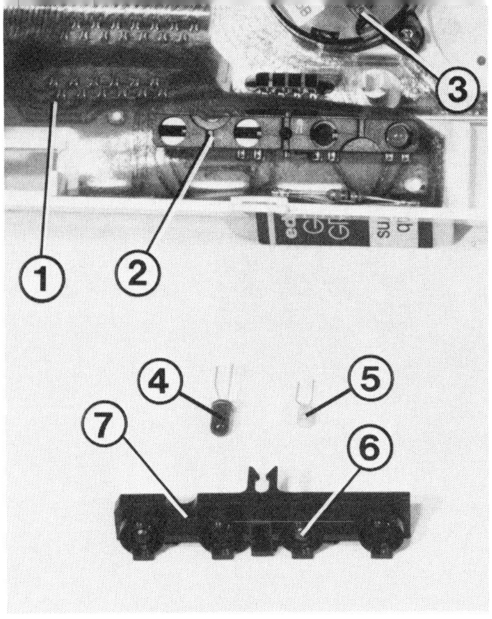

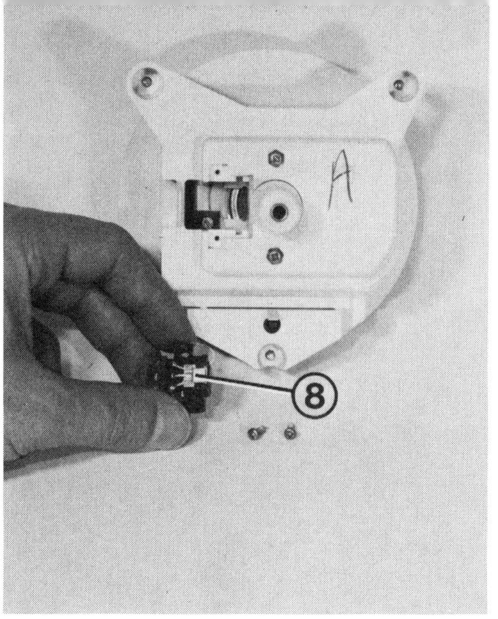

Links der Kontrolleuchtenwechsel: 1 – Leiterfolie; 2 – Sockel für Leuchtdioden; 4 – Leuchtdiode; 5 – Glühlampe für Fernlichtkontrolle; 6 – blaue Abdeckkappe für die Fernlichtkontrolle im Diodenhalter (7). Position »3« zeigt den Unterdruckgeber der MFA. Rechts: An der Rückseite des Kombiinstruments ist der Geschwindigkeitsgeber angeschraubt. Hier ein Hallgeber (8) in Verbindung mit der MFA.

- Zwei kleine Kreuzschlitzschrauben des Unterdruckgebers losdrehen.
- Unterdruckgeber abnehmen.
- **Hall- bzw. Induktionsgeber:** Zur Ermittlung der Geschwindigkeit sitzt beim Passat mit VW-Radio mit geschwindigkeitsabhängiger Lautstärkeregelung bzw. ggf. Geschwindigkeits-Regelanlage hinten am Tachometer bis 7/90 ein Induktivgeber und seit 8/90 ein Hallgeber.
- Tachometer losschrauben.
- An der Rückseite den Geber abschrauben.

Kontrolleuchten ausbauen

Für die Kontrolleuchten im Kombiinstrument dienen Leuchtdioden. Zum Schutz gegen zu hohe Spannungen ist jeder Leuchtdiode ein eigener Widerstand vorgeschaltet. Die Leuchtdiode der Ladekontrolle besitzt noch einen zusätzlichen Widerstand von 150 Ω zur Vorerregung der Drehstrom-Lichtmaschine. Für die Fernlichtkontrolle dient eine kleine Glühlampe mit blauer Kappe, da blaue Leuchtdioden zu teuer in der Herstellung sind.

- **Kontrolleuchten unten:** Im Instrumentengehäuse die Abdeckung über den Leuchtdioden abziehen, sie wird von kleinen Kunststoffrasten gehalten.
- **Blinker-Kontrolleuchten oben:** Diodenträger-Oberteil ausrasten.
- **Alle:** Defekte Diode bzw. Glühlampe (ggf. mit Pinzette) herausziehen und neue einstecken.
- Diodenanschlüsse nicht verwechseln – der Minusanschluß hat drei Erkennungsmerkmale: Größerer Pol im Diodengehäuse, angfaste Stelle am Diodengehäuse (sieht aus wie plangeschliffen), bisweilen ist auch der Steckanschluß leicht gebogen.
- Die richtige Einbaulage ist auch auf dem Halter eingeprägt.

Steuergerät für Öldruckkontrolle ausbauen

Dieses Teil läßt sich nur bei einem Passat bis 7/90 mit Zeigeruhr ausbauen. In Verbindung mit Drehzahlmesser ist das Steuergerät in die Leiterplatte des Drehzahlmessers integriert.

- Zeigeruhr ausbauen.
- An der Rückseite der Uhr die beiden Kunststoffnasen zur Seite drücken, Leiterplatte abnehmen.

Instrumentengehäuse komplett ausbauen

- Lenkrad abschrauben.
- Oben an der Blende des Kombiinstruments zwei Halteschrauben losdrehen, Blende abnehmen.
- Rechts und links am Kombiinstrument je eine Kreuzschlitzschraube des Instrumentengehäuses lösen.
- Kombiinstrument rechts ein Stück herausziehen.
- An der Rückseite den in Fahrtrichtung links sitzenden Mehrfachstecker abziehen.
- Bei einem Fahrzeug mit MFA zusätzlich den Unterdruckschlauch abziehen.
- Kombiinstrument komplett herausziehen.
- Die Tachowelle braucht nicht gelöst zu werden, sie ist hinten am Tacho lediglich eingesteckt.

Leiterfolie ausbauen bis 7/90

- Instrumentengehäuse komplett ausbauen.
- Sämtliche Instrumente demontieren.
- Fassungen der Instrumentenbeleuchtung abnehmen.
- Kontaktplatte für Induktions- bzw. Hallgeber hinten am Instrumentengehäuse abschrauben.
- Aus der Kontaktplatte die Folie »ausfädeln«.
- Sämtliche Spreizstifte der Folie an der Gehäuserückseite mit einem schmalen Schraubenzieher zusammendrücken und ins Gehäuse drücken.
- An der Aufnahme für den Mehrfachstecker rechts und links je eine Haltenase nach innen entriegeln und die Steckeraufnahme ebenfalls ins Instrumentengehäuse drücken.
- Folie aus dem Gehäuse herausnehmen.
- Beim Einbau der Kontaktplatte des Induktions-/Hallgebers erst die Leiterfolie in die Platte »einfädeln«.
- Achten Sie darauf, daß die Folie nicht verrutscht, wenn Sie die Kontaktplatte am Instrumentengehäuse anschrauben.

Das gesamte Kombiinstrument wird lediglich von den mit Pfeilen bezeichneten Schrauben gehalten.

Leiterplatte bzw. Gehäuse ersetzen ab 8/90

Die Leiterplatte des Kombiinstruments gibt es als Ersatzteil nur in Verbindung mit dem Instrumentengehäuse. Auch der Summer der Öldruckkontrolle und die Digitaluhr sind fest integrierte Bauteile in der Leiterplatte. Zum Austausch werden alle bisher genannten Bauteile demontiert, außerdem muß die Steckverbindung der Leiterfolie von der Leiterplatte abgezogen werden.

Tachometer

mechanische Ausführung

Der Geschwindigkeitsmesser im Passat bis 7/90 und in neueren Fahrzeugen ohne MFA zeigt das Fahrtempo gewissermaßen auf elektrischem Weg an. Er erzeugt Wirbelströme, die eine Aluminiumtrommel rund um die Zeigerachse gegen den Widerstand einer Spiralfeder verdrehen.
Der Tachometer kann nicht die genaue Entfernung oder Geschwindigkeit messen, sondern er »zählt« die Umdrehungen des Tachowellenantriebs am Getriebegehäuse und setzt sie in Kilometerangaben um. Nach wieviel Tachowellenumdrehungen ein Kilometer auf der Straße zurückgelegt wurde, hängt von der Reifengröße und der Achsübersetzung ab. Die entsprechende Tachometerantriebs-Anpassung wird mit der »Weg-Drehzahl« gekennzeichnet. Die lautet für unsere Modelle 920.
Eine zitternde Tachonadel weist gewöhnlich darauf hin, daß die Tachowelle einen Knick hat und bald brechen wird. Bei einem Fahrzeug mit hoher Laufleistung kann auch der Tachoantrieb im Getriebe verschlissen sein.

Tachowelle ausbauen

Der Wellenanschluß ist am mechanischen Tachometer lediglich eingesteckt. Am oberen Ende der Welle sitzt im Wasserfangkasten ein Gehäuse mit Druckfeder. Die Feder drückt das Wellenende in Richtung Tachometer. Zum leichteren »Einfädeln« sitzt an der Tachorückseite eine trichterförmige Aufnahme.

- Im Motorraum neben den Schaltzügen die geschlitzte Rändelmutter der Tachowelle aus dem Getriebe lösen. Ggf. Schraubenzieher zum Losdrehen einstecken, siehe Bild unten.
- Dichtstopfen zwischen Motorraum und Wasserfangkasten herausdrücken.
- Druckfedergehäuse im Wasserfangkasten aus den Haltern aushängen.

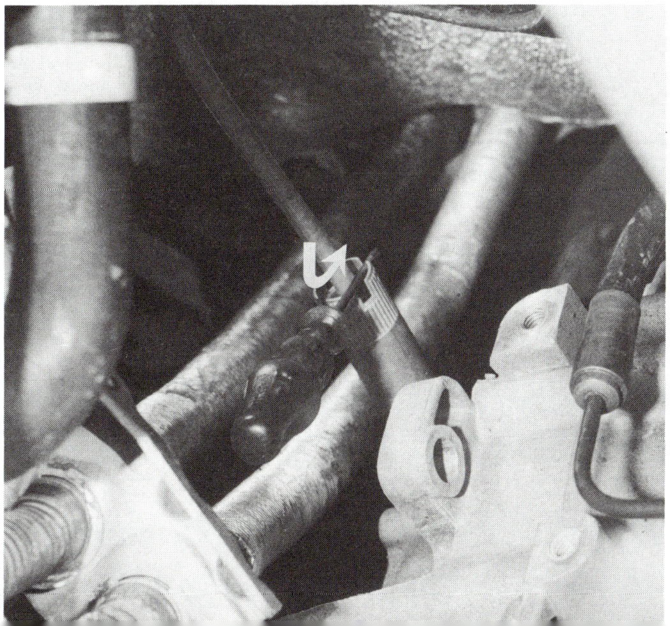

Die Tachowelle ist an der Oberseite des Getriebes eingeschraubt. Zum Lösen der geschlitzten Rändelmutter einen Schraubenzieher in die Schlitze stecken und Mutter losdrehen.

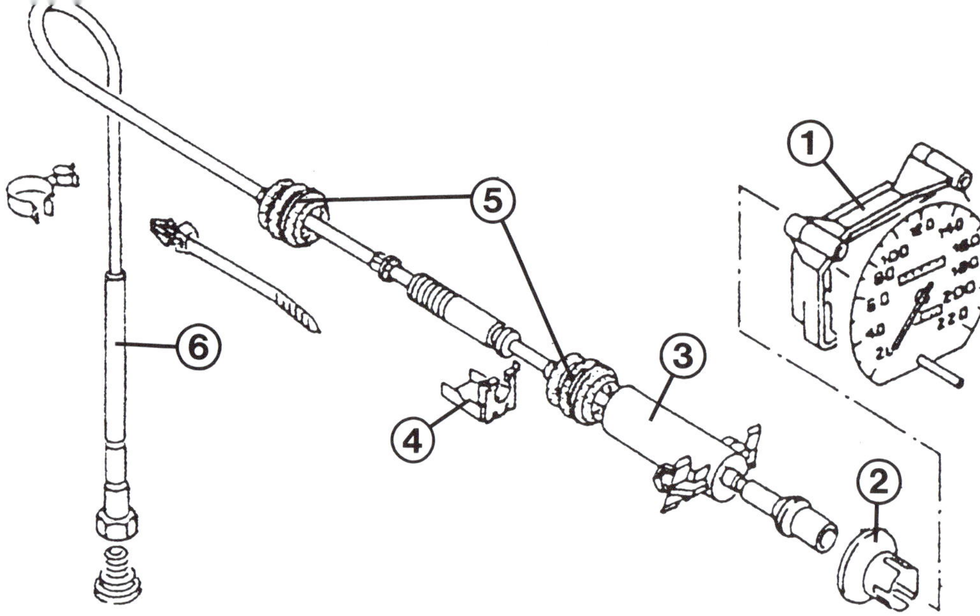

Am Tachometer (1) ist die Tachowelle (6) lediglich in die trichterförmige Aufnahme (2) eingesteckt. Die übrigen Teile:
3 – Druckfedergehäuse;
4 – Halteklammer;
5 – Dichtstopfen.

● Dichtstopfen zwischen Wasserfangkasten und Innenraum ebenfalls herausdrücken.
● Welle aus ihrem Halter im Motorraum aushängen.
● Tachowelle zum Motorraum hin herausziehen.
● Beim Einbau darf die Tachowelle nicht stark gebogen oder gar geknickt werden, sonst ist sie bald wieder defekt.
● Dichtstopfen wieder feuchtigkeitssicher eindrükken, ggf. etwas Silikonfett verwenden, daß die Gummis besser hineinrutschen.

Elektronischer Tachometer

In Verbindung mit MFA besitzt der Passat seit 8/90 ein elektronisches Meßgerät, ähnlich dem Drehzahlmesser. Wie dieser verarbeitet er Drehzahlimpulse, die er von einem Geber im Getriebe erhält. Dort wird gemessen, wie oft sich die Räder drehen. Das Instrument bringt die Umdrehungs-Impulse mit einem Zeitfaktor in Bezug, und man erhält eine Vergleichsgröße für die Geschwindigkeit. Das Radumdrehungs-Signal wird auch für die Multifunktions-Anzeige und die Radio-Lautstärkenanpassung als Meßgröße für die Geschwindigkeit bzw. zurückgelegte Fahrtstrecke gebraucht.
Wenn der Tachometer nicht funktioniert, zuerst Sicherung 15 im Sicherungskasten überprüfen.

Kraftstoffanzeige

Die Tankanzeige ist im Prinzip nichts anderes als ein Voltmeter. Mit Einschalten der Zündung erhält das Anzeigegerät im Kombiinstrument Spannung. Den Stromkreis zur Masse schließt ein veränderlicher Widerstand im Tankgeber. Dieser Geber im Kraftstofftank besteht aus einem Schwimmer und einem elektrischen Widerstand. Je nach Stromdurchfluß wird das Bimetall im Anzeigeinstrument mehr oder weniger stark beheizt, und die daran befestigte Zeigernadel schlägt entsprechend aus.
Steht der Schwimmer bei vollem Tank in seiner höchsten Stellung, ist der Widerstand am Tankgeber überbrückt, das Anzeige-Bimetall wird voll beheizt und läßt den Zeiger voll ausschlagen. Mit abnehmendem Tankinhalt sinkt der Schwimmer, der dadurch höhere Widerstand hemmt den Stromdurchfluß zum Bimetall, die Nadel zeigt weniger an.

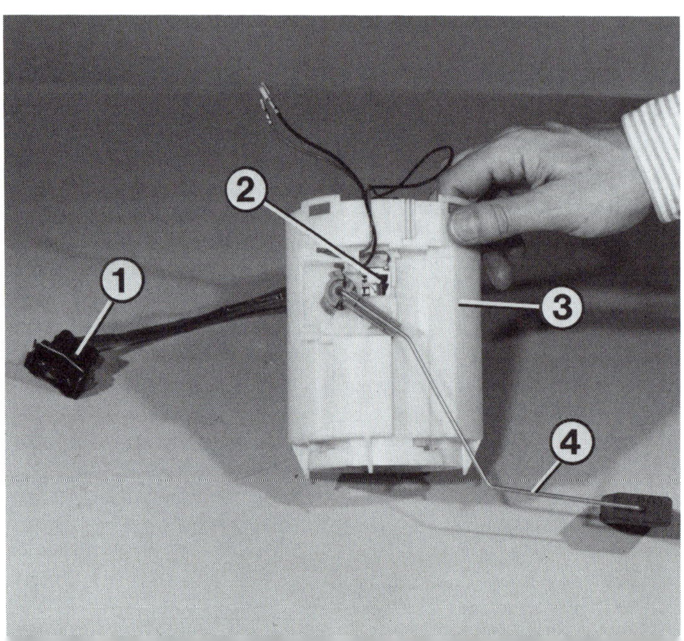

Beim Passat mit Monojetronic- und Digifant-Einspritzung sitzt die elektrische Kraftstoffpumpe im Tank. Am Pumpengehäuse (3) ist die Widerstandsplatte (2) des Tankgebers befestigt. Weiter sehen Sie: 1 – Mehrfachstecker; 4 – Schwimmer.

Links: Von den drei hier gezeigten Temperaturgebern interessiert uns nur der untere (3) mit schwarzem Steckanschluß – das ist der Geber für die Kühlmittel-Temperaturanzeige. 1 – für Einspritzanlage; 2 – für Ansaugrohr-Beheizung. Rechts: So prüfen Sie, ob ein Instrument intakt ist: An der Rückseite der Tank-/Temperaturanzeige ist die Zählweise der Anschlüsse von rechts nach links. Zum Prüfen der Tankanzeige werden die Meßspitzen an Kontaktstift 2 (»–«) und 8 (»+«) angeschlossen und mit den entsprechenden Polen der 9-Volt-Batterie verbunden.

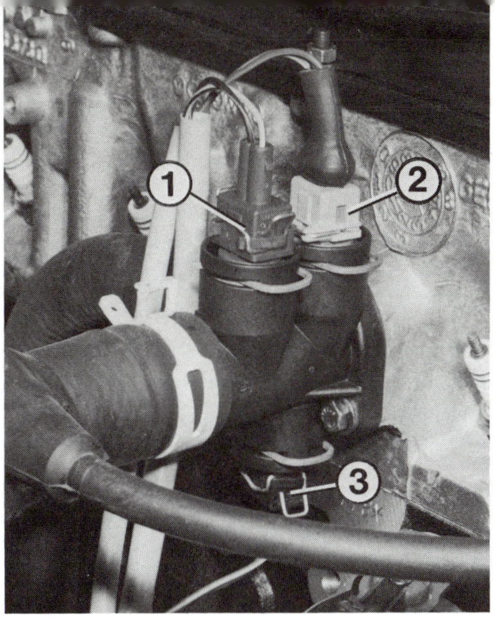

Störungsmöglichkeiten

Als Ursache für fehlerhafte Anzeige kommen in Frage:

○ Zu hoher oder zu niedriger Stand bei **gleichzeitig** falscher Temperaturanzeige: Spannungskonstanter defekt.

○ Fehlerhafte oder keine Anzeige des Tankinhalts bei richtiger Temperaturanzeige: Schwimmerarm verbogen bzw. Tankgeber oder Anzeigeinstrument defekt.

Störungssuche

● Stellen Sie fest, daß sowohl Tank- wie Temperaturanzeige nichts oder falsch anzeigen, liegt es am Spannungskonstanter.

● Bei Falschanzeige durch verbogenen Schwimmerarm Tankgeber ausbauen (Kapitel »Kraftstofftank«).

● Biegen des Schwimmerarms nach oben verringert die Anzeige, Biegen nach unten ergibt einen höheren Anzeigewert.

● **Tankgeber prüfen:** Freilegen, wie im Kapitel »Kraftstofftank« beschrieben, Kabelstecker abziehen.

● Im Stecker den Anschluß des violett/schwarzen Kabels mit einem Kabelstück zum Kontakt des braunen Kabels überbrücken.

● Zündung kurz einschalten – wandert der Zeiger auf »Voll«, ist der Tankgeber defekt.

● Bewegt sich der Zeiger nicht, ist entweder das violett/schwarze Kabel zum Kombiinstrument unterbrochen, die Leiterfolie/-platte oder das Anzeigeinstrument defekt.

● **Anzeigeinstrument prüfen:** Ausbauen und an der Rückseite eine 9-Volt-Batterie als Stromquelle anschließen, siehe Bild oben rechts.

● Bis 7/90 an Kontakt 2 »–« (Eingang Tankgeber), an Kontakt 8 »+« (Ausgang Spannung vom Konstanter), ab 8/90 an beiden Kontaktstiften.

● Rührt sich die Anzeigenadel nicht, ist das Anzeigeinstrument defekt. Es kann nur komplett mit der Temperaturanzeige ersetzt werden.

● Schlägt die Anzeige jedoch auf »Voll« aus, liegt der Fehler in der Kabelzuleitung.

Kühlmittel-Mangelanzeige

Abgesunkener Kühlmittelstand wird ebenfalls von der rotblinkenden Temperaturwarnleuchte angezeigt. Im Kühlmittel-Ausgleichbehälter sitzt dazu ein Kontaktschalter mit zwei Elektroden. Ein Steuergerät in der Zentralelektrik oder in der Leiterplatte erzeugt einen Wechselstrom. Der Stromkreis ist durch die Kühlflüssigkeit geschlossen. Mit abgesunkenem Niveau stehen die Elektroden frei, der Stromkreis wird unterbrochen, und der Schalter öffnet seine Kontakte. Dadurch schaltet das Steuergerät die Warnleuchte ein. Damit die Kontrolle nicht bei schwappender Flüssigkeit in Kurven aufleuchtet, muß der Stromkreis mindestens acht Sekunden lang unterbrochen sein.

Kühlmittel-Temperaturanzeige

Die Anzeige für die Kühlmitteltemperatur funktioniert ähnlich wie die Tankanzeige. Plusstrom erhält das Instrument bei eingeschalteter Zündung, die Masseverbindung stellt der Temperaturfühler im Wasserstutzen vorn am Zylinderkopf her. Dieser Fühler ist ein veränderlicher Widerstand. Mit zunehmender Erwärmung gibt er den Stromdurchfluß weiter frei, so daß das Bimetall im Instrument stärker beheizt wird und die Nadel weiter ansteigt. Bei zu hoher Kühlmitteltemperatur wird eine rotblinkende Leuchtdiode eingeschaltet.

Störungsmöglichkeiten

○ Fehlerhafte Anzeige der Kühlmitteltemperatur bei **gleichzeitig** ungenauer Benzinstandsanzeige lassen auf einen schadhaften Spannungskonstanter schließen.

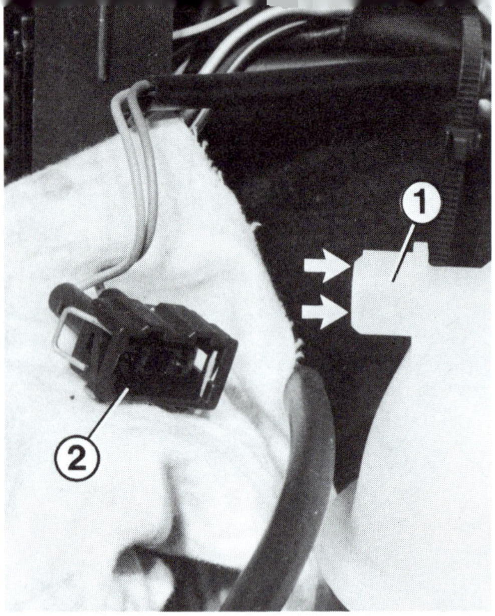

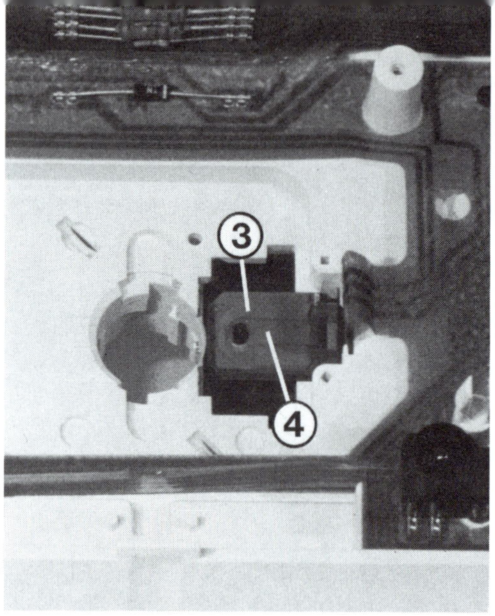

Links: Die Meldung des Kühlmittelstands kommt vom Schalter (1) oben am Kühlmittel-Ausgleichgehälter. Bei abgezogenem Stecker (2) können Sie den Widerstand an den Steckkontakten (Pfeile) des Schalter messen.
Die Abbildung rechts zeigt, wie Sie die Ausgangsspannung des Spannungskonstanters messen: Zwischen dem Plus-Kontakt (4) und dem Masse-Anschluß (3).

○ Keine Anzeige kann ihre Ursache im Temperaturfühler oder Instrument haben.
○ Richtige Anzeige und gleichzeitig blinkendes Warnlicht kann am Schalter der Kühlmittel-Mangelanzeige im Ausgleichbehälter oder dem Steuergerät liegen.

Störungssuche

● **Temperaturfühler prüfen:** Schwarzen Stecker am Temperaturfühler im Kühlwasserstutzen abziehen und Kontakte durch ein Kabelstück verbinden.
● Zündung kurz einschalten – wandert die Anzeigenadel nach oben, ist der Temperaturfühler defekt.
● **Anzeigegerät prüfen:** Ausbauen, an der Rückseite als Stromquelle eine 9-Volt-Batterie anschließen.
● Bis 7/90: An Kontakt 3 »–« (Eingang Temperaturfühler), »+« an Kontakt 8 (Ausgang Spannung vom Konstanthalter), ab 8/90 an den beiden Kontaktstiften.
● Rührt sich die Anzeigenadel nicht, liegt es am Anzeigeinstrument. Es kann nicht einzeln getauscht werden.
● Wandert die Anzeige nach oben, liegt der Fehler in der Kabelzuleitung.
● **Leuchtdiode prüfen (nur bis 7/90):** Hierzu wieder die 9-Volt-Batterie anschließen.
● An Kontakt 7 »–«, an Kontakt 8 »+«.
● Jetzt muß die Leuchtdiode 3–4 Sekunden lang blinken.
● Die rotblinkende Leuchtdiode in der Kühlmittelanzeige kann nicht ausgebaut werden, sondern muß gemeinsam mit dem Instrument getauscht werden.
● **Schalter für Kühlmittelmangel prüfen:** Kabelstecker abziehen, Ohmmeter an den Schalterkontakten anschließen.
● Solange die Elektroden in die Flüssigkeit reichen, ist der Widerstand 0 Ω.
● Kühlmittel mit dem Frostschutzprüfer absaugen, der Widerstand strebt gegen ∞ Ω.
● Damit ist der Schalter in Ordnung, und der Fehler dürfte am Steuergerät liegen.

Spannungskonstanter

Er muß die Anzeigen mit absolut gleichmäßiger Spannung versorgen. Andernfalls lassen Spannungsschwankungen die Zeigernadeln pendeln. Wenn beide Geräte »verrückt spielen« oder gar nichts anzeigen, liegt es sicher am Konstanter.

Spannungskonstanter prüfen

● **Versorgungsspannung:** Bis 7/90 links, ab 8/90 rechts sitzendes Instrument ausbauen. Bei einem Fahrzeug mit MFA ab 8/90 Kombiinstrument komplett ausbauen.
● Zündung einschalten.
● Bis 7/90: An der Steckerleiste mit acht Anschlüssen von links nach rechts gezählt an Kontakt 4 (Klemme 15) und 7 (Masse) ein Voltmeter anschließen.
● Ab 8/90 am linken Plus- und mittleren Massekontakt des Spannungskonstanters ein Voltmeter anschließen.
● Hier müssen rund 12 Volt anliegen.
● Wenn nicht, Leitungsunterbrechung anhand des Schaltplans suchen.
● Zündung ausschalten.
● Bis 7/90: Instrument wieder einbauen und für die nächste Prüfung Tachometer ausbauen.
● **Ausgangsspannung:** Bis 7/90 an den Kontaktflächen für den Geschwindigkeitsgeber an der Leiterfolie zwischen oberem Massekontakt und unterem »+«-Kontakt die Spannung messen.
● Ab 8/90 am Spannungskonstanter zwischen rechtem Plus- und mittlerem Massekontakt die Spannung messen.
● Zündung einschalten.
● Der Sollwert muß zwischen 9,5 und 10,5 Volt liegen.
● Wenn nicht, ist die Leiterfolie bzw. -platte unterbrochen oder der Spannungskonstanter defekt.

Drehzahlmesser

Wie oft die Kurbelwelle im Motor in der Minute rotiert, zeigt der Drehzahlmesser (je nach Modell und Kundenwunsch) an. Er erhält von der Zündanlage die Zündimpulse übermittelt. Sie werden von der Elektronik im Instrument summiert und aufbereitet an das Meßwerk der Analoganzeige weitergegeben.
Bei Störungen gilt es, die entsprechenden Leitungen zu überprüfen. Auch in der Leiterfolie/-platte des Kombiinstruments kann ein Fehler stecken. Der Drehzahlmesser läßt sich mit Eigenmitteln nicht reparieren.

Die Zeituhr

In fast allen Passat-Versionen ist serienmäßig eine große Zeigeruhr im Kombiinstrument eingebaut. In Verbindung mit einem Drehzahlmesser sitzt eine Digitaluhr im Gehäuse der Tank-/Temperaturanzeige. Beide Uhren sind quarzgesteuert und gehen ausgesprochen exakt. Läuft die Digital- oder Zeigeruhr überhaupt nicht, beschränkt sich die Fehlersuche auf die zuständige Sicherung oder das stromzuführende Kabel. Eine Reparatur ist bei der Digitaluhr überhaupt nicht und bei der Zeigeruhr nur in der Spezialwerkstatt möglich.

Multifunktionsanzeige (MFA)

Die Flüssigkristallanzeige im linken Instrument kann bei bestimmten Modellen mehr anzeigen als lediglich die Uhrzeit. Dabei gibt es einen Einzelfahrt- sowie einen Gesamtfahrt-Speicher. In Einzelfahrt-Stellung (1) werden alle erfaßten Daten zwei Stunden nach Abschalten der Zündung gelöscht. In Gesamtfahrt-Stellung (2) kann eine beliebige Zahl von Fahrten gespeichert werden, jedoch auch nur bis zu bestimmten Grenzwerten.
Die Meßwerte für Fahrzeit, Fahrstrecke, Durchschnittsgeschwindigkeit, Durchschnittsverbrauch, Motoröltemperatur und Außentemperatur liefern folgende Bauteile:

- ○ Schwingquarz der Zeituhr.
- ○ Geschwindigkeitsgeber hinten am Tachometer bis 7/90 bzw. seit 8/90 am Getriebe. Das ist ein Hallgeber, der die Umdrehungen des Tachoantriebs erfaßt.
- ○ Unterdruckgeber hinten am Instrumentengehäuse, dem der vom Motor erzeugte Unterdruck übermittelt wird, was er in elektrische Signale umwandelt.
- ○ Öltemperaturfühler am Ölfilterflansch. Die Funktion ist gleich wie bei der Anzeige für die Kühlmitteltemperatur: Der Geber ändert seinen Widerstand mit der Temperatur.
- ○ Außentemperaturfühler im linken Vorderkotflügel hinter der Abdeckung des Stoßfängers. Er arbeitet ebenfalls mit Widerstandsänderung.

Störungssuche

Es kann passieren, daß die MFA unsinnige Werte liefert bzw. Meßwerte verspätet oder gar nicht anzeigt.

- ● Dann Masseband der Batterie abnehmen und wieder anklemmen.
- ● Dies gilt besonders dann, wenn zuvor Arbeiten an der elektrischen Anlage durchgeführt wurden.
- ● Stimmt die Anzeige für Fahrstrecke, Durchschnittsgeschwindigkeit oder Durchschnittsverbrauch nicht, kann bei einem Fahrzeug bis 7/90 der Geschwindigkeitsgeber defekt sein. Falls möglich, mit einem anderen Geber gegenprüfen.
- ● Lag es nicht am Geber, ist die MFA schadhaft.
- ● Weitergehende Störungsbeseitigung ist dem Heimwerker nicht mehr möglich. Jetzt muß die V.A.G.-Werkstatt nach einem Fehlersuchprogramm vorgehen.

Blinkerkontrolle

Die einzelne Blinkerkontrolle bzw. beide Leuchten sind einerseits an Klemme 49a des Blinkrelais angeschlossen und erhalten von dort die Blinkimpulse. Auf der anderen Seite sind sie über den Mehrfachstecker mit Masse verbunden. Sobald Sie den Blinkerhebel betätigen, erhalten die Richtungsblinker und die entsprechende Blinkerkontrolle Spannung und leuchten rhythmisch auf.

Bremskontrolle

Diese Kontrolleuchte warnt vor angezogener Handbremse. Dazu sitzt am Handbremshebel ein Kontaktschalter, der bei angezogener Handbremse die rote Leuchtdiode aufleuchten läßt. Zusätzlich wird abgesunkener Flüssigkeitsstand angezeigt: Der Verschlußdeckel auf dem Ausgleichbehälter für die Bremsflüssigkeit besitzt einen Schwimmer und einen Kontaktschalter, der bei abgesunkenem Niveau im Behälter den Stromkreis zur Warnleuchte schließt.

Störungen an der Bremskontrolle

- ● Verlöscht die Kontrolle nicht, überprüfen Sie, ob der gelöste Handbremshebel den Stift im Kontaktschalter nach unten drückt.
- ● Wenn nicht, den Kontaktschalter lösen und seitlich versetzen.
- ● Als nächstes den Flüssigkeitsstand prüfen.

● War kein Fehler zu entdecken, muß der Kabelverlauf zur Kontrolleuchte überprüft werden.
● Wenn die Warnleuchte überhaupt nicht brennt, kann es an folgenden Fehlern liegen: Kontaktschalter klemmt, Leitungsunterbrechung, Leiterfolie/-platte oder Leuchtdiode defekt.
● Welche Bedeutung das Aufleuchten der Bremskontrolle bei einem Passat mit ABS hat, finden Sie im Kapitel »Antiblockiersystem« beschrieben.

Fernlichtkontrolle

Nur bei eingeschaltetem Fernlicht oder beim Lichthupen erhält die Fernlichtkontrolle Spannung. Ob die Lichtfäden in den Scheinwerfern tatsächlich brennen, kann sie aber nicht anzeigen.

Motor-Fehlerlampe

Beim 66-kW-Motor mit Monojetronic bis 12/88 brennt die Fehlerlampe während der Fahrt, wenn ein Defekt aufgetreten ist, der zu Schäden am Motor führen kann. Das Steuergerät der Einspritzung »merkt sich« im sogenannten Fehlerspeicher einmal aufgetretene Fehler und teilt sie bei Abfrage dem Mechaniker über einen Blinkcode mit (Fehlerlampe blinkt in bestimmtem Rhythmus). Zur Eigenkontrolle leuchtet die Lampe bei eingeschalteter Zündung und verlöscht bei laufendem Motor.

Öldruckkontrolle

Der Motoröldruck wird von zwei Druckschaltern sowie einem Steuergerät mit Warnsummer überwacht. Das Steuergerät sitzt bis 7/90 im Gehäuse des Tachometers bzw. bei einem Passat mit Drehzahlmesser in dessen Gehäuse. Seit 8/90 ist das Steuergerät in die Leiterplatte integriert. So funktioniert es:
○ Solange der Öldruck bei stehendem Motor noch unter 0,3 bar liegt, hält der 0,3-bar-Öldruckschalter seine Kontakte geschlossen. Bei eingeschalteter Zündung ist über das Steuergerät die Verbindung zur Masse hergestellt, die Kontrolleuchte im Armaturenbrett blinkt. Sobald der Motor gestartet wird und der Öldruck ansteigt, öffnet der Schalter seine Kontakte, die Masseverbindung über das Steuergerät wird unterbrochen – die Kontrolle verlöscht.
○ Der zweite Öldruckschalter mit einem Schaltdruck von 1,8 bar ist ebenfalls mit dem Steuergerät verbunden. Sinkt der Motoröldruck unter 1,8 bar, öffnet er seine Kontakte, wodurch die Masseverbindung zum Steuergerät unterbrochen wird.
○ Das Steuergerät leitet diesen Impuls aber nur dann zur Kontrolleuchte weiter, wenn der **Öldruck länger als eine Sekunde unter 1,8 bar** fällt und die **Motordrehzahl über 2100/min** liegt. Dann läßt das Steuergerät die Öldruckkontrolle blinken und gibt zusätzlich einen Warnton von sich (bis 7/90) bzw. schaltet den Warnsummer ein (ab 8/90).

Die Öldruckschalter

Zur Unterscheidung besitzen die Isolierstücke der Öldruckschalter unterschiedliche Farben:
○ **Braun** ist die Isolierung am **0,3-bar-Schalter**.
○ **Weiß** eingefärbt ist der **1,8-bar-Schalter**.
○ Der 0,3-bar-Schalter ist bei Motoren bis 85 kW an der linken Motorstirnseite im Zylinderkopf eingeschraubt,

Oben auf dem Ölkühler/Filterflansch (2) sitzt bei einem Fahrzeug mit MFA der Geber (1) für die Öltemperatur.

den 1,8-bar-Schalter finden Sie vorn am Ölfilterflansch (siehe Bilder unten). Beim 16 V sitzen beide Schalter am Ölfilterflansch.

Störungssuche

Blinkt die Warnlampe (mit zusätzlichem Warnton) **bei laufendem Motor, müssen Sie sofort anhalten und den Motor abstellen!**

● Ölstand kontrollieren. Falls in Ordnung:

● Blau/schwarzes Kabel am 0,3-bar-Öldruckschalter abziehen und frei hängen lassen.

● Zündung einschalten; blinkt die Kontrolle weiterhin, hat die Zuleitung Masseschluß – das ist ungefährlich für den Motor.

● Gelbe Leitung am 1,8-bar-Öldruckschalter abziehen und an Masse halten.

● Zündung einschalten; blinkt die Kontrolle weiter, liegt der Defekt am Steuergerät oder seinen Zuleitungen – auch das ist ungefährlich für den Motor.

● Zeigen sich andere als die beschriebenen Effekte, besteht der Verdacht, daß die Ölversorgung im Motor unterbrochen ist. Wagen abschleppen lassen!

● Möglicherweise ist ein Öldruckschalter schadhaft. Bisweilen funktioniert er wieder, wenn man seine Steckzunge hin und her bewegt.

● **Bleibt die Öldruckkontrolle** nach Einschalten der Zündung **dunkel**:

● Blau/schwarze Leitung am 0,3-bar-Öldruckschalter abziehen und gegen Masse halten.

● Zündung einschalten; blinkt die Kontrolle jetzt, ist der Öldruckschalter defekt.

● Bleibt es dunkel, ist die Zuleitung bzw. die Leiterfolie/-platte, die Leuchtdiode oder das Steuergerät schadhaft.

Steuergerät prüfen

● Gelbes Kabel am 1,8-bar-Öldruckschalter abziehen. Nicht gegen Masse halten.

● Motor starten und langsam hochdrehen. Ab etwa 2200/min muß die Kontrolle blinken und der Warnsummer ertönen. Wenn nicht, ist das Steuergerät defekt – Steuergerät bzw. Leiterplatte ersetzen.

● Gleiche Prüfung mit aufgestecktem Kabel.

● Blinkt die Kontrolle und ertönt der Summer ab einer Drehzahl von etwa 2200/min, ist der 1,8-bar-Öldruckschalter defekt.

● Motor im Leerlauf drehen lassen, Kabel am 1,8-bar-Schalter abziehen und frei hängen lassen.

● Werden nun Kontrolle und Summer aktiv, ist die Zuleitung von Klemme 1 der Zündspule (die Drehzahlinformation) und dem Steuergerät unterbrochen.

Öldruckschalter austauschen

● Kaufen Sie den richtigen Schalter, als Unterscheidungsmerkmal dient die Farbe des Isoliermaterials, siehe oben.

● Schalter mit Dichtring einbauen.

● Das Anzugsdrehmoment beträgt lediglich 25 Nm.

ABS-Kontrolleuchte

Bei Fahrzeugen mit Anti-Blockier-System (ABS) brennt diese Kontrolleuchte zur Funktionskontrolle beim Einschalten der Zündung und während des Selbst-Checks des ABS. Nach spätestens 60 Sekunden muß die orangefarbene Leuchte verlöschen.

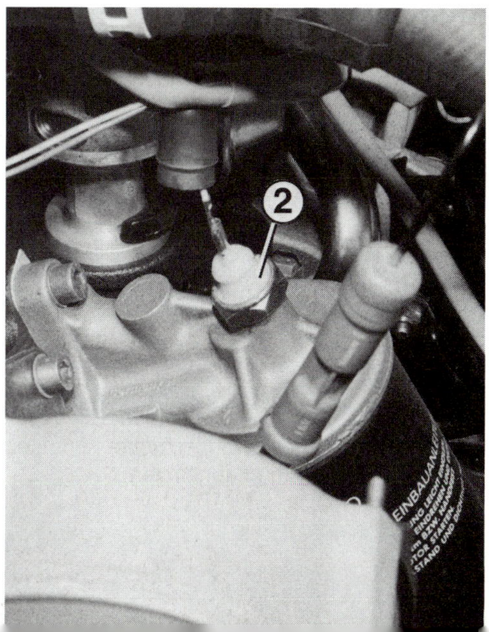

**Linke Abbildung: Beim Achtventiler sitzt der 0,3-bar-Öldruckschalter (1) an der linken Stirnseite des Zylinderkopfes.
Rechts: Der zweite Schalter (2) mit 1,8 bar Schaltdruck sitzt oben auf dem Ölfilterflansch.**

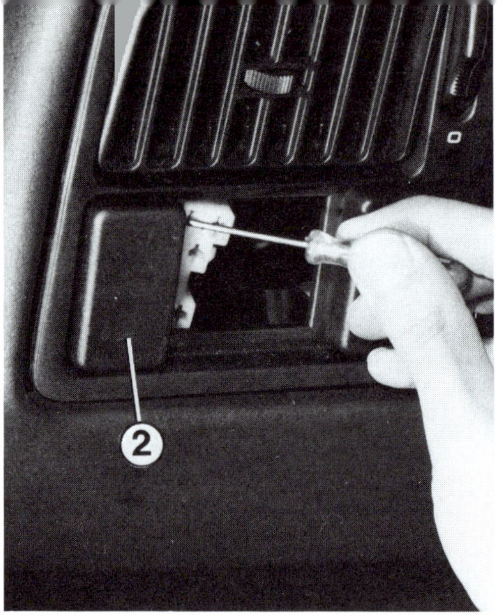

Links ist gezeigt, wie Sie den Lichtschalter (1) aus seinem Halterahmen herausziehen.
Rechts: Der Blinddeckel (2) kann mit einem schmalen Schraubenzieher abgehebelt werden.

Brennt die Kontrolle während der Fahrt, liegt ein Defekt im ABS-Bremssystem vor. In die Werkstatt fahren und kontrollieren lassen. Leuchtet beim Einschalten der Zündung gar nichts, muß das Leuchtengehäuse komplett ersetzt werden; das Lämpchen ist im Gehäuse eingelötet. Zum Ausbau das Lampengehäuse mit einem schmalen Schraubenzieher ein kleines Stück herausheben und abnehmen.

Anhänger-Blinkerkontrolle

Sie blinkt rhythmisch mit, wenn bei angeschlossener Anhängerbeleuchtung die betreffende Blinkleuchte am Anhänger funktioniert. Ist am Anhänger (oder am Zugwagen) eine Blinkleuchte defekt, blinkt die Kontrolle beim jeweiligen Richtungsblinken nicht mit.
Bei eingeschalteter Warnblinkanlage und angeschlossener Anhängerbeleuchtung leuchtet die Kontrolle auch dann auf, wenn eine der Hänger-Blinkleuchten nicht funktioniert.
Ein Lampenwechsel ist nicht möglich, siehe vorangegangenen Abschnitt.

Warnblink-Kontrolleuchte

Diese Kontrolleuchte im Druckschalter leuchtet bei eingeschalteter Warnblinkanlage im Gleichtakt mit den vier Blinkleuchten auf. Spannung kommt von Klemme 30 des linken Kombischalters. Ein Wechsel der Glühlampe ist nicht möglich.

Die Schalter

Wenn ein elektrisches Gerät im Passat eingeschaltet werden soll, muß der betreffende Schalter gedrückt oder ausgelöst werden. Auf die indirekt betätigten Schalter (z. B. Öldruckschalter) sind wir bereits eingegangen. Im folgenden kommen nun die handbetätigten Schalter zur Sprache.

Kippschalter

○ Im Lichtschalter glimmt das Scheinwerfersymbol beim Einschalten der Zündung. Wenn das Standlicht brennt, leuchtet im Schalter eine grüne Kontrolle auf.
○ Bei eingeschalteter Beleuchtung sind die Symbole in den übrigen Kippschaltern schwach erleuchtet. Die Schalter für heizbare Heckscheibe und Nebelschlußleuchte besitzen gelbe Leuchtenfenster, die anzeigen, wenn der entsprechende Stromverbraucher eingeschaltet ist.
○ Schaltersymbol-Beleuchtung und Kontrolleuchten sind in die Schalter integriert. Ein Wechsel dieser Glühlampen ist nicht vorgesehen.

Kippschalter ausbauen

- Vorstehende Schalterseite herausziehen.
- Jetzt können Sie den Schalter seitlich fassen und herausziehen.
- Mehrfachstecker abziehen.

Kippschalter nachträglich einbauen

- Betreffenden Blinddeckel mit einem schmalen Schraubenzieher ein kleines Stück herausheben und abnehmen.
- Kabelstrang mit Mehrfachstecker verlegen.
- Stecker anschließen und Schalter in den freigewordenen Ausschnitt einsetzen.

Die Kombination der Hebelschalter (2) unter dem Lenkrad wird von drei Schlitzschrauben (1) gehalten.

Hebelschalter

Obschon sie zu den meistgebrauchten Schaltern im Auto gehören, hat man mit den Hebelschaltern kaum Probleme. Wichtig zu wissen ist, daß Lichtumschaltung und Lichthupe zwar mit dem Blinkerschalter betätigt werden, der eigentliche Schalter aber im Scheibenwischerschalter sitzt. Bei einem Defekt der Lichtumschaltung und Lichthupe muß der Scheibenwischerschalter komplett ersetzt werden.
Zur Störungssuche an den Hebelschaltern genügt es, die mit zwei Kreuzschlitzschrauben befestigte Verkleidung unter der Lenksäule abzunehmen.

Hebelschalter ausbauen

- Lenkrad ausbauen, siehe Seite 127.
- Lenksäulenverkleidung unten abschrauben.
- Drei Schlitzschrauben in der Schalterkombination herausdrehen, siehe Bild oben.
- Mehrfachstecker an den Schaltern abziehen.
- Schalterkombination komplett abnehmen.
- Zum Trennen der Schalter diese leicht verkanten, damit die Nase des linken Schalters aus dem Lichtumschalter ausrastet.

Drehschalter

Für das Luftgebläse dient ein Drehschalter. Alles was mit dem Gebläse zu tun hat, finden Sie im folgenden Kapitel »Heizung und Lüftung«. Hier geht es um einen anderen Drehschalter.

Zünd/Anlaß-Schalter

Dieses landläufig als Zündschloß bezeichnete Teil dient nicht nur dazu, dem Besitzer des Zündschlüssels den Motorstart zu ermöglichen, sondern sperrt nach Abziehen des Zündschlüssels und nach einer kurzen Lenkraddrehung auch die Lenkung. Demgemäß nennt man es auch Lenk-/Zündschloß.
Während das Schloßteil nur in seltenen Fällen seinen Geist aufgibt, kann der in einem Kunststoffteil eingegossenene Schaltkontaktsatz (also der eigentliche Schalter) des Zündschlosses eher die Ursache für eine Störung sein. Ob er defekt ist, können Sie nach Abschrauben der unteren Lenksäulenverkleidung prüfen.

Zünd/Anlaß-Schalter ausbauen

Das Schloßteil des Zündschlosses auszubauen ist Werkstattarbeit. Dazu muß an einer genau definierten Stelle an der Schalteraufnahme ein Loch gebohrt werden. Durch dieses Loch kann dann die Haltefeder des Schließzylinders zurückgedrückt werden.
Das Schaltteil unten am Schloß kann die Ursache von Störungen sein, wenn die Kontakte bei einem älteren Fahrzeug abgenutzt sind.

- Hebelschalter ausbauen.
- Mehrfachstecker vom Zünd/Anlaß-Schalter abziehen.
- Klemmscheibe auf der Lenksäule mit einer Rohrzange drehen und herunterziehen.
- Druckfeder und Kontaktring abnehmen.
- Innensechskantschraube links am Klemmstück des Zündschloßgehäuses herausdrehen, Gehäuse von der Lenksäule abziehen.
- An der Rückseite des Zündschloßgehäuses die Schraube des Zünd/Anlaß-Schalters losdrehen, Schalter herausziehen.
- Beachten Sie beim Einbau, daß der Betätigungsstift des Schloßteils richtig in das Gegenstück am Schalter einrastet.
- Kontaktring und Feder bis zum Anschlag aufschieben.
- Neue Klemmscheibe aufdrücken.
- Klemmschraube am Zündschloßgehäuse mit 10 Nm festziehen.

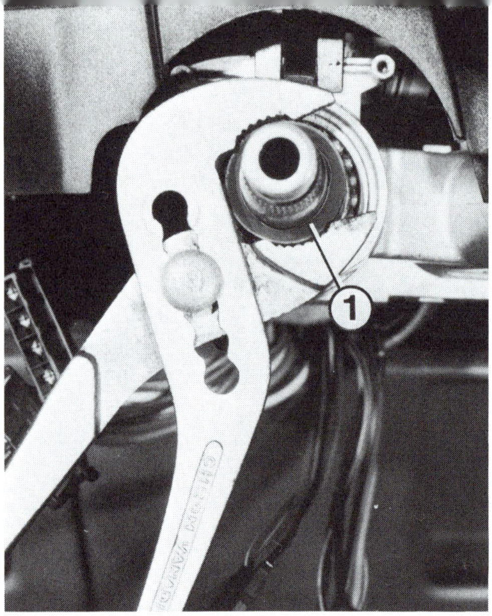

Links der Ausbau der Klemmscheibe (1) mit einer Zange.
Rechts: Zum Einbau der neuen Scheibe wird diese mit einem passenden Ringschlüssel auf die Lenksäule (2) geklopft.

Fahren mit defektem Zünd/Anlaß-Schalter

Sind die Kontakte im Zünd/Anlaß-Schalter so abgenutzt, daß sich beim Zündschlüsseldreh nichts mehr regt, können Sie dennoch den Motor starten. Voraussetzung ist, daß am roten Kabel des Zündschloß-Mehrfachsteckers Spannung anliegt.

● Lenksäulenverkleidung unten abschrauben, Mehrfachstecker abziehen.

● Mit einem isolierten Kabelstück oder einer Büroklammer die Steckbuchsen des dicken roten und des schwarzen Kabels miteinander verbinden. Damit ist die Zündung eingeschaltet; die Ladekontrolle brennt, die Öldruckkontrolle blinkt.

● Passat anschieben lassen.

● Oder mit einem mindestens 4 mm² starken, isolierten Kabelstück eine Kurzschlußbrücke zwischen dem roten und der Steckerbuchse des rot/schwarzen Kabels der Klemme 50 herstellen. Damit wird der Anlasser gestartet.

● Sobald der Motor angesprungen ist, diese Kabelbrücke wieder wegziehen.

● Der Mehrfachstecker bleibt abgezogen. Damit während der Fahrt kein Kurzschluß entstehen kann, muß er isoliert werden.

● Zum Abstellen des Motors die Verbindung zwischen dem roten und schwarzen Kabel abziehen.

Schalterprüfung

● Mit einer Prüflampe mit Nadelkontakt können Sie die Kabelisolierung durchstechen und feststellen, welche Kabel Spannung führen.

● Suchen Sie den für Ihren Passat passenden Stromlaufplan ab Seite 164 heraus.

● Zuerst wird geprüft, ob der Schalter überhaupt Spannung geliefert bekommt; hierzu muß vielfach die Zündung oder die Beleuchtung eingeschaltet werden.

● Dann wird kontrolliert, ob der Schalter in entsprechender Stellung die Spannung weiterleitet. Am Beispiel Zünd/Anlaß-Schalter sieht das folgendermaßen aus:

● Am roten Klemme-30-Kabel muß ständig Batteriestrom anliegen.

● Die graue Klemme-P-Leitung steht in »Ruhestellung« des Zündschlosses unter Spannung und wird beim Zündschlüsseldreh stromlos.

● Das schwarz/gelbe Klemme-X-Kabel steht ausschließlich in Schlüsselstellung »Zündung ein« unter Strom.

● Das schwarze Kabel der Klemme 15 erhält Spannung in Stellung »Zündung ein« und »Anlassen«.

● Die rot/schwarze Leitung von Klemme 50 für den Startbefehl an den Anlasser steht nur in Stellung »Anlassen« unter Spannung.

● Entsprechend werden anhand des Stromlaufplans auch andere Schalter geprüft.

● Die Bedeutung der Klemme »SU« ist im Abschnitt »Radio« beschrieben.

Relais und Steuergeräte

Zur Bordelektrik gehören einige Relais und Steuergeräte, die in der Zentralelektrik oder auf separaten Adaptern eingesteckt sind.

○ Ein einfaches Schaltrelais wird für leistungsstarke Stromverbraucher verwendet. Leitet man den Strom auf langen Kabelwegen über den dazugehörigen Schalter, gibt es Spannungsverlust. Außerdem werden die Schalterkontakte durch den hohen Stromfluß stark beansprucht. Bei einer Relaisschaltung benutzt man den Schalter nur für den geringen Schaltstrom, womit nicht der Verbraucher direkt, sondern dessen Relais eingeschaltet wird.

○ Bestimmte Relais können zusätzliche Funktionen auslösen. So schaltet das Blinkrelais die Blinkimpulse,

Die Abbildung zeigt die Relais bzw. Steuergeräte für folgende Baugruppen:
18 – Entlastung X-Kontakte;
19 – Wisch/Wasch/Intervall;
21 – Blinkanlage;
31 – Lüfternachlauf;
32 – Digifant;
43 – Kühlmittelmangelanzeige;
53 – Zweiklanghörner, Nebelscheinwerfer;
59 – heizbarer Fahrer- bzw. Beifahrersitz;
72 – Heckwischer;
78 – ABS-Hydraulikpumpe;
79 – ABS;
80 – Kraftstoffpumpe.

das Relais der Wisch/Wasch-Intervallschaltung steuert den Intervallbetrieb und den Trockenlauf der Scheibenwischer nach dem Scheibenwaschen.
○ Steuergeräte besitzen mehr oder minder umfangreiche elektronische Schaltungen für bestimmte Funktionen. Als Beispiele seien hier das Steuergerät für die Kühlmittelmangelanzeige bzw. für die Öldruckkontrolle genannt.

Relais-Funktion

○ Beim Einschalten des betreffenden Verbrauchers wird im Schaltrelais durch den an Klemme 86 ankommenden »Schaltstrom« der Schaltstromkreis zu Klemme 85 geschlossen.
○ Dadurch zieht eine Magnetspule einen kräftigen Kontakt gegen Federdruck an und schließt so den Stromkreis für den »Arbeitsstrom«.
○ Der Arbeitsstrom wird zur Vermeidung von Spannungsabfall auf kurzem Weg direkt an Klemme 30 des Relais herangeführt und von dort – bei geschlossenen Schalterkontakten – über Klemme 87 an den Stromverbraucher weitergeleitet.

Relais-Störungssuche

● Klemme 30 muß immer Spannung führen. Zur Kontrolle Relais ein Stück herausziehen und mit Prüflampennadel Klemme 30 antippen.
● Relais abziehen, Klemme 86 mit Batterie-Plus und Klemme 85 mit Masse verbinden. Die Magnetspule muß den Relaiskontakt deutlich hörbar anziehen, sonst ist das Relais defekt.

Behelf bei defektem Relais

● Relais aus dem Adapter abziehen.
● Klemme 30 und 87 im Relaissteckfeld mit einer Büroklammer oder einem kurzen Drahtstück überbrücken. Dadurch erhält der betreffende Verbraucher Dauerstrom.
● Zum Abschalten die Kurzschlußbrücke abziehen, da der betreffende Schalter in diesem Fall ja überbrückt ist.

Anzünder

Der elektrische Anzünder erhält Dauerstrom über die zuständige Sicherung. Falls der Anzünder trotz intakter Sicherung nicht funktioniert, ist der Heizwendeleinsatz locker oder durchgebrannt.

Heizbare Heckscheibe

Das Feld mit den aufgedampften Leiterbahnen muß bei beschlagener oder vereister Scheibe über die gesamte Fläche freie Sicht schaffen.

Störungssuche

● Sicherung 9 kontrollieren.
● Festen Sitz der Kabelstecker an der heizbaren Heckscheibe kontrollieren.
● Schalter ausbauen und prüfen, siehe Seite 226 und linke Seite.
● Funktion des Relais prüfen (siehe oben).
● War bisher kein Fehler zu finden, Leitungsverlauf kontrollieren, auch die Masseverbindung.
● Sind Heizfäden beschädigt und dadurch unterbrochen, hilft Leitsilberlack aus dem Autozubehörhandel (z. B. von Doduco).

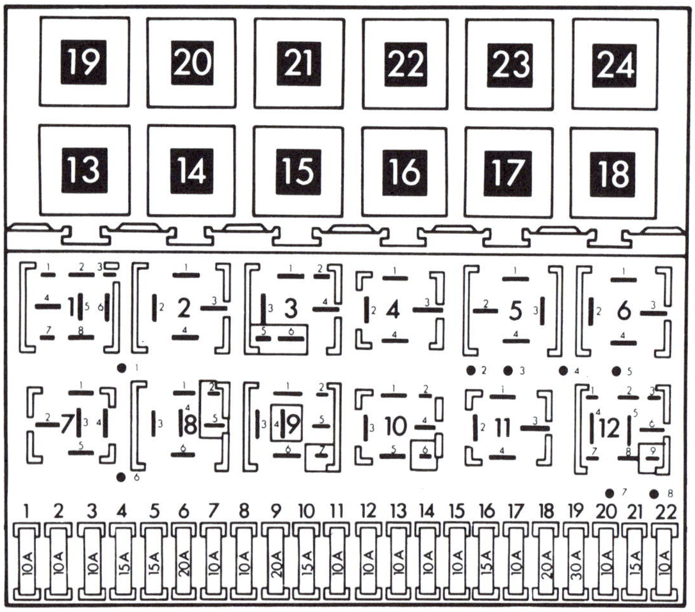

Auf den hier gezeigten Steckfeldern bzw. Zusatzadaptern sitzen Relais und Steuergeräte für: 1 – Klimaanlage; 2 – Heckwischer; 3 – Digifant oder Beheizung Lambdasonde; 4 – Entlastung X-Kontakte; 5 – Kühlmittelmangelanzeige; 6 – Blinkanlage; 7 – Scheinwerfer-Waschanlage; 8 – Wisch/Wasch/Intervall; 9 – Gurtwarnsystem; 10 – Nebelscheinwerfer; 11 – Zweiklanghorn, sonst Steckbrücke; 12 – Ansaugrohr-Beheizung oder Kraftstoffpumpe; 13 – Ansaugrohr-Beheizung; 14 – Lüfternachlauf; 15 – Hydraulikpumpe ABS; 16 – ABS; 17 – heizbarer Fahrersitz; 18 – heizbarer Beifahrersitz; 19 – Klimaanlage; Rest nicht belegt.

Scheibenwischer und -wascher prüfen

Ständige Kontrolle

- Zündung einschalten.
- Laufen die Scheibenwischer in beiden Geschwindigkeiten und gehen sie beim Ausschalten in die Parkstellung zurück?
- Funktioniert die Wischintervallschaltung und die Wisch/Wasch-Automatik?
- Spritzt Wasser aus den Wascherdüsen?
- Arbeiten Heckwischer und -wascher beim Variant?

Scheibenwischerarm ausbauen

- Abdeckkappe vom Wischerarm nach oben abziehen, beim Heckwischer die Kappe hochklappen.
- Haltemutter lösen und mit der Federscheibe abnehmen.
- Wischerarm von der Welle abziehen.
- Falls dies nicht ohne weiteres möglich ist, Wischerarm durch Hin- und Herbewegen von der Verzahnung der Wischerwelle »losruckeln«.
- Beim Einbau Wischerarm so montieren, daß die Mitte des Scheibenwischerblatts folgenden Abstand von der Scheibenunterkante hat: Wischer links 35 mm, Wischer rechts 50 mm.
- Beim Variant-Heckwischer lautet das Maß 20 mm.

Wischerblatt abnehmen

- Wischerarm abklappen.
- Arretierungsfeder des Wischerblatts zusammendrücken, bis ihre Kerbe aus der Öffnung des Wischerarms austritt.
- Scheibenwischerblatt nach unten drücken und aus dem Arm herausschwenken.
- Beim Einsetzen des Wischerblatts darauf achten, daß die Kerbe in der Arretierungsfeder der Ausssparung im Wischerarm gegenübersteht und dort einrasten kann.

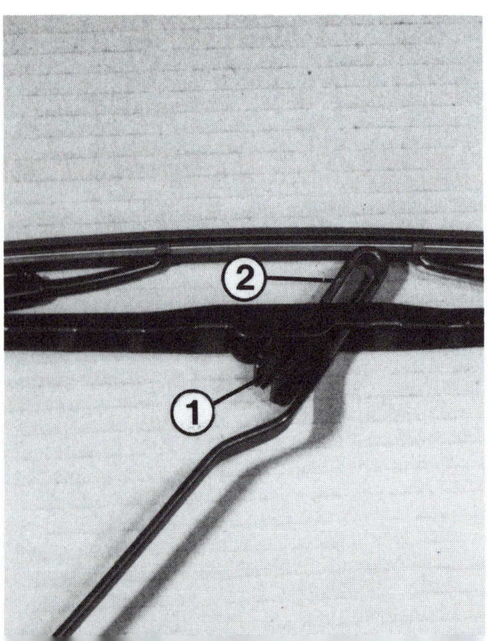

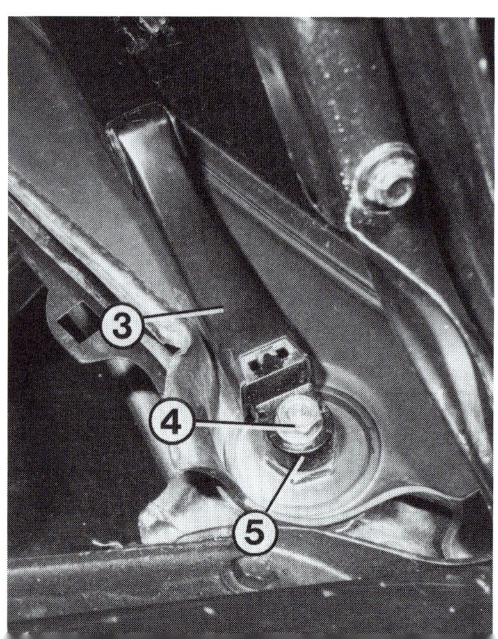

Links: Die Arretierungsfeder (1) des Wischerblatts muß zusammengedrückt werden, damit ihre Haltenocke aus der Aussparung (2) im Wischerarm ausrasten kann. Rechte Abbildung: Nach Abziehen der Kappe ist die Haltemutter (4) des Wischerarms (3) zugänglich. Nach Lösen der Mutter den Wischerarm von der Achse (5) abziehen.

Scheibenwischergummi wechseln

● Wischerblatt abnehmen.
● Die Wischerlippe besitzt an einer Seite Aussparungen zum Einhängen der Wischerblatt-Halteklammern. Die entsprechenden Erhebungen im Gummi mit dem Fingernagel oder einem kleinen Schraubenzieher zurückdrücken, damit die Halteklammern ausgerastet werden können.
● Wischergummi mit den seitlichen Metallstreifen herausziehen.
● Neues Wischergummi in die unteren Halteklammern des Wischerblatts einhängen.
● Metallstreifen rechts und links einschieben und die Haltenasen der Streifen in die Aussparungen im Gummi einsetzen.
● Gummierhebungen zum Einrasten der Halteklammern wieder zurückdrücken.

Störungsbeistand

Scheibenwischerblätter

Die Störung	– ihre Ursache	– ihre Abhilfe
A Wasser und Schmutz werden gleichmäßig über das Wischfeld verteilt	1 Scheibe durch Lackpflegemittel, ölartige Rückstände oder Insektenleichen verschmutzt	Auf die Scheibe »Sidol« Messingputzmittel auftragen, antrocknen lassen, dann mit sauberem Lappen abreiben
	2 Wischergummi verschlissen	Austauschen
	3 Wischerarm am Anlenkpunkt des Wischerblattes nicht parallel zur Scheibe	Wischerarmende nachbiegen
B Im Wischfeld bleiben feine Wasserstreifen stehen	Siehe A 2	
C Im Wischfeld bleiben feine Wassertropfen zurück	Neigungswinkel des Wischergummis zu flach	Wischergummi austauschen
D Im Wischfeld bleibt ein breiter Wasserfilm zurück	Ungleiche Druckverteilung durch verbogene oder defekte Anpreßfeder im Wischerblatt	Wischerblatt austauschen
E Im Wischfeld bleiben einige Wasserfelder zurück	1 Anpreßdruck des Wischerarms zu gering	Anpreßdruck überprüfen, Gelenk und Feder leicht einölen, ggf. Wischerarm ersetzen
	2 Scheibenwischerantrieb verschlissen	Kontrollieren, defekte Teile ersetzen
	3 Wischerarm lose auf seiner Achse	Festschrauben
	4 Wischerarm verbogen	Nachbiegen
	5 Wischerblatt verbogen	Austauschen
F Im Wischfeld bleiben am Rand Wasserfelder zurück	1 Siehe E 1	
	2 Siehe D	
G Wischerblatt rattert	Zu viel Spiel in der Verbindung von Wischerarm und Wischerblatt bzw. dem Kunststoff-Verbindungsteil	Wischerblatt, -arm oder Verbindungsteil austauschen

Der Scheibenwischermotor

Der Motor des Scheibenwischers wird über das Entlastungsrelais für den X-Kontakt versorgt. Die Kabelklemmen am Scheibenwischermotor haben folgende Bedeutung:
○ Klemme 53 erhält Spannung für die erste Wischergeschwindigkeit.
○ Klemme 53 a liefert Plusstrom für die Wischer-Endabstellung.
○ Klemme 53 b führt die Spannung für die zweite Wischergeschwindigkeit.
○ Über Klemme 53 e wird der Wischermotor beim Zurücklaufen nach dem Abschalten abgebremst, damit die Wischer nicht über ihre Parkstellung hinauslaufen.
Wenn sich die Scheibenwischer beim Abschalten nicht in Parkstellung befinden, erhält ihr Motor über einen Schleifkontakt von Klemme 53 a so lange Spannung, bis die Wischer in Ruhestellung gelaufen sind.

Fingerzeig: Bei eingeschalteter Zündung dürfen die Wischerblätter nicht außerhalb ihrer Parkstellung blockiert sein – etwa durch Schnee oder weil sie angefroren sind. Klemme 53 a liefert dann nämlich ununterbrochen Spannung. Da der Wischermotor durch die festhängenden Wischerblätter aber nicht drehen kann, brennt er nach einer gewissen Zeit durch. In einem solchen Fall die Wischerblätter abheben, damit sie in ihre Endstellung laufen können.

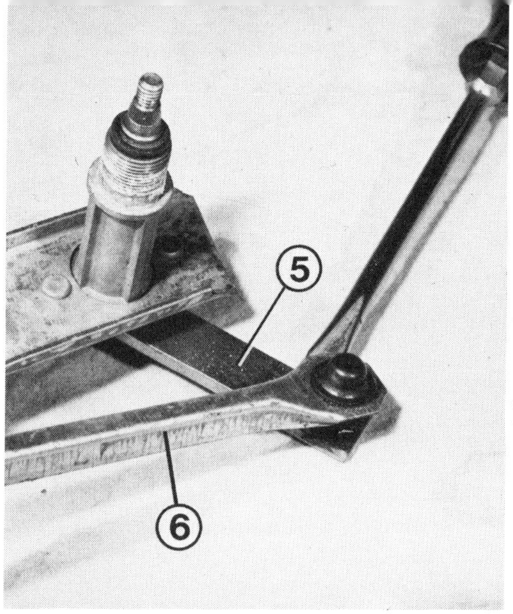

Links: Der Scheibenwischermotor (2) liegt beim Passat frei zugänglich. Im Bild gezeigt:
1 – Antriebsstange zum Wischer rechts;
3 – rechte Wischerantriebsstange;
4 – Halteschraube des Wischermotors.
Im Bild rechts wird mit dem Schraubenzieher das Gelenk zwischen Antriebsstange (6) und Hebel (5) der Wischerachse getrennt.

Wischermotor oder Zuleitung defekt?

Zur Klärung, ob der Wischermotor oder die Zuleitung bzw. der Schalter defekt ist, hilft folgende Prüfung:

- Mehrfachstecker am Wischermotor abziehen.
- Nun werden zwei Hilfskabel gelegt: Eines vom Pluspol der Batterie zu Klemme 53 oder 53 b (Anschlüsse des schwarz/grauen oder grün/gelben Kabels).
- Das zweite Kabel wird vom Minuspol der Batterie zu Klemme 31 am Scheibenwischermotor gelegt (dahin, wo das braune Kabel steckte).
- Der Scheibenwischer muß jetzt je nach benutzter Klemme auf Stufe I oder II laufen. Wenn nicht, ist er defekt.
- Läuft er jetzt, liegt der Fehler im Schalter bzw. der Zuleitung.

Wischerrahmen ausbauen

- Motorhaube öffnen.
- Wischerarme ausbauen.
- Mehrfachstecker des Wischermotors abziehen.
- Rechte Antriebsstange vom Kurbelhebel am Wischermotor und Verbindungsstange zwischen den Wischerlagern abdrücken, wie im Bild oben gezeigt.
- Haltemuttern SW 22 der Wischerachsen losdrehen und mit Abdeckungen sowie Scheiben abnehmen.
- Halteschraube vorn am Wischerrahmen losdrehen, Wischerachsen nach unten drücken.
- Rahmen nach oben schwenken und zusammen mit dem Wischermotor herausnehmen.
- Beim Einbau die Gelenke mit MoS_2-Fett schmieren.

Wischermotor ausbauen

- Wischerrahmen ausbauen.
- Drei Halteschrauben des Motors vom Rahmen losdrehen.
- Scheibenwischermotor abnehmen.
- Einen neuen Wischermotor vor dem Einbau am Mehrfachstecker anschließen und mehrere Minuten lang laufen lassen. Beim Abschalten bleibt er in der Wischerparkstellung stehen.
- Kurbelhebel aufsetzen, siehe Zeichnung unten.

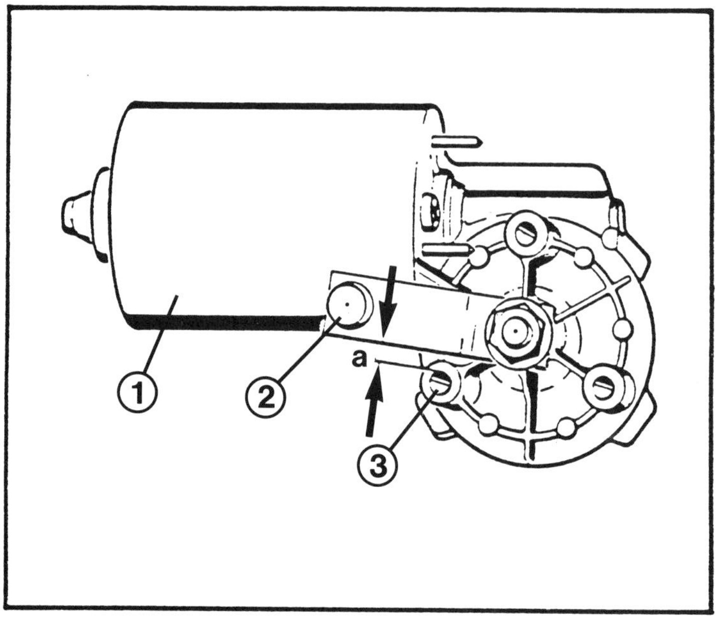

Der Kurbelhebel (2) des Wischermotors (1) muß in der hier gezeigten Stellung montiert werden. Zwischen Unterkante des Kurbelhebels (2) und der Aufnahme (3) für die Befestigungsschraube des Wischerrahmens soll der Abstand »a« 5 mm betragen.

Die Störung	– ihre Ursache	– ihre Abhilfe
A Scheibenwischer laufen nicht	1 Sicherung defekt	Austauschen
	2 Entlastungsrelais defekt	Relais prüfen
	3 Wischerantriebskurbel lose	Festschrauben
	4 Schwarz/graues Stromzufuhrkabel vom Sicherungskasten zum Wischerschalter unterbrochen	Leitung überprüfen
	5 Masseleitung zum Wischermotor unterbrochen	Leitung überprüfen
	6 Wischermotor durchgebrannt	Austauschen
B Scheibenwischer laufen nicht in Stufe I	1 Klemme 53 am Wischermotor defekt	Motor austauschen
	2 Klemmen 53 a/53 im Wischerschalter unterbrochen	Schalter austauschen
C Scheibenwischer laufen nicht in Stufe II	1 Leitung Klemme 53 b vom Wischerschalter zum Motor unterbrochen	Leitung überprüfen
	2 Klemmen 53 a/53 b im Wischerschalter unterbrochen	Schalter austauschen
	3 Klemme 53 b am Wischermotor defekt	Motor austauschen
D Scheibenwischer laufen nur in Stufe II	Leitung Klemme 53 vom Wischerschalter zum Motor unterbrochen	Leitung überprüfen
E Keine Wischerrückstellung	1 Leitung Klemme 53 e zwischen Wischerschalter und Motor unterbrochen	Leitung kontrollieren
	2 Wischermotor defekt	Mit Prüflampe kontrollieren: Zwischen Klemme 53 a und Masse muß Lampe dauernd brennen. Zwischen Klemme 53 e und Masse muß Lampe kurz vor Erreichen der Parkstellung verlöschen. Bei Gegenprüfung zwischen Klemme 53 e und Batterie-Plus muß Lampe kurz vor Erreichen der Parkstellung aufleuchten. Wenn nicht, Motor austauschen
F Scheibenwischer laufen nicht im Intervallbetrieb	1 Wisch/Wasch-Relais defekt	Austauschen
	2 Leitung Klemme J zwischen Wischerschalter und Motor unterbrochen	Leitung überprüfen
	3 Kontakt J im Wischerschalter defekt	Schalter austauschen
G Intervallbetrieb läßt sich nicht ausschalten	1 Siehe E 1	
	2 Siehe F 1	
	3 Kontakt J oder T im Wischerschalter öffnet nicht	Schalter austauschen
	4 Kurzschluß der Leitung Klemme J oder T zum Wischerschalter	Leitung instand setzen
H Scheibenwischer wischen nach Wascherbetätigung nicht trocken	1 Leitung Klemme T zwischen Wischerschalter und Wisch-Wasch-Relais unterbrochen	Leitung überprüfen
	2 Siehe F 1	
I Scheibenwischer bleiben nach dem Abschalten nicht oder nur kurz in Parkstellung stehen	Mangelhafter Kontakt am Schleifkontakt im Wischermotor	Motorabdeckung abschrauben, Kontakte blankschleifen. Ggf. Motor austauschen

Scheiben-wischer

Heckscheibenwischer

Der Wischer für die Heckscheibe des Variant wird beim Schalterdruck über ein Relais für einige Wischerbewegungen mit Spannung versorgt. Damit ist gleichzeitig der Heckwischer-Intervallbetrieb eingeschaltet. Abgeschaltet wird das Intervallwischen durch nochmaligen Druck auf den Schalter. Klemme 53 liefert den Strom für den Wischermotor, Klemme 53 a dient der Wischerrückstellung.
Bei längerem Schalterdruck läuft die Wascherpumpe vorn im Motorraum im »Rückwärtsgang« los, und mit einer gewissen Verzögerung tritt das Wasser an der Spritzdüse aus.

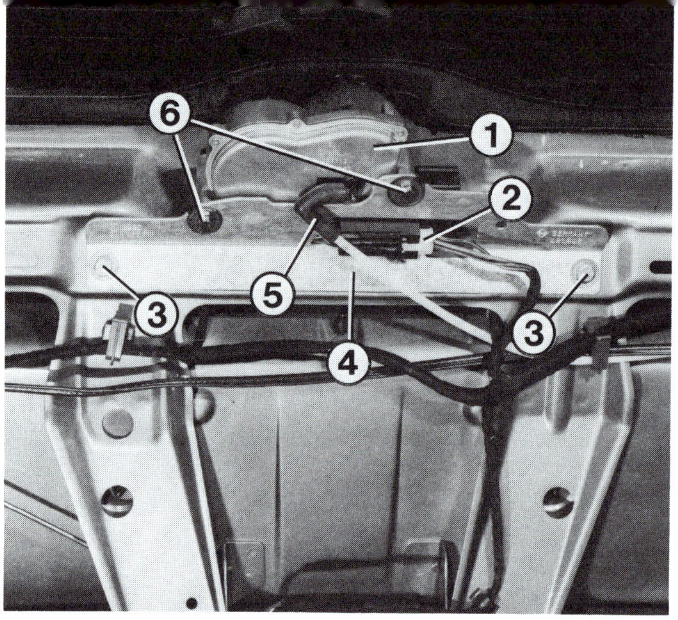

Der Heckscheibenwischermotor des Variant bei abgenommener Heckklappenverkleidung:
1 – Wischermotor;
2 – Mehrfachstecker;
3 – Befestigungsschrauben des Motor-Haltebleches (4);
5 – Anschlußstück der Waschwasserleitung;
6 – Halteschrauben des Wischermotors.

Heckwischermotor ausbauen

- Wischerarm abschrauben.
- Mutter der Wischerachse lösen und mit Distanzstück, Gummiring und Unterlegscheibe abnehmen.
- Verkleidung der Heckklappe abnehmen.
- Halteblech des Heckwischermotors losschrauben und mit dem Wischermotor herausnehmen.
- Mehrfachstecker abziehen.
- Motor vom Halteblech abschrauben.
- Beim Einbau eines neuen Motors diesen in Parkstellung laufen lassen, wie beim Frontwischermotor beschrieben.

Störungsbeistand

Heckscheibenwischer

Die Störung	– ihre Ursache	– ihre Abhilfe
A Heckscheibenwischer läuft nicht	1 Sicherung defekt	Ersetzen
	2 Heckwischerrelais defekt	Relais prüfen, siehe Seite 229
	3 Leitungen zum Heckwischerrelais unterbrochen	Leitungen instand setzen
	4 Leitungen zum Wischermotor unterbrochen	Leitungen überprüfen, speziell zwischen Heckklappe und deren Ausschnitt in der Karosserie, ggf. instand setzen
	5 Wischermotor defekt	Austauschen
B Heckscheibenwischer läuft dauernd	1 Anschlußleitungen zum Wischermotor vertauscht	Grün/schwarze Leitung an Klemme 53, schwarz/grüne bzw. schwarz/graue Leitung an Klemme 53 a anschließen
	2 Siehe A 2	

Scheibenwaschwasser auffüllen

Ständige Kontrolle

In der warmen Jahreszeit empfiehlt sich ein Reinigungszusatz zum Waschwasser; im Winter Gefrierschutz und Reinigungsmittel.
Die Wascherpumpe vorn im Motorraum versorgt auch die Heckscheibenwaschanlage. Dazu läuft die Pumpe je nach Schalterdruck einmal vorwärts und das andere Mal rückwärts.

- Erst Zusatzmittel und anschließend Wasser einfüllen, damit sich die Flüssigkeiten im Wascherbehälter gut vermischen.
- Bei einem Passat ohne beheizte Wascherdüsen können diese bei tiefem Frost doch einfrieren.
- Zur Vorbeugung empfiehlt sich hier die Zumischung von 1/3 Brennspiritus, der allerdings aufdringlich riecht.

Wascherdüse ausbauen

Verstopfungen einer Wascherdüse lassen sich manchmal trotz Durchbohren mit einem dünnen Draht nicht mehr beseitigen. Dann muß eine neue her.

- **Vorn:** Motorhaube öffnen.
- Schlauch von der Wascherdüse abziehen.
- An der Unterseite der Düse die Halteklemme zusammendrücken, Düse herausziehen.
- **Variant:** Wischerarm ausbauen.
- Düse aus ihrem Sitz herausziehen.

Links: Zum Ausbau einer Scheibenwascherdüse muß deren Halteklemme (Pfeil) zusammengedrückt werden. Jetzt kann die Düse aus dem Motorhaubenblech ausgerastet werden.
Im Bild rechts wird am stromzuführenden Doppelstecker (1) der Düsenbeheizung geprüft, ob Spannung anliegt. Position »2« bezeichnet den Stecker an der Wascherdüse.

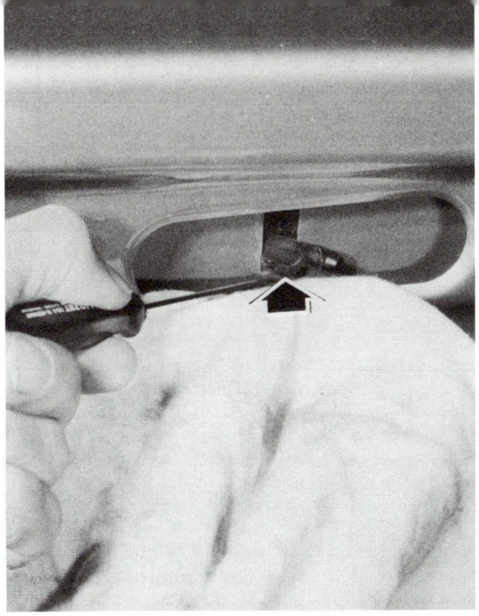

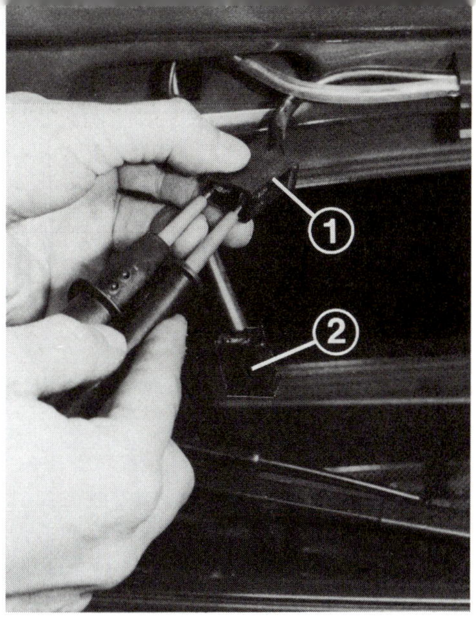

Wascherdüse einstellen

- Dünne Nadel in die Spritzdüse stecken und die kugelförmige Düse entsprechend in der Richtung drehen.
- Wie der Spritzstrahl der vorderen Düsen eingestellt werden soll, zeigt das Bild nächste Seite.
- Die hintere Düse soll so eingestellt werden, daß der Wasserstrahl in der Mitte des Wischerfeldes auftrifft.

Elektrisch beheizte Waschwasserdüsen

Trotz Frostschutzbeimischung kann das Scheibenwaschwasser durch den kalten Fahrtwind in den Spritzdüsen einfrieren. Dagegen hilft die gegen Aufpreis lieferbare Düsenbeheizung.
Direkt vor den Düsen sitzt ein Metallgehäuse mit einem temperaturabhängigen Heizwiderstand. Mit dem Einschalten der Zündung erhält dieser Widerstand Spannung. Durch einen anfangs hohen Stromfluß (0,5 – 0,7 A) werden die Düsen schnell aufgetaut. Zum Halten der Temperatur fällt der Strom nach der Aufheizphase auf rund 200 mA ab. Wenn die Außentemperaturen unter –15° C fallen, wird der Temperatur-Haltestrom auf 320 mA erhöht.

Störungssuche

Wenn die Wascherdüsenbeheizung nicht funktioniert, kontrollieren Sie folgendes:
- Bei geöffneter Motorhaube Steckverbindung zur Düse trennen.
- Mit Spannungsprüfer bei eingeschalteter Zündung kontrollieren, ob Spannung anliegt bzw. die Masseverbindung intakt ist.
- Wenn nicht, Leitungsunterbrechung suchen.
- Fehlt es nicht an der Stromversorgung, muß die Düse ersetzt werden.

Störungsbeistand

Scheibenwaschanlage

Die Störung	– ihre Ursache	– ihre Abhilfe
A Wasser spritzt nicht beim Zug am Wascherhebel	1 Wascherbehälter leer	Auffüllen
	2 Spritzdüsen verstopft	Schlauch abziehen, Düse ausbauen. Mit Preßluft durchblasen oder dünnem Draht durchstoßen. Evtl. Schlauch ebenfalls durchblasen
	3 Im Winter:	
	a) Waschwasser eingefroren	Höhere Frostschutzkonzentration verwenden
	b) Düsenbeheizung funktioniert nicht	Spannungsversorgung und Leitungen überprüfen, ggf. Düse ersetzen
	4 Wascherpumpe defekt	Stromversorgung bei eingeschalteter Zündung und gezogenem bzw. gedrücktem Hebel kontrollieren, ggf. austauschen
	5 Klemmen 53 a/T im Wischerschalter unterbrochen	Schalter austauschen
B Einseitiger Spritzstrahl	Siehe A 3	
C Spritzstrahl zu hoch oder zu tief	Spritzdüse falsch eingestellt	Spritzdüse einstellen

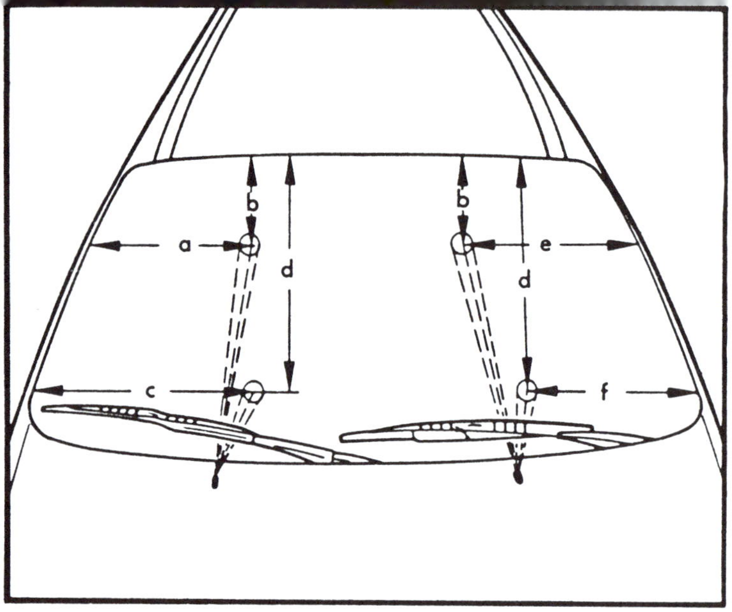

Die Zeichnung verdeutlicht, wie die Spritzdüsen der Scheibenwaschanlage eingestellt werden sollen. Die angegebenen Maße lauten:
a – 400 mm;
b – 270 mm;
c – 520 mm;
d – 640 mm;
e – 430 mm;
f – 400 mm.

Scheinwerfer-Waschanlage

Bei eingeschalteter Beleuchtung erhält eine zweite Pumpe des Waschwasserbehälters beim Zug am Wisch-/Wasch-Hebel über ein zwischengeschaltetes Relais ihren Arbeitsstrom. Sie pumpt das Wasser zu den vier Spritzdüsen vorn am Stoßfänger. In die Leitung ist ein Stauventil eingesetzt, damit das Wasser sofort an den Düsen austritt.
Zur Störungssuche gehen Sie gleich vor wie bei der normalen Waschanlage. Zusätzlich wird das Relais der Scheinwerfer-Waschanlage überprüft. Läßt die Reinigungswirkung zu wünschen übrig, müssen die Spritzstrahlen mit einer kräftigen Nadel eingestellt werden, VW verwendet das Sonderwerkzeug 3019 A.

Elektrische Spiegel-Verstellung

Wenn sich mehrere Fahrer ein Auto teilen, lernt man diese Einrichtung bald zu schätzen, besonders auf der rechten Seite. Außerdem werden die Spiegelflächen bei eingeschalteter Heckscheibenheizung beheizt. Ausbau und Wechsel des Spiegelglases finden Sie auf Seite 257 beschrieben.

Störungssuche

- **Spiegelverstellung:** Falls sich nichts regt, kontrollieren Sie Sicherung 14.
- Bei den folgenden Prüfungen muß die Zündung eingeschaltet sein.
- Blende des linken Türinnengriffs mit Spiegelschalter ausbauen, siehe Seite 252.
- Schalter nach der Anleitung auf Seite 228 und anhand des Stromlaufplans überprüfen.
- Ist der Schalter in Ordnung, prüfen Sie den Elektromotor der Spiegelverstellung.
- Dazu die spannungsführende Klemme-15-Leitung am Schalter mit dem Kontakt des blauen Kabels (Spiegelmotor links) bzw. des blau/schwarzen Kabels (Motor rechts) verbinden.
- Regt sich der Spiegel jetzt?
- Wenn ja, ist die Kabelführung vom Schalter zum Spiegelmotor unterbrochen.
- Falls nicht, dürfte der Elektromotor defekt sein. Den gibt es leider nicht einzeln zu kaufen, sondern nur mit dem kompletten Spiegelgehäuse.
- Man kann das Spiegelglas aber immer noch durch Drücken von Hand verstellen.
- Bei ausgefallener **Spiegelbeheizung** prüfen Sie den Stromweg vom Heizscheibenschalter aus.

Die Zentralverriegelung

Sämtliche Türen, die Kofferraum-/Heckklappe sowie der Tankdeckel lassen sich durch den Schlüsseldreh am Fahrer- und Beifahrertürschloß ent- bzw. verriegeln. Das geschieht durch Steuerelemente in den vorderen Türen. Das entsprechende Steuerelement gibt der sogenannten Bi-Druckpumpe, die von einem Elektromotor angetrieben wird, den elektrischen Schaltimpuls. Beim Schlüsseldreh in Richtung »Auf« erzeugt die Pumpe Überdruck, wodurch die verschiedenen Steuerelemente im Auto die jeweilige Verriegelung freigeben. Jetzt schaltet ein Ventil in der Pumpe um, so daß sie beim Zuschließen Unterdruck erzeugt, und die Steuerelemente verriegeln.
Der pneumatische (Unterdruck-)Teil der Zentralverriegelung besteht aus der Bi-Druckpumpe, den Steuerelementen, Rohrleitungen, Schläuchen sowie T- und Y-förmigen Verbindungsteilen, wie in der Zeichnung rechts oben gezeigt.
Am Passat wurde die Zentralverriegelung mit einer »Safe«-System genannten Einbruchsicherung erweitert. Beim Verriegeln mit dem Schlüssel an Fahrer- oder Beifahrertür erhält das Steuergerät (an der Bi-Druckpumpe) neben dem Befehl »Verriegeln« über einen Mikroschalter im Türgriff zusätzlich die Information »Safe-

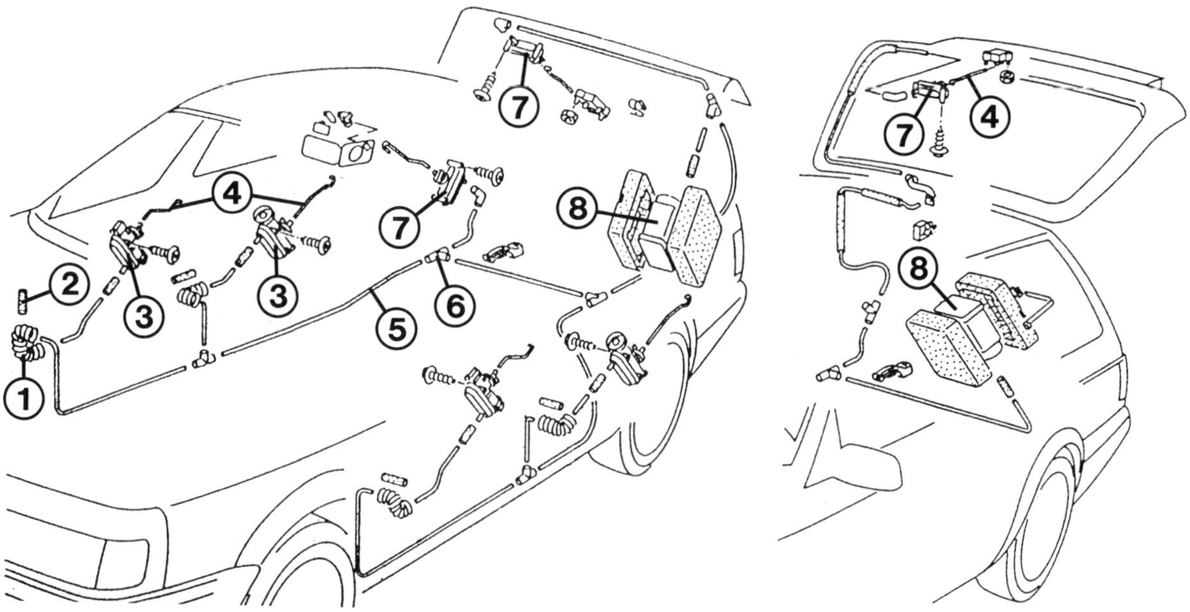

Hier haben wir die mehrfach vorhandenen Teile der Zentralverriegelung jeweils nur ein Mal herausgegriffen: 1 – Faltenbalg; 2 – Schlauch; 3 – Steuerelement für Tür; 4 – Verbindungsstange; 5 – Rohr; 6 – T-förmiges Verbindungsstück; 7 – Steuerelement für Tank- bzw. Heckklappe; 8 – Bi-Druckpumpe.

System aktivieren«. Am Steuerelement kann eine Magnetspule einen Riegel in die Zug-/Druckstange – die Verlängerung des Tür-Sicherungsknopfes – hineindrücken (Zeichnung nächste Seite). So funktioniert es: Beim Versuch, den Türsicherungsknopf hochzuziehen, meldet ein ständig mit Spannung versorgter Mikroschalter im betreffenden Steuerelement dem Steuergerät »Einbruchsversuch«. Das Steuergerät leitet nun mit einer Verzögerung von höchstens 8/1000 Sekunden Spannung an die Magnetspulen. Sie drücken die Riegel in die Zug-/Druckstange an allen Steuerelementen (mechanische Sicherung). Gleichzeitig läuft die Bi-Druckpumpe in Unterdruckrichtung an und zieht die Sicherungsknöpfe nach unten (pneumatische Sicherung).

Fingerzeig: Die Safe-Stellung kann nur mit dem Fahrer- oder Beifahrertürschloß aktiviert werden. Wenn Sie die Zentralverriegelung durch Herunterdrücken des Sicherungsknopfes an der Fahrertür betätigen, bleibt die Safe-Sicherung ausgeschaltet.

Zentralverriegelung prüfen

- **Verriegelung:** Sämtliche Fenster nach unten kurbeln bzw. herunterfahren.
- Türen, Kofferraum-/Heckklappe und Tankdeckel müssen geschlossen sein.
- Sicherungsknopf an der Fahrertür herunterdrükken.
- Sämtliche Türsicherungsknöpfe müssen nach unten gehen.
- Prüfen Sie die einwandfreie Schließung an sämtlichen Türen, Kofferraum-/Heckklappe und Tankdeckel.
- Anlage entriegeln durch Hochziehen des Fahrertür-Sicherungsknopfes.
- **Funktion:** Nach etwa zwei Sekunden sollten alle Schlösser verriegelt sein.
- Läuft die Pumpe länger als fünf Sekunden, ist die Anlage undicht – in diesem Fall darf die Bi-Druckpumpe höchstens 35 Sekunden lang laufen, dann muß sie abschalten.
- **Einbruchsicherung:** Fahrer- oder Beifahrertür mit dem Schlüssel verriegeln.
- Nach dem Heruntergehen der Sicherungsknöpfe sind die Türen jetzt zusätzlich gesichert.
- Nach 12 s an allen vier Türen versuchen, den Sicherungsknopf von Hand hochzuziehen.
- Der Knopf darf sich höchstens 8 mm hochziehen lassen. Dann hören Sie ein Rastgeräusch, weil die Safe-Spule den Riegel in die Zug-/Druckstange einschiebt. Gleichzeitig muß die Bi-Druckpumpe anlaufen.
- Bei einem Passat mit elektrischen Fensterhebern brauchen Sie für diese Prüfung einen Helfer, der im Fahrzeug sitzt. Denn hier schließen die Fenster automatisch mit dem Schließbefehl für die Zentralverriegelung.
- **Aussperrsicherung:** Fahrertür öffnen und Schloß durch Schlüsseldreh verriegeln.
- Die übrigen Türen und Klappen müssen verriegelt werden.
- Fahrertür schließen, sie darf jetzt nicht in Schließ-Stellung einrasten.

Fingerzeig: Sollte die Zentralverriegelung einmal ausfallen, können Türen und Gepäckraumdeckel auch konventionell per Schlüssel geöffnet und verriegelt werden. Ebenso lassen sich die Türverriegelungsknöpfe von Hand betätigen. Das Entriegeln der Tankklappe erfordert mehr Aufwand: Bei abgenommener rechter Gepäckraumverkleidung (Limousine) bzw. geöffneter Klappe in der rechten Laderaumverkleidung vorn am Steuerelement die Verriegelungsstange in Fahrtrichtung nach vorn drücken.

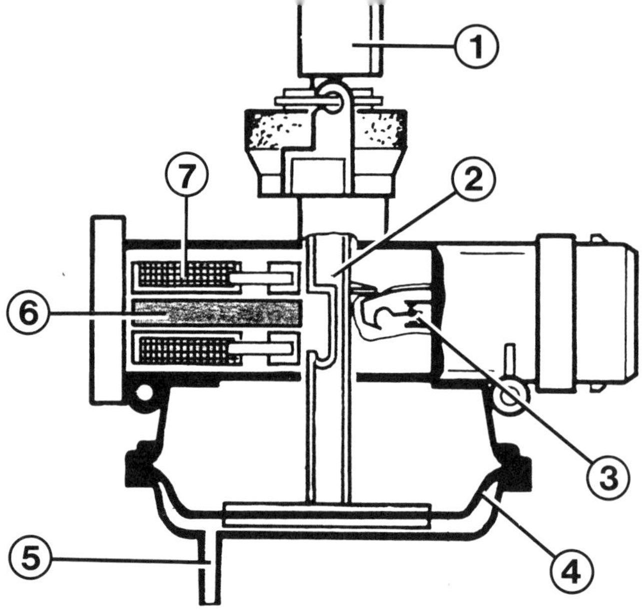

Die Zeichnung soll Ihnen bei der Erklärung der Zentralverrieglung das Verständnis erleichtern:
1 – Klappscharnier;
2 – Zug-/Druckstange;
3 – Mikroschalter;
4 – Membran;
5 – Luftanschluß;
6 – Riegel;
7 – Safe-Spule.

Störungssuche an der Elektrik

● Falls die Pumpe beim Schlüsseldreh überhaupt nicht läuft, Sicherung 21 kontrollieren.
● Verkleidung hinten links im Kofferraum ausbauen (Limousine) bzw. Laderaummatte zurückschlagen und rechten Deckel am Boden herausnehmen.
● Mehrfachstecker von der Pumpe abziehen.
● **Steuerelement Fahrertür prüfen:** Im Stecker zwischen dem Kontakt der rot/gelben und der braunen Leitung eine Prüflampe anschließen.
● Die Prüflampe muß brennen, wenn die Fahrertür mit dem Schlüssel entriegelt wird. Dann ist der Öffner-Kontakt des Steuerelements in Ordnung.
● Bleibt die Lampe dunkel, kann der Öffner-Kontakt für die Fahrertür defekt oder die Kabelzuleitung unterbrochen sein.
● Prüflampe jetzt an den Kontakten der braunen und der schwarz/weißen Leitung anklemmen.
● Fahrertür mit dem Schlüssel verschließen.
● Leuchtet die Prüflampe, ist der Schließer-Kontakt des Steuerelements in Ordnung.
● Bleibt die Lampe dunkel, ist das Steuerelement defekt – sofern es nicht an einer Kabelunterbrechung liegt.
● **Steuerelement Beifahrertür:** Gleiche Prüfungen wie vorstehend beschrieben.
● **Bi-Druckpumpe prüfen:** Ist die Stromversorgung der Pumpe über die Steuerelemente gesichert (wie geprüft), bleibt als Schadensursache nur noch die Bi-Druckpumpe übrig. Auswechseln.

Störungssuche an der Pneumatik

Zur Überprüfung einer undichten Zentralverriegelung muß die Anlage der Reihe nach durchgeprüft werden. Die Kunststoffleitungen lassen sich mit einer Flachzange oder Schlauchklemme nicht beschädigungsfrei zusammendrücken. Besser ist es, die starren Schläuche an den entsprechenden Kupplungsstücken abzuziehen und mit kegelförmigen Korkstücken luftdicht zu verschließen. Wo die Bauteile und Schläuche sitzen, zeigen die Zeichnung auf der Vorseite.
Läuft bei den nachfolgenden Prüfschritten beim Betätigen der Zentralverriegelung die Bi-Druckpumpe **kürzer als 5 Sekunden**, ist das betreffende **Bauteil in Ordnung**. Dann Schläuche wieder anschließen. Läuft die Pumpe **länger als fünf Sekunden**, ist das Steuerelement oder die betreffende Schlauchleitung **undicht**. Defektes Teil austauschen.

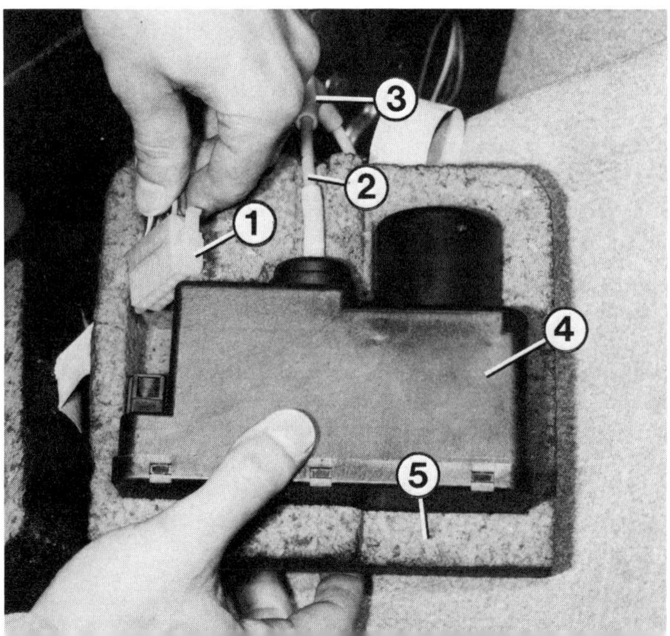

Die Bi-Druckpumpe (4) der Zentralverriegelung:
1 – Mehrfachstecker;
2 – Rohrleitung;
3 – T-förmiges Verbindungsstück;
5 – Geräuschdämpfung.

● Rücksitzbank umklappen oder ausbauen (Seite 263).
● Kofferraummatte zurückschlagen, damit Sie an das bzw. die Verbindungs-T-Stücke der Schlauchleitungen zwischen Rücksitzlehne und Radkasten herankommen.
● Bi-Druckpumpe ausbauen.
● **Bi-Druckpumpe:** Schlauch direkt an der Pumpe verschließen. Fahrertürschloß betätigen.
● **Steuerelemente:** Sehen Sie sich die entsprechende Zeichnung an. Es darf nur dasjenige Steuerelement mit der Bi-Druckpumpe verbunden sein, das gerade geprüft wird.
● Hier zwei Beispiele für die Limousine: **Tür links vorn:** Am T-Stück Schlauchleitung zu den Türen rechts und der Tankklappe abziehen, Anschluß verschließen.
● Leitung zur Kofferraumklappe abnehmen, Anschluß dicht schließen.
● Schlauchanschluß zur Tür links hinten verschließen (Faltenbalg abziehen). Türschloß betätigen.
● **Kofferraumklappe:** An der Pumpe Schlauch nach vorn verschließen. Türschloß betätigen.
● Entsprechend werden die übrigen Steuerelemente geprüft.

Fingerzeig: Beim Einbau der Bi-Druckpumpe in der Limousine folgendes beachten: Der Vierfachstecker muß durch einen Clip gesichert sein. Hat der Passat ein Schiebedach, darf beim Einbau der Pumpe der Ablaufschlauch des Schiebedaches weder gequetscht noch aus der Schlauchtülle herausgezogen werden. Überprüfen Sie die einwandfreie Lage des Schlauches nach Einbau der Pumpe.

Die elektrischen Fensterheber

Die Funktionsweise der Fensterheber im Passat wird nicht nur von den Schaltern, sondern auch vom Steuergerät für Fensterheber unter der Rücksitzbank bestimmt:
○ Bei laufendem Motor gleitet die Fahrertür-Scheibe auf kurzes Antippen des Schalters bis zum Anschlag auf oder zu. Es sei den, das Fenster wird durch Antippen des Schalters gestoppt.
○ Bei abgeschalteter Zündung läuft diese Scheibe nur, solange die Fensterheber-Taste angetippt wird. Das gilt für Zu- und Auf-Richtung sowie für offene und geschlossene Tür.
○ Nur auf Tastendruck laufen auch die übrigen Scheiben im Wagen, es sei denn, die hinteren Fenster wurden vom Zentralschalter in der Fahrertür blockiert.
○ Wenn nach dem Abschalten der Zündung die Fahrertür nicht geöffnet wird, lassen sich die Fensterheber noch etwa eine Stunde lang bedienen. Wird die Fahrertür jedoch geöffnet und wieder verschlossen, sind die Fensterheber abgeschaltet (Diebstahlschutz).
○ Grundsätzlich funktionieren die Fensterheber auch bei abgeschaltetem Motor, solange die Fahrertür geöffnet ist.
○ Als weitere Funktion gibt es noch die Zentralschließung der elektrisch betätigten Fenster. Wenn Sie den Schlüssel an der Fahrertür (bei Zentralverriegelung auch an der Beifahrertür) in Schließstellung halten, laufen sämtliche Fenster nacheinander in Geschlossen-Stellung.

Fingerzeig: Die Fensterschließung in Verbindung mit Zentralverriegelung birgt Gefahren: Nach dem Abschließen lassen sich weder die Fenster öffnen noch die Verriegelungsknöpfe innen hochziehen. Wenn z.B. Kinder im Auto bleiben sollen, Verriegelungsknopf an der Fahrertür von Hand herunterdrükken (Safe-System ist nicht aktiviert), damit sich die Insaßen notfalls aus dem Auto befreien können.

Störungen

Die Motoren der elektrischen Fensterheber werden auf gleiche Weise ausgebaut wie die mechanischen Heber, siehe Karosserie-Kapitel. Eine Reparatur des Elektromotors ist nicht vorgesehen.
● Wenn sich keine Fensterscheibe mehr rührt, Sicherung im Zusatz-Sicherungsträger überprüfen.
● Arbeitet nur ein Fensterheber nicht, rasten Sie den Halterahmen des betreffenden Schalters aus und überprüfen ihn.
● Ist der Schalter in Ordnung, betreffende Türverkleidung abnehmen.
● Kabelstecker am Fensterhebermotor abziehen und mit Prüflampe kontrollieren, ob beim Betätigen des Fensterhebers auch tatsächlich Spannung anliegt.
● War bis hier kein Fehler zu entdecken, ist der Fensterhebermotor defekt.
● Kam dagegen keine Spannung am Motor an, muß der Kabelverlauf bzw. das Steuergerät überprüft werden.
● Schlechter Lauf einer Scheibe dürfte an einer verklemmten Fensterführung liegen.

Behelf unterwegs

Mit streikendem Fensterheber brauchen Sie trotzdem nicht mit offenem Fenster durch Wind und Wetter zu fahren:
● Ist der Schalter defekt, überbrücken Sie mit einem isolierten Kabelstück am abgezogenen Mehrfachstecker solange die verschiedenen Kontakte, bis die Scheibe nach oben läuft.

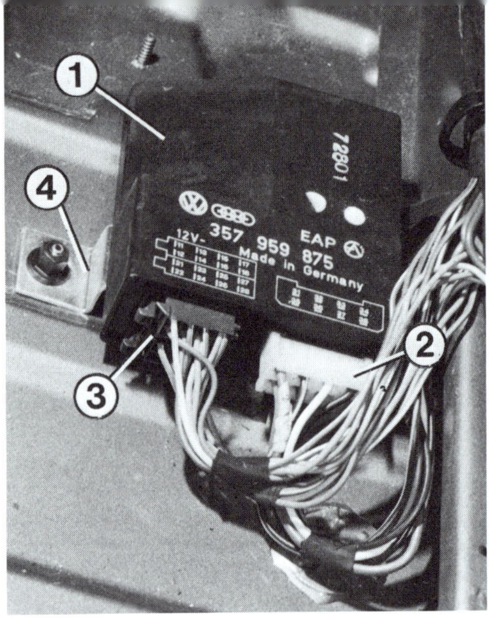

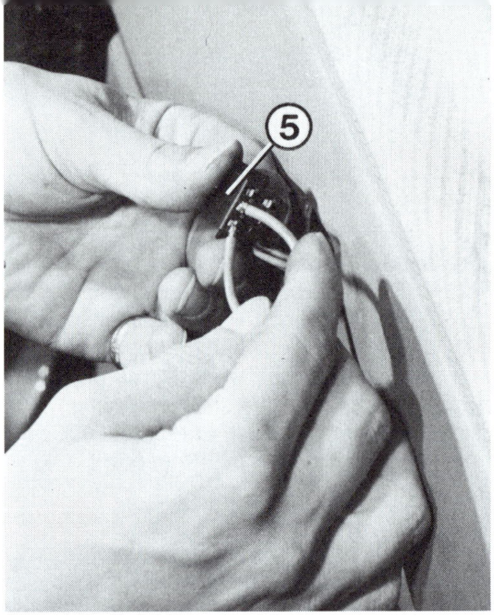

Das Steuergerät (1) für die elektrischen Fensterheber hat seinen Platz rechts unter der Rücksitzbank. Im Bild links sehen Sie die Mehrfachstecker (2 und 3) sowie den Halter (4).
Rechts: So können Sie sich behelfen, wenn ein Schalter (5) der Fensterheber streikt: Mit einem Kabelstück die Verbindung zwischen den betreffenden Steckanschlüssen herstellen. Welcher Kontakte zuständig sind, müssen Sie durch Antippen probieren – keine Angst, es gibt keinen Kurzschluß.

- Geht das nicht, bauen Sie den Schalter eines anderen Fensters aus bzw. stecken die Anschlußkabel auf einen zweiten, intakten um.
- Mit diesem intakten Schalter können Sie das Fenster schließen.
- Bei unterbrochener Zuleitung zum Elektromotor Steckverbinder trennen, ein Hilfskabel vom Batterie-Pluspol und ein zweites von Masse zum Elektromotor legen und Scheibe nach oben laufen lassen.
- Ist der Hebermotor blockiert, können Sie bei abgenommener Türverkleidung das Fenster vom Fensterheber abbauen.
- Scheibe jetzt nach oben schieben und in dieser Stellung mit starkem Klebeband (z. B. Packband) oder einem Holzkeil fixieren.

Radio

In unseren folgenden Beschreibungen gehen wir lediglich auf die Einbauweise wie ab Werk ein.

Radio ausbauen

- Bei Radios mit Anti-Diebstahl-Codierung sicherstellen, daß die Code-Nummer vorliegt.
- Batterie abklemmen.
- Entriegelungsbügel (bisweilen bei Radio-Einbausätzen mit dabei) in die vier Bohrungen seitlich an der Frontblende stecken und Radio aus dem Armaturenbrett ziehen.
- Oder vier passende Nägel oder Drahtstifte in die Bohrungen schieben und damit die Haltefedern entriegeln (siehe Bild unten).
- Radio nach vorn herausziehen.
- Kabel- und Antennenstecker abziehen.
- Beim Einbau darauf achten, daß der Haltestift hinten am Radio in die Öse im Armaturenbrett eingeführt wird. Radio dazu absolut waagrecht halten.
- Radio jetzt ein wenig in die Montageöffnung drükken, damit die Haltefedern einrasten können.
- Bei Radios mit Anti-Diebstahl-Codierung Code-Nummer nach Bedienungsanleitung eingeben.

Die seitlichen Halteklammern (2) des VW-Radios werden durch Einschieben eines speziellen Bügels oder ganz einfach mit passenden Nägeln (1) zurückgedrückt. Jetzt können Sie das Radio aus der Einbauöffnung herausziehen.

Fingerzeige: Der Anti-Diebstahl-Code muß bei jeder Unterbrechung der Stromversorgung neu eingegeben werden – nach Abklemmen der Batterie, Auswechseln der Radiosicherung oder Trennen der Radio-Stromversorgung.
Stromversorgung nie bei laufendem Radio trennen. Es kann Schwierigkeiten bei der Wiedereingabe des Anti-Diebstahl-Codes geben.
Die Spannungsversorgung ans Radio erfolgt seit 8/90 von Klemme »SU« des Zündschlosses. Eine besondere Schaltung im VW-Radio unterbricht beim Abziehen des Zündschlüssels die Spannungsversorgung zum Radio. Nach Aus- und Wiedereinschalten des Radios läuft das Gerät ca. eine Stunde lang. Wer weiterhin Radio hören will, muß jetzt wieder aus- und einschalten.

Lautsprecher ausbauen

● **Vorn:** Lautsprecherabdeckung mit kleinem Schraubenzieher vorsichtig hochheben und abnehmen.
● Der Lautsprecher selbst ist lediglich mit drei Halteklammern im Ausschnitt befestigt.
● **Limousine hinten:** Vom Kofferraum aus das Lautsprechergehäuse fassen und nach oben drücken.
● Die Lautsprecher werden nur von den Blechfedern gehalten.
● **Variant hinten:** Laderaumverkleidung hinten ausbauen.
● Blechmuttern von den Kunststoffbolzen losschrauben.
● **Tür-Lautsprecher:** In Fahrtrichtung hinten an der Lautsprecherblende im Türablagekasten eine Kreuzschlitzschraube herausdrehen.
● Blende herausklappen.
● Zur Befestigung des Lautsprechers dienen ebenfalls Kunststoffbolzen, auf die Blechmuttern aufgedreht sind.

Radio nachträglich einbauen

Leitungen für den Anschluß eines VW-Radios sind bereits in einem Achtfachstecker vorhanden. Die Kabelfarben bedeuten: Rot – Plus, braun – Masse, grau/blau bzw. blau – Radio-Skalenbeleuchtung, schwarz – Steueranschluß für eine Motorantenne oder elektronisch verstärkte Antenne. Die Leitung der Skalenbeleuchtung darf nicht als Masseanschluß verwendet werden, sonst gibt es Kurzschluß beim Einschalten der Außenbeleuchtung. Für »Fremd-Radios« gibt es im V.A.G.-Zubehörprogramm »Votex« passende Adapter für den VW-spezifischen Anschlußstecker.

● Besorgen Sie sich einen auf den Passat abgestimmten Einbausatz.
● Blende unterhalb der mittleren Lüftungsgitter abziehen.
● Einbausatz am Radio befestigen.
● Radiogehäuse und Haltedorn mit Schaumstoffstreifen umkleben.
● Massekabel der Batterie abnehmen.
● Radio anschließen.
● Antenne einbauen.
● Entstörmittel nach Radio-Einbauanweisung montieren.
● Lautsprecher provisorisch am Radio anschließen.
● Massekabel der Batterie anklemmen, Radio zur Probe einschalten.
● Lautsprecher einbauen.
● Bei der Limousine sind die Öffnungen in der Heckablage bereits vorhanden.
● Entsprechende Löcher in die Heckablage schneiden.
● Kabel zu den hinteren Lautsprechern unter dem Teppichboden nach vorn verlegen, dazu Teppich seitlich abnehmen.
● Radio endgültig montieren.

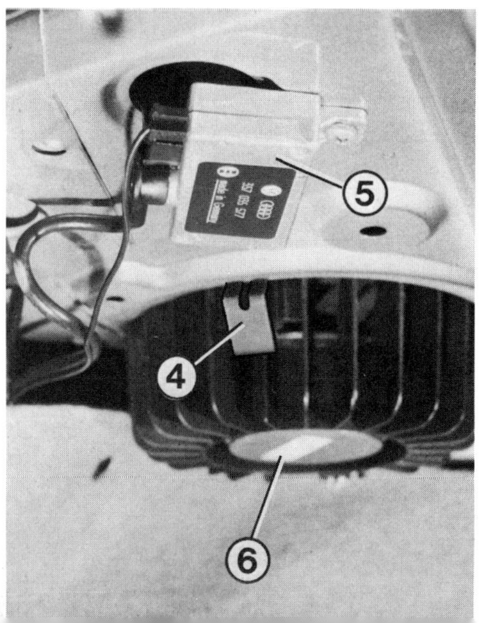

Im Bild links ein vorderer Lautsprecher (2), dessen Blende (1) abgenommen ist. Den Lautsprecher halten lediglich Blechklammern (3) im Ausschnitt.
Rechts: Bei der Limousine sind die hinteren Lautsprecher (6) in der Heckablage ebenfalls mit Blechklammern (4) befestigt. Position »5« zeigt den Verstärker für die Heckscheibenantenne.

Stabantenne einbauen

- Radhausschale im linken Vorderkotflügel abschrauben (siehe Seite 250).
- Abdeckstopfen oben im Kotflügel herausdrükken.
- Antenne von unten in die Kotflügelbohrung einsetzen. Achten Sie darauf, daß die Massekralle am Antennenfuß guten Massekontakt hat.
- Evtl. das Blech an der Kotflügelunterseite an dieser Stelle etwas blank kratzen. Der Massekontakt ist für gute Empfangsqualität äußerst wichtig.
- Blanke Stellen mit Kontaktfett oder Silikon-Dichtmasse vor Korrosion schützen.
- Überwurfmutter der Antenne leicht anschrauben.
- Einfassung des Kombiinstruments ausbauen (Seite 261).
- Außen sitzenden Gummistopfen zwischen Wasserfangkasten und Innenraum durchstechen.
- Antennenkabel durch das seitliche Loch im Wasserkasten nach oben führen und durch die Gummitülle zum Innenraum durchschieben.
- Hinter dem Armaturenbrett die Antennenleitung möglichst in Schaumstoff verlegen und schwingungssicher befestigen. Dabei auf ausreichenden Abstand zu den Heizungs/Lüftungs-Zügen achten.
- Antennenfuß im Vorderkotflügel zusätzlich mit einem Haltewinkel befestigen.

Heckscheibenantenne

Als Antenne für Mittelwelle fungieren hier zwei Metall-Leiterbahnen ganz oben an der Scheibe. Dem UKW-Empfang dienen die gleichzeitig als Heizdraht verwendeten restlichen Leiterbahnen. Ein Antennenverstärker unten an der Hutablage (Limousine) bzw. in der Heckklappe (Variant) gleicht die fehlende Höhe dieser Antennenanlage aus. In der Plus- und Masseleitung zum Verstärker ist jeweils ein Entstörfilter eingesetzt.

Störungssuche Heckscheibenantenne

- Halteschraube der hinteren Dachpfostenverkleidungen der Limousine lösen, Verkleidungen abziehen.
- Masseverbindung der Heckscheibenheizung kontrollieren; ebenso, ob der Antennenverstärker gute Masseverbindung an seiner Befestigungsschraube hat.
- Leiterbahnen auf der Heckscheibe genau kontrollieren: Liegt eine sichtbare Unterbrechung vor? Wenn ja, reparieren oder neue Heckscheibe einsetzen lassen.
- **Elektrische Prüfung:** Stecker am Verstärker abziehen, Spannung gegen Masse messen. Dazu Radio einschalten.
- Batteriespannung vorhanden: Stromversorgung des Verstärkers ist in Ordnung. Keine Spannung: Leitungsunterbrechung beseitigen.
- Am gleichen Kabel Strom messen zwischen Anschluß der Verstärkers und dem abgezogenen Kabel.
- Amperemeter muß 30 – 50 mA anzeigen, sonst hat der Antennenverstärker keine Stromaufnahme und ist demzufolge defekt – austauschen.
- Weitere Prüfung: Unteres Kabel an der heizbaren Heckscheibe abziehen, Zündung und Heckscheibenheizung einschalten, Spannung am Kabel messen.
- Es muß Batteriespannung anliegen, sonst ist die Zuleitung oder der Verstärker defekt. Schaden eingrenzen:
- Unteres Kabel am Verstärker abziehen, Spannung bei eingeschalteter Zündung und Heckscheibenheizung messen:
- Liegt Batteriespannung an, ist die Zuleitung intakt, also Verstärker defekt. Wenn nicht, liegt der Fall umgekehrt.

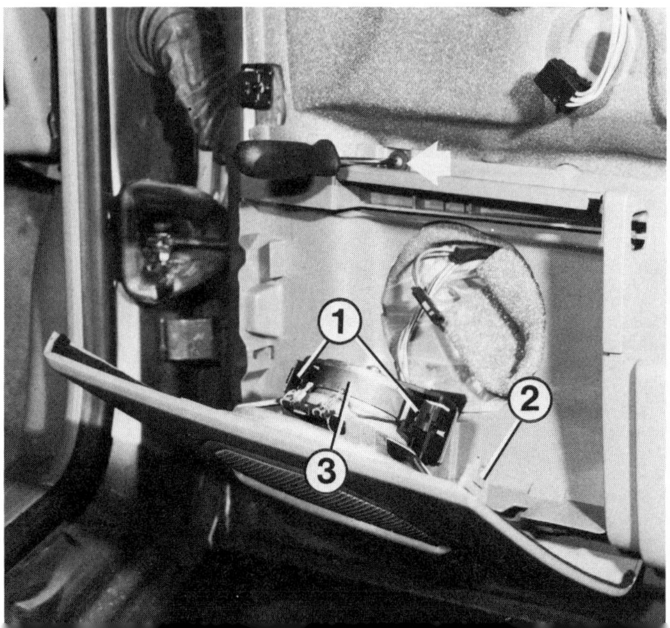

Beim Passat mit Aktivlautsprechern vorn muß zu deren Aus- oder Einbau die Klappe in der Türverkleidung geöffnet werden. Dazu die Schraube aus der Halteöse (2) herausdrehen. Weiter sehen Sie den Lautsprecher (3) mit seinen Steckanschlüssen (1).

Laue Winde

Die Außenluft kann an der Hinterkante der Motorhaube einströmen und wird vom Fahrtwind oder zusätzlich vom Gebläse in den Innenraum gedrückt. Beim Einschalten der Heizung öffnet eine Klappe dem Luftstrom den Weg durch den Heizkörper, der wie ein kleiner Kühler aussieht. Die durchströmende Außenluft erwärmt sich dann an den Heizkörperlamellen.

Heizung und Belüftung prüfen

- Drehregler bei warmgefahrenem Motor ganz nach rechts drehen – strömt Warmluft aus?
- Funktioniert die Luftverteilung nach oben und unten?
- Heizregler zurückdrehen – nach kurzer Zeit darf nur noch kalte Luft aus den Öffnungen strömen, sonst schließt die Warmluftklappe nicht richtig.
- Strömt aus allen Öffnungen Warm- oder Kaltluft?
- Läuft das Gebläse in sämtlichen Stufen?

Das Luftgebläse

Der Gebläsemotor läuft in vier Geschwindigkeiten, die durch den Drehregler »Luftzufuhr und Gebläse« am Armaturenbrett eingestellt werden.
Die Geschwindigkeitsstufen werden durch Zuschalten verschieden großer Widerstände (bzw. durch Hintereinanderschalten derselben) erreicht. Die Widerstände sind in die Plus-Zuleitung zum Gebläsemotor eingeschaltet. Die Masseverbindung ist konstant, während der Pluskontakt »verbessert« bzw. »verschlechtert« wird.

Fingerzeig: Das Luftgebläse saugt die Außenluft im Wasserfangkasten an. Über dem Ansaugstutzen ist ein Gitter angebracht. Trotzdem können kleine Blättchen ins Gebläse gelangen und störende Geräusche verursachen. Abhilfe: Kunststoffklammer am Gitter abziehen, Gitter abnehmen und von oben versuchen, den oder die Fremdkörper herauszunehmen.

Störungssuche Gebläsemotor

- Wenn das Gebläse **in keiner Schalterstellung** rauscht, kontrollieren Sie zuerst die zuständige Sicherung 6.
- Laufen trotz intakter Sicherung auch die Scheibenwischer nicht, liegt es am X-Kontakt-Entlastungsrelais, siehe Seite 229.
- Gebläsemotor freilegen.
- Zweipoligen Stecker am Gebläsemotor abziehen, zwei Hilfskabel zu den jetzt freien Anschlußkontakten legen: Vom Batterie-Pluspol zum Kontakt, auf dem das weiß/gelbe Kabel steckte, vom Batterie-Minuspol zum Kontakt, auf dem das braune Kabel steckte.
- Ist der Gebläsemotor intakt, muß er sich jetzt mit voller Geschwindigkeit drehen. Wenn nicht, auswechseln.
- Läuft das Gebläse **nur in voller Geschwindigkeit**, dürfte die Überhitzungssicherung auf der Träger-

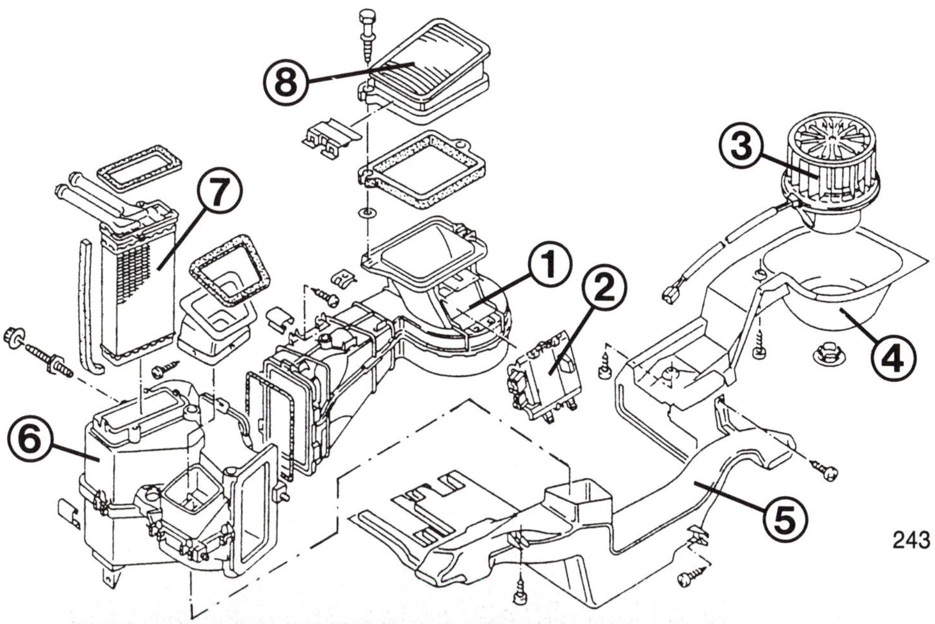

Die Teile der Heizung:
1 – Luftkanal;
2 – Vorwiderstand;
3 – Luftgebläse;
4 – untere Abdeckung;
5 – Fußraumausströmer;
6 – Luftverteilergehäuse;
7 – Wärmetauscher;
8 – Laubschutzgitter.

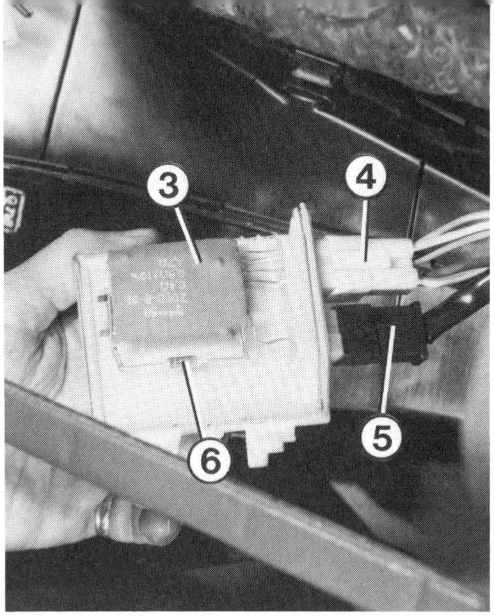

Links: Zum Ausbau des Luftgebläses muß die Klammer (2) über die Haltenase (1) angehoben werden. Dann läßt sich das Gebläse in Pfeilrichtung losdrehen.
Im Bild rechts die Widerstandsplatte des Luftgebläses:
3 – Widerstände;
4 – Eingangsleitungen vom Drehschalter;
5 – Ausgangsleitungen zum Gebläse;
6 – Überhitzungssicherung (nicht einzeln austauschbar).

platte der Vorwiderstände (Bild oben rechts) durchgebrannt sein.

- Dreht das Lüfterrad **nicht in allen Geschwindigkeiten**, ist möglicherweise einer der Vorwiderstände defekt.
- Vorwiderstandsplatte ausbauen.
- Mit einer Prüflampe bei eingeschalteter Zündung und in entsprechender Drehreglerstellung kontrollieren, ob an den verschiedenen Kontakten Spannung anliegt.
- Ist die Überhitzungssicherung oder einer der Widerstände durchgebrannt, muß der komplette Widerstandsträger ersetzt werden.
- Sind Überhitzungssicherung und die Vorwiderstände intakt, bleibt neben einer Leitungsunterbrechung nur noch der Drehregler im Armaturenbrett als Übeltäter übrig – komplette Heizungsbetätigung auswechseln.

Gebläsemotor ausbauen

Der Gebläsemotor ist zusammen mit seinem Lüfterrad gewuchtet, so daß beide Teile auch nur gemeinsam ausgetauscht werden können.

- Ablagefach rechts ausbauen (Seite 261).
- Unten am Gebläsegehäuse den Haltestopfen der Abdeckung abziehen.
- Zwei Kreuzschlitzschrauben losdrehen und Abdeckung abnehmen.
- Am Gehäuserand die Haltezunge mit einem Schraubenzieher niederdrücken, Gebläsegehäuse im Luftansaugkanal im Uhrzeigersinn drehen (Bild oben links) und herausziehen.
- Blätter etc. aus dem Luftkanal entfernen.

Gebläse-Widerstandsplatte ausbauen

- Ablagefach rechts ausbauen (Seite 261).
- Stecker an der Platte abziehen.
- Haltebügel nach unten drücken und Halteplatte nach unten herausziehen.
- Beim Einbau die Auflageflächen von Halteplatte und Luftkanal etwas fetten, damit die Platte wirklich dicht im Gehäuse sitzt.

Die Betätigung der Heizung/Lüftung wird von vier Kreuzschlitzschrauben gehalten, auf welche die Pfeile hier im Bild deuten.

Alle Funktionen der Heizung/Lüftung im Passat lassen sich von den drei Drehreglern im Armaturenbrett aus steuern. Vier Drahtzüge verlaufen von dort aus zum sogenannten Luftverteilergehäuse. Darin sitzen die Luftklappen, die den Luftstrom in die richtige Richtung leiten.

Heizungs/Lüftungs-Betätigung ausbauen

Die Betätigung der Heizung und Lüftung bildet mit dem Gebläseschalter ein komplettes Bauteil, sie ist nicht zerlegbar.

- Rechte Blende des Armaturenbretts ausbauen.
- Blende an den Drehreglern unten ein wenig herausziehen, dann ggf. unter Zuhilfenahme eines kleinen Schraubendrehers oben ausrasten.
- Insgesamt vier Kreuzschlitzschrauben losdrehen, siehe Bild links unten.
- Gesamte Betätigung mit den angeschlossenen Zügen in Richtung Motorraum drücken und dann unten hervorziehen.
- Ggf. Halteklammern der Betätigungszüge abhebeln und Züge abnehmen.
- Beim Einbau zuerst die Züge an der Heizungs-/Lüftungs-Regulierung befestigen, dann komplettes Bauteil anschrauben.

Betätigungszüge auswechseln

Unser Passat hat vier Züge für die Heizungs-/Lüftungs-Regulierung:

○ Am linken Drehregler/Gebläseschalter hängt ein schwarz umhüllter Zug (771 mm lang) mit weißem Klebeband.

○ Am mittleren Temperaturregelknopf ist ein Zug mit blauer Hülle (535 mm) befestigt.

○ Der Regler rechts bewegt über den oberen Hebel den schwarz umhüllten Zug (954 mm) mit weißem (alte Ausführung) bzw. blauem Farbband, am unteren Hebel hängt ein Zug (634 mm) mit ebenfalls schwarzer Hülle und weißem Farbband.

○ Die mit Farbband gekennzeichnete Seite des Zuges ist jeweils an der Heizungs-/Lüftungs-Regulierung befestigt. Der Aus- und Einbau ist bei allen Zügen gleich.

- Heizungs-/Lüftungs-Betätigung ausbauen.
- Ablagefach links und rechts demontieren (Kapitel »Innenraum«).
- Halteklammer des betreffenden Zuges abdrükken, Zug aushängen.
- Am anderen Zugende am Luftverteilerkasten die Halteklammer abhebeln, Öse aushängen.
- Zum Befestigen des neuen Zuges dessen Öse am betreffenden Hebel an der Betätigung einhängen.
- Das mit Farbband gekennzeichnete Hüllenende am Anschlag an der Betätigung ansetzen und mit der Halteklammer befestigen.
- Heizungs-/Lüftungs-Betätigung montieren.

Züge einstellen

- Linken Drehregler/Gebläseschalter nach links in Geschlossen-Stellung drehen.
- Temperaturregler nach links in Stellung »Kalt« drehen.
- Rechten Luftverteilungs-Drehknopf ganz nach links in Stellung Windschutzscheibe (Zug für Klappe »Oben/Unten«) oder ganz nach rechts in Stellung Armaturenbrett-Ausströmer drehen.
- Zugöse in den Hebel der betreffenden Klappe einhängen.
- Hebel bis zum Anschlag drücken, in dieser Stellung die Zughülle anklemmen.
- Funktionskontrolle: Beim Drehen der Reglerknöpfe müssen alle Klappen hörbar am Anschlag anstoßen.

Für diese Abbildung haben wir die Betätigung der Heizung/Lüftung ein Stück herausgezogen. Folgende Betätigungszüge sind erkennbar:
1 – Hauptabsperrklappe;
2 – Verteilung oben/unten;
3 – Verteilung Innenraum/Fußraum.
Nicht sichtbar ist der Zug zur Temperaturklappe.

Luftdüsen ausbauen Die schwenkbaren Einsätze der Luftdüsen im Armaturenbrett lassen sich leicht ausbauen, falls sich etwa ein Blatt dahinter verklemmt hat:

- Schwenkbaren Einsatz der Luftdüse unten hineindrücken und in völlig waagrechte Lage drehen.
- Einsatz jetzt nach unten drücken und abnehmen.
- Falls notwendig, können Sie jetzt das Gehäuse der seitlichen Luftdüse abschrauben.
- Der Ausbau des linken und mittleren Einsatzes im Armaturenbrett ist auf Seite 261 beschrieben.
- Beim Einbau eines seitlichen Gehäuses müssen Sie das entsprechende Ablagefach ausbauen, um das Gehäuse richtig an der Luftführung befestigen zu können.
- Bei den mittleren Ausströmern können Sie durch die Radioeinbauöffnung greifen.

Störungsbeistand

Heizung

Die Störung	– ihre Ursache	– ihre Abhilfe
A Heizleistung ungenügend	1 Heizungszug gerissen oder Verzahnung des Heizungs-Drehknopfes defekt	Kontrollieren bzw. auswechseln
	2 Temperaturklappe öffnet nicht	Klappen- und Hebelstellung kontrollieren
	3 Hauptluftklappe öffnet nicht	Betätigungszug, Klappen- und Hebelstellung kontrollieren
	4 Laubstückchen haben sich vor den Wärmetauscher gelegt	Gebläse ausbauen, Wärmetauscher mit Staubsauger reinigen
	5 Kühlerthermostat schließt nicht völlig, aufgeheiztes Kühlmittel strömt zu früh in den Kühler	Thermostat säubern, ggf. austauschen
B Heizung läßt sich nicht abstellen	Siehe A 1	
C Heizung fällt plötzlich während der Fahrt aus	Wärmetauscher durch Kühlwasserverlust leergelaufen	Sofort anhalten, sonst besteht Gefahr für die Zylinderkopfdichtung! Undichtigkeit beheben und Kühlsystem auffüllen

Thermotronic

Bei dieser elektronischen Heizungregelung kann eine Innenraumtemperatur zwischen 18 und 28°C vorgewählt werden. Zwei Innenraum-Temperaturfühler (im Fahrerfußraum und vorn am Dach) sowie ein Außentemperaturfühler im Luftansaugkanal übermitteln die aktuellen Temperaturen in Form von Widerstandswerten an das Thermotronic-Steuergerät an der Heizungs/Lüftungs-Betätigung. Das Steuergerät vergleicht nun ständig die tatsächliche Innenraumtemperatur mit dem eingestellten Sollwert. Bei Abweichungen veranlaßt es den Stellmotor unten an der Temperatur-Regelklappe zur entsprechenden Drehbewegung für die Zumischung von mehr oder weniger Warmluft.

Die Klimaanlage

Ähnlich wie zu Hause im Kühlschrank wird ein gasförmiges Kältemittel durch einen Kompressor verdichtet. Letzterer wird von der Motor-Kurbelwelle über einen Keilriemen angetrieben. Beim Verdichten verflüssigt sich das Kältemittel und gelangt in den Verdampfer unter dem Armaturenbrett. Der sieht aus wie ein Kühler. Darin verdampft das Kältemittel und kann hierdurch Wärme aufnehmen. Die durch den Verdampfer geführte Luft strömt abgekühlt in den Innenraum. Über einen Kondensator neben dem Wasserkühler im Motorraum gelangt das Kältemittel wieder zurück zum Kompressor. Zur verstärkten Kondensierung läuft der Kühlerventilator dauernd und treibt zusätzlich über einen Keilriemen ein weiteres Lüfterrad vor dem Kondensator an.

Keilriemenspannung prüfen

Wartung Nr. 11

Für den Kompressor der Klimaanlage sind zwei Keilriemen zuständig. Der erste verbindet Kurbelwelle, Wasserpumpe und Klimakompressor, der zweite Kompressor und Lichtmaschine. Bei kräftigem Fingerdruck sollen sich beide Riemen **5–10 mm** tief eindrücken lassen. Gespannt wird durch Schwenken des Kompressors bzw. des Generators. Die richtige Keilriemenlänge ist in der Tabelle auf Seite 182 aufgeführt.
Außerdem muß der kleine Keilriemen zwischen Kühlerventilator und Zusatzlüfterrad kontrolliert werden.

Fingerzeig: Selbsthilfe ist an der Klimaanlage – mit Ausnahme der Kontrolle des Keilriemens – nicht möglich. Das Kältemittel verursacht z.B. bei Berührung auf ungeschützter Haut schwere Erfrierungen.

Förmlichkeit

Der Passat blickt glattflächig nach vorn. Kein herkömmliches Kunststoffgitter läßt erkennen, wo der Motor seine Kühlluft herbekommt (durch das große VW-Zeichen wird lediglich die Luft zur Verbrennung des Kraftstoff/Luft-Gemisches angesaugt). Diese Glattflächigkeit in Verbindung mit der abfallenden Wagenfront und bündig anliegenden Scheiben ist verantwortlich für den geringen Luftwiderstand der Karosserie.

Demontierbare Teile

Mit einiger Geschicklichkeit kann man die Stoßfänger, die Frontblende und die vorderen Kotflügel alleine ausbauen. Wollen Sie aber die Motorhaube, hintere Klappe oder Türen demontieren, brauchen Sie unbedingt einen Helfer, der diese großen und schweren Teile hält, während Sie schrauben. Andernfalls ist schnell irgendwo der Lack zerkratzt.

Fingerzeig: Den Wiedereinbau der bisherigen Motorhaube oder Heckklappe kann man sich erleichtern, wenn die Lage der Scharniere vor der Demontage angezeichnet wird. Das geschieht am besten mit einem wasserfesten Filzstift.

Die Motorhaube

Haube ausbauen

- An den hinteren Ecken der Haube Lappen auflegen, daß die evtl. abrutschende Haube nicht auf Blech oder Lack aufsitzt.
- Schlauch zur Scheibenwaschanlage abziehen.
- Rechts und links zuerst je eine der zwei Scharnierhalteschrauben losdrehen, jeweils zweite Schraube nur lockern.
- Mit einem Helfer die Haube halten, Schrauben vollends herausdrehen und Haube abnehmen.
- Beim Einbau das evtl. vorhandene Masseband links wieder mit anschrauben.

Motorhaube einstellen

Bei geschlossener Motorhaube muß der Abstand zu beiden Kotflügeln und zum Windlauf unterhalb der Windschutzscheibe rundum annähernd gleich sein. In der Höhe soll die Haube den Kotflügeln entsprechen.

- Zur Einstellung in **Längsrichtung** werden die Schrauben zwischen Scharnier und Haube gelöst.
- Haubendeckel verschieben. Damit hierbei kein Lack verkratzt wird, evtl. an den Ecken zum Windlauf Lappen unterlegen.
- In **Seitenrichtung** läßt sich der Sitz der Haube allenfalls durch vorsichtiges Biegen der Scharniere korrigieren.
- Hilft das nicht, muß der Sitz der Kotflügel korrigiert werden.
- Zur Einstellung der **Höhe** Gummipuffer vorn am Querträger so weit hinein- bzw. herausdrehen, bis die Haube in geschlossenem Zustand in gleicher Höhe mit den Kotflügeln steht.

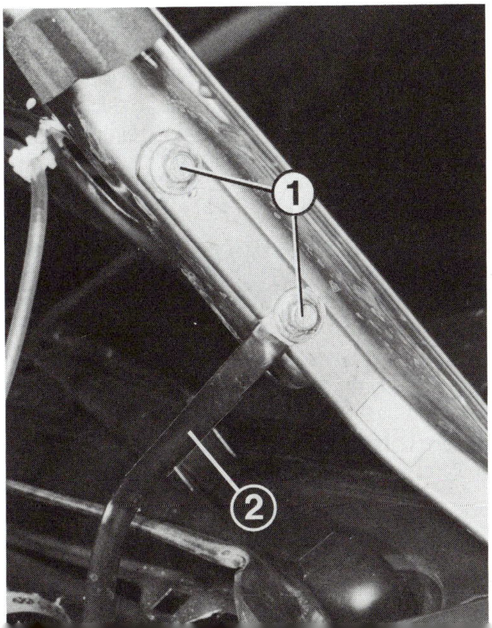

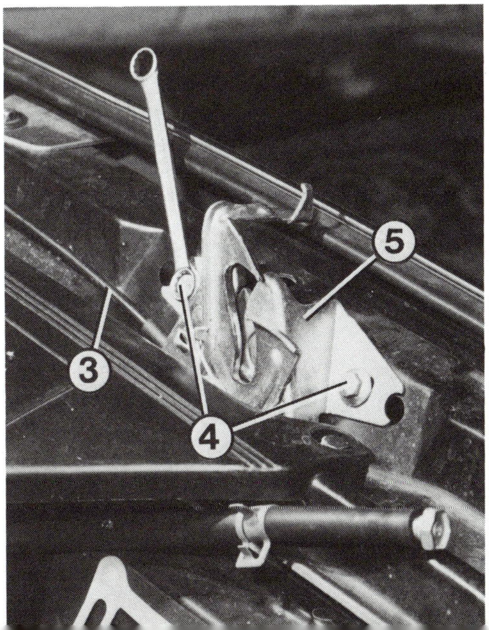

Links: Je zwei Schrauben (1) halten die Motorhaube an ihren Scharnieren. Bei einem Passat mit Radio sitzt links noch ein Masseband (2), das die Abschirmung gegen Störgeräusche verbessert. In der rechten Abbildung sind die Halteschrauben (4) des Motorhaubenschlosses (5) und der Haubenzug (3) gezeigt.

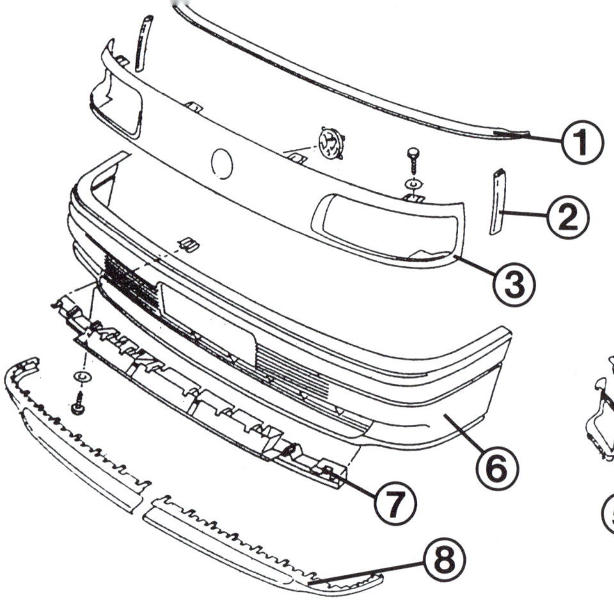

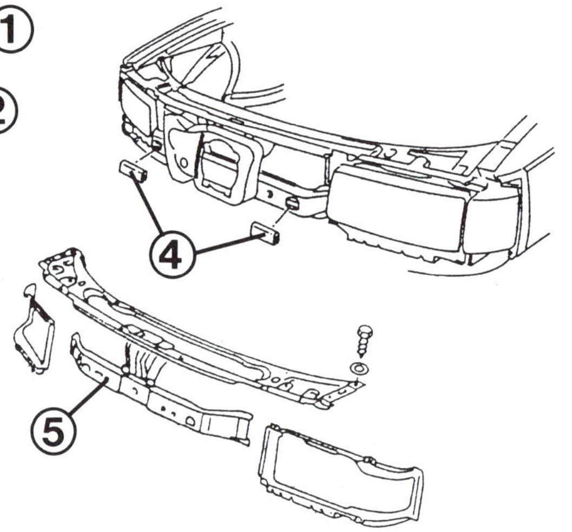

Die Wagenfront mit folgenden Teilen:
1 – Dichtung;
2 – Kantenschutz seitlich;
3 – Frontblende;
4 – Kantenschutz unten;
5 – Schloßträger;
6 – Stoßfängerblende;
7 – Lufteinlaßgitter;
8 – Frontspoiler.

Haubenzug auswechseln

● Entriegelungsgriff im Fahrerfußraum losschrauben, kugelförmiges Ende des Seilzugs aushängen.
● Beide Schrauben am Haubenschloß vorn losdrehen, Zugende aushängen.
● Haubenzug aus seinen Haltern aushängen.
● Zug zum Motorraum hin herausziehen.
● Beim Einbau wird der Zug mit einem kräftigen Faden vom Motorraum in den Innenraum gezogen.
● Der Faden muß mindestens 1 m lang sein und wird am Zugende zum Entriegelungshebel eingehängt.
● Kontrollieren Sie den richtigen Sitz der Gummitülle, damit kein Wasser in den Innenraum eindringen kann.
● Der Zug kann nicht eingestellt werden.

Die Wagenfront

Frontblende ausbauen

● Motorhaube öffnen.
● Die vier oben sichtbaren Sechskantblechschrauben herausdrehen.
● Haltenasen der Blende unten ein Stück herausziehen, dann die komplette Frontverblendung schräg nach oben vom Querblech abziehen.
● Ggf. oben die Dichtung der Blende abziehen (geht nur in ausgebautem Zustand).
● Vor dem Einbau im Querblech unten den richtigen Sitz des Kantenschutzes prüfen.
● Kontrollieren Sie, ob seitlich an der Blende der Kantenschutz aufgesteckt ist, sonst kann die Lackierung der Kotflügel zerkratzt werden.

Frontspoiler ausbauen

Dieses Kunststoffteil muß beim Passat immer montiert sein, sonst ist der Auftrieb an der Vorderachse bei höheren Geschwindigkeiten zu hoch, der Wagen wird instabil.
● Kunststoff-Haltezungen der einen Spoilerhälfte unten an der Stoßfängerblende vorsichtig ausrasten.
● Andere Spoilerhälfte auf die gleiche Weise abnehmen.

Lufteinlaßgitter ausbauen

Unten in der vorderen Stoßfängerblende ist das Lufteinlaßgitter befestigt. Mit etwas »Bodenakrobatik« kommen Sie an die erwähnten Befestigungsteile.
● An der Oberseite des Gitters rechts und links je eine Kreuzschlitzschraube herausdrehen.
● Rechts und links außen am Lufteinlaß die Haltenasen mit einem Schraubenzieher herunterdrücken und ausrasten.
● Hinter das Gitter durchgreifen und die Haltenase oben in der Mitte herunterdrücken und ausrasten.
● Lufteinlaßgitter herausschwenken.

Frontblende mit Querblech ausbauen

● Zwei Schrauben des Motorhaubenschlosses lösen, Zug aus den Clips aushängen.
● An den Scheinwerfern die Leitungsstecker für Haupt- und Standlicht, Nebelscheinwerfer sowie Blinker abziehen.
● Ggf. Halteschelle am Vorratsbehälter der Servolenkung lösen.
● Oben rechts und links je zwei Halteschrauben des Querbleches herausdrehen.
● Lufteinlaßgitter ausbauen.
● Von unten her auf beiden Seiten rechts und links der Stoßfängerhalter je zwei Schrauben des Frontblende lösen.
● Frontblende komplett mit Frontquerblech, oberer Kühlerabdeckung und Scheinwerfern abnehmen.

Links sehen Sie die Stoßfänger-Halteschrauben (Pfeile) am vorderen Längsträger. Nicht gelöst werden darf die mit »X« bezeichnete Schraube.
Rechts die Stoßfängerteile:
1 – Variant-Abdeckung hinten mit Halter unten (2);
3 – Stoßfänger hinten;
4 – Träger hinten;
5 – Halter seitlich;
6 – Steinschlagschutz;
7 – Abdeckung hinten für Limousine;
8 – Träger vorn;
9 – Stoßfänger vorn;
10 – Dichtung;
11 – Abdeckung vorn.

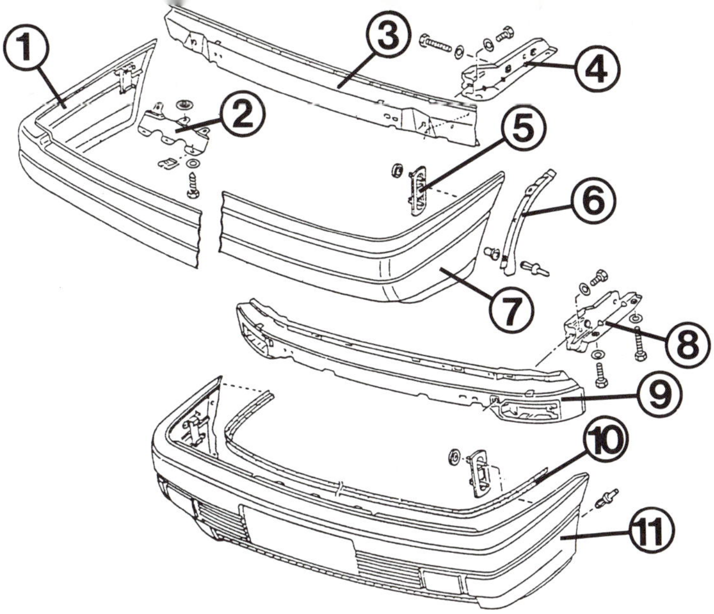

Die Stoßfänger

Ausbau vorn

Der vordere Stoßfänger ist mit seinen Haltern am Längsträger angeschraubt. Je zwei Schrauben am Halter dienen gleichzeitig zur Befestigung des Aggregateträgers am Längsträger. Da ohne die Schrauben der Stoßfängerhalter der Aggregateträger statt an sechs nur noch an zwei Punkten befestigt ist, **darf der Passat ohne vorderen Stoßfänger nicht gefahren werden**. Oder Sie drehen die vier Schrauben wieder mit dem vorgeschriebenen Drehmoment ein.

- Lufteinlaßgitter ausbauen.
- Rechts und links je zwei Spreizniete zwischen Radhausschale und Stoßfängerabdeckung ausbauen.
- Dazu den Kunststoffstift im Niet durchdrücken, Spreizniet abziehen.
- Beim Passat mit Nebelscheinwerfern deren Steckverbindungen trennen.
- Von unten her je zwei Schrauben der Stoßfängerhalter (Bild oben links) herausdrehen.
- Hat der Passat eine Scheinwerfer-Waschanlage, Stoßfänger waagrecht ein Stück nach vorn ziehen und am Winkelstück bei den Wascherdüsen den Wasserschlauch abziehen.
- Stoßfänger – möglichst mit einem Helfer – waagrecht herausziehen.
- Für weitere Zerlegarbeiten Spoiler von der Stoßfängerabdeckung abziehen.
- Je zwei Schrauben der Halter vom Stahl-Stoßfänger lösen.
- Gewinkelten Anschluß an der Düse durch Drehbewegungen abziehen.
- Haltemutter der Wascherdüse losdrehen, Düse abziehen.
- Beim **Einbau** ggf. neues Führungsstück mit zwischengelegten Dichtscheiben an den seitlichen Aufnahmen der Karosserie befestigen.
- Dazu Kunststoffstifte in die Spreizniete eintreiben.
- Stoßfänger mit einem Helfer ansetzen, damit der Lack nicht zerkratzt wird.
- Seitenteile der Stoßfängerabdeckung in die Führungsstücke einsetzen, Stoßfänger ganz waagrecht einschieben.
- Ggf. Wasserschlauch der Scheinwerfer-Waschanlage anschließen.
- Stoßfängerhalter mit 82 Nm befestigen – in Fahrtrichtung vorn die kurze, hinten die lange Schraube.

Ausbau hinten

- Hinten am Radausschnitt unten die Schrauben der Halter rechts und links losdrehen.
- Kofferraum öffnen bzw. Abdeckungen im Laderaum ausbauen.
- Rechts und links im Längsträger vom Kofferraum aus je zwei Schrauben SW 16 (!) losdrehen.
- Mit einem Helfer den Stoßfänger waagrecht herausziehen.
- Ggf. Halter abschrauben.
- Der seitlich sitzende Steinschlagschutz im Radausschnitt ist angenietet.
- Beim Einbau darauf achten, daß die Seitenwangen der Stoßfängerabdeckung an den Führungsstücken richtig angesetzt sind.
- Stoßfängerhalter am Längsträger mit 82 Nm festschrauben.

Kunststoffabdeckung auswechseln

Wenn lediglich die Kunststoffabdeckung beschädigt ist, kann sie alleine ersetzt werden. Ist dagegen auch der eigentliche Stoßfänger deformiert, gibt es als Ersatz nur das komplette Teil.

- Stoßfänger abbauen.
- Alte Abdeckung abhebeln.
- Zur Montage der neuen Kunststoffhülle benutzt die Werkstatt eine Presse und ein Spezialwerkzeug. Behelfsmäßig geht es doch recht schwierig.
- Vor dem Aufpressen der Abdeckung den Kunststoff mit einem Haarfön oder Heizlüfter erwärmen.
- Von der Stoßfängermitte beginnend müssen sämtliche Haltenasen der Abdeckung in die entsprechenden Öffnungen im Stahlträger einrasten.

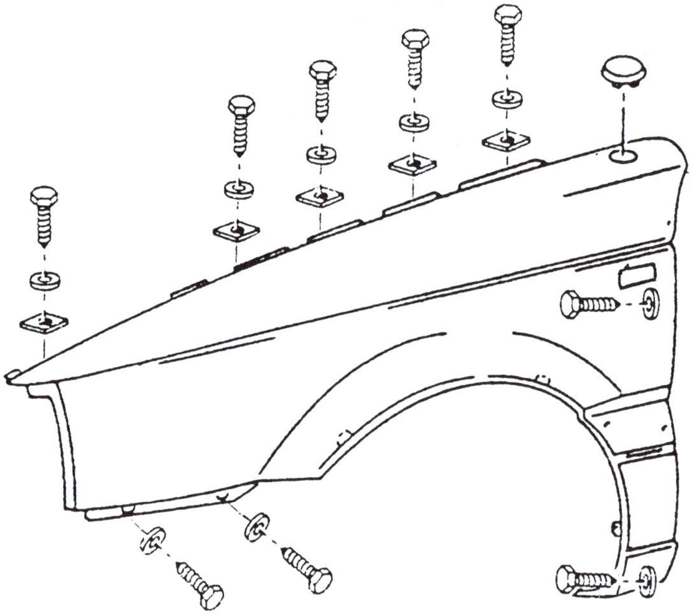

Mit den hier gezeigten Schrauben ist der Vorderkotflügel des Passat befestigt. Unter die Schrauben gehört jeweils eine Unterlagscheibe und ein Zinkplättchen.

Stoßfänger pflegen

Die Kunststoffflächen der Stoßfänger werden mit zunehmendem Alter oft unansehnlich. Das zu verhindern oder den Prozeß hinauszuzögern, kann durch Pflege gelingen.

○ Nach der Wagenwäsche mit Reinigungszusätzen die Stoßfänger mit klarem Wasser nachspülen und abledern.

○ Unbedingt vermeiden, daß Verdünnung, Kraftstoff oder Kaltreiniger (bei der Motorwäsche) auf die Kunststofffläche gerät. Wenn doch, mit klarem Wasser nachspülen.

○ Kunststoff-Reiniger (z. B. Armor All, Caramba KST 100, Liqui-Moly Schaum-Glanz) schaffen bei leicht angegrauten Stoßfängern eine fast neuwertige Oberfläche, wenn das Teil vorher gründlich gereinigt wurde. Allerdings hält die Freude nur begrenzte Zeit.

○ Bei total verwitterter Oberfläche hilft nur noch lackieren. Lacksysteme für Kunststoffteile liefert der Zubehörhandel.

Die Kotflügel

Lediglich die vorderen Kotflügel lassen sich abschrauben. Die hinteren Seitenteile bilden dagegen eine verschweißte Einheit mit der restlichen Karosserie.

Radhausschale ausbauen

- Betreffendes Vorderrad abnehmen.
- Vorn am Radausschnitt Kunststoffstifte der beiden Spreizniete an der Verbindung Radhausschale/Stoßfänger durchdrücken, Niete abnehmen.
- Innen im Radkasten sieben Sechskantschrauben herausdrehen, Radhausschale abnehmen.

Kotflügel ausbauen

Ein Vorderkotflügel läßt sich ohne Ausbau des Stoßfängers und der Frontblende demontieren. Da aber die Gefahr von Beschädigungen an den angrenzenden Teilen bei dieser Methode nicht auszuschließen sind, würden wir sicherheitshalber den Stoßfänger und die Frontblende ausbauen.

- Radhausschale abnehmen.
- Ggf. Teleskopantenne links ausbauen (S. 242).
- Bei geöffneter Motorhaube rund um den Kotflügel neun Sechskant-Blechschrauben herausdrehen: In der Motorhauben-Anlagekante fünf (die hintere Schraube des Querbleches wird nicht gelöst), vorn unten an der Stoßfängerwange zwei, innen zum Türpfosten hin zwei, siehe Zeichnung oben.
- Kotflügel nach oben abziehen.
- Zwischen Karosserie und Kotflügel sitzen an der Motorhauben-Anlagekante und zur Tür hin Zinkplättchen unter den Schrauben.
- Die Plättchen beim Einbau ersetzen.
- Kotflügel so ausrichten, daß der Abstand zur angrenzenden Tür und Motorhaube 5 ± 1 mm beträgt.
- Achten Sie beim Anschrauben des Kotflügels darauf, daß der Wasserablaufschlauch vom Schiebedach nicht eingeklemmt wird.
- Nach dem Anbau des Kotflügels in die Fugen Konservierungswachs einsprühen.

Radlaufabdeckungen ausbauen

Die Abdeckungen des Passat GT sind mit Blindnieten und jeweils einem Clip befestigt.

- Köpfe der Niete abbohren.
- Von der Außenseite her den Dorn des Niets mit einem feinen Durchschlag oder Nagel nach innen durchtreiben.
- Der jetzt ohne Spannung sitzende Niet kann abgehebelt werden.
- Abdeckung mit ihrem Clip abziehen.
- Beim Einbau beginnen Sie mit dem Festnieten oben in der Mitte der Abdeckung und gehen wechselweise rechts und links nach unten.

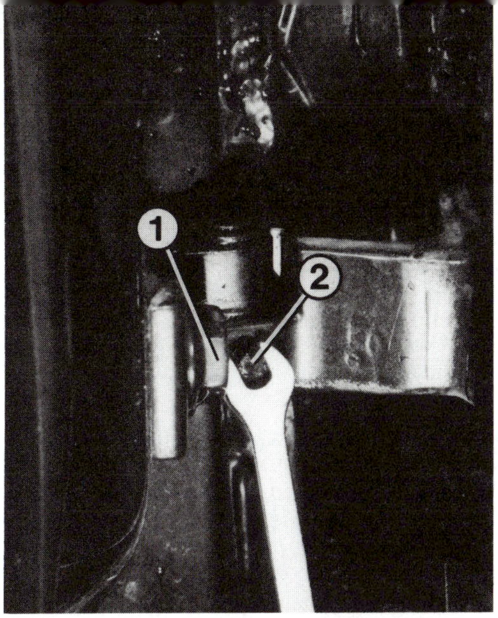

**Bild links: Zum Ausbau des Türscharniers muß die große Schraube (1) gelöst werden. Soll die Tür demontiert werden, dreht man die Madenschraube (2) los.
Rechts ist der Schraubenschlüssel am Türschließbolzen angesetzt.**

Schwellerverkleidung ausbauen

- Vorn bzw. hinten an der zweigeteilten Verkleidung den Kopf des Blindniets abbohren, außerdem den untersten Niet der Kotflügelabdeckung.
- Unten ist die Schwellerverkleidung mit Haltern befestigt – die Haltenasen zurückdrücken.
- Verkleidung unten ein Stück herausziehen und oben aus der Halteschiene aushängen.
- Beim Einbau die Verkleidung unter der Radlaufblende ansetzen.
- Die vordere Verkleidung überdeckt die hintere.
- Die Halter und die Schiene für die Schwellerverkleidung sind ans Blech geklebt.

Seitenleisten ausbauen

- Die **schmalen Seitenleisten** werden von Clips im Blech gehalten.
- Zum Ausbau die Leiste vorsichtig abziehen. Dabei reißen die Clips bisweilen ab. Sie müssen dann beim Einbau ersetzt werden.
- Kontrollieren Sie vor dem Einbau, ob die Tüllen für die Clips im Karosserieblech nicht beschädigt sind, sonst gemeinsam mit dem Clip ersetzen.
- Die **breiten Schutzblenden** werden oben auf dieselbe Weise ausgeclipst.
- Blende etwas nach unten drücken und aus den unteren Haltern abnehmen.
- Beschädigte Halter ersetzen.
- Dazu Blech im zu beklebenden Bereich mit Verdünnung sauberreiben.
- Neuen Halter unten in den entsprechenden Schlitz der Blende einsetzen, Blende oben einclipsen.
- Schutzfolie von der Klebefläche des Halters abziehen, Schutzblende unten andrücken.

Die Türen

Tür ausbauen

- Bei geöffneter Tür zur Türsäule hin unten am Haltebolzen des Feststellers die Mutter losdrehen.
- Bolzen nach oben herausnehmen.
- Bei einem Fahrzeug mit elektrischer Spiegelverstellung und/oder elektrischen Fensterhebern muß zum Trennen der Kabelsteckverbindungen in der Tür deren obere Verkleidung abgenommen werden.
- Am oberen und unteren Scharnier je eine Madenschraube SW 6 losdrehen.
- Tür nach oben aus ihren Scharnieren abnehmen.
- Beim Einbau sollen die Madenschrauben ersetzt werden. Oder das Gewinde mit einer Drahtbürste reinigen und Schrauben mit Sicherungsmittel wieder verwenden.

Eine Übersicht der Leisten und Abdeckungen: 1 – Einstiegleiste mit Klammer (6); 2 – Halteclip; 3 – Dichtung; 4 – Schutzfolie; 5 – Schutzleiste; 7 – Clipmutter; 8 – Schutzblende (GT); 9 – Halteleiste; 10 – Schwellerverkleidung; 11 – Halter; 12 – Blindniet; 13 – Radlaufabdeckung; 14 – Schutzfolie für Schweller; 15 – selbstklebender Halter.

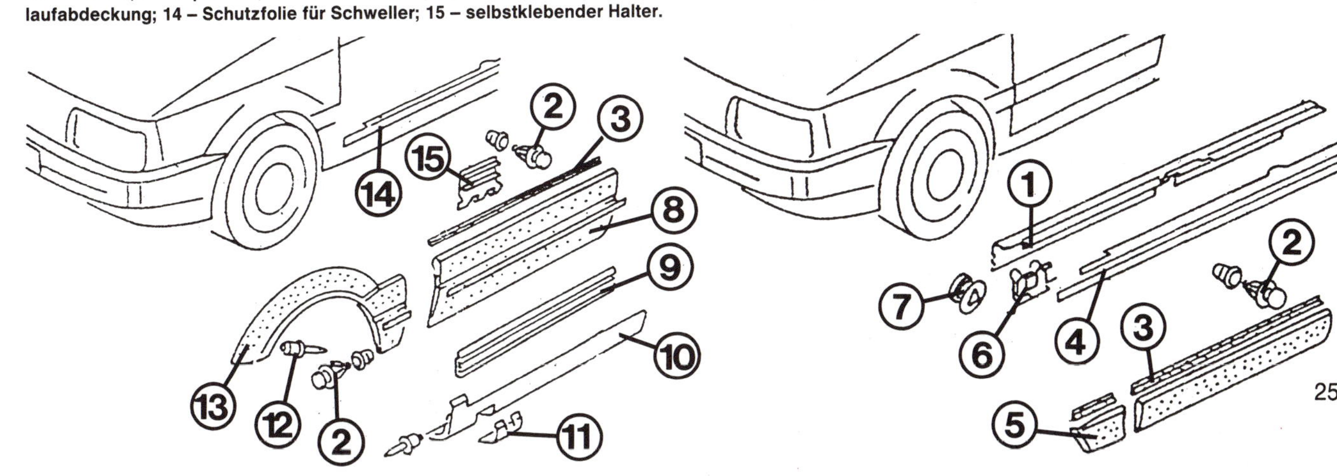

Tür einpassen

Zur Einstellung einer Tür muß der Passat mit allen Vieren waagrecht auf dem Boden stehen. Bei aufgebocktem Fahrzeug kann sich die Karosserie etwas verwinden, so daß die Türjustierung anschließend nicht stimmt.

- Schließbolzen, in den das Türschloß einrastet, ein wenig lockern.
- Oben und unten je zwei Schrauben der Türscharniere ein wenig losdrehen, so daß sich die Tür mit nicht zu großem Kraftaufwand nach allen Seiten verschieben läßt.
- Mit einem Helfer die Tür in den Ausschnitt drükken und so ausrichten, daß das Türblech flächenglatt mit dem benachbarten Karosserieblech abschließt und mit rundum gleichmäßigem Spalt im Türausschnitt sitzt.
- Prüfen Sie vom Wageninnern aus, ob die Tür gleichmäßig an ihrer Gummidichtung anliegt.
- Bei richtigem Sitz Scharnierschrauben anziehen.
- Äußeren Türgriff anziehen und das Türschloß bei leicht angehobener Tür in den Schließbolzen einrasten lassen.
- Griff loslassen, wieder anziehen und Tür leicht angehoben öffnen.
- Schließbolzen in dieser Stellung festziehen.
- Sitz der Tür kontrollieren, ggf. nachjustieren.

Türverkleidung ausbauen

Diese Arbeit haben wir aus dem Kapitel »Innenraum« vorgezogen, da sie für die weiteren Zerlegungsschritte an der Tür wichtig ist.

- **Verkleidung vorn oben:** Verriegelungsknopf herausdrehen, darunter sitzende Blende abnehmen.
- Blende in Höhe des Außenspiegels abziehen.
- An der Fensterkurbel die Blende ein Stück vom Drehknopf wegziehen und dann abnehmen.
- Darunter sitzende Kreuzschlitzschraube losdrehen und zusammen mit der Zahnscheibe abnehmen.
- Fensterkurbel und den Kunststoffring dahinter abnehmen.
- Abdeckung am Haltegriff mit einem kleinen Schraubenzieher abhebeln.
- Oben und unten im Griff die Kreuzschlitzschrauben lösen, Griff abziehen.
- Knopf der mechanischen Spiegelverstellung abziehen.
- Türinnengriff ein wenig anziehen, Blende in Fahrtrichtung nach hinten ziehen und abnehmen, bei elektrischer Spiegelverstellung den Stecker am Spiegelschalter abziehen.
- An der vorderen und hinteren Türkante jeweils zwei Schrauben der oberen Verkleidung losdrehen.
- Jetzt können Sie die Verkleidung oben aus der Türschachtabdichtung herausziehen und aus der Ablage unten herausnehmen.
- Die **Ablage unten** kann erst nach Ausbau der oberen Verkleidung demontiert werden.
- An der vorderen und hinteren Türkante je eine Kreuzschlitzschaube herausdrehen, drei weitere sind oben zu lösen.
- Bei der **Ablage mit separatem vorderem Fach** die Klappe öffnen und oben die Abdeckung für die vordere Halteschraube abziehen, Schraube losdrehen.
- An der **Ablage mit Aktivlautsprecher** an der hinteren Schmalseite die kleine Kunststoffkappe abhebeln, darunter sitzende Kreuzschlitzschraube losdrehen.
- Blende mit Lautsprecher vorklappen, Kabelstekker vom Lautsprecher trennen, Abdeckung für die vordere Halteschraube abziehen, Schraube lösen.
- **Alle Versionen** aus ihren drei unten sitzenden Haltewinkeln herausziehen.
- Die **Verkleidung hinten** wird sinngemäß auf die gleiche Weise ausgebaut mit folgenden Unterschieden:
- Blende am Türfenster hinten bei der Limousine waagrecht, beim Variant in Fahrtrichtung nach vorn abziehen.
- Die **Ablage unten** wird ebenfalls von fünf Kreuzschlitzschrauben gehalten.
- Beim Einbau der Fensterkurbel beachten, daß sie im Winkel von ca. 45° nach oben stehen soll.

Dämmfolie ausbauen

Die Folie hinter der Türverkleidung dämpft Geräusche und verhindert Zugluft und Wassereintritt. Sie darf nicht beschädigt sein, sonst ist die Schutzwirkung dahin.

- Gehäuse des Türinnengriffes unten ein Stück herausziehen, daß sein Haltedorn ausrastet.
- Jetzt läßt sich das Gehäuse durch Drücken in Fahrtrichtung nach hinten ausrasten (siehe auch Bild rechts unten).
- Seitliche Halter der Türverkleidung und Haltewinkel unten ausbauen.
- Dazu den kleinen Stift im Halter mit einem dünnen Schraubenzieher, Nagel o. ä. durchdrücken, Halter abnehmen.
- Die Folie ist an der gesamten außenliegenden Anlagefläche und im Bereich der Fensterkurbelachse festgeklebt.
- Die Schaumstoffolie reißt sehr leicht ein, entsprechend vorsichtig müssen Sie beim Ausbau zu Werke gehen.
- Aus dem Türkasten die Stifte der Halter herausfischen und wieder in die Halter stecken.
- Nicht alle Kunststoffstifte sind wieder auffindbar. Notfalls beim Zusammenbau eine passende Blechschraube im Halter eindrehen oder neuen Halter besorgen.

Links: Die Abdeckung über dem Haltegriff wird mit einem kleinen Schraubenzieher abgehebelt. Darunter kommen die beiden Schrauben (Pfeile) des Haltegriffes zum Vorschein, wie im Bild rechts gezeigt.

● Beim Einbau kleine Rißstellen in der Folie mit doppelseitigem Klebeband hinterkleben.
● Zeigen sich jedoch längere Risse, sollte sie ersetzt werden.
● Dann die alten Klebestellen an der Tür z. B. mit Verdünnung sauberreiben.
● Neue Folie mit doppelseitigem Klebeband befestigen, dabei auf faltenfreien Sitz achten.
● Zum Einbau der Halter die Stifte in das Kunststoffteil hineintreiben.

Türgriff ausbauen

● Beim Passat mit Zentralverriegelung und/oder elektrischen Fensterhebern zuerst die obere Türverkleidung ausbauen.
● Schaumstoffolie ein Stück lösen und im Türkasten die Steckverbindung trennen.
● Zusätzlich die elektrische Leitung aus ihrem Halteclip lösen.
● Kreuzschlitzschraube im Türkastenrand herausdrehen. Beachten Sie: Rechte Türgriffe der Fahrzeuge mit Zentralverriegelung ab Fahrgestell-Nr. 31 NE 190 000 haben zur Befestigung Linksgewinde!
● Griff ein Stück in Fahrtrichtung nach vorn schieben.
● Griff aus dem großen Ausschnitt der Tür herausziehen, ca. 45° abwinkeln (Bild unten rechts) und nun aus dem kleinen Ausschnitt herausziehen.
● Die kleine Unterlage läßt sich nach einer Vierteldrehung abnehmen.
● Kontrollieren Sie beim Wiedereinbau, ob die Klammer im großen Ausschnitt für den Türgriff sitzt.
● Der Leerweg des Türgriffes kann an dem im Bild unten rechts sichtbaren Ausgleichsstück eingestellt werden.
● Das Spiel zwischen diesem Ausgleichsstück und dem Betätigungshebel zum Türschloß soll 0,1 – 1,0 mm betragen, ggf. durch Verdrehen einstellen.
● Prüfen Sie noch, ob die elektrische Leitung zum Türgriff (bei Zentralverrieglung und/oder Fensterhebern) die Funktion der Türverriegelung nicht behindern kann.
● Halteschraube des Türgriffes mit 7 Nm anziehen. Durch zu starkes Anziehen klemmt der Kunststoffgriff.

Im linken Bild ist das Gehäuse (2) des Türinnengriffes gezeigt. Es besitzt drei Kunststoffrasten (3) und einen Haltedorn (1).
Rechts der Türaußengriff (8):
4 – Klammer;
5 – Verbindungsstange zum Türschloß;
6 – Ausgleichstück;
7 – Aufnahme für die Halteschraube des Türgriffes.

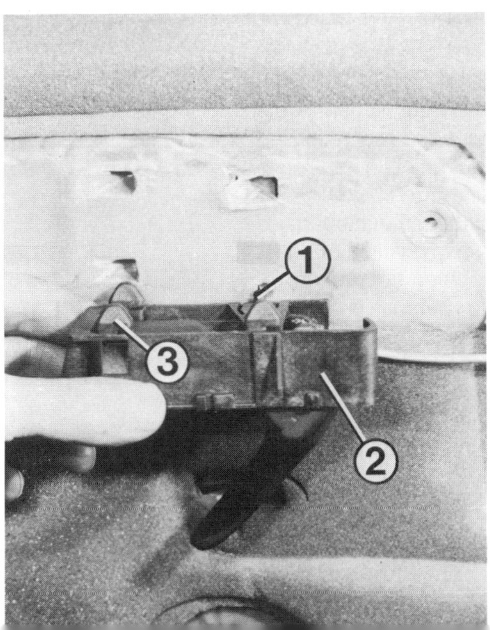

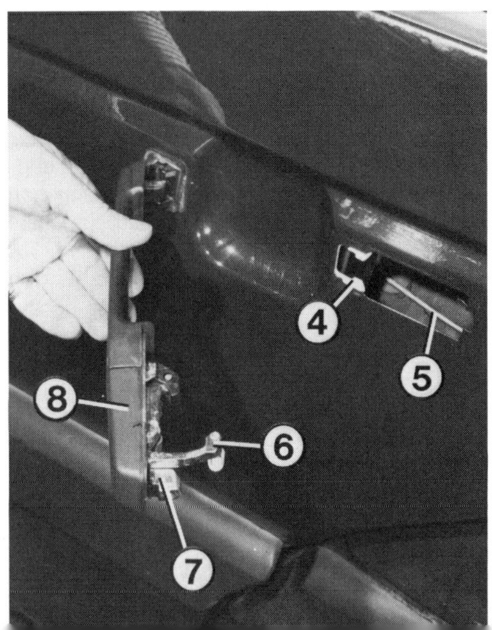

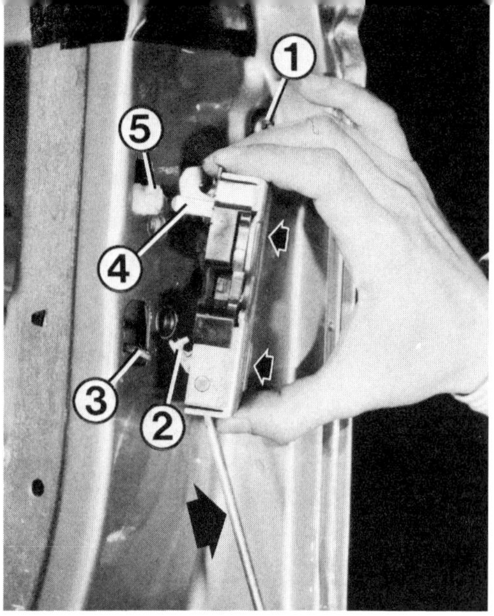

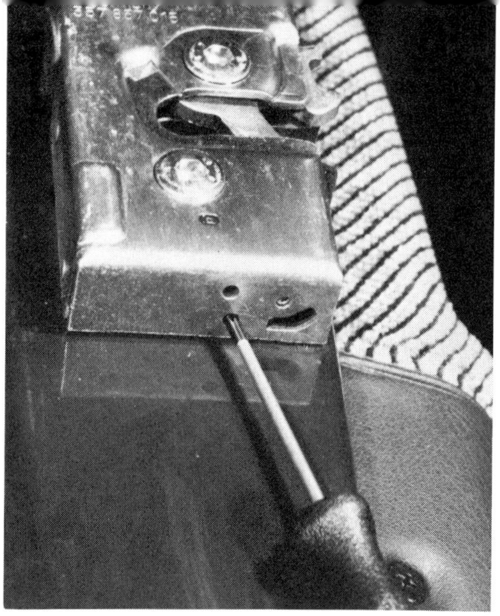

Im linken Bild sehen Sie oben die Halteschraube des Türaußengriffes (1). Die übrigen Teile gehören zum Türschloß:
2 – Betätigungshebel;
3 – Verbindungsstange;
4 – Hülse;
5 – Sicherungshebel.
Unten im Schloß ist ein Schraubenzieher (Pfeil) eingesteckt, um den Betätigungshebel zu blockieren. Rechts ist die Öffnung zum Blockieren des Hebels beim neueren Türschloß gezeigt.

Türschloß ausbauen

Das Türschloß am hinteren Türkastenrand sehen Sie in den Bildern oben. Dort sind auch die hier im Text genannten Teile bezeichnet.

- **Vorn:** Das Türfenster muß geschlossen sein.
- Beide Innensechskantschrauben des Türschlosses lösen.
- Schloß ein Stück herausziehen.
- Der Betätigungshebel muß in Öffnungsstellung blockiert werden, nur so kann die Verbindungsstange zum inneren Türgriff ausgehängt werden.
- Dazu durch das viereckige Loch unten im Türschloß einen Schraubenzieher stecken (Bild oben links). Bzw. bei der neueren Schloßausführung einen 3 mm starken Dorn einstecken.
- Sicherungshebel oben aus der Hülse ziehen.
- **Hinten:** Der Ausbau geschieht hier sinngemäß in gleicher Weise mit einem Unterschied:
- Beim neueren Türschloß ohne viereckige Öffnung unten kann kein 3-mm-Dorn zum Blockieren des Betätigungshebels eingesteckt werden, da die entsprechende Öffnung vom Hebel der Kindersicherung verdeckt wird.
- Hier muß der Betätigungshebel mit einer Schraubenzieherklinge heruntergedrückt werden, um die Verbindungsstange auszuhängen.
- **Alle:** Beim Wiedereinbau muß der Betätigungshebel ebenfalls herausgeklappt und blockiert sein, daß sich die Verbindungsstange zum Türinnengriff einhängen läßt.

Schließzylinder ausbauen

- Türgriff ausbauen und auf eine saubere Unterlage legen.
- Schlüssel in den Schließzylinder stecken, damit beim Herausziehen des Zylinders die Schließplatten und Federn nicht herausfallen.
- Sicherungsring am hinteren Ende des Schließzylinders herausdrehen.
- Exzenter, Drehfeder und Mitnehmer abnehmen, dabei deren Lage für den Wiedereinbau merken.
- Schließzylinder vorsichtig herausziehen.
- Beim Passat mit Zentralverriegelung bis ca. 10/90 besitzt der Türgriff eine federbelastete Kugel für die Raststellung der Zentralverriegelung, diese Teile sind nicht mehr erforderlich und brauchen bei einer Reparatur nicht wieder eingebaut zu werden.
- Dichtring auf den Schließzylinder aufschieben, jedoch im Bereich des Mikroschalters (seitlich oben im Türgriff) nicht ganz bis zum Anschlag andrücken.
- Türgriff in Öffnungsstellung herausziehen und festhalten.
- Zum Einbau Schließzylinder mit senkrecht stehendem Schlüssel einschieben.
- Prüfen Sie, ob sich der Schließzylinder mit dem Schlüssel nach beiden Seiten in einem Winkel von rund 70° drehen läßt.
- Übrige Teile einbauen, dabei die Drehfeder am Exzenter befestigen.
- In die Nut am Schließzylinder den Sicherungsring aufdrücken.
- Prüfen Sie vor dem Einbau an der Tür nochmals die Funktion des Schließzylinders – die Feder muß den Schließzylinder grundsätzlich in Mittelstellung zurückdrehen.

Hier sehen Sie die einzelnen Teile des Türgriffes mit Zentralverriegelung:
1 – Schließzylinder;
2 – Feder (seit 10/90 entfallen);
3 – Kugel (seit 10/90 entfallen);
4 – Steuerleitung für Safe-Sicherung;
5 – Rastnase;
6 – Mitnehmer;
7 – Feder;
8 – Exzenter;
9 – Sicherungsring.

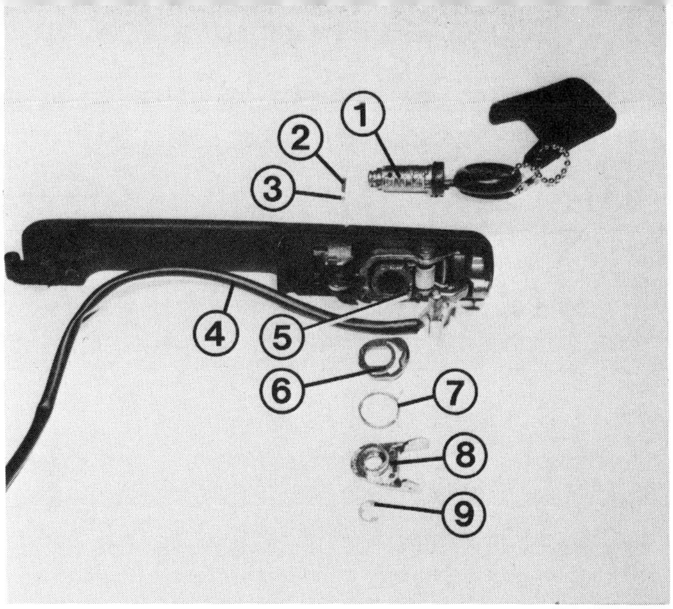

Türfenster ausbauen

- **Vorn:** Türverkleidung und Ablage abnehmen, Schaumstoffolie abziehen.
- Innere Schachtabdichtung von der Türoberkante abziehen.
- Türscheibe herunterkurbeln.
- Halteschrauben der Hebeschiene (Bild unten) herausdrehen.
- Scheibe vorn absenken und in Schrägstellung aus dem Fensterschacht herausnehmen.
- Beim Einbau die Hebeschiene auf die Führung des Fensterhebers (in Fahrtrichtung hinten) aufsetzen.
- Scheibe unten am Fensterheber lose anschrauben.
- Jetzt die Scheibe zum Ausrichten hochkurbeln und wieder so weit absenken, daß die Halteschrauben durch die Montageöffnungen oben in der Tür erreichbar sind.
- Schrauben mit 7 Nm anziehen.
- **Hinten:** Hier wird grundsätzlich gleich wie vorn gearbeitet mit folgenden Unterschieden:
- Abdeckblende außen hinten an der Tür abschrauben.
- Hintere Fensterführungsschiene lösen – eine Schraube sitzt unterhalb der Türschlosses im hinteren Türkastenrand, die zweite oben unter der Abdeckblende.
- Schiene nach oben herausziehen.

Fensterheber ausbauen

- Die Ausbauweise ist gleich bei manueller und elektrischer Betätigung.
- **Vorn:** Türverkleidung und Ablage abnehmen, Schaumstoffolie abziehen.
- Türfenster herunterkurbeln.
- Scheibe vom Fensterheber abschrauben, hochziehen und mit starkem Klebeband am Fensterrahmen sichern, damit sie nicht herunterfallen kann.
- Fenster von der Heberschiene abschrauben.
- Verlängerungsstück der Heberachse abziehen.
- Ggf. Kabelstecker zum Fensterhebermotor trennen.
- Die sechs im Bild unten gezeigten Halteschrauben des Fensterhebers losdrehen.
- Fensterheber ein Stück anheben, daß seine Haltenasen ausrasten und dann zum unteren Ausschnitt in der Tür herausnehmen.
- Bei elektrischen Fensterhebern kann der Motor vom Hebermechanismus abgeschraubt werden.
- Türscheibe anschrauben.

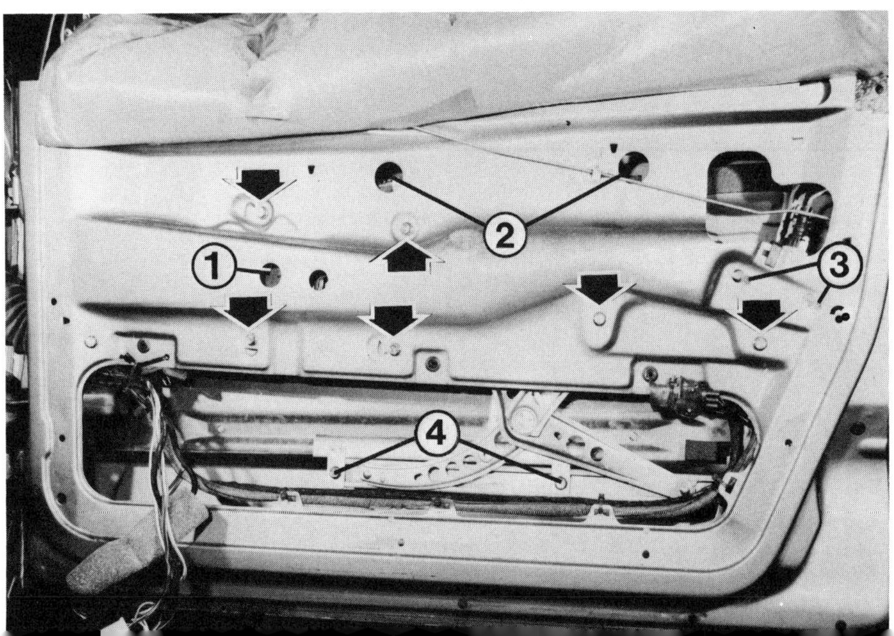

Die Tür bei abgenommener Verkleidung – die Pfeile bezeichnen die Halteschrauben des Fensterhebers (1). Die Türscheibe ist mit zwei Schrauben (4) am Fensterheber angeschraubt. Zum endgültigen Festschrauben des Fensters wird die Scheibe hochgekurbelt, dann können die Schrauben durch die oberen Aussparungen (2) festgedreht werden. Rechts im Bild die beiden Schrauben für das Steuerelement (3) der Zentralverriegelung.

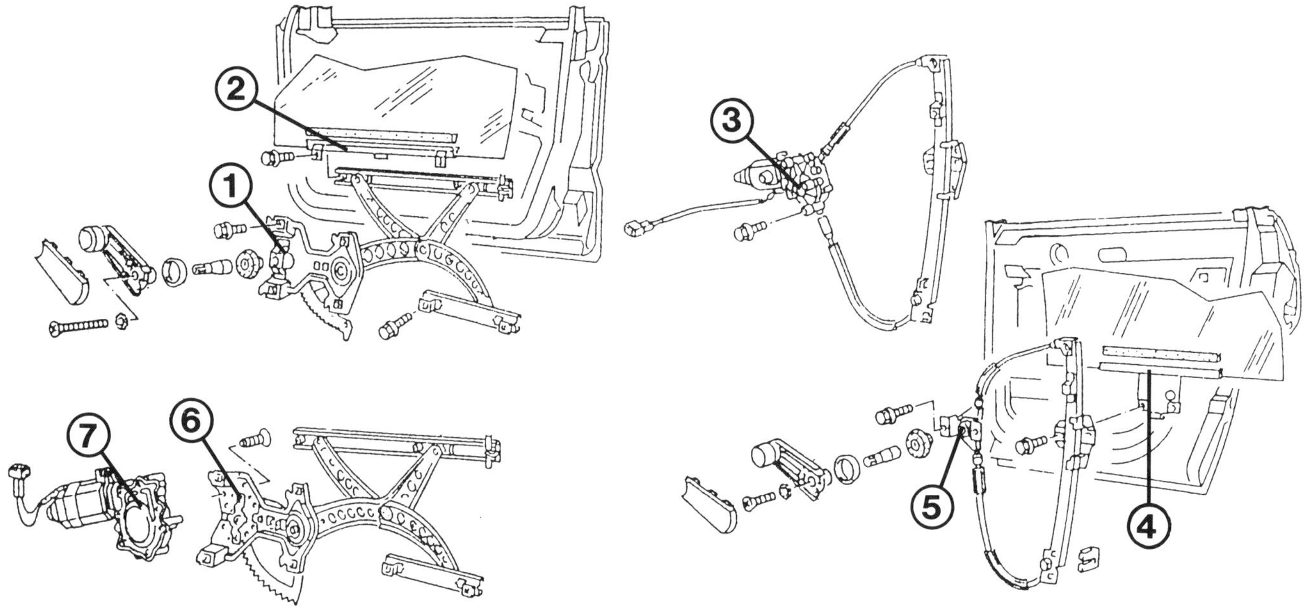

Die Fensterheber des Passat: 1 – mechanischer Heber vorn; 2 – Hebeschiene vorn; 3 – elektrischer Heber hinten mit integriertem Elektromotor; 4 – Hebeschiene hinten; 5 – mechanischer Heber hinten; 6 – Heber vorn für elektrische Betätigung; 7 – Elektromotor.

● **Hinten:** Die Vorarbeiten sind gleich wie vorn.
● Zwei Schrauben des hinteren Seilzughebers sitzen vorn neben der Fensterkurbelachse, eine weitere unten an der großen Montageöffnung sowie eine vierte oben unterhalb der kleinen ovalen Montageöffnung.
● Fensterheber unten herausnehmen.

Steuerelemente der Zentralverriegelung ausbauen

● Türverkleidung und Ablage abnehmen, Schaumstoffolie teilweise abziehen.
● Türinnengriff und Zugstange zum Türschloß ausbauen.
● Druckleitung aus ihren Halteclips lösen.
● Sicherungsscheibe oben am Steuerelement nach links drehen. Dadurch öffnet sich der Schnappverschluß für die Verbindungsstange (Bild unten links), Stange abnehmen.
● Zwei Kreuzschlitzschrauben des Steuerelements losdrehen.
● Bauteil nach oben (Vordertüren) bzw. unten (hintere Türen) herausnehmen.
● Kabelstecker und Druckleitung am Steuerelement abnehmen.
● Nach Einbau des Steuerelements Türinnengriff und Zugstange montieren.
● Türschloß verriegeln – bei der Fahrertür muß die Drehfalle des Schlosses in Schließstellung stehen.
● Steuerelement in »Geschlossen«-Stellung drücken und die Sicherungsscheibe einrasten lassen (Bild unten rechts).
● Verbindungsstange im Schnappverschluß einsetzen, Verschluß einrasten lassen, dabei dreht sich die Sicherungsscheibe wieder in »Offen«-Stellung.
● Vor dem weiteren Zusammenbau Funktion der Zentralverriegelung prüfen.

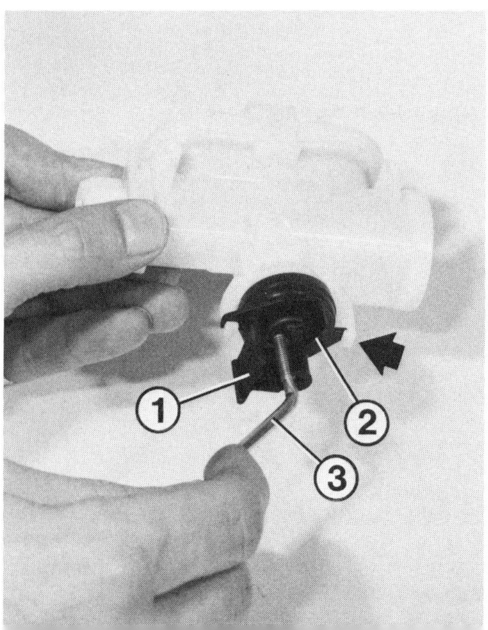

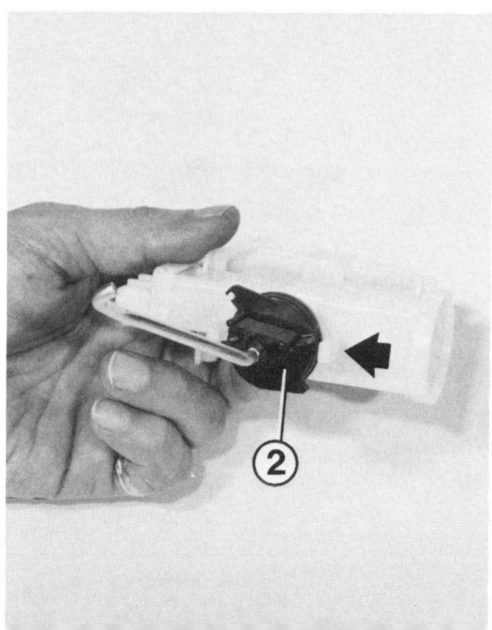

Hier ist der Einbau der Verbindungsstange am Steuerelement der Zentralverriegelung gezeigt. Links die erste Stufe: Die Sicherungsscheibe (2) oben ist im Steuerelement eingerastet (Pfeil); die Verbindungsstange (3) ist am Schnappverschluß (1) angesetzt. Rechts: Beim Schließen dreht sich die Sicherungsscheibe (2) aus den Haltenasen (Pfeil).

Das Spiegelglas (5) des Außenspiegels kann einzeln gewechselt werden. Weiter sehen Sie:
1 – eine der Halteschrauben;
2 – Knopf;
3 – Abdeckung;
4 – Betätigung.

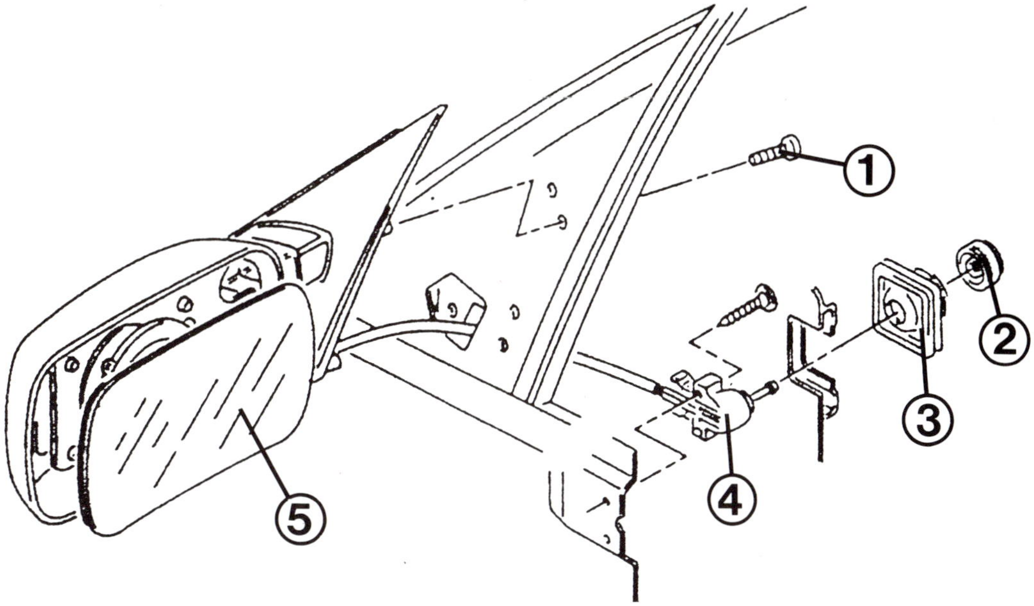

Außenspiegel

● Türverkleidung abnehmen.
● Bei mechanischer Verstellung Schaumstoffolie im Bereich des Verstellknopfes abziehen.
● Zwei Kreuzschlitzschrauben der Spiegelbetätigung losdrehen, Betätigung herausziehen.
● Bei elektrischer Verstellung Stecker trennen.
● Drei Kreuzschlitzschrauben des Spiegelgehäuses losdrehen.
● Spiegelgehäuse mit seiner Betätigung herausziehen.

Spiegelglas ersetzen

Die Spiegelgläser sind sowohl beim elektrisch wie beim mechanisch verstellbaren Spiegel nur eingeclipst.
● Arbeitshandschuhe anziehen, falls es Bruch gibt.
● Von unten eine breite Spachtel oder ein Kunststoffplättchen hinter das Spiegelglas stecken und das Glas heraushebeln.
● Wenn nötig, gleiches an der Oberkante wiederholen.
● Beim Einbau Spiegelglas in die Führungszapfen einsetzen und festdrücken, bis es einrastet.
● Auf die Mitte des Glases drücken und wieder Handschuhe tragen.

Die Heckklappe

Kofferraumklappe ausbauen

● Schlauchverbindung zur Zentralverriegelung trennen.
● Bei geöffneter Klappe rechts und links je zwei Schrauben losdrehen.
● Klappe von den Scharnieren abnehmen.

Heckspoiler ausbauen

● An der Unterseite der Kofferraumklappe rechts und links je zwei Schrauben und an der Hinterkante zwei Muttern losdrehen.
● **Nachträglicher Einbau:** Hierzu müssen nach genauer Anzeichnung Löcher in den Kofferraumdeckel gebohrt werden.
● Erst an den Seiten Löcher von 6,5 mm Durchmesser bohren.
● An der Hinterkante des Kofferraumdeckels Klebeband anbringen.
● Spoiler an den Seiten leicht festschrauben, auf dem Klebeband die hinteren Löcher für den Spoiler anzeichnen.
● Spoiler wieder losschrauben.
● Bohrungen entgraten, Rostschutzgrundierung und Lack auftragen.
● An den seitlichen Bohrungen im Zwischenraum von oberem und unterem Klappenblech Konservierungswachs ansprühen.
● Spoiler seitlich anschrauben.
● An der Klappenunterseite je ein Verstärkungsblech unter den Schraubbolzen ansetzen.
● Zugfedern der Heckklappe um ein Loch weiter nach hinten versetzen.
● Hierbei besteht erhöhte Verletzungsgefahr – die V.A.G.-Werkstatt benutzt hierzu ein Spezialwerkzeug.

Variant-Klappe ausbauen

● Kabelverbindungen und Schlauchleitungen zur Heckklappe trennen.
● Am unteren Haltebolzen der Gasdruckheber runde Klammer ein Stück herausziehen. Nicht ganz herausziehen, sonst wird die Klammer beschädigt.
● Kugelkopf vom Kugelbolzen abdrücken. Hierbei muß ein Helfer die Klappe halten.
● Je zwei Halteschrauben der Heckklappenscharniere herausdrehen, Klappe abnehmen.

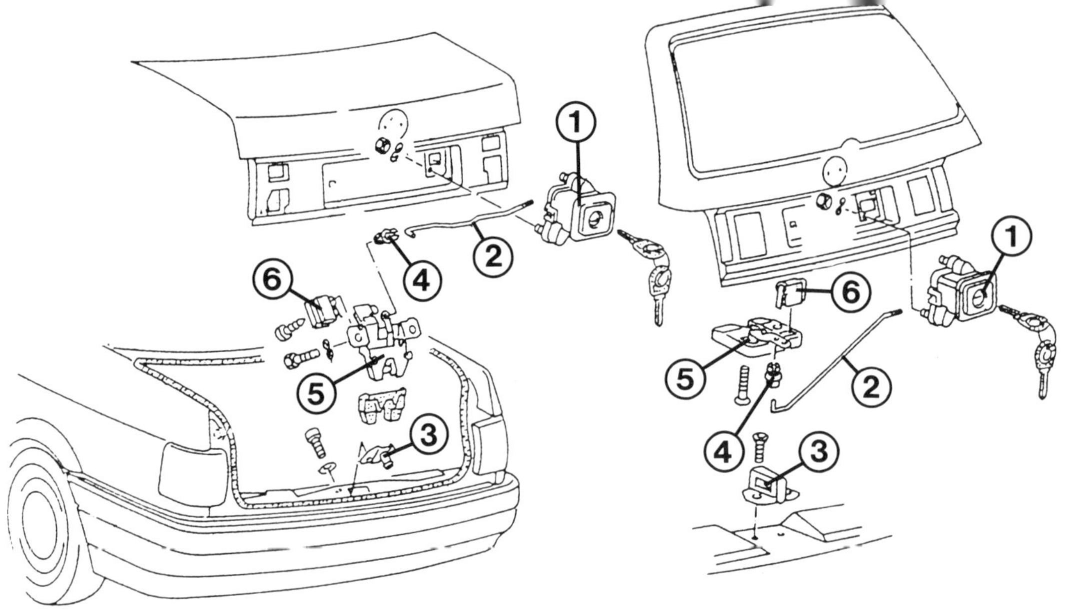

Die Teile des Heckklappenschlosses:
1 – Drucktaste mit Schließzylinder;
2 – Zugstange;
3 – Rastbolzen;
4 – Halteclip;
5 – Klappenschloß;
6 – Schalter für Koffer- bzw. Laderaumbeleuchtung.

Heckklappe einstellen

- Bei klappernder oder schlecht schließender hinterer Klappe die Schrauben des Rastbolzens (Zeichnung oben) ein wenig lockern.
- Bolzen verschieben und festschrauben.
- Sitz und Klapperfreiheit der hinteren Klappe kontrollieren, ggf. nachjustieren.
- Ggf. durch Verdrehen der Gummipuffer an der Klappe bzw. im Heckklappenausschnitt den Anschlag einstellen.

Heckklappendichtung

Wenn Staub oder Feuchtigkeit eindringt, obgleich die hintere Klappe einwandfrei in ihrem Ausschnitt sitzt, kann es an der Gummidichtung liegen. Ist die spröde oder eingerissen:

- Gummiumrandung abziehen.
- Neue Dichtung mit einem Kunststoffhammer aufschlagen. Die Gummiumrandung muß rundum gleichmäßig hoch sitzen.
- Zur Pflege der Dichtung eignet sich Glyzerin oder ein Gummipflegemittel.

Heckklappenblende ausbauen

- Kennzeichen abschrauben.
- Von der Klappeninnenseite beidseitig außen je eine Kreuzschlitzschraube herausdrehen.
- Blende unten ein Stück herausziehen, dann die Oberseite lösen.
- Dabei die Blende nach unten ziehen, damit der Kunststoff-Haltedorn oben (in Höhe des VW-Zeichens) nicht abbricht.
- Klebt die Kunststoffblende aufgrund der zwischengelegten Dichtschnur noch stark am Blech, muß sie mit einem lappenumwickelten Schraubenzieher vorsichtig abgehebelt werden.
- Zum Einbau neue Dichtschnur verwenden.
- Zuerst den Haltedorn oben einsetzen.
- **Variant:** Hier muß als erstes die innere Verkleidung der Heckklappe ausgebaut werden.
- Wie bei der Limousine zwei Kreuzschlitzschrauben an der Innenseite losdrehen.
- Eine weitere Kreuzschlitzschraube sitzt außen rechts in der Vertiefung für das Kennzeichen.
- Blende schräg nach unten aus dem Heckklappenblech ziehen – sie ist oben zusätzlich zur Haltenase und Dichtschnur mit zwei Clips befestigt.
- Beim Einbau Clips in Blende einstecken und kontrollieren, ob die Tüllen oben in den Bohrungen der Heckklappe eingesteckt sind.

Heckklappenschloß ausbauen

- Zugstange zum Schließzylindergehäuse am Schloß aus dem Halteclip drücken.
- Zwei Halteschrauben losdrehen.
- Kabelstecker zur Kofferraumleuchte abziehen, Schloß abnehmen.
- Beim Variant ab 8/90 muß nach dem Einbau die Zugstange eingestellt werden.
- Im Heckklappenschloß zur Arretierung der Sperrklinke durch die Bohrung einen 3,2-mm-Bohrer stecken.
- Zugstange in Richtung Schließzylindergehäuse bis zum Anschlag ziehen und in dieser Stellung am Schließzylindergehäuse befestigen.
- Bohrer herausziehen.
- Funktion prüfen, die Sperrklinke muß in ihre Ruhestellung zurückgehen.

Schließzylindergehäuse ausbauen

- Heckklappenblende ausbauen.
- Bei Zentralverriegelung die Verbindungsstange zum Steuerelement aus dem Gehäuse des Schließzylinders aushängen. Dazu das Kunststoffteil mit einem Schraubenzieher an seinem Schlitz etwas spreizen, so kommt die Stange frei.
- Unten am Gehäuse die Kunststoffklappe mit einem schmalen Schraubenzieher aufklappen, damit die Zugstange zum Klappenschloß frei kommt.
- Muttern des Schließzylindergehäuses lösen, Kunststoffnasen zusammendrücken und Gehäuse abziehen.

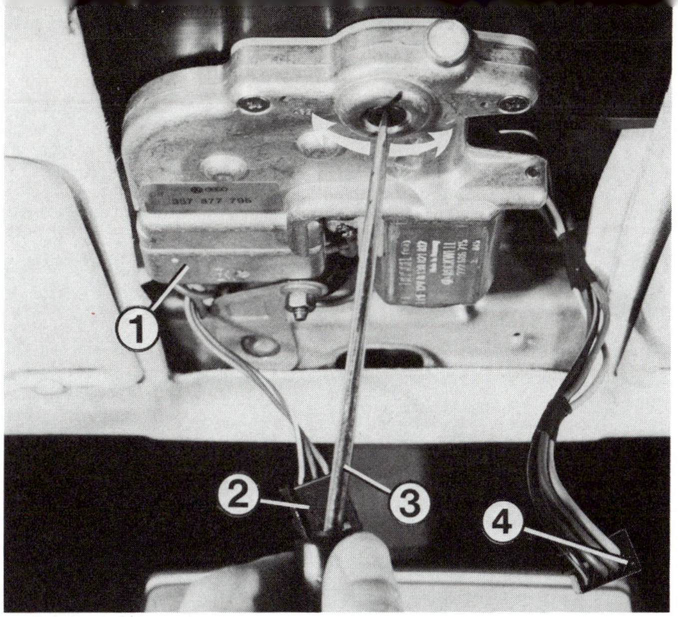

Im Bild sehen Sie den Motor (1) des elektrisch angetriebenen Schiebedaches. Der Dreifachstecker (2) wird am Schalter des Schiebedaches angeschlossen, der zweite Stecker (4) gehört zur Innenleuchte. Falls der Elektromotor nicht mehr will, mit einem Schraubenzieher (3) den Stift im Schlitz des Antriebs hochdrücken und die Antriebsachse je nach Schiebedachstellung drehen.

● Beim Einbau den Hebel am Schloß mit der Zugstange in Richtung Schließzylinder drücken.

● Zugstange in die Aufnahme einlegen und Kunststoffklappe einrasten lassen.

Schließzylinder ausbauen

● Schließzylindergehäuse ausbauen, Teile auf einer sauberen Unterlage ablegen.
● Der Schließzylinder darf nur bei eingestecktem Schlüssel herausgezogen werden, da sonst die Schließplatten herausfallen können.
● An der Rückseite des Schließzylinders die Halteklammer abdrücken.
● Halteklammer zwischen Ober- und Unterteil des Gehäuses etwas zur Seite drücken, dann können Sie diese beiden Teile trennen.
● Druckfeder und Drücker abnehmen.
● Schließzylinder abziehen.
● Beim Einbau den Dichtring zwischen Schließzylinder und Drücker nicht vergessen.
● In Verbindung mit Zentralverriegelung Verbindungsstange zum Steuerelement aus dem Gehäuse des Schließzylinders aushängen, wie unter »Schließzylindergehäuse ausbauen« beschrieben.
● An der Schließzylinder-Rückseite den Spannstift am Exzenter heraustreiben, Exzenter abziehen.
● Der weitere Ausbau geht in der beschriebenen Weise vor sich.

Das Schiebedach

Dieses von einem Elektromotor angetriebene Fenster zum Himmel erfordert für problemlose Funktion eine exakte Einstellung, aber die hierzu notwendigen ausführlichen Beschreibungen würden den Rahmen dieses Buches sprengen.
Eine Korrektur der Höheneinstellung ist aber möglich – eine der Einstellschrauben zeigt das Bild nächste Seite. Der Schiebedachdeckel soll in Fahrtrichtung vorn 1 mm tiefer stehen als die Dachhaut, hinten dagegen 1 mm höher.

Störungssuche

Wenn der elektrische Antrieb nicht mehr funktioniert, können Sie sich selbst helfen.
● Sicherung 4 kontrollieren.
● Innenleuchte ausbauen (Seite 209).
● Zwei Kreuzschlitzschrauben der Abdeckung für den Schiebedachmotor losdrehen.
● Abdeckung vorn herunterziehen und hinten aushaken.
● Ggf. Steckanschluß zur Innenleuchte trennen und diese ablegen.
● Schiebedachschalter aus der Abdeckung nehmen, Stecker abziehen.
● Bei eingeschalteter Zündung prüfen, ob am Anschluß der schwarz/gelben Leitung Spannung anliegt.
● Ebenfalls Massekontakt prüfen.
● Ist Spannung da, könnte es am Schalter liegen.
● Aber auch ohne Strom können Sie das Schiebedach schließen.
● Schraubenzieher in den Schlitz stecken und den Stift im Schlitz hochdrücken (Bild oben).
● Zum Schließen des nach hinten gefahrenen Schiebedachs Schraubenzieher rechtsdrehen.
● Aus der Aufstellposition schließen Sie durch Linksdrehen.

Undichtes Schiebedach

Ein undichtes Schiebedach hat seine Ursache in verstopften Ablaufrohren, von denen je eines an jeder der vier Ecken des Schiebedachkastens angeschlossen ist. Denn eindringen darf das Wasser, doch ablaufen muß es können.
○ Bei undichtem Schiebedach deshalb alle vier Ablaufschläuche durchstoßen.

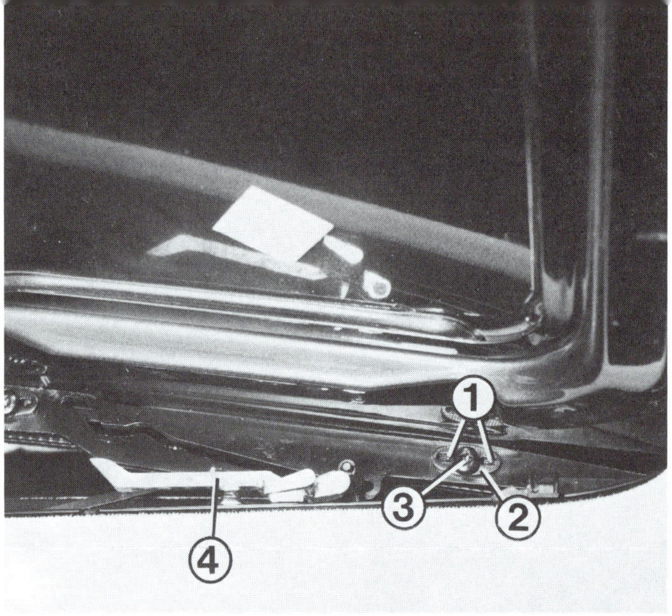

Der Schiebedachdeckel wird von insgesamt vier TORX-Schrauben (3) gehalten. Wenn eine dieser Schrauben angezogen wird, müssen Sie darauf achten, daß die Einstellscheibe (2) richtig ausgerichtet ist – sie kann mit ihren Langlöchern innerhalb der Führungsstifte (1) verschoben werden. Das Anzugsdrehmoment für die TORX-Schrauben beträgt 6 Nm. Position »4« zeigt die Betätigungsschiene für das Ausstelldach.

- Die hinteren beiden Ablauföffnungen sind auch bei zurückgefahrenem Schiebedach kaum zu erreichen.
- Die Ablaufschläuche vorn enden in Höhe des oberen Scharniers der Vordertür ins Radhaus (nur bei ausgebauter Radhausschale sichtbar). Diese Schläuche werden vom Schiebedachausschnitt her durchstoßen.
- Die hinteren beiden Schläuche enden unter den Seitenwangen des Stoßfängers. Diese Schläuche durchstößt man von der Unterseite her. Dazu muß der Stoßfänger ausgebaut werden.
- Zum Reinigen eignet sich die Spirale einer alten Tachometerwelle.

Die Scheiben

Front- und Heckscheibe

Die Front- und die Heckscheibe sind »kraftschlüssig verklebt«. Die Scheiben sind damit beim Passat ein konstruktives Element und wurden in die Festigkeitsberechnungen der Karosserie mit einbezogen. Dieses Verfahren ist bei der Suche nach möglichst glattflächigen Karosserien nahezu unumgänglich.
Für den Selbsthelfer bedeuten die geklebten Scheiben das »Aus«. Ohne Spezialwerkzeug ist da nichts zu machen – ein Fall für die Werkstatt.

Hintere Seitenscheiben

Die festen hinteren Dreiecksfenster der Limousine bzw. die großen Scheiben im Variant-Laderaum sind beim Passat in den Falzen der Karosserie festgeschraubt.

- Als Vorarbeit müssen sämtliche umliegenden Verkleidungen innen abgebaut werden.
- Abdeckung für den Gurtaufroller ausbauen.
- Muttern der Scheiben losdrehen.
- Beim Einbau müssen Sie unbedingt das vorgeschriebene Drehmoment von 2,5 Nm einhalten, sonst kann es Bruch geben.

Unterbodenschutz kontrollieren

Wartung Nr. 25

Die Schutzschicht der Wagenunterseite muß sorgsam überprüft und ggf. nachgearbeitet werden.

- Unterboden gründlich waschen.
- Gesamte Unterseite mit einer hellen Lampe ableuchten und auf schadhafte Stellen untersuchen.
- Beschädigte Stellen im Unterbodenschutz mit Spachtel, Schaber und Drahtbürste bis aufs blanke Blech freilegen.
- Rostansatz möglichst blank schleifen.
- Gesäuberte Fläche mit Rostprimer bestreichen.
- Ebene oder größere Flächen werden mit streichbarem Material behandelt.
- Für schwer zugängliche Fugen und Ecken ist eine Sprühdose mit Unterbodenschutz günstiger.

Fingerzeig: Zur Nachbehandlung des Unterbodenschutzes dürfen nur bestimmte Materialien verwendet werden. Ungeeignete Mittel greifen den serienmäßigen Unterbodenschutz an.

Wasserablauflöcher reinigen

Keine Schweißnaht ist so dicht, daß nicht Wasser eindringen kann. Aus diesem Grund sind in allen Hohlprofilen im Wagen Wasserablauflöcher angebracht. Sind diese durch Schmutz oder Unterbodenschutz verstopft, kann eindringendes Wasser nicht mehr ablaufen, sondern fördert den Rostfraß von innen heraus. Besonders gefährdet sind die Längsversteifungen der Karosserie.

- Löcher regelmäßig mit einem Pfeifenreiniger durchstoßen.
- Beim Schiebedach zusätzlich die Wasserabläufe der Dachöffnung kontrollieren.

Zimmer auf Rädern

Dieses Kapitel widmet sich den inneren Werten des Passat – also jenen Teilen der Karosserie, die zum Fahrzeug-Innenraum gehören.

Das Armaturenbrett

Ablage links ausbauen

- Nach 1/4-Drehung des Halteclips oben in der Mitte des Ablagefaches kann es aus der Abdeckung gezogen werden.
- Zum Ausbau der gesamten Abdeckung oben drei, links eine Kreuzschlitzschraube losdrehen.
- Abdeckung schräg nach unten herausziehen.
- Beim Einbau muß zuerst der Haltezapfen der Abdeckung im Armaturenbrett eingesteckt werden.

Ablagefach rechts ausbauen

- Oben drei Kreuzschlitzschrauben lösen, unten eine.
- Ablage schräg nach unten abnehmen.
- Beim Einbau muß erst der Haltezapfen im Armaturenbrett eingesteckt werden.

Handschuhkasten ausbauen

- Ablage rechts ausbauen.
- Luftdüse rechts und ihr Gehäuse ausbauen (Seite 246).
- Handschuhkastendeckel öffnen, oben im Kasten drei Kreuzschlitzschrauben herausdrehen.
- Eine weitere Schraube sitzt in der Mitte unten am Handschuhkasten.
- Stecker der Handschuhkastenleuchte abziehen.

Armaturenbrettblenden ausbauen

Die hier im Text angesprochenen Teile sehen Sie im Bild unten.

- **Instrumentenblende:** Zwei Kreuzschlitzschrauben oben in der Blende herausdrehen.
- Die **Blende links** ist gleichzeitig das Gehäuse für die Luftdüse.
- Luftdüse ausbauen (Seite 246).
- Unten rechts und links den Blinddeckel bzw. den Schalter ausbauen, siehe Seite 226.
- Unten zwei, oben eine Kreuzschlitzschraube herausdrehen.
- Düsengehäuse abnehmen.
- **Rechte Blende:** Radio ausbauen.
- Luftdüsen oben demontieren.
- Blende der Heizungs-/Lüftungs-Regulierung abziehen.
- Vier Kreuzschlitzschrauben der Heizungs/Lüftungs-Regler losdrehen, gesamte Regulierung ein Stück in Richtung Motorraum hineindrücken.
- Oben und unten an der Blende je zwei Kreuzschlitzschrauben herausdrehen.
- Hinweise für den Einbau auf Seite 246 beachten.

Die Pfeile deuten auf die Halteschrauben von:
1 – Blende links;
2 – Instrumentenblende;
3 – Blende rechts.
Zum Ausbau der rechten Blende müssen das Radio (4) ausgebaut und die Heizungs-/Lüftungs-Betätigung (5) gelöst werden.

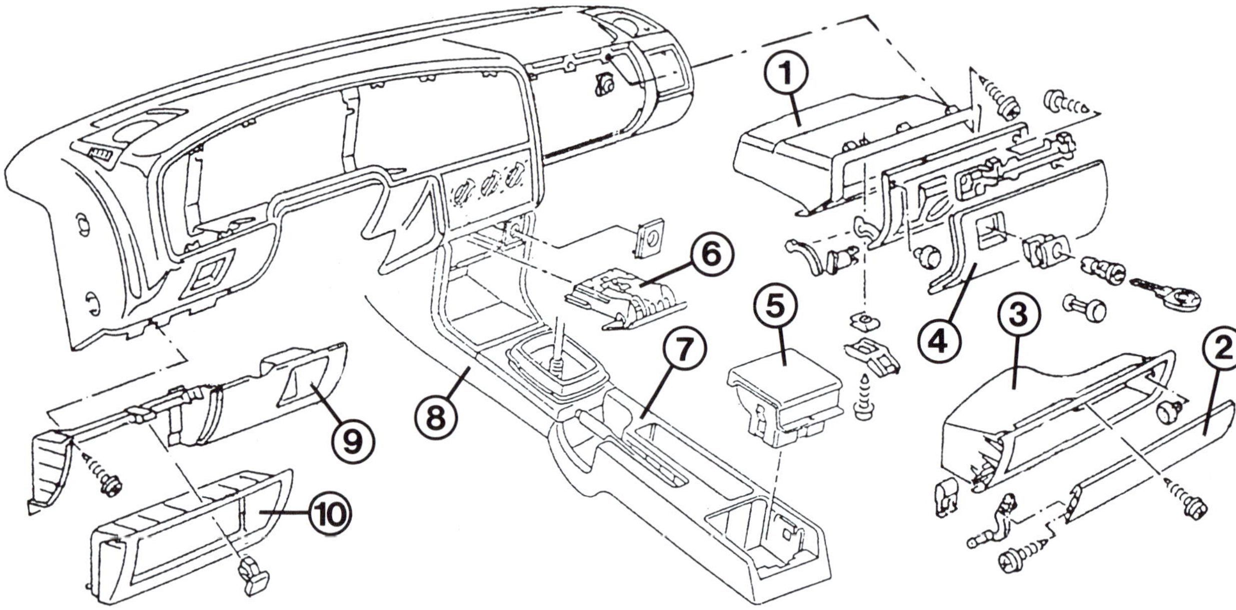

Die Ablagen im Bereich des Armaturenbretts: 1 – Handschuhfach; 2 – Klappe (nur GL) der Ablage unten (3); 4 – Deckel für Handschuhkasten; 5 – Aschenbecher hinten; 6 – Aschenbecher vorn; 7 – Konsolenteil hinten; 8 – Konsolenteil vorn; 9 – linke Verkleidung; 10 – Ablagefach links.

Mittelkonsole

Hinteres Konsolenteil ausbauen

- Handbremshebel hochziehen.
- Hinten am Handbremsgriff die Haltenase mit einer Flachzange nach unten ziehen, Griff abziehen.
- Verkleidung des Handbremshebels abziehen.
- Ascher hinten herausziehen, zwei darunter sitzende Kreuzschlitzschrauben herausdrehen.
- Fassung der Ascherbeleuchtung aushängen.
- Haltenasen vorn ausrasten, Konsolen-Mittelteil zum Ausrasten aus der Konsole ein wenig nach hinten ziehen, nach oben schwenken und zuletzt über den Handbremshebel nach vorn herausnehmen.
- Beim Einbau darauf achten, daß die Führung vorn unten in die T-förmige Haltenase am Mitteltunnel eingeschoben wird.

Vorderes Konsolenteil ausbauen

- Hinteres Konsolenteil ausbauen.
- Schalthebelknopf losdrehen, Clips der Schalthebelblende ausrasten.
- Blende mit Manschette vom Schalthebel abziehen.
- Hinter der Schalthebellagerung zwei Sechskantmuttern herausdrehen und mit den Distanzhülsen abnehmen.
- Vorn unten an der Mittelkonsole seitlich rechts und links je eine Kreuzschlitzschraube losdrehen.
- Konsole hinten etwas anheben und dann herausziehen.
- Elektrische Steckverbindungen trennen.
- Beim Einbau darauf achten, daß die Haltezapfen an der Mittelkonsole im Armaturenbrett eingesetzt sind.

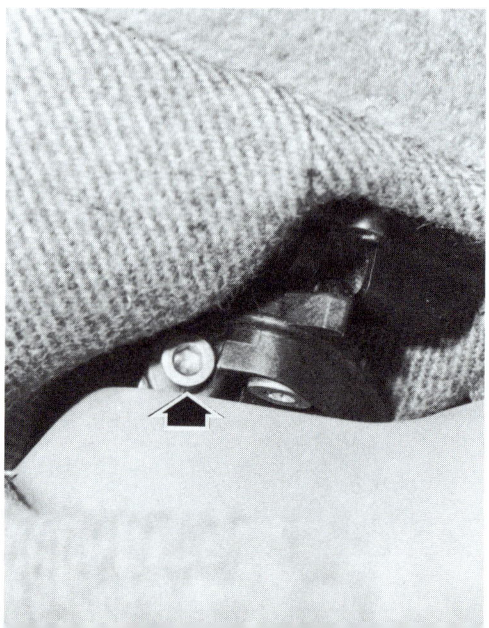

Links: Zum Ausbau eines Vordersitzes muß am Haltebock (2) vorn die Hutmutter (3) losgedreht werden. Die Schraube wird mit einem Innensechskantschlüssel (1) gegengehalten.
Die rechte Abbildung zeigt die Innensechskantschraube (Pfeil), mit der die Rücksitzlehne außen befestigt ist.

Der Dachhimmel

Der Passat besitzt als Verkleidung für das Dach einen sogenannten Formhimmel. Dieses große Fertigteil ist zwar lediglich eingeclipst; dennoch können wir den eigenhändigen Aus- und Einbau nicht empfehlen.

Die Sitze

Vordersitz ausbauen

- An der Sitzschiene zum Mitteltunnel hin die Kreuzschlitzschraube aus der Blende lösen, Blende nach hinten abziehen.
- An der außenliegenden Sitzschiene hinten die Abdeckung abnehmen.
- Am Haltebock vorn in Sitzmitte die Hutmutter der Innensechskant-Sicherungsschraube losdrehen (siehe Bild links unten).
- Sitz nach hinten schieben und herausnehmen (Vorsicht, daß der Teppichboden nicht vom Gleitfett der Sitzschienen verschmiert wird).
- Vor dem Wiedereinbau kontrollieren, ob die sogenannten Gleitstücke außen auf den Sitzstützen sowie vorn in der Mitte unbeschädigt sind. Andernfalls wackelt der Sitz.

Rücksitz ausbauen

- **Klappbare Rücksitzbank:** Innensechskantschrauben vorn am Sitzbankscharnier losdrehen.
- Schlaufe hinten zum Entriegeln der Bank ziehen und Bank herausnehmen.
- **Rücksitzlehne:** Rechts und links von oben her je eine Innensechskantschraube losdrehen (Bild links unten).
- Lehne nach vorn klappen.
- Bei geteilter Bank zusätzlich am Lagerpunkt in der Mitte zwei weitere Innensechskantschrauben losdrehen, Lagerdeckel aufklappen.
- Lehne ein wenig nach hinten drücken, damit sie aus den seitlichen Haltern frei kommt.
- **Verstellbare Rücksitze:** Rechts und links je zwei Innensechskantschrauben vorn unten am Sitzpolster losdrehen.
- Sitz nach vorn schieben.
- An der Außenseite zwischen Bank und Lehne Blech-Sicherungsclip ausrasten.
- Sitzlehne nach vorn klappen.
- Halteschraube hinten zur Mitte hin vom Sitzgestell losdrehen.
- Außenliegende Sitzbefestigung ein wenig zur Mitte hin drücken, damit sie aus dem Haltebolzen ausrastet.
- Sitz hinten etwas anheben und schräg nach oben herausziehen damit die Schaniere vorn unten aus dem Rahmen der Sitzbefestigung freikommen.

Kopfstützen ausbauen

- In Fahrtrichtung vorn an den Rosetten, in die der Haltestab der Kopfstütze mündet, die kleinen Drucktasten zurückdrücken (bei den hinteren Sitzen ist nur eine Drucktaste vorhanden).
- Gleichzeitig die Kopfstütze nach oben abziehen.

Verkleidungen ausbauen

- Die Verkleidungen im Innenraum, an den Fenstersäulen und im Laderaum des Variant sind angeschraubt oder festgeclipst.
- **Bodenteppich:** Sitze und Mittelkonsole ausbauen.
- Einstiegleisten an den Türen abhebeln.
- Der zweiteilige Teppich ist mit mehreren Stopfen befestigt.

Die Sicherheitsgurte

Gurte prüfen

Zeigt ein Sicherheitsgurt einen der nachfolgend genannten Mängel, sollte er ausgewechselt werden, damit er im Notfall wirklich schützen kann:

- Welliges Gurtband
- Ausgefranste Kanten
- Aufgeriebenes Gewebe
- Angerissene Nähte
- Wenn ein »lahmer« Automatikgurt öfter zwischen Tür und Karosserie eingeklemmt wurde, verliert er mit der Zeit an Festigkeit

Störungsdienst

Dreht der Anlasser den Motor durch?

Tut er's nicht oder nur unwillig, lesen Sie bitte rechts weiter unter »Fehlerquelle Elektrik«. Wird der Motor dagegen flott durchgedreht, müssen zur weiteren Eingrenzung zwei der folgenden drei Fragen (je nach Motor) der Reihe nach beantwortet werden.

Funken an den Zündkerzen?

Einen Kerzenstecker abziehen, Zündkerze herausschrauben, in den Kerzenstecker hineinstecken und auf blankem Motorblockmetall ablegen. Von einem Helfer den Anlasser durchdrehen lassen. **Wichtig: Zündkabel und Kerze nicht berühren**, siehe Seite 190. Springen Funken über? Wenn ja, nächste bzw. übernächste Frage abklären. Falls nicht, rechts weiterlesen unter »Fehlerquelle Zündung«.

Wird der Vergaser mit Kraftstoff versorgt?

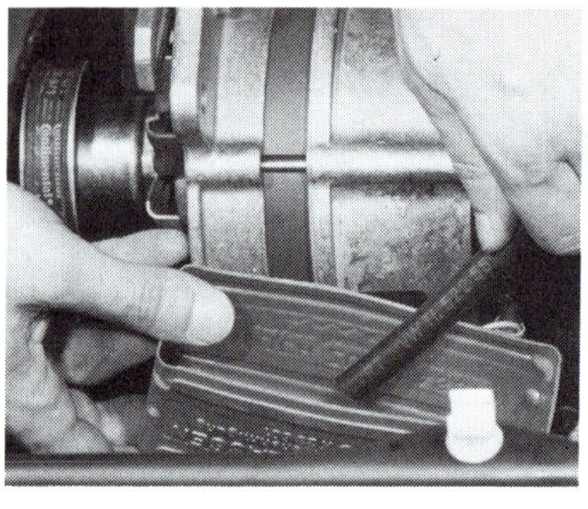

Benzinschlauch am Vergaser abnehmen, in einen Behälter (z. B. Kappe der Warndreieck-Hülle) halten und von Helfer den Anlasser betätigen lassen.
Spritzt Benzin in den Behälter, ist die Kraftstoffversorgung intakt. Der Vergaser könnte gestört sein. Kommt kein Benzin, lesen Sie bitte rechts weiter unter »Fehlerquelle Kraftstoffversorgung«.

Wird die Einspritzanlage mit Kraftstoff versorgt?

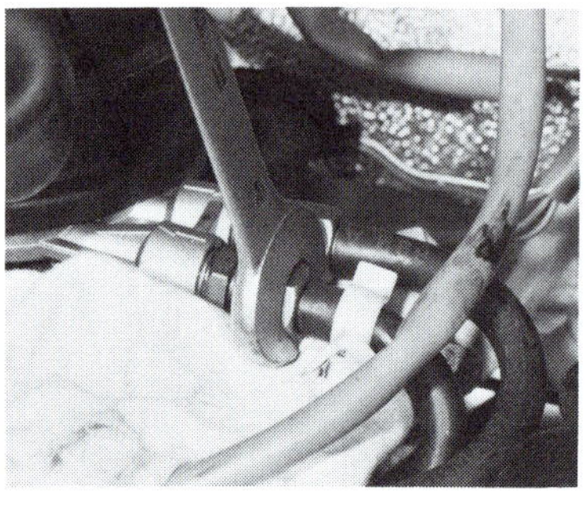

Monojetronic/-motronic: Kraftstoffzulaufschlauch losschrauben und in ein Gefäß halten. Von Helfer den Anlasser kurz durchdrehen lassen. **Digifant:** Schlauch am Kraftstoff-Verteilerrohr abziehen; **KE-Motronic:** Benzinleitung am Kaltstartventil vorsichtig lockern. Evtl. kurz Anlasser betätigen. Gefäß darunterhalten (Kappe der Warndreieck-Hülle).
Alle: Spritzt Benzin heraus, läuft die Kraftstoffpumpe. Wenn nicht, lesen Sie bitte unter »Fehlerquelle Kraftstoffversorgung« weiter. Bleibt die Einspritzung als Fehlerquelle. Oder die Kraftstoffpumpe läuft, bringt aber zu wenig Druck.

Zuerst die Sichtprüfung

- Ist ein Kabelstecker an Teilen der Zündanlage, am Vergaser bzw. an einem Teil der Einspritzanlage locker?
- Kontrollieren Sie den festen Sitz der Zündkabel am Verteiler und an den Kerzensteckern (die Zündung darf auf keinen Fall eingeschaltet sein!).
- Sämtliche Unterdruckschläuche im Motorraum auf ihren entsprechenden Stutzen aufgesteckt?
- Kondenswasser am und im Verteilerdeckel? Alle Teile der Zündanlage müssen trocken sein.
- Benzingeruch im Motorraum? Ist ein Kraftstoffschlauch undicht oder hat er sich gar gelockert?

Fehlerquelle Elektrik

- Kontrollampen brennen überhaupt nicht: Batterie ist völlig entladen oder Batterieklemmen lose.
- Kontrollampen verlöschen beim Schlüsseldreh: Batterie stark entladen oder altersschwach oder Anlasser hat Kurzschluß.
- Kontrollampen werden beim Schlüsseldreh geringfügig dunkler: Magnetschalter klemmt bzw. defekt oder Anlasser defekt.
- Kontrollampen brennen hell: Klemme-50-Kontakt im Zündschloß defekt, Klemme-50-Leitung am Magnetschalter lose oder Magnetschalter defekt.

Fehlerquelle Zündung

- Alle Steckanschlüsse im Bereich Zündspule, Zündverteiler, Schaltgerät der Zündung bzw. Steuergerät der Einspritzung richtig aufgesteckt?
- Risse im Zündspulengehäuse, Brandspuren von Funkenüberschlägen?
- Verteilerdeckel abnehmen. Sind Kriechstromspuren an seiner Innenseite sichtbar? Federt die Kontaktkohle in der Deckelmitte einwandfrei? Grünspan an den Kontaktstiften?
- Als letztes hilft nur die Durchprüfung der Zündanlage, siehe Seite 191.

Fehlerquelle Kraftstoffversorgung

- Kein Benzin im Tank – das ist nicht so abwegig, wie Sie vielleicht denken. Wagen aufschaukeln und horchen, ob es im Tank plätschert.
- Benzinpumpe arbeitet nicht bzw. elektrische Kraftstoffpumpe(n) defekt.
- Benzinfilter verstopft.
- Bei intaktem Kraftstoffnachschub gerät – z. B. bei ständigen Startproblemen – der Vergaser bzw. die Einspritzanlage in Verdacht.

Verzeichnis der Störungsbeistände im Buch

Über das Buch verteilt finden Sie Störungsbeistände zu den einzelnen Bauteilen. Hier die Zusammmenstellung:

Abgezählt

Beinahe alle Angaben über ein Auto lassen sich in irgendeiner Form in Zahlen wiedergeben – die »Technischen Daten«. Dazu gehören auch die Kurzbeschreibung von Motor, Fahrwerk und Elektrik.

Fahrzeug-Identifizierungsnummer

Da die Fahrzeug-Identifizierungsnummer nicht nur für die Zulassungsbehörde von Interesse ist, sondern auch für die Ersatzteilbeschaffung, wollen wir sie hier kurz aufschlüsseln. Die Zahlen/Buchstaben-Kombination bedeutet:

WVW	ZZZ	31	Z	K	E	076894
①	②	③	②	④	⑤	⑥

① = Welt-Herstellerzeichen: WVW = VW AG Pkw
② = Füllzeichen
③ = Zweistellige Typkurzbezeichnung: 31 = Passat
④ = Modelljahr (gewöhnlich vom 1. 8. bis 31. 7. des darauffolgenden Jahres):
J = 1988, K = 1989, L = 1990, M = 1991, N = 1992, P = 1993
⑤ = Produktionsstätten innerhalb des VW-Konzerns: B = Brüssel, E = Emden
⑥ = Laufende Numerierung, jedes Modelljahr mit 000001 beginnend

Motor

Typ		1,6/53 kW Euro-Kat	1,6/53 kW US-Kat	1,6/55 kW ohne Kat	1,8/55 kW US-Kat	1,8/66 kW US-Kat	1,8/79 kW US-Kat	2,0/85 kW US-Kat	2,0/100 kW US-Kat
Bauzeit		ab 4/88	10/88–7/90	ab 4/88	ab 8/90	ab 4/88	4/88–7/90	ab 8/90	ab 12/88
Kennzeichnung		RF	1F	EZ	AAM	RP[1]	PF	2E	9A
Bauart		Quer eingebauter wassergekühlter Vierzylinder-Viertaktmotor in Reihenbauweise							
Bohrung	mm	81	81	81	81	81	81	82,5	82,5
Hub	mm	77,4	77,4	77,4	86,4	86,4	86,4	92,8	92,8
Hubraum	cm^3	1595	1595	1595	1781	1781	1781	1984	1984
Verdichtung		9,0:1	9,0:1	9,0:1	9,0:1	9,0:1[2]	10,0:1	10,0:1	10,5:1
Höchstleistung nach									
DIN	kW/PS	53/72	53/72	55/75	55/75	66/90	79/107	85/115	100/136
bei	1/min	5200	5200	5200	5000	5250[3]	5400	5400	5800
Höchstes Drehmoment	Nm	120	125	125	140	142[4]	154	166	180
bei	1/min	2700	2750	2600	2500	3000[5]	3800	3200	4400
Ventilsteuerung		über Hydrostößel durch eine obenliegende Nockenwelle							zwei obenliegende Nokkenwellen
Steuerzeiten									
Einlaß öffnet nach OT		0°	0°	0°	4°	5°/2°[6]	3°	3°	1°
Einlaß schließt nach UT		22°	22°	22°	26°	41°/38°[6]	43°	44°	21°
Auslaß öffnet vor UT		28°	28°	28°	24°	37°/40°[6]	37°	37°	43°
Auslaß schließt v./nach OT		6° v.	6° v.	6° v.	2° v.	1° n./4° n.[6]	3° n.	4° n.	3° v.
Kompressionsdruck	bar	9–12	9–12	9–12	9–12	9–12	10–13	10–13	10–13
Mindestwert	bar	7	7	7	7	7	7	7	7
Schmiersystem		Druckumlaufschmierung mit Wechselfilter im Ölhauptstrom							
Ölpumpe		Zahnradpumpe							
Öldruck bei 2000/min	bar	2	2	2	2	2	2	2	2

[1] seit 8/91: ABS [2] seit 8/91: 10,0:1 [3] seit 8/91 5400/min [4] seit 8/91 145 Nm [5] seit 8/91: 2500/min [6] Steuerzeiten bis Baujahr 7/88

Kühlsystem

Art		Wasserumlaufkühlung mit Flügelradpumpe, Thermostat, Leichtmetallkühler, temperaturgeschalteter Elektroventilator
Antrieb der Wasserpumpe		Keilriemen
Thermostat öffnet bei	°C	85
voll geöffnet bei	°C	105
Kühlsystem-Verschlußdeckel		1,3–1,5
Überdruckventil öffnet	bar	0,06–0,1
Unterdruckventil öffnet	bar	

Thermoschalter des Kühlers		
Stufe I schaltet ein bei	°C	92–97
Stufe I schaltet aus bei	°C	91–84
Stufe II schaltet ein bei	°C	99–105
Stufe II schaltet aus bei	°C	98–91

Kraftstoffanlage

Vergasermotor	1,6/53 kW Euro-Kat	1,6/55 kW ohne Kat
Kennbuchstaben	RF	EZ
Benzinpumpe	Mechanisch von Nockenwelle angetrieben	
Kraftstoffbedarf	Siehe Tabelle Seite 61	
Gemischaufbereitung	Register-Vergaser	Register-Vergaser
Hersteller und Typ	Pierburg 2 E 3	Pierburg 2 E 3
Lufttrichter Stufe I/II	22/26	22/26
Hauptdüse Stufe I/II	x107,5/x125	x107,5/x125
Luftkorrekturdüse Stufe I/II	x102,5/x90	x102,5/x90
Leerlaufdüse/ Leerlaufluftdüse Stufe I/II	47,5/135/–	47,5/135/–

		1,6/53 kW Euro-Kat	1,6/55 kW ohne Kat
		RF	EZ
Vollastanreicherung		–	112,5 ± 10
Pumpen-Einspritzrohr ∅	mm	0,35	–
Einspritzmenge	cm^3/Hub	0,85 ± 0,15	0,85 ± 0,15
Starterklappen-Spaltmaß			
Stellung 1	mm	1,7 ± 0,2	1,7 ± 0,2
Stellung 2	mm	3,0 ± 0,2	3,0 ± 0,2
Kaltleerlaufdrehzahl	1/min	1700 ± 50	1700 ± 50
Leerlaufdrehzahl	1/min	800 ± 50	800 ± 50
CO-Gehalt	Vol.%	1,0 ± 0,5	1,0 ± 0,5

Einspritzmotor		1,6/53 kW	1,8/55 kW	1,8/66 kW	1,8/79 kW	2,0/85 kW	2,0/100 kW
Kennzeichnung		1F	AAM	RP	PF	2E	9A
Elektrische Benzinpumpe		im Tank	im Tank	im Tank	im Tank	im Tank	am Wagenboden, Vorförderpumpe
Kraftstoffbedarf		Siehe Tabelle Seite 61					
Gemischaufbereitung		Elektronische Zentral-einspritzung	Elektronische Zentral-einspritzung	Elektronische Zentral-einspritzung	Elektronische Vierpunkt-einspritzung	Elektronische Vierpunkt-einspritzung	Elektronische Vierpunkt-einspritzung
Hersteller und Typ		Bosch Monojetronic	Bosch Monomotronic	Bosch Monojetronic[2]	VW Digifant	VW Digifant	Bosch KE-Motronic
Kraftstoffdruck (Leerlauf)	bar	0,8–1,2	0,8–1,2	0,8–1,2	2,5	2,5	–
Systemdruck	bar	–	–	–	–	–	6,1–6,6
Abspritzdruck der Einspritzventile	bar	–	–	–	–	–	3,7–4,8
Haltedruck nach 5 min	bar	mind. 0,5	mind. 0,5	mind. 0,5	–	–	–
nach 10 min	bar	–	–	–	mind. 2,5	mind. 2,0	3,3
nach 20 min	bar	–	–	–	–	–	3,2
Drehzahlbegrenzung	1/min	6300	6300	6300	6500	6500	6800
Leerlaufdrehzahl	1/min	800–1000[1]	825–1025[1]	750–950[1]	800 ± 50[3]	800 ± 50[3]	700–900[1]
CO-Gehalt	Vol.%	0,2–1,2[1]	0,2–1,2[1]	0,2–1,2[1]	0,7 ± 0,4	0,7 ± 0,4	0,2–1,2

[1] nicht einstellbar [2] seit 8/90 Zentraleinspritzung Bosch Monomotronic [3] Stecker (blau) am Temperaturgeber aufgesteckt

Kraftübertragung

Motor mit Schaltgetriebe		1,6/53 kW, 55 kW	1,6/53 kW, 55 kW	1,6/53 kW, 55 kW	1,6/53 kW, 1,6/55 kW	1,8/66 kW, 2,0/100 kW	1,6/1,8/55 kW, 1,8/66 kW	1,8/66 kW, 79 kW 2,0/100 kW	2,0/85 kW, 100 kW
Kennzeichnung		RF, 1F, EZ	RF, 1F, EZ	RF, 1F, EZ	RF, 1F	RP, 9A	EZ, AAM, RP	RP, PF, 9A	2E, 9A
Kupplung		Einscheiben-Trockenkupplung mit Membranfeder, Betätigung bis 55 kW mechanisch, ab 66 kW hydraulisch							
Mitnehmerscheibe ∅	mm	200	200	200	200	215[2]	200[1]	215[2]	228
Getriebe		Vier- bzw. Fünfganggetriebe mit synchronisierten Vorwärtsgängen, Bautyp 02A							
Kennzeichnung		ALY	ALA	ASA, ASB	ATX	AGC	AYH, CES, CGX	AFE	AYK, CES, CGY
Übersetzungen									
1. Gang		3,778	3,778	3,778	3,778	3,778	3,778	3,778	3,778
2. Gang		1,950	1,950	2,105	2,105	2,105	2,118	2,105	2,118
3. Gang		1,194	1,194	1,345	1,345	1,345	1,429	1,345	1,429
4. Gang		0,816	0,816	0,971	0,971	0,971	1,029	0,971	1,029
5. Gang		–	–	0,795	0,795	0,795	0,837	0,795	0,837
Rückwärtsgang		3,800	3,800	3,800	3,800	3,800	3,800	3,800	3,800
Tachoantrieb		0,591	0,591	0,591	0,591	0,591	0,591	0,591	0,591
Achsantrieb		4,235	3,944	3,684	3,944	3,944	3,944	3,684	3,684

[1] 66 kW: 215 mm ∅ [2] 100 kW: 228 mm ∅

Motor mit	1,8/66 kW	1,8/79 kW	2,0/85 kW, 2,0/100 kW
Automatikgetriebe	Getriebe mit Drehmomentwandler, Wandlerüberbrückung in Stufe 3/4 bzw. 4, elektronisch-hydraulische Steuerung		
Kennzeichnung	AOF, ARO, CCA, CFD, QBA	APD, ARN	APE, CBZ, CFC, CFH
Übersetzungen			
1. Fahrstufe	2,714	2,714	2,714
2. Fahrstufe	1,551	1,551	1,551
3. Fahrstufe	1,000	1,000	1,000
4. Fahrstufe	0,679	0,679	0,679
Rückwärtsgang	2,111	2,111	2,111
Zwischentrieb	1,042	1,042	1,042
Achsantrieb	4,529	4,222	4,222

Fahrwerk

Vorderradaufhängung	Einzelradaufhängung mit unteren Dreiecks-Querlenkern, Federbeinen und Drehstab-Stabilisator (bis 66 kW ∅ 22 mm, ab 79 kW ∅ 24 mm)
Lenkung	Zahnstangenlenkung, ggf. mit Servounterstützung
Gesamtübersetzung	22,8 (mechanische Lenkung), 17,5 (Servolenkung)
Lenkradumdrehungen von Anschlag zu Anschlag	4,43 (mechanische Lenkung), 3,33 (Servolenkung)
Lenkrollradius (negativ) mm	3,0
Hinterachse	Verbundlenkerachse mit Längslenkern, Federbeinen, spurkorrigierenden Lagern, Drehstab-Stabilisator (bis 66 kW ∅ 14 mm – nicht bei Limousine 53/55 kW mit Schaltgetriebe, 79/85 kW ∅ 18 mm, 100 kW ∅ 21 mm)
Reifen und Felgen	Siehe Seite 152

Bremsanlage

Fußbremse vorn	Zweikreis-Anlage mit diagonal aufgeteilten Bremskreisen, Unterdruck-Bremskraftverstärker
Bremse vorn	Einkolben-Faustsattel-Scheibenbremse mit automatischer Nachstellung, Bremsscheiben ab 79 kW innenbelüftet
Bremsscheibe ∅ mm	256
Scheibenstärke neu mm	13 (bis 66 kW), 20 (ab 79 kW)
mind. mm	11 (bis 66 kW), 18 (ab 79 kW)
Belagstärke neu mm	14 (bis 66 kW), 11 (ab 79 kW), jeweils ohne Trägerplatte
mind. mm	2 ohne Trägerplatte
Bremse hinten bis 66 kW	Simplex-Innenbacken-Trommelbremse mit automatischer Nachstellung
Bremstrommel ∅ neu mm	200 (nur Limousine 53/55 kW bis 10/89), 230
∅ mind. mm	201 (nur Limousine 53/55 kW bis 10/89), 231
Belagstärke neu mm	5,4 ohne Bremsbacke
mind. mm	2 ohne Bremsbacke
Bremse hinten ab 79 kW	Einkolben-Faustsattel-Scheibenbremse mit automatischer Nachstellung
Bremsscheibe ∅ mm	226
Scheibenstärke neu mm	10
mind. mm	8
Belagstärke neu mm	10 ohne Trägerplatte
mind. mm	2 ohne Trägerplatte
Handbremse	Mechanisch über zwei Seilzüge auf die Hinterräder wirkend
Antiblockiersystem	Teves-Dreikreis-Anlage mit elektronischer Steuerung und hydraulischer Bremskraftverstärkung

Elektrische Anlage

Bordspannung	12 V
Batterie	36, 45, 54, 63 oder 64 Ah (je nach Ausstattung)
Generator	65 oder 90 A (je nach Ausstattung)
Keilriemen	Siehe Tabelle Seite 182
Zündanlage	53 kW, 55 kW, 66 kW bis 7/90: Transistorzündung mit Hallgeber TSZ-h, mechanische Zündzeitpunktverstellung 55 kW, 66 kW ab 8/90: Bosch Monomotronic TSZ-h mit elektronischer Zündzeitpunktverstellung 79 kW, 85 kW: VW Digifant TSZ-h mit elektronischer Zündzeitpunktverstellung 100 kW: Bosch KE-Motronic TSZ-h mit separater Endstufe und elektronischer Zündzeitpunktverstellung
Zündkerzen	Siehe Tabelle Seite 200
Zündeinstellung	Siehe Tabelle Seite 201
Glühlampen	Siehe Seite 202

Gewichte (in kg)

	Limousine				Variant			
Motor	53/55 kW	66 kW	79/85 kW	100 kW	53/55 kW	66 kW	79/85 kW	100 kW
Leergewicht[1]	1100	1125–1130	1150–1155	1185–1210	1120–1135	1145–1155	1170–1180	1205–1235
Zulässiges Gesamtgewicht[1]	1620–1650	1650–1680	1660–1700	1700–1760	1640–1680	1670–1700	1690–1730	1730–1780
Anhängelast bis 12% Steigung[1]								
gebremst	1000[2]	1200	1200[3]	1500	1000[2]	1200	1200[3]	1500
ungebremst	550	550	550	550	550	550	550	550
Stützlast höchstens	85	85	85	85	85	85	85	85
Dachlast höchstens	75	75	75	75	75	75	75	75

[1] Die für Ihr Fahrzeug geltenden Gewichte entnehmen Sie bitte Ihren Fahrzeugpapieren [2] seit 8/90: 1200 kg [3] seit 8/90: 1500 kg

Stichwortverzeichnis